# MATEMÀ-
# -TIQUES

# 4 ESO

J. COLERA JIMÉNEZ
Mª. J. OLIVEIRA GONZÁLEZ
I. GAZTELU ALBERO
R. COLERA CAÑAS
R. GARCÍA PÉREZ

W0462155

Programa
Mary Somerville

Generalitat de Catalunya
Departament d'Educació
INSTITUT LA SERRA
MOLLERUSSA
106

BARCANOVA
INNOVA

## BLOC I. NUMERACIÓ I CÀLCUL

1



## BLOC II. CANVI I RELACIONS

2

3

## 4

## 5



## BLOC III. ESPAI, FORMA I MESURA

## 6

# 7

# 8



## BLOC IV. ESTADÍSTICA I ATZAR

# 9

10

11

12



*NOTA: Les unitats o apartats assenyalats amb un asteric (*) són específics dels ensenyaments acadèmics.

# » PRESENTACIÓ I ESTRUCTURA

Els continguts del programa **Mary Somerville** per a 4t d'ESO s'estructuren en 12 unitats que es desenvolupen a partir d'informació clara i detallada i un gran nombre d'activitats.

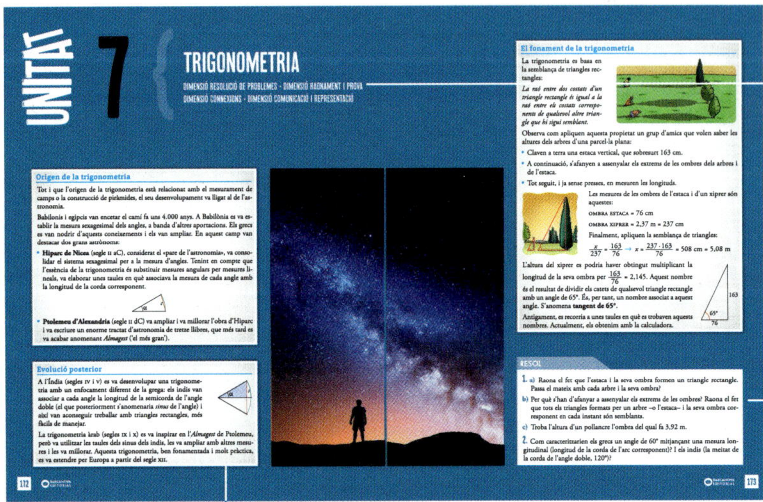

**Dimensions.** Indicació de les dimensions, que es tracten en totes les unitats.

**Resol.** S'ofereixen una sèrie d'activitats motivadores amb la finalitat d'identificar els coneixements previs de l'alumne.

Cada unitat comença amb una breu introducció històrica dels continguts que es treballaran.

**Destacats en color.** Definicions i procediments principals.

**Exercicis i problemes resolts** per practicar els procediments més importants.

**Observa, raona i resol. Estratègies, suggeriments, pistes i maneres de pensar** que resultaran útils per afrontar la resolució de problemes semblants.

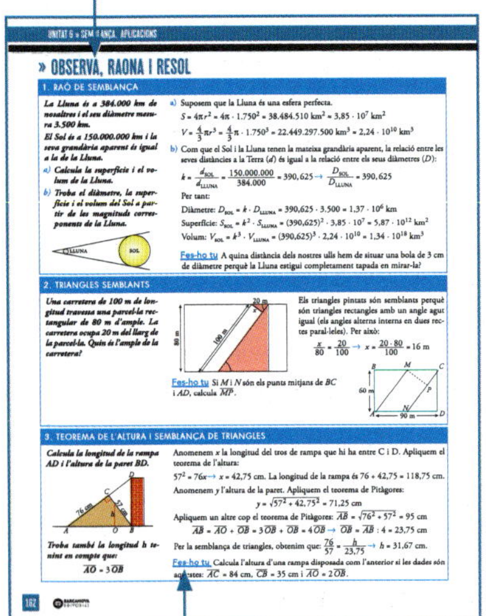

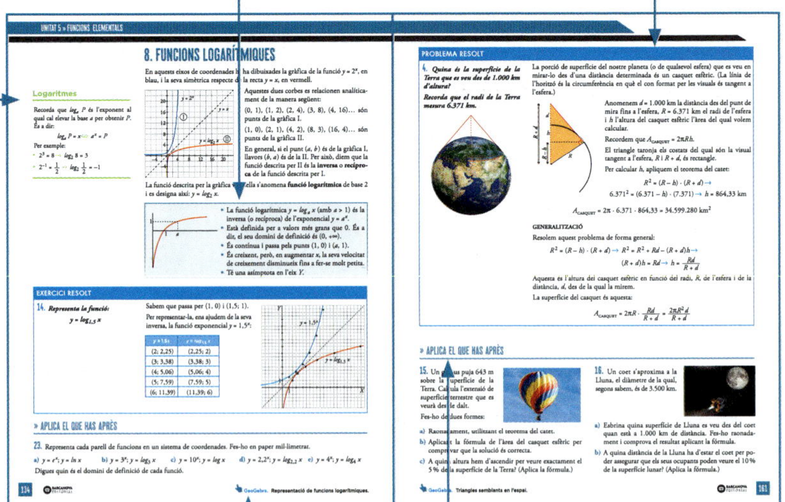

Notes al marge amb explicacions complementàries, exemples, recordatoris, càlcul mental, calculadora...

**Aplica el que has après.** Activitats per posar en pràctica els coneixements que s'acaben d'adquirir i desenvolupar les diferents competències.

**GeoGebra.** Activitats amb GeoGebra que complementen els continguts. Les trobareu al web *www.espaibarcanova.cat.*

**Fes-ho tu.** Exercicis i problemes per practicar les estratègies que s'acaben de mostrar.

**Exercita les teves competències.** Al final de cada unitat hi ha una **bateria d'activitats** per aplicar els coneixements adquirits i per desenvolupar les diferents competències. En cada activitat s'indica el nivell de dificultat:

baix · mitjà · alt

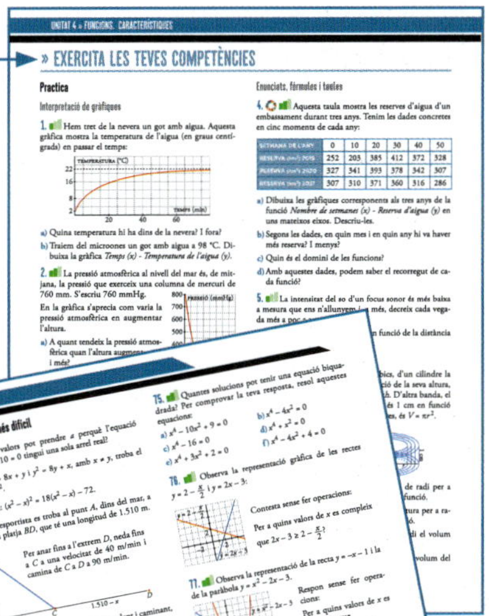

Aquesta icona indica que és una activitat per avaluar per dimensions.

**Matemàtiques en context.** Activitats competencials i contextualitzades en situacions reals per aplicar els continguts de la unitat.

**Resol: una mica més difícil.** Activitats d'una complexitat superior a la resta.

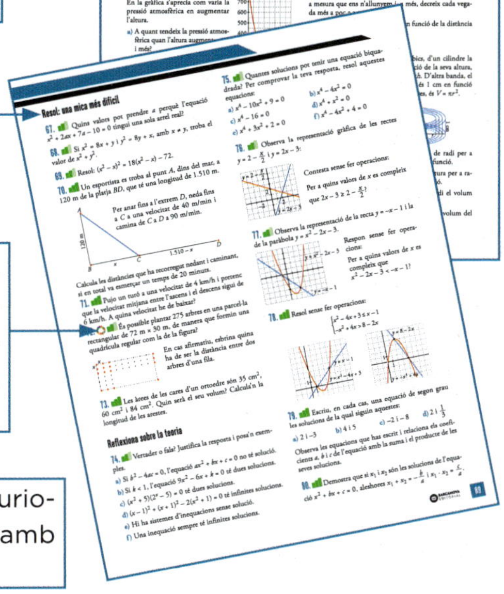

Aquesta icona indica que és una activitat relacionada amb algun dels 17 **objectius de desenvolupament sostenible** aprovats per l'ONU.

**Taller de matemàtiques.** Lectures, curiositats, informacions interessants... amb activitats de caire més lúdic.

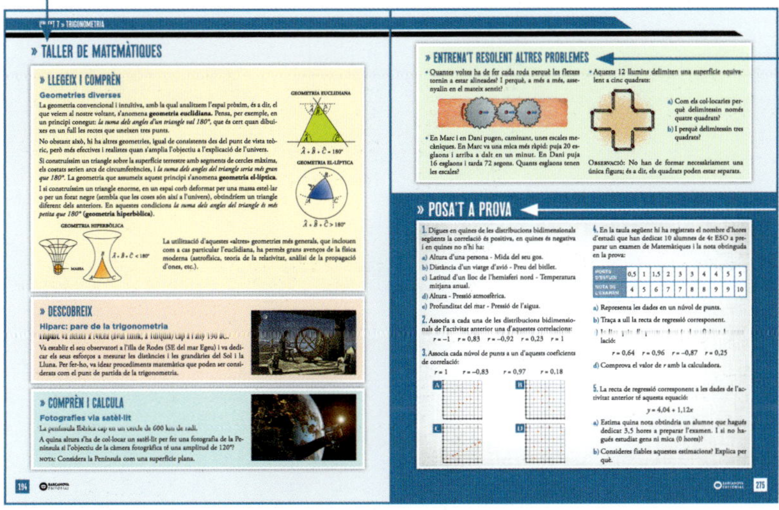

**Entrena't resolent altres problemes.** Problemes més lúdics per posar en joc diferents habilitats i estratègies.

**Posa't a prova.** Avaluació per comprovar si l'aprenentatge és satisfactori.

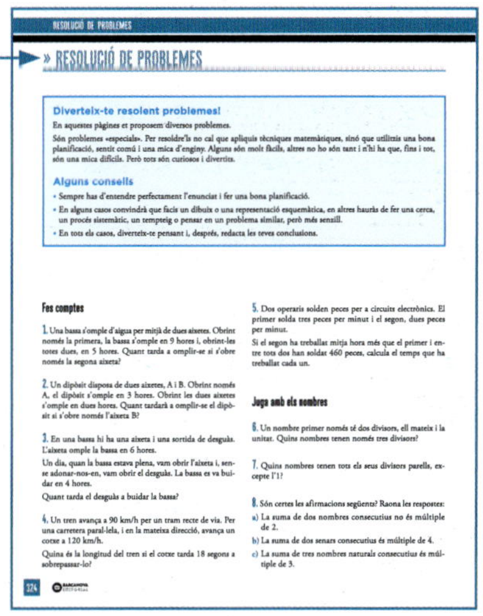

**Resolució de problemes.** Problemes curiosos i divertits que cal resoldre posant en joc la imaginació, una bona planificació, el sentit comú i una mica d'enginy.

**Repte.** Al final de cada trimestre presentem una doble pàgina de problemes per resoldre aplicant les estratègies i els coneixements matemàtics apresos fins aquell moment. Per a la resolució dels tres reptes oferim recursos web que trobareu en l'espai personal del web *www.barcanova.cat.*

# NUMERACIÓ i CÀLCUL

## 1. NOMBRES REALS

UNITAT 1

# NOMBRES REALS

DIMENSIÓ RESOLUCIÓ DE PROBLEMES · DIMENSIÓ RAONAMENT I PROVA
DIMENSIÓ CONNEXIONS · DIMENSIÓ COMUNICACIÓ I REPRESENTACIÓ

## Nombres racionals

Els *nombres naturals* han estat utilitzats per totes les civilitzacions des de la més remota antiguitat.

El paper dels negatius i, sobretot, del zero va resultar més difícil de concebre. Per això, els *nombres enters* no van acabar de prendre forma fins a finals del segle VII, a l'Índia. D'allà ens van arribar per mitjà de la cultura àrab al segle IX, juntament amb el sistema de numeració decimal posicional.

Les *fraccions* es van començar a utilitzar des de molt antic, però el seu ús a l'estil actual es va acabar de consolidar cap al segle XIV.

## Nombres irracionals

Els *nombres irracionals* van ser descoberts, i identificats com a tals, pels pitagòrics aproximadament al segle V abans de la nostra era. No obstant això, no van ser tractats com a nombres, sinó com a magnituds geomètriques, durant gairebé 2.000 anys.

### El nombre $\pi$ en l'antiguitat

El nombre $\pi$ és irracional. Però al llarg de la història se li han atribuït diferents valors racionals. Alguns d'aquests valors són els següents:

Antic Egipte (aprox. segle XX aC) → 3,16
Antiga Babilònia (aprox. segle XX aC) → 25/8
Arquimedes (segle III aC) → 22/7
Ptolemeu (segle II) → 377/120
Liu Hui (segle III) → 355/113

## El conjunt dels nombres reals

La idea que els nombres racionals i irracionals formen part d'un únic conjunt amb estructura i característiques molt interessants és molt recent. El concepte de *nombre real*, de la manera com l'entenem ara, es va anar concebent i construint en evolucionar l'estudi de les funcions. La seva formalització definitiva, el 1871, es deu a l'alemany **Cantor**.

### Organització dels diferents tipus de nombres

Els conjunts de nombres que coneixem i utilitzem estan ben estructurats:

- Els naturals, $\mathbb{N}$.
- Si a aquests hi afegim els seus oposats (negatius), obtenim el conjunt dels enters, $\mathbb{Z}$.
- Si als enters hi afegim els fraccionaris, obtenim els racionals, $\mathbb{Q}$.
- Si als racionals hi afegim els irracionals, aconseguirem un conjunt ben estructurat?

- RACIONALS $\mathbb{Q}$
  - ENTERS $\mathbb{Z}$
    - NATURALS $\mathbb{N}$ → $0, 7, 15, \frac{33}{11}, \sqrt[3]{32}\ldots$
    - ENTERS NEGATIUS → $-13, -48, -\frac{24}{6}, \sqrt[3]{-27}\ldots$
  - FRACCIONARIS (racionals no enters) → $8{,}92;\ -15{,}8\widehat{63};\ \frac{7}{11};\ -\frac{87}{5}\ldots$
- IRRACIONALS → $\sqrt{2}, \sqrt{5}, -\sqrt{8}, \sqrt[3]{4}\ldots$

## RESOL

**1. a)** Escriu tres nombres naturals i tres nombres enters que no siguin naturals.

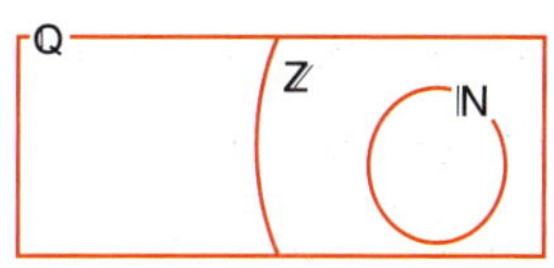


**b)** Escriu tres nombres racionals que no siguin enters i tres nombres que no siguin racionals.

**c)** Situa, en el teu quadern, els nombres anteriors en un esquema com el que hi ha al principi de l'activitat.

**2.** Si el valor de $\pi$ és 3,14159265359…, dona una fita de l'error comès en cada una de les aproximacions de la pàgina anterior.

Per exemple: $\frac{377}{120} = 3{,}141\boxed{6}66\ldots$ / $3{,}141\boxed{5}92\ldots$ } L'error és més petit que 1 deumil·lèsima: error < 0,0001

# 1. NOMBRES IRRACIONALS

Els **nombres racionals** són els que es poden obtenir com a quocient de dos nombres enters. La seva expressió decimal és exacta o periòdica.

Els **nombres irracionals** són els no racionals, és a dir, els que no poden obtenir-se com a quocient de dos nombres enters. La seva expressió decimal és infinita no periòdica. Per exemple, $\pi = 3{,}14159265359\ldots$

Hi ha infinits nombres irracionals, alguns dels quals són especialment interessants. Vegem-ne alguns.

## La diagonal del quadrat: el nombre $\sqrt{2}$

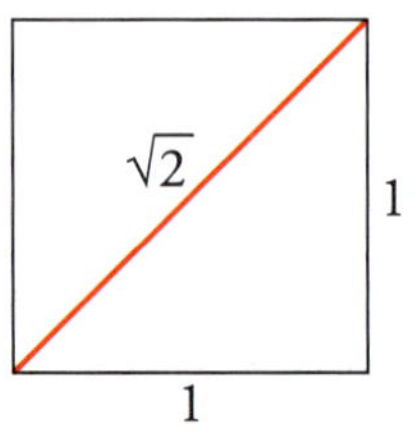


El teorema de Pitàgores ens proporciona el valor de la diagonal d'un quadrat de costat 1:

$$d = \sqrt{1^2 + 1^2} = \sqrt{2}$$

Demostrarem que $\sqrt{2}$ és irracional, és a dir, que **no es pot obtenir com a quocient de dos nombres enters**. Ho farem per *reducció a l'absurd* (suposarem que sí que ho és i veurem que s'arriba a un absurd).

— Suposem que $\sqrt{2}$ és racional.

— En aquest cas, es podria escriure com a quocient de dos nombres enters: $\sqrt{2} = \frac{a}{b}$

— Elevem al quadrat els dos membres: $2 = \frac{a^2}{b^2} \rightarrow a^2 = 2b^2$

Com que $b^2$ és un quadrat perfecte, conté el factor 2 un nombre parell de vegades. Per tant, $2b^2$ té el factor 2 un nombre imparell de vegades, la qual cosa és impossible ja que $2b^2 = a^2$ és un altre quadrat perfecte.

D'aquesta manera, completem el raonament següent: «Si suposem que $\sqrt{2}$ és racional, arribem a un absurd.»

I així hem demostrat, *per reducció a l'absurd*, que $\sqrt{2}$ no és racional.

### Tingues en compte

En la descomposició en factors primers d'un quadrat perfecte, cada nombre primer hi és present un nombre parell de vegades. Per exemple:

$$N = 2^2 \cdot 3 \cdot 5^3$$

$$N^2 = (2^2 \cdot 3 \cdot 5^3)^2 = 2^4 \cdot 3^2 \cdot 5^6$$

Tots els exponents són parells.

## Altres irracionals expressats mitjançant radicals

Pel mateix motiu que $\sqrt{2}$, si $p$ no és un quadrat perfecte, $\sqrt{p}$ és irracional.

> Si $p$ no és una potència $n$-èsima exacta, $\sqrt[n]{p}$ és un nombre irracional.

Per exemple, $\sqrt{8}$, $\sqrt[3]{9}$ i $\sqrt[5]{10}$ són irracionals.

> El resultat d'operar un nombre racional amb un d'irracional és irracional (tret de la multiplicació per zero).

Per exemple, són irracionals $\sqrt{2} + 3$, $4 - \sqrt[5]{10}$ i $\sqrt[3]{9} : 7$.

Provem que $4 - \sqrt[5]{10}$ és irracional basant-nos en el fet que $\sqrt[5]{10}$ ho és.

— Anomenem $N = 4 - \sqrt[5]{10} \rightarrow \sqrt[5]{10} = 4 - N$.

— Si $N$ fos racional, $4 - N$ també ho seria. És a dir, $\sqrt[5]{10}$ ho seria, la qual cosa és falsa.

## » APLICA EL QUE HAS APRÈS

**1.** Demostra que els nombres següents són irracionals: **a)** $\sqrt{3}$ **b)** $4\sqrt{3}$ **c)** $5 + 4\sqrt{3}$

## Estrella pitagòrica

Aquesta figura, formada amb les cinc diagonals d'un pentàgon regular, era el símbol dels pitagòrics.

## El nombre d'or: $\Phi = \dfrac{\sqrt{5}+1}{2}$

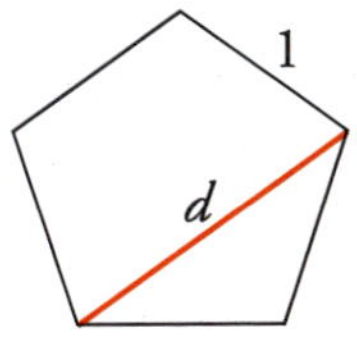


$d = \Phi$

La diagonal d'un pentàgon que de costat fa 1 unitat és el nombre $\left(\sqrt{5}+1\right):2$, que, evidentment, és irracional. A més, és, històricament, el primer nombre del qual es va tenir consciència que ho era.

Els artistes grecs van considerar que les proporcions basades en el nombre $\Phi$ resultaven especialment harmonioses, per la qual cosa van anomenar **$\Phi$ nombre auri** o **nombre d'or**.

El nom $\Phi$ (fi, lletra F en grec) és la inicial de **Fídies**, escultor grec del segle v aC que va utilitzar reiteradament aquesta proporció.

## El nombre $\pi$

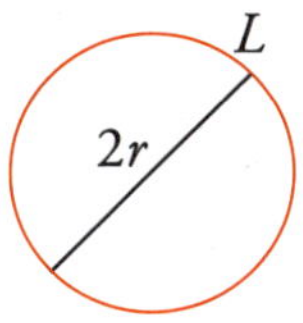


$\dfrac{L}{2r} = \pi$

Com ja saps, $\pi$ és la relació entre la longitud d'una circumferència i el seu diàmetre. Aquest nombre el coneixes i l'utilitzes des de fa molts anys.

## Tingues en compte

A diferència de $\sqrt{2}$, $\sqrt{5}$, $\Phi$ i altres nombres irracionals, els nombres $\pi$ i $e$ no es poden representar de forma exacta sobre la recta real.

Es tracta d'un nombre irracional, que, per tant, té infinites xifres decimals no periòdiques.

$\pi$ és la lletra grega corresponent a la $p$. Per què aquest nom? La paraula grega *periphéreia* significa 'circumferència' (la perifèria del cercle).

## El nombre *e*

Un altre nombre irracional fonamental en matemàtiques és el nombre $e$, anomenat així en honor a Leonhard Euler, un dels matemàtics més importants de la història.

El seu valor aproximat és 2,7182... i el trobarem, a partir d'ara, en moltes situacions:

— Per descriure el procés de creixement d'una població animal o vegetal s'utilitza una funció exponencial en la qual apareix el nombre $e$.

— També, per descriure el romanent de radioactivitat, amb el pas del temps, en una substància radioactiva.

— I si pengem una cadena, un cable, una corda... amb els seus extrems a la mateixa altura, la corba que forma (catenària) es descriu, també, amb el nombre $e$.

## Catenària

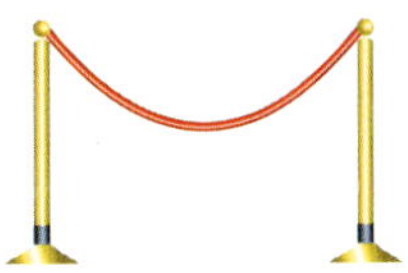

$y = \dfrac{e^x + e^{-x}}{2}$

## » APLICA EL QUE HAS APRÈS

**2.** Justifica que aquestes construccions donen un segment de mesura igual al nombre d'or $\Phi = \dfrac{\sqrt{5}+1}{2} = \dfrac{\sqrt{5}}{2} + \dfrac{1}{2}$.

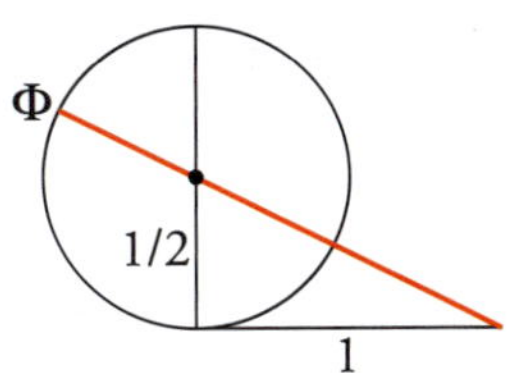


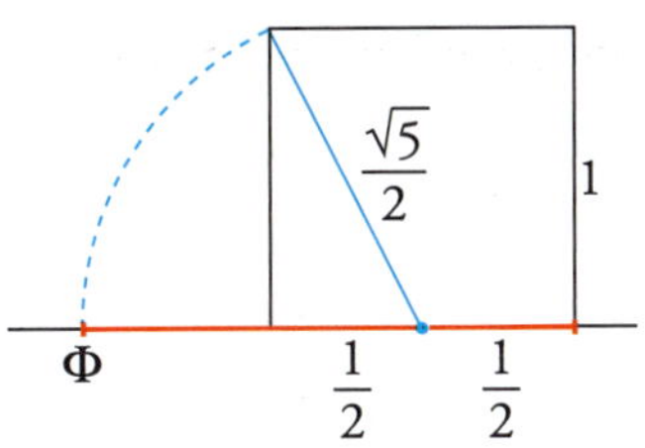


**3.** Demostra que el nombre auri, $\Phi$, és irracional.

**4.** Aquest rectangle té la peculiaritat que, si en suprimim un quadrat, el rectangle que en resulta és semblant a l'inicial.

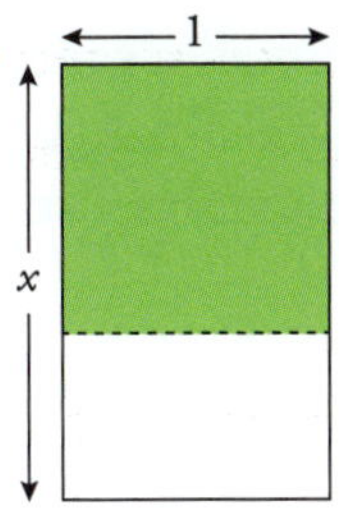


Demostra que el seu costat més gran és $x = \Phi$.

# 2. NOMBRES REALS: LA RECTA REAL

### Tingues en compte

Existeixen altres conjunts de nombres que potser estudiaràs en altres cursos; però $\mathbb{R}$ omple la recta numèrica i no deixa buits, com veurem a continuació.

El conjunt format pels nombres racionals i els irracionals s'anomena **conjunt dels nombres reals** i es designa per $\mathbb{R}$.

És a dir, tant els **racionals** com els **irracionals** són nombres **reals**, i junts engloben tots els nombres. Amb el conjunt $\mathbb{R}$ podem completar la taula de conjunts numèrics:

- REALS $\mathbb{R}$
  - RACIONALS $\mathbb{Q}$
    - ENTERS $\mathbb{Z}$
      - NATURALS $\mathbb{N}$ $\rightarrow 0,\ 4,\ \frac{24}{6},\ \sqrt{121}$
      - ENTERS NEGATIUS $\rightarrow -11,\ -\frac{27}{3},\ \sqrt[3]{-8}$
    - FRACCIONARIS $\rightarrow 5{,}84;\ \frac{1}{2};\ 5{,}\widehat{83};\ -\frac{3}{10}$
  - IRRACIONALS $\rightarrow \sqrt{2},\ \sqrt{3},\ \Phi,\ \pi,\ -\sqrt{5}+2,\ \frac{2+\sqrt{3}}{5}$

Amb els nombres reals podem realitzar les mateixes operacions que es fan amb els racionals: suma, resta, multiplicació i divisió (excepte pel zero) i es mantenen les mateixes propietats.

També podem extreure arrels de qualsevol índex (excepte arrels d'índex parell de nombres negatius) i el resultat continua essent un nombre real. Això no passava amb els nombres racionals.

### Observa

El resultat de multiplicar dos enters negatius no és un enter negatiu. Per exemple:

$$(-2) \cdot (-3) = 6$$

La suma de dos nombres fraccionaris no ha de ser necessàriament una fracció. Per exemple:

$$\frac{1}{3} + \frac{5}{3} = \frac{6}{3} = 2$$

Observem que els conjunts $\mathbb{N}$, $\mathbb{Z}$, $\mathbb{Q}$ i, ara també, $\mathbb{R}$ són **tancats** per a les operacions suma i producte; és a dir, tant la suma com el producte de dos elements d'un d'aquests conjunts és un element del mateix conjunt. I això no passa ni amb els enters negatius, ni amb els fraccionaris ni amb els irracionals: la suma de dos irracionals pot ser racional (per exemple: $[1+\sqrt{2}] + [3-\sqrt{2}] = 4$) i també el producte de dos irracionals pot ser racional (per exemple: $\sqrt{2} \cdot \sqrt{8} = 4$).

## La recta real

Els nombres racionals, com sabem, se situen en la recta de manera *densa*, és a dir, de manera que en cada tram, per petit que sigui, n'hi ha infinits. No obstant això, i encara que sembli estrany, hi ha infinits buits entre ells. Aquests buits són ocupats pels nombres irracionals. Entre tots omplen la recta.

### No ho oblidis

La recta real és **completa**, és a dir, **a cada punt de la recta li correspon un nombre real** i a cada nombre real, un punt de la recta.

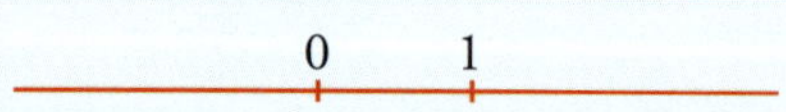


Si en una recta hi situem un origen (el zero, 0) i marquem la longitud de la unitat, a cada punt li correspon un nombre racional o un nombre irracional. És a dir, *a cada punt de la recta li correspon un nombre real.* Per això, la recta numèrica l'anomenem **recta real**.

Una vegada situats tots els nombres reals en la recta, podem assegurar que entre cada dos nombres, per pròxims que es trobin, hi ha infinits nombres racionals i infinits nombres irracionals.

## Representació de nombres en la recta real

### Exemple

Representació de $\frac{5}{6}$:

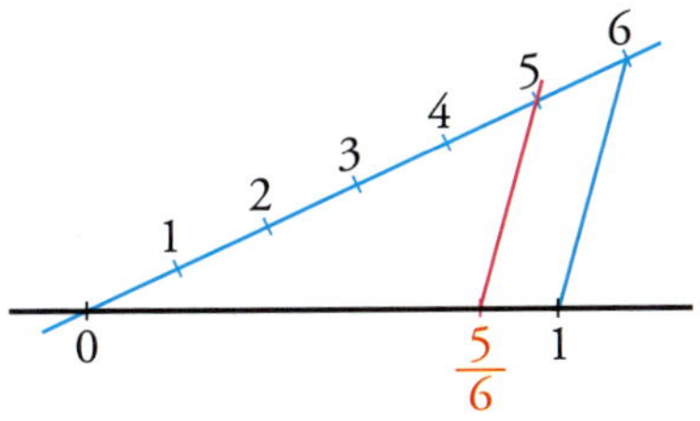


### Representació de nombres fraccionaris mitjançant el teorema de Tales

Observa com situem en la recta real el nombre $\frac{14}{5}$ utilitzant el teorema de Tales:

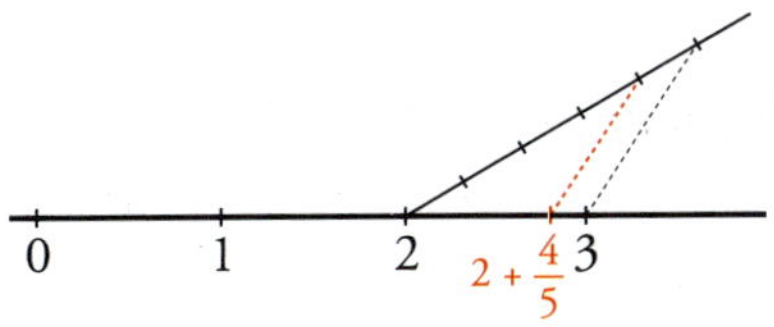


$$\frac{14}{5} = 2 + \frac{4}{5}$$

### Representació de radicals mitjançant el teorema de Pitàgores

El procediment següent permet representar $\sqrt{n}$ per a qualsevol $n \in \mathbb{N}$:

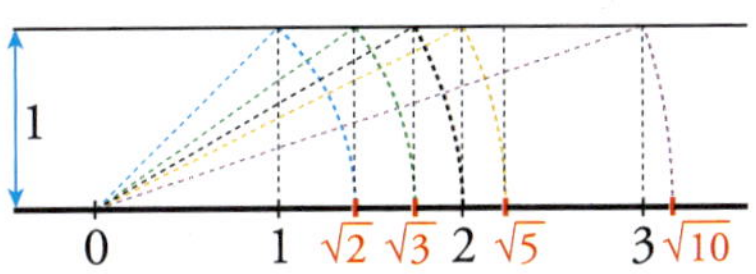


Per exemple:

$$\sqrt{3} = \sqrt{\left(\sqrt{2}\right)^2 + 1^2}$$

$$\sqrt{10} = \sqrt{3^2 + 1^2}$$

Tanmateix, la major part dels nombres reals no poden ser representats de forma exacta mitjançant aquest tipus de procediments. Per exemple, com representaríem $\sqrt[5]{842}$? Usualment recorrem a una *representació aproximada.*

### Representació aproximada de nombres reals

La representació d'un nombre real qualsevol mitjançant la seva expressió decimal pot fer-se amb tanta aproximació com es vulgui. Per exemple, $\sqrt[5]{842} = 3{,}8464\ldots$:

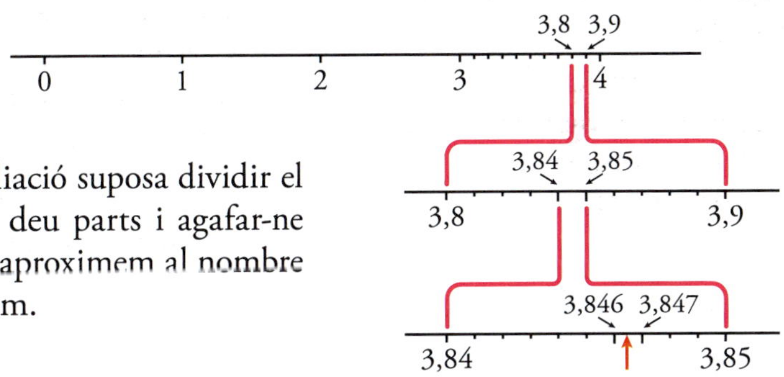


Observa que cada ampliació suposa dividir el subinterval anterior en deu parts i agafar-ne una. En definitiva, ens aproximem al nombre buscat tant com vulguem.

Els nombres reals poden ser representats en la recta real, segons els casos, de forma exacta o bé amb tanta aproximació com es vulgui.

## » APLICA EL QUE HAS APRÈS

**5.** **a)** Justifica que el punt representat és $\sqrt{21}$.

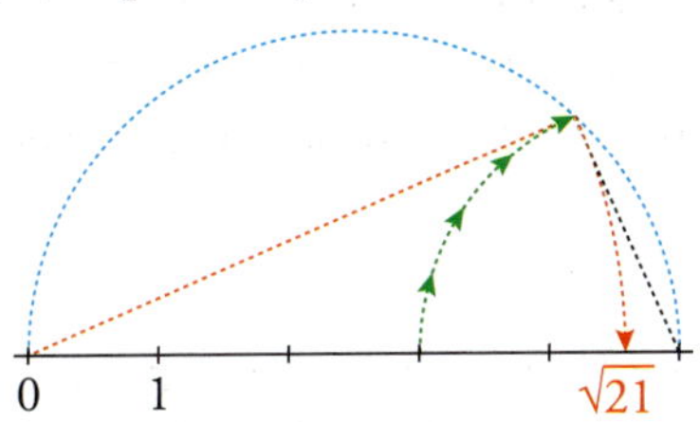


**b)** Representa $\sqrt{27}$ $(27 = 36 - 9)$ i $\sqrt{40}$ $(40 = 36 + 4)$.

**6.** Quin nombre és el que hem assenyalat amb una fletxa?

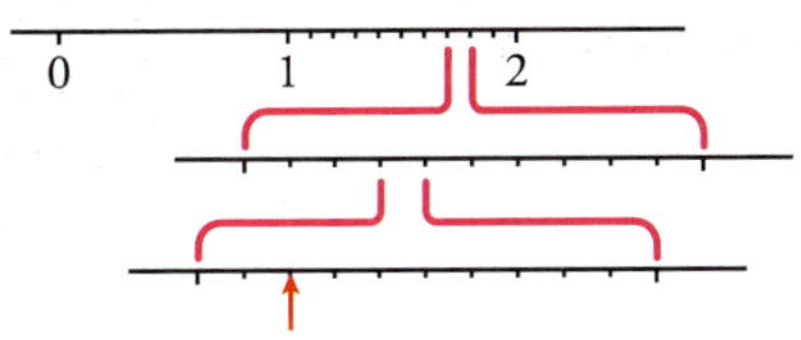


Representa, de la mateixa manera, el 2,716.

# 3. TRAMS DE LA RECTA REAL: INTERVALS I SEMIRECTES

En el món científic, sovint és necessari precisar l'àmbit de validesa d'una certa variable. Per exemple, «el període de temps comprès entre 3 s i 11 s». Per aquesta raó, hem d'aprendre a designar alguns trams de la recta real amb una nomenclatura adequada.

## Interval obert

**L'interval obert (*a*, *b*)** és el conjunt de tots els nombres compresos entre $a$ i $b$, sense incloure-hi ni $a$ ni $b$: $\{x \mid a < x < b\}$.

Es representa així:

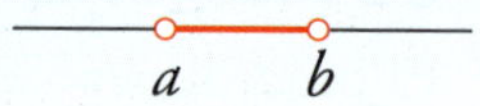


Per exemple, l'interval (–2, 1) està format pels nombres reals compresos entre –2 i 1, sense incloure-hi ni –2 ni 1: $\{x \mid -2 < x < 1\}$.

Un altre exemple: per construir una capsa amb una cartolina de 10 cm × 15 cm, hem de tallar de les seves cantonades quatre quadrats iguals i, després, plegar els rectangles que veus en la imatge. El costat dels quadrats ha de ser, doncs, més petit que 5 cm ⟶ (0, 5).

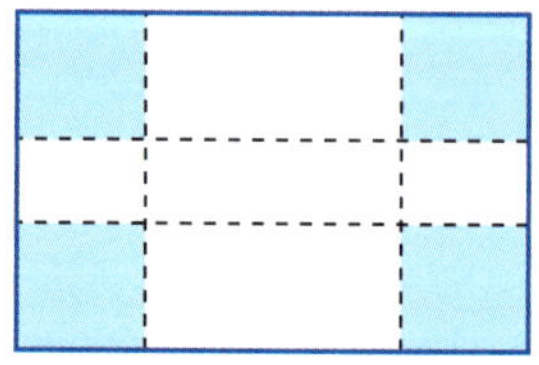

### Interval obert

$(a, b) = \{x \mid a < x < b\}$

L'expressió anterior es llegeix així:

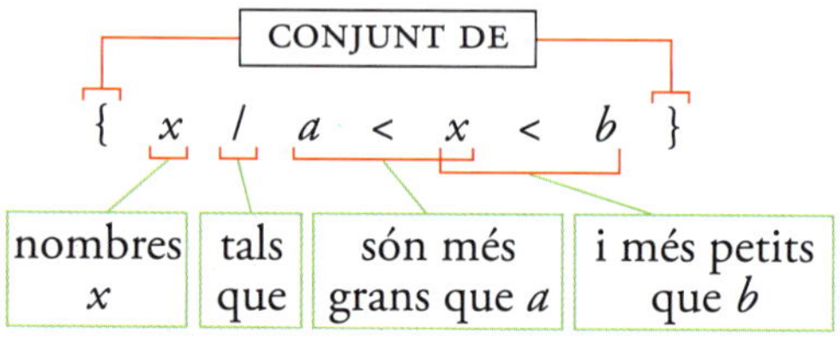


## Interval tancat

**L'interval tancat [*a*, *b*]** és el conjunt de tots els nombres compresos entre $a$ i $b$, ambdós inclosos: $\{x \mid a \leq x \leq b\}$.

Es representa així:

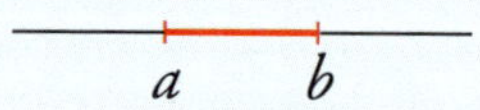


Per exemple, l'interval [–2, 1] està format pels nombres reals compresos entre –2 i 1, incloent-hi el –2 i l'1: $\{x \mid -2 \leq x \leq 1\}$.

Un altre exemple: conjunt de paquets que pesin 2 kg o més, però que no superin els 5 kg ⟶ [2, 5].

### Interval tancat

$[a, b] = \{x \mid a \leq x \leq b\}$

## Interval semiobert

- **L'interval (*a*, *b*]** és el conjunt de tots els nombres compresos entre $a$ i $b$, incloent-hi $b$ però no $a$: $\{x \mid a < x \leq b\}$.

  Es representa així:

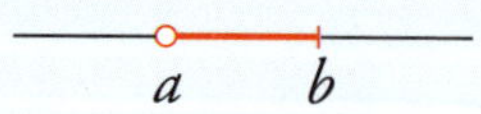


- **L'interval [*a*, *b*)** és el conjunt de tots els nombres compresos entre $a$ i $b$, incloent-hi $a$ però no $b$: $\{x \mid a \leq x < b\}$.

  Es representa així:

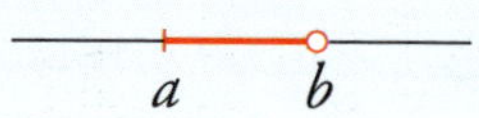


Per exemple, l'interval (3, 4] està format pels nombres reals compresos entre 3 i 4, incloent-hi el 4 però no el 3: $\{x \mid 3 < x \leq 4\}$.

Un altre exemple: nens que hagin complert 1 any però que encara no tinguin 4 anys ⟶ [1, 4).

### Interval semiobert

$(a, b] = \{x \mid a < x \leq b\}$

$[a, b) = \{x \mid a \leq x < b\}$

## Semirectes

$(-\infty, a) = \{x \,/\, x < a\}$ 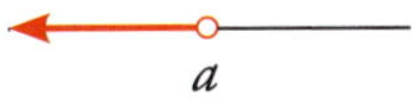


$(-\infty, a] = \{x \,/\, x \le a\}$ 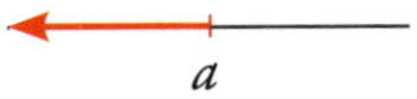


$(a, +\infty) = \{x \,/\, x > a\}$ 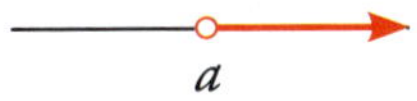


$[a, +\infty) = \{x \,/\, x \ge a\}$ 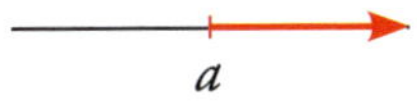


## Observa

La **unió** de dos intervals o semirectes es representa per ∪:

$$(-\infty, 2) \cup (0, 5] = (-\infty, 5]$$

La **intersecció** de dos intervals o semirectes es representa per ∩:

$$(-\infty, 2) \cap (0, 5] = (0, 2)$$

## Semirectes i recta real

| | |
|---|---|
| $(-\infty, a)$ | són els nombres més petits que $a$: $\{x \,/\, x < a\}$. |
| $(-\infty, a]$ | són els nombres més petits que $a$ i el mateix $a$: $\{x \,/\, x \le a\}$. |
| $(a, +\infty)$ | són els nombres més grans que $a$: $\{x \,/\, x > a\}$. |
| $[a, +\infty)$ | són els nombres més grans que $a$ i el mateix $a$: $\{x \,/\, x \ge a\}$. |

- $(-\infty, 2)$ és el conjunt $\{x \,/\, x < 2\}$ → 

- $[2, +\infty)$ és el conjunt $\{x \,/\, x \ge 2\}$ → 

- Per votar, cal haver complert 18 anys → $[18, +\infty)$. Naturalment, el $+\infty$, en aquest context real, cal relativitzar-lo.

La mateixa **recta real** es representa en forma d'interval així: $\mathbb{R} = (-\infty, +\infty)$.

Quan no hi ha cap nombre que compleixi una condició concreta, es representa mitjançant el **conjunt buit**, el símbol del qual és ∅. Per exemple, el conjunt dels nombres $x$ tals que $x^2 < 0$ correspon al conjunt buit: $\{x \in \mathbb{R} \,/\, x^2 < 0\} = \varnothing$.

### EXERCICIS RESOLTS

**1.** ***Escriu en forma d'interval i representa:***

***a)*** $2 < x \le 3$ ***b)*** $x \le 1$ ***c)*** $x > 0$

**a)** Interval semiobert $(2, 3]$ 

**b)** Semirecta $(-\infty, 1]$ 

**c)** Semirecta $(0, +\infty)$ 

**2.** ***Escriu en forma de desigualtat i representa:***

***a)*** $[-2, 0]$ ***b)*** $[-1, +\infty)$ ***c)*** $(0, 1)$

**a)** $\{x \,/\, -2 \le x \le 0\}$ 

**b)** $\{x \,/\, x \ge -1\}$ 

**c)** $\{x \,/\, 0 < x < 1\}$ 

**3.** ***Per a quins valors de x és vàlida l'expressió següent?***

$$\sqrt{(x + 2)(x - 3)}$$

L'arrel quadrada pot fer-se quan el radicand és zero o positiu. I això passa quan un dels factors és zero, ambdós són negatius o ambdós són positius. És a dir, si $x \le -2$ o si $x \ge 3$.

$(-\infty, -2] \cup [3, +\infty)$ 

## » APLICA EL QUE HAS APRÈS

**7.** Escriu els conjunts següents en forma d'interval i representa els nombres que compleixen les condicions indicades en cada cas:

**a)** Compresos entre 5 i 6, ambdós inclosos.

**b)** Més grans que 7.

**c)** Més petits o iguals que –5.

**8.** Escriu en forma d'interval i representa:

**a)** $\{x \,/\; 3 \le x < 5\}$ **b)** $\{x \,/\; x \ge 0\}$

**c)** $\{x \,/\; -3 < x < 1\}$ **d)** $\{x \,/\; x < 8\}$

**9.** Escriu en forma de desigualtat i representa:

**a)** $(-1, 4]$ **b)** $[0, 6]$ **c)** $(-\infty, -4)$ **d)** $[9, +\infty)$

GeoGebra. Intervals en la recta real.

# 4. ARRELS I RADICALS

**CÀLCUL MENTAL**

1. Digues el valor de $k$ en cada cas:

a) $\sqrt[3]{k} = 2$ b) $\sqrt[k]{-243} = -3$

c) $\sqrt[4]{k} = \frac{2}{3}$ d) $\sqrt[k]{1.024} = 2$

2. Calcula les arrels següents:

a) $\sqrt[3]{-8}$ b) $\sqrt[5]{32}$

c) $\sqrt[5]{-32}$ d) $\sqrt[8]{0}$

e) $\sqrt[4]{81}$ f) $\sqrt[3]{125}$

S'anomena **arrel *n*-èsima** d'un nombre $a$ i s'escriu $\sqrt[n]{a}$, un nombre $b$ que compleix la condició següent:

$$\sqrt[n]{a} = b \text{ si } b^n = a$$

$\sqrt[n]{a}$ s'anomena **radical**; $a$, **radicand**, i $n$, **índex** de l'arrel.

Quan utilitzis expressions com aquesta, hi haurà casos en què hauràs de calcular el valor numèric. Per a això, hauràs de tenir en compte la definició, com en els casos que es proposen en el marge, o bé hauràs de recórrer a la calculadora. Però en altres casos hauràs de mantenir el radical, simplificar-lo, operar amb altres radicals, etc.

## Algunes peculiaritats de les arrels

- Si $a \geq 0$, $\sqrt[n]{a}$ existeix per a qualsevol valor de $n$.
- Si $a < 0$, només existeixen les seves arrels d'índex senar.
- Encara que 4, per exemple, té dues arrels quadrades, quan escrivim $\sqrt{4}$ ens referim a la positiva: $\sqrt{4} = 2$.

En general, un nombre positiu, $a$, té dues arrels quadrades: $\sqrt{a}$ i $-\sqrt{a}$.

**Atenció**

$$\sqrt[n]{a} = a^{\frac{1}{n}}$$

$$\sqrt[n]{a^m} = a^{\frac{m}{n}}$$

## Forma exponencial dels radicals

Els radicals es poden expressar com a potències:

$$\sqrt[n]{a} = a^{\frac{1}{n}}, \text{ perquè } (a^{\frac{1}{n}})^n = a^{\frac{n}{n}} = a^1 = a$$

$$\sqrt[n]{a^m} = a^{\frac{m}{n}}, \text{ perquè } \sqrt[n]{a^m} = (a^m)^{\frac{1}{n}} = a^{m \cdot \frac{1}{n}} = a^{\frac{m}{n}}$$

Per exemple:

$$\left(\sqrt[6]{27}\right)^2 = \left(\sqrt[6]{3^3}\right)^2 = (3^{3/6})^2 = 3^{6/6} = 3$$

$$\sqrt[3]{64} = \sqrt[3]{2^6} = 2^{6/3} = 2^2 = 4$$

## » APLICA EL QUE HAS APRÈS

**10.** Expressa en forma exponencial cada una d'aquestes arrels:

a) $\sqrt[5]{x}$ b) $\left(\sqrt[3]{x^2}\right)^5$

c) $\sqrt[15]{a^6}$ d) $\sqrt{\frac{a^{13}}{a^6}}$

e) $\sqrt[6]{\frac{x^3}{x^2}}$ f) $\left[\left(\sqrt[5]{\frac{x^4}{x}}\right)^2\right]^4$

**11.** Calcula:

a) $4^{1/2}$ b) $125^{1/3}$ c) $625^{1/4}$

d) $8^{2/3}$ e) $64^{5/6}$ f) $36^{3/2}$

**12.** Expressa en forma radical:

a) $x^{7/9}$ b) $(m^5 \cdot n^5)^{1/3}$

c) $a^{1/2} \cdot b^{1/3}$ d) $[(x^2)^{1/3}]^{1/5}$

e) $[(x^{1/2})^5]^{1/3}$ f) $(y^3 \cdot z^2)^{2/3}$

## Operacions amb radicals

Els radicals tenen una sèrie de propietats que hem de conèixer i utilitzar amb desimboltura. Les anirem enumerant en el marge d'aquesta pàgina i en el de la següent. Totes són conseqüències immediates de les propietats de les potències.

També posarem atenció a les operacions que aquestes propietats permeten simplificar.

### Propietat 1

$\sqrt[np]{a^p} = \sqrt[n]{a}$, perquè:

$\sqrt[np]{a^p} = a^{p/np} = a^{1/n} = \sqrt[n]{a}$

### Simplificació de radicals

Expressant els radicals en forma de potència, veiem que, de vegades, es poden simplificar. Per exemple:

$$\sqrt[4]{9} = \sqrt[4]{3^2} = 3^{2/4} = 3^{1/2} = \sqrt{3}$$

Hi hem aplicat la propietat 1 (vegeu-la en el marge).

### Reducció de radicals a índex comú

No sempre resulta fàcil comparar dos radicals de diferent índex. Si els expressem amb el mateix índex, és molt més senzill. En realitat, es tracta simplement de reduir a denominador comú.

Per exemple, comparem $\sqrt[3]{586}$ amb $\sqrt{70}$:

$$\left.\begin{array}{l} \sqrt[3]{586} = 586^{1/3} = 586^{2/6} = \sqrt[6]{586^2} = \sqrt[6]{343.396} \\ \sqrt{70} = 70^{1/2} = 70^{3/6} = \sqrt[6]{70^3} = \sqrt[6]{343.000} \end{array}\right\} \rightarrow \sqrt[3]{586} > \sqrt{70}$$

Hi hem tornat a aplicar la propietat 1 (vegeu-la en el marge).

### Propietat 2

$\sqrt[n]{a \cdot b} = \sqrt[n]{a} \cdot \sqrt[n]{b}$, perquè:

$\sqrt[n]{a \cdot b} = (a \cdot b)^{1/n} =$

$= a^{1/n} \cdot b^{1/n} =$

$= \sqrt[n]{a} \cdot \sqrt[n]{b}$

### Extracció de factors fora d'una arrel

Per simplificar alguns radicals i per sumar-los i restar-los, de vegades caldrà treure factors fora d'una arrel. Vegem-ne alguns exemples:

$$\sqrt{18} = \sqrt{3^2 \cdot 2} = \sqrt{3^2} \cdot \sqrt{2} = 3\sqrt{2}$$

$$\sqrt{720} = \sqrt{2^4 \cdot 3^2 \cdot 5} = \sqrt{2^4} \cdot \sqrt{3^2} \cdot \sqrt{5} = 2^2 \cdot 3 \cdot \sqrt{5} = 12\sqrt{5}$$

Hi hem aplicat la propietat 2 (vegeu-la en el marge).

### Propietat 3

$\sqrt[n]{\dfrac{a}{b}} = \dfrac{\sqrt[n]{a}}{\sqrt[n]{b}}$, perquè:

$\sqrt[n]{\dfrac{a}{b}} = \left(\dfrac{a}{b}\right)^{1/n} = \dfrac{a^{1/n}}{b^{1/n}} = \dfrac{\sqrt[n]{a}}{\sqrt[n]{b}}$

### Producte i quocient de radicals amb el mateix índex

Per exemple: $\sqrt{15} \cdot \sqrt{20} = \sqrt{15 \cdot 20} = \sqrt{300}$ (propietat 2, vegeu-la en el marge)

$$\frac{\sqrt{15}}{\sqrt{20}} = \sqrt{\frac{15}{20}} = \sqrt{\frac{3}{4}}$$ (propietat 3, vegeu-la en el marge)

### Simplificació de productes i quocients de radicals

Per exemple: $\sqrt{3} \cdot \sqrt[3]{2} = \sqrt[6]{3^3} \cdot \sqrt[6]{2^2} = \sqrt[6]{3^3 \cdot 2^2} = \sqrt[6]{108}$

$$\frac{\sqrt[3]{16}}{\sqrt[6]{32}} = \frac{\sqrt[6]{16^2}}{\sqrt[6]{32}} = \sqrt[6]{\frac{(2^4)^2}{2^5}} = \sqrt[6]{\frac{2^8}{2^5}} = \sqrt[6]{2^3} = \sqrt{2}$$

Hi hem aplicat les propietats 1, 2 i 3 (vegeu-la en el marge).

### Propietat 4

$\left(\sqrt[n]{a}\right)^p = \sqrt[n]{a^p}$, perquè:

$\left(\sqrt[n]{a}\right)^p = (a^{1/n})^p = a^{p/n} = \sqrt[n]{a^p}$

### Propietat 5

$\sqrt[m]{\sqrt[n]{a}} = \sqrt[m \cdot n]{a}$, perquè:

$\sqrt[m]{\sqrt[n]{a}} = (a^{1/n})^{1/m} = a^{1/m \cdot n} = \sqrt[m \cdot n]{a}$

### Recorda

Només es poden sumar els radicals idèntics.

### Potència d'un radical

Per exemple:

$$\left(\sqrt{2^3}\right)^4 = \sqrt{2^{12}} = 2^{12/2} = 2^6 = 64$$

$$\left(\sqrt[5]{2}\right)^3 = \sqrt[5]{2^3} = \sqrt[5]{8}$$

Hi hem aplicat la propietat 4 (vegeu-la en el marge).

### Arrel d'un radical

Per exemple:

$$\sqrt[3]{\sqrt{2}} = \sqrt[6]{2}$$

$$\sqrt[4]{\sqrt[3]{5}} = \sqrt[12]{5}$$

Hi hem aplicat la propietat 5 (vegeu-la en el marge).

### Suma i resta de radicals

Dos radicals diferents no poden sumar-se si abans no se n'obtenen les expressions decimals aproximades. Únicament poden sumar-se directament radicals idèntics. Per exemple:

$\left.\begin{array}{l}\sqrt{3} + \sqrt{2} \\ \sqrt{7} - \sqrt[3]{7}\end{array}\right\}$ Només poden realitzar-se de forma aproximada o bé cal deixar-les indicades.

Sí que pot simplificar-se l'expressió següent:

$$7\sqrt{5} + 11\sqrt{5} - \sqrt{5} = 17\sqrt{5}$$

Hi ha casos en què la possibilitat de simplificar una suma de radicals queda oculta. Prèviament, haurem de treure els factors que puguem fora de les arrels o simplificar-les. Per exemple:

$$\sqrt{32} + 5\sqrt{18} - \sqrt{50} = \sqrt{2^5} + 5\sqrt{3^2 \cdot 2} - \sqrt{5^2 \cdot 2} =$$

$$= 4\sqrt{2} + 15\sqrt{2} - 5\sqrt{2} = 14\sqrt{2}$$

$$\sqrt{8} + \sqrt[4]{4} = \sqrt{2^3} + \sqrt[4]{2^2} = 2\sqrt{2} + \sqrt{2} = 3\sqrt{2}$$

## » APLICA EL QUE HAS APRÈS

**13.** Simplifica:

a) $\sqrt[12]{x^9}$  b) $\sqrt[12]{x^8}$  c) $\sqrt[5]{y^{10}}$

d) $\sqrt[6]{8}$  e) $\sqrt[9]{64}$  f) $\sqrt[8]{81}$

**14.** Quin dels dos radicals és més gran en cada cas?

a) $\sqrt[4]{31}$ i $\sqrt[3]{13}$

b) $\sqrt[3]{51}$ i $\sqrt[9]{132.650}$

**15.** Redueix:

a) $\sqrt[3]{2} \cdot \sqrt[5]{2}$  b) $\sqrt[3]{6} \cdot \sqrt[6]{3}$  c) $\sqrt[10]{a^4 b^6}$

**16.** Treu els factors del radical si és possible:

a) $\sqrt[3]{32x^4}$  b) $\sqrt[3]{81a^3b^5c}$  c) $\sqrt[5]{64}$

**17.** Simplifica:

a) $\dfrac{\sqrt{9}}{\sqrt[3]{3}}$  b) $\dfrac{\sqrt[5]{16}}{\sqrt{2}}$  c) $\dfrac{\sqrt[4]{a^3b^5c}}{\sqrt{ab^3c^3}}$

d) $\left(\sqrt[3]{a^2}\right)^6$  e) $\left(\sqrt{x}\right)^3 \cdot \left(\sqrt[3]{x}\right)$  f) $\left(\sqrt{\sqrt{\sqrt{2}}}\right)^8$

**18.** Efectua:

a) $\sqrt{18} + \sqrt{50} - \sqrt{2} - \sqrt{8}$  b) $\sqrt{75} + 2\sqrt{27} - \sqrt{48}$

## Observa

$\sqrt{2} = 1{,}4142...$

És més difícil fer:

```
1,00000000 | 1,4142
  0100600    0,7071...
     016060
       01918
```

que fer:

```
1,4142... | 2
   014      0,7071...
     02
      0
```

Però el resultat és el mateix.

## Recorda

Racionalitzar és fer racional una cosa que no ho era.

## Tingues en compte

- $(a + b) \cdot (a - b) = a^2 - b^2$
- L'expressió $\sqrt{a} - \sqrt{b}$ s'anomena **conjugat** de $\sqrt{a} + \sqrt{b}$.

  I a l'inrevés: $\sqrt{a} + \sqrt{b}$ és el conjugat de $\sqrt{a} - \sqrt{b}$.

## Racionalització del denominador

Antigament, quan no existien instruments de càlcul com els d'ara, calia afanyar-se per aconseguir mètodes per alleugerir les operacions. Per exemple, per calcular a mà $\frac{1}{\sqrt{2}}$, es pot fer directament (calculant unes quantes xifres de $\sqrt{2}$ i després dividint 1 entre el resultat). Però els càlculs se simplifiquen extraordinàriament si es té en compte que:

$$\frac{1}{\sqrt{2}} = \frac{1 \cdot \sqrt{2}}{\sqrt{2} \cdot \sqrt{2}} = \frac{\sqrt{2}}{2}$$

Si fas l'operació de les dues maneres, veuràs que és molt més avantatjós suprimir el radical del denominador (vegeu-ho en el marge).

Tot i que actualment, amb les senzilles i potents eines de càlcul que tenim, és innecessari, encara es tendeix a donar els resultats finals dels problemes mitjançant expressions numèriques que no tinguin radicals en el denominador.

> El procés pel qual fem desaparèixer els radicals del denominador s'anomena **racionalització del denominador**.

En cada cas, ens farem aquesta pregunta: *Per quina expressió he de multiplicar el denominador perquè el producte no tingui radicals?* Una vegada trobada la solució, també multiplicarem el numerador per aquesta expressió perquè el resultat final no varïi.

1r CAS: ARRELS QUADRADES. Per exemple: $\frac{2}{\sqrt{3}} = \frac{2 \cdot \sqrt{3}}{\sqrt{3} \cdot \sqrt{3}} = \frac{2\sqrt{3}}{3}$

2n CAS: ALTRES ARRELS. Per exemple: $\frac{1}{\sqrt[5]{7^2}} = \frac{1 \cdot \sqrt[5]{7^3}}{\sqrt[5]{7^2} \cdot \sqrt[5]{7^3}} = \frac{\sqrt[5]{7^3}}{\sqrt[5]{7^5}} = \frac{\sqrt[5]{7^3}}{7}$

3r CAS: SUMES I RESTES D'ARRELS. Per exemple:

$$\frac{1}{\sqrt{5} - \sqrt{3}} = \frac{1 \cdot (\sqrt{5} + \sqrt{3})}{(\sqrt{5} - \sqrt{3}) \cdot (\sqrt{5} + \sqrt{3})} = \frac{\sqrt{5} + \sqrt{3}}{(\sqrt{5})^2 - (\sqrt{3})^2} = \frac{\sqrt{5} + \sqrt{3}}{2}$$

$$\frac{2}{3 + \sqrt{2}} = \frac{2 \cdot (3 - \sqrt{2})}{(3 + \sqrt{2}) \cdot (3 - \sqrt{2})} = \frac{6 - 2\sqrt{2}}{3^2 - (\sqrt{2})^2} = \frac{6 - 2\sqrt{2}}{9 - 2} = \frac{6 - 2\sqrt{2}}{7}$$

Algunes operacions resulten més senzilles si racionalitzem prèviament. Per exemple:

$$\frac{2}{\sqrt{3} - \sqrt{2}} + \frac{1}{\sqrt{2}} - \frac{2}{\sqrt{3}} = \frac{2\sqrt{3} + 2\sqrt{2}}{1} + \frac{\sqrt{2}}{2} - \frac{2\sqrt{3}}{3} =$$

$$= \frac{12\sqrt{3} + 12\sqrt{2}}{6} + \frac{3\sqrt{2}}{6} - \frac{4\sqrt{3}}{6} = \frac{8\sqrt{3} + 15\sqrt{2}}{6}$$

## » APLICA EL QUE HAS APRÈS

**19.** Racionalitza els denominadors:

a) $\frac{5}{\sqrt{2}}$ b) $\frac{\sqrt{5}}{\sqrt{7}}$ c) $\frac{1}{\sqrt[3]{2}}$ d) $\frac{2}{\sqrt[5]{3^2}}$ e) $\frac{4}{\sqrt{3} + \sqrt{2}}$ f) $\frac{3}{2 - \sqrt{3}}$

## Observa

a) 34 m té 2 xifres significatives.

b) 0,0863 $hm^3$ té 3 xifres significatives.

c) 53.000 ℓ té només 2 xifres significatives si els zeros del final només han servit per establir la unitat de mesura.

## Arrodoniment

A l'hora de donar el valor aproximat d'una mesura n'arrodonim les quantitats.

- Si la primera de les xifres de les quals prescindim és més petita que 5, la xifra anterior no es modifica (**aproximació per defecte**):

$$2{,}574 \text{ m} \approx 2{,}57 \text{ m}$$

- Si la primera de les xifres de les quals prescindim és més gran o igual que 5, la xifra anterior s'incrementa en una unitat (**aproximació per excés**):

$$718{,}590 \text{ m}^3 \approx 719 \text{ m}^3$$

## Exactitud i precisió

Són dos termes que cal no confondre.

L'**exactitud** és el grau d'aproximació d'una mesura al valor real, mentre que la **precisió** és una qualitat dels instruments de mesura relacionada amb la seva capacitat de donar sempre els mateixos resultats per a mesuraments repetits amb les mateixes condicions.

# 5. NOMBRES APROXIMATS. ERRORS

## Aproximacions i errors

En les aplicacions pràctiques s'acostuma a fer servir nombres aproximats. Recordem alguns conceptes i procediments amb què se'n controla l'ús.

S'anomenen **xifres significatives** les que s'utilitzen per expressar un nombre aproximat. Només hem de fer servir aquelles que, d'una banda, són exactes de ben segur i, de l'altra, són rellevants per a allò que volem transmetre.

Per exemple, si en mesurar la capacitat d'una piscina s'obté 718 .900 ℓ, seria més raonable utilitzar tres xifres significatives i dir que té 719 $m^3$. Però si el mesurament no va ser gaire fi o no volem afinar tant, seria més adequat dir que té 720 $m^3$ o, millor encara, 72 desenes de $m^3$.

L'**error absolut** d'una mesura aproximada és la diferència entre el valor real i el valor aproximat.

$$\text{Error absolut} = |\text{Valor real} - \text{Valor aproximat}|$$

El valor real, generalment, és desconegut. Per tant, també es desconeix l'error absolut, però allò realment important és poder delimitar-lo: **l'error absolut és més petit que...** Una fita de l'error absolut s'obté a partir de la darrera xifra significativa utilitzada.

En l'exemple anterior (capacitat de la piscina: 719 $m^3$), la darrera xifra significativa (el 9) designa unitats de $m^3$. L'error absolut *és més petit que mig metre cúbic* (error < 0,5 $m^3$).

L'**error relatiu** és el quocient entre l'error absolut i el valor real. És tant més petit com més xifres significatives s'utilitzen. L'error relatiu també se sol expressar en tant per cent (%).

En l'exemple anterior, l'error relatiu és més petit que $\frac{0{,}5}{719} < 0{,}0007 = 0{,}07\,\%$.

### EXERCICIS RESOLTS

**4.** ***Expressa amb un nombre raonable de xifres significatives les quantitats següents:***

***a) Visitants en un any a una pinacoteca: 183.594.***

***b) Assistents a una manifestació: 234.590.***

***c) Nombre de bacteris en 1 $dm^3$ d'un preparat determinat: 302.593.847.***

**a)** Pot ser raonable que aquesta quantitat es doni amb tanta precisió, ja que els assistents a un museu paguen una entrada que, lògicament, es comptabilitza. Suposem que aquest nombre, 183.594, correspon al d'entrades venudes.

No obstant això, per a cert tipus de comunicacions podria simplificar-se la xifra: «gairebé dos-cents mil» o «més de cent vuitanta mil» són valoracions adequades.

**b)** És impossible que algú hagi comptat els manifestants amb tanta precisió. Encara que la xifra no estigui «inflada» o «rebaixada» per raons sectàries, no es pot afinar tant en aquestes valoracions. Seria raonable dir, per exemple, «més de dos-cents mil» o bé «entre 200.000 i 250.000».

**c)** Una o, a tot estirar, dues xifres significatives és el que aquest tipus de quantitats permeten afinar: 3 centenars de milions de bacteris o 30 desenes de milions.

## Suma i diferència

Hem de preparar els sumands de manera que tinguin la mateixa potència de base 10 per posar-la com a factor comú. Després, una vegada feta la suma, hem de reajustar el resultat. Per exemple:

$$3{,}7 \cdot 10^{11} + 5{,}83 \cdot 10^{8} - 4 \cdot 10^{9} = 3.700 \cdot 10^{8} + 5{,}83 \cdot 10^{8} - 40 \cdot 10^{8} = 3.665{,}83 \cdot 10^{8} = 3{,}66583 \cdot 10^{11}$$

O bé:

$$3{,}7 \cdot 10^{11} + 5{,}83 \cdot 10^{8} - 4 \cdot 10^{9} = 3{,}7 \cdot 10^{11} + 0{,}00583 \cdot 10^{11} - 0{,}04 \cdot 10^{11} = 3{,}66583 \cdot 10^{11}$$

### Atenció

La informació que proporcionen els nombres següents és diferent:

$2{,}5 \cdot 10^2$; $2{,}50 \cdot 10^2$; $2{,}500 \cdot 10^2$

Els zeros afegits al final del nombre decimal serveixen per indicar el nombre de xifres que s'està controlant.

## Control de l'error en un nombre en notació científica

Si ens diuen que «en un magatzem hi ha 2.500 sacs de farina», és possible que es tracti d'una quantitat aproximada i tinguem aproximadament 25 centenes de sacs, amb un error més petit que mitja centena (50 sacs), o, potser, 250 desenes, amb un error més petit que mitja desena (5 sacs).

Si utilitzem la notació científica, l'expressió és inequívoca: $2{,}5 \cdot 10^2$ significa que només hi ha dues xifres significatives. I si són tres, escriurem $2{,}50 \cdot 10^2$.

### EXERCICI RESOLT

**6.** ***Ens diuen que la població de la Xina és de 1.400 milions d'habitants.***

***a) Expressa la quantitat en notació científica.***

***b) És una quantitat exacta o aproximada?***

***c) Dona una fita de l'error absolut tenint en compte com es dona la dada.***

***d) Dona una fita de l'error relatiu.***

**a)** 1.400 milions d'habitants = $1{,}4 \cdot 10^9$ habitants

**b)** Es tracta, òbviament, d'un nombre aproximat, ja que és impossible calcular amb tota precisió una quantitat tan enorme, tan dispersa i tan canviant.

**c)** i **d)** Quan ens diuen 1.400 milions, se suposa que les dues primeres xifres estan controlades. Però és possible que la xifra que ve a continuació (el primer zero) també estigui controlada i, fins i tot, que ho estiguin tots dos zeros.

— Si en el mesurament només es controlen les dues primeres xifres:

Mesurament: 14 centenars de milions de persones.

Error absolut < 0,5 centenars de milions = 50.000.000

Error relatiu < 0,5/14 < 0,036 = 3,6 %

— Si en el mesurament es controla el primer zero de la quantitat:

Mesurament: 140 desenes de milions de persones. En aquest cas, es pot escriure en notació científica així: $1{,}40 \cdot 10^9$. Observa que *la presència del 0 darrere de la coma decimal significa que aquesta xifra està controlada.*

Error absolut < 0,5 desenes de milions = 5.000.000

Error relatiu < 0,5/140 < 0,0036 = 0,36 %

## » APLICA EL QUE HAS APRÈS

**23.** Calcula i repassa després amb la calculadora:

**a)** $(6{,}4 \cdot 10^5) \cdot (5{,}2 \cdot 10^{-6})$

**b)** $(2{,}52 \cdot 10^4) : (4 \cdot 10^{-6})$

**c)** $7{,}92 \cdot 10^6 + 3{,}58 \cdot 10^7$

**d)** $6{,}43 \cdot 10^{10} + 8{,}113 \cdot 10^{12} - 8 \cdot 10^{11}$

**24.** La distància mitjana de la Terra al Sol és de 149.000.000 km i a la Lluna de 384.400 km.

**a)** Expressa ambdues mesures en notació científica.

**b)** Expressa-les en centímetres amb dues xifres significatives.

**c)** Expressa-les en centímetres amb quatre xifres significatives.

**d)** Delimita els errors absolut i relatiu comesos en tots els casos anteriors.

# 7. LOGARITMES

La igualtat $2^3 = 8$ es pot expressar també així: $log_2 8 = 3$.

$log_2 8$ es llegeix «logaritme en base 2 de 8».

Anàlogament, podem dir:

$log_5 125 = 3$ perquè $5^3 = 125$

$log_5 \sqrt{5} = \frac{1}{2}$ perquè $5^{1/2} = \sqrt{5}$

$log_{10} 1.000.000 = 6$ perquè $10^6 = 1.000.000$

$log_{10} 0{,}0001 = -4$ perquè $10^{-4} = 1/10^4 = 0{,}0001$

S'anomena **logaritme en base *a* de *P*** i s'escriu ***log$_a$* *P***, l'exponent al qual cal elevar la base $a$ per obtenir $P$ ($a > 0$ i $a \neq 1$).

$$log_a P = x \Leftrightarrow a^x = P$$

## Propietats dels logaritmes

**1. Dos logaritmes senzills**

$log_a a = 1 \quad log_a 1 = 0$

El logaritme de la base és 1. El logaritme d'1 és 0 en qualsevol base.

**2. Producte i quocient**

$$log_a (P \cdot Q) = log_a P + log_a Q \qquad log_a \frac{P}{Q} = log_a P - log_a Q$$

El logaritme d'un producte és la suma dels logaritmes dels factors. El logaritme d'un quocient és la diferència dels logaritmes del dividend i del divisor.

Per exemple: $log_2 \frac{8\sqrt[3]{4}}{\sqrt{2}} = log_2 8 + log_2 \sqrt[3]{4} - log_2 \sqrt{2}$

### Comprovació

$$\frac{8\sqrt[3]{4}}{\sqrt{2}} = \frac{2^3 \cdot 2^{2/3}}{2^{1/2}} = 2^{3+2/3-1/2} = 2^{19/6}$$

$$\left.\begin{array}{l} log_2 8 = log_2 2^3 = 3 \\ log_2 \sqrt[3]{4} = log_2 2^{2/3} = \frac{2}{3} \\ log_2 \sqrt{2} = log_2 2^{1/2} = \frac{1}{2} \end{array}\right\} \rightarrow$$

$$3 + \frac{2}{3} - \frac{1}{2} = \frac{19}{6}$$

**3. Potència i arrel**

$$log_a P^k = k\, log_a P \qquad log_a \sqrt[n]{P} = \frac{1}{n} log_a P$$

El logaritme d'una potència ($P^k$ o bé $\sqrt[n]{P} = P^{1/n}$) és igual a l'exponent multiplicat pel logaritme de la base de la potència.

Per exemple: $log_5 \sqrt{125} = log_5 (125)^{1/2} = \frac{1}{2} log_5 125 = \frac{1}{2} log_5 5^3 = \frac{1}{2} \cdot 3 = \frac{3}{2}$

**4. Canvi de base**

$$log_b P = \frac{log_a P}{log_a b}$$

Si sabem calcular logaritmes en base $a$, podrem calcular, gràcies a aquesta fórmula, logaritmes en qualsevol base, $b$.

## Logaritmes decimals

Els logaritmes en base 10 s'anomenen **logaritmes decimals**. Durant molt temps van ser els més utilitzats. Per això, els designem simplement amb ***log***, sense escriure la base.

Per exemple, $log\ 10 = 1$, $log\ 100 = 2$, $log\ 1.000 = 3$, $\log 0{,}0001 = -4$.

I també, $log\ 587 = 2{,}\ldots$ perquè 587 és més gran que 100 però més petit que 1.000.

A les calculadores hi ha una tecla expressament per a aquests logaritmes. En moltes calculadores modernes, però, per accedir a aquesta funció, cal prémer prèviament la tecla SHIFT (inversa):

$log\ 200 \rightarrow$ SHIFT log 200 = 2,301029996

### Tingues en compte

En aquest nivell *log* significa logaritme decimal (base 10) i *ln* significa logaritme neperià (base *e*).

En molts llibres de matemàtiques superiors, però, s'escriu *log* per als logaritmes neperians, ja que en aquests nivells són els que s'utilitzen gairebé exclusivament.

## Logaritmes neperians

Recordes el nombre *e*? El seu valor és 2,71828… i, al principi d'aquesta unitat, el relacionàvem amb els processos de creixement de poblacions vegetals o animals, amb la desintegració radioactiva i amb la catenària.

Doncs bé, els logaritmes en base *e* s'anomenen **logaritmes neperians** i es designen així: ***ln*** (és a dir, $log_e\ x = ln\ x$).

A les calculadores també hi ha una tecla per a aquests logaritmes, ln, a la qual s'accedeix directament.

### EXERCICIS RESOLTS

**7.** ***Escriu els nombres en forma de potència i digues el valor d'aquests logaritmes:***

***a)*** $\boldsymbol{log_6\ 1.296}$ ***b)*** $\boldsymbol{log_2\ 0{,}125}$

a) $1.296 = 6^4$. Per tant, $log_6\ 1.296 = 4$.

b) $0{,}125 = \dfrac{125}{1.000} = \dfrac{1}{8} = \dfrac{1}{2^3} = 2^{-3}$

Per tant, $log_2\ 0{,}125 = -3$.

**8.** ***Troba, amb la calculadora, log 5, log 50, log 500 i log 5.000.***

***Tots tenen la mateixa part decimal. Per què?***

$log\ 5 = 0{,}69897\ldots$ $log\ 50 = 1{,}69897\ldots$

$log\ 500 = 2{,}69897\ldots$ $log\ 5.000 = 3{,}69897\ldots$

Tenen la mateixa part decimal perquè tots són del tipus:

$$log_{10}\ (5 \cdot 10^n) = log_{10}\ 5 + n\ log_{10}\ 10 = n + log_{10}\ 5$$

$log_{10}\ 5$ és la part decimal de tots. I, en cada cas, se li suma un nombre enter, *n*.

## » APLICA EL QUE HAS APRÈS

**25.** Basa't en la definició de logaritme i calcula:

a) $log_5\ 125$ b) $log_5\ 0{,}04$ c) $log_2\ 128$

d) $log_2\ 0{,}0625$ e) $log_a\ 1$ f) $log_{10}\ 0{,}0001$

g) $log_2\ (1/\sqrt{2})$ h) $log_3\ (1/3)$ i) $log_3\ \sqrt[5]{9}$

**26.** Esbrina la base dels logaritmes següents:

a) $log_a\ 10.000 = 2$ b) $log_b\ 216 = 3$

c) $log_c\ 125 = 3$ d) $log_d\ 3 = \dfrac{1}{2}$

**27.** Troba amb la calculadora *log* 7 i *log* 70 i explica per què tots dos tenen la mateixa part decimal.

### Importància dels logaritmes decimals

Observa aquests dos nombres:

$A = 6.748$ $\quad B = 67{,}48 = A/100$

Els seus logaritmes són aquests:

$\log A = 3,\ldots$ $\quad \log B = 1,\ldots$

$\log B = \log (A/100) = \log A - \log 100 =$
$= \log A - 2$

Això significa que ambdós logaritmes tenen la mateixa part decimal.

En les taules de logaritmes es buscava la part decimal del logaritme de 6.748 i, després, s'hi afegia la part entera corresponent segons es tractés de 6.748; 67,48 o 67.480.000.

## Una mica d'història

Els logaritmes es van inventar uns quants segles abans de la irrupció de les calculadores per alleugerir les enormes operacions que calia realitzar manualment. Com? Convertint els productes i els quocients en sumes i restes (que òbviament són molt més còmodes de fer). Per a això, calia recórrer a unes taules enormes (impreses en llibres molt gruixuts) en què es podien trobar els logaritmes decimals dels factors de forma exacta o molt aproximada.

I els logaritmes neperians, quin paper van exercir? Vegem-ho. En l'àrdua missió d'obtenir manualment els logaritmes decimals de moltíssims nombres, va sorgir de manera natural el nombre *e* i, per tant, els logaritmes neperians. És a dir, els logaritmes neperians van ser el vehicle que, de manera natural, va permetre obtenir els valors dels logaritmes decimals, que eren els que calia utilitzar a la pràctica. Als neperians se'ls va anomenar *logaritmes naturals* i, als decimals, *logaritmes vulgars.*

I ara que tenim calculadores, per què fem servir els logaritmes? Doncs una mica per qüestió cultural, però, també, perquè ens els trobarem en simplificacions algebraiques (per exemple, per resoldre alguns tipus d'equacions) i en expressions funcionals extretes del món de la ciència o de la tècnica.

## Logaritmes amb calculadora

Com ja saps, les calculadores que utilitzem actualment tenen tres tecles per calcular logaritmes: [ln], [log■□] i [log]. Les dues primeres són fàcils de trobar. La tercera (logaritme decimal), en algunes calculadores està més amagada i apareix com a segona funció; per utilitzar-la cal prémer [SHIFT] [(−)] (log).

Per trobar el logaritme en una base que no sigui ni 10 ni *e*, les noves calculadores han incorporat la tecla [log■□]. Tanmateix, de vegades pot ser preferible recórrer a la propietat 4 dels logaritmes (vegeu la pàgina 26), la de canvi de base, que no pas utilitzar l'esmentada tecla. Per a això, és millor utilitzar la tecla *ln* ja que és directa. Vegem, amb un exemple, les dues maneres de fer-ho:

- $\log_{\sqrt{2}} 5 \rightarrow$ [log■□] [√■] 2 ►► 5 [=] 4,64385619
- $\log_{\sqrt{2}} 5 = \dfrac{\ln 5}{\ln \sqrt{2}} \rightarrow$ [ln] 5 [)] [÷] [ln] [√■] 2 [=] 4,64385619

### EXERCICI RESOLT

**9.** ***Troba, amb la calculadora, els logaritmes següents de dues maneres: utilitzant la tecla [log■□] i mitjançant el canvi de base.***

***a)*** $\boldsymbol{\log_2 1.024}$ ***b)*** $\boldsymbol{\log_5 300}$

**a)** $\log_2 1.024 \rightarrow$ [log■□] 2 ► 1.024 [=] 10

$\log_2 1.024 = \dfrac{\ln 1.024}{\ln 2} \rightarrow$ [ln] 1.024 [)] [÷] [ln] 2 [=] 10

**b)** $\log_5 300 \rightarrow$ [log■□] 5 ► 300 [=] 3,543959311

$\log_5 300 = \dfrac{\ln 300}{\ln 5} \rightarrow$ [ln] 300 [)] [÷] [ln] 5 [=] 3,543959311

## » APLICA EL QUE HAS APRÈS

**28.** Utilitza les tecles [log■□] i [ln] per calcular els logaritmes següents de les dues maneres que hem vist en l'exercici resolt anterior:

**a)** $\log_2 740$ **b)** $\log_3 100$ **c)** $\log_5 0{,}533$ **d)** $\log_8 0{,}004$ **e)** $\log_{\sqrt{3}} 350$

# » OBSERVA, RAONA I RESOL

## 1. POTÈNCIES I RADICALS

*a) Simplifica l'expressió següent:*

$$(3\sqrt{3}+\sqrt{6})\sqrt{8}-\frac{\sqrt{54}}{4}+\frac{\sqrt{3}}{\sqrt{2}}$$

*b) Comprova que en reduir aquesta expressió s'obté $\sqrt{2}$:*

$$\frac{3\sqrt{6}+2\sqrt{2}}{2+3\sqrt{3}}$$

**Fes-ho tu**

a) Simplifica: $\dfrac{\sqrt[4]{4}}{\sqrt{2}+1}-\dfrac{\sqrt{162}}{2}$

b) Racionalitza: $\dfrac{\sqrt{2}}{\sqrt{6}+\sqrt{3}}$

a) Fem la multiplicació indicada: $3\sqrt{24}+\sqrt{48}-\dfrac{\sqrt{54}}{4}+\dfrac{\sqrt{3}}{\sqrt{2}}$

Racionalitzem el denominador: $\dfrac{\sqrt{3}}{\sqrt{2}}=\dfrac{\sqrt{3}\cdot\sqrt{2}}{\sqrt{2}\cdot\sqrt{2}}=\dfrac{\sqrt{6}}{2}$

Traiem de les arrels els factors que puguem:

$$3\sqrt{2^3\cdot 3}+\sqrt{2^4\cdot 3}-\frac{\sqrt{3^3\cdot 2}}{4}+\frac{\sqrt{6}}{2}=3\cdot 2\sqrt{6}+4\sqrt{3}-\frac{3\sqrt{6}}{4}+\frac{\sqrt{6}}{2}=$$

$$=\left(6-\frac{3}{4}+\frac{1}{2}\right)\sqrt{6}+4\sqrt{3}=\frac{23}{4}\sqrt{6}+4\sqrt{3}$$

b) Multipliquem el numerador i el denominador pel binomi conjugat del denominador:

$$\frac{(3\sqrt{6}+2\sqrt{2})(2-3\sqrt{3})}{(2+3\sqrt{3})(2-3\sqrt{3})}=\frac{6\sqrt{6}-9\sqrt{18}+4\sqrt{2}-6\sqrt{6}}{4-9\cdot 3}=$$

$$=\frac{-9\cdot 3\sqrt{2}+4\sqrt{2}}{-23}=\frac{-23\sqrt{2}}{-23}=\sqrt{2}$$

## 2. INTERÈS COMPOST I ERRORS

*Un capital de 20 milions de iens s'ha col·locat en un banc durant 5 anys, amb un període de capitalització anual, i s'ha convertit en $2{,}387\cdot 10^7$ iens, aproximadament.*

*a) Dona una fita de l'error absolut i una fita de l'error relatiu comès en aquesta aproximació.*

*b) Quin interès s'ha aplicat?*

a) E. abs. $< 0{,}0005\cdot 10^7 = 5\cdot 10^3$ iens; E. r. $< 5\cdot 10^3/2{,}387\cdot 10^7 = 0{,}0002$

b) Sabem que $C_F=C\left(1+\dfrac{r}{100}\right)^n \rightarrow 2{,}387\cdot 10^7=2\cdot 10^7\left(1+\dfrac{r}{100}\right)^5 \rightarrow$

$$\frac{2{,}387\cdot 10^7}{2\cdot 10^7}=\left(1+\frac{r}{100}\right)^5 \rightarrow 1{,}1935=\left(1+\frac{r}{100}\right)^5$$

Extraiem l'arrel cinquena als dos membres de la igualtat per aïllar $r$:

$$\sqrt[5]{1{,}1935}=\sqrt[5]{\left(1+\frac{r}{100}\right)^5} \rightarrow 1{,}036011=1+\frac{r}{100} \rightarrow$$

$$0{,}036011=\frac{r}{100} \rightarrow r=3{,}6\%$$

**Fes-ho tu** En quina quantitat es convertiria aquest capital si es col·loqués al mateix interès anual, durant 5 anys, amb un període de capitalització mensual?

## 3. LOGARITMES

*Troba el valor de x en cada cas:*

*a)* $3=5+\log x$

*b)* $\log_x 36=2$

*c)* $\log x+2\log 5=2$

Apliquem la definició de logaritme en cada cas:

a) $3-5=\log x \rightarrow x=10^{-2}$

b) $x^2=36 \rightarrow x=6$ ($x=-6$ no val)

c) Apliquem les propietats dels logaritmes:

$$\log x+\log 5^2=2 \rightarrow \log(x\cdot 5^2)=2 \rightarrow 25x=10^2 \rightarrow x=4$$

**Fes-ho tu** Calcula $x$ en cada cas:

a) $\log_3 x=\dfrac{1}{2}$

b) $2\log x-\log 4=-2$

# » EXERCITA LES TEVES COMPETÈNCIES

## Practica

### Nombres racionals i irracionals

**1.** Observa els nombres següents:

$$-2;\ 1{,}7;\ \sqrt{3};\ 4{,}\overset{\frown}{2};\ -3{,}7\overset{\frown}{5};\ 3\pi;\ -2\sqrt{5};\ 5e$$

**a)** Digues quins són racionals i expressa'ls com a quocient de dos nombres enters.

**b)** Quins són irracionals? D'aquests, digues quins es poden representar en la recta real de forma exacta i quins no.

**2.** **a)** Classifica en racionals o irracionals:

$$\frac{\sqrt{3}}{2};\ 0{,}8\overset{\frown}{7};\ -\sqrt{4};\ -\frac{7}{3};\ \frac{1}{\sqrt{2}};\ 2\pi;\ \frac{e}{3}$$

**b)** Ordena'ls del més petit al més gran.

**c)** Quins són nombres reals?

**3.** Classifica els nombres en el conjunt corresponent, $\mathbb{N}$, $\mathbb{Z}$, $\mathbb{Q}$ o $\mathbb{R}$:

$$-4;\ \frac{13}{6};\ \sqrt{5};\ 2{,}\overset{\frown}{7};\ 152;\ \pi;\ \frac{1+\sqrt{3}}{2};\ e$$

**4.** Situa els nombres següents en un diagrama com aquest:

$1;\ 7{,}\overset{\frown}{23};\ 1-\sqrt{2};$

$3{,}5;\ \frac{11}{9};\ \sqrt{\frac{1}{4}};$

$\sqrt{6};\ \frac{\pi}{4};\ -104$

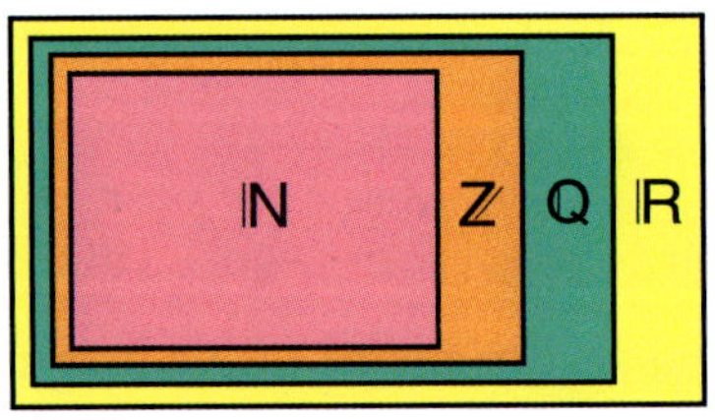


**5.** **a)** Quins nombres irracionals representen els punts $A$, $B$, $C$ i $D$?

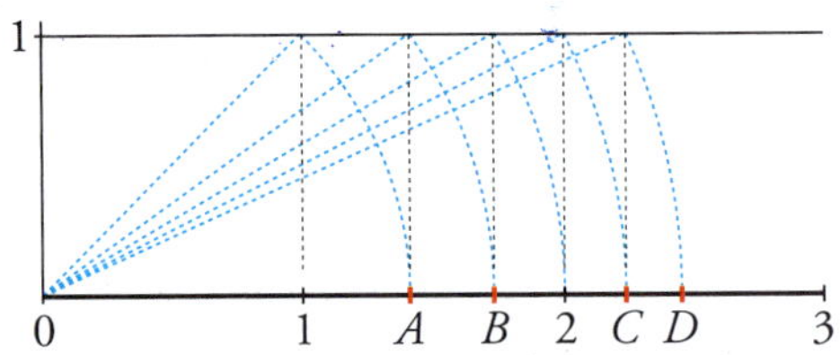


**b)** Representa $\sqrt{8}$ i $\sqrt{11}$.

**6.** Indica quins nombres representen els punts $A$, $B$, $C$ i $D$.

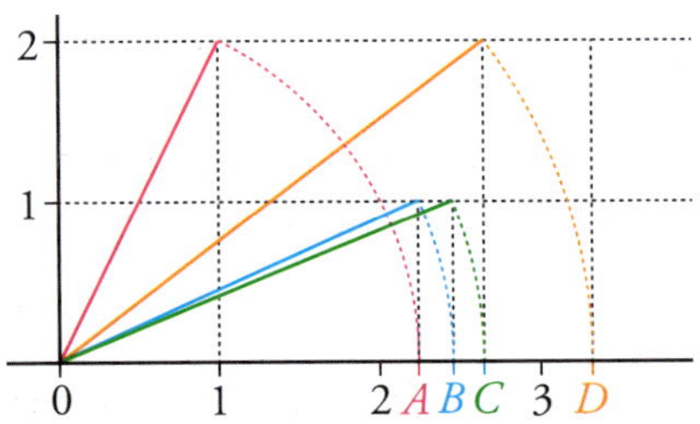


### Intervals i semirectes

**7.** Escriu aquests conjunts de nombres en forma d'interval o semirecta:

**a)** Més grans que 2 i més petits que 7.

**b)** Compresos entre –1 i 3, ambdós inclosos.

**c)** Més grans o iguals que 5.

**d)** Més petits que 10.

**8.** Representa en la recta real cada un dels intervals i de les semirectes següents:

$A = [-2, 4]$ $B = (1, 6)$ $C = [-7, -3)$

$D = (0, 5]$ $E = (-\infty, 1]$ $F = (-1, +\infty)$

**9.** Representa gràficament i expressa com a interval o semirecta aquestes desigualtats:

**a)** $-3 \le x \le 2$ **b)** $5 < x$ **c)** $x \ge -2$

**d)** $-2 \le x < 3/2$ **e)** $4 < x < 4{,}1$ **f)** $-3 \le x$

**10.** Expressa com a interval o semirecta i com una desigualtat cada un dels conjunts de nombres representats:

**a)** 

**b)** 

**c)** 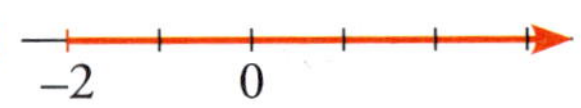


**d)** 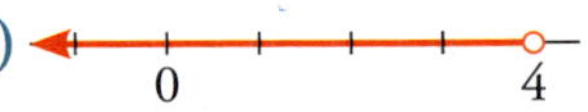


**11.** **a)** Indica quins dels nombres següents estan inclosos en $A = [-3, 7)$ o en $B = (5, +\infty)$:

$$-3;\ 10;\ 0{,}5;\ 7;\ -4;\ \sqrt{5};\ 6{,}\overset{\frown}{3};\ \pi;\ \frac{27}{5};\ \sqrt{48};\ 1-\sqrt{2}$$

**b)** Quin d'aquests intervals representa els nombres inclosos en $A$ i en $B$?

$(-3, 5)$ $[2, 7)$ $[5, 7]$ $(5, 7)$

**c)** Expressa $A \cup B$ i $A \cap B$ com a interval i com a desigualtat.

**12.** Escriu en forma d'interval els nombres que verifiquen la desigualtat en cada cas:

**a)** $-3 < x + 1 < 3$ **b)** $-1 \le x - 4 \le 7$

**c)** $0 \le x - 5 < 2$ **d)** $5 < 2x - 1 \le 9$

**13.** Expressa com a unió d'intervals, utilitzant el símbol ∪, cada un dels conjunts numèrics representats:

**a)** 

**b)** 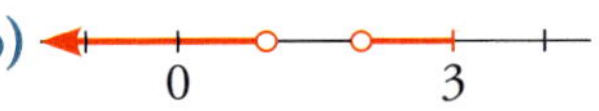


**c)** 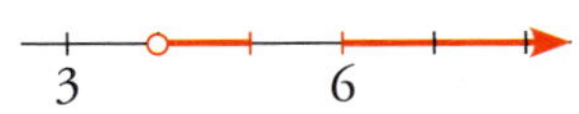


**d)** 

## Potències, arrels i radicals

**14.** Expressa en forma exponencial:

a) $\sqrt[5]{x^2}$ b) $\sqrt{2}$ c) $\sqrt[3]{10^6}$ d) $\sqrt[4]{20^2}$

e) $\sqrt[5]{(-3)^3}$ f) $\sqrt[4]{a}$ g) $\left(\sqrt[5]{x^{-2}}\right)^3$ h) $\sqrt[15]{a^5}$

**15.** Escriu en forma d'arrel:

a) $5^{1/2}$ b) $(-3)^{2/3}$ c) $\left(\dfrac{4}{3}\right)^{1/3}$

d) $(a^3)^{1/4}$ e) $(a^{1/2})^{1/3}$ f) $(a^{-1})^{3/5}$

**16.** Expressa com a potència i calcula:

a) $\sqrt{2}\cdot\sqrt[3]{4}$ b) $\sqrt{3}\cdot\sqrt[4]{9}$ c) $3\sqrt[3]{9}$

d) $\sqrt{5}:\sqrt[4]{5}$ e) $\sqrt[3]{16}:\sqrt[3]{4}$ f) $\sqrt[3]{25}:\sqrt{5}$

**17.** Expressa els radicals següents mitjançant potències d'exponent fraccionari i simplifica:

a) $\sqrt[5]{a^2}\cdot\sqrt{a}$ b) $\dfrac{\sqrt[3]{x^2}}{\sqrt{x}}$ c) $\dfrac{1}{\sqrt[4]{a^3}}$

**18.** Expressa com a potència i calcula $x$ en cada cas. Iguala els exponents dels dos membres:

a) $\sqrt{3^{x+1}}=\dfrac{1}{27}$ b) $\dfrac{(\sqrt{3})^{-x}}{81}=1$ c) $\dfrac{2^x\sqrt{2}}{\sqrt[3]{4}}=2$

**19.** Simplifica:

a) $\sqrt[4]{3^2}$ b) $\sqrt[12]{a^8}$ c) $\sqrt[5]{a^{15}}$

d) $\sqrt[8]{a^2b^4}$ e) $\sqrt[3]{\sqrt[4]{a^8}}$ f) $\sqrt[3]{a^6b^9}$

**20.** Multiplica i simplifica:

a) $\sqrt{2}\,\sqrt{3}\,\sqrt{6}$ b) $\sqrt{a}\,\sqrt[3]{a^4}\,\sqrt[4]{a}$ c) $\sqrt{a^{-1}}\,\sqrt[3]{a^{-3}}\,\sqrt[6]{a^5}$

**21.** Extreu del radical els factors si és possible:

a) $\sqrt[3]{16a^3}$ b) $\sqrt[4]{81a^5b^3}$ c) $\sqrt{8a^5}$

d) $\sqrt[3]{\dfrac{24}{a^4}}$ e) $\sqrt{\dfrac{162}{75}}$ f) $\sqrt[5]{\dfrac{9}{32}}$

**22.** Redueix a índex comú i ordena del més petit al més gran els radicals següents:

$$\sqrt{7},\ \sqrt[3]{30},\ \sqrt[4]{40},\ \sqrt[6]{81}$$

**23.** Redueix a índex comú i calcula:

a) $\sqrt[5]{6}\cdot\sqrt{3}$ b) $\sqrt[3]{4}:\sqrt{2}$

c) $\sqrt[6]{20}:\sqrt[4]{10}$ d) $\left(\sqrt{2}\cdot\sqrt[3]{3}\right):\left(\sqrt[3]{2}\cdot\sqrt{3}\right)$

**24.** Calcula:

a) $3\sqrt{28}-\sqrt{7}-\sqrt{63}$ b) $\sqrt[5]{96}+\sqrt[5]{\dfrac{3}{32}}$

c) $\dfrac{\sqrt[3]{81}}{2}+\sqrt[3]{375}-\dfrac{\sqrt[3]{72}}{\sqrt[3]{3}}$ d) $\sqrt{\dfrac{7}{64}}+\sqrt{\dfrac{7}{4}}+\sqrt{\dfrac{4}{7}}$

**25.** Introdueix dins l'arrel i simplifica:

a) $5\sqrt{\dfrac{3}{5}}$ b) $\dfrac{\sqrt{18}}{3}$ c) $2\sqrt[3]{\dfrac{7}{4}}$

d) $2\sqrt[4]{\dfrac{5}{12}}$ e) $\dfrac{1}{2}\sqrt{12}$ f) $\dfrac{2}{3}\sqrt[3]{\dfrac{9}{4}}$

**26.** Calcula:

a) $\left(\sqrt{5}-2\sqrt{3}\right)\left(\sqrt{5}+2\sqrt{3}\right)$ b) $\left(2\sqrt{5}-\sqrt{3}\right)^2$

c) $\left(\sqrt{3\sqrt{2}-4}-\sqrt{3\sqrt{2}+4}\right)^2$ d) $\left(3\sqrt{2}+5\sqrt{8}\right)^2$

**27.** Simplifica:

a) $\dfrac{\sqrt{2}\,\sqrt[3]{81}}{\sqrt[4]{18}}$ b) $\dfrac{\sqrt{8a}\,\sqrt[3]{4a^2}}{(\sqrt[4]{2a^5})^2}$ c) $\dfrac{\sqrt{2a\sqrt[3]{2a^2}}}{\sqrt[4]{4a^3}}$

**28.** Racionalitza i simplifica si és possible:

a) $\dfrac{3}{\sqrt{3}}$ b) $\dfrac{2\sqrt{3}}{3\sqrt{2}}$ c) $\dfrac{2+\sqrt{2}}{\sqrt{10}}$

d) $\dfrac{2}{\sqrt[3]{5}}$ e) $\dfrac{3}{2\sqrt[3]{6^2}}$ f) $\dfrac{2}{\sqrt[5]{81}}$

**29.** Racionalitza i simplifica si és possible:

a) $\dfrac{3}{1+\sqrt{3}}$ b) $\dfrac{1+\sqrt{2}}{1-\sqrt{2}}$ c) $\dfrac{\sqrt{a}}{\sqrt{a}+1}$

d) $\dfrac{11}{2\sqrt{2}+3}$ e) $\dfrac{4a}{\sqrt[4]{2a^3b^2}}$ f) $\dfrac{\sqrt{5}-\sqrt{3}}{\sqrt{5}+\sqrt{3}}$

**30.** Simplifica:

a) $\dfrac{6}{\sqrt{3}}+\dfrac{\sqrt{6}\sqrt{2}}{4}-\dfrac{5}{2\sqrt{3}}-\sqrt[4]{9}$ b) $\dfrac{1}{\sqrt{2}}+\sqrt[6]{8}-\left(\dfrac{\sqrt{2}}{2}\right)^3$

c) $\dfrac{(\sqrt{3}-1)^2}{\sqrt{3}-1}-\dfrac{\sqrt{24}-\sqrt{6}}{\sqrt{2}}$ d) $\dfrac{\sqrt[3]{8a}+\sqrt[3]{a^4}}{\sqrt[3]{a}}$

## Nombres aproximats. Notació científica

**31.** Dona una fita de l'error absolut i una fita de l'error relatiu d'aquestes aproximacions sobre els pressupostos d'alguns equips esportius:

a) 128 mil euros b) 25 milions d'euros

c) 6.485 centenars d'euros d) 32 milers d'euros

e) 648.500 € f) 32.000 €

**32.** Dona una fita de l'error absolut d'aquestes aproximacions i compara'n els errors relatius:

a) $8\cdot10^5$ b) $5{,}23\cdot10^6$ c) $1{,}372\cdot10^7$

d) $2{,}5\cdot10^{-4}$ e) $1{,}70\cdot10^{-6}$ f) $4{,}00\cdot10^{-5}$

**33.** Calcula mentalment:

a) $(1{,}5 \cdot 10^7) \cdot (2 \cdot 10^5)$ b) $(3 \cdot 10^6) : (2 \cdot 10^{11})$

c) $(4 \cdot 10^{-7}) : (2 \cdot 10^{-12})$ d) $\sqrt{4 \cdot 10^8}$

**34.** Fes les operacions utilitzant la notació científica (no facis servir la calculadora) i dona una fita de l'error absolut comès:

a) $(3{,}5 \cdot 10^7) \cdot (4 \cdot 10^8)$ b) $(5 \cdot 10^{-8}) \cdot (2{,}5 \cdot 10^5)$

c) $(1{,}2 \cdot 10^7) : (5 \cdot 10^{-6})$ d) $(6 \cdot 10^{-7})^2$

e) $5{,}3 \cdot 10^{12} - 3 \cdot 10^{11}$ f) $3 \cdot 10^{-5} + 8{,}2 \cdot 10^{-6}$

### Logaritmes

**35.** Aplica la definició de logaritme i calcula:

a) $log_2\, 64$ b) $log_2\, 16$ c) $log_2 \frac{1}{4}$

d) $log_2 \sqrt{2}$ e) $log_3\, 243$ f) $log_3 \frac{1}{27}$

g) $log_3 \sqrt[3]{9}$ h) $log\, 0{,}001$ i) $log_5\, 0{,}2$

**36.** Calcula la base dels logaritmes següents:

a) $log_b\, 10.000 = 2$ b) $log_b\, 125 = 3$

c) $log_b \frac{1}{4} = -1$ d) $log_b\, 2\sqrt{2} = \frac{1}{2}$

**37.** Aplica la definició de logaritme i calcula:

$$log_4\, 16^3 + log_4\, 2 + log\, 0{,}0001 + log \frac{\sqrt[3]{10}}{100}$$

**38.** Troba amb la calculadora:

a) $log_2\, 23{,}4$ b) $log_3\, 543$ c) $log_5\, 0{,}06$

d) $log_6\, 20{,}8$ e) $log_5 \sqrt{123}$ f) $log_2\, 0{,}87^2$

## Aplica els teus coneixements

**39.** Calcula el perímetre dels triangles *ABC*, *DEF* i *GHI*. Expressa el resultat amb radicals.

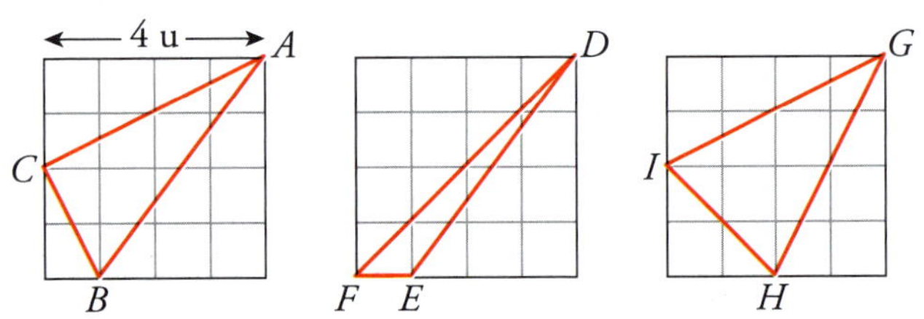


**40.** Expressa com a interval els nombres que verifiquen cada una de les desigualtats següents:

a) $|x| < 3$ b) $|x - 1| \leq 5$ c) $|x + 3| < 4$

Com expressaries els nombres que verifiquen les desigualtats contràries a les anteriors?

**41.** Esbrina per a quins valors de $x$ es poden calcular les arrels següents:

a) $\sqrt{x-7}$ b) $\sqrt{5-x}$ c) $\sqrt{-x}$ d) $\sqrt{x^2+1}$

**42.** S'anomena **entorn de centre *M* i radi *r*** i es designa per ***E(M, r)*** l'interval obert el centre del qual és $M$ i els extrems del qual són $M - r$ i $M + r$.

Per exemple: $E(0, 2) = (-2, 2)$ i $E(2, 3) = (-1, 5)$

Expressa els entorns següents com a intervals:

a) $E(0, 1)$ b) $E(0, 3)$ c) $E(3, 5)$ d) $E(-2; 1{,}5)$

e) $E(-3; 0{,}3)$ f) $E(2{,}1; 3)$ g) $E(-0{,}2; 5{,}3)$

**43.** Expressa cada un dels intervals següents com un entorn del tipus $E(M, r)$:

a) $(-3, 3)$ b) $(2, 4)$ c) $(0, 6)$ d) $(-1, 4)$

e) $(-3, 2)$ f) $(0; 7{,}5)$ g) $(-5; -2{,}2)$ h) $(1{,}2; 4{,}7)$

**44.** Comprova, sense resoldre l'equació, si algun dels nombres $1 - \sqrt{3}$ o $3 + \sqrt{2}$ és solució de $x^2 - 6x + 7 = 0$.

**45.** Si $log\, x = 1{,}3$ i $log\, y = 0{,}8$, calcula:

a) $log\,(x \cdot y)$ b) $log\,(x\sqrt{y})$ c) $log \frac{y}{x^2}$ d) $log \sqrt{\frac{x}{y}}$

**46.** Transforma aquestes expressions en altres d'equivalents amb logaritmes, com en l'exemple:

- $\boldsymbol{A = 7x^2 \sqrt{y} \rightarrow ln\, A = ln\,(7x^2 \sqrt{y}) = ln\, 7 + 2 ln\, x + \frac{1}{2} ln\, y}$

a) $M = 10xy^3$ b) $N = \frac{z^3 y}{x^2}$ c) $P = x^2 \sqrt{yz}$

**47.** Expressa $M$, en cada cas, sense logaritmes:

a) $log\, M = log\,(x - 3) + 2 log\, x$

b) $log\, M = log\,(x + 1) - log\, y + log\, 3$

## Resol problemes

**48.** Indica quins dels resultats d'aquesta anàlisi surten del rang dels valors de referència:

| | Resultats | Valors de referència | Unitats |
|---|---|---|---|
| Leucòcits | 3,16 | (3,5-11) | $\times 10^3$ µL |
| Eritròcits | 5,87 | (4,3-5,9) | $\times 10^6$ µL |
| Plaquetes | 1,9 | (1,50-4,50) | $\times 10^5$ µL |
| Creatinina | 0,68 | (0,7-1,3) | $\times 10^5$ mg/dL |

**49.** Una roca de pedra calcària pesa 830 g. La massa de cada molècula d'aquesta pedra és d'$1{,}66 \cdot 10^{-22}$ g. A causa de l'erosió, la pedra perd $10^{13}$ molècules cada segon. Si l'erosió es manté constant, quan desapareixerà la pedra completament? Dona una fita de l'error absolut.

## Resol: una mica més difícil

**50.** Calcula l'altura d'un tetraedre regular de 8 cm d'aresta. Expressa el resultat amb radicals.

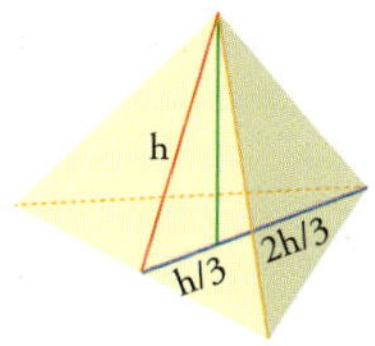


**51.** Troba el volum d'un octaedre regular l'aresta del qual mesura $\sqrt{6}$ cm. Expressa el resultat amb radicals.

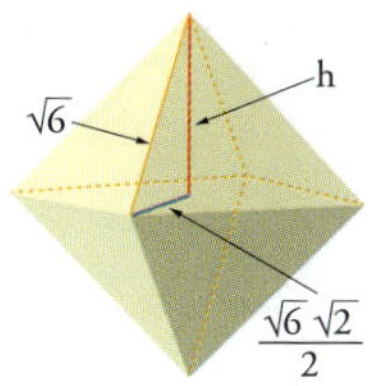


**52.** En un triangle equilàter de 10 cm de costat es tallen de les cantonades triangles equilàters de costat $x$ i així s'obté un hexàgon. Calcula el valor de $x$ perquè l'àrea d'aquest hexàgon sigui $10\sqrt{3}$ cm$^2$.

**53.** Aquest és el logotip d'un club esportiu. La figura serà reproduïda en diferents grandàries.

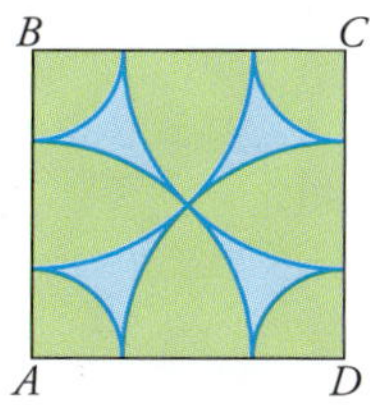


a) Troba el radi de cada arc en un quadrat de costat 2 m.

b) Comprova que la relació entre els radis dels arcs és $\sqrt{2} - 1$.

c) Troba el perímetre i l'àrea de la part blava en un quadrat de 2 m de costat.

**54.** El diàmetre de la Via Làctia és de 105.700 anys llum, i un any llum equival a $1{,}461 \cdot 10^{12}$ km.

a) Quants quilòmetres de diàmetre té la nostra galàxia?

b) Quants mil·lennis tardaria una nau espacial a travessar-la si assolís una velocitat de 2.000 km/s?

c) Si el diàmetre d'un electró és de $4 \cdot 10^{-15}$ m, quants electrons s'haurien de posar en fila per envoltar la Via Làctia? (Suposa que té forma de circumferència.)

## Reflexiona sobre la teoria

**55.** Vertader o fals? Justifica la resposta i posa'n exemples.

a) Tot nombre decimal és racional.

b) Entre dos nombres racionals hi ha infinits irracionals.

c) L'invers d'un nombre decimal periòdic pot ser un decimal exacte.

d) El nombre $0{,}83 \cdot 10^9$ no està expressat en notació científica.

e) Tots els nombres irracionals són reals.

f) Alguns nombres enters són irracionals.

g) Els nombres irracionals tenen infinites xifres decimals.

h) La suma de dos nombres irracionals és sempre un nombre irracional.

**56.** Inventa dos intervals, $B$ i $C$, tals que:

a) $B \cup C = (-2, 7]$

b) $B \cap C = (-1, 0]$

**57.** Observa aquesta manera de representar $\sqrt{m}$ en la recta real i explica'n el procediment.

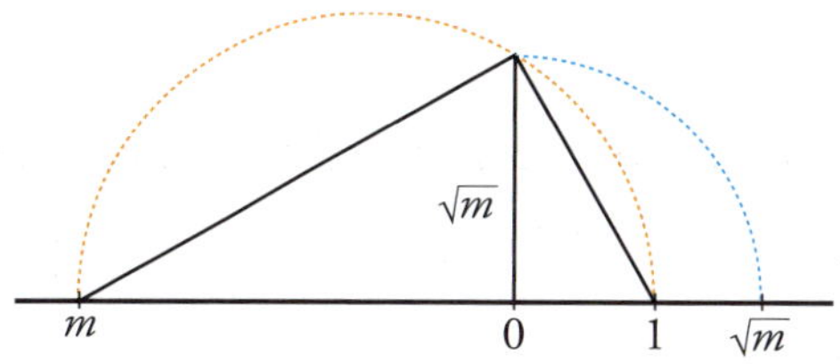


Indica quin nombre representa $A$ en aquest altre esquema:

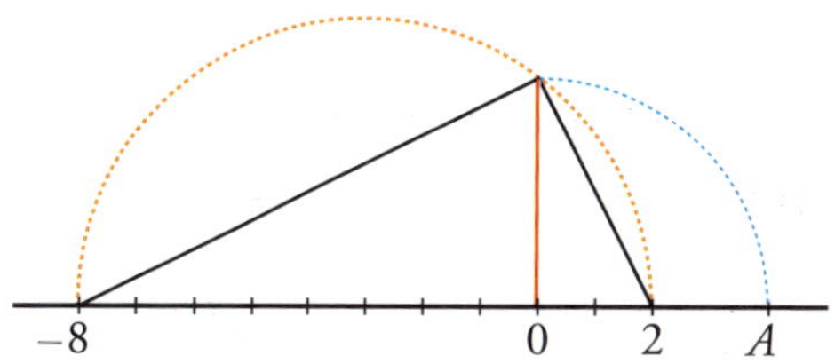


**58.** Si $x$ és un nombre de l'interval $[-1, 3)$ i $y$ és un nombre de l'interval $(0, 4]$, explica en quin interval pot estar $x + y$.

**59.** Raona si aquestes igualtats són vertaderes o falses:

a) $\sqrt{a} \cdot \sqrt[3]{b} = \sqrt[6]{a \cdot b}$

b) $\sqrt[3]{a + b} = \sqrt[3]{a} + \sqrt[3]{b}$

c) $a\sqrt[3]{b^2} = \sqrt[3]{(a \cdot b)^2}$

d) $\sqrt[4]{a^{12} \cdot b^2} = a^3 \sqrt{b}$

**60.** Explica si aquestes igualtats són vertaderes o falses:

a) $log\,(a \cdot b) = log\,a \cdot log\,b$

b) $log\left(\frac{a}{b}\right) = log\,a - log\,b$

c) $log\,\sqrt[3]{a} = \frac{1}{3} log\,a$

d) $log\,(a^2 \cdot b) = 2(log\,a + log\,b)$

**61.** Comprova que no és possible utilitzar la calculadora per obtenir $5^{129} \cdot 4^{63}$ perquè és un nombre massa gran. Utilitza les propietats de les potències per expressar-lo en notació científica.

# » MATEMÀTIQUES EN CONTEXT

## LA COOPERATIVA DE CONSUM ECOLÒGIC

L'Elisenda, en Toni, en Bernat i la Carla acaben de muntar una cooperativa de consum ecològic per fomentar el consum de proximitat entre els seus veïns. Han decidit que compraran, directament als pagesos veïns, fruites, verdures, ous, mel i altres productes i després ho distribuiran als altres membres de la cooperativa. La distribució la faran ells mateixos en bicicleta. Dividiran el recorregut per barris i zones de proximitat per poder fer el repartiment en un dia, i així tothom rebrà el producte fresc. A més, per intentar minimitzar la producció de residus, utilitzaran un embalatge compostable (no faran servir res de plàstic).

### 1. La primera compra

Aquesta primera setmana han comprat 241 kg i mig de viandes. Com que el pagès sap que han de distribuir-les en lots ben assortits, ha preparat ell mateix caixes de 5 kg i tres quarts amb tot allò que ha collit als seus camps i, en cada una, hi ha inclòs mitja dotzena d'ous de la seva granja de gallines criades en llibertat. Els cobra 20 euros per cada lot.

a) Quants lots compren en total?

b) A l'hora de repartir-los, decideixen que l'Elisenda porti una quantitat determinada de lots; en Toni, tres lots més que l'Elisenda; en Bernat, 2 lots més que en Toni, i la Carla, 1 lot més que en Bernat. Quants lots portarà cada un?

c) Si decideixen tenir un marge de guany de 2 € per la venda de cada lot, quants diners cobrarà cada un d'ells quatre, si tots els que compren els lots paguen al moment i en metàl·lic?

d) Després d'haver fet el repartiment, s'adonen que el marge de guany que havien posat és massa just per cobrir les seves despeses i pagar el combustible de la furgoneta que fan servir per anar a buscar els productes a la masia del pagès. En Bernat proposa que, la pròxima vegada, cobrin els lots a 5 euros cada quilo. Quant haurien guanyat si ho haguessin fet d'aquesta manera?

e) Amb les dades d'aquest problema, pensa una altra pregunta per plantejar-la a un company o companya de la classe. Primer l'has de resoldre tu per comprovar que està ben plantejada i per saber quina és la solució correcta.

CONSELL DE LA PRODUCCIÓ AGRÀRIA ECOLÒGICA
CCPAE

## 2. La rotonda

El primer dia de repartiment en Toni s'equivoca i entra en una rotonda que el desvia del seu camí. Per tornar a la seva ruta, ha de recórrer la rotonda sencera i sortir per la mateixa carretera per la qual ha entrat.

a) Si el radi del seu recorregut és de 27 m, quina distància ha de recórrer per fer tota la volta a la rotonda? Indica el resultat amb tres xifres significatives.

b) Si la seva velocitat és de 12 km/h, quant de temps triga a fer la volta completa a la rotonda?

## 3. Embalatges compostables

El pagès els ha proposat posar els lots dins de caixes més grans perquè sigui més fàcil transportar-los en la furgoneta. Té dos tipus de caixes compostables amb forma de prisma rectangular. La base de la primera caixa, P1, fa 1 m d'ample per 2 m de llarg, i l'altura fa un metre més que la diagonal de la base. L'amplària de la base de la segona caixa, P2 fa el triple que la diagonal de la base de P1.

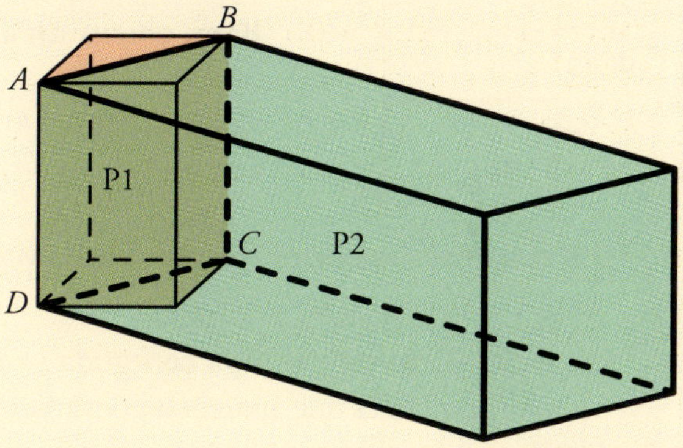


a) Quines dimensions té el paral·lelogram, *ABCD*, en què intersequen els dos prismes? Quina n'és l'àrea? Calcula'n les mesures exactes. Troba també les mesures amb dues xifres significatives i dona una fita de valor absolut i una de valor relatiu.

b) Quin és el volum de la caixa P2?

c) Compara els volums de les dues caixes.

## 4. La il·luminació del túnel

En la ruta de repartiment que ha de fer l'Elisenda, ha de travessar un túnel de secció semicircular de 8 m de diàmetre. Els focus d'il·luminació d'aquest túnel estan col·locats al sostre formant dues fileres. Cada focus està a la mateixa distància del centre de la via de circulació, *C*, que de l'extrem de la via més pròxim al focus, *B* (vegeu-ne el gràfic). D'aquesta manera, cada filera de focus il·lumina tot el carril contrari.

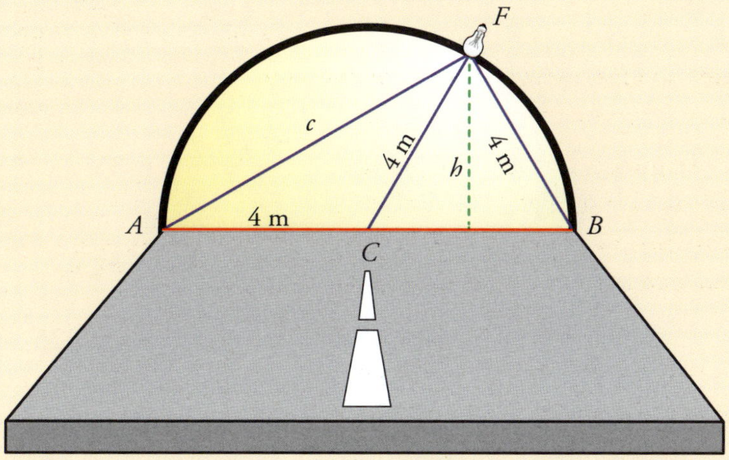


a) Quin és el valor exacte de la distància, *c*, de cada focus a l'altre extrem de la via de circulació, *A*? I quin és el valor exacte del perímetre que comprèn la secció triangular produïda per cada focus, *AFC*, quan estan encesos?

b) A quina altura exacta, *h*, es troba cada focus? Quina és la superfície exacta de la secció triangular produïda per cada focus, *AFC*, quan estan encesos?

c) Troba la relació exacta entre la superfície de la secció del túnel i la secció d'il·luminació de cada focus. Compara la més gran amb la més petita (aproxima el resultat a les centèsimes).

# » TALLER DE MATEMÀTIQUES

## » LLEGEIX I COMPRÈN

### Rectangles auris

Es diu que un rectangle és auri quan entre els seus costats hi ha la proporció àuria; és a dir, si prenent el costat curt com a unitat la mesura del costat llarg és el nombre d'or $\left(\Phi = \dfrac{\sqrt{5}+1}{2} = 1{,}618\ldots\right)$.

$$\frac{\Phi}{1} = \Phi = \frac{\sqrt{5}+1}{2}$$

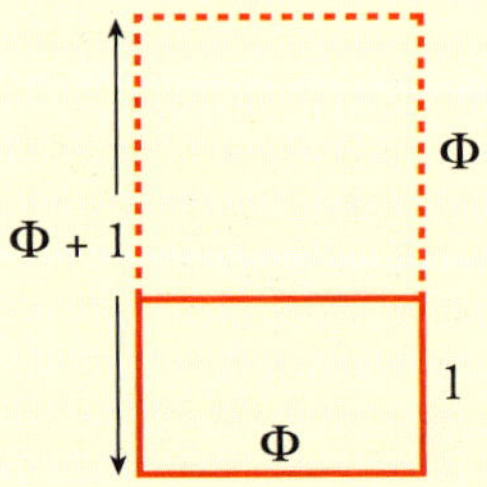


Aquests rectangles tenen una curiosa propietat: si els adosses un quadrat sobre el costat llarg, obtens un altre rectangle auri. Prova-ho:

$$\frac{\Phi+1}{\Phi} = 1 + \frac{1}{\Phi} = 1 + \frac{2}{\sqrt{5}+1} = \ldots$$

- I si continues adossant quadrats, cada vegada més grans, obtindràs una successió de rectangles auris sobre els quals es pot construir una bonica espiral formada per arcs de circumferència.

  Es tracta d'una espiral molt coneguda i estudiada en matemàtiques (espiral equiangular o espiral geomètrica). Però el més sorprenent és que apareix espontàniament, de forma natural, en nombroses espècies vegetals i animals (flors, fruits, closques de mol·luscos, etc.).

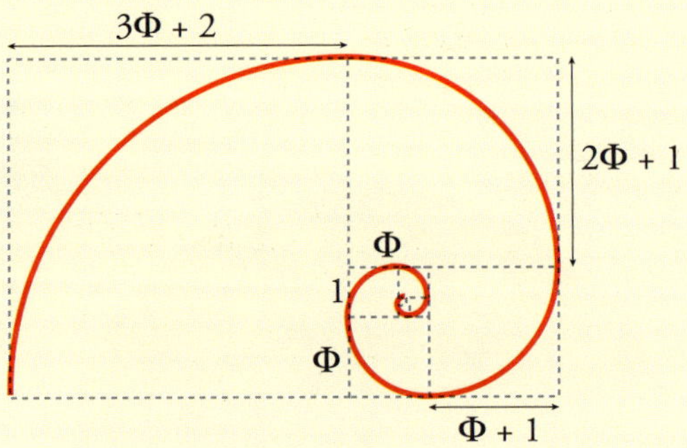


- Construeix, ara, la sèrie dels successius radis de l'espiral, que coincideixen amb els costats dels quadrats que es van adossant:

| | |
|---|---|
| $R_1 = \Phi$ | $R_4 = 3\Phi + 2$ |
| $R_2 = \Phi + 1$ | $R_5 = 5\Phi + 3$ |
| $R_3 = 2\Phi + 1$ | … |

*Closca de nàutil.*

Trobes alguna relació entre la sèrie i la successió de Fibonacci?

## » DESCOBREIX

### Un mètode per calcular aproximacions d'arrels quadrades

En l'antiga Babilònia, quan encara no existien les calculadores, es feia servir aquest mètode per obtenir arrels quadrades. Observa l'exemple de la dreta i prova d'entendre el procediment.

$$\sqrt{40} = ?$$

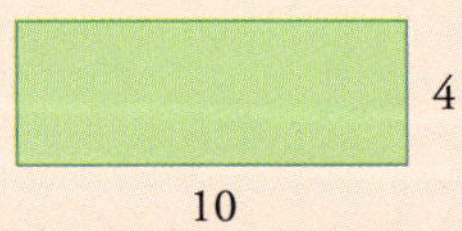


$$\frac{10+4}{2} = 7$$

40 : 7 = 5,714…

$$\frac{7+5{,}7}{2} = 6{,}35$$

40 : 6,35 = 6,299…

$$\frac{6{,}35+6{,}3}{2} = 6{,}325$$

## » ENTRENA'T RESOLENT ALTRES PROBLEMES

- Encara que et sembli estrany, el nombre $K$ que veus aquí és un nombre enter:

$$K = \sqrt{4 + \frac{\sqrt{63}}{2}} + \sqrt{4 - \frac{\sqrt{63}}{2}}$$

Pots dir de quin nombre es tracta?

- Ordena del més petit al més gran:

$2^{900}$ $7^{300}$ $8^{99}$ $16^{75}$ $25^{150}$ $32^{120}$

Comença ordenant les potències de 2:

$$2^{900},\ 8^{99},\ 16^{75},\ 32^{120}$$

Després, compara $25^{150}$ amb $2^{900}$ i amb $32^{120}$.

Finalment, compara $7^{300}$ amb $2^{900}$ i amb $25^{150}$.

- En un cub d'aresta 1, la diagonal d'una cara i la diagonal del cub són nombres irracionals:

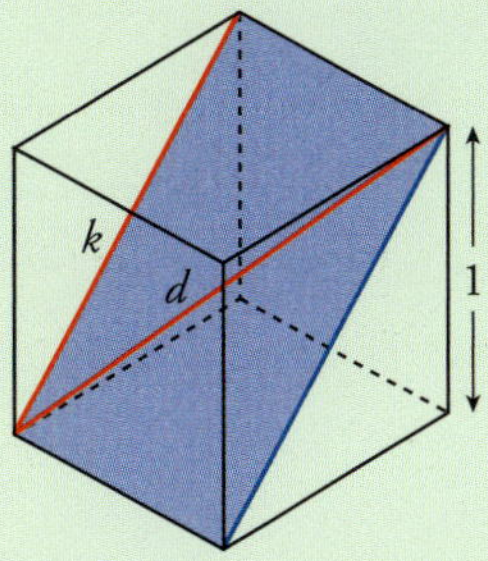


DIAGONAL D'UNA CARA:

$k = \sqrt{1^2 + 1^2} = \sqrt{2}$

DIAGONAL DEL CUB:

$d = \sqrt{1^2 + (\sqrt{2})^2} = \sqrt{3}$

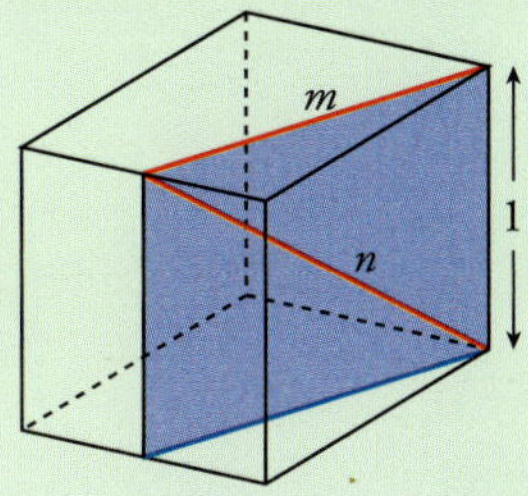


Esbrina si les distàncies $m$ i $n$ assenyalades en aquest altre cub d'aresta 1 són racionals o irracionals.

## » POSA'T A PROVA

**1. a)** Classifica els nombres següents en naturals, enters, racionals i reals:

$$\sqrt[6]{3^{-4}};\ 2\pi;\ \sqrt{log_2 0,5};\ 3,\widehat{47};$$

$$2{,}03333\ldots;\ \sqrt{81};\ \sqrt[3]{4};\ \frac{\sqrt{5}}{3};\ -\frac{13}{9};\ -8$$

**b)** Indica quins són irracionals.

**c)** Ordena'ls del més petit al més gran.

**2. a)** Escriu en forma d'interval els conjunts numèrics següents i representa'ls gràficament:

i) $\{x / -2 \le x < 7\}$  ii) $\{x / x > -1\}$  iii) $|x - 3| < 1$

**b)** Escriu com a desigualtat aquests intervals:

$$A = [-3, 4) \qquad B = (-\infty, \sqrt{3})$$

**c)** Expressa $A \cup B$ i $A \cap B$ com a intervals i com a desigualtats.

**3.** Expressa en notació científica i opera amb ajuda de la calculadora. Escriu el resultat amb tres xifres significatives.

$$\frac{1.500.000 \cdot 25 \cdot 10^{17}}{0,00007 \cdot (2.000)^4}$$

Després, dona una fita de l'error absolut i una altra de l'error relatiu del valor aproximat obtingut.

**4.** Extreu del radical tots els factors possibles:

$$\sqrt[3]{\frac{81a^2b^5}{16z^4}}$$

**5.** Opera i simplifica:

**a)** $\dfrac{(3\sqrt{2} + \sqrt{3})^2}{3}$  **b)** $\sqrt{54} - 2\sqrt{6} + \sqrt{150}$

**c)** $\dfrac{5}{\sqrt{50}} - \dfrac{\sqrt{2}}{2}$  **d)** $\dfrac{10}{2\sqrt{3} - \sqrt{2}}$

**6.** Calcula aplicant la definició de logaritme o amb la calculadora:

**a)** $log_3 \sqrt[3]{\dfrac{1}{9}}$  **b)** $log_2 \left(\sqrt[4]{\dfrac{1}{32}}\ \sqrt{2}\right)$

**7.** Expressa $log \dfrac{4\sqrt{6}}{9}$ en funció de $log\, 2$ i $log\, 3$.

**8.** En un quadrat de 10 cm de costat, retallem en cada cantonada un triangle rectangle isòsceles de manera que obtenim un octàgon regular.

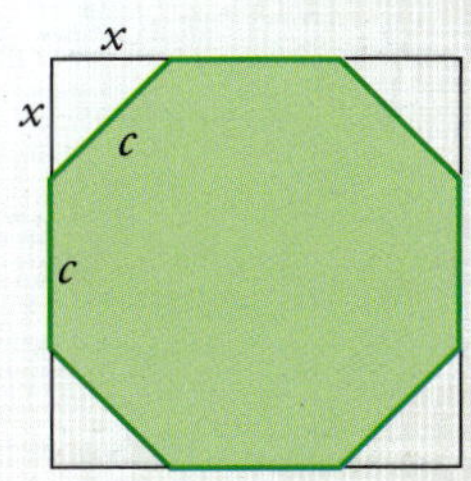


**a)** Troba la mesura exacta del costat de l'octàgon.

**b)** Calcula'n l'àrea.

**c)** Troba'n el radi.

# CANVI I RELACIONS

2. POLINOMIS I FRACCIONS ALGEBRAIQUES
3. EQUACIONS, INEQUACIONS I SISTEMES
4. FUNCIONS. CARACTERÍSTIQUES
5. FUNCIONS ELEMENTALS

UNITAT 2

# POLINOMIS I FRACCIONS ALGEBRAIQUES

DIMENSIÓ RESOLUCIÓ DE PROBLEMES · DIMENSIÓ RAONAMENT I PROVA
DIMENSIÓ CONNEXIONS · DIMENSIÓ COMUNICACIÓ I REPRESENTACIÓ

## Tres grans fases en l'evolució del llenguatge algebraic

El llenguatge algebraic actual és senzill, còmode i operatiu. En el llarg camí per arribar-hi, cal considerar tres grans etapes.

- ÀLGEBRA PRIMITIVA O RETÒRICA. En aquesta etapa, tot es descriu amb llenguatge ordinari. A Babilònia, Egipte i la Grècia antiga la practicaven i la cultura àrab, entrat ja el segle IX, també hi va retornar.
- ÀLGEBRA SINCOPADA. **Diofant** (s. III) en va ser el pioner i va utilitzar una sèrie d'abreviatures que alleujaven els processos.
- Durant el Renaixement (segles XV i XVI), l'àlgebra sincopada va millorar a causa de la incorporació de nous símbols: operacions, coeficients, potències...
- ÀLGEBRA SIMBÒLICA. Consisteix en una simbolització completa. **Viète,** a finals del segle XVI, va millorar el que ja hi havia, de manera que el seu llenguatge algebraic va ser predecessor de l'actual. I **Descartes**, al segle XVII, el va acabar de perfeccionar.

*François Viète (1540-1603). Matemàtic francès que va publicar el 1591 l'obra* In artem analyticam isagoge, *on introduí l'ús habitual de lletres en fórmules matemàtiques.*

## La curiosa nomenclatura de Diofant

Vegem, amb un exemple, com descrivia Diofant els polinomis:

NOMENCLATURA ACTUAL → $7x^4 + 2x^3 - 4x^2 + 5x - 6$

NOMENCLATURA DE DIOFANT → ss7 c2 x5 M s4 u6

Observa que s significa «quadrat» (i, per tant, ss, «quarta potència»); c, «cub»; x, «la incògnita»; u, «nombre». I la M significa «menys», s'escriu una sola vegada i precedeix tots els monomis amb coeficient negatiu. Curiós, oi?

BARCANOVA EDITORIAL

## L'àlgebra geomètrica

La falta d'operativitat de l'àlgebra durant molts segles va obligar els qui es dedicaven a les matemàtiques a aguditzar el seu enginy per obtenir o demostrar relacions algebraiques. En moltes cultures (grega, àrab…), per aconseguir-ho, van fer servir figures geomètriques. Aquest fet va donar lloc a l'àlgebra *geomètrica.*

### Utilització de l'àlgebra geomètrica

Amb la nostra senzilla i operativa nomenclatura algebraica és molt fàcil provar, operant, que:

$$\left(\frac{a+b}{2}\right)^2 - \left(\frac{a-b}{2}\right)^2 = ab$$

Però en l'àlgebra retòrica no hi havia manera d'operar i havien de recórrer a l'enginy per efectuar aquestes demostracions.

Observa què va fer Pitàgores per provar la igualtat anterior:

Si $a$ i $b$ són segments, $ab$ és l'àrea d'un rectangle.

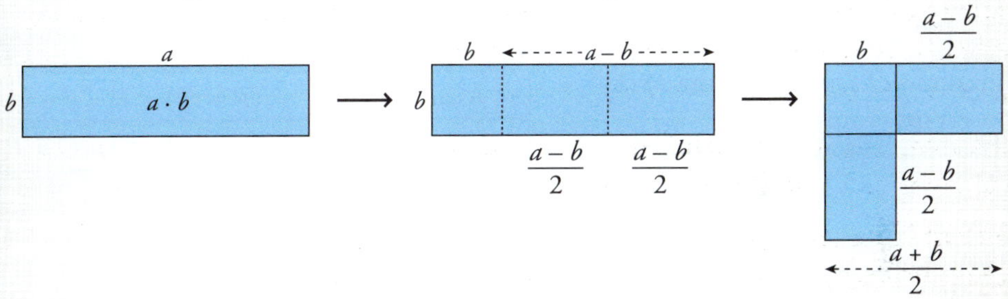


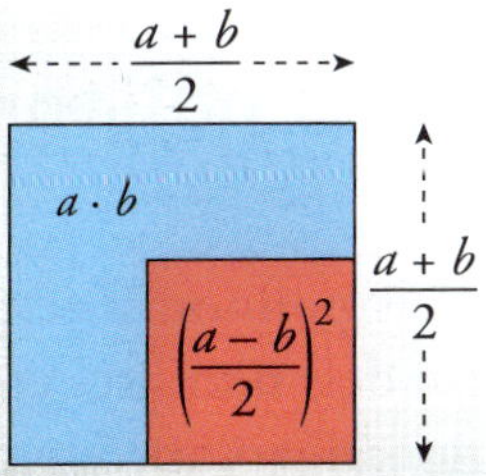


Àrea blava: $a \cdot b$

Àrea vermella: $\left(\frac{a-b}{2}\right)^2$

Àrea total: $\left(\frac{a+b}{2}\right)^2$

Per tant, $\left(\frac{a+b}{2}\right)^2 - \left(\frac{a-b}{2}\right)^2 = ab$

## RESOL

**1.** Expressa amb la nostra notació el polinomi següent, donat amb la nomenclatura de Diofant:

ss3 s5 M c8 x9 u1

**2.** Expressa el polinomi següent amb la nomenclatura de Diofant:

$$-2x^4 + 5x^3 - 3x^2 - 6x + 8$$

**3.** Repeteix gràficament el raonament utilitzat per Pitàgores per demostrar la igualtat de dalt; considera que $a = 7$ i $b = 2$.

# 1. POLINOMIS. OPERACIONS

## Terminologia bàsica

Com ja saps, l'expressió següent és un **polinomi**:

$$2x^5 + \frac{3}{7}x^3 - \sqrt{3}x^2 + 2{,}7$$

Està compost per quatre **monomis**: $2x^5$, $3/7x^3$, $-\sqrt{3}x^2$ i 2,7, els graus dels quals són, respectivament, 5, 3, 2 i 0 (2,7 és de grau 0, ja que $2{,}7 = 2{,}7 \cdot x^0$).

El **grau del polinomi** és 5 (és el del monomi de grau més gran).

La **variable**, $x$, s'anomena, també, **indeterminada**.

Els nombres 2, 3/7, $-\sqrt{3}$ i 2,7 són els **coeficients**. Com que no hi ha monomis de primer ni de quart grau, podem dir que el seus coeficients són 0.

En un polinomi, els coeficients són nombres reals qualssevol.

### Com s'ordenen els monomis

Els monomis que componen un polinomi poden donar-se en qualsevol ordre, però és habitual ordenar-los pel seu grau, del més gran al més petit.

## Operacions amb polinomis. Suma i producte

El resultat de sumar o multiplicar dos polinomis és un altre polinomi. I aquestes operacions tenen unes propietats que, en definitiva, serveixen perquè es pugui operar amb ells amb facilitat i desimboltura. Vegem quines són:

| PROPIETATS | DE LA SUMA | DEL PRODUCTE |
|---|---|---|
| Associativa | $(P + Q) + R = P + (Q + R)$ | $(P \cdot Q) \cdot R = P \cdot (Q \cdot R)$ |
| Commutativa | $P + Q = Q + P$ | $P \cdot Q = Q \cdot P$ |
| Distributiva | DEL PRODUCTE RESPECTE DE LA SUMA | |
| | $P \cdot (Q + R) = P \cdot Q + P \cdot R$ | |

### Resta de polinomis

La **resta** és un cas particular de la suma, per la qual cosa el resultat de restar dos polinomis és un altre polinomi:

$$P - Q = P + (-Q)$$

El polinomi $-Q$ s'obté canviant de signe tots els monomis de $Q$.

## Comparació dels polinomis amb els nombres enters, $\mathbb{Z}$

El comportament dels polinomis respecte de la suma i el producte és, curiosament, molt similar al dels nombres enters. Vegem quins avantatges ens ofereixen les propietats anteriors quan operem amb nombres enters:

- La **propietat associativa** de la suma, $2 + [7 + (-4)] = (2 + 7) + (-4)$, permet que, en aquests casos, puguem prescindir dels parèntesis i escriure $2 + 7 + (-4)$.

  El mateix passa amb el producte: $[3 \cdot (-5)] \cdot 8 = 3 \cdot [(-5) \cdot 8] = 3 \cdot (-5) \cdot 8$.
- La **propietat commutativa** permet, simplement, canviar l'ordre dels factors o el dels sumands.
- La **propietat distributiva** permet extreure'n el factor comú:

$$120 + 220 = 6 \cdot 20 + 11 \cdot 20 = (6 + 11) \cdot 20 = 17 \cdot 20$$

Doncs bé, tots aquests avantatges els tenen també els polinomis.

Aquest paral·lelisme entre nombres enters i polinomis va molt més enllà del que hem vist fins ara. Per això hi continuarem fent referència al llarg de tota aquesta unitat.

## Divisió de polinomis

El resultat de sumar, restar o multiplicar dos polinomis és un altre polinomi, però això no passa amb la divisió: en general, el quocient de dos polinomis no és un polinomi. Vegem-ho:

Recordem què cal fer per dividir dos polinomis i com se n'interpreta el resultat. Dividim $P(x) = 5x^5 - 6x^3 + 4x^2 - 2x + 1$ entre $S(x) = x^2 + 2x - 1$:

$$
\begin{array}{rrrrrr|l}
5x^5 & & -\ 6x^3 & +\ 4x^2 & -\ 2x & +\ 1 & x^2 + 2x - 1 \\ \cline{7-7}
-5x^5 & -\ 10x^4 & +\ 5x^3 & & & & 5x^3 - 10x^2 + 19x - 44 \\ \hline
 & -\ 10x^4 & -\ x^3 & +\ 4x^2 & -\ 2x & +\ 1 & \\
 & 10x^4 & +\ 20x^3 & -\ 10x^2 & & & \\ \cline{2-4}
 & & 19x^3 & -\ 6x^2 & -\ 2x & +\ 1 & \text{Quocient:} \\
 & & -\ 19x^3 & -\ 38x^2 & +\ 19x & & Q(x) = 5x^3 - 10x^2 + 19x - 44 \\ \cline{3-5}
 & & & -\ 44x^2 & +\ 17x & +\ 1 & \text{Residu:} \\
 & & & 44x^2 & +\ 88x & -\ 44 & R(x) = 105x - 43 \\ \cline{3-6}
 & & & & 105x & -\ 43 &
\end{array}
$$

El resultat pot escriure's d'una d'aquestes dues formes:

$$P(x) = S(x) \cdot Q(x) + R(x)$$

$$\text{o bé} \quad \frac{P(x)}{S(x)} = Q(x) + \frac{R(x)}{S(x)}$$

> Aquesta divisió entre polinomis, en què, a més del quocient, hi ha un residu diferent de zero, s'anomena **divisió entera.**
>
> Quan el residu és zero, es diu que la **divisió** és **exacta.**

Dividim ara el polinomi $P(x) = x^4 + x^3 - 10x^2 - 4x + 24$ entre $S(x) = x^2 + x - 6$:

$$
\begin{array}{rrrrr|l}
x^4 & +\ x^3 & -\ 10x^2 & -\ 4x & +\ 24 & x^2 + x - 6 \\ \cline{6-6}
-x^4 & -\ x^3 & +\ 6x^2 & & & x^2 - 4 \\ \cline{1-3}
 & & -4x^2 & -\ 4x & +\ 24 & \\
 & & 4x^2 & +\ 4x & -\ 24 & \text{El residu és 0.} \\ \cline{3-5}
 & & & & 0 & \text{És una divisió exacta.}
\end{array}
$$

Com que la divisió és exacta, el dividend es pot expressar com a producte de dos factors:

$$x^4 + x^3 - 10x^2 - 4x + 24 = (x^2 - 4)(x^2 + x - 6)$$

Els polinomis, igual que els nombres enters, es poden descompondre en productes de factors. Per tal d'aconseguir-ho, ens plantegem la pregunta:

*Si tenim un polinomi P (x), com podem esbrinar per quin altre polinomi hem de dividir-lo perquè la divisió sigui exacta?*

Pel que fa als nombres enters, aquesta pregunta es responia amb els criteris de divisibilitat. Pel que fa als polinomis, el problema és, en certa manera, semblant.

En el procés de cerca dels criteris de divisibilitat, haurem de fer moltes divisions, la majoria de vegades per expressions del tipus $x - a$. Ho veurem en l'apartat següent.

### Recorda

Grau del dividend, $m$
Grau del divisor, $n$ $\Big\}\ m \geq n$
Grau del quocient, $m - n$
Grau del residu $< n$

### Divisió entera en $\mathbb{Z}$

$$
\begin{array}{r|l}
89 & 5 \\ \cline{2-2}
39 & 17 \\
4 &
\end{array}
\qquad 89 = 5 \cdot 17 + 4 \qquad \text{o bé } \frac{89}{5} = 17 + \frac{4}{5}
$$

El resultat de la divisió no és un nombre enter.

### Descomposició en factors

$P(x) = x^4 + x^3 - 10x^2 - 4x + 24$ s'ha descompost en producte de dos factors: $P(x) = (x^2 - 4)(x^2 + x - 6)$.

Cada un d'aquests factors, al seu torn, es pot descompondre:

$x^2 - 4 = (x - 2)(x + 2)$

$x^2 + x - 6 = (x - 2)(x + 3)$

Per tant:

$P(x) = (x - 2)(x + 2)(x - 2)(x + 3) =$
$= (x - 2)^2 (x + 2)(x + 3)$

Provarem de descompondre, d'aquesta manera, qualsevol polinomi.

# 2. REGLA DE RUFFINI

## Divisió d'un polinomi per $x - a$

Recordarem, amb diversos exemples, com es divideix un polinomi per $x - a$ utilitzant la regla de Ruffini.

- Dividim $P(x) = 3x^4 - 2x^3 - 10x + 7$ entre $x - 2$:

| | | | | | |
|---|---|---|---|---|---|
| | 3 | −2 | 0 | −10 | 7 |
| 2 | | 6 | 8 | 16 | 12 |
| | 3 | 4 | 8 | 6 | 19 |

Es tracta d'una divisió entera.
Quocient: $3x^3 + 4x^2 + 8x + 6$
Residu: 19

Per tant, $3x^4 - 2x^3 - 10x + 7 = (x - 2)(3x^3 + 4x^2 + 8x + 6) + 19$.

O bé: $\dfrac{3x^4 - 2x^3 - 10x + 7}{x - 2} = 3x^3 + 4x^2 + 8x + 6 + \dfrac{19}{x - 2}$

- Un altre exemple. Dividim $P(x) = 2x^3 - 5x^2 + 4x - 6$ entre $x + 3$:

| | | | | |
|---|---|---|---|---|
| | 2 | −5 | 4 | −6 |
| −3 | | −6 | 33 | −111 |
| | 2 | −11 | 37 | −117 |

Es tracta d'una divisió entera.
Quocient: $2x^2 - 11x + 37$
Residu: −117

Per tant, $2x^3 - 5x^2 + 4x - 6 = (x + 3)(2x^2 - 11x + 37) - 117$.

O bé: $\dfrac{2x^3 - 5x^2 + 4x - 6}{x + 3} = 2x^2 - 11x + 37 - \dfrac{117}{x + 3}$

- Es pot utilitzar la regla de Ruffini per dividir per $2x + 8$? Sí. Vegem-ho:
Com que $2x + 8 = 2(x + 4)$, dividim per $x + 4$ i «fem comptes».
Per exemple: dividim $x^3 + 2x + 2$ per $2x + 8$:

| | | | | |
|---|---|---|---|---|
| | 1 | 0 | 2 | 2 |
| −4 | | −4 | 16 | −72 |
| | 1 | −4 | 18 | −70 |

Quocient: $x^2 - 4x + 18$
Residu: −70

$$\frac{x^3 + 2x + 2}{2x + 8} = \frac{1}{2} \cdot \frac{x^3 + 2x + 2}{x + 4} = \frac{1}{2} \cdot \left(x^2 - 4x + 18 - \frac{70}{x + 4}\right) =$$

$$= \frac{x^2}{2} - 2x + 9 - \frac{70}{2x + 8}$$

### Regla de Ruffini?

Paolo Ruffini va ser un matemàtic italià que va viure entre els segles XVIII i XIX. Es va assignar el seu nom a aquesta regla perquè la va utilitzar en la demostració d'una important propietat matemàtica. Però l'esmentada regla ja apareixia en un llibre d'àlgebra de Pietro Paoli publicat 25 anys abans.

### Divisió de $P(x)$ per $(mx + n)$

$$mx + n = m\left(x + \frac{n}{m}\right)$$

Per tant:

S'efectua la divisió $P(x) : \left(x + \frac{n}{m}\right)$ pel mètode de Ruffini prenent $a = -\frac{n}{m}$.

Quocient: $Q(x)$; Residu: $R$.

El resultat de la divisió $P(x)$: $(mx + n)$ és, doncs, aquest:

Quocient: $\frac{1}{m}Q(x)$; Residu: $R$

## » APLICA EL QUE HAS APRÈS

**1.** Calcula el quocient i el residu de la divisió de $x^4 + 3x^3 - 3x^2 + 3x - 4$ entre els polinomis següents:

**a)** $x - 1$ **b)** $x + 1$ **c)** $x - 2$
**d)** $x - 4$ **e)** $x + 4$ **f)** $x - 3$

Indica en cada cas si la divisió és entera o exacta.

**2.** Fes la divisió de $P(x) = 4x^3 + 12x^2 + 5x - 6$ entre cada un dels polinomis següents i expressa el resultat així: $\dfrac{\text{dividend}}{\text{divisor}} = \text{quocient} + \dfrac{\text{residu}}{\text{divisor}}$.

**a)** $x - 1$ **b)** $2x - 1$ **c)** $x + 2$
**d)** $2x + 4$ **e)** $2x + 3$ **f)** $x - 2$

## Valor d'un polinomi per a $x = a$

El valor numèric d'un polinomi, $P(x)$, per a $x = a$, és el nombre que s'obté en substituir la $x$ per $a$ i fer les operacions indicades. Aquest valor es representa mitjançant $P(a)$.

Per exemple, si $P(x) = 5x^3 - 3x^2 + 12x - 8$, per a $x = 2$ obtenim que:

$$P(2) = 5 \cdot 2^3 - 3 \cdot 2^2 + 12 \cdot 2 - 8 = 44$$

Aquest valor, $P(2) = 44$, coincideix amb el residu de dividir $P(x)$ entre $x - 2$. I aquest fet no és casual, sinó general.

**Teorema del residu**

El valor que pren un polinomi, $P(x)$, quan $x = a$, coincideix amb el residu de la divisió $P(x) : (x - a)$. És a dir, $P(a) = r$.

### Demostració

$$\begin{array}{r|l} P(x) & x - a \\ \hline r & Q(x) \end{array}$$

$P(x) = (x - a)\, Q(x) + r$

Si fem $x = a$:

$P(a) = (a - a)\, Q(a) + r = r$

Diguem-ho més clarament:

— Si en $P(x)$ substituïm $x$ per $a$ i fem les operacions, obtenim un nombre que anomenem $P(a)$ **(valor del polinomi per a $x = a$)**.

— Si dividim $P(x)$ entre $x - a$, el residu és un nombre $r$.

Per tant, el teorema ens assegura que $P(a) = r$.

Segons aquest resultat, podem calcular $P(a)$ fent servir la regla de Ruffini.

CURIOSITAT. Aplicarem la regla de Ruffini; deixarem indicades les operacions i observarem que el residu adopta la forma de $P(a)$.

Prenem $P(x) = 5x^3 - 3x^2 + 12x - 8$ i $a = 2$.

| | | | | |
|---|---|---|---|---|
| | 5 | $-3$ | 12 | $-8$ |
| 2 | | $5 \cdot 2$ | $(5 \cdot 2 - 3) \cdot 2$ | $(5 \cdot 2^2 - 3 \cdot 2 + 12) \cdot 2$ |
| | 5 | $5 \cdot 2 - 3$ | $5 \cdot 2^2 - 3 \cdot 2 + 12$ | $\mathbf{5 \cdot 2^3 - 3 \cdot 2^2 + 12 \cdot 2 - 8}$ |

És evident que el residu és el resultat de substituir en el polinomi la $x$ per 2.

### Atenció

El quadre de dalt ofereix una demostració. El que hi ha a la dreta és una simple comprovació mitjançant un exemple. No obstant això, és possible que l'exemple et resulti més convincent que la demostració. Fixa-t'hi amb atenció.

### EXERCICI RESOLT

**1.** ***Calcula el valor del polinomi $7x^5 - 42x^4 + 190x^2 - 13$ per a $x = 3$ i per a $x = -1,27$.***

| | | | | | | |
|---|---|---|---|---|---|---|
| | 7 | $-42$ | 0 | 190 | 0 | $-13$ |
| 3 | | 21 | $-63$ | $-189$ | 3 | 9 |
| | 7 | $-21$ | $-63$ | 1 | 3 | $-4$ |

El valor del polinomi per a $x = 3$ coincideix amb el residu de la divisió entre $x - 3$. Per tant, $P(3) = -4$.

Per a $x = -1,27$, és molt convenient fer servir la calculadora:

$-1,27$ [STO] [(−)] [×] 7 [=] [−] 42 [=] [×] [ALPHA] [(−)] [+] 0 [=] [×] [ALPHA] [(−)] [+] 190 [=] [×] [ALPHA] [(−)] [+] 0 [=] [×] [ALPHA] [(−)] [−] 13 [=] 161,0633922

El resultat és 161,0633922…

## » APLICA EL QUE HAS APRÈS

**3.** Utilitza la regla de Ruffini per trobar $P(a)$ en els casos següents:

a) $P(x) = 7x^4 - 5x^2 + 2x - 24$, $a = 2$, $a = -5$, $a = 10$

b) $P(x) = 3x^3 - 8x^2 + 3x$, $a = -3$, $a = 1$, $a = 8$

# 3. ARREL D'UN POLINOMI. CERCA D'ARRELS

Un nombre, $a$, s'anomena **arrel** d'un polinomi $P(x)$ si $P(a) = 0$.

Les arrels d'un polinomi són les solucions de l'equació $P(x) = 0$.

Per tant, si $a$ és arrel de $P(x)$, llavors $P(x) = (x - a)\,Q(x)$.

| | | | | |
|---|---|---|---|---|
| | 1 | −8 | 17 | −10 |
| 5 | | 5 | −15 | 10 |
| | 1 | −3 | 2 | 0 |

$x^3 - 8x^2 + 17x - 10 = (x - 5)(x^2 - 3x + 2)$

Per exemple, 5 és arrel de $x^3 - 8x^2 + 17x - 10$ perquè $5^3 - 8 \cdot 5^2 + 17 \cdot 5 - 10 = 0$.

Podem comprovar-ho amb la regla de Ruffini (vegeu-ho en el marge).

La regla de Ruffini ens ajuda a descompondre un polinomi en factors. Però, per fer-ho, hem d'aprendre a buscar les seves arrels. El criteri següent ens ajuda en aquesta cerca.

## Un criteri per buscar arrels enteres d'un polinomi

La divisió $(3x^3 - 7x^2 - 11x + 15) : (x - 3)$ és exacta. Perquè això sigui així, en el procés de divisió mitjançant la regla de Ruffini l'últim producte $3 \cdot (-5)$ ha de ser igual, amb signe canviat, al terme independent, 15. És a dir, el terme independent ha de ser múltiple de 3.

| | | | | |
|---|---|---|---|---|
| | 3 | −7 | −11 | 15 |
| 3 | | 9 | 6 | 3 · (−5) |
| | 3 | 2 | −5 | 0 |

### Idea clau

Perquè la divisió sigui exacta, el terme independent, 15, ha de ser múltiple de 3 → 15 = 3 · 5

Raonant d'aquesta manera, obtenim la regla següent, molt útil per localitzar les arrels enteres d'un polinomi.

Perquè un polinomi amb coeficients enters sigui divisible per $x - a$, cal que el seu terme independent sigui múltiple de $a$ ($a$ enter).

Per tant, per buscar expressions $x - a$ que siguin divisors d'un polinomi, provarem amb els valors enters de $a$ (positius i negatius) que siguin divisors del terme independent.

### Atenció

Aquest criteri és molt útil per limitar la recerca de divisors d'un polinomi. Només és vàlid per a polinomis amb coeficients enters i només serveix per localitzar els valors enters de $a$.

## EXERCICIS RESOLTS

**2.** ***Troba algun divisor $x - a$ (en què $a$ és un nombre enter) del polinomi:***

$$P(x) = x^3 + x^2 - 7x + 20$$

Perquè $P(x)$ sigui divisible per $x - a$, cal que $a$ sigui divisor de 20. Provem, doncs, donant a $a$ els valors ±1, ±2, ±4, ±5, ±10.

Per als nombres 1, −1, 2 i −2, no s'obté 0 de residu.

| | | | | |
|---|---|---|---|---|
| | 1 | 1 | −7 | 20 |
| 4 | | 4 | 20 | 52 |
| | 1 | 5 | 13 | 72 |

Provem ara per a $a = 4$. El residu no és 0. Per tant, $P(x)$ tampoc no és divisible per $x - 4$.

| | | | | |
|---|---|---|---|---|
| | 1 | 1 | −7 | 20 |
| −4 | | −4 | 12 | −20 |
| | 1 | −3 | 5 | 0 |

Tanmateix, per a $a = -4$ la divisió sí que és exacta, ja que el residu és 0.

$P(x)$ entre $(x + 4)$ és $x^2 - 3x + 5$.

ATENCIÓ! Podria haver passat que $P(x)$ no fos divisible per $x - a$ per a cap $a$ divisor del residu; és a dir, per a cap $a$ enter.



BARCANOVA EDITORIAL

**3. *Digues si $x = 5$ pot ser arrel de cada un d'aquests polinomis:***

***$P_1(x) = x^5 - 11x^3 + 17x + 18$***

***$P_2(x) = 2x^4 - 10x^3 - 2x^2 + 12x - 10$***

***$P_3(x) = 2x^3 - 17x^2 + 23x + 40$***

***En cas afirmatiu, comprova si realment ho és.***

- $P_1(x)$ no pot ser divisible per $x - 5$ perquè el seu terme independent, 18, no és múltiple de 5.
- $P_2(x)$ podria ser divisible per $x - 5$ perquè el seu terme independent, $-10$, és múltiple de 5. Vegem si realment ho és:

| | | | | | |
|---|---|---|---|---|---|
| | 2 | −10 | −2 | 12 | −10 |
| 5 | | 10 | 0 | −10 | 10 |
| | 2 | 0 | −2 | 2 | 0 |

$P_2(x)$ sí que és divisible per $x - 5$:

$P_2(x) = (x - 5)(2x^3 - 2x + 2)$

- $P_3(x)$ podria ser divisible per $x - 5$ perquè el seu terme independent, 40, és múltiple de 5. Vegem si realment ho és:

| | | | | |
|---|---|---|---|---|
| | 2 | −17 | 23 | 40 |
| 5 | | 10 | −35 | −60 |
| | 2 | −7 | −12 | −20 |

La divisió no és exacta. Per tant, $P_3(x)$ no és múltiple de $x - 5$.

Per tant, $x = 5$ només és arrel de $P_2(x)$.

**4. *Inventa un polinomi de 3r grau les arrels del qual siguin 0, 1 i 2.***

$P(x) = x(x - 1)(x - 2)$ compleix aquesta condició.

En general, la compleix qualsevol polinomi d'aquest tipus:

$$Kx(x - 1)(x - 2), \text{ amb } K \neq 0$$

**5. *Inventa un polinomi de 2n grau que no tingui arrels.***

Qualsevol expressió de segon grau sense arrels reals compleix aquesta condició.

Per exemple: $P(x) = x^2 + 5x + 10$.

**6. *Inventa un polinomi de 4t grau que no tingui arrels.***

Busquem dos polinomis de 2n grau sense arrels i els multipliquem.

Per exemple: $P(x) = (x^2 + 1)^2 = x^4 + 2x^2 + 1$.

**7. *Inventa un polinomi de 3r grau que no tingui arrels.***

Impossible! **Un polinomi $P(x)$ de grau senar segur que té, almenys, una arrel.**

La justificació no és senzilla, de manera que ens conformarem a saber-ho sense haver-ho demostrat.

## » APLICA EL QUE HAS APRÈS

**4.** Indica, sense realitzar les operacions, si $x = -3$ pot ser arrel de cada un d'aquests polinomis:

**a)** $P(x) = x^2 - x - 12$

**b)** $P(x) = x^4 + 2x^2 - x + 8$

**c)** $P(x) = x^3 + 3x^2 - 5x - 27$

**d)** $P(x) = x^3 + 3x^2 + x + 3$

En cas afirmatiu, comprova si és o no arrel.

**5.** Indica les possibles arrels enteres de cada un dels polinomis de l'exercici anterior. Comprova quines ho són realment.

**6.** El polinomi $x^4 + 3x^3 - 2x^2 - 10x - 12$ és divisible per $x - a$ per a dos valors enters de $a$.

Localitza'ls i digues el quocient en ambdós casos.

**7.** Comprova que el polinomi $x^4 + x^3 + 7x^2 + 2x + 10$ no és divisible per $x - a$ per a cap valor enter de $a$.

**8.** Inventa un polinomi de tercer grau les arrels del qual siguin 3, $-2$ i $-1$.

**9.** Inventa un polinomi de quart grau, diferent del que hi ha en l'exercici resolt 6, que no tingui arrels.

**10.** Inventa un polinomi de quart grau que tingui només dues arrels: $x = 2$ i $x = -3$.

**11.** Inventa un polinomi de segon grau que tingui com a arrel doble $x = -3$.

**12.** Hi ha cap polinomi de primer grau sense arrels? Justifica la resposta i posa'n un exemple.

# 4. FACTORITZACIÓ DE POLINOMIS

**Factoritzar** un polinomi és descompondre'l en un producte de polinomis (factors) del grau més petit possible.

La factorització de polinomis és, doncs, un procediment similar a la descomposició d'un nombre enter en factors primers. Els «polinomis del grau més petit possible» que utilitzarem aquest curs i que tenen el mateix paper que els nombres primers són aquests:

— Expressions de 1r grau del tipus $x$, $x - a$, $x + a$.

— Expressions de 2n grau sense arrels reals.

### Observa

La regla de Ruffini ens permet rastrejar els divisors del terme independent d'un polinomi per cercar les arrels enteres. Tanmateix, fer la descomposició en factors d'un polinomi de grau més gran que 2 sense arrels enteres pot ser una tasca molt complicada. Per exemple, les arrels del polinomi $12x^3 + 4x^2 - 3x - 1$ són $1/2$, $-1/2$ i $-1/3$, però identificar-les no és gens senzill.

## Procediment per factoritzar un polinomi

Si és possible, començarem traient factor comú (en alguns casos podrem reconèixer productes notables). Utilitzarem la regla de Ruffini per buscar arrels enteres del polinomi. També podem resoldre equacions per buscar arrels de polinomis de segon grau. Vegem-ne uns exemples:

### Exemple 1

Factoritzem $P(x) = 9x^4 + 18x^3 - 28x^2 - 2x + 3$:

Per localitzar les arrels de $P(x)$, anirem provant amb els divisors (positius i negatius) de 3. Comencem (com pots veure en el marge) per $-1$ (*) i per 1 (**).

Com que 1 és arrel, podem escriure $P(x) = (x - 1)(9x^3 + 27x^2 - x - 3)$.

Ara, busquem les arrels de $P_1(x) = 9x^3 + 27x^2 - x - 3$.

El valor $-1$ ha quedat descartat. Provem de nou amb 1 i resulta que no és arrel de $P_1(x)$; és a dir, 1 és una *arrel simple* de $P(x)$. A continuació, provem amb $-3$ (***) i constatem que sí que és arrel de $P_1(x)$ i, per tant, de $P(x)$.

$$P_1(x) = (x + 3)(9x^2 - 1)$$

Reconeixem que $9x^2 - 1 = (3x + 1)(3x - 1)$. Per tant, el resultat final és aquest:

$$P(x) = (x - 1)(x + 3)(3x + 1)(3x - 1) = 9(x - 1)(x + 3)(x + 1/3)(x - 1/3)$$

| | | | | | |
|---|---|---|---|---|---|
| | 9 | 18 | −28 | −2 | 3 |
| (*) −1 | | −9 | −9 | 37 | −35 |
| | 9 | 9 | −37 | 35 | −32 |

−1 no és arrel.

| | | | | | |
|---|---|---|---|---|---|
| | 9 | 18 | −28 | −2 | 3 |
| (**) 1 | | 9 | 27 | −1 | −3 |
| | 9 | 27 | −1 | −3 | 0 |

1 sí que és arrel.

| | | | | |
|---|---|---|---|---|
| | 9 | 27 | −1 | −3 |
| (***) −3 | | −27 | 0 | 3 |
| | 9 | 0 | −1 | 0 |

−3 sí que és arrel.

### Exemple 2

Factoritzem $Q(x) = x^5 + 5x^4 - 14x^3$.

Comencem per extreure $x^3$ com a factor comú: $Q(x) = x^3(x^2 + 5x - 14)$.

Ara, resolem l'equació $x^2 + 5x - 14 = 0$ i obtenim que $x_1 = 2$ i $x_2 = -7$.

Per tant, $Q(x) = x^3(x - 2)(x + 7)$.

IMPORTANT

- Si arribem a un polinomi de segon grau sense arrels, aquest polinomi queda com un únic factor (no es pot descompondre en dos factors).

  Per exemple: $x^4 + 3x^3 - 2x^2 - 10x - 12 = (x - 2)(x + 3)(x^2 + 2x + 2)$.
- Si un polinomi té més de dues arrels no enteres, llavors, encara que pugui factoritzar-se, nosaltres no tenim mitjans per fer-ho fàcilment.

  Per exemple: $18x^3 + 9x^2 - 2x - 1 = 18(x - 1/3)(x + 1/3)(x + 1/2)$.

## EXERCICIS RESOLTS

**8.** ***Factoritza i indica quines són les arrels del polinomi:***

***$P(x) = 12x^5 - 36x^4 + 27x^3$***

Tots els sumands tenen el factor $x^3$. Els coeficients 12, –36 i 27 són múltiples de 3. Per tant, podem treure $3x^3$ com a factor comú.

$$P(x) = 3x^3(4x^2 - 12x + 9)$$

Observem que $4x^2 - 12x + 9$ és igual a $(2x-3)^2$.

$$P(x) = 3x^3(2x-3)^2$$

Obtenim les arrels igualant a 0 cada factor.

Les arrels de $P(x)$ són 0 (arrel triple) i 3/2 (arrel doble).

**9.** ***Factoritza:***

***$Q(x) = 4x^2 - 8x + 3$***

Per buscar les arrels, igualem a 0 i resolem l'equació:

$$4x^2 - 8x + 3 = 0 \rightarrow x = \frac{1}{2};\ x = \frac{3}{2}$$

Per tant: $Q(x) = 4\left(x - \frac{1}{2}\right)\left(x - \frac{3}{2}\right)$ o bé

$$Q(x) = 2\left(x - \frac{1}{2}\right)2\left(x - \frac{3}{2}\right) = (2x-1)(2x-3)$$

**10.** ***Factoritza:***

***$R(x) = x^3 - x + 6$***

Utilitzem la regla de Ruffini per localitzar una arrel entre els divisors de 6:

| | | | | |
|---|---|---|---|---|
| | 1 | 0 | –1 | 6 |
| –2 | | –2 | 4 | –6 |
| | 1 | –2 | 3 | 0 |

–2 és una arrel de $R(x)$.

Busquem arrels de $x^2 - 2x + 3$:

$x^2 - 2x + 3 = 0$ no té solució.

Hem arribat a un polinomi de segon grau que no té arrels.

Llavors: $R(x) = (x+2)(x^2 - 2x + 3)$.

**11.** ***Factoritza:***

***$S(x) = 10x^4 - 3x^3 - 41x^2 + 12x + 4$***

Busquem les arrels enteres entre els divisors de 4:

| | | | | | | |
|---|---|---|---|---|---|---|
| | 10 | –3 | –41 | 12 | 4 | |
| 2 | | 20 | 34 | –14 | –4 | |
| | 10 | 17 | –7 | –2 | 0 | ← 2 és arrel de $S(x)$. |
| –2 | | –20 | 6 | 2 | | |
| | 10 | –3 | –1 | 0 | | ← –2 és arrel de $S(x)$. |

Com que no trobem més arrels enteres, provem resolent l'equació:

$$10x^2 - 3x - 1 = 0 \rightarrow x = \frac{1}{2},\ x = -\frac{1}{5}$$

Llavors: $10x^2 - 3x - 1 = 10\left(x - \frac{1}{2}\right)\left(x + \frac{1}{5}\right) = (2x-1)(5x+1)$.

Per tant: $S(x) = (x-2)(x+2)(2x-1)(5x+1)$ o bé

$$S(x) = 10(x-2)(x+2)\left(x - \frac{1}{2}\right)\left(x + \frac{1}{5}\right)$$

## » APLICA EL QUE HAS APRÈS

**13.** Factoritza els polinomis següents:

**a)** $3x^2 + 2x - 8$ **b)** $3x^5 - 48x$ **c)** $2x^3 + x^2 - 5x - 10$

**d)** $x^3 - 7x^2 + 8x + 16$ **e)** $x^4 + 2x^3 - 23x^2 - 60x$ **f)** $9x^4 - 36x^3 + 26x^2 + 4x - 3$

# 5. DIVISIBILITAT DE POLINOMIS

En apartats anteriors d'aquesta unitat ja hem tractat aspectes relacionats amb la divisibilitat de polinomis: divisió exacta, descomposició factorial... Ara, sistematitzarem i completarem el nostre estudi fent simultàniament un paral·lelisme amb la divisibilitat en el camp dels nombres enters.

## Múltiples i divisors

> Un polinomi, $D(x)$, és **divisor** d'un altre, $P(x)$, si la divisió $P(x) : D(x)$ és exacta. En aquest cas, $P(x)$ és **múltiple** de $D(x)$, ja que $P(x) = D(x) \cdot C(x)$.

Per exemple, $x^2 + x$ és divisor de $x^3 - x$ perquè la divisió $(x^3 - x) : (x^2 + x) = x - 1$ és exacta. Així, $x^3 - x$ és múltiple de $x^2 + x$, ja que $x^3 - x = (x^2 + x) \cdot (x - 1)$.

Tanmateix, no considerem que $6x + 3$ sigui múltiple pròpiament dit de $2x + 1$, encara que $6x + 3 = 3(2x + 1)$, perquè el factor 3 és un nombre i no pas un polinomi de grau més gran o igual que 1.

## Polinomis irreductibles

> Un polinomi s'anomena **irreductible** si no té cap divisor de grau inferior al seu.

Per exemple, $x$, $x - 3$, $x^2 + 1$, $x^2 - 3x + 3$ són irreductibles.

També és irreductible $6x + 3$, encara que sigui divisible per 3.

En canvi, no és irreductible $x^2 + 8x + 15$, perquè és igual a $(x + 3)(x + 5)$.

Només hi ha polinomis irreductibles de primer i de segon grau. Així, si un polinomi de quart grau no té arrels, encara que no siguem capaços d'obtenir-ne la descomposició, podem estar segurs que és producte de dos polinomis de segon grau.

Els polinomis irreductibles exerceixen el mateix paper que els nombres primers en la divisibilitat numèrica.

### Polinomis primers entre si

Dos polinomis són primers entre si quan no hi ha cap polinomi divisor d'ambdós. Per exemple:

- $2x^2 - 2$ i $6x - 4$ són primers entre si encara que ambdós es poden dividir per 2.
- $x^2 - 1$ i $x^2 - x$ no són primers entre si perquè ambdós són divisibles per $x - 1$.

## Descomposició en factors (factorització)

La factorització d'un polinomi com a producte de polinomis irreductibles és similar a la descomposició d'un nombre en factors primers. I en el procés de localització d'arrels, podem disposar els resultats com fèiem amb els nombres. Per exemple:

$$\begin{array}{r|l} x^5 - x^4 - 7x^3 + 7x^2 - 36 & x + 2 \\ x^4 - 3x^3 - x^2 + 9x - 18 & x + 2 \\ x^3 - 5x^2 + 9x - 9 & x - 3 \\ x^2 - 2x + 3 & x^2 - 2x + 3 \\ 1 & \end{array}$$

No té arrels. Per tant, és irreductible.

| | | | | | | |
|---|---|---|---|---|---|---|
| | 1 | −1 | −7 | 7 | 0 | −36 |
| −2 | | −2 | 6 | 2 | −18 | 36 |
| | 1 | −3 | −1 | 9 | −18 | 0 |
| −2 | | −2 | 10 | −18 | 18 | |
| | 1 | −5 | 9 | −9 | 0 | |
| 3 | | 3 | −6 | 9 | | |
| | 1 | −2 | 3 | 0 | | |

$$x^5 - x^4 - 7x^3 + 7x^2 - 36 = (x + 2)^2\,(x - 3)\,(x^2 - 2x + 3)$$

## Màxim comú divisor i mínim comú múltiple

MCD (18, 30) = 6, perquè 6 és divisor de 18 i de 30 i no hi ha cap altre nombre més gran que 6 que ho sigui.

Càlcul del MCD (1.320, 2.100):

$1.320 = 2^3 \cdot 3 \cdot 5 \cdot 11$

$2.100 = 2^2 \cdot 3 \cdot 5^2 \cdot 7$

MCD (1.320, 2.100) =
$= 2^2 \cdot 3 \cdot 5 = 60$

Diem que $D(x)$ és el **màxim comú divisor** de dos polinomis, $P(x)$ i $Q(x)$,

$$\text{MCD}\,[P(x),\ Q(x)] = D(x)$$

si és divisor d'ambdós i no hi ha cap altre polinomi divisor comú de grau més gran que $D(x)$.

Per obtenir el MCD de dos polinomis a la pràctica, fem el mateix que amb els nombres: partim de la descomposició factorial dels polinomis i prenem els factors que coincideixin en ambdós amb l'exponent més petit en cada cas. Per exemple:

$$\left.\begin{array}{l} P(x) = (x+2)\,(x-3)^3\,(x^2+2x+3) \\ Q(x) = (x+2)^2\,(x-3)^2\,(x-7) \end{array}\right\} \rightarrow \text{MCD}\,[P(x),\ Q(x)] = (x+2)\,(x-3)^2$$

MCM (18, 30) = 90, perquè 90 és múltiple de 18 i de 30 i no hi ha cap altre nombre més petit que 90 que ho sigui.

Càlcul del MCM (1.320, 2.100):

$1.320 = 2^3 \cdot 3 \cdot 5 \cdot 11$

$2.100 = 2^2 \cdot 3 \cdot 5^2 \cdot 7$

MCM (1.320, 2.100) =
$= 2^3 \cdot 3 \cdot 5^2 \cdot 7 \cdot 11 = 46.200$

Diem que $M(x)$ és el **mínim comú múltiple** de dos polinomis, $P(x)$ i $Q(x)$,

$$\text{MCM}\,[P(x),\ Q(x)] = M(x)$$

si és múltiple d'ambdós i no hi ha cap altre polinomi múltiple comú de grau més petit que $M(x)$.

Per obtenir-lo a la pràctica, també fem el mateix que amb els nombres: partim de la descomposició factorial d'ambdós polinomis i prenem tots els factors, coincidents o no, amb els exponents més grans que presentin. Per exemple:

$$\left.\begin{array}{l} P(x) = (x+2)\,(x-3)^3\,(x^2+2x+3) \\ Q(x) = (x+2)^2\,(x-3)^2\,(x-7) \end{array}\right\} \rightarrow \begin{array}{l} \text{MCM}\,[P(x),\ Q(x)] = \\ = (x+2)^2\,(x-3)^3(x-7)(x^2+2x+3) \end{array}$$

## » APLICA EL QUE HAS APRÈS

**14.** Raona si existeix alguna relació de divisibilitat entre aquests parells de polinomis:

**a)** $P(x) = x^3 - 7x^2$ i $Q(x) = x^3 - 7x$

**b)** $P(x) = x^3 - 7x^2$ i $Q(x) = x^2 - 7x$

**c)** $P(x) = x^4 - 3x - 10$ i $Q(x) = x - 2$

**15.** Cerca dos polinomis de 3r grau que siguin divisibles per $x - 5$ i $x$. Troba'n el MCD i el MCM.

**16.** Indica quins d'aquests polinomis són irreductibles i descompon en factors els que no ho siguin:

**a)** $x^2 - 3x + 2$ **b)** $x^2 - 5x + 6$

**c)** $3x^2 + 5x$ **d)** $3x^2 - 5x - 2$

**e)** $3x^2 - 5x + 3$ **f)** $3x^3 - 5x^2 + 3x$

**17.** Troba mentalment (sense operar) el MCD i el MCM de cada parell de polinomis:

**a)** $x^2 - 1$ i $(x + 1)^2$ **b)** $x^2 + x$ i $x^2 - x$

**c)** $x^3 - x$ i $x^2 - 1$ **d)** $x^2 + 1$ i $x^2$

**18.** Troba el MCD i el MCM de $P$ i $Q$ en cada cas:

**a)** $P(x) = x^2 - 9$, $Q(x) = x^2 - 6x + 9$

**b)** $P(x) = x^3 - 7x^2 + 12x$, $Q(x) = x^4 - 3x^3 - 4x^2$

**c)** $P(x) = x(x-3)^2(x+5)$, $Q(x) = x^3(x-3)(x^2+x+2)$

**19.** $P(x) = (x-2)^2\,x^2$. Busca un polinomi de tercer grau, $Q(x)$, que compleixi les dues condicions següents:

**a)** MCD $[P(x),\ Q(x)] = x^2 - 2x$

**b)** MCM $[P(x),\ Q(x)] = (x-2)^2x^2(x+5)$

# 6. FRACCIONS ALGEBRAIQUES

Les fraccions de polinomis es comporten, també, de forma molt semblant a les fraccions numèriques. Observa en les definicions i els procediments següents la similitud que existeix entre ambdues.

S'anomena **fracció algebraica** el quocient indicat de dos polinomis $\frac{P(x)}{Q(x)}$.

Per exemple, són fraccions algebraiques:

$$\frac{3x+18}{2x^2-5x+1} \qquad \frac{1}{x+7} \qquad \frac{x^3-3x^2-2}{x^2+1} \qquad \frac{4x^2+1}{7}$$

### Simplificació

Si el numerador i el denominador d'una fracció algebraica es poden dividir per un mateix polinomi (de grau més gran o igual que 1), en fer-ho se simplifica la fracció.

Si dividim el numerador i el denominador pel seu MCD, s'obté una **fracció irreductible.**

Per exemple: $\frac{x^3-5x^2+10x-8}{x^2+5x-14} = \frac{(x^2-3x+4)(x-2)}{(x+7)(x-2)} = \frac{x^2-3x+4}{x+7}$

### Fraccions equivalents

Dues fraccions algebraiques són equivalents si:

- Una s'obté simplificant l'altra.
- O bé, ambdues, en simplificar-se, donen lloc a la mateixa fracció.

Per exemple, les fraccions següents són equivalents perquè, en simplificar-se, ambdues donen lloc a la mateixa fracció:

$$\frac{x^2+3x}{x^2+5x+6} = \frac{x(x+3)}{(x+2)(x+3)} = \frac{x}{x+2}$$

$$\frac{3x^2-x}{3x^2+5x-2} = \frac{x(3x-1)}{(x+2)(3x-1)} = \frac{x}{x+2}$$

### Atenció

Un polinomi pot ser considerat com una fracció algebraica de denominador 1.

### Observa

Una fracció algebraica és irreductible si el seu numerador i el seu denominador són primers entre si.

### CÀLCUL MENTAL

**1.** Simplifica aquestes fraccions:

a) $\frac{2x}{x^2+x}$ b) $\frac{x+1}{(x+1)^2}$

c) $\frac{x+1}{x^2-1}$ d) $\frac{x^2-6x+9}{x-3}$

e) $\frac{x^2-2x}{x^2-3x}$ f) $\frac{x^3-4x^2}{x^3}$

**2.** Digues si cada parell de fraccions són equivalents o no:

a) $\frac{x-3}{x^2-3x}$ i $\frac{x}{x^2}$

b) $\frac{x}{x-1}$ i $\frac{x-1}{x}$

c) $\frac{1}{x-1}$ i $\frac{x+1}{x^2-1}$

## » APLICA EL QUE HAS APRÈS

**20.** Simplifica les fraccions següents:

a) $\frac{2x^2-6x}{4x^3-2x}$ b) $\frac{(x-3)^2\,x(x+3)}{(x-3)\,x^2(x+2)}$

c) $\frac{x^3+3x^2+x+3}{x^3+3x^2}$ d) $\frac{x^3-5x^2+6x}{x^3-x^2-14x+24}$

**21.** Comprova si cada parell de fraccions són equivalents:

a) $\frac{x^3-x}{x^3+x^2}$ i $\frac{3x-3}{3x}$

b) $\frac{(x+5)^2}{x^3+10x^2+25x}$ i $\frac{x-3}{3x-x^2}$


BARCANOVA EDITORIAL

CÀLCUL MENTAL

1. Redueix a comú denominador:

a) $\frac{3x+1}{x^2}$ i $\frac{3}{x}$

b) $\frac{5}{x-1}$ i $\frac{x}{(x+1)(x-1)}$

c) $\frac{3}{x+1}$ i $\frac{2}{x^2-1}$

2. Opera:

a) $\frac{3x+1}{x^2}-\frac{3}{x}$

b) $\frac{3}{x+1}+\frac{2}{x^2-1}$

c) $\frac{2x}{x+2}\cdot\frac{x^2-4}{x}$

d) $\frac{x^2}{x^2-25}:\frac{x}{x-5}$

## Reducció a comú denominador

En multiplicar el numerador i el denominador d'una fracció algebraica per un mateix polinomi, s'obté una fracció equivalent.

Per tant, si tenim diverses fraccions algebraiques, podem obtenir-ne d'altres que, essent respectivament equivalents a les primeres, tinguin entre si el mateix denominador. Es diu, aleshores, que s'han reduït a **comú denominador.**

## Operacions: suma, resta, multiplicació i divisió

Per **sumar** fraccions algebraiques, es redueixen a comú denominador (si no ho estan ja) i se'n sumen els numeradors. La **resta** és un cas particular de la suma.

El **producte** de dues fraccions algebraiques és el producte dels seus numeradors partit pel producte dels seus denominadors.

**Fracció inversa d'una altra.** La fracció inversa de $\frac{x^2-5x}{3x-1}$ és $\frac{3x-1}{x^2-5x}$, ja que el seu producte és una fracció equivalent a 1.

El **quocient** de dues fraccions algebraiques és igual al producte de la primera per la inversa de la segona.

Per multiplicar i dividir fraccions algebraiques, de vegades resulta molt més senzill simplificar abans d'operar. Per fer-ho, és convenient factoritzar el numerador i el denominador. Per exemple:

$$\frac{x^2-1}{x^2+2x+1}\cdot\frac{x+2}{x-1}=\frac{(x+1)(x-1)(x+2)}{(x+1)^2(x-1)}=\frac{x+2}{x+1}$$

### EXERCICIS RESOLTS

**12.** ***Calcula:***

$$\frac{x+7}{x}-\frac{x^2-2}{x(x+1)}+\frac{2x-1}{x+1}$$

Hem de reduir a comú denominador les tres fraccions. El denominador comú és $x(x+1)$. Per tant:

$$\frac{(x+7)(x+1)}{x(x+1)}-\frac{x^2-2}{x(x+1)}+\frac{(2x-1)x}{x(x+1)}=$$

$$=\frac{(x^2+8x+7)-(x^2-2)+(2x^2-x)}{x(x+1)}=\frac{2x^2+7x+9}{x^2+x}$$

**13.** ***Calcula:***

$$\left(\frac{3x+5}{x-3}\cdot\frac{8}{x^2}\right):\frac{2x-1}{x^2+x}$$

$$\left(\frac{3x+5}{x-3}\cdot\frac{8}{x^2}\right):\frac{2x-1}{x^2+x}=\frac{(3x+5)\cdot 8}{(x-3)x^2}\cdot\frac{x^2+x}{2x-1}=$$

$$=\frac{(3x+5)\cdot 8\cdot(x^2+x)}{(x-3)x^2\cdot(2x-1)}=\frac{24x^3+64x^2+40x}{2x^4-7x^3+3x^2}=\frac{24x^2+64x+40}{2x^3-7x^2+3x}$$

## » APLICA EL QUE HAS APRÈS

**22.** Efectua les operacions i simplifica'n el resultat:

a) $\frac{2x+1}{x+3}-\frac{x^2+5}{x^2+3x}$

b) $\frac{3}{x}\left(\frac{x}{x+1}-\frac{x^2}{x^2-1}\right)$

c) $\frac{5x-10}{x+3}\cdot\frac{x^2-9}{x-2}$

d) $\frac{3x-1}{x}-\frac{x+3}{x^2-2x}+\frac{2x+5}{x-2}$

e) $\frac{2x+1}{2x-1}:\frac{x^2}{4x-2}$

f) $\frac{x^2}{x-1}:\left(\frac{1}{x}-\frac{1}{x-1}\right)$

# 7. DESCOMPONDRE UNA FRACCIÓ ALGEBRAICA EN FRACCIONS ELEMENTALS

Anomenem **fracció algebraica elemental** aquella que té com a numerador un nombre i com a denominador un polinomi de primer grau del tipus $x - a$.

Per exemple: $\frac{3}{x-5}$ $\quad \frac{-2}{x}$ $\quad \frac{\sqrt{3}}{x-1/3}$ $\quad \frac{5}{4x+1} = \frac{5/4}{x+1/4}$

Doncs bé:

> Una fracció algebraica el denominador de la qual només tingui arrels simples es pot descompondre en la suma d'un polinomi i de fraccions elementals.

Vegem, mitjançant exemples, com s'aconsegueix:

- $\frac{x^2-5x+3}{x-4}$ Com que el numerador és de grau superior al denominador, efectuem la divisió (vegeu-ho en el marge). Obtenim que:

$$\frac{x^2-5x+3}{x-4} = (x-1) + \frac{-1}{x-4}$$

Ja està expressada com a suma d'un polinomi i una fracció elemental.

| | 1 | –5 | 3 |
|---|---|---|---|
| 4 | | 4 | –4 |
| | 1 | –1 | –1 |

Quocient: $x - 1$. Residu: $-1$.

- $\frac{7x-11}{x^2-x-6}$ Les arrels del denominador són 3 i –2. Per tant:

$$x^2 - x - 6 = (x-3)(x+2)$$

La fracció es podrà descompondre així: $\frac{A}{x-3} + \frac{B}{x+2}$. Hem de calcular $A$ i $B$ perquè sigui vàlida la descomposició:

$$\frac{A}{x-3} + \frac{B}{x+2} = \frac{Ax + 2A + Bx - 3B}{(x-3)(x+2)} = \frac{(A+B)x + (2A-3B)}{x^2-x-6}$$

S'ha de complir que:

$$\frac{7x-11}{x^2-x-6} = \frac{(A+B)x + (2A-3B)}{x^2-x-6} \rightarrow \begin{cases} A + B = 7 & \text{(coeficient de la } x\text{)} \\ 2A - 3B = -11 & \text{(terme independent)} \end{cases}$$

Resolem el sistema (vegeu-ho en el marge) i obtenim que: $A = 2$, $B = 5$.

Per tant, s'arriba a la descomposició següent: $\frac{7x-11}{x^2-x-6} = \frac{2}{x-3} + \frac{5}{x+2}$

$$\left.\begin{matrix} A + B = 7 \\ 2A - 3B = -11 \end{matrix}\right\} \rightarrow A = 7 - B$$

$2(7 - B) - 3B = -11 \rightarrow$

$-5B + 14 = -11 \rightarrow$

$B = \frac{25}{5} = 5 \rightarrow A = 7 - 5 = 2$

- $\frac{3x^3-3x^2-11x-11}{x^2-x-6}$ Comencem fent la divisió:

$$\begin{array}{rl} 3x^3 - 3x^2 - 11x - 11 & \underline{|\; x^2 - x - 6} \\ \underline{-3x^3 + 3x^2 + 18x} & \quad 3x \\ 7x - 11 & \end{array}$$

La fracció es pot expressar, doncs, d'aquesta forma:

$$\frac{3x^3-3x^2-11x-11}{x^2-x-6} = 3x + \frac{7x-11}{x^2-x-6}$$

La fracció del segon sumand és la mateixa que la de l'exemple anterior. Per tant:

$$\frac{3x^3-3x^2-11x-11}{x^2-x-6} = 3x + \frac{2}{x-3} + \frac{5}{x+2}$$

Hem expressat la fracció inicial com a suma d'un polinomi, $3x$, i de dues fraccions elementals.

## Observa

Amb aquest curiós procediment calculem $A$, $B$ i $C$. Per fer-ho, donem valors a la $x$ en la igualtat següent:

$$6x^2 + 6 = A(x + 1)(x - 2) + Bx(x - 2) + Cx(x + 1)$$

- Si $x = -1 \rightarrow 12 = 3B \rightarrow B = 4$
- Si $x = 0 \rightarrow 6 = -2A \rightarrow A = -3$
- Si $x = 2 \rightarrow 30 = 6C \rightarrow C = 5$

- $\dfrac{6x^2+6}{x^3-x^2-2x}$ Les arrels del denominador són 0, –1 i 2. Per tant, provarem d'expressar la fracció com una suma d'aquest tipus:

$$\frac{A}{x}+\frac{B}{x+1}+\frac{C}{x-2}=\frac{A(x+1)(x-2)+Bx(x-2)+Cx(x+1)}{x(x+1)(x-2)}=$$

$$=\frac{x^2(A+B+C)+x(-A-2B+C)-2A}{x^3-x^2-2x}$$

S'ha de complir que: $\dfrac{6x^2+6}{x^3-x^2-2x}=\dfrac{x^2(A+B+C)+x(-A-2B+C)-2A}{x^3-x^2-2x}$

Per tant, ha de ser: $\left\{\begin{array}{l} A+B+C=6 \text{ (coeficient de } x^2) \\ -A-2B+C=0 \text{ (coeficient de } x) \\ -2A=6 \text{ (terme independent)} \end{array}\right\} \rightarrow \left\{\begin{array}{l} A=-3 \\ B=4 \\ C=5 \end{array}\right.$

S'arriba, així, a la descomposició següent:

$$\frac{6x^2+6}{x^3-x^2-2x}=\frac{-3}{x}+\frac{4}{x+1}+\frac{5}{x-2}$$

### Denominador amb arrels dobles

- $\dfrac{7x^2+17x+10}{x^3+5x^2}$ Arrels del denominador: $x = 0$ (doble); $x = -5$

Com que $x = 0$ és una arrel doble, fem la descomposició així:

$$\frac{7x^2+17x+10}{x^3+5x^2}=\frac{A}{x}+\frac{B}{x^2}+\frac{C}{x+5}=\frac{Ax(x+5)+B(x+5)+Cx^2}{x^2(x+5)}=$$

$$=\frac{x^2(A+C)+x(5A+B)+5B}{x^3+5x^2}$$

Hem de resoldre el sistema següent:

$$\left.\begin{array}{l} A \quad\quad +C=7 \\ 5A+B \quad\; =17 \\ \quad 5B \quad\quad =10 \end{array}\right\} \rightarrow \textit{Solució: } A=3,\ B=2,\ C=4$$

La descomposició queda així: $\dfrac{7x^2+17x+10}{x^3+5x^2}=\dfrac{3}{x}+\dfrac{2}{x^2}+\dfrac{4}{x+5}$.

## Atenció

La fracció $\dfrac{2}{x^2}$ **no és una fracció elemental** perquè la $x$ està elevada al quadrat.

## » APLICA EL QUE HAS APRÈS

**23.** Descompon aquestes fraccions algebraiques en suma de fraccions elementals:

a) $\dfrac{3x+4}{x+3}$ b) $\dfrac{3x^2-7x+4}{2x+3}$

c) $\dfrac{3x^2-5x+1}{x-4}$ d) $\dfrac{3x^2-5x+1}{2x+1}$

**24.** Descompon aquestes fraccions algebraiques:

a) $\dfrac{x-2}{x^2+x}$ b) $\dfrac{5x-3}{x^3-x}$ c) $\dfrac{1}{x^2+x-6}$

**25.** Descompon aquestes fraccions algebraiques. Utilitza el resultat de l'apartat *a*) per trobar el del *b*):

a) $\dfrac{4x^2-3x+13}{x^3-7x+6}$ b) $\dfrac{x^3+4x^2-10x+7}{x^3-7x+6}$

**26.** Descompon aquestes fraccions algebraiques. Tingues en compte que els denominadors tenen arrels dobles.

a) $\dfrac{x^2+4x+4}{x^3-2x^2+x}$ b) $\dfrac{2x-4}{x^3+x^2-5x+3}$

c) $\dfrac{x^3+22x^2-12x+8}{x^4-4x^2}$ d) $\dfrac{x^3-4x^2+4x}{x^4-2x^3-4x^2+8x}$

# » OBSERVA, RAONA I RESOL

## 1. TEOREMA DEL RESIDU

***Troba el valor de a i de b perquè el polinomi***

$$P(x) = 2x^3 + ax^2 + bx - 18$$

***sigui divisible per x + 2 i x + 3.***

**Fes-ho tu** Calcula el valor de $k$ perquè aquesta divisió sigui exacta: $(2x^4 - 5x^3 + kx^2 - 12) : (x + 2)$

Perquè $P(x)$ sigui divisible per $(x + 2)$ i per $(x + 3)$, els residus de les divisions $P(x) : (x + 2)$ i $P(x) : (x + 3)$ han de ser 0.

Recorda el teorema del residu:

$$\begin{array}{l|l} P(x) & x - a \\ \hline r = P(a) & Q(x) \end{array}$$

Per tant, cal que $P(-2) = 0$ i $P(-3) = 0$:

$$\begin{cases} P(-2) = -16 + 4a - 2b - 18 = 0 \\ P(-3) = -54 + 9a - 3b - 18 = 0 \end{cases} \rightarrow \begin{cases} 2a - b = 17 \\ 3a - b = 24 \end{cases} \rightarrow a = 7;\ b = -3$$

## 2. FACTORITZACIÓ

***Factoritza les expressions:***

*a)* $3x(x - 3) - (x + 1)(x - 3)$

*b)* $ax^2 - ay + bx^2 - by$

*c)* $x^3 - a^3$

**Fes-ho tu** Factoritza:

a) $x^2m + x^2n - ym - yn$

b) $x^3 + a^3$

**a)** Traiem factor comú $(x - 3)$:

$$3x(x - 3) - (x + 1)(x - 3) = (x - 3)[3x - (x + 1)] = (x - 3)(2x - 1)$$

**b)** En els dos primers sumands, $a$ és factor comú; en el tercer i en el quart, el factor comú és $b$.

$$ax^2 - ay + bx^2 - by = a(x^2 - y) + b(x^2 - y)$$

Ara, el factor comú és $(x^2 - y)$; per tant:

$$ax^2 - ay + bx^2 - by = a(x^2 - y) + b(x^2 - y) = (x^2 - y)(a + b)$$

**c)** Busquem alguna arrel del polinomi entre els divisors de $a^3$. Provem amb $a$:

| | | | | |
|---|---|---|---|---|
| | 1 | 0 | 0 | $-a^3$ |
| $a$ | | $a$ | $a^2$ | $a^3$ |
| | 1 | $a$ | $a^2$ | 0 |

Resolem l'equació $x^2 + ax + a^2 = 0$:

$$x = \frac{-a \pm \sqrt{-3a^2}}{2}$$ no té solució ($-3a^2 < 0$ per a qualsevol valor de $a \neq 0$)

Per tant, $x^3 - a^3 = (x - a)(x^2 + ax + a^2)$.

## 3. OPERACIONS AMB FRACCIONS ALGEBRAIQUES

***Opera i simplifica:***

*a)* $\dfrac{2x + y}{x^2 - xy} \cdot \left(\dfrac{3x}{2x + y} - 1\right)$

*b)* $\dfrac{x + 2}{x^2 + 7x + 10} - \dfrac{x - 3}{x^2 - 8x + 15} + \dfrac{x^2 - 15}{x^2 - 25}$

**Fes-ho tu** Opera i simplifica:

$$\left(\frac{3x}{(x - 2)^2} - \frac{3}{x - 2}\right) : \frac{1}{x - 2}$$

**a)** Fem la resta que hi ha entre parèntesis:

$$\left(\frac{3x}{2x + y} - 1\right) = \frac{3x - 2x - y}{2x + y} = \frac{x - y}{2x + y}$$

Multipliquem i simplifiquem:

$$\left(\frac{2x + y}{x^2 - xy}\right) \cdot \left(\frac{x - y}{2x + y}\right) = \frac{(2x + y) \cdot (x - y)}{(x^2 - xy) \cdot (2x + y)} = \frac{(2x + y) \cdot (x - y)}{x(x - y) \cdot (2x + y)} = \frac{1}{x}$$

**b)** Descomponem en factors els denominadors de les fraccions:

$$\frac{x + 2}{(x + 5)(x + 2)} - \frac{x - 3}{(x - 5)(x - 3)} + \frac{x^2 - 15}{(x + 5)(x - 5)}$$

Simplifiquem: $\dfrac{1}{x + 5} - \dfrac{1}{x - 5} + \dfrac{x^2 - 15}{(x + 5)(x - 5)}$

Reduïm a comú denominador i operem:

$$\frac{1}{x + 5} - \frac{1}{x - 5} + \frac{x^2 - 15}{(x + 5)(x - 5)} = \frac{x - 5 - x - 5 + x^2 - 15}{(x + 5)(x - 5)} = \frac{x^2 - 25}{(x + 5)(x - 5)} = 1$$

## 4. DESCOMPOSICIÓ DE FRACCIONS ALGEBRAIQUES

***Descompon aquestes fraccions algebraiques com a suma de fraccions:***

*a)* $\dfrac{210}{(x-1)(x+2)(x-3)(x+4)}$

*b)* $\dfrac{x^2+2x+3}{x^3+3x^2-9x+5}$

*c)* $\dfrac{x^2-2x+6}{(x-1)^3}$

**a)** Descomponem la fracció algebraica d'aquesta forma:

$$\frac{210}{(x-1)(x+2)(x-3)(x+4)}=\frac{A}{x-1}+\frac{B}{x+2}+\frac{C}{x-3}+\frac{D}{x+4}=$$

$$=\frac{A(x+2)(x-3)(x+4)+B(x-1)(x-3)(x+4)+}{(x-1)(x+2)(x-3)(x+4)}$$

$$\frac{+C(x-1)(x+2)(x+4)+D(x-1)(x+2)(x-3)}{(x-1)(x+2)(x-3)(x+4)}$$

Igualem numeradors: $210 = A(x+2)(x-3)(x+4) + B(x-1)(x-3)(x+4) +$
$+ C(x-1)(x+2)(x+4) + D(x-1)(x+2)(x-3)$

- Si $x = 1 \Rightarrow 210 = -30A \rightarrow A = -7$
- Si $x = 3 \Rightarrow 210 = 70C \rightarrow C = 3$
- Si $x = -2 \Rightarrow 210 = 30B \rightarrow B = 7$
- Si $x = -4 \Rightarrow 210 = -70D \rightarrow D = -3$

$$\frac{210}{(x-1)(x+2)(x-3)(x+4)}=\frac{-7}{x-1}+\frac{7}{x+2}+\frac{3}{x-3}-\frac{3}{x+4}$$

**b)** Factoritzem el denominador: $x^3+3x^2-9x+5=(x-1)^2(x+5)$

Com que el denominador té una arrel doble, la descomposició és així:

$$\frac{x^2+2x+3}{x^3+3x^2-9x+5}=\frac{A}{x-1}+\frac{B}{(x-1)^2}+\frac{C}{x+5}=$$

$$=\frac{A(x-1)(x+5)+B(x+5)+C(x-1)^2}{x^3+3x^2-9x+5}$$

Igualem numeradors: $x^2+2x+3 = A(x-1)(x+5) + B(x+5) + C(x-1)^2$

- Si $x = 1 \Rightarrow 6 = 6B \rightarrow B = 1$
- Si $x = -5 \Rightarrow 18 = 36C \rightarrow C = 1/2$
- Si $x = 2 \Rightarrow 11 = 7A + 7B + C \rightarrow 7A - 7/2 \rightarrow A = 1/2$

Obtenim: $\dfrac{x^2+2x+3}{x^3+3x^2-9x+5}=\dfrac{1/2}{x-1}+\dfrac{1}{(x-1)^2}+\dfrac{1/2}{x+5}$

**c)** Descomponem la fracció així, ja que en el denominador hi ha una arrel triple:

$$\frac{x^2-2x+6}{(x-1)^3}=\frac{A}{x-1}+\frac{B}{(x-1)^2}+\frac{C}{(x-1)^3}=$$

$$=\frac{A(x-1)^2+B(x-1)+C}{(x-1)^3}=\frac{Ax^2+(-2A+B)x+(A-B+C)}{(x-1)^3}$$

Igualem numeradors: $x^2-2x+6 = Ax^2 + (-2A+B)x + (A-B+C)$

En igualar els coeficients, obtenim el sistema següent, que resolem:

$$\left.\begin{array}{r} A=1 \\ -2A+B=-2 \\ A-B-C=6 \end{array}\right\} \rightarrow A=1;\ B=0;\ C=5$$

Obtenim que: $\dfrac{x^2-2x+6}{(x-1)^3}=\dfrac{1}{x-1}+\dfrac{5}{(x-1)^3}$

**Fes-ho tu** Descompon aquestes fraccions algebraiques:

**a)** $\dfrac{6}{(x+1)(x+2)(x+3)(x+4)}$

**b)** $\dfrac{x^2-3x+5}{x^3-3x^2+4}$

**c)** $\dfrac{2x+5}{(x+3)^3}$

# » EXERCITA LES TEVES COMPETÈNCIES

## Practica

### Polinomis. Operacions

**1.** Donats els polinomis $P(x) = x^3 - 5x^2 - 3$, $Q(x) = -\frac{1}{3}x^2 + 2x - 1$ i $R(x) = x^3 - \frac{1}{2}x^2$, calcula:

**a)** $P(x) + Q(x) - R(x)$ **b)** $2P(x) - 3Q(x)$

**c)** $P(x) \cdot Q(x)$ **d)** $Q(x) \cdot R(x)$

**2.** Calcula i simplifica el resultat:

**a)** $(2y + x)(2y - x) + (x + y)^2 - x(y + 3)$

**b)** $3x(x + y) - (x - y)^2 + (3x + y)y$

**c)** $(2y + x + 1)(x - 2y) - (x + 2y)(x - 2y)$

**d)** $(x + y)(2x - y)(x + 2y)$

**3.** Multiplica cada expressió pel MCM dels denominadors i simplifica:

**a)** $\frac{3x(x+5)}{5} - \frac{(2x+1)^2}{4} + \frac{(x-4)(x+4)}{2}$

**b)** $\frac{(8x^2-1)(x^2+2)}{10} - \frac{(3x^2+2)^2}{15} + \frac{(2x+3)(2x-3)}{6}$

**c)** $\frac{(x-1)^3}{8} + \frac{3}{4}x(x+2)^2 - \frac{x^3}{10}$

**4.** Expressa com a producte de dos binomis:

**a)** $49x^2 - 16$ **b)** $9x^4 - y^2$ **c)** $81x^4 - 64x^2$

**d)** $25x^2 - 3$ **e)** $2x^2 - 100$ **f)** $5x^2 - 2$

**5.** Completa, en el teu quadern, cada una d'aquestes expressions perquè sigui el quadrat d'un binomi:

**a)** $16x^2 + (\ldots) - 8xy$ **b)** $(\ldots) + 25y^2 + 60xy$

**c)** $\frac{9}{16}x^2 + 4y^2 + (\ldots)$ **d)** $(\ldots) + \frac{y^2}{9} - \frac{4}{3}x^2y$

**6.** Treu factor comú i identifica els productes notables, com en l'exemple:

- $\mathbf{2x^4 + 12x^3 + 18x^2 = 2x^2(x^2 + 6x + 9) = 2x^2(x + 3)^2}$

**a)** $20x^3 - 60x^2 + 45x$ **b)** $27x^3 - 3xy^2$

**c)** $3x^3 + 6x^2y + 3y^2x$ **d)** $4x^4 - 81x^2y^2$

**7.** Troba el quocient i el residu de cada una d'aquestes divisions:

**a)** $(7x^2 - 5x + 3) : (x^2 - 2x + 1)$

**b)** $(2x^3 - 7x^2 + 5x - 3) : (x^2 - 2x)$

**c)** $(x^3 - 5x^2 + 2x + 4) : (x^2 - x + 1)$

**8.** Divideix i expressa cada divisió de la manera següent:

$$\frac{\text{dividend}}{\text{divisor}} = \text{quocient} + \frac{\text{residu}}{\text{divisor}}$$

**a)** $(3x^5 - 2x^3 + 4x - 1) : (x^3 - 2x + 1)$

**b)** $(x^4 - 5x^3 + 3x - 2) : (x^2 + 1)$

**c)** $(4x^5 + 3x^3 - 2x) : (x^2 - x + 1)$

**d)** $(x^3 - 5x^2 + 3x + 1) : (x^2 - 5x + 1)$

**9.** Expressa les divisions següents de la forma $D = d \cdot q + r$:

**a)** $(6x^3 + 5x^2 - 9x) : (3x - 2)$

**b)** $(x^4 - 4x^2 + 12x - 9) : (x^2 - 2x + 3)$

**c)** $(4x^4 + 2x^3 - 2x^2 + 9x + 5) : (-2x^3 + x - 5)$

**10.** Fes les divisions següents:

**a)** $(2x^3 - x^2 + 3x - 1) : (2x^2 + 2x)$

**b)** $(x^4 - x^3 - 3x + 1) : (2x^2 - 1)$

**c)** $(x^5 - 3x^2 - 2x - 5) : (3x^3 + 4x - 1)$

**d)** $(x^4 - x^3 + 3x - 1) : (5x^2 - 2)$

**e)** $(x^3 + 1) : (6x^3 + x)$

**f)** $\left(\frac{1}{2}x^4 + x^2 - 7x + 3\right) : (3x + 2)$

**11.** Troba, en cada cas, el valor de $a$ perquè les divisions següents siguin exactes:

**a)** $(x^4 + x^3 - 12x^2 + ax + 5) : (x^2 - 2x - 1)$

**b)** $(x^5 - 2x^4 + 4x^3 + ax^2 + 2x + 2) : (x^2 - 2x + 2)$

**c)** $(x^4 + 3x^3 + 3x^2 + 3x + a) : (x^2 - 2x - 1)$

**d)** $(x^3 + x^2 + ax - 3) : (x^2 - 2x - 1)$

**12.** Calcula el dividend en cada un dels casos següents:

**a)** Divisor: $(x^2 - 2)$. Quocient: $(x + 3)$. Residu: 7

**b)** Divisor: $(x^2 + 2x)$. Quocient: $(x^2 + x - 2)$. Residu: $(-3x + 4)$

**c)** Divisor: $(x^2 + 1)$. Quocient: $(x - 2)$. Residu: $(2x + 10)$

**d)** Divisor: $(x^3 - 2)$. Quocient: $x$. Residu: $(2x + 1)$

**e)** Divisor: $(x^4 + 2x^2 - 1)$. Quocient: $(x^2 - 2)$. Residu: $(3x^3 + x^2 - 5x)$

## Regla de Ruffini. Aplicacions

**13.** Aplica la regla de Ruffini per trobar el quocient i el residu de les divisions següents:

**a)** $(5x^3 - 3x^2 + x - 2) : (x - 2)$

**b)** $(x^4 - 5x^3 + 7x + 3) : (x + 1)$

**c)** $(-x^3 + 4x) : (x - 3)$

**d)** $(x^4 - 3x^3 + 5) : (x + 2)$

**14.** Esbrina si el polinomi $P(x) = x^{43} - 2x^2 + 3$ és divisible per $(x + 1)$.

**15.** Utilitza la regla de Ruffini per calcular $P(3)$, $P(-5)$ i $P(7)$ en els casos següents:

**a)** $P(x) = 2x^3 - 5x^2 + 7x + 3$

**b)** $P(x) = x^4 - 3x^2 + 7$

**c)** $P(x) = x^5 - 2x + 1$

**16.** Esbrina quins dels nombres 1, –1, 2, –2, 3, –3 són arrels dels polinomis següents:

**a)** $P(x) = x^3 - 2x^2 - 5x + 6$

**b)** $Q(x) = x^3 - 3x^2 + x - 3$

**c)** $R(x) = x^5 + 3x^4 - 5x^3 - 15x^2 + 4x + 12$

**17.** Utilitza la regla de Ruffini per trobar el quocient i el residu de les divisions següents:

**a)** $(4x^2 - 8x + 3) : (4x - 2)$

**b)** $(2x^3 - 4x^2 + 3x - 2) : (2x - 3)$

**c)** $(3x^3 - 2x - 1) : (3x + 1)$

**18.** Observa la següent aplicació de la regla de Ruffini. Veiem que la divisió $(x^4 - x^3 - 2x^2 + x + 3) : (x - 2)$ no és exacta, però que $(x^2 - x - 2) : (x - 2)$ sí que ho és:

| | | | | | |
|---|---|---|---|---|---|
| | 1 | –1 | –2 | 1 | 3 |
| 2 | | 2 | 2 | 0 | 2 |
| | 1 | 1 | 0 | 1 | 5 |

Troba alguna divisió exacta a partir de les divisions següents, fetes per la regla de Ruffini.

**a)**

| | | | | | |
|---|---|---|---|---|---|
| | 1 | 3 | 5 | 6 | 1 |
| –2 | | –2 | –2 | –6 | 0 |
| | 1 | 1 | 3 | 0 | 1 |

**b)**

| | | | | | |
|---|---|---|---|---|---|
| | 2 | –1 | –3 | 2 | 3 |
| –1 | | –2 | 3 | 0 | –2 |
| | 2 | –3 | 0 | 2 | 1 |

## Factorització de polinomis

**19.** Treu factor comú i utilitza les identitats notables per factoritzar els polinomis següents:

**a)** $3x^3 - 12x$ **b)** $4x^3 - 24x^2 + 36x$

**c)** $45x^2 - 5x^4$ **d)** $x^4 + x^2 + 2x^3$

**e)** $x^6 - 16x^2$ **f)** $16x^4 - 9$

**20.** Factoritza els polinomis següents:

**a)** $x^2 + 4x - 5$ **b)** $x^2 + 8x + 15$

**c)** $7x^2 - 21x - 280$ **d)** $3x^2 + 9x - 210$

**e)** $2x^2 - 9x - 5$ **f)** $3x^2 - 2x - 5$

**g)** $4x^2 + 17x + 15$ **h)** $-x^2 + 17x - 72$

**21.** Completa la descomposició en factors:

**a)** $(x^2 - 25)(x^2 - 6x + 9)$

**b)** $(x^2 - 7x)(x^2 - 13x + 40)$

**22.** Descompon en factors i digues quines són les arrels dels polinomis següents:

**a)** $x^3 + 2x^2 - x - 2$ **b)** $3x^3 - 15x^2 + 12x$

**c)** $x^3 - 9x^2 + 15x - 7$ **d)** $x^4 - 13x^2 + 36$

**23.** Factoritza els polinomis següents i digues quines en són les arrels:

**a)** $x^3 - 2x^2 - 2x - 3$ **b)** $2x^3 - 7x^2 - 19x + 60$

**c)** $x^3 - x - 6$ **d)** $4x^4 + 4x^3 - 3x^2 - 4x - 1$

**e)** $6x^3 + 13x^2 - 4$ **f)** $4x^3 + 12x^2 - 25x - 75$

**24.** Descompon en factors i digues quines són les arrels dels polinomis següents:

**a)** $x^4 - 2x^2 + 1$ **b)** $x^3 - 2x^2 - 9x + 18$

**c)** $x^4 - x^3 - 7x^2 + x + 6$ **d)** $8x^3 + 6x^2 - 11x - 3$

**e)** $3x^3 + 8x^2 + 3x - 2$ **f)** $x^3 - 2x^2 + 2x - 4$

**25.** Escriu, en cada cas, un polinomi de grau 3 que tingui aquestes arrels:

**a)** 0, 1 i 2 **b)** –1 i 3 **c)** 0 i 5

**26.** Escriu, en cada cas, un polinomi que compleixi la condició donada:

**a)** De quart grau sense arrels.

**b)** Que tingui dues arrels dobles, 2 i –2.

**c)** De tercer grau amb una sola arrel.

**d)** De quart grau i amb tres arrels.

**27.** Indica en cada cas el polinomi inicial i la seva descomposició factorial. Completa-la, quan sigui possible, amb les arrels del polinomi de segon grau:

a)

| | | | | | | |
|---|---|---|---|---|---|---|
| | 1 | 2 | −4 | −4 | −5 | −6 |
| −1 | | −1 | −1 | 5 | −1 | 6 |
| | 1 | 1 | −5 | 1 | −6 | 0 |
| 2 | | 2 | 6 | 2 | 6 | |
| | 1 | 3 | 1 | 3 | 0 | |
| −3 | | −3 | 0 | −3 | | |
| | 1 | 0 | 1 | 0 | | |

b)

| | | | | | | |
|---|---|---|---|---|---|---|
| | 1 | 5 | −5 | −25 | 4 | 20 |
| 1 | | 1 | 6 | 1 | −24 | −20 |
| | 1 | 6 | 1 | −24 | −20 | 0 |
| −1 | | −1 | −5 | 4 | 20 | |
| | 1 | 5 | −4 | −20 | 0 | |
| 2 | | 2 | 14 | 20 | | |
| | 1 | 7 | 10 | 0 | | |

c)

| | | | | | |
|---|---|---|---|---|---|
| | 1 | −3 | −35 | 39 | 70 |
| −1 | | −1 | 4 | 31 | −70 |
| | 1 | −4 | −31 | 70 | 0 |
| 2 | | 2 | −4 | −70 | |
| | 1 | −2 | −35 | 0 | |

## Fraccions algebraiques

**28.** Comprova, en cada cas, si les fraccions donades són equivalents:

a) $\dfrac{x-4}{3x-12}$ i $\dfrac{1}{3}$

b) $\dfrac{x^2+x}{2x}$ i $\dfrac{x}{2}$

c) $\dfrac{x+y}{x^2-y^2}$ i $\dfrac{1}{x-y}$

d) $\dfrac{x}{x^2-x}$ i $\dfrac{2}{2x-2}$

**29.** Descompon en factors i simplifica:

a) $\dfrac{x^2-9}{(x+3)^2}$

b) $\dfrac{x+2}{x^2-4}$

c) $\dfrac{x^2+25-10x}{x^2-25}$

d) $\dfrac{x^2+xy}{x^2-2xy+y^2}$

e) $\dfrac{x-2}{x^2+x-6}$

f) $\dfrac{x^2y-3xy^2}{2xy^2}$

**30.** Descompon en factors el dividend i el divisor i, després, simplifica:

a) $\dfrac{x^2-2x}{x^2-5x+6}$

b) $\dfrac{x^2-3x-4}{x^3+x^2}$

c) $\dfrac{x^3-3x^2+2x}{3x^2-9x+6}$

d) $\dfrac{x^2-x-42}{x^2-8x+7}$

**31.** Simplifica les fraccions següents:

a) $\dfrac{x^3-4x}{x^3+x^2-2x}$

b) $\dfrac{x^4-5x^2+4}{x^4-1}$

c) $\dfrac{x^4+2x^3-3x^2}{2x^4-3x^3+x^2}$

d) $\dfrac{2x^3-5x^2+3x}{2x^4+x^3-6x^2}$

**32.** Redueix a comú denominador i opera:

a) $\dfrac{1}{2x}-\dfrac{1}{4x}+\dfrac{1}{x}$

b) $\dfrac{1}{x^2}-\dfrac{1}{3x}+\dfrac{1}{x}$

c) $\dfrac{x}{2}+\dfrac{3}{x}-1$

d) $\dfrac{2}{x^2}-\dfrac{x+1}{3x}$

e) $\dfrac{x}{x-3}-\dfrac{3}{x}$

f) $\dfrac{x-3}{x+1}-\dfrac{x}{x+3}$

**33.** Redueix a comú denominador i opera:

a) $\dfrac{x-1}{x+3}-\dfrac{2}{x-3}+\dfrac{x}{x^2-9}$

b) $\dfrac{2}{x-2}-\dfrac{x+1}{x^2-2x}-\dfrac{3}{x^2-4}$

c) $\dfrac{1}{2x+2}+\dfrac{3x-3}{x^2-x-2}-\dfrac{x}{x-2}$

**34.** Resol:

a) $\dfrac{x-2}{x^2}+\dfrac{x+2}{x^2-x}-\dfrac{1}{x^2-1}$

b) $\dfrac{2x}{x^2+x-2}-\dfrac{5}{x+2}-\dfrac{x-4}{3x+6}$

c) $\dfrac{x+2}{2x+1}-\dfrac{2}{4x^2-1}+\dfrac{x+1}{2x}$

**35.** Resol:

a) $\dfrac{x+1}{x-1}+\dfrac{3}{x+1}-\dfrac{x-2}{x^2-1}$

b) $\dfrac{x^2}{x^2-2x+1}+\dfrac{2x+3}{x-1}-3$

c) $\dfrac{2x-3}{x^2-9}-\dfrac{x+1}{x-3}-\dfrac{x+2}{x+3}$

**36.** Opera i simplifica si és possible:

a) $\left(\dfrac{1}{x}:\dfrac{1}{x+1}\right)\cdot\dfrac{x}{2}$

b) $\left(\dfrac{2}{x}-\dfrac{2}{x+2}\right):\dfrac{x-2}{x}$

c) $\left(1-\dfrac{2}{2-x}\right)\cdot\dfrac{2-x}{x^2}$

d) $\dfrac{2x}{x+1}:\left(\dfrac{2x}{x+1}-1\right)$

**37.** Opera i simplifica:

a) $\left(\dfrac{3}{x}-\dfrac{x}{3}\right):\left(\dfrac{1}{x}+\dfrac{1}{3}\right)$

b) $\dfrac{x+1}{(x-1)^2}\cdot\dfrac{x^2-1}{x}$

**38.** Opera i simplifica:

a) $\left[\left(x+\frac{1}{x}\right):\left(x-\frac{1}{x}\right)\right]\cdot(x-1)$

b) $\frac{2}{x}\cdot\left(\frac{1}{x}:\frac{1}{x-1}\right)$

**39.** Opera i simplifica:

a) $\left(1-\frac{x-1}{x}\right)\frac{x^2}{x+3}-1$

b) $\left(\frac{1}{x}-\frac{1}{x+3}\right):\frac{3}{x^2}$

c) $4-\frac{1}{2x-1}\left(\frac{2}{x}-\frac{1}{x^2}\right)$

d) $\left(1+\frac{y}{x}\right):\left(1+\frac{x}{y}\right)$

e) $\left(\frac{1}{x}+\frac{1}{2}-\frac{3x-4}{2x}\right)\cdot\frac{6x}{6-2x}$

**40.** Per quina fracció algebraica has de multiplicar el resultat de cada apartat de l'exercici anterior per obtenir 1? I per obtenir el polinomi $x^2+1$?

## Descomposició de fraccions algebraiques

**41.** Descompon en suma de fraccions elementals:

a) $\frac{2x+3}{(x-2)(x+5)}$

b) $\frac{3x^3}{x^2-4}$

c) $\frac{1}{(x^2-25)(x-4)}$

d) $\frac{x^2+1}{x^2+x}$

e) $\frac{1}{x^2+x-6}$

f) $\frac{3x-2}{x^2-4}$

g) $\frac{4}{x^2+x-2}$

h) $\frac{x^2}{x^2+4x+3}$

i) $\frac{2x^2-5x+3}{x^2-3x+2}$

j) $\frac{x-1}{4x^2-9}$

**42.** Descompon aquestes fraccions algebraiques:

a) $\frac{3x^3-5x+1}{x^3}$

b) $\frac{3x^3-5x+1}{(x-2)^3}$

c) $\frac{x+2}{x^4-2x^2+1}$

d) $\frac{1}{(x^2-1)^2}$

e) $\frac{2x^2+7x-1}{x^3+x^2-x-1}$

f) $\frac{5x^2}{x^3-3x^2+3x-1}$

g) $\frac{6x^5-7x^4-5x^3-x^2-5x+2}{x^6-2x^5+2x^3-x^2}$

## Aplica els teus coneixements

**43.** Troba el MCM i el MCD d'aquests polinomis:

a) $x^2;\ x^2-x;\ x^2-1$

b) $x-3;\ x^2-9;\ x^2-6x+9$

c) $x+2;\ 3x+6;\ x^2+x-2$

d) $2x;\ 2x+1;\ 4x^2-1$

**44.** Calcula el MCD i el MCM dels polinomis següents de l'exercici 24:

a) Apartats *a* i *c*.

b) Apartats *b* i *c*.

c) Apartats *c* i *e*.

d) Apartats *b* i *f*.

**45.** Indica tres parells de polinomis de l'exercici 24 que siguin primers entre si.

**46.** Substitueix els punts suspensius per l'expressió adequada perquè les fraccions siguin equivalents:

a) $\frac{x^2-x}{x^2-1}=\frac{\dots}{x+1}$

b) $\frac{x}{2x+1}=\frac{x^2}{\dots}$

c) $\frac{x}{x-3}=\frac{\dots}{x^2-9}$

d) $\frac{2}{x+2}=\frac{\dots}{x^2+4x+4}$

**47.** Troba el valor de $m$ perquè el polinomi $mx^3-3x^2+5x+9m$ sigui divisible per $x+2$.

**48.** Calcula el valor de $a$ i $b$ perquè el polinomi $P(x)=2x^3+7x^2+ax+b$ sigui divisible per $x-1$ i per $x+2$.

**49.** Calcula el valor de $m$ i $n$ perquè el polinomi

$$P(x)=x^3-mx^2+nx+4$$

sigui divisible per $x-2$ i $x+2$.

Quines són les arrels de $P(x)$?

**50.** Calcula els paràmetres $a$ i $b$ perquè el polinomi $P(x)=x^4-2x^3+ax^2+bx+15$ sigui divisible per $(x+3)$ i per $(x-5)$.

**51.** Calcula el valor de $m$ perquè les divisions següents tinguin el residu que s'indica en cada cas:

a) $(x^2-5x+m):(x-2)$ Residu = 0

b) $(x^3-2x^2-x+m):(x+1)$ Residu = –1

c) $(2x^3-12x+2m):(x-3)$ Residu = –5

d) $(x^2-mx+3):(x+3)$ Residu = 0

**52.** El residu de la divisió següent és igual a –8:

$$(2x^4+kx^3-7x+6):(x-2)$$

Quant val $k$?

**53.** Troba el valor que han de tenir $a$ i $b$ perquè en dividir el polinomi $P(x)=3x^3+ax^2-5x+b$ entre $(x-1)$ el residu sigui 14 i en dividir el mateix polinomi entre $(x+3)$ el residu sigui – 2.

**54.** Troba els paràmetres $a$ i $b$ perquè el residu de dividir $P(x)=x^5+ax^4+x^2+bx+8$ entre $(x+1)$ sigui 9 i el de dividir-lo entre $(x-2)$ sigui 6.

**55.** Si $P(x) = 3x^3 - 11x^2 - 81x + 245$, troba els valors $P(8{,}75)$, $P(10{,}25)$ i $P(-7)$ amb ajuda de la calculadora.

Descriu la seqüència de tecles utilitzades com en la pàgina 45.

**56.** Comprova si existeix alguna relació de divisibilitat entre els parells de polinomis següents:

a) $P(x) = x^4 - 4x^2$ i $Q(x) = x^2 - 2x$

b) $P(x) = x^2 - 10x + 25$ i $Q(x) = x^2 - 5x$

c) $P(x) = x^3 + x^2 - 12x$ i $Q(x) = x - 3$

**57.** Treu factor comú en cada expressió:

a) $(x + 2)(x - 3) + 2x(x + 2)$

b) $(x - 2)(2x + 3) - (5 - x)(x - 2)$

c) $(x + 5)(2x - 1) + (x - 5)(2x - 1)$

d) $(3 - y)(a + b) - (a - b)(3 - y)$

**58.** Factoritza les expressions següents:

a) $ax - ay + bx - by$

b) $2x^2y + y + 2x^2 + 1$

c) $3x^2y + xy + 3xy^2 + y^2$

d) $2ab^3 - ab + 2b^2 - 1$

**59.** Simplifica les fraccions algebraiques:

a) $\dfrac{2x^2y - xy^2}{10x - 5y}$

b) $\dfrac{3a^2b^2 - 6ab^3}{3a^3b - 6a^2b^2}$

c) $\dfrac{4a^2b^2 - 2a^2bx}{-4x^2 + 8bx + 2ba - ax}$

## Resol problemes

**60.** Expressa, en funció de $x$, l'àrea total d'aquest tronc de piràmide:

$x + 1$ és l'altura d'una cara lateral.

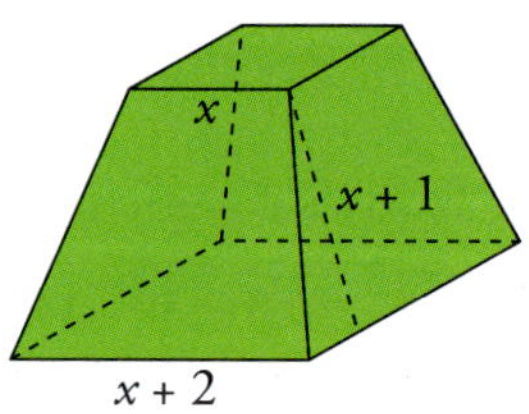


**61.** Una aixeta tarda $x$ minuts a omplir un dipòsit. Una altra aixeta tarda 3 minuts menys a omplir el mateix dipòsit. Expressa en funció de $x$ la part del dipòsit que s'omple obrint totes dues aixetes durant un minut.

**62.** Es barregen $x$ kg de pintura de 5 €/kg amb $y$ kg d'una altra pintura de 3 €/kg. Quin serà el preu d'1 kg de la barreja? Expressa'l en funció de $x$ i $y$.

**63.** En un triangle rectangle, un catet mesura 14 cm. Expressa el perímetre i l'àrea del triangle en funció de la hipotenusa $x$.

**64.** En un rectangle de costats $x$ i $y$ inscrivim un rombe. Expressa el perímetre del rombe en funció dels costats del rectangle.

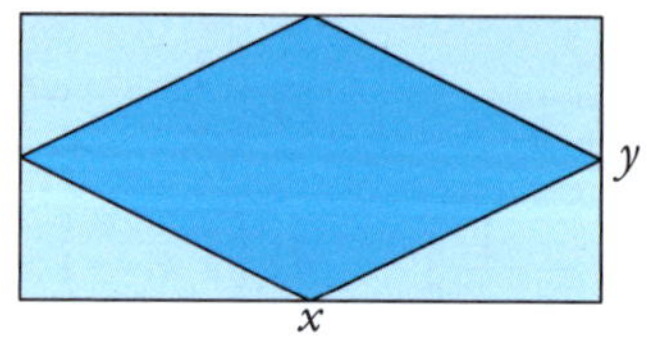


**65.** Expressa algebraicament l'àrea de la part acolorida utilitzant $x$ i $y$.

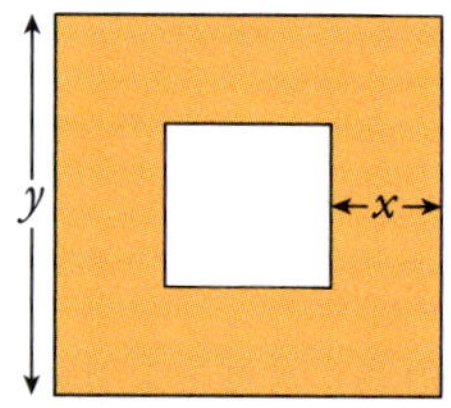


**66.** Dos pobles, A i B, disten 60 km. De A surt un cotxe cap a B a velocitat $v$. Al mateix temps en surt un altre de B en direcció a A a velocitat $v + 3$. Expressa en funció de $v$ el temps que tarden a trobar-se.

**67.** Per inscriure en el rectangle $ABCD$ de costats $\overline{AB} = 3$ cm i $\overline{BC} = 5$ cm el quadrilàter $A'B'C'D'$, hem fet $\overline{AA'} = \overline{BB'} = \overline{CC'} = \overline{DD'} = x$. Escriu l'àrea de $A'B'C'D'$ en funció de $x$.

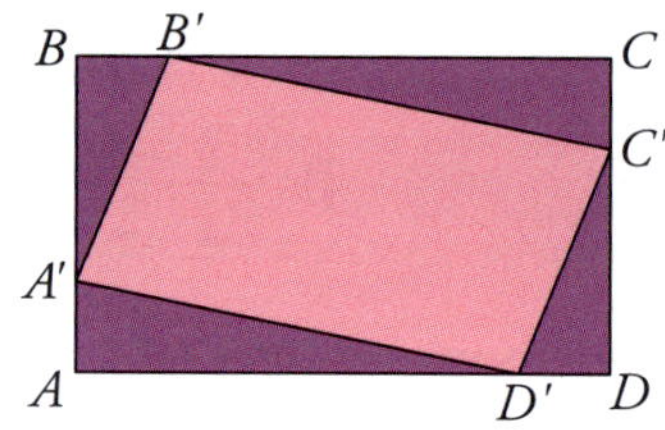


**68.** En el triangle de sota, $\overline{BC} = 10$ cm, $\overline{AH} = 4$ cm.

Per un punt $D$ de l'altura, tal que $\overline{AD} = x$, es traça una paral·lela $MN$ a $BC$. Des de $M$ i $N$ es tracen perpendiculars a $BC$.

a) Expressa $\overline{MN}$ en funció de $x$. (Utilitza la semblança dels triangles $AMN$ i $ABC$.)

b) Escriu l'àrea del rectangle $MNPQ$ mitjançant un polinomi amb la variable $x$.

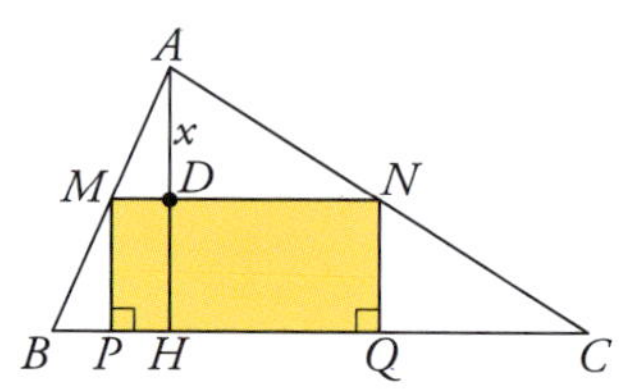

## Resol: una mica més difícil

**69.** Tenim un rectangle de 20 cm de perímetre. Si la base disminueix en 2 cm i l'altura en 3 cm, quant disminueix l'àrea del rectangle? Expressa-ho en funció de la base.

**70.** La base d'un triangle mesura 20 cm i l'altura, 15 cm. Si l'altura augmenta un $x$ % i la base un $(x + 2)$ %, expressa l'àrea del nou triangle en funció de $x$.

**71.** Un comerciant va vendre dues bicicletes. En una va guanyar el 20 % sobre el preu de compra i en l'altra va perdre el 10 %. En total va obtenir un guany del 15 % sobre el que li van costar. Expressa algebraicament aquest enunciat.

**72.** Dividim un fil d'aram d'1 m de longitud en dues parts desiguals. Amb una d'aquestes parts formem un triangle equilàter i amb l'altra, un quadrat. Escriu la suma de les àrees d'ambdues figures.

**73.** D'una cartolina rectangular les dimensions de la qual són 30 cm i 20 cm, retallem un quadrat de costat $x$ en cada cantonada per construir una capsa sense tapa. Escriu el volum de la capsa en funció de $x$.

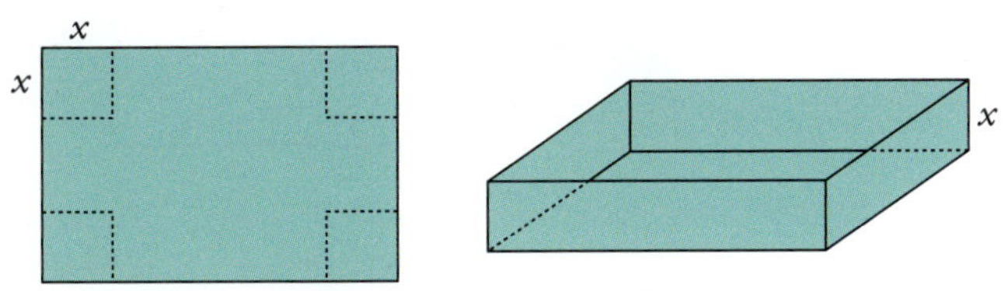


## Reflexiona sobre la teoria

**74.** Quin ha de ser el valor de $a$ i de $b$ perquè els polinomis $P(x)$ i $Q(x)$ siguin iguals?

$P(x) = x^3 - (4 + a)x + (1 + b)$

$Q(x) = (a + 3)x^3 + (a + 2)x^2 - 2x + 5$

**75.** Les arrels de $P(x)$ són 0, 2 i –3.

**a)** Escriu tres divisors de $P(x)$ de primer grau.

**b)** Escriu un divisor de $P(x)$ de segon grau.

**76.** **a)** Si la divisió $P(x) : (x - 2)$ és exacta, què pots afirmar del valor $P(2)$?

**b)** Si –5 és una arrel del polinomi $P(x)$, què pots afirmar de la divisió $P(x) : (x + 5)$?

**c)** En quin resultat t'has basat per respondre les dues preguntes anteriors?

**77.** Inventa dos polinomis de segon grau que compleixin la condició indicada en cada cas:

**a)** MCM $[P(x), Q(x)] = x^2(x - 3)(x + 2)$

**b)** MCD $[P(x), Q(x)] = 2x + 1$

**78.** Tenim un polinomi $P(x) = (x - 1)^2(x + 3)$. Cerca un polinomi de segon grau, $Q(x)$, que compleixi les dues condicions següents:

**a)** MCD $[P(x), Q(x)] = x - 1$

**b)** MCM $[P(x), Q(x)] = (x - 1)^2(x^2 - 9)$

**79.** Per quina fracció cal multiplicar $\dfrac{x - 5}{x - 1}$ per obtenir $\dfrac{x^2 - 5x}{x^2 + 3x - 4}$?

**80.** Prova que el polinomi $x^2 + (a + b)x + ab$ és divisible per $x + a$ i per $x + b$ per a qualsevol valor de $a$ i $b$. Quina serà la seva descomposició factorial?

**81.** Vertader o fals? Justifica-ho i posa'n exemples:

**a)** Si un polinomi és de grau 3 i un altre és de grau 2, el seu producte és de grau 6.

**b)** Si $P(0) = 1$, aleshores $P(x)$ és divisible per $(x - 1)$.

**c)** Si sumem dos polinomis de grau 3, sempre obtenim un polinomi de grau 3.

**d)** Si $P(3) \neq 0$, aleshores el polinomi $P(x)$ no és divisible per $x - 3$.

**e)** Si $P(-2) = 0$, aleshores $x + 2$ és un factor de $P(x)$.

**f)** Si $P(x) = ax^2 + bx + 2$ i $P(\pm 2) \neq 0$, aleshores $P(x)$ no pot tenir arrels enteres.

**g)** No és possible escriure un polinomi de quart grau que només tingui una arrel triple.

**h)** El polinomi que resulta de sumar tres polinomis de graus diferents té el grau del polinomi de més grau.

**82.** Si un polinomi $A$ té grau 4 i un altre $B$ té grau 3, indica el grau del polinomi:

**a)** Suma de $A$ i $B$.

**b)** Resta de $A$ i $B$.

**c)** Producte de $A$ i $B$.

**d)** Quocient de $A$ i $B$.

# » MATEMÀTIQUES EN CONTEXT

## UN NOU PARC A LA CIUTAT

El nou consistori ha detectat que la ciutat necessita més zones verdes i, per millorar aquest aspecte, ha decidit construir un nou parc. Per fer-lo, ampliarà i reformarà una de les places més grans situada al centre de la ciutat. Dins el parc hi haurà un llac, una zona de jocs, taules per fer un pícnic, arbres, jardins amb flors i espais per passejar.

### 1. Ampliació de la plaça

En la primera fase de la reforma es convertiran els carrils adjacents en zona de vianants, de manera que s'afegiran 20 m a cada un dels costats de la plaça, que és quadrada, tal com pots veure en el gràfic. El resultat serà que la superfície de la plaça s'ampliarà en 4.080 m$^2$. Esbrina i escriu quines són les dimensions inicials de la plaça.

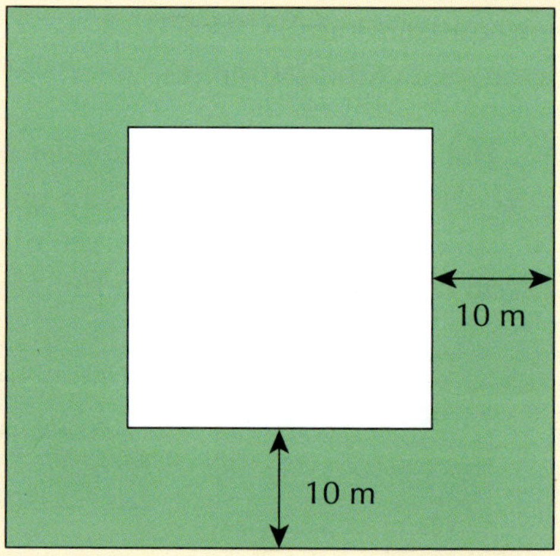


### 2. Construcció del llac

En una segona fase de les reformes, el centre de la nova plaça (és a dir, la zona que ocupa l'actual) es modificarà completament. En cada un dels seus cantons es delimitarà un triangle rectangle isòsceles, tots quatre de la mateixa mida, on es plantarà gespa, tal com s'aprecia en el croquis. La resta serà un llac artificial en forma d'octàgon irregular. El llac tindrà una superfície de 8.264 m$^2$.

a) Calcula i escriu el perímetre que tindrà el llac octagonal.

b) L'arquitecte vol posar vores de marbre de Carrara al voltant dels triangles de gespa. El cost d'aquest marbre és de 25 €/m, i la part de pressupost aprovat per comprar-lo és de 3.000 €. Es podrà comprar prou marbre per tancar tots els costats? I si només se'n posa als costats externs? Raona la teva resposta.

c) Es pretén que la fondària mitjana de l'aigua al llac artificial sigui d'1,5 m. El cap de l'organisme municipal de parcs i jardins s'oposa a la construcció del llac perquè diu que el municipi, a l'estiu, només pot aportar i mantenir en bones condicions un màxim de 12.500 m$^3$ d'aigua. Creus que és encertada la seva opinió? Raona la teva resposta.

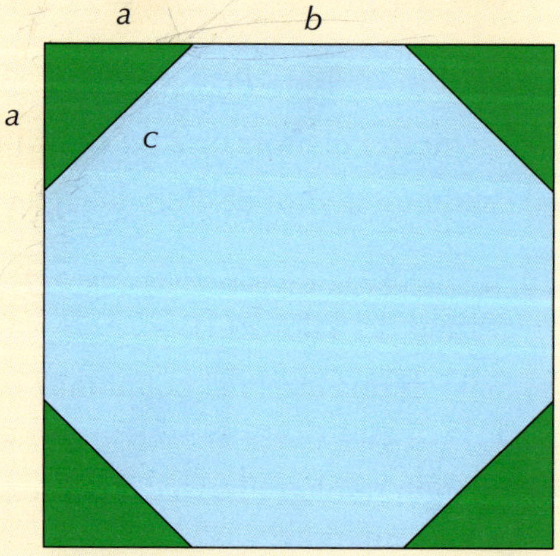

## 3. El jardí amb flors

En un dels laterals del parc s'ha plantat un jardí amb flors que s'ha dividit en tres zones, anomenades Akame, Bao i Chen, on creixen flors de molts tipus diferents. El dia de la inauguració, a la zona Bao han florit 5 rosers més que a l'Akame, i a la zona Chen, el doble que a la Bao. En tot el jardí hi ha 23 rosers en flor. Quants rosers han florit en cada zona?

## 4. Concurs a la zona de jocs: tangram

Al parc s'ha inclòs una zona de jocs amb tres tangrams gegants. El tangram és un antic joc xinès que consisteix a fer el màxim de figures possible col·locant sobre un pla les set peces que resulten de dividir, sempre respectant unes proporcions determinades, un quadrat.

El dia de la inauguració del parc s'organitza un concurs de preguntes relacionades amb el tangram. Els participants es divideixen en tres equips. Per començar, l'organitzador els demana quants quadrats de mides diferents poden fer amb les peces, i tots n'aconsegueixen cinc fàcilment. Els pots trobar tu també? Després, els demana que tornin a muntar-los en la seva forma quadrada original i els planteja els problemes següents. Guanyarà l'equip que els solucioni correctament en el mínim temps possible. Resol-los també tu i anota quanta estona trigues a respondre'ls.

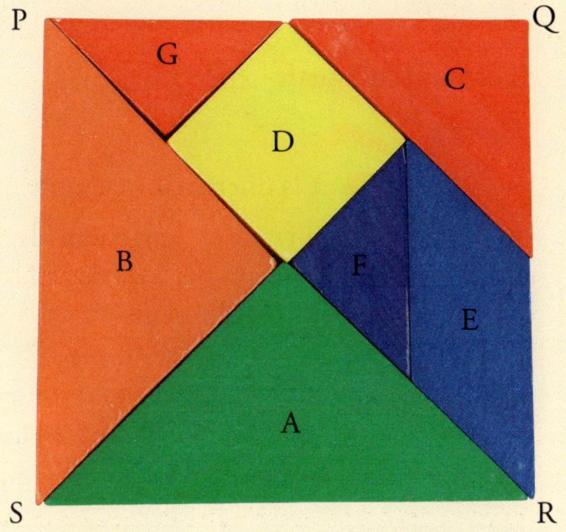


a) Si anomenes $x$ el costat del quadrat gran, PQRS, escriu l'expressió, en funció de $x$, de la diagonal d'aquest quadrat.

b) Troba, en funció de $x$, l'expressió de l'àrea de cada figura: A, B, C, D, E, F i G.

c) Compara les superfícies de les peces.

d) Comprova, fent servir les expressions que has trobat en resoldre l'apartat *b*), si la suma de les superfícies de les peces D, F i G coincideix amb la superfície de la peça A, és a dir, si $S_{D+F+G} = S_A$.

e) Calcula quant mesurarà el costat $x$ d'un tangram en el qual les superfícies de les peces A, C i F sumen $7 \cdot 2^2$ cm$^2$.

f) Quanta estona has trigat tu a resoldre els problemes?

# » TALLER DE MATEMÀTIQUES

## » BUSCA REGULARITATS I GENERALITZA

### Triangles i potències

Observa, comprova i compara:

| | |
|---|---|
| 1 1 | $(a+b)^1 = 1a + 1b$ |
| 1 2 1 | $(a+b)^2 = 1a^2 + 2ab + 1b^2$ |
| 1 3 3 1 | $(a+b)^3 = 1a^3 + 3a^2b + 3ab^2 + 1b^3$ |
| 1 4 6 4 1 | $(a+b)^4 = 1a^4 + 4a^3b + 6a^2b^2 + 4ab^3 + 1b^4$ |

Sabries afegir una fila més a aquest triangle numèric? (Es coneix com a triangle de Tartaglia.)

Sabries escriure el desenvolupament polinòmic de $(a+b)^5$ sense necessitat de multiplicar el binomi $(a+b)$ per si mateix cinc vegades?

## » UTILITZA L'ENGINY

### Partició

Partir aquest trapezi en dos o en tres trossos iguals és molt senzill, però no ho és tant fer-ho en quatre. Prova-ho.

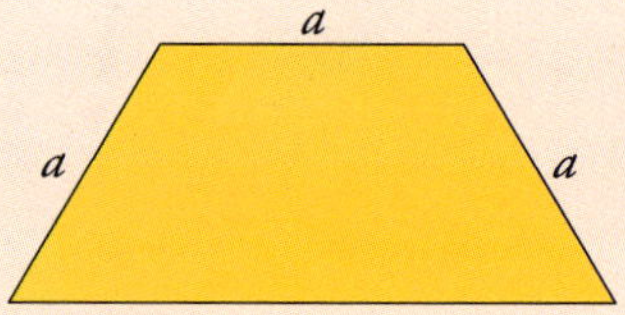


## » REFLEXIONA I EXPRESSA'T

### Curiós!

Pensa tres dígits que no siguin iguals → Per exemple, 5, 8 i 3.

Forma amb ells el nombre més gran possible $\boxed{x}\boxed{y}\boxed{z}$ → El nombre més gran és 853.

Forma el més petit $\boxed{z}\boxed{y}\boxed{x}$ → El nombre més petit és 358.

Resta'ls $\boxed{x}\boxed{y}\boxed{z} - \boxed{z}\boxed{y}\boxed{x}$ → La diferència és 853 – 358 = 495.

- Comprova que la diferència és sempre múltiple de 9 i d'11.
- Demostra, utilitzant el llenguatge algebraic, que l'observació anterior és certa per a qualsevol trio de xifres, $x$, $y$, $z$, si almenys dues són diferents.

*Ajuda:*

$\boxed{x}\boxed{y}\boxed{z} = 100x + 10y + z$

$\boxed{z}\boxed{y}\boxed{x} = 100z + 10y + x$

## » ENTRENA'T RESOLENT ALTRES PROBLEMES

- En cada operació, substitueix cada lletra per una xifra diferent de zero.

```
  yz
  yz
  yz
  yz
+ yz
----
 xyz
```

```
  ab
 × c
----
  de
+ fg
----
  hi
```

- Resol aquests problemes sense utilitzar l'àlgebra:

**a)** Un estany es proveeix d'aigua mitjançant dues boques. Obrint només la primera, l'estany s'omple en 8 hores i, obrint-les totes dues, en 3 hores. Quant tarda a omplir-se si s'obre només la segona boca?

**b)** En una bassa hi ha una aixeta i un embornal. L'embornal buida la bassa en 2 hores.

Un dia, sense adonar-nos-en, quan la bassa és plena, vam obrir l'embornal i vam deixar l'aixeta oberta. La bassa va tardar 5 hores a buidar-se.

Quant tarda l'aixeta a omplir la bassa?

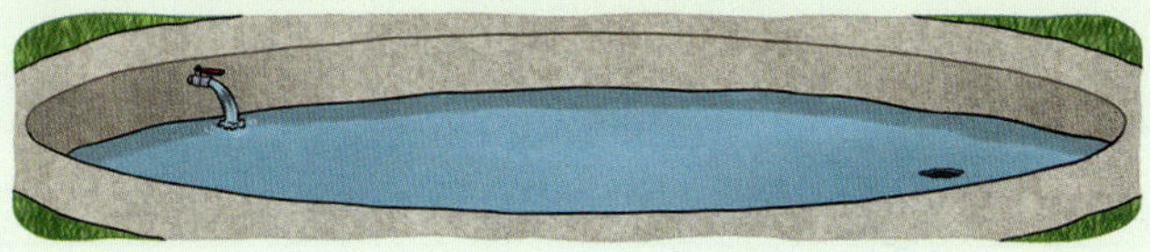

## » POSA'T A PROVA

**1.** Multiplica pel MCM dels denominadors i simplifica:

$$\frac{(x-2)(x+1)}{3} - \frac{(3x-1)^2}{8} + \frac{(2x-3)(2x+3)}{12}$$

**2.** Troba el quocient i el residu d'aquesta divisió:

$$(3x^4 - 5x^3 + 4x^2 - 1) : (x^2 + 2)$$

**3.** Calcula el valor del paràmetre $m$ perquè el polinomi $P(x) = 7x^3 - mx^2 + 3x - 2$ sigui divisible per $x + 1$.

**4.** Descompon en factors els polinomis següents:

**a)** $x^4 - 12x^3 + 36x^2$ **b)** $2x^3 + 5x^2 - 4x - 3$

**5.** Simplifica les fraccions algebraiques:

**a)** $\dfrac{2x^2y - xy^2}{10x - 5y}$ **b)** $\dfrac{3a^2b^2 - 6ab^3}{3a^3b - 6a^2b^2}$

**6.** Calcula i simplifica si és possible:

**a)** $\dfrac{2x^2}{x-3} : \dfrac{8}{x^3 - 3x^2}$ **b)** $\dfrac{x^2 - 6}{(x-2)^2} - \dfrac{x-3}{x-2}$

**c)** $\dfrac{1}{a} - \dfrac{a}{a^2 - 1} + \dfrac{2a + 1}{a^3 - a}$

**7.** Descompon les fraccions següents com a suma de fraccions elementals:

**a)** $\dfrac{-9x + 6}{(x-1)(x+2)(x-2)}$ **b)** $\dfrac{x^3 + 10x^2 + 26x + 23}{x^3 + 4x^2 + x - 6}$

**8.** Donat el polinomi $P(x) = (x-1)^2(x-3)$:

**a)** Inventa un polinomi $Q(x)$ de segon grau tal que $P(x)$ i $Q(x)$ siguin primers entre si.

**b)** Busca un polinomi $R(x)$ que compleixi que:

MCD $[P(x), R(x)] = (x-1)(x-3)$

MCM $[P(x), R(x)] = (x-1)^2(x-3)^2(x+2)$

**9.** Troba $a$ i $b$ perquè en dividir $x^3 + ax^2 + bx - 4$ entre $x + 1$ el residu sigui $-10$ i en dividir-lo entre $x - 2$ el residu sigui 2.

**10.** En una parcel·la de costats $x$ i $y$ es construeix una casa, a la zona acolorida en el dibuix.

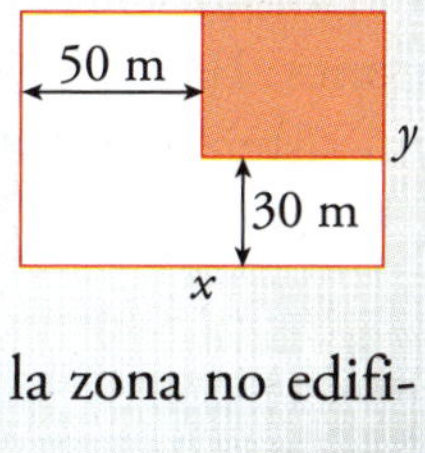


Expressa, en funció de $x$ i $y$, l'àrea de la zona no edificada.

# UNITAT 3

# EQUACIONS, INEQUACIONS I SISTEMES

DIMENSIÓ RESOLUCIÓ DE PROBLEMES · DIMENSIÓ RAONAMENT I PROVA
DIMENSIÓ CONNEXIONS · DIMENSIÓ COMUNICACIÓ I REPRESENTACIÓ

## Assoliments en la resolució d'equacions...

- EL PIONER: **Diofant** (segle III) va proposar problemes algebraics complexos i els va resoldre per mètodes originals i molt interessants. Però la seva aportació va mancar de mètode general i va tenir poc valor pedagògic.
- LA SISTEMATITZACIÓ: **Al-Hwarizmi** (segle IX) va ser qui, per primera vegada, va dur a terme un tractament sistemàtic i complet de la resolució d'equacions de primer i segon grau. El seu llibre *Al-jabr wa-l-muqabala,* elemental, didàctic i exhaustiu, va ser molt estudiat i, posteriorment, traduït a tots els idiomes.
- ELS ITALIANS DEL SEGLE XVI: Al segle XVI, diversos algebristes italians (**Tartaglia**, **Cardano**...) van mantenir unes interessantíssimes, agitades i fecundes discussions sobre la resolució de diferents tipus d'equacions cúbiques (de tercer grau). Tota aquesta activitat va servir per donar un gran impuls a la resolució d'equacions de grau superior.

## Un problema babilònic

En una tauleta babilònica de fa més de 4.000 anys es proposa el problema següent:

> Quant mesura el costat d'un quadrat si sabem que la seva àrea menys el seu costat és igual a 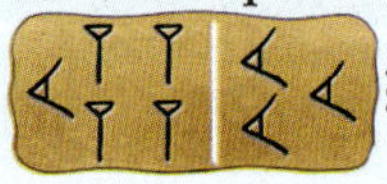?

El símbol 𒌋 equival a 10 i el símbol 𒁹 equival a 1. El primer paquet de símbols val, doncs, 10 + 1 + 1 + 1 + 1 = 14 i el segon, 10 + 10 + 10 = 30. Els babilonis utilitzaven un sistema de numeració posicional de base 60. Per tant, el nombre representat és 14 · 60 + 30 = 870.

(Atenció! L'àrea és una superfície i el costat és una longitud. No es poden restar. Perquè aquest enunciat sigui correcte, caldria dir «el nombre de $u^2$ de superfície menys el nombre de $u$ del seu costat és 870».)



BARCANOVA EDITORIAL

## ...i en els sistemes d'equacions

Històricament, els sistemes d'equacions lineals no han estat un repte especialment difícil. Fa uns 4.000 anys, a Babilònia ja es van plantejar i resoldre per tempteig sistemes d'equacions lineals amb diverses incògnites. I al segle II aC, a la Xina els resolien mitjançant un mètode elegant i potent, semblant al que es fa servir en l'actualitat. Però aquest saber no va arribar a Occident fins a uns quants segles més tard.

### Dos problemes xinesos

Van ser escrits en tires de bambú fa més de 2.200 anys:

- Calcula la profunditat d'un estany circular de $10\pi$ peus quadrats de superfície si una canya que hi creix al seu centre i que sobresurt un peu per damunt de l'aigua arriba exactament a la superfície si es recolza a la paret de l'estany.

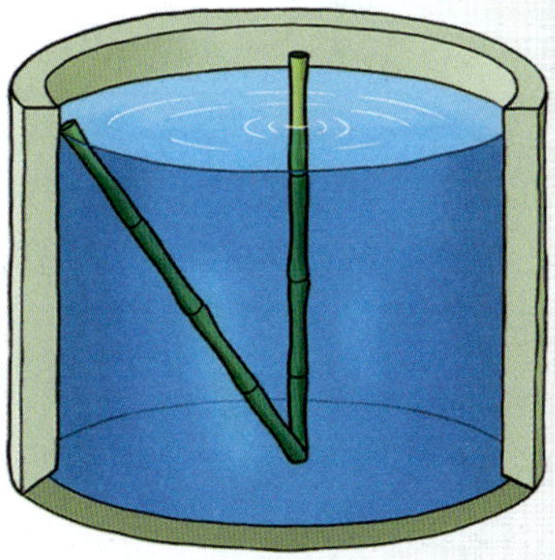

- Una canya de bambú de 10 peus d'altura s'ha trencat de manera que el seu extrem superior es recolza a terra a una distància de 3 peus de la base. A quina altura s'ha produït el trencament?

## RESOL

1. Troba el costat d'un quadrat tal que el nombre de metres quadrats de la seva àrea menys el nombre de metres del seu costat és igual a 870. Fes-ho sense aplicar la fórmula de les equacions de segon grau. Tingues en compte que $x^2 - x = x(x - 1)$ és el producte de dos nombres consecutius. (Descompon 870 en factors.)
2. Troba la profunditat de l'estany del primer problema xinès.
3. Troba l'altura a la qual es produeix el trencament en el segon problema xinès.

# 1. EQUACIONS

## Equacions de segon grau

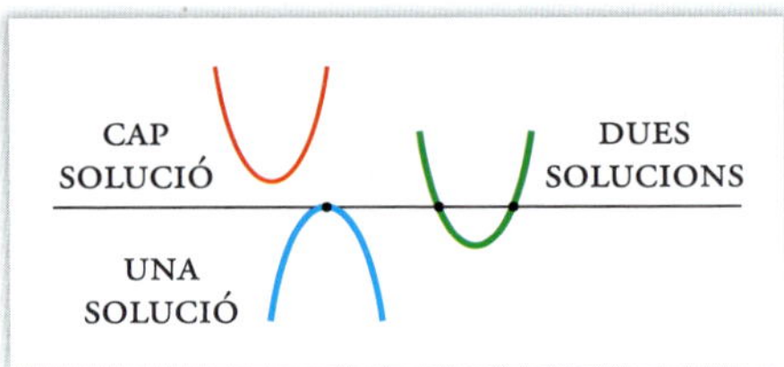


Les equacions de segon grau són de la forma:

$$ax^2 + bx + c = 0, \text{ amb } a \neq 0$$

- **Equacions completes.** Quan $b \neq 0$ i $c \neq 0$, es diu que l'equació és completa i es resol aplicant-hi la fórmula següent:

$$x = \frac{-b \pm \sqrt{b^2 - 4ac}}{2a} \rightarrow \begin{cases} \text{si } b^2 - 4ac > 0, \text{ hi ha dues solucions.} \\ \text{si } b^2 - 4ac = 0, \text{ hi ha una solució.} \\ \text{si } b^2 - 4ac < 0, \text{ no hi ha cap solució.} \end{cases}$$

- **Equacions incompletes.** Si $b = 0$ o $c = 0$, l'equació s'anomena incompleta i es pot resoldre fàcilment sense aplicar la fórmula anterior:

$$b = 0 \rightarrow ax^2 + c = 0 \rightarrow x^2 = -\frac{c}{a} \rightarrow x_1 = \sqrt{-\frac{c}{a}},\ x_2 = -\sqrt{-\frac{c}{a}}$$

$$c = 0 \rightarrow ax^2 + bx = 0 \rightarrow x(ax + b) = 0 \rightarrow x_1 = 0, x_2 = -\frac{b}{a}$$

### EXERCICIS RESOLTS

**1.** ***Resol aquestes equacions de segon grau incompletes:***

*a)* $5x^2 - 45 = 0$

*b)* $5x^2 + 45 = 0$

*c)* $3x^2 - 21x = 0$

**a)** $5x^2 - 45 = 0 \rightarrow x^2 = \frac{45}{5} = 9 \rightarrow x = \pm\sqrt{9} = \pm 3$

*Solucions:* $x_1 = 3, x_2 = -3$

**b)** $5x^2 + 45 = 0 \rightarrow x^2 = -\frac{45}{5} = -9$ No té solució.

**c)** $3x^2 - 21x = 0 \rightarrow x(3x - 21) = 0 \rightarrow \begin{cases} x = 0 \\ 3x - 21 = 0 \rightarrow x = 7 \end{cases}$

*Solucions:* $x_1 = 0, x_2 = 7$

**2.** ***Resol aquestes equacions de segon grau completes:***

*a)* $x^2 + x - 6 = 0$

*b)* $9x^2 + 6x + 1 = 0$

*c)* $5x^2 - 7x + 3 = 0$

**a)** $x^2 + x - 6 = 0 \rightarrow x = \frac{-1 \pm \sqrt{1 + 24}}{2} = \frac{-1 \pm 5}{2}$

*Solucions:* $x_1 = 2, x_2 = -3$

**b)** $9x^2 + 6x + 1 = 0 \rightarrow x = \frac{-6 \pm \sqrt{36 - 36}}{2 \cdot 9} = \frac{-6 \pm 0}{18} = -\frac{6}{18} = -\frac{1}{3}$

*Solució única:* $x = -\frac{1}{3}$

**c)** $5x^2 - 7x + 3 = 0 \rightarrow x = \frac{7 \pm \sqrt{49 - 60}}{10} = \frac{7 \pm \sqrt{-11}}{10}$ No té solució.

## » APLICA EL QUE HAS APRÈS

**1.** Resol:

**a)** $2x^2 - 50 = 0$ **b)** $3x^2 + 5 = 0$ **c)** $7x^2 + 5x = 0$

**2.** Resol: **a)** $10x^2 - 3x - 1 = 0$

**b)** $x^2 - 20x + 100 = 0$ **c)** $3x^2 + 5x + 11 = 0$

**3.** El costat més gran d'un triangle rectangle és 3 cm més llarg que el mitjà, el qual, al seu torn, és 3 cm més llarg que el petit.

Quant mesuren els costats?

BARCANOVA EDITORIAL

$$ax^4 + bx^2 + c = 0$$
$$x^2 = z \qquad x^4 = z^2$$
$$az^2 + bz + c = 0$$
$$x = \pm\sqrt{z}$$

## Equacions biquadrades: $ax^4 + bx^2 + c = 0$

Són equacions de 4t grau sense termes de grau senar. Per resoldre-les, fem el canvi de variable $x^2 = z$ i, per tant, $x^4 = z^2$. S'obté així una equació de segon grau la incògnita de la qual és $z$:

$$az^2 + bz + c = 0$$

Una vegada resolta, cal obtenir els valors corresponents de $x$. Per cada valor positiu de $z$ hi haurà dos valors de $x$, ja que $x^2 = z \rightarrow x = \pm\sqrt{z}$.

Una equació biquadrada pot tenir una, dues, tres o quatre solucions o pot no tenir-ne cap.

### EXERCICI RESOLT

**3.** ***Resol aquesta equació:***

$$x^4 - 13x^2 + 36 = 0$$

$$x^4 - 13x^2 + 36 = 0 \xrightarrow{x^2 = z} z^2 - 13z + 36 = 0$$

$$z = \frac{13 \pm \sqrt{169 - 144}}{2} = \frac{13 \pm 5}{2} \rightarrow \begin{cases} z = 9 \rightarrow x = \pm 3 \\ z = 4 \rightarrow x = \pm 2 \end{cases}$$

*Solucions:* $x_1 = 3,\ x_2 = -3,\ x_3 = 2,\ x_4 = -2$

## Equacions amb la $x$ en el denominador

En aquestes equacions, els denominadors algebraics, igual que els numèrics, se suprimeixen multiplicant els dos membres de l'equació pel producte de tots els denominadors o, millor, pel seu mínim comú múltiple. L'equació a què s'arriba, sense denominadors, moltes vegades és de les que sabem resoldre.

En el procés de multiplicar per expressions polinòmiques poden aparèixer solucions falses. Per tant, sempre que ho fem, **haurem de comprovar totes les solucions obtingudes**.

Les equacions amb la $x$ en el denominador també s'anomenen **equacions racionals**.

### No ho oblidis

En una equació, per suprimir denominadors, es multipliquen els dos membres pel mínim comú múltiple de tots els denominadors.

Recorda que, en acabar, has de comprovar totes les solucions.

### EXERCICI RESOLT

**4.** ***Resol l'equació:***

$$\frac{1}{x} - \frac{1}{x+3} = \frac{3}{10}$$

Multipliquem els dos membres per $10x(x + 3)$.

$$10(x + 3) - 10x = 3x(x + 3) \rightarrow 10x + 30 - 10x = 3x^2 + 9x \rightarrow$$

$$3x^2 + 9x - 30 = 0 \rightarrow x^2 + 3x - 10 = 0 \rightarrow x = \frac{-3 \pm \sqrt{9 + 40}}{2} = \frac{-3 \pm 7}{2}$$

Hi ha dues solucions: $x_1 = 2$, $x_2 = -5$. Les comprovem en l'equació inicial per constatar que ambdues són vàlides:

$$\frac{1}{2} - \frac{1}{5} = \frac{5-2}{10} = \frac{3}{10} \qquad \frac{1}{-5} - \frac{1}{-2} = -\frac{1}{5} + \frac{1}{2} = \frac{3}{10}$$

## » APLICA EL QUE HAS APRÈS

**4.** Resol:

**a)** $3x^4 - 12x^2 = 0$ **b)** $3x^4 + 75x^2 = 0$

**c)** $7x^4 - 112 = 0$ **d)** $x^4 - 9x^2 + 20 = 0$

**e)** $4x^4 + 19x^2 - 5 = 0$ **f)** $x^4 + 9x^2 + 18 = 0$

**5.** Resol aquestes equacions:

**a)** $\frac{x}{x-1} + \frac{2x}{x+1} = 3$ **b)** $\frac{5}{x+2} + \frac{x}{x+3} = \frac{3}{2}$

**c)** $\frac{1}{x} + \frac{1}{x^2} = \frac{3}{4}$ **d)** $\frac{x+1}{x+5} + \frac{1-x}{x-4} = \frac{5}{2}$

## No ho oblidis

És imprescindible comprovar totes les possibles solucions.

## Equacions amb radicals

De vegades, ens trobarem equacions en què la $x$ forma part d'una arrel quadrada. Per resoldre aquest tipus d'equacions, convé eliminar l'arrel aïllant-la primer en un membre i, després, elevant ambdós membres al quadrat. Però, atenció!, en aquest procés d'elevar al quadrat, encara que es conservin totes les solucions, es poden introduir solucions noves que, naturalment, cal rebutjar. Per això, en aquest tipus d'equacions **és fonamental comprovar totes les solucions**.

Les equacions amb la incògnita dins de radicals també s'anomenen **equacions irracionals**.

### EXERCICIS RESOLTS

**5.** ***Resol l'equació:***

$$\sqrt{x^2+7}+2=2x$$

$\sqrt{x^2+7}+2=2x \rightarrow \sqrt{x^2+7}=2x-2$

Elevem al quadrat ambdós membres:

$x^2+7=4x^2-8x+4 \rightarrow 3x^2-8x-3=0 \rightarrow x=\dfrac{8\pm\sqrt{64+36}}{6}=\dfrac{8\pm10}{6}$

Hi ha dues possibles solucions: $x_1=3$, $x_2=-\dfrac{1}{3}$. Les comprovem:

- $\sqrt{3^2+7}+2=\sqrt{16}+2=6;\ 2\cdot3=6$. La primera, $x_1=3$, és solució.
- $\sqrt{\left(-\dfrac{1}{3}\right)^2+7}+2=\sqrt{\dfrac{64}{9}}+2=\dfrac{8}{3}+2=\dfrac{14}{3}$; $2\left(-\dfrac{1}{3}\right)=-\dfrac{2}{3}$ La segona, $-\dfrac{1}{3}$, no és solució.

Per tant, la solució és $x=3$.

**6.** ***Resol l'equació:***

$$\sqrt{x+4}-\sqrt{6-x}=2$$

Passem $\sqrt{6-x}$ al segon membre:

$\sqrt{x+4}=2+\sqrt{6-x}$. Elevem al quadrat els dos membres:

$x+4=4+(6-x)+4\sqrt{6-x} \rightarrow x+4=10-x+4\sqrt{6-x} \rightarrow$

$2x-6=4\sqrt{6-x} \rightarrow x-3=2\sqrt{6-x}$

Tornem a elevar al quadrat:

$x^2-6x+9=4(6-x) \rightarrow x^2-6x+9=24-4x \rightarrow x^2-2x-15=0 \rightarrow$

$x=\dfrac{2\pm\sqrt{4+60}}{2}=\dfrac{2\pm8}{2}$ $x_1=5$, $x_2=-3$

Comprovem les dues possibles solucions:

- $\sqrt{5+4}-\sqrt{6-5}=\sqrt{9}-\sqrt{1}=3-1=2 \rightarrow x_1=5$ és solució.
- $\sqrt{-3+4}-\sqrt{6-(-3)}=\sqrt{1}-\sqrt{9}=1-3=-2 \rightarrow -3$ no és solució.

Per tant, la solució és $x=5$.

## » APLICA EL QUE HAS APRÈS

**6.** Resol les equacions següents:

**a)** $x-\sqrt{2x-3}=1$ **b)** $\sqrt{x+4}-\sqrt{6-x}=-2$ **c)** $\sqrt{x^2+2x+9}-7=2x$ **d)** $\sqrt{20-x}=x-8$

## Equacions exponencials

Són aquelles en què la incògnita és en l'exponent. Vegem-ne alguns tipus que requereixen diferents procediments de resolució.

**EXERCICI RESOLT**

**7.** ***Resol les equacions següents:***

*a)* $5^{x^2-4x} = \dfrac{1}{125}$

*b)* $5^{x+1} = 183$

*c)* $3^x + 3^{x+2} = 90$

**a)** El primer membre és una potència de base 5. I el segon, també:

$$\frac{1}{125} = \frac{1}{5^3} = 5^{-3}.$$

L'equació queda així: $5^{x^2-4x} = 5^{-3}$. Per tant: $x^2 - 4x = -3$.

Les solucions de l'equació $x^2 - 4x + 3 = 0$ són $x_1 = 1$ i $x_2 = 3$.

**b)** En aquest cas, el segon membre no es pot expressar com a potència de base 5; per tant, no és possible aplicar el mètode de l'exercici anterior. Per resoldre l'equació, apliquem logaritmes neperians en els dos membres:

$ln\, 5^{x+1} = (x + 1)\, ln\, 5$ (El logaritme d'una potència és igual a l'exponent multiplicat pel logaritme de la base.)

$$(x + 1)\, ln\, 5 = ln\, 183 \rightarrow x = \frac{ln\, 183}{ln\, 5} - 1 = 2{,}2368$$

**c)** Cal tenir en compte que $3^{x+2} = 3^x \cdot 3^2 = 9 \cdot 3^x$.

Per tant: $3^x + 3^{x+2} = 3^x + 9 \cdot 3^x = 10 \cdot 3^x$.

L'equació queda així: $10 \cdot 3^x = 90 \rightarrow 3^x = 9 \rightarrow x = 2$.

## Equacions logarítmiques

Són aquelles en què la incògnita és en una expressió afectada per un logaritme. Es resolen tenint en compte les propietats dels logaritmes.

En aquest tipus d'equacions també cal comprovar la solució. Recorda que només existeix el logaritme de nombres positius i que la base del logaritme ha de ser positiva i diferent d'1.

**EXERCICI RESOLT**

**8.** ***Resol aquestes equacions:***

*a)* $log_3 (5x - 7) = 2$

*b)* $log_5 (x^2 - 8) = 0$

*c)* $log_x 16 = 2$

**a)** Per la definició de logaritme, tenim que: $3^2 = 5x - 7$.

$$5x - 7 = 9 \rightarrow 5x = 16 \rightarrow x = \frac{16}{5}$$

**b)** $5^0 = x^2 - 8$. Com que $5^0 = 1$, l'equació queda així:

$x^2 - 8 = 1 \rightarrow x^2 = 9 \rightarrow x_1 = 3,\ x_2 = -3$

**c)** $x^2 = 16 \rightarrow x_1 = -4,\ x_2 = 4$. La solució $x_2 = -4$ no és vàlida, ja que la base del logaritme no pot ser negativa. L'única solució és $x = 4$.

## » APLICA EL QUE HAS APRÈS

**7.** Resol aquestes equacions exponencials:

**a)** $3^{x^2-5} = 81$

**b)** $2^{x+1} = \sqrt[3]{4}$

**c)** $4^x + 4^{x+2} = 272$

**d)** $2^x + 2^{x+3} = 36$

**e)** $5^x = 193$

**f)** $2^{x^2-2} = 835$

**8.** Resol aplicant la definició de logaritme:

**a)** $log_2 (2x - 1) = 3$

**b)** $log_2 (x + 3) = -1$

**c)** $log\, 4x = 2$

**d)** $log\, (x - 2) = 2{,}5$

**e)** $log\, (3x + 1) = -1$

**f)** $log_2 (x^2 - 8) = 0$

## Equacions del tipus (...) · (...) · (...) = 0

Perquè un producte sigui igual a 0, només cal que ho sigui algun dels seus factors. Per tant, una equació d'aquest tipus es pot resoldre fàcilment sempre que cada parèntesi doni lloc a una equació que sapiguem resoldre.

Per exemple, $x^2(x^2 - 36) \cdot (3^{2x-1} - 243) = 0$. Igualem cada factor a zero:

$x^2 = 0 \rightarrow x = 0$ (arrel doble)

$x^2 - 36 = 0 \rightarrow x^2 = 36 \rightarrow x = \pm 6$

$3^{2x-1} - 243 = 0 \rightarrow 3^{2x-1} = 3^5 \rightarrow 2x - 1 = 5 \rightarrow x = 3$

*Solucions:* $x_1 = 0$ (doble), $x_2 = 6$, $x_3 = -6$, $x_4 = 3$

### EXERCICI RESOLT

**9.** ***Resol l'equació següent:***

$$(x^2 - 2x - 15)(3^{x-1} - 27) = 0$$

En igualar a zero cada parèntesi, s'obtenen dues equacions:

$x^2 - 2x - 15 = 0 \rightarrow x_1 = -3, x_2 = 5$

$3^{x-1} - 27 = 0 \rightarrow 3^{x-1} = 3^3 \rightarrow x - 1 = 3 \rightarrow x = 4$

*Solucions:* $x_1 = -3$, $x_2 = 5$, $x_3 = 4$

### Atenció

Les indicacions que donem per a l'ús de la calculadora tenen com a referent el model **CASIO CLASSWIZ,** però podria ser qualsevol altra de característiques similars.

## Equacions polinòmiques de grau més gran que 2: *P*(*x*) = 0

La descomposició factorial estudiada en la unitat anterior permet expressar polinomis com a producte de factors. A partir d'aquí, la resolució és immediata. Per exemple, el polinomi $P(x) = 10x^4 - 3x^3 - 41x^2 + 12x + 4$ va ser factoritzat en la unitat anterior:

$$P(x) = 10x^4 - 3x^3 - 41x^2 + 12x + 4 = 10(x-2)(x+2)(x-1/2)(x+1/5)$$

Ara, la resolució de $P(x) = 0$ és òbvia: $x_1 = 2$, $x_2 = -2$, $x_3 = 1/2$, $x_4 = -1/5$.

### Solucions no vàlides

Si en resoldre una equació polinòmica amb la calculadora obtens algunes solucions en les quals aparegui la lletra $i$, aquestes no són vàlides.

Per exemple, en resoldre l'equació $x^3 - 3x^2 + x - 3 = 0$, apareixen les solucions $x_1 = 3$, $x_2 = i$, $x_3 = -i$. L'equació només té una solució, $x = 3$.

## Resolució d'equacions de fins a 4t grau amb calculadora

Recorda, del curs anterior, que per resoldre una equació polinòmica amb la calculadora cal prémer [MENÚ] i seleccionar **A:Equació/Funció.** Després, en escollir **2:Polinòmica,** se'ns pregunta el grau. Escrivim el grau i anem introduint els coeficients de l'equació. Finalment, premem [=] diverses vegades per anar-ne obtenint les solucions.

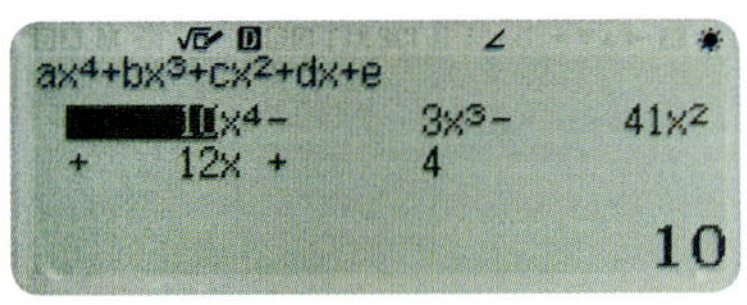


Introduïm, per exemple, el polinomi del subapartat anterior:

10 [=] [−] 3 [=] [−] 41 [=] 12 [=] 4 [=]

Cada vegada que pressionem [=] obtenim una solució.

## » APLICA EL QUE HAS APRÈS

**9.** Resol les equacions següents:

**a)** $\left(\sqrt{x} - x + 2\right)\left(\sqrt{x} - 3\right)\left(\sqrt{x} + 3\right) = 0$

**b)** $(x^4 - 13x^2 + 36)\left(\dfrac{1}{x} + \dfrac{1}{x^2} - \dfrac{10}{9}\right) = 0$

**10.** Resol:

**a)** $x^4 - 10x^3 + 5x^2 + 40x - 36 = 0$

**b)** $9x^4 + 18x^3 - 28x^2 - 2x + 3 = 0$

Comprova els resultats amb la calculadora.

## » APLICA EL QUE HAS APRÈS

**11.** Resol aquestes equacions:

a) $3x^2 - 48 = 0$ b) $3x^2 + 48 = 0$

c) $5x^2 - 7x = 0$ d) $6x^2 - x - 1 = 0$

e) $10x^2 + 9x = 5{,}2$ f) $7x^2 - 3x + 4 = 0$

**12.** Resol les equacions següents:

a) $7x^4 = 63x^2$ b) $x^4 - 10x^2 + 9 = 0$

c) $4x^4 - 5x^2 + 1 = 0$ d) $x^4 + 5x^2 + 4 = 0$

**13.** Resol:

a) $\frac{x+7}{x+3} + \frac{x^2 - 3x + 6}{x^2 + 2x - 3} = 1$

b) $\frac{x+1}{x^2 - 2x} + \frac{x-1}{x} = 2$

**14.** Resol:

a) $\sqrt{4x+5} = x + 2$ b) $\sqrt{x} + 2 = x$

c) $\left(\sqrt{x} - x + 2\right)\left(\sqrt{x} - 3\right)\left(\sqrt{x} + 3\right) = 0$

**15.** Resol:

a) $\sqrt{6-x} = 3$ b) $\sqrt{2x-4} - 2\sqrt{x-3} = 0$

c) $\sqrt{2x-1} = 5$ d) $2\sqrt{x-1} - \sqrt{6-x} = 0$

**16.** Resol:

a) $\sqrt{x+4} + 7 = 2x$ b) $\sqrt{13 - x^2} + x = 5$

c) $\sqrt{x-2} - \sqrt{12-x} = 2$ d) $\sqrt{x-5} + \sqrt{x} = 5$

**17.** Resol:

a) $\frac{x-1}{\sqrt{x^2+6x}} = \frac{1}{4}$ b) $\frac{x-1}{\sqrt{x^2+6x}} = \frac{1}{2x}$

c) $\frac{1-x}{\sqrt{10+x}} = \frac{x+3}{3}$ d) $3\sqrt{x-1} + 2 = \frac{5}{\sqrt{x-1}}$

**18.** Resol:

a) $4^{x^2 - 2x - 8} = \frac{1}{1.024}$ b) $3^{2x-1} = \sqrt{27}$

c) $2^{x+1} + 2^{x+3} = 320$ d) $2{,}5^x = 49$

**19.** Resol:

a) $5^{x^2 - 1} = 1$

b) $3^{x+2} = 1$

c) $9^{2x+1} - 27^x = 0$

d) $5^{x-1} - 25^{x+1} = 0$

**20.** EXERCICI RESOLT

***Resol aquesta equació:*** $4^{x-1} - 5 \cdot 2^{x-2} + 1 = 0$

Si tenim en compte que $4^x = (2^2)^x = (2^x)^2$:

$$\frac{4^x}{4} - 5\frac{2^x}{4} + 1 = 0 \rightarrow \frac{(2^x)^2}{4} - 5\frac{2^x}{4} + 1 = 0$$

Fem el canvi de variable $2^x = t$; per tant, $(2^x)^2 = t^2$. Obtenim que:

$$\frac{t^2}{4} - 5\frac{t}{4} + 1 = 0 \rightarrow t^2 - 5t + 4 = 0 \rightarrow t = 4 \text{ i } t = 1$$

Desfem el canvi: $2^x = 4 \rightarrow x_1 = 2$; $2^x = 1 \rightarrow x_2 = 0$.

**21.** Resol aquestes equacions:

a) $2^{3+2x} - 3 \cdot 2^{x+1} + 1 = 0$

b) $4^{x+1} = 2 - 7 \cdot 2^x$ c) $3^{x+1} + 6 \cdot 3^x = 3$

**22.** Resol:

a) $log_7 (5x + 6) = 2$ b) $log_3 (2 - 3x) = 0$

c) $log\left(\sqrt{x} - 3\right) = -1$ d) $log_2 (x^2 - 3x) = 2$

**23.** Resol:

a) $log_3 x + log_3 (x + 2) = 1$

b) $log_2 (x - 3) + log_2 (x - 4) = 1$

**24.** EXERCICI RESOLT

***Resol l'equació*** $log_9 4 + log_3 (x + 4) = 2log_3 x$.

Expressem $log_9 4$ com a $\frac{log_3 4}{log_3 9}$, amb la qual cosa resulta que:

$$\frac{log_3 4}{log_3 9} + log_3 (x+4) = log_3 x^2 \rightarrow$$

$$\frac{log_3 2^2}{2} + log_3 (x+4) = log_3 x^2 \rightarrow$$

$$log_3 2 + log_3 (x+4) = log_3 x^2 \rightarrow$$

$$log_3 2 (x+4) = log_3 x^2 \rightarrow 2(x+4) = x^2 \rightarrow$$

$$x^2 - 2x - 8 = 0 \rightarrow x_1 = 4, x_2 = -2$$

Com que en l'equació inicial apareix $log_3 x$, considerem només valors positius de $x$. *Solució:* $x = 4$.

**25.** Resol l'equació $log_5 x - log_{25} (x + 6) = 0$.

**26.** Resol, tenint en compte que $log_x 5 = \frac{log_5 5}{log_5 x} = \frac{1}{log_5 x}$:

a) $log_5 x = 4log_x 5 + 3$

b) $log_3 x = 9log_x 3$ c) $log_3 x + 2 = 3log_x 3$

# 2. SISTEMES D'EQUACIONS

## Sistemes d'equacions lineals

Recordem què són els sistemes d'equacions i com es resolen.

> Dues equacions formen un **sistema d'equacions** quan s'han de verificar simultàniament i tenen una solució comuna.
>
> Si ambdues equacions són lineals, es diu que el sistema és lineal.
>
> $$\begin{cases} ax + by = c \\ a'x + b'y = c' \end{cases}$$

Hi ha tres mètodes per resoldre sistemes d'equacions: substitució, igualació i reducció.

### EXERCICIS RESOLTS

**10.** ***Resol aquest sistema:***

$$\begin{cases} 3x + 2y = 7 \\ 5x - \ y = 16 \end{cases}$$

Aïllem la $y$ en la 2a equació: $y = 5x - 16$

Substituïm la $y$ en la 1a: $3x + 2(5x - 16) = 7$ (mètode de substitució)

Resolem l'equació: $3x + 10x - 32 = 7 \rightarrow 13x = 39 \rightarrow x = 3$

Substituïm $x$ per 3 en l'equació de dalt: $y = 5 \cdot 3 - 16 = 15 - 16 = -1$

*Solució:* $x = 3$, $y = -1$. O bé $(3, -1)$.

**11.** ***Resol:***

$$\begin{cases} 6x - 5y = -3 \\ 3x + 2y = 12 \end{cases}$$

Multipliquem per 2 la 2a equació per igualar els coeficients de la $x$:

$$\left.\begin{matrix} 6x - 5y = -3 \\ 6x + 4y = 24 \end{matrix}\right\} \text{ Restem, 2a – 1a: } 9y = 27 \rightarrow y = 3 \text{ (mètode de reducció)}$$

Substituïm $y$ per 3 en una de les dues equacions inicials: $6x - 5 \cdot 3 = -3 \rightarrow x = 2$

*Solució:* $x = 2$, $y = 3$. O bé $(2, 3)$.

## Resolució de sistemes lineals amb la calculadora

Per resoldre un sistema d'equacions lineals amb la calculadora, prem (MENÚ) i tria l'opció **A:Equació/Funció.** A continuació, tria **1:Sist eq lineals** i selecciona el nombre d'incògnites. Finalment, introdueix els coeficients i el terme independent de cada equació i prem (=) dues vegades, la primera per obtenir el valor de $x$ i la segona per obtenir el de $y$.

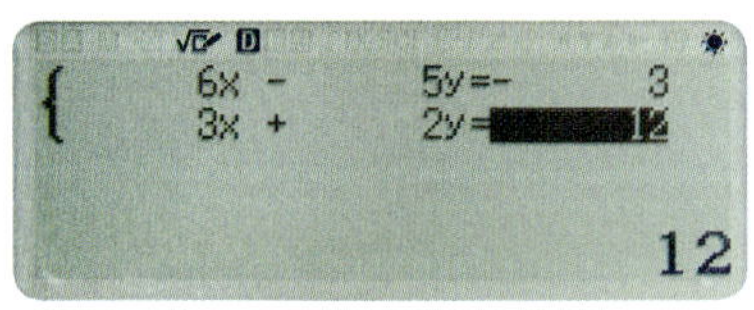


## » APLICA EL QUE HAS APRÈS

**27.** Resol els sistemes següents:

a) $\begin{cases} x + 5y = 7 \\ 3x - 5y = 11 \end{cases}$ b) $\begin{cases} 5x + y = 8 \\ 3x - y = 11 \end{cases}$ c) $\begin{cases} 3x + 10y = 6 \\ x + 2y = 1 \end{cases}$ d) $\begin{cases} x + 5y = 7 \\ 3x - 5y = 11 \end{cases}$ e) $\begin{cases} 3x - 5y = -26 \\ 4x + 10y = 32 \end{cases}$ f) $\begin{cases} 22x + 17y = 49 \\ 31x - 26y = 119 \end{cases}$

## Sistemes d'equacions no lineals

Els mètodes coneguts per resoldre sistemes d'equacions lineals, juntament amb el que sabem per resoldre equacions no lineals, ens permeten, gairebé sense cap esforç addicional, resoldre sistemes d'equacions de tipus molt diversos.

Quan en el procés de resolució d'un sistema s'hagi de suprimir una arrel quadrada (elevant al quadrat) o uns denominadors (multiplicant pel seu mínim comú múltiple), és possible que s'hi introdueixi alguna solució falsa. Per això, en aquests casos **cal comprovar totes les solucions sobre el sistema d'equacions inicial**.

### EXERCICIS RESOLTS

**12.** ***Resol pel mètode més convenient:***

$$\begin{cases} y - x = 1 \\ x^2 + y^2 = 5 \end{cases}$$

$\begin{cases} y - x = 1 \\ x^2 + y^2 = 5 \end{cases}$ Utilitzarem el mètode de substitució.

Aïllem $y$ en la primera equació: $y = x + 1$

Substituïm $y$ en la segona: $x^2 + (x + 1)^2 = 5$

Desenvolupem el parèntesi: $x^2 + x^2 + 2x + 1 - 5 = 0$

Agrupem: $2x^2 + 2x - 4 = 0$

Resolem: $x = \dfrac{-2 \pm \sqrt{4 + 32}}{4} = \dfrac{-2 \pm 6}{4} \rightarrow x_1 = 1, x_2 = -2$

Si $x = 1$, aleshores $y = 1 + 1 = 2$.

Si $x = -2$, aleshores $y = -2 + 1 = -1$.

*Solucions:* $\begin{cases} x_1 = 1, \quad y_1 = 2 \\ x_2 = -2, \quad y_2 = -1 \end{cases}$

**13.** ***Resol el sistema següent:***

$$\begin{cases} x^2 + y^2 = 58 \\ x^2 - y^2 = 40 \end{cases}$$

$\begin{cases} x^2 + y^2 = 58 \\ x^2 - y^2 = 40 \end{cases}$ Utilitzarem el mètode de reducció.

Sumant les dues equacions, s'obté que:

$$2x^2 = 98 \rightarrow x^2 = 49 \rightarrow x = 7, x = -7$$

Si $x = 7$, aleshores $y^2 = 58 - 7^2 = 9 \rightarrow y = 3, y = -3$.

Si $x = -7$, aleshores $y^2 = 58 - (-7)^2 = 9 \rightarrow y = 3, y = -3$.

*Solucions:* $\begin{cases} x_1 = 7, \quad y_1 = 3 \\ x_2 = 7, \quad y_2 = -3 \\ x_3 = -7, \quad y_3 = 3 \\ x_4 = -7, \quad y_4 = -3 \end{cases}$

## » APLICA EL QUE HAS APRÈS

**28.** Resol aquests sistemes:

a) $\begin{cases} x - y = 15 \\ xy = 100 \end{cases}$ b) $\begin{cases} x^2 + y^2 = 41 \\ x^2 - y^2 = 9 \end{cases}$ c) $\begin{cases} x^2 + xy + y^2 = 21 \\ x + y = 1 \end{cases}$

## EXERCICIS RESOLTS

**14.** ***Resol aquest sistema:***

$$\begin{cases} x = 2y + 1 \\ \sqrt{x+y} - \sqrt{x-y} = 2 \end{cases}$$

Utilitzarem el mètode de substitució i reemplaçarem en la segona equació el valor de la $x$ de la primera:

$\sqrt{(2y+1)+y} - \sqrt{(2y+1)-y} = 2$

Simplifiquem: $\sqrt{3y+1} - \sqrt{y+1} = 2$

Aïllem una arrel: $\sqrt{3y+1} = 2 + \sqrt{y+1}$

Elevem al quadrat: $3y + 1 = 4 + (y+1) + 4\sqrt{y+1}$

Simplifiquem i aïllem l'arrel: $2y - 4 = 4\sqrt{y+1}$

Simplifiquem: $y - 2 = 2\sqrt{y+1}$

Elevem al quadrat: $y^2 - 4y + 4 = 4(y+1)$

Simplifiquem: $y^2 - 8y = 0 \rightarrow y_1 = 0,\ y_2 = 8$

Trobem els valors corresponents per a $x$:

Si $y_1 = 0 \rightarrow x_1 = 2 \cdot 0 + 1 = 1$

Si $y_2 = 8 \rightarrow x_2 = 2 \cdot 8 + 1 = 17$

Possibles solucions: $x = 1,\ y = 0$; $x = 17,\ y = 8$

Ara, cal comprovar aquestes possibles solucions en el sistema d'equacions inicial:

— $x = 1$, $y = 0$ compleix la 1a equació, però no la 2a. No és solució.

— $x = 17$, $y = 8$ compleix les dues equacions. Sí que és solució.

*Solució:* L'única solució del sistema és $x = 17$, $y = 8$.

**15.** ***Resol:***

$$\begin{cases} \dfrac{1}{x} + \dfrac{1}{y} = 1 - \dfrac{1}{xy} \\ xy = 6 \end{cases}$$

Comencem simplificant la primera equació:

$\dfrac{y+x}{xy} = \dfrac{xy-1}{xy} \rightarrow y + x = xy - 1$

Per tant, el sistema queda així: $\begin{cases} y + x = xy - 1 \\ xy = 6 \end{cases}$

Substituïm el valor de $xy$ de la 2a equació en la 1a: $y + x = 6 - 1 \rightarrow y = 5 - x$.

Ara, substituïm aquest valor en la 2a equació:

$x(5-x) = 6 \rightarrow -x^2 + 5x = 6 \rightarrow x^2 - 5x + 6 = 0$; $x_1 = 3$, $x_2 = 2$

Si $x_1 = 3 \rightarrow y_1 = 5 - 3 = 2 \rightarrow$ *Solució:* $x_1 = 3,\ y_1 = 2$

Si $x_2 = 2 \rightarrow y_2 = 5 - 2 = 3 \rightarrow$ *Solució:* $x_2 = 2,\ y_2 = 3$

Comprovem que ambdues solucions són vàlides.

## » APLICA EL QUE HAS APRÈS

**29.** Resol: **a)** $\begin{cases} 2x - y - 1 = 0 \\ x^2 - 7 = y + 2 \end{cases}$ **b)** $\begin{cases} x + y = 18 \\ xy = y + 6x + 4 \end{cases}$ **c)** $\begin{cases} y + 8 = x^2 \\ y - 2x = 0 \end{cases}$ **d)** $\begin{cases} \dfrac{2}{x} + \dfrac{3}{y} - \dfrac{6}{xy} = 1 \\ x + y = 5 \end{cases}$ **e)** $\begin{cases} \sqrt{x} - \sqrt{y - x} = 2 \\ 5x = 4y \end{cases}$

## EXERCICIS RESOLTS

**16.** ***Resol el sistema següent:***

$$\begin{cases} 2^{x-2} - 3^{y-1} = 5 \\ 2^{x+1} - 3^{y+2} = -17 \end{cases}$$

Fem un canvi de variables:

$2^x = z$; per tant, $2^{x-2} = \dfrac{2^x}{2^2} = \dfrac{z}{4}$; $2^{x+1} = 2 \cdot 2^x = 2z$

$3^y = t$; per tant, $3^{y-1} = \dfrac{3^y}{3} = \dfrac{t}{3}$; $3^{y+2} = 3^2 \cdot 3^y = 9 \cdot 3^y = 9t$

$$\left.\begin{array}{l} \dfrac{z}{4} - \dfrac{t}{3} = 5 \\ 2z - 9t = -17 \end{array}\right\} \rightarrow \left.\begin{array}{l} 3z - 4t = 60 \\ 2z - 9t = -17 \end{array}\right\} \rightarrow \text{Restem les equacions: } z + 5t = 77$$

Aïllem $z = 77 - 5t$ i la substituïm en la 2a equació:

$2(77 - 5t) - 9t = -17 \rightarrow 154 - 10t - 9t = -17 \rightarrow 19t = 171 \rightarrow t = 9$

$z = 77 - 5t = 77 - 45 = 32$

Ara, desfem el canvi de variables:

$$\left.\begin{array}{l} z = 32 \rightarrow 2^x = 32 = 2^5 \rightarrow x = 5 \\ t = 9 \rightarrow 3^y = 9 = 3^2 \rightarrow y = 2 \end{array}\right\} \rightarrow \textit{Solució: } x = 5,\ y = 2$$

**17.** ***Resol aquest sistema:***

$$\begin{cases} \log_5 x^5 - \log_5 y^4 = -2 \\ \log_5 (xy^2) = 8 \end{cases}$$

Apliquem les propietats dels logaritmes:

$$\left.\begin{array}{l} 5 \log_5 x - 4 \log_5 y = -2 \\ \log_5 x + 2 \log_5 y = 8 \end{array}\right\} \text{Fem el canvi de variables: } \log_5 x = z;\ \log_5 y = t$$

$$\left.\begin{array}{l} 5z - 4t = -2 \\ z + 2t = 8 \end{array}\right\} \rightarrow \left.\begin{array}{l} 5z - 4t = -2 \\ 2z + 4t = 16 \end{array}\right\}$$

Hem multiplicat per 2 la segona equació per poder aplicar el mètode de reducció.

Sumem les dues equacions: $7z = 14 \rightarrow z = 2$; substituïm $z$ en la 2a:

$2t = 8 - 2 \rightarrow t = 3$

Finalment, desfem els canvis de variables i obtenim la solució:

$$\left.\begin{array}{l} z = 2 \rightarrow \log_5 x = 2 \rightarrow x = 5^2 = 25 \\ t = 3 \rightarrow \log_5 y = 3 \rightarrow y = 5^3 = 125 \end{array}\right\} \rightarrow \textit{Solució: } x = 25,\ y = 125$$

## » APLICA EL QUE HAS APRÈS

**30.** Resol els sistemes d'equacions següents:

a) $\begin{cases} 3^{x+1} + 4^{y-2} = 5 \\ 3^{x+2} + 4^{y-1} = 19 \end{cases}$

b) $\begin{cases} \log_2 x^2 - \log_2 y = 2 \\ \log_2 \left(\dfrac{x^3}{y}\right) = 6 \end{cases}$

c) $\begin{cases} 2^{x+1} + 5^{y-2} = 5 \\ 4^x - 5^{y-1} = -1 \end{cases}$

d) $\begin{cases} \log x^2 + 2 \log y = 2 \\ x - y = 3 \end{cases}$

**31.** Resol: $\begin{cases} \dfrac{x+y}{3} - \dfrac{2(x-y)}{5} = \dfrac{11}{5} \\ \dfrac{3x+y}{2} + 2(x-y) = \dfrac{-9}{2} \end{cases}$

**32.** Resol aquests sistemes no lineals:

a) $\begin{cases} x^2 + y^2 = 5 \\ x^2 - y^2 = 3 \end{cases}$

b) $\begin{cases} x + y = 2 \\ x^2 + 2y = 7 \end{cases}$

c) $\begin{cases} 2x + y = 3 \\ x^2 - y^2 = 0 \end{cases}$

d) $\begin{cases} 3x + y = 1 \\ xy = -2 \end{cases}$

e) $\begin{cases} 3x^2 - 5y^2 = 30 \\ x^2 - 2y^2 = 7 \end{cases}$

f) $\begin{cases} \sqrt{x} + \sqrt{y} = 5 \\ \sqrt{x} - \sqrt{y} = 1 \end{cases}$

g) $\begin{cases} \dfrac{1}{x^2} + \dfrac{1}{y^2} = 17 \\ \left(\dfrac{1}{x} + \dfrac{1}{y}\right) = 9 \end{cases}$

h) $\begin{cases} \dfrac{2}{x+1} + \dfrac{3}{y+1} = 1 \\ \dfrac{4}{x-1} - \dfrac{1}{y-3} = 1 \end{cases}$

# 3. INEQUACIONS AMB UNA INCÒGNITA

De vegades, els enunciats que donen lloc a una expressió algebraica no diuen «és igual a», sinó «és més gran que», «és més petit que», «és més gran o igual que» o «és més petit o igual que». Per exemple:

*La longitud d'una taula és de 141 cm. La mesuro amb pams i amb 6 em quedo curt. Què puc dir de la longitud del meu pam?*

Traduïm l'enunciat a llenguatge algebraic:

La *longitud del meu pam* és la incògnita. L'anomeno $x$.

*Sis vegades el meu pam no arriba a ser 141 cm* ↔ $6x < 141$

Aquesta expressió s'anomena **inequació**.

Observa que, segons això, una **inequació** és una proposta en què apareix una desigualtat d'aquest tipus:

*Per a quins valors de x és cert que tal cosa és més petita (o més gran) que tal altra?*

Les respostes a aquesta pregunta són les **solucions** de la inequació.

Les inequacions solen tenir infinites solucions (ja que hi ha infinits nombres més petits que un altre).

Les solucions, en el nostre cas, s'obtenen així:

$x < \frac{141}{6} = 23{,}5$ ↔ *El meu pam pot tenir qualsevol longitud més petita que 23,5 cm.*

> Una **inequació** és una desigualtat algebraica. Té dos membres entre els quals apareix un d'aquests signes: <, ≤, >, ≥.

Per exemple, són inequacions les expressions següents:

**a)** $2x + 4 > 0$ **b)** $-2x + 7 \leq \frac{x}{2} - 3$ **c)** $-x^2 + 4x > 2x - 3$

> S'anomena **solució** d'una inequació qualsevol valor de la incògnita que fa certa la desigualtat. Resoldre una inequació consisteix a donar-ne totes les solucions.

Per exemple, $x = 5$ és solució de la inequació a), perquè $2 \cdot 5 + 4 = 14$ és més gran que 0. Com pots comprovar, $x = 5$ és solució de la inequació b), però no de la c).

## » APLICA EL QUE HAS APRÈS

**33.** Digues dues solucions enteres de cada una de les inequacions següents:

**a)** $3x < 50$ **b)** $2x + 5 \geq 25$

**c)** $7x + 4 < 19$ **d)** $x^2 + x < 50$

**34.** Quins d'aquests valors són solucions de la inequació $x^2 - 8x < 12$?

**a)** $-5$ **b)** 0 **c)** 1,1 **d)** 2

**e)** $\frac{5}{2}$ **f)** 3,2 **g)** 5,3 **h)** 10

**35.** Tradueix a llenguatge algebraic:

**a)** El triple d'un nombre més vuit unitats és més petit que 20.

**b)** El nombre total d'alumnes de la meva classe és més petit que 35.

**c)** Si els meus diners augmentessin fins al triple i, a més, em toquessin 20 €, tindria, almenys, 110 €.

**d)** Encara em queden 20 mensualitats per acabar de pagar la hipoteca; és a dir, almenys 6.000 €.

## Resolució gràfica d'una inequació

Vegem com es resolen gràficament les tres inequacions, *a)*, *b)* i *c)*, de la pàgina anterior.

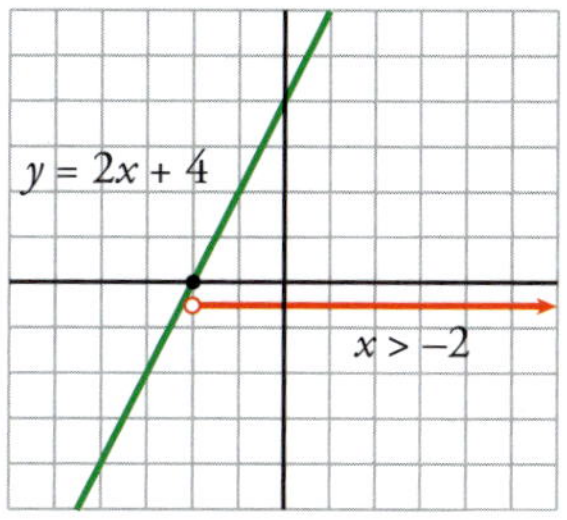


### a) $2x + 4 > 0$

*Per a quins valors de x és 2x + 4 més gran que 0?* És a dir: *Per a quins valors de la x la recta y = 2x + 4 queda per damunt de l'eix X?*

Si observem en el marge la representació gràfica de la recta, la resposta és clara: per a $x > -2$.

És a dir, qualsevol nombre més gran que $-2$ és solució. El conjunt de solucions és, per tant, $(-2, +\infty)$.

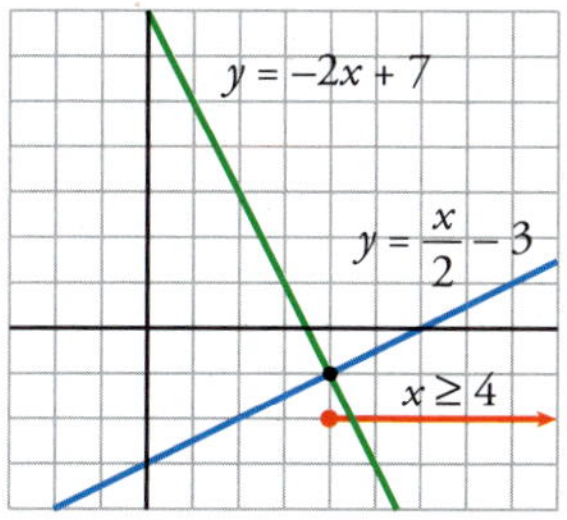


### b) $-2x + 7 \leq \frac{x}{2} - 3$

La recta $y = -2x + 7$ queda per sota o coincideix amb la recta $y = \frac{x}{2} - 3$ per a valors de $x$ més grans que 4 i per al mateix 4.

La solució d'aquesta inequació és qualsevol nombre $x \geq 4$.

El conjunt de totes les solucions és l'interval $[4, +\infty)$.

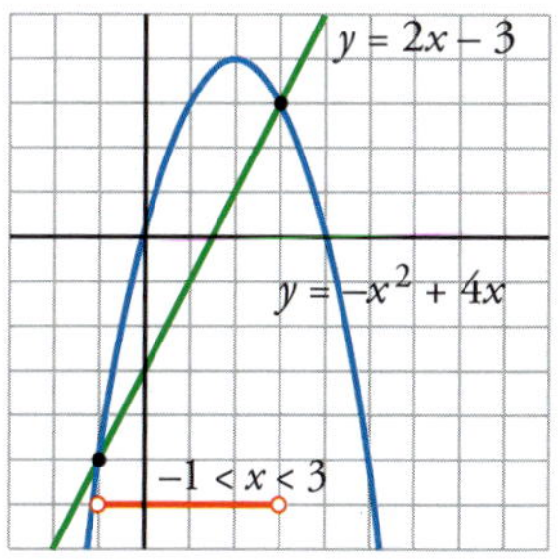


### c) $-x^2 + 4x > 2x - 3$

La paràbola $y = -x^2 + 4x$ queda per damunt de la recta $y = 2x - 3$ per a valors de $x$ compresos entre $-1$ i 3.

El conjunt de solucions d'aquesta inequació és l'interval $(-1, 3)$.

Per resoldre gràficament una inequació amb una sola incògnita, $f(x) \leq g(x)$ o $f(x) \geq g(x)$:

1. Es representen les gràfiques $y = f(x)$ i $y = g(x)$ i se'n marquen amb tota claredat els punts de tall.
2. S'observa en quins intervals es compleix la desigualtat plantejada.

## » APLICA EL QUE HAS APRÈS

**36.** Resol gràficament les inequacions següents:

**a)** $3x > 9$ **b)** $3x \geq 9$

**c)** $3x + 2 < 11$ **d)** $3x + 2 \geq 11$

**e)** $2x - 3 < 5$ **f)** $2x - 3 \leq 5$

**37.** Observa aquest diàleg:

—*Quantes vegades t'has rentat les dents avui?*

—*El triple de les vegades més 2 no arriba a 10.*

Expressa en llenguatge algebraic la resposta, resol la inequació i, després, dona les solucions tenint en compte que han de ser nombres enters no negatius.

**38.** Resol gràficament les inequacions següents tenint en compte la representació de la funció $y = x^2 - 5x + 4$:

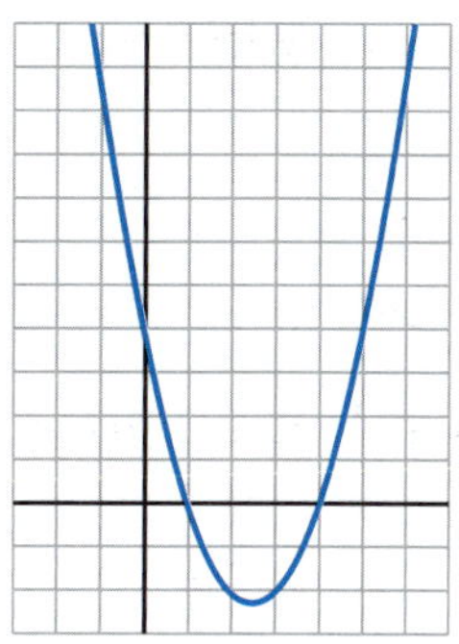

**a)** $x + 4 \leq x^2 - 5x + 4$

**b)** $-x + 4 < x^2 - 5x + 4$

**c)** $x^2 - 5x + 4 < x - 1$

**d)** $x^2 - 5x + 4 \geq x + 1$

**e)** $x^2 - 5x + 4 < -6 + 2x$

**f)** $x^2 - 5x + 4 \leq -2$

GeoGebra. Resolució gràfica d'una inequació.

## Resolució algebraica d'una inequació

Resoldrem algebraicament les tres inequacions a), b) i c) la resolució gràfica de les quals s'ha fet en la pàgina anterior.

a) $\mathbf{2x + 4 > 0} \xrightarrow{\text{RESTEM } 4} 2x > -4 \xrightarrow{\text{DIVIDIM PER } 2} x > -2$

*Solucions:* $x > -2$. Interval $(-2, +\infty)$.

Com pots veure, s'han realitzat les mateixes operacions que s'efectuen per resoldre equacions.

b) $\mathbf{-2x + 7 \leq \frac{x}{2} - 3}$

Ho multipliquem tot per 2 per treure el denominador:

$-4x + 14 \leq x - 6 \xrightarrow[\text{I } 14 \text{ AL SEGON}]{\text{PASSEM } x \text{ AL PRIMER MEMBRE}} -4x - x \leq -6 - 14 \rightarrow$

$-5x \leq -20 \xrightarrow[\text{ELS DOS MEMBRES}]{\text{DIVIDIM PER } -5} x \geq \frac{-20}{-5} = 4$ . Interval $[4, +\infty)$.

MOLT IMPORTANT! En **multiplicar** o **dividir** els dos membres d'una desigualtat **per un nombre negatiu, la desigualtat canvia de signe**.

> Per resoldre una inequació de primer grau, se segueixen els mateixos passos que si fos una equació, amb l'excepció següent: si multipliquem o dividim per un nombre negatiu, la desigualtat canvia de signe.

c) $\mathbf{-x^2 + 4x > 2x - 3} \rightarrow -x^2 + 2x + 3 > 0 \rightarrow x^2 - 2x - 3 < 0$

Obtenim les arrels de l'expressió de 2n grau: $x_1 = -1$, $x_2 = 3$.

Amb aquestes arrels, definim tres trams: $(-\infty, -1)$, $(-1, 3)$ i $(3, +\infty)$.

Estudiant el signe de $x^2 - 2x - 3$ en algun valor de cada tram, veiem si s'hi compleix la desigualtat o no.

$(-2)^2 - 2(-2) - 3 = 5 \rightarrow$ No

$0^2 - 2 \cdot 0 - 3 = -3 \rightarrow$ Sí

$4^2 - 2 \cdot 4 - 3 = 5 \rightarrow$ No

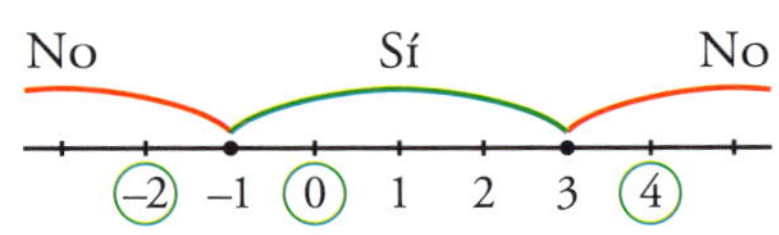


Concloem que les solucions formen l'interval $(-1, 3)$.

### Resolució d'inequacions amb la calculadora

Moltes calculadores ens ajuden a resoldre inequacions polinòmiques de fins a 4t grau. Per accedir-hi, premem [MENÚ], seleccionem **B:Inequació** i triem el grau del polinomi. Apareix, aleshores, una pantalla en què s'ha de triar el tipus d'inequació. Per introduir els coeficients, cal tenir en compte que la inequació ha d'estar «ordenada», és a dir, amb un zero en un dels seus membres.

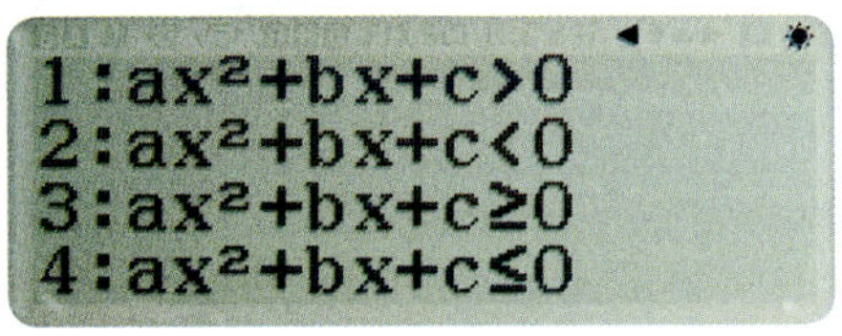


Per exemple, resolem la inequació de l'apartat c) amb la calculadora.

$x^2 - 2x - 3 < 0$

1 [=] [–] 2 [=] [–] 3 [=]

En tornar a prémer [=], obtenim que:

$-1 < x < 3$

## » APLICA EL QUE HAS APRÈS

**39.** Resol algebraicament les inequacions següents. Observa que són *molt semblants* a les que s'han resolt a dalt:

a) $2x + 4 \geq 0$

b) $2x + 4 < 0$

c) $-2x + 7 > \frac{x}{2} - 3$

d) $-2x + 7 \geq \frac{x}{2} - 3$

e) $-x^2 + 4x \geq 2x - 3$

f) $-x^2 + 4x < 2x - 3$

**40.** Resol algebraicament:

a) $3x - 5 \geq 13$

b) $5x + 1 < x + 9$

c) $3 - 2x > x + 5$

d) $7 - 11x + 2 \leq 23 + 4x$

e) $x^2 - 3x + 2 \leq 4x - 8$

**41.** Resol les inequacions a), c) i d) de l'activitat 35 de la pàgina 80 i interpreta'n la solució.

## Sistemes d'inequacions

Tornem a llegir l'enunciat amb què començàvem aquest apartat (pàgina 80):

> *La longitud d'una taula és de 141 cm. La mesuro amb pams i amb 6 em quedo curt. Què puc dir de la longitud del meu pam?*

Si anomenem *x la longitud del meu pam*, l'enunciat anterior s'expressa algebraicament així: $6x < 141$. La seva solució és $x < 23{,}5$.

Però si hi posem més atenció, observem que, encara que no es digui explícitament, se suposa que amb 7 pams se supera la longitud de la taula.

És a dir, $7x > 141$. La solució d'aquesta inequació és $x > 20{,}1$.

De la longitud, $x$, d'un pam podem dir això:

$$\begin{cases} 6x < 141 \\ 7x > 141 \end{cases} \text{ o, de manera equivalent } \begin{cases} x < 23{,}5 \\ x > 20{,}1 \end{cases}.$$

És a dir, $x \in (20{,}1;\ 23{,}5)$.

Conclusió: El meu pam té una longitud compresa entre 20,1 cm i 23,5 cm.

> Les **solucions** d'un sistema d'inequacions són les solucions comunes a totes les inequacions que formen el sistema.

### EXERCICI RESOLT

**18.** ***Resol aquest sistema d'inequacions:***

$$\begin{cases} 2x + 4 > 0 \\ -2x + 7 \geq \dfrac{x}{2} - 3 \end{cases}$$

1a inequació: $2x + 4 > 0 \rightarrow 2x > -4 \rightarrow x > -2$. *Solució:* $(-2, +\infty)$

2a inequació: $-2x + 7 \geq \dfrac{x}{2} - 3 \rightarrow -4x + 14 \geq x - 6 \rightarrow -5x \geq -20 \rightarrow$

$$x \leq \frac{-20}{-5} = 4. \ \textit{Solució: } (-\infty, 4]$$

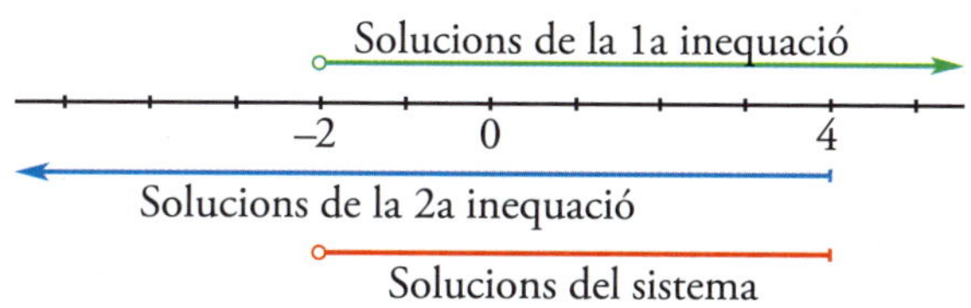


*Solució:* $(-2, +\infty) \cap (-\infty, 4] = (-2, 4]$

## » APLICA EL QUE HAS APRÈS

**42.** Resol els sistemes d'inequacions següents:

a) $\begin{cases} x + 3 < 7 \\ x - 1 \geq 0 \end{cases}$ b) $\begin{cases} 2x - 3 < 3x + 5 \\ 7x + 1 \geq 13 + 4x \end{cases}$ c) $\begin{cases} 2x - 3 < 3x + 5 \\ 7x + 1 \geq 13 + 4x \end{cases}$

d) $\begin{cases} x^2 - 7x + 6 \leq 0 \\ 3x + 2 > 17 \end{cases}$ e) $\begin{cases} x^2 - 7x + 6 \leq 0 \\ 2x + 5 < 7 \end{cases}$ f) $\begin{cases} x^2 - 7x + 6 \leq 0 \\ 2x + 5 \leq 7 \end{cases}$

GeoGebra. Resolució de sistemes d'inequacions.

# » OBSERVA, RAONA I RESOL

## 1. PLANTEJAR I RESOLDRE UNA EQUACIÓ

***Si l'altura d'un rectangle augmenta un x % i la seva base augmenta un 2x %, la seva àrea augmenta un 32 %. Troba el valor de x.***

Si la base, $b$, augmenta un $x$ %, es multiplicarà per $\left(1 + \frac{x}{100}\right)$.

Si l'altura, $a$, augmenta un $2x$ %, es multiplicarà per $\left(1 + \frac{2x}{100}\right)$.

Si l'àrea, $b \cdot a$, augmenta un 32 %, es multiplicarà per $\left(1 + \frac{32}{100}\right)$.

Per tant: $b\left(1 + \frac{x}{100}\right) \cdot a\left(1 + \frac{2x}{100}\right) = b \cdot a\left(1 + \frac{32}{100}\right)$.

Dividim per $b \cdot a$ els dos membres de l'equació i obtenim que:

$$\left(1 + \frac{x}{100}\right)\left(1 + \frac{2x}{100}\right) = \left(1 + \frac{32}{100}\right) \rightarrow (100 + x)(100 + 2x) = 13.200$$

$$10.000 + 300x + 2x^2 = 13.200 \rightarrow x^2 + 150x - 1.600 = 0 \left\langle \begin{array}{l} x = 10 \\ x = -160 \quad \text{No val.} \end{array} \right.$$

La solució buscada és $x = 10$.

**Fes-ho tu** La base d'un rectangle fa 10 cm més que la seva altura. Si la base augmenta un 20 % i l'altura un 30 %, el perímetre augmenta un 24 %. Troba les dimensions del rectangle.

## 2. PLANTEJAR I RESOLDRE UN SISTEMA

***Un transportista va a una ciutat que està a 300 km de distància i en torna. La velocitat mitjana en la tornada és superior en 10 km/h a la de l'anada, i tarda una hora menys a fer el trajecte. Calcula les velocitats i els temps emprats a l'anada i a la tornada.***

A l'anada, la velocitat és $v$ i el temps és $t$.

A la tornada, la velocitat és $v + 10$ i el temps és $t - 1$.

La distància recorreguda és la mateixa en tots dos casos; per tant:

$\left.\begin{array}{l} vt = 300 \\ (v + 10)(t - 1) = 300 \end{array}\right\}$ Desenvolupem la 2a equació i la simplifiquem substituint $vt$ per 300:

$$vt + 10t - v - 10 = 300 \rightarrow 10t - v - 10 = 300 - vt \rightarrow 10t - v - 10 = 0$$

$$\left.\begin{array}{l} vt = 300 \\ 10t - v = 10 \end{array}\right\} v = 10t - 10 \rightarrow (10t - 10)\,t = 300 \rightarrow 10t^2 - 10t - 300 = 0 \rightarrow$$

$$t^2 - t - 30 = 0 \rightarrow t = \frac{1 \pm \sqrt{1 + 120}}{2} = \frac{1 \pm 11}{2} \left\langle \begin{array}{l} t = 6 \rightarrow v = 300 : 6 = 50 \\ t = -5 \quad \text{No val.} \end{array} \right.$$

A l'anada va a 50 km/h i tarda 6 hores. A la tornada va a 60 km/h i tarda 5 hores.

**Fes-ho tu** En un altre viatge de 450 km, a la tornada va anar 15 km/h més ràpid que a l'anada i va tardar una hora menys. Troba les velocitats i els temps emprats.

## 3. RESOLUCIÓ D'UNA INEQUACIÓ RACIONAL

***Resol la inequació següent:***

$$\frac{2x + 3}{x - 2} \geq 1$$

$$\frac{2x + 3}{x - 2} \geq 1 \rightarrow \frac{2x + 3}{x - 2} - 1 \geq 0 \rightarrow \frac{2x + 3 - x + 2}{x - 2} \geq 0 \rightarrow \frac{x + 5}{x - 2} \geq 0$$

Analitzem els signes del numerador i del denominador. El primer canvia de signe en $x = -5$ i el segon, en $x = 2$. Les solucions de la inequació són els valors de $x$ que fan que ambdós, numerador i denominador, tinguin el mateix signe.

| | $(-\infty, -5)$ | $(-5, 2)$ | $(2, +\infty)$ |
|---|---|---|---|
| $x + 5$ | – | + | + |
| $x - 2$ | – | – | + |
| $\frac{x + 5}{x - 2}$ | + | – | + |

A més, com que $x - 2$ es troba en el denominador, $x = 2$ no forma part de la solució, mentre que $x = -5$ sí que en forma part. Per tant, la solució és $(-\infty, -5] \cup (2, +\infty)$.

**Fes-ho tu** Resol aquesta inequació:

$$\frac{x - 4}{x - 2} \geq 1$$

# » EXERCITA LES TEVES COMPETÈNCIES

## Practica

### Equacions

**1.** Resol les equacions següents. Les que siguin de 2n grau incompletes, resol-les sense aplicar la fórmula general:

a) $\dfrac{(x-1)(x+2)}{12} - \dfrac{x-3}{3} = 1 + \dfrac{(x+1)(x-2)}{6}$

b) $(x+1)^2 - (x-2)^2 = (x+3)^2 + x^2 - 20$

c) $\dfrac{x(x-2)}{4} - \dfrac{x+1}{6} = \dfrac{x-3}{2} - \dfrac{x-4}{3}$

**2.** Resol les equacions següents:

a) $\dfrac{(x-3)^2}{4} - \dfrac{(2x-1)^2}{16} = \dfrac{35}{16}$

b) $\dfrac{(x+1)^2}{16} - \dfrac{1+x}{2} = \dfrac{(x-1)^2}{16} - \dfrac{2+x}{4}$

c) $(x+1)^2 = \dfrac{x}{2}(5x+6) - (2x^2+1)$

d) $2\left(x+\dfrac{1}{2}\right)^2 + \dfrac{25x}{2} = \left(\dfrac{1}{2} - x\right)(7x+1) - 4$

**3.** Resol:

a) $x^4 - 4x^2 + 3 = 0$

b) $x^4 - 16 = 0$

c) $x^4 - 25x^2 = 0$

d) $x^4 - 18x^2 + 81 = 0$

e) $(2x^2+1)^2 - 5 = (x^2+2)(x^2-2)$

**4.** Resol:

a) $\dfrac{x+2}{x} + 3x = \dfrac{5x+6}{2}$

b) $\dfrac{x-4}{x} - \dfrac{x-1}{4x} = -3x$

c) $\dfrac{x-3}{x} + \dfrac{x+3}{x^2} = \dfrac{2}{3}$

d) $x - \dfrac{x-1}{x+1} = \dfrac{3x-1}{2}$

**5.** Resol les equacions següents:

a) $\dfrac{x+1}{x-1} - 3 = \dfrac{2-x}{x}$

b) $\dfrac{3x+1}{4x+3} - \dfrac{1}{x} = 3$

c) $\dfrac{3x+4}{x+3} - \dfrac{1}{2} = \dfrac{x+19}{4x+6}$

d) $\dfrac{1}{x+3} - \dfrac{2}{x} = \dfrac{2-5x}{x^2+3x}$

e) $\dfrac{3x}{x^2-9} = 1 + \dfrac{x}{2(x-3)}$

f) $\dfrac{3x^2-2}{2x^2-x} = \dfrac{x+2}{x}$

**6.** Resol:

a) $x + \sqrt{25-x^2} = 2x+1$

b) $3x + \sqrt{6x+10} = 35$

c) $x + 1 - \sqrt{5x+1} = 0$

d) $\sqrt{4x^2+7x-2} = x+2$

**7.** Dues de les equacions següents no tenen solució. Esbrina quines són i resol les altres:

a) $x - 17 = \sqrt{169-x^2}$

b) $\sqrt{x^2+3} - \sqrt{3-x} = 0$

c) $\sqrt{5x-7} - \sqrt{1-x} = 0$

d) $2\sqrt{5-4x} + 4x = 5$

**8.** Resol:

a) $x + \sqrt{7-3x} = -1$

b) $\sqrt{x} + \sqrt{3x-2} = 2$

c) $\sqrt{2x} + \sqrt{5x-6} = 4$

d) $\sqrt{5x+1} - \sqrt{x+1} = 2$

**9.** Resol les equacions exponencials següents:

a) $2^{x+1} = \sqrt{8}$

b) $\sqrt{3^x} = 17$

c) $10^{1-x^2} = 0{,}001$

d) $81\left(\dfrac{1}{3}\right)^x = 3^{x+2}$

**10.** Resol:

a) $3 \cdot 5^x + 5^{x+1} = 200$

b) $7 \cdot 2^{x-1} - 5 \cdot 2^x = -\dfrac{3}{4}$

c) $2 \cdot 3^{x+1} + 3^{x-1} - 5 \cdot 3^x = 108$

d) $2^{x-1} + 2^{x-2} + 2^{x-3} = 224$

**11.** Resol aplicant la definició de logaritme:

a) $log_5\,(2x-3) = 1$

b) $log_4\left(\dfrac{x+1}{2}\right) = -2$

c) $log_2\,(\sqrt{x}-1) = 3$

d) $log\,(2^x - 15) = 0$

**12.** Aplica les propietats dels logaritmes per resoldre les equacions següents:

a) $log_3 x^2 - log_3 4 = 4$

b) $log_2 x - log_2 3 = 2$

c) $log_2\,(x-3) + log_2 x = 2$

d) $log\,(x-9) - log\,x = 1$

**13.** Descompon en factors i resol:

a) $x^3 - 4x = 0$

b) $x^3 + x^2 - 6x = 0$

c) $x^3 + 2x^2 - x - 2 = 0$

d) $x^3 - x^2 - 5x - 3 = 0$

**14.** Resol les equacions següents:

a) $(x-2)(x^2-2x-3) = 0$

b) $x(x^2+3x+2) = 0$

c) $(x^2-3x)(2^{x+1}-1) = 0$

d) $(x+5)\,log_2\,(x-3) = 0$

e) $(x^4-5x^2+4)(5^x-10) = 0$

f) $(x^2+5)(\sqrt{x}-3) = 0$

**15.** Aïlla la incògnita i resol:

a) $x^3 - 64 = 0$

b) $\dfrac{625}{x} - x^3 = 0$

c) $\dfrac{3x}{4} + \dfrac{16}{9x^2} = 0$

d) $\dfrac{x}{8} - \dfrac{2}{81x^3} = 0$

## Sistemes d'equacions

**16.** Resol els sistemes d'equacions següents aplicant dues vegades el mètode de reducció:

a) $\begin{cases} 13x - 12y = 127 \\ 21x + 17y = 96 \end{cases}$ b) $\begin{cases} 8,6x + 5,4y = 11 \\ 25x - 12y = -245 \end{cases}$

**17.** Resol els sistemes d'equacions següents:

a) $\begin{cases} \dfrac{x+2}{5} - \dfrac{3y-1}{10} = \dfrac{-3}{10} \\ \dfrac{2x+3}{8} + \dfrac{y+7}{4} = \dfrac{19}{8} \end{cases}$ b) $\begin{cases} \dfrac{x+1}{8} + \dfrac{y}{4} = \dfrac{5}{8} \\ \dfrac{3x-1}{12} + \dfrac{y}{2} = \dfrac{1}{6} \end{cases}$

**18.** Resol:

a) $\begin{cases} x - y + 3 = 0 \\ x^2 + y^2 = 5 \end{cases}$ b) $\begin{cases} x + y = 1 \\ xy + 2y = 2 \end{cases}$

c) $\begin{cases} 2x + y = 3 \\ xy - y^2 = 0 \end{cases}$ d) $\begin{cases} 3x + 2y = 0 \\ x(x - y) = 2y^2 - 8 \end{cases}$

**19.** Resol els sistemes d'equacions següents:

a) $\begin{cases} x^2 + y^2 = 41 \\ x^2 - y^2 = 9 \end{cases}$ b) $\begin{cases} 3x^2 + 2y^2 = 35 \\ x^2 - 2y^2 = 1 \end{cases}$

c) $\begin{cases} x^2 + y^2 + x + y = 32 \\ x^2 - y^2 + x - y = 28 \end{cases}$ d) $\begin{cases} x^2 + 2y^2 + x + 1 = 0 \\ x^2 - 2y^2 + 3x + 1 = 0 \end{cases}$

**20.** Resol i comprova les solucions:

a) $\begin{cases} x + y = 2 \\ \dfrac{1}{x} + \dfrac{1}{y} = -\dfrac{2}{3} \end{cases}$ b) $\begin{cases} \dfrac{1}{x} + \dfrac{1}{y} = \dfrac{1}{20} \\ x + 2y = 3 \end{cases}$

c) $\begin{cases} y^2 - 2y + 1 = x \\ \sqrt{x} + y = 5 \end{cases}$ d) $\begin{cases} 2\sqrt{x+1} = y + 1 \\ 2x - 3y = 1 \end{cases}$

**21.** Resol:

a) $\begin{cases} xy = 15 \\ x^2 + y^2 = 34 \end{cases}$ b) $\begin{cases} xy = 12 \\ x^2 - 5y^2 = 16 \end{cases}$

c) $\begin{cases} xy = 4 \\ (x + y)^2 = 25 \end{cases}$ d) $\begin{cases} x^2 + y^2 = \dfrac{82}{9} \\ xy = -1 \end{cases}$

**22.** Resol:

a) $\begin{cases} x - y = 1 \\ 2^x - 2^y = 4 \end{cases}$ b) $\begin{cases} \log x + \log y = 1 \\ x - y = 9 \end{cases}$

c) $\begin{cases} 2^{x+1} - y = 0 \\ 2^x + y = 12 \end{cases}$ d) $\begin{cases} \log x - \log y = 1 \\ x + y = 22 \end{cases}$

## Inequacions i sistemes d'inequacions

**23.** Resol:

a) $\dfrac{7 - 3x}{2} < x + 1$ b) $\dfrac{x + 4}{3} + 3 \geq \dfrac{x + 10}{6}$

c) $2x - 2(3x - 5) < x$ d) $x - 1 - \dfrac{x - 1}{2} < 0$

**24.** Resol les inequacions següents:

a) $x^2 + 2x - 3 > 0$ b) $x^2 - 3x - 10 \leq 0$

c) $x^2 - 4x - 5 < 0$ d) $2x^2 + 9x - 5 \geq 0$

**25.** Resol:

a) $-x^2 + 3x - 2 \geq 0$ b) $-x^2 + 2x + 3 \leq 0$

c) $x^2 - 2x - 7 > 5 - x$ d) $x^2 < \dfrac{x + 7}{6}$

**26.** Algunes inequacions no tenen solució i d'altres tenen com a solució qualsevol nombre. Digues de quin d'aquests dos tipus són aquestes inequacions:

a) $x^2 + 4 > 3$ b) $x^2 + x + 2 < 0$

c) $x^2 + 7 < 5x$ d) $x^2 + 4x + 4 > 0$

**27.** Resol les inequacions següents:

a) $3x(x + 4) - x(x - 1) < 15$

b) $2x(x + 3) - 2(3x + 5) + x > 0$

c) $\dfrac{x^2 - 9}{5} - \dfrac{x^2 - 4}{15} < \dfrac{1 - 2x}{3}$

**28.** Resol aquests sistemes d'inequacions:

a) $\begin{cases} 2 - x > 0 \\ 2 + x > 0 \end{cases}$ b) $\begin{cases} 5x - 3 \leq x + 1 \\ 2x + 6 \geq x + 2 \end{cases}$

c) $\begin{cases} \dfrac{2x + 5}{3} < x - 1 \\ \dfrac{x}{3} - 1 < \dfrac{2x - 1}{5} \end{cases}$ d) $\begin{cases} \dfrac{x + 13}{6} < \dfrac{39 - 2x}{18} \\ \dfrac{3x - 5}{4} < -1 \end{cases}$

**29.** Resol els sistemes d'inequacions següents:

a) $\begin{cases} \dfrac{x + 2}{4} < \dfrac{x}{2} - 3 \\ \dfrac{8 - x}{3} < \dfrac{1 + x}{2} - 1 \end{cases}$ b) $\begin{cases} \dfrac{x - 1}{2} + \dfrac{2x + 2}{3} > \dfrac{3x - 7}{6} \\ \dfrac{2x - 1}{4} + 2x < \dfrac{2x - 9}{4} \end{cases}$

**30.** Comprova que aquests dos sistemes d'inequacions no tenen solució:

a) $\begin{cases} 8x + 7 < 16 - x \\ -3x + 5 < 2x \end{cases}$ b) $\begin{cases} 3x + 5 < 2x - 3 \\ \dfrac{x + 3}{7} < x - 3 \end{cases}$

## Aplica els teus coneixements

**31.** Tradueix a llenguatge algebraic i resol:

**a)** La meitat d'un nombre menys 10 és més petit que 7.

**b)** Si als tres quarts d'un nombre n'hi resto 2, obtinc més que si a la seva meitat n'hi sumo 5.

**c)** La suma de dos nombres consecutius no supera 8.

**d)** El perímetre d'un rectangle la base del qual fa 3 cm més que l'altura és més petit que 50 m.

**32.** Resol aquests sistemes d'equacions:

**a)** $\begin{cases} x - y = 0 \\ x - 2z = 6 \\ y + z = 3 \end{cases}$ **b)** $\begin{cases} x - z = 4 \\ 2x + y = 7 \\ x + y = 2z \end{cases}$

**33.** EXERCICI RESOLT

***Resol l'equació $x^6 + 7x^3 - 8 = 0$***

L'equació només té termes de grau 6, 3 i 0. Podem fer el canvi de variable $t = x^3$, de manera semblant a com fèiem amb les equacions biquadrades:

$$t^2 + 7t - 8 = 0 \rightarrow t = \frac{-7 \pm 9}{2} \begin{cases} t = 1 \\ t = -8 \end{cases}$$

Desfem el canvi de variable:

$t = 1 \rightarrow x^3 = 1 \rightarrow x = \sqrt[3]{1} \rightarrow x = 1$

$t = -8 \rightarrow x^3 = -8 \rightarrow x = \sqrt[3]{-8} \rightarrow x = -2$

*Solucions:* $x_1 = 1$, $x_2 = -2$

**34.** Resol les equacions següents:

**a)** $x^6 - 2x^3 + 1 = 0$ **b)** $x^6 + 19x^3 - 216 = 0$

**c)** $x^8 - 2x^4 + 1 = 0$ **d)** $x^{12} + x^6 - 2 = 0$

**35.** Si $x = 2$ és solució de l'equació $ax^2 - 5x - 6 = 0$, troba l'altra solució de l'equació.

**36.** Resol les equacions següents:

**a)** $4^{x+1} + 2^{x+3} = 320$ **b)** $4^x - 8 = 2^{x+1}$

**c)** $2^{3-x} = 5 - 2^{x-1}$ **d)** $3 \cdot 4^x + 9 \cdot 2^x - 30 = 0$

**e)** $9^{x+1} = 243 + 234 \cdot 3^x$

**37.** Resol i comprova les solucions.

**a)** $\log(x-2) + \log(x-3) = 1 - \log 5$

**b)** $\frac{1}{2}\log(3x+5) + \frac{1}{2}\log x = 1$

**c)** $2\log x - 3\log 2 = \log(x+6)$

**38.** EXERCICI RESOLT

***Resol l'equació $2\log_x 8 - \log_x 4 = 2$.***

$$\log_x 8^2 - \log_x 4 = 2 \rightarrow \log_x \frac{8^2}{4} = 2 \rightarrow \log_x 16 = 2 \rightarrow$$
$$x^2 = 16 \rightarrow x = \pm 4$$

Descartem la solució $x = -4$ perquè la base del logaritme no pot ser negativa. Per tant, $x = 4$.

**39.** Resol:

**a)** $\log_x(3-x) + \log_x 4 = 2$ **b)** $\log_x 25 + \log_x 5 = 3$

**c)** $3\log_x 2 + \log_x 18 = 2$ **d)** $\log_x 54 + \log_x 4 = 3$

**40.** Resol l'equació: $5^x - 5^{x-2} = 120\sqrt{5}$.

**41.** EXERCICI RESOLT

***Resol aquest sistema:*** $\begin{cases} (x-2)(y-1) = 0 \\ (x+3)(y-5) = 0 \end{cases}$

$$(x-2)(y-1) = 0 \begin{cases} x = 2(*) \rightarrow 5 \cdot (y-5) = 0 \rightarrow y = 5 \\ y = 1(*) \rightarrow (x+3) \cdot (-4) = 0 \rightarrow \\ \quad x = -3 \end{cases}$$

(*) Substituïm el valor en l'altra equació.

*Solucions:* $x_1 = 2$, $y_1 = 5$; $x_2 = -3$, $y_2 = 1$

**42.** Resol aquests sistemes:

**a)** $\begin{cases} (x-3)\left(y - \frac{1}{2}\right) = 0 \\ (x-1)(y+2) = 0 \end{cases}$ **b)** $\begin{cases} x(x+2) = 0 \\ x^2 + y = 4 \end{cases}$

**43.** Resol les inequacions següents:

**a)** $\frac{3x-3}{2x+1} \geq 1$ **b)** $\frac{2-x}{3x-4} < 1$ **c)** $\frac{x^2+x-6}{3-2x} \geq 0$

## Resol problemes

**44.** El producte d'un nombre enter per un altre, dues unitats més gran, és més petit que 8. Quin pot ser aquest nombre?

**45.** Si al quadrat d'un nombre li restem el seu triple, obtenim un nombre més gran que 4. Quin pot ser aquest nombre?

**46.** Tres amics cobren 756 € per fer una feina. El primer hi ha dedicat 12 hores i el tercer, que hi ha dedicat el doble d'hores que el segon, ha cobrat 360 €. Quantes hores hi ha dedicat cada un? Quants diners els corresponen?

**47.** L'àrea total d'un cilindre és $112\pi$ cm$^2$ i entre el radi i l'altura sumen 14 cm. Troba'n el volum.

**48.** La nota mitjana d'un examen de Matemàtiques de la classe de 4t C va ser 5,4 i la de 4t B, 6,4. Quants estudiants hi ha en cada grup si en total són 50 i la nota mitjana dels dos grups va ser 5,88?

**49.** El perímetre d'un triangle rectangle és 36 cm i un dels seus catets fa 3 cm menys que l'altre. Troba els costats del triangle.

**50.** Una persona tarda 3 hores més que una altra a fer la mateixa feina. Si la fan entre totes dues, tarden 2 hores. Quant tarda cada una per separat?

**51.** Una antiquària va vendre dos rellotges de butxaca per 210 €. Amb un va obtenir un guany del 10 % i amb l'altre hi va perdre el 10 %. En total va obtenir un guany del 5 % sobre el preu de compra. Quin va ser el preu de compra de cada un dels rellotges?

**52.** En Jan ha comprat diversos llibres, tots del mateix preu, per un total de 90 €. Però, com que és bon client, la llibretera li ha regalat 3 llibres més, i així cada llibre li surt per 5 € menys. Quants llibres s'ha emportat i quin és el preu que ha pagat per cada un?

**53.** Calcula el temps que ha de passar perquè un capital de 10.000 € dipositat en un banc augmenti el 50 % en els casos següents:

a) Al 4 % anual amb capitalització anual.

b) Al 3,6 % anual amb capitalització mensual.

**54.** Un grup d'amigues que prenen un refresc cada una han de pagar 9 € pel total de les consumicions. Com que n'hi ha dues que només poden posar 1 €, les altres han d'augmentar la seva aportació en 0,25 € cada una. Quantes amigues són?

**55.** Per omplir un dipòsit de 36 m$^3$, obrim una aixeta, A, durant 2 h i una altra aixeta, B, durant 10 h. Si només volem omplir 28 m$^3$ amb aquestes mateixes aixetes, obrim 3 h la A i 5 h la B. Quants litres per hora surten per cada una de les aixetes?

**56.** El costat d'un rombe fa 5 cm i la seva àrea, 24 cm$^2$. Calcula'n la longitud de les diagonals.

**57.** La suma de les dues xifres d'un nombre és 8. Si al nombre s'hi afegeixen 18 unitats, el nombre resultant està format per les mateixes xifres en ordre invers. Quin és aquest nombre?

**58.** En una granja hi ha ovelles i gallines. El nombre de potes que hi ha en total és 20 més el doble del nombre de caps. Quantes ovelles hi ha?

**59.** Tenim una parcel·la rectangular. Si la seva base disminueix en 80 m i la seva altura augmenta en 40 m, es converteix en un quadrat. Si la base disminueix en 60 m i l'altura augmenta en 20 m, aleshores l'àrea disminueix en 400 m$^2$. Quines dimensions té?

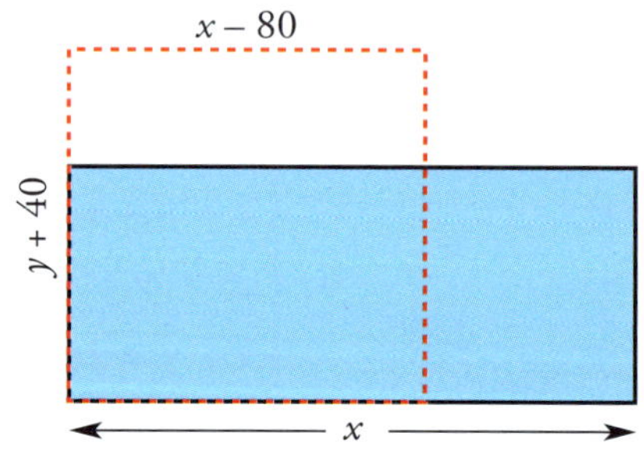


**60.** La hipotenusa d'un triangle rectangle mesura 10 m i la seva àrea, 24 m$^2$. Quant mesuren els seus catets?

**61.** Les dues xifres d'un nombre es diferencien en una unitat. Si dividim aquest nombre entre el que resulta d'invertir l'ordre de les seves xifres, el quocient és 1,2. Quin és el nombre?

**62.** Troba el radi i la generatriu d'un con que fa 15 cm d'altura i que té una àrea lateral que fa $136\pi$ cm$^2$.

**63.** En un examen de 40 preguntes et donen dos punts per cada encert i et resten 0,5 punts per cada error. Quantes preguntes cal que contestis bé per obtenir com a mínim 40 punts, si és obligatori respondre-les totes?

**64.** Quants quilos de pintura de 3,50 €/kg hem de barrejar amb 6 kg d'una altra de 5 €/kg perquè el preu de la barreja sigui inferior a 4 €/kg?

**65.** Una capsa conté boles blanques i negres. Si s'hi afegeix una bola blanca, aquestes representen aleshores el 25 % del contingut de la capsa. Si, en canvi, se'n treu una bola blanca, les boles blanques que queden representen el 20 % del contingut de la capsa. Quantes boles de cada color hi ha a la capsa?

**66.** Sabem que dues fraccions tenen el mateix numerador, que els seus denominadors són nombres consecutius i que la suma d'ambdues és igual a 27/20. Sabem també que la suma del numerador i del denominador de la més petita és igual a 8. Quines són aquestes fraccions?

## Resol: una mica més difícil

**67.** Quins valors pot prendre $a$ perquè l'equació $x^2 + 2ax + 7a - 10 = 0$ tingui una sola arrel real?

**68.** Si $x^2 = 8x + y$ i $y^2 = 8y + x$, amb $x \neq y$, troba el valor de $x^2 + y^2$.

**69.** Resol: $(x^2 - x)^2 = 18(x^2 - x) - 72$.

**70.** Un esportista es troba al punt $A$, dins del mar, a 120 m de la platja $BD$, que té una longitud de 1.510 m.

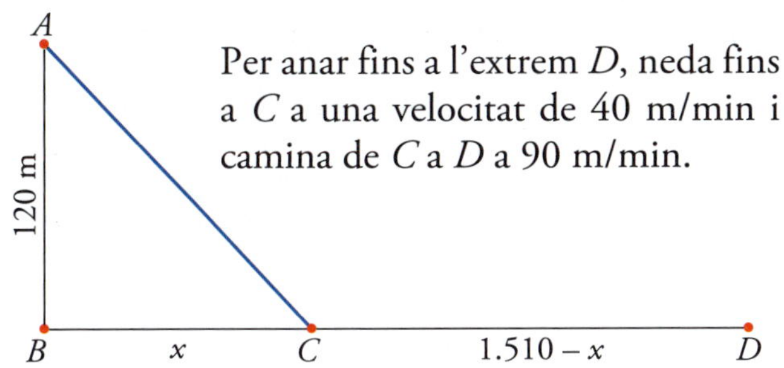


Per anar fins a l'extrem $D$, neda fins a $C$ a una velocitat de 40 m/min i camina de $C$ a $D$ a 90 m/min.

Calcula les distàncies que ha recorregut nedant i caminant, si en total va esmerçar un temps de 20 minuts.

**71.** Pujo un turó a una velocitat de 4 km/h i pretenc que la velocitat mitjana entre l'ascens i el descens sigui de 6 km/h. A quina velocitat he de baixar?

**72.** És possible plantar 275 arbres en una parcel·la rectangular de 72 m × 30 m, de manera que formin una quadrícula regular com la de la figura?

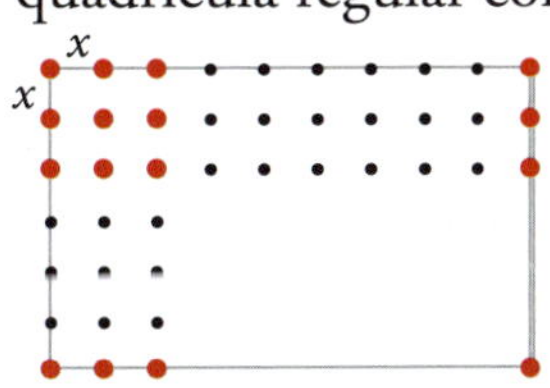


En cas afirmatiu, esbrina quina ha de ser la distància entre dos arbres d'una fila.

**73.** Les àrees de les cares d'un ortoedre són 35 cm², 60 cm² i 84 cm². Quin serà el seu volum? Calcula'n la longitud de les arestes.

## Reflexiona sobre la teoria

**74.** Vertader o fals? Justifica la resposta i posa'n exemples.

**a)** Si $b^2 - 4ac = 0$, l'equació $ax^2 + bx + c = 0$ no té solució.

**b)** Si $k < 1$, l'equació $9x^2 - 6x + k = 0$ té dues solucions.

**c)** $(x^2 + 5)(2^x - 5) = 0$ té dues solucions.

**d)** $(x - 1)^2 + (x + 1)^2 - 2(x^2 + 1) = 0$ té infinites solucions.

**e)** Hi ha sistemes d'inequacions sense solució.

**f)** Una inequació sempre té infinites solucions.

**75.** Quantes solucions pot tenir una equació biquadrada? Per comprovar la teva resposta, resol aquestes equacions:

**a)** $x^4 - 10x^2 + 9 = 0$ **b)** $x^4 - 4x^2 = 0$

**c)** $x^4 - 16 = 0$ **d)** $x^4 + x^2 = 0$

**e)** $x^4 + 3x^2 + 2 = 0$ **f)** $x^4 - 4x^2 + 4 = 0$

**76.** Observa la representació gràfica de les rectes $y = 2 - \frac{x}{2}$ i $y = 2x - 3$:

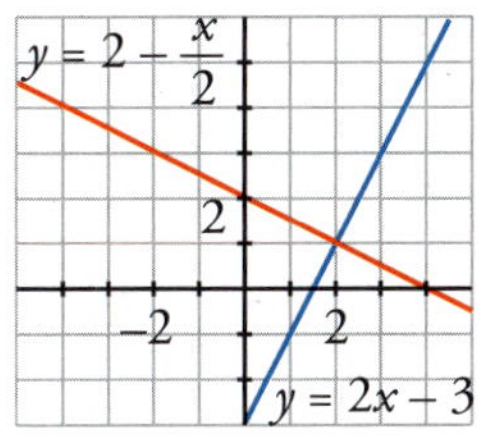


Contesta sense fer operacions:

Per a quins valors de $x$ es compleix que $2x - 3 \geq 2 - \frac{x}{2}$?

**77.** Observa la representació de la recta $y = -x - 1$ i la de la paràbola $y = x^2 - 2x - 3$.

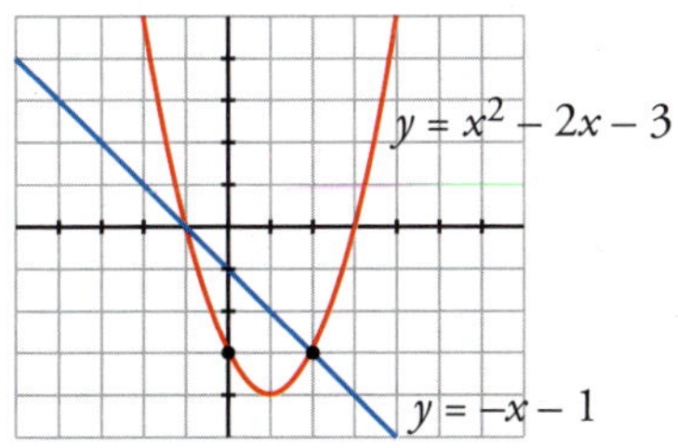


Respon sense fer operacions:

Per a quins valors de $x$ es compleix que $x^2 - 2x - 3 < -x - 1$?

**78.** Resol sense fer operacions:

$$\begin{cases} x^2 - 4x + 3 \leq x - 1 \\ -x^2 + 4x > 8 - 2x \end{cases}$$

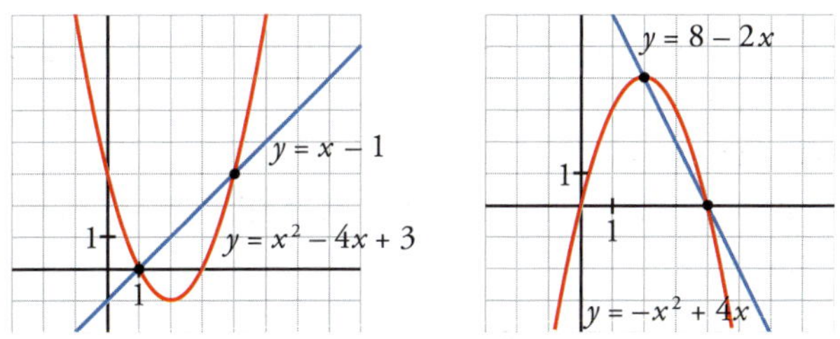


**79.** Escriu, en cada cas, una equació de segon grau les solucions de la qual siguin aquestes:

**a)** 2 i –3 **b)** 4 i 5 **c)** –2 i – 8 **d)** 2 i $\frac{1}{3}$

Observa les equacions que has escrit i relaciona els coeficients $a$, $b$ i $c$ de l'equació amb la suma i el producte de les seves solucions.

**80.** Demostra que si $x_1$ i $x_2$ són les solucions de l'equació $x^2 + bx + c = 0$, aleshores $x_1 + x_2 = -\frac{b}{a}$ i $x_1 \cdot x_2 = \frac{c}{a}$.

# » MATEMÀTIQUES EN CONTEXT

## EXCURSIONS ESCOLARS

Les agències de viatge Viatgem, Horitzó i Camí organitzen excursions de cap de setmana per a grups escolars. És un nou model d'excursió que pretén donar a conèixer el patrimoni natural i cultural de zones poc conegudes de la geografia catalana. Inclouen activitats esportives i visites a alguns dels monuments més destacats de la zona. Abans de decidir-se a oferir-les, les agències han fet un estudi de mercat, i tot indica que tindran un gran èxit de venda a les escoles. Per donar-se a conèixer i tractar d'avançar-se a la competència, a més d'anuncis en mitjans educatius, les tres agències han contractat comercials que visiten les escoles per presentar les excursions.

### 1. Competència comercial

Cada agència té unes condicions laborals diferents per als seus comercials, però totes divideixen el sou en una part fixa i una altra de variable que depèn del nombre d'excursions venudes.

- Viatgem paga als seus comercials un sou fix de 1.400 € al mes i hi afegeix 50 € per cada excursió venuda.
- Horitzó els paga un sou fix de 900 € al mes, més 150 € per cada excursió venuda.
- Camí els paga un sou fix de 600 € al mes i 130 € per excursió venuda.

En acabar el mes, tres comercials, un de cada agència, han venut el mateix nombre d'excursions.

a) Quin ha de ser aquest nombre d'excursions perquè el comercial de l'agència Horitzó hagi guanyat més que el de Viatgem?

b) Quin ha de ser aquest nombre d'excursions perquè la comercial de l'agència Camí hagi guanyat més que el de Viatgem?

c) Malgrat les condicions laborals, la comercial de l'agència Camí és una professional eficient i en els dos darrers mesos ha venut un total de 50 excursions. Per això l'agència ha decidit apujar-li el 20 % la comissió per cada excursió venuda durant el segon mes. Al final dels dos mesos, la comercial ha ingressat 8.480 € (entre fixos i comissions). Quantes excursions va vendre cada mes?

d) Pensa una altra pregunta per plantejar-la a un company o una companya de la classe. Primer l'has de resoldre tu per comprovar que està ben plantejada i per saber quina és la solució correcta.

## 2. Autocar turístic

L'agència Viatgem ha contractat una empresa d'autocars per dur tres grups d'escolars a l'excursió que cada un ha triat. L'empresa disposa d'un autocar nou, gran i còmode, ideal per a viatges llargs, i ha calculat que, per obtenir benefici i amortitzar la despesa de la seva compra, ha de cobrar 1.200 euros en total per cada excursió.

- En la primera excursió, l'autocar va ple.
- En la segona excursió, han quedat 10 places buides, per la qual cosa han hagut de cobrar 4 euros més a cada escolar.
- En la tercera excursió, han quedat 20 places buides, i cada escolar ha hagut de pagar 10 euros més.

a) Quin ha estat el preu de cada plaça en la primera excursió? Quants escolars hi han anat?

b) Quin ha estat el preu de cada plaça en la segona? Quants escolars hi han anat?

c) Quin ha estat el preu en la tercera? Quants escolars hi ha anat?

## 3. La neteja de l'autocar

En acabar cada viatge, el conductor de l'autocar ha de netejar el vehicle. Per fer-ho, el conductor acostuma a dedicar-hi 30 minuts. De vegades l'ajuda un amic, encara que té menys pràctica que ell, i s'hi estan 20 minuts entre tots dos. Un dia, el conductor no es troba bé i el seu amic, amablement, s'ofereix a netejar l'autocar i li diu que marxi cap a casa. Quant tarda l'amic del conductor a netejar l'autocar tot sol si ho fa a la mateixa velocitat que quan el neteja acompanyat?

## 4. Tornada a casa

El conductor avisa la seva dona que torna cap a casa amb el seu ciclomotor, però que es troba malament i que anirà a poc a poc per si de cas. Ella, preocupada, penja el telèfon i decideix anar a buscar-lo amb la furgoneta, per poder-hi carregar el ciclomotor. La casa d'on surt la dona és a 16 km de distància de l'estació d'autobusos. El conductor, amb el ciclomotor, va a una velocitat de 20 km/h. Si tots dos surten al mateix temps, a quina velocitat ha d'anar la dona per tal de trobar-se amb ell en menys de 15 minuts?

# » TALLER DE MATEMÀTIQUES

## » INVESTIGA

### Problemes diofàntics

A continuació, es proposen dos problemes que es poden resoldre amb equacions diofàntiques.

Aquest tipus de problemes solen tenir diverses solucions. En el cas que n'hi hagi més d'una, cal trobar-les totes.

#### Problema 1

En un test de 20 preguntes s'aconsegueixen 5 punts per cada resposta correcta, però es perden 3 punts per cada resposta errònia i 2 punts per cada pregunta sense contestar.

En quin cas obtindrem una qualificació de 0 punts? I de 50 punts?

#### Sabies que...

Les equacions diofàntiques es caracteritzen per tenir com a solucions nombres naturals (o, a vegades, enters) i s'anomenen així en honor a **Diofant d'Alexandria**, un matemàtic del segle III considerat el primer algebrista.

#### Problema 2

S'ha trencat la pota d'un moble, que fa 4 cm d'altura.

Per equilibrar-lo provisionalment, disposem d'uns quants discos de fusta de 5 mm de gruix i d'uns altres de 3 mm de gruix. Quants de cada classe en farem servir?

## » UTILITZA EL LLENGUATGE ALGEBRAIC

### Igualant

Al més gran de tres germans li toca la loteria i decideix doblar el capital dels seus dos germans. En fer-ho, resulta que el més ric és el germà mitjà, que també dobla el capital dels altres dos.

Ara resulta que el més ric és el germà petit, que, per no ser menys, dobla el capital dels dos germans. Finalment, estan igualats, ja que cada un té 400 €.

Quin capital tenia cada un al principi?

## » UTILITZA EL TEU ENGINY

### Fruites

Per quines fruites podem canviar dues peres?

BARCANOVA EDITORIAL

## » ENTRENA'T RESOLENT ALTRES PROBLEMES

**Prova de resoldre els problemes que et proposem a continuació sense fer servir l'àlgebra.**

- Una motorista surt de casa seva a les cinc de la tarda per anar a una cita. S'adona que si viatja a 60 km/h arribarà un quart d'hora tard, però que si ho fa a 100 km/h arribarà un quart d'hora abans. A quina hora és la cita? A quina distància es troba la seva destinació?

- Un tren circula a 300 km/h per un tram recte de via. Per una carretera paral·lela, i en la mateixa direcció, circula un cotxe a 120 km/h.

Quina és la longitud del tren si tarda 4 segons a sobrepassar el cotxe per complet?

- Un professor de tenis reparteix 3 pilotes a cada alumne i li'n sobren 11. L'endemà porta 20 pilotes més, amb la qual cosa cada alumne en rep 5 i només li'n sobra 1. Quants alumnes té?

- Els membres d'una colla han d'aportar 6 € cada un per comprar una pilota per al seu amic Jordi, però l'Ivan i la Júlia no poden pagar-los, per la qual cosa la resta han de posar 4 € més. Quants amics i amigues són a la colla?

## » POSA'T A PROVA

**1.** Resol les equacions següents:

**a)** $\sqrt{x+1} - x = \dfrac{x-7}{4}$  **b)** $\dfrac{1}{x} - \dfrac{x+1}{x-1} + \dfrac{5}{2} = 0$

**2.** Resol:

**a)** $\begin{cases} \sqrt{x} = 4 - y \\ y^2 = 4 + x \end{cases}$  **b)** $\begin{cases} xy = 15 \\ 4x^2 - y^2 = 11 \end{cases}$

**3.** Resol:

**a)** $10^{2x-1} = 0{,}001$  **b)** $25^x = 500$

**c)** $2^{x-1} + 2^{x+3} = \dfrac{17}{8}$

**d)** $\dfrac{1}{2} log_2 (3x + 3) - \dfrac{1}{2} log_2 (2x - 3) = log_2 2$

**4.** Resol:

**a)** $3x^2 - 5x - 2 \leq 0$  **b)** $\begin{cases} 2x - 3 < 4 \\ 4 - x \geq -1 \end{cases}$

**5.** Un comerciant vol vendre per 60.000 € els ordinadors que té al seu magatzem, però com que dos s'espatllen, ha de vendre els altres 50 € més cars per recaptar el mateix.

Quants ordinadors té i a quin preu els ha de vendre?

**6.** Les diagonals d'un rombe sumen 42 m i la seva àrea fa 216 $m^2$. Quant mesura el perímetre del rombe?

**7.** En una classe hi ha 5 nois més que noies. Sabem que en total són una mica més de 20 estudiants, però no arriben a 25.

Quina pot ser la composició de la classe?

**8.** Quants litres de vi de 5 €/ℓ s'han de barrejar amb 20 ℓ d'un altre vi de 3,50 €/ℓ perquè el preu de la barreja sigui inferior a 4 €/ℓ?

# UNITAT 4 FUNCIONS. CARACTERÍSTIQUES

DIMENSIÓ RESOLUCIÓ DE PROBLEMES · DIMENSIÓ RAONAMENT I PROVA
DIMENSIÓ CONNEXIONS · DIMENSIÓ COMUNICACIÓ I REPRESENTACIÓ

## Evolució del concepte de *funció*

El concepte de *funció* ha anat evolucionant i perfilant-se al llarg del temps. Quins requisits se li han anat exigint, a aquest concepte?

- Una funció relaciona dues variables.
- Les funcions descriuen fenòmens naturals.
- Les relacions funcionals poden ser descrites mitjançant fórmules (relacions algebraiques).
- Les funcions poden ser representades gràficament.

### Un exemple de funció

Un rellotge de sol no és exacte ja que la Terra, mentre gira al voltant del Sol, no va sempre a la mateixa velocitat.

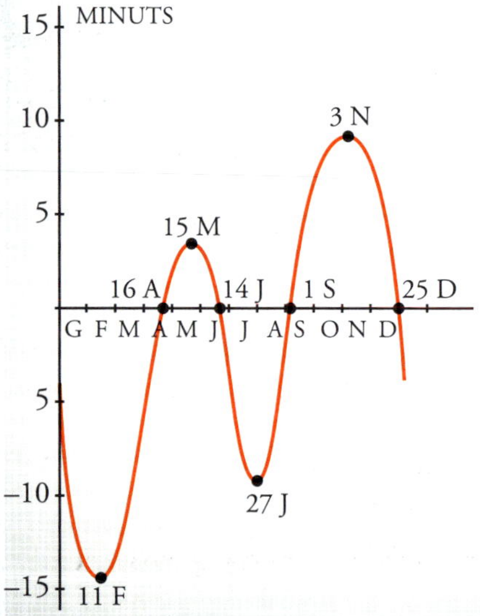


La gràfica que hi ha a sota mostra quants minuts s'avança o es retarda el rellotge de sol al llarg d'un any.

A partir de la gràfica, ens podem fer infinitat de preguntes:

- En quina data el rellotge de sol s'avança més?
- En quina data es retarda més?
- En quines dates no s'avança ni es retarda?
- Què passarà l'any següent? I l'altre?

Aquest comportament es repeteix cada any. Les funcions que es repeteixen successivament s'anomenen *periòdiques*.

## Aportacions de grans matemàtics

- **Nicolau d'Oresme** (segle XIV) va ser el primer a descriure les lleis de la natura com a relacions de dependència entre dues variables. I **Galileu** (segle XVI) va utilitzar per primera vegada l'experimentació (va dissenyar, va experimentar, va mirar, va anotar) per establir numèricament aquestes relacions.
- **Descartes** (segle XVII), amb la seva algebrització de la geometria, va afavorir que les funcions poguessin ser representades gràficament.
- **Leibniz** (segle XVII), el 1673, va fer servir per primera vegada la paraula *funció* per designar aquestes relacions.
- **Euler** (segle XVIII) va anar perfilant el concepte, al qual va donar precisió i generalitat. Va presentar una definició general molt rigorosa, que no difereix gaire de la que acceptem actualment. Va aportar la nomenclatura $f(x)$.
- **Dirichlet** (segle XIX) va ampliar el concepte admetent, finalment, que una relació entre dues variables pot ser funció encara que no hi hagi una expressió analítica que la descrigui.

### A quina velocitat cauen els objectes?

A l'Europa del segle XVI, la influència d'**Aristòtil** (filòsof del segle IV aC) era extraordinària i les seves creences no es qüestionaven. Segons Aristòtil, si es deixen caure dos cossos de diferents pesos, el més pesant arribarà abans a terra. Es diu que Galileu, quan feia poc que era professor de la Universitat de Pisa, va desmuntar aquesta creença mitjançant una experiència pública: va deixar caure dos objectes metàl·lics de pesos molt diferents des de la torre de Pisa. Van caure simultàniament. Així va demostrar la seva tesi, però va ser expulsat de la universitat. És possible que en l'anècdota anterior hi hagi molt de mite, però sí que és cert que va experimentar sobre la caiguda d'un cos per un pla inclinat, controlant distàncies i temps.

## RESOL

**1.** Es deixa caure una bola per un rail lleugerament inclinat i es mesura la distància que recorre en diferents temps:

| TEMPS, $t$ (en s) | 0 | 0,5 | 1 | 1,5 | 2 | 2,5 | 3 | 3,5 | 4 | 4,5 | 5 |
|---|---|---|---|---|---|---|---|---|---|---|---|
| DISTÀNCIA, e (en cm) | 0 | 2,5 | 10 | 22 | 40 | 63 | 90 | 123 | 160 | 202 | 250 |

**a)** Representa les dades anteriors en una quadrícula com la que hi ha a l'esquerra. Fes-les servir per obtenir la corba corresponent.

**b)** Comprova que els valors obtinguts responen (amb molt bona aproximació) a la relació següent: $e = 10t^2$.

# 1. CONCEPTES BÀSICS

Una funció relaciona dues variables numèriques que, habitualment, s'anomenen $x$ i $y$: $x$ és la **variable independent** i $y$ és la **variable dependent.**

La relació entre les variables mitjançant la funció $f$ associa a cada valor de $x$ **un únic** valor de $y$. S'expressa així:

$$y = f(x)$$

Per veure el comportament d'una funció, recorrem a la seva representació gràfica.

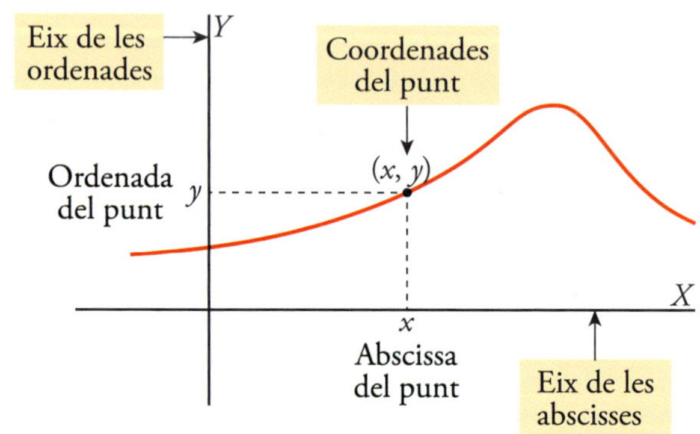


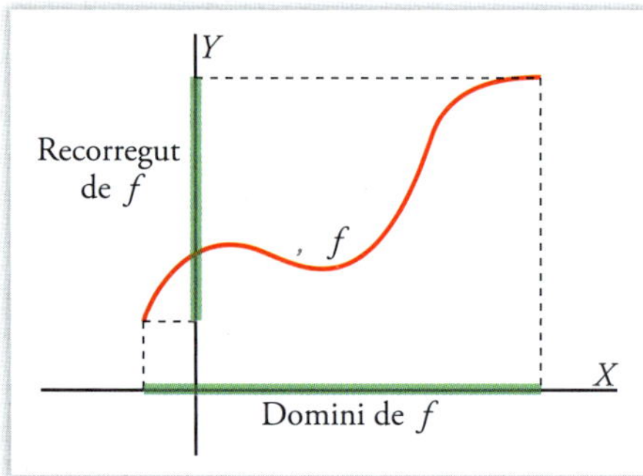


S'anomena **domini de definició** d'una funció, $f$, i es designa per *Dom f* el conjunt de valors de $x$ per als quals existeix la funció.

S'anomena **recorregut** de $f$ el conjunt de valors que pren la funció, és a dir, el conjunt de valors de $y$ per als quals hi ha una $x$ tal que $f(x) = y$.

## EXERCICI RESOLT

**1.** ***Explica per què la relació següent és una funció:***

***Carrega el teu mòbil al 100 % i després apunta cada 15 min el percentatge de càrrega que té, fins que s'esgoti totalment.***

Es relacionen dues variables: el temps, $t$, mesurat en minuts, i el percentatge de càrrega de la bateria, $p$.

La primera és la variable independent i la segona és la variable dependent.

En cada instant, el mòbil té un percentatge de càrrega; és a dir, per a cada valor de $t$ hi ha un únic valor de $p$.

Per tant, $p$ és una funció que depèn de $t$: $p = f(t)$.

## » APLICA EL QUE HAS APRÈS

**1.** Aquesta gràfica descriu la temperatura a què surt l'aigua d'una aixeta que es manté una estona oberta:

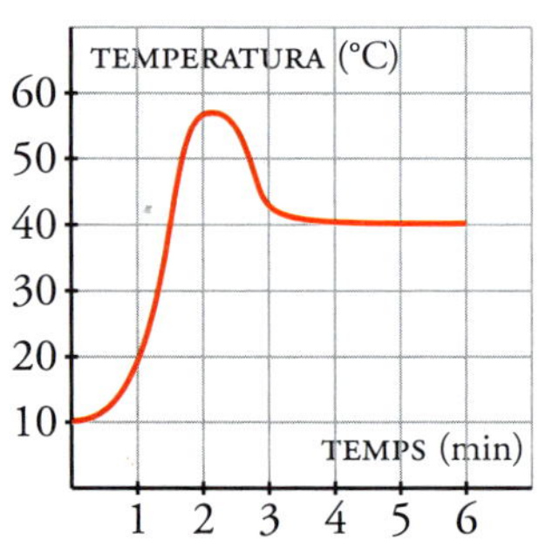


**a)** Quines són les dues variables?

**b)** Explica per què és una funció.

**c)** Quins són el domini de definició i el recorregut?

**2.** Indica el domini i el recorregut d'aquestes funcions:

**a)**

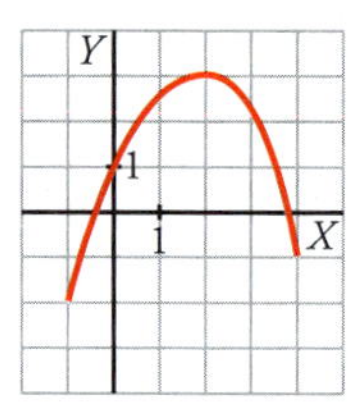


**b)**

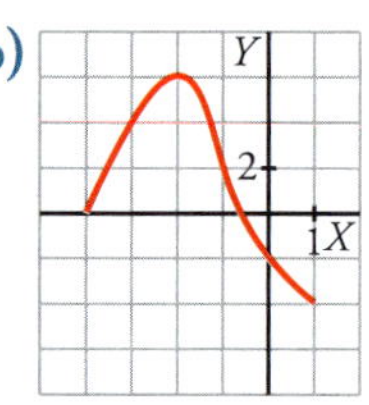


**c)**

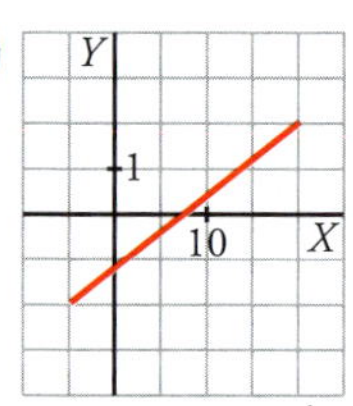


**3.** Representa una funció el domini i el recorregut de la qual siguin, respectivament, $[-2, 5]$ i $[2, 7]$. Inventa una altra funció amb domini $[0, 5]$ i recorregut $\{1\}$.



BARCANOVA EDITORIAL

GeoGebra. Concepte de funció.

# 2. COM ES PRESENTEN LES FUNCIONS

Tant en l'estudi de les matemàtiques com en altres ciències o en la vida quotidiana trobem sovint funcions.

Les funcions es presenten de maneres molt diverses: per mitjà de la seva **gràfica**, d'una **taula de valors**, d'una **fórmula** o d'una descripció verbal (**enunciat**).

### Observa

La gràfica d'una funció permet apreciar-ne el comportament global a primer cop d'ull.

## Mitjançant la seva gràfica

La funció de la dreta està definida per la seva gràfica. Descriu l'índex del preu de l'habitatge en els últims anys en un territori determinat.

Com millor es pot apreciar el comportament global d'una funció és mitjançant la seva **representació gràfica**. Per això, sempre que pretenguem analitzar una funció, intentarem representar-la gràficament, sigui quina sigui la forma en la qual, en principi, se'ns presenti.

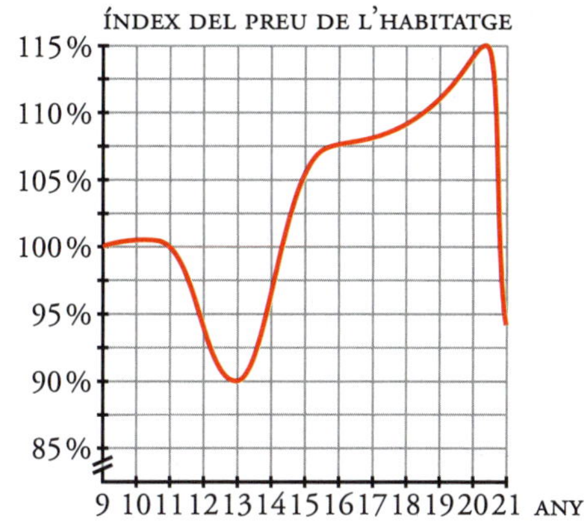


## Mitjançant un enunciat

Quan una funció es presenta per mitjà d'un enunciat o d'una descripció, la idea que ens en podem fer és, gairebé sempre, quantitativament poc precisa. Però si l'enunciat s'acompanya amb dades numèriques, la funció pot quedar perfectament determinada. Vegem dos exemples de funcions que relacionen l'*altura sobre el nivell del mar* amb el *temps transcorregut*:

- En Fèlix va sortir al matí de casa seva, va seguir un camí que portava al cim d'una muntanya, va dinar a dalt i va tornar just abans del vespre.
- La Maria va sortir de casa seva, situada a la platja, a les 9 del matí. Va caminar 45 min fins al cim d'un turó que està a 250 m d'altura sobre el nivell del mar, es va quedar 10 min contemplant les vistes i va tardar 30 min a tornar a casa.

## » APLICA EL QUE HAS APRÈS

**4.** Analitzem la gràfica de dalt:

**a)** Entre quins anys es mostra l'evolució del preu de l'habitatge?

**b)** Què vol dir que la gràfica comenci en el 100 %? Et sembla raonable?

**c)** El màxim va ser del 115 %. I el mínim? En quin moment s'esdevé cada un?

**d)** En quins dos moments l'índex del preu se situa en el 105 %? A quin preu es troba l'habitatge en el primer trimestre del 2016?

**5.** Fixa't en les funcions *altura sobre el nivell del mar* i *temps transcorregut* que s'han descrit una mica més amunt referides a les excursions que van fer en Fèlix i la Maria.

**a)** Representa la gràfica corresponent a en Fèlix.

**b)** Representa la gràfica corresponent a la Maria.

**c)** Si comparessis les dues gràfiques anteriors amb les dels teus companys, quines s'assemblarien més, les d'en Fèlix o les de la Maria?

Explica per què.

## Exemple

Algú que guanyi 54.000 €:

- Se situa en la 3a fila de la taula.
- Pels primers 45.000 € ha de pagar 7.250 € i per la resta (54.000 € – 45.000 € = 9.000 €) ha de pagar el 35 %.

  35 % de 9.000 € = 3.150 €
- Per tant, ha de pagar:

  7.250 € + 3.150 € = 10.400 €

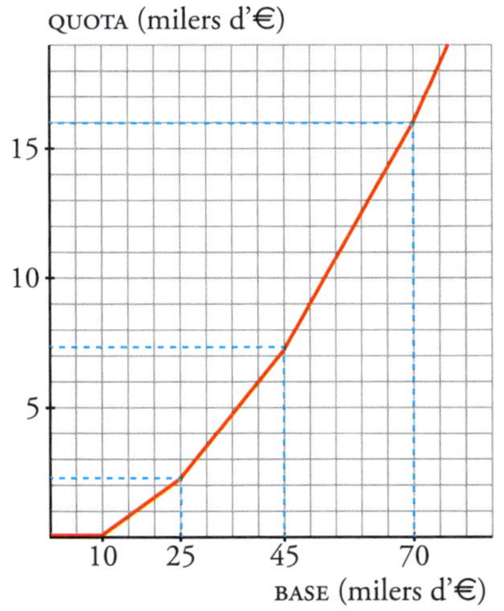


Gràfica corresponent a la taula.

## Mitjançant una taula de valors

Sovint se'ns presenten els valors d'una funció mitjançant una taula que permet obtenir directament les dades buscades. En altres casos, però, cal efectuar càlculs complexos per obtenir allò que es busca.

### Exemple: la taula per al pagament a Hisenda

Observem aquesta taula amb la qual es calcula la quantitat que cada persona (contribuent) ha de pagar a Hisenda (**quota íntegra**) en funció del que va guanyar l'últim any (**base liquidable**) i aplicant els descomptes legalment admesos.

| BASE LIQUIDABLE (€) | QUOTA ÍNTEGRA (€) | RESTA BASE LIQUIDABLE (€) | TIPUS APLICABLE (%) |
|---|---|---|---|
| 10.000 | 0 | fins a 15.000 | 15 |
| 25.000 | 2.250 | fins a 20.000 | 25 |
| 45.000 | 7.250 | fins a 25.000 | 35 |
| 70.000 | 16.000 | en endavant | 45 |

NOTA: La taula que fa servir l'Agència Tributària és d'aquest tipus, però més complexa.

L'ús d'aquesta taula està exemplificat al marge, però el seu significat és aquest:

- Pels guanys de 0 a 10.000 €, no es paga res (0 %).
- Pels guanys entre 10.000 € i 25.000 €, es paga el 15 %.
- Pels guanys entre 25.000 € i 45.000 €, es paga el 25 %.
- Pels guanys entre 45.000 € i 70.000 €, es paga el 35 %.
- Pels guanys per sobre de 70.000 €, es paga el 45 %.

Per tant, el que ha de pagar algú que guanyi 54.000 € es calcula així:

54.000 = 10.000 (0 % de 10.000) + 15.000 (15 % de 15.000) + 20.000 (25 % de 20.000) + 9.000 (35 % de 9.000)

↓

0 € + 2.250 € + 5.000 € + 3.150 € = 10.400 €

### EXERCICI RESOLT

**2.** ***Obtén, a partir de la taula de dalt, la quota íntegra que correspon a cada una de les bases liquidables següents:***

***a)* 9.500 €**

***b)* 25.000 €**

***c)* 50.000 €**

***d)* 85.000 €**

**a)** Aquesta quantitat correspon a la primera fila. Per tant, no es paga res.

**b)** La quota corresponent a aquesta quantitat es troba directament, sense fer càlculs, en la 2a fila → Quota: 2.250 €.

**c)** Ens situem en la 3a fila. Pels primers 45.000 €, cal pagar 7.250 €. Pels 5.000 € restants, cal pagar el 35 %, que són 1.750 €. Per tant, caldrà pagar 7.250 € + 1.750 € = 9.000 €.

**d)** Ens situem en l'última fila. Pels primers 70.000 €, cal pagar 16.000 €. Pels 15.000 € restants, cal pagar el 45 %, és a dir, 6.750 €. Per tant, cal pagar, en total, 16.000 € + 6.750 € = 22.750 €.

## » APLICA EL QUE HAS APRÈS

**6.** Troba la quota íntegra que correspon a cada una de les bases liquidables següents:

**a)** 12.000 € **b)** 20.000 € **c)** 45.000 € **d)** 100.000 €

**7.** La segona columna de la taula de dalt (quota íntegra) es pot obtenir a partir de la resta de les dades que hi ha en la taula. Explica com ho faries.



GeoGebra. Funcions definides mitjançant taules de valors.

## Mitjançant la seva expressió analítica o fórmula

L'**expressió analítica** és la manera més precisa i operativa de representar una funció. Però per entendre'n el comportament, cal fer un minuciós estudi posterior.

Vegem-ne alguns exemples:

### Exemple 1

Una bola que es deixa caure per un pla lleugerament inclinat porta una acceleració de 20 cm/s$^2$.

La distància, *e*, en centímetres, que recorre en funció del temps, *t*, en segons, s'expressa per mitjà de la fórmula $e = 10t^2$.

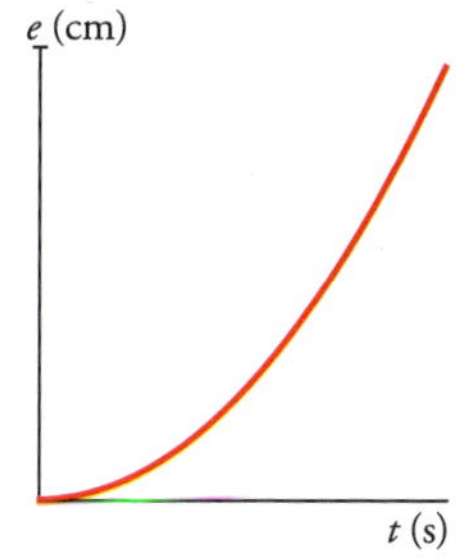


### Exemple 2

El volum d'una esfera en funció del seu radi és aquest:

$$V = \frac{4}{3}\pi r^3 \ (r \text{ en cm}; V \text{ en cm}^3)$$

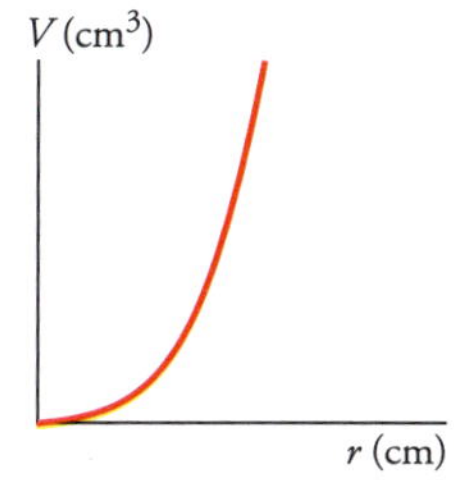


### Exemple 3

El període, $T$, d'un pèndol s'expressa en funció de la seva longitud, $l$ (en m), mitjançant la fórmula $T = 2\sqrt{l}$.

El període és el temps, en segons, que tarda a fer una oscil·lació completa, anada i tornada.

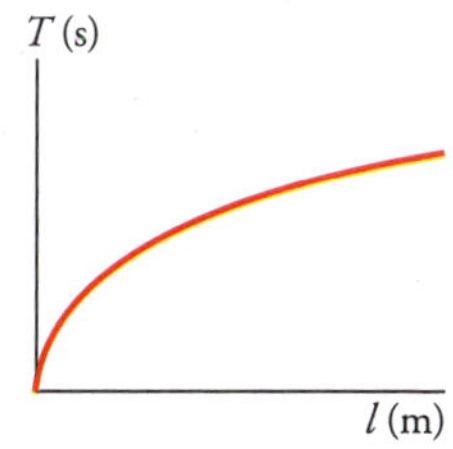

### Exemple 4

L'augment, $A$, de la grandària d'un objecte que es mira a través d'una lupa de distància focal igual a 2 cm és $A = \frac{2}{2-d}$.

$d$: distància de la lupa a l'objecte, en cm.

$A$: augment (nombre pel qual es multiplica la grandària).

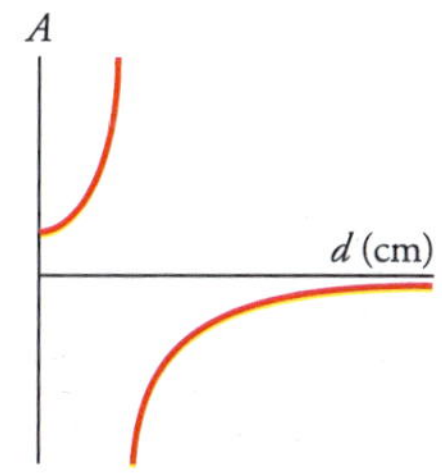


## » APLICA EL QUE HAS APRÈS

**8.** En l'exemple 1, calcula la distància que recorre la bola en 1, 2, 3, 4 i 5 segons. A quin temps correspon una distància de 2 m?

En l'exemple 2, troba el volum d'una esfera el radi de la qual fa 5 cm i el radi d'una esfera el volum de la qual fa 800 cm$^3$.

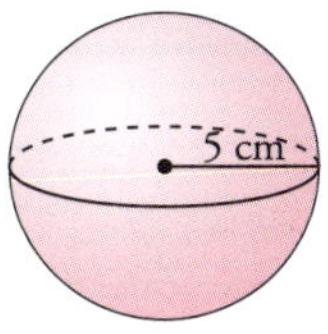


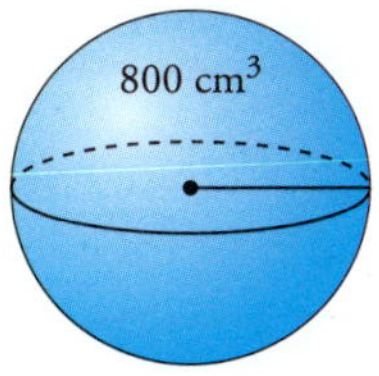


**9.** En l'exemple 3, troba el període d'un pèndol d'1 m de llarg. Quina és la longitud d'un pèndol el període del qual és de 6 segons?

**10.** En l'exemple 4, calcula l'augment, $A$, d'un objecte per a aquests valors de $d$:

0; 0,5; 1; 1,5; 1,9; 1,99

Per a $d = 4$, s'obté $A = -1$. Això significa que l'objecte es veu de la mateixa grandària, però invertit. Interpreta els valors de $A$ per a aquests valors de $d$:

10; 5; 2,5; 2,1; 2,01

# 3. DOMINI DE DEFINICIÓ

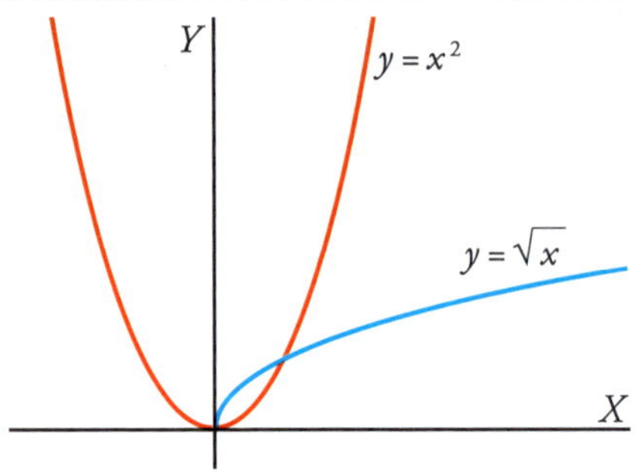


$f(x) = x^2 \rightarrow Dom\,f = (-\infty, +\infty)$

$g(x) = \sqrt{x} \rightarrow Dom\,g = [0, +\infty)$

Pel que fa a la funció $y = x^2$, podem donar a $x$ un valor qualsevol i obtindrem el valor corresponent de $y$. Diem que aquesta funció *està definida* en tot $\mathbb{R}$ o bé que el seu *domini de definició*, *Dom f*, és $\mathbb{R}$ o $(-\infty, +\infty)$.

Tanmateix, pel que fa a la funció $y = \sqrt{x}$ no podem donar a $x$ valors negatius. El seu domini de definició és $[0, +\infty)$.

## Per què es restringeix el domini de definició?

El *Dom f* pot quedar restringit per una de les causes següents:

— *La impossibilitat de realitzar alguna operació.* Això passa si en $f(x)$ hi ha:

- *Denominadors.* Els valors que fan zero un denominador no pertanyen al domini de definició.

  Per exemple, per a $f(x) = \dfrac{1}{x+3}$, el domini és el conjunt de tots els nombres reals excepte $x = -3$. És a dir, $Dom\,f = (-\infty, -3) \cup (-3, +\infty)$.

- *Arrels quadrades.* No pertanyen al domini de definició els valors que fan que l'expressió que hi ha sota l'arrel sigui negativa.

  Per exemple, per a $f(x) = \sqrt{x-2}$, els valors $x < 2$ no pertanyen al domini de definició. Per tant, $Dom\,f = [2, +\infty)$.

— *El context real del qual s'ha extret la funció.*

Per exemple, si $A = c^2$ representa l'àrea d'un quadrat en funció del seu costat, el domini és $(0, +\infty)$, ja que la longitud del costat ha de ser un nombre positiu.

— *L'interès de qui proposa la funció.*

Així, podem referir-nos a la funció $y = 2x$ definida en $(0, 4]$ perquè ens interessa exclusivament aquest interval.

Quan no es diu el contrari, el domini de definició és tan ampli com permetin les operacions que componen l'expressió analítica de la funció.

### Notació

Si *Dom f* és el conjunt de tots els nombres reals excepte $x = -3$, podem expressar-lo mitjançant la unió de dos intervals, $(-\infty, -3) \cup (-3, +\infty)$, o bé així:

$$Dom\,f = \mathbb{R} - \{-3\}$$

### EXERCICI RESOLT

**3.** ***Troba el domini de definició de les funcions les expressions analítiques de les quals són aquestes:***

***a)*** $y = \dfrac{1}{x^2 - 2x - 8}$

***b)*** $y = \sqrt{x+5}$

**a)** $x^2 - 2x - 8 = 0 \rightarrow x = \dfrac{2 \pm \sqrt{4+32}}{2} = \dfrac{2 \pm 6}{2} = \begin{cases} 4 \\ -2 \end{cases}$

Els valors $x = -2$ i $x = 4$ anul·len el denominador, per la qual cosa no pertanyen al domini de definició.

Per tant, $Dom\,f = (-\infty, -2) \cup (-2, 4) \cup (4, +\infty) = \mathbb{R} - \{-2, 4\}$.

**b)** $x + 5 \geq 0 \rightarrow x \geq -5$. El domini de definició és $Dom\,f = [-5, +\infty)$.

## » APLICA EL QUE HAS APRÈS

**11.** Troba el domini de definició de les funcions següents:

**a)** $y = \dfrac{1}{x^2 + 2x - 8}$ **b)** $y = \sqrt{x-5}$ **c)** $y = \dfrac{1}{\sqrt{x-5}}$ **d)** $y = \dfrac{1}{\sqrt{x^2 - 2x - 8}}$

# 4. FUNCIONS CONTÍNUES. DISCONTINUÏTATS

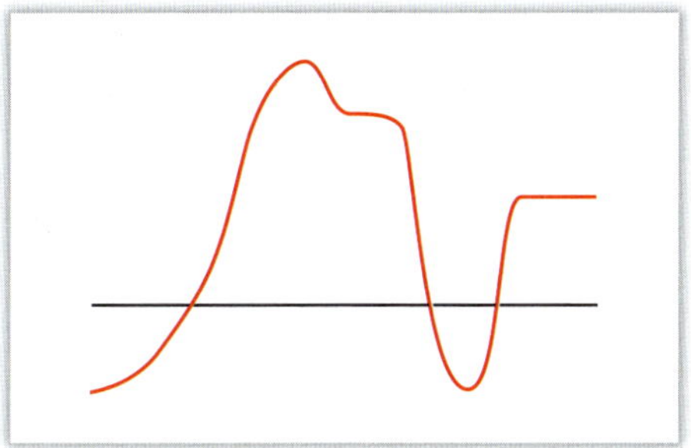

La funció del marge és contínua en tot el seu domini de definició. Tanmateix, les tres funcions següents són discontínues:

**a)**

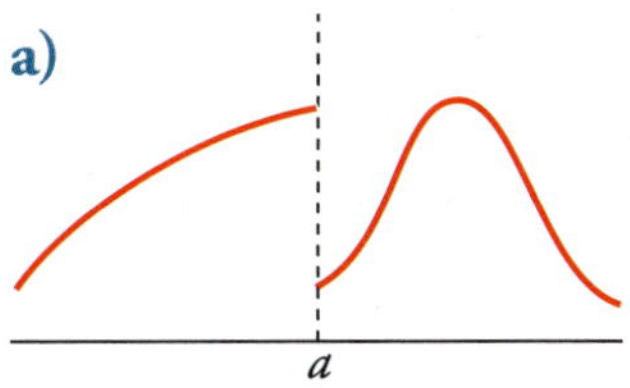


**b)**

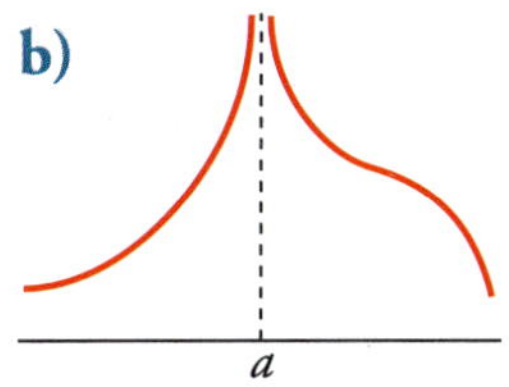


**c)**

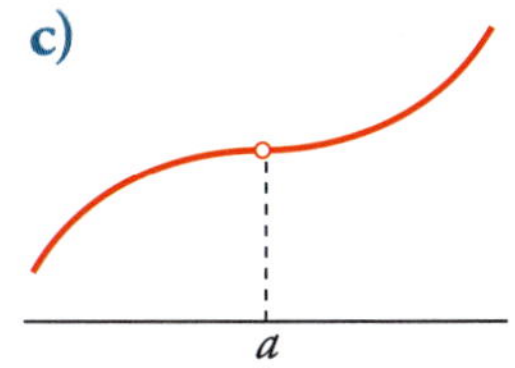


Per què són discontínues?

**a)** Presenta un salt en el punt d'abscissa $a$.

**b)** Té branques infinites en el punt $a$. És a dir, els valors de la funció creixen indefinidament quan $x$ s'aproxima a $a$.

**c)** Li falta un punt. És a dir, no està definida en $x = a$.

> Una funció és **contínua** quan no presenta discontinuïtats de cap tipus.
>
> Una funció és **contínua en un interval** $[a, b]$ si no hi presenta cap discontinuïtat.

## Exemples

Hi ha molts aparcaments que continuen cobrant «per hores». Això vol dir que només per entrar ja es paga 1 h. Si s'hi està 1 h i 10 min, es paguen 2 h. La primera de les dues gràfiques següents descriu aquesta forma de pagament. És una funció amb diversos punts de discontinuïtat per salts.

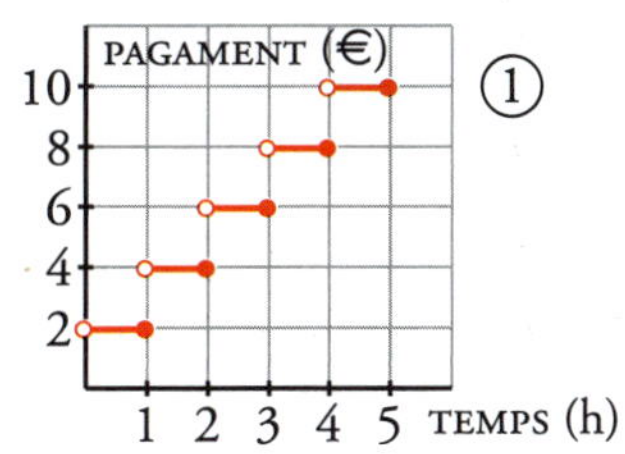


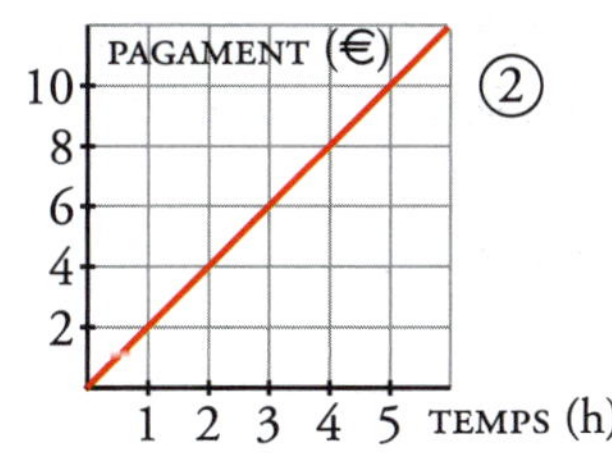


Els usuaris prefereixen que les tarifes es regeixin per la funció la gràfica de la qual és la ②. Evidentment, és contínua.

Les dues funcions següents presenten exemples de discontinuïtat:

La funció ③, perquè té branques infinites.

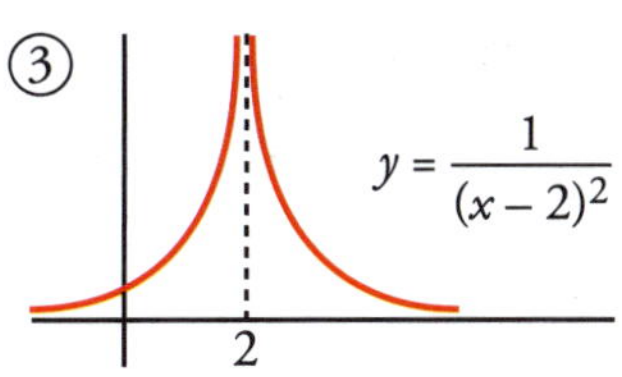


I la ④, perquè li falta un punt.

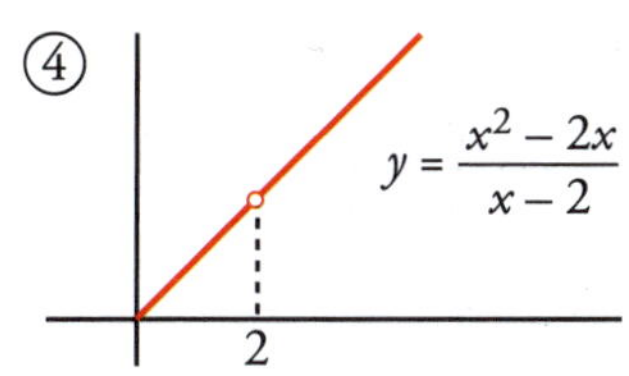


### Observa

Les funcions que descriuen una evolució temporal, com ara la temperatura, són contínues, però la funció del preu de l'habitatge no ho és, ja que està feta de punts que cal unir amb una línia per veure'n l'evolució.

### Observació important

En una funció contínua, a «variacions petites» de $x$ els corresponen variacions també «petites» de $y$, mentre que en els punts de discontinuïtat (amb salt) una petita variació de $x$ (un minut més en l'aparcament) pot produir una variació gran en $y$ (2 €).

### Observa

$$y = \frac{x^2 - 2x}{x - 2} = \frac{x(x-2)}{x-2} = x$$

És a dir, $y = x$ si $x \neq 2$, perquè no podem dividir per zero. Per això deixem un buit en aquest punt.

## » APLICA EL QUE HAS APRÈS

**12.** Construeix una funció semblant a la ①, però per al cas que es pagui 1 € cada mitja hora. Quina de les dues opcions de pagament et sembla més justa?

**13.** Analitza la funció ③ per a valors «pròxims a 2». Comprova que quan $x$ val 1,9; 1,99; 1,999; 2,01; 2,001, $y$ pren valors «molt grans».

GeoGebra. Funcions contínues i discontínues.

# 5. CREIXEMENT, MÀXIMS I MÍNIMS

La funció $f$ és **creixent** en aquest interval perquè, si $x_1 < x_2$, aleshores $f(x_1) < f(x_2)$.

Anàlogament, la funció $f$ és **decreixent** en aquest interval perquè si $x_1 < x_2$, llavors $f(x_1) > f(x_2)$.

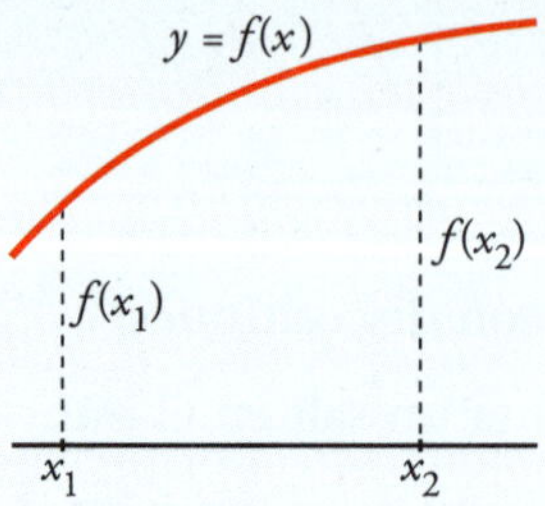


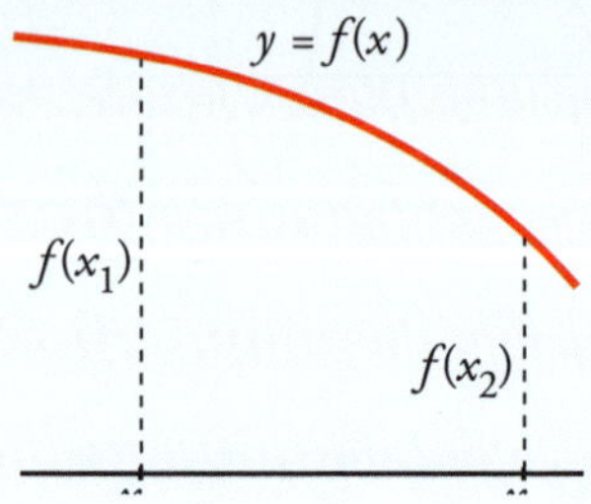


Una funció pot ser creixent en uns intervals i decreixent en uns altres.

La funció pot prendre en altres punts valors més grans que un màxim relatiu i més petits que un mínim relatiu.

Una funció té un **màxim relatiu** en un punt quan la funció hi pren un valor més gran que en els punts pròxims. En aquest cas, la funció és creixent fins al màxim i decreixent a partir d'aquest.

Anàlogament, si $f$ té un **mínim relatiu** en un punt, és decreixent abans del punt i creixent a partir d'aquest.

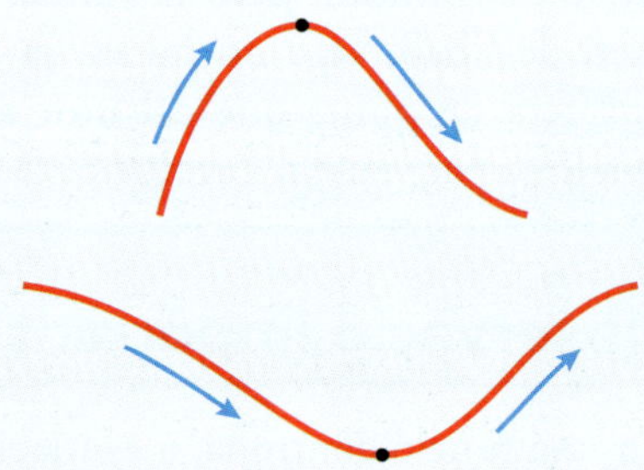

## EXERCICI RESOLT

4. ***Indica en quins intervals la funció representada gràficament a la dreta és creixent i en quins és decreixent.***

***Quins en són els màxims i els mínims relatius?***

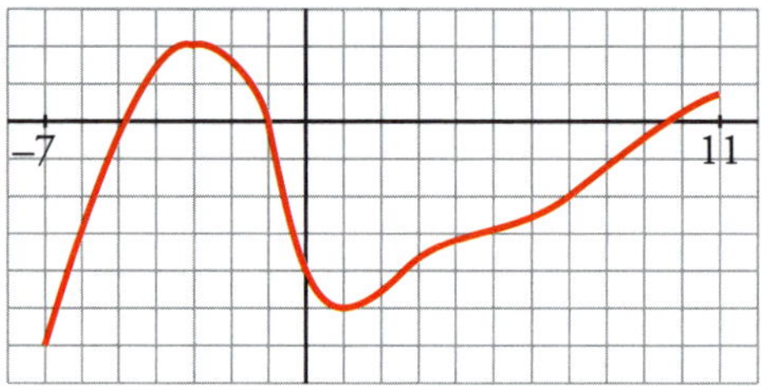


La funció està definida en l'interval [–7, 11].

És creixent en els intervals (–7, –3) i (1, 11).

És decreixent en l'interval (–3, 1).

Té un màxim relatiu en el punt d'abscissa –3. El seu valor és 2.

Té un mínim relatiu en el punt d'abscissa 1. El seu valor és –5.

Hi ha punts en què la funció pren valors més petits que en el mínim relatiu. Per exemple, per a $x = -7$, la funció pren el valor –6.

## » APLICA EL QUE HAS APRÈS

14. Observa la funció de la dreta i respon:

a) En quins intervals és creixent i en quins és decreixent?

b) Quins són els seus màxims i els seus mínims relatius?

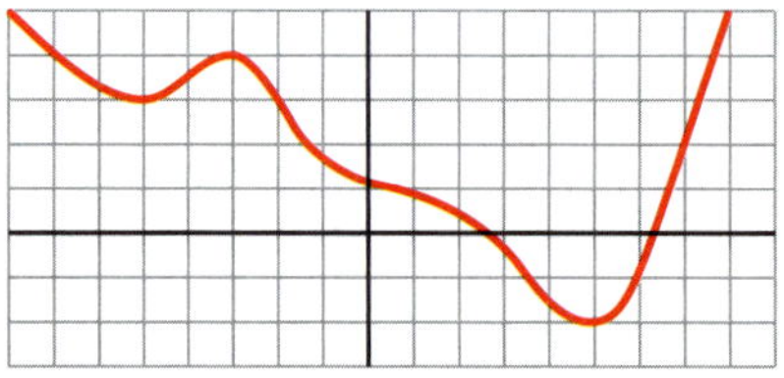


BARCANOVA EDITORIAL

## Taxa de variació mitjana (TVM)

Per mesurar la rapidesa de variació (augment o disminució) d'una funció en un interval, s'utilitza la **taxa de variació mitjana (TVM)**.

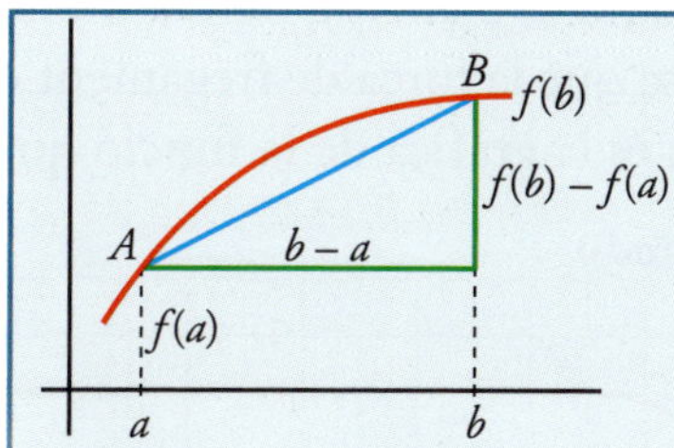


S'anomena taxa de variació mitjana de la funció $f$ en l'interval $[a, b]$ el quocient entre la variació de la funció i la longitud de l'interval.

$$\text{TVM de } f \text{ en } [a, b] = \frac{f(b) - f(a)}{b - a}$$

Observa que la TVM de $f$ en $[a, b]$ és el pendent del segment $AB$.

Un cas interessant de TVM és la velocitat mitjana d'un mòbil en un interval de temps:

$$v_m = \frac{\text{distància recorreguda}}{\text{temps transcorregut}}$$

### EXERCICIS RESOLTS

**5.** ***Calcula la taxa de variació mitjana de la funció representada gràficament en els intervals [1, 5] i [5, 8].***

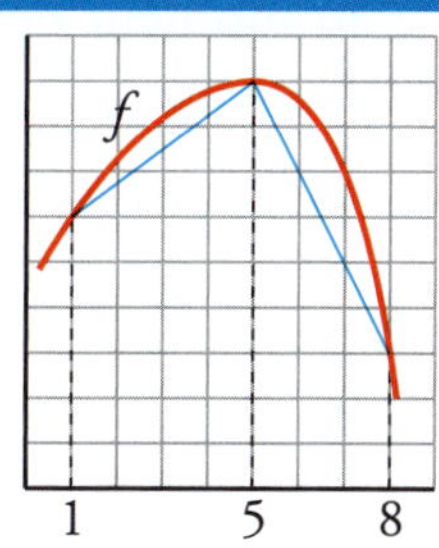


En la gràfica veiem que:

$f(1) = 6, f(5) = 9, f(8) = 3$. Per tant:

$$\text{TVM de } f \text{ en } [1, 5] = \frac{f(5) - f(1)}{5 - 1} = \frac{9 - 6}{4} = \frac{3}{4}$$

$$\text{TVM de } f \text{ en } [5, 8] = \frac{f(8) - f(5)}{8 - 5} = \frac{3 - 9}{3} = \frac{-6}{3} = -2$$

**6.** ***Troba la TVM de la funció $y = x^2 - 4x + 5$ en els intervals [2, 4] i [0, 3].***

$$\text{TVM en } [2, 4] = \frac{f(4) - f(2)}{4 - 2} = \frac{5 - 1}{4 - 2} = \frac{4}{2} = 2$$

$$\text{TVM en } [0, 3] = \frac{f(3) - f(0)}{3 - 0} = \frac{2 - 5}{3 - 0} = \frac{-3}{3} = -1$$

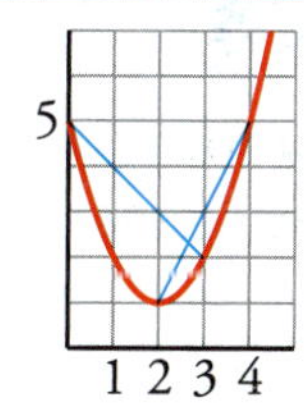


**7.** ***L'altura d'una pedra llançada cap amunt s'expressa per mitjà de l'equació $a = 40t - 5t^2$ (a, en m; t, en s). Troba la velocitat mitjana en els intervals [0, 2] i [4, 6].***

$$\text{TVM en } [0, 2] = \frac{a(2) - a(0)}{2 - 0} = \frac{60 - 0}{2} = 30 \text{ m/s}$$

$$\text{TVM en } [4, 6] = \frac{a(6) - a(4)}{6 - 4} = \frac{60 - 80}{2} = -10 \text{ m/s}$$

La velocitat es considera positiva quan la pedra puja i negativa quan la pedra baixa.

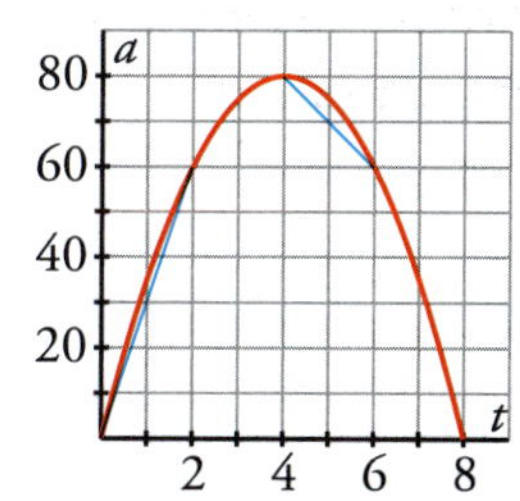


### » APLICA EL QUE HAS APRÈS

**15.**

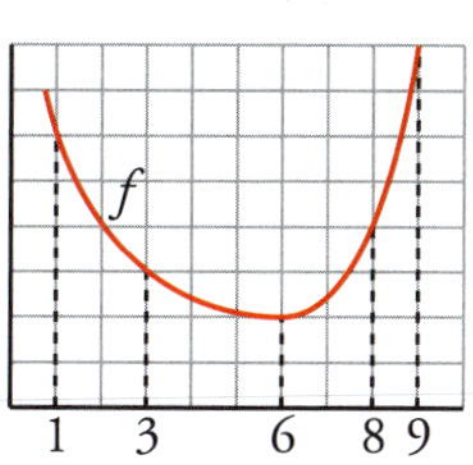


Troba la taxa de variació mitjana (TVM) de la funció $f$ representada en els intervals [1, 3], [3, 6], [6, 8], [8, 9] i [3, 9].

**16.** Troba la TVM de la funció $y = x^2 - 4x + 5$ de l'exercici resolt 6 en els intervals [0, 2], [1, 3] i [1, 4].

**17.** Troba la velocitat mitjana de la pedra de l'exercici resolt 7 en els intervals [0, 1], [0, 3], [3, 4] i [4, 8].

# 6. TENDÈNCIA I PERIODICITAT

Una paracaigudista salta d'un avió a una altura determinada. La seva velocitat creix molt ràpid al principi, però a mesura que passa el temps tendeix a estabilitzar-se a causa que la força de fregament de l'aire s'iguala amb la força de la gravetat. Aquesta és la gràfica de la funció que relaciona la velocitat amb el temps:

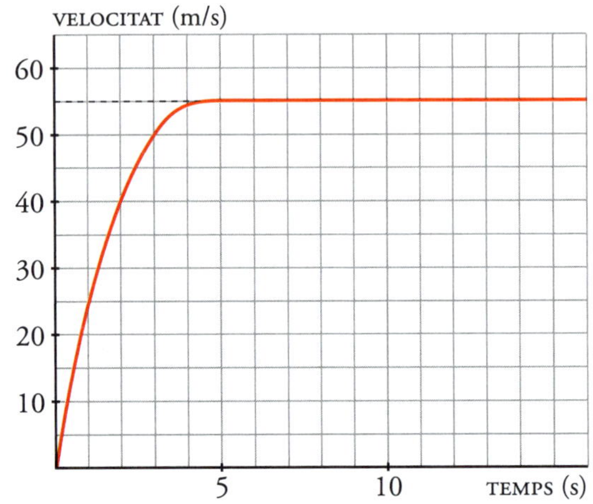

Observem que a partir d'un moment determinat la velocitat s'estabilitza al voltant d'un valor. Podem afirmar que:

*Amb el pas del temps, la velocitat tendeix a 55 m/s (198 km/h).*

### Límit d'una funció

Les tendències d'una funció que estem estudiant es coneixen com a **límits de funcions.** A batxillerat aprendràs a reconèixer-los i a calcular-los.

Hi ha funcions que permeten predir, encara que només en coneguem un tros, com es comportaran lluny de l'interval en què han estat estudiades, perquè tenen **branques** amb una **tendència** molt clara.

## EXERCICIS RESOLTS

**8.** ***Traiem del congelador un glaçó i el desem en un got. Representa la gràfica de la variació de la temperatura d'aquesta aigua si saps que el gel surt del congelador a –10 °C i tarda mitja hora a assolir els 0 °C i 2 h més a descongelar-se. La temperatura exterior és de 20 °C.***

El gel augmenta la temperatura fins a arribar a 0 °C. A partir d'aquí, es descongela a poc a poc mantenint la temperatura de 0 °C fins que es liqua per complet. Després, augmenta la temperatura de l'aigua, que tendeix a igualar-se amb la de l'habitació on es troba.

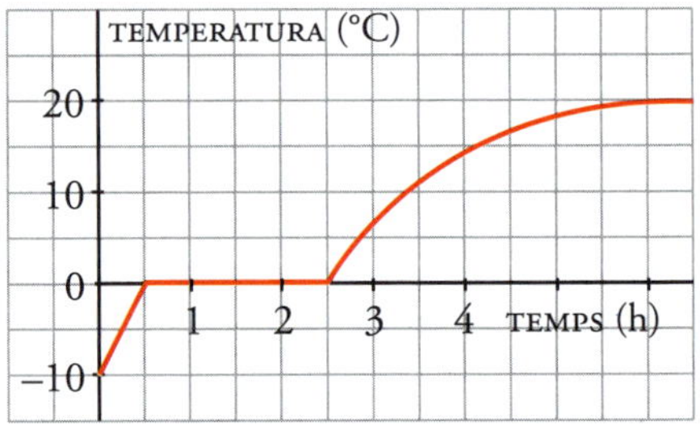


**9.** ***A quant tendeix el volum d'un cub quan la seva aresta creix més i més?***

El volum d'un cub en funció de la seva aresta és $V = a^3$. Com més gran sigui l'aresta, més gran serà el volum. És a dir, el volum creix indefinidament. Això s'expressa de la manera següent:

*Quan l'aresta creix indefinidament, el volum tendeix a infinit.*

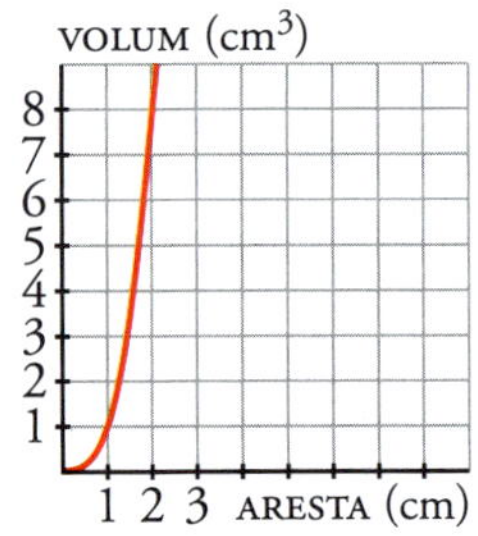

## Periodicitat

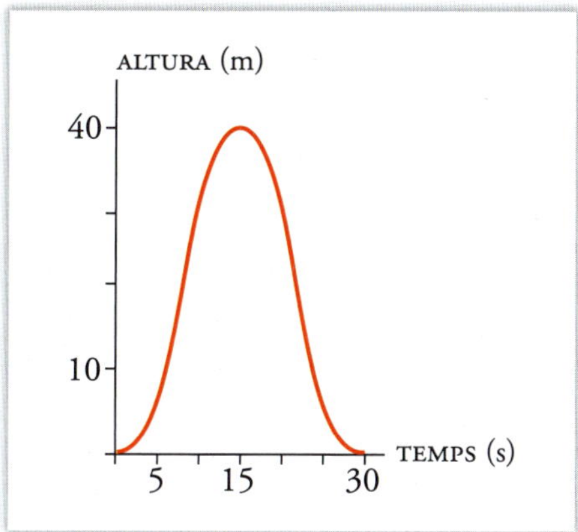


En el marge s'ha representat la variació de l'altura d'un catúfol d'una sínia quan aquesta fa una volta. Tarda mig minut (30 segons), i en aquest temps puja, arriba al punt més alt, baixa i arriba a terra. Però aquest moviment es repeteix una vegada i una altra. La seva representació gràfica és aquesta:

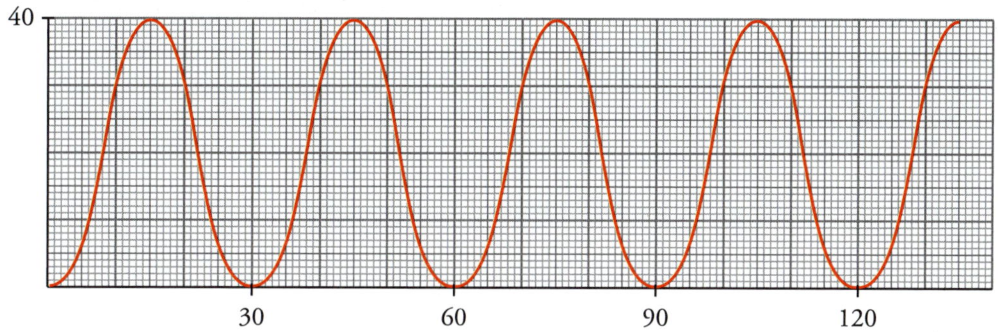


En aquesta funció, el que passa en l'interval [0, 30] es repeteix reiteradament. Es tracta d'una *funció periòdica* de *període* 30.

Una **funció periòdica** és aquella el comportament de la qual es repeteix cada vegada que la variable independent recorre un interval determinat. La longitud d'aquest interval s'anomena **període.**

### EXERCICI RESOLT

**10.** ***En aquesta gràfica es representa el començament d'una funció periòdica de període 7. Esbrina els valors d'aquesta funció en els punts d'abscissa a = 10, b = 19, c = 418,5 i d = 1.778.***

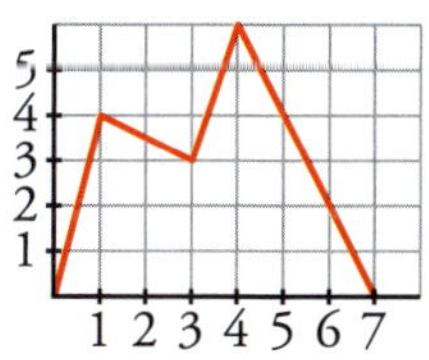


$a = 10 \rightarrow f(10) = f(3) = 3$ (perquè $10 = 7 \cdot 1 + 3$, i cada 7 unitats es repeteix el valor de la funció)

$b = 19 \rightarrow f(19) = f(5) = 4$ (perquè $19 = 7 \cdot 2 + 5$)

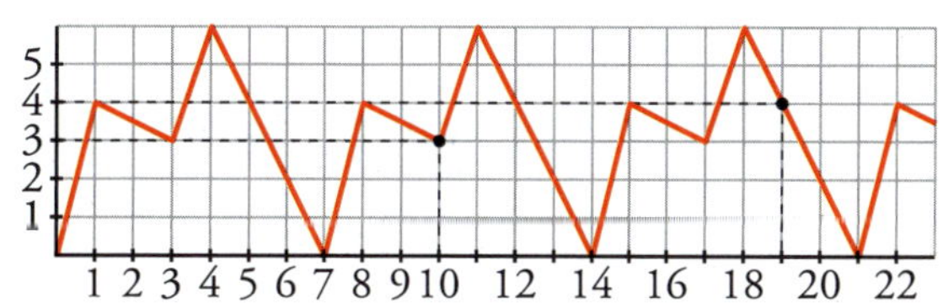


$c = 418{,}5 \rightarrow f(418{,}5) = f(5{,}5) = 3$ (perquè $418{,}5 = 7 \cdot 59 + 5{,}5$)

$d = 1.778 \rightarrow f(1.778) = f(0) = 0$ (perquè $1.778 = 7 \cdot 254$)

## » APLICA EL QUE HAS APRÈS

**18.** La quantitat de radioactivitat que té una substància es redueix a la meitat cada any. La gràfica descriu la quantitat de radioactivitat que hi ha en una porció d'aquesta substància en transcórrer el temps.

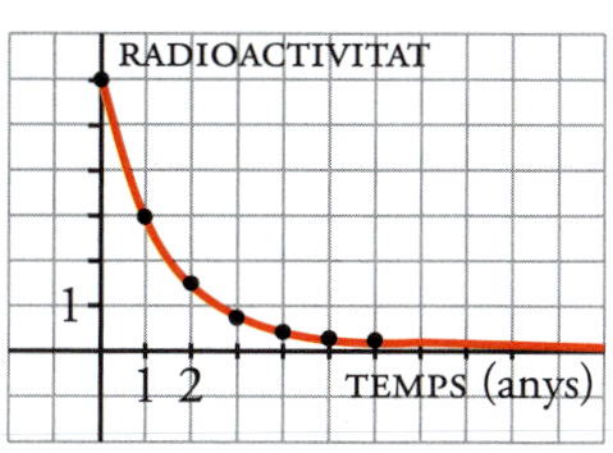


A quant *tendeix* la quantitat de radioactivitat amb el pas del temps?

**19.** La cisterna d'uns serveis públics s'omple i es buida, automàticament, cada dos minuts, seguint el ritme d'aquesta gràfica:

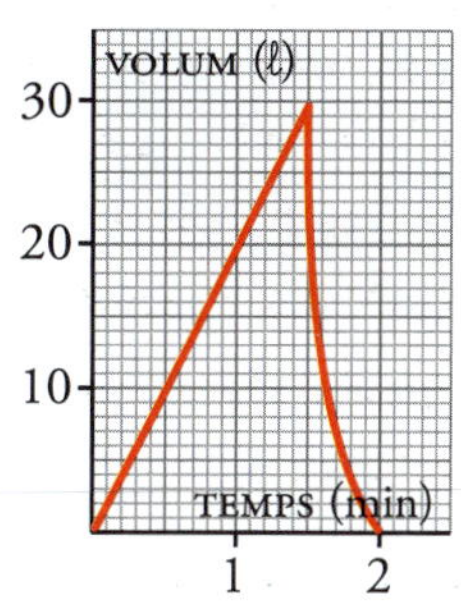


**a)** Dibuixa la gràfica corresponent a 10 min.

**b)** Quanta aigua hi haurà a la cisterna en els instants següents?

I) 17 min II) 40 min 30 s
III) 1 h 9 min 30 s

# » OBSERVA, RAONA I RESOL

## 1. DOMINI DE DEFINICIÓ

***Indica quin és el domini de definició de la funció següent:***

$$y = \sqrt{3x^2 + 6x - 9}$$

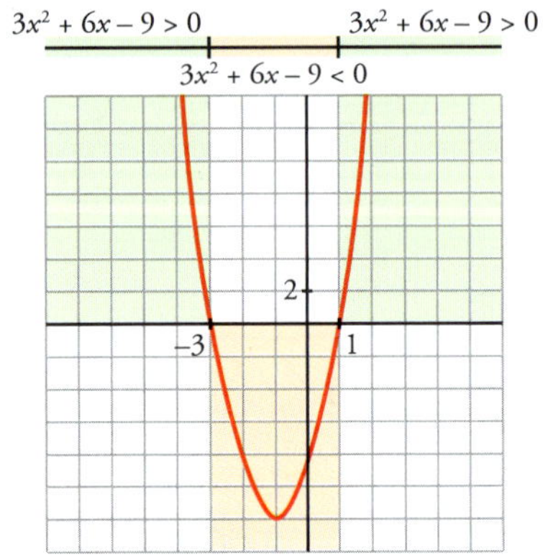


Trobem els valors de $x$ que fan que $3x^2 + 6x - 9$ sigui positiu o zero. Resolem l'equació $3x^2 + 6x - 9 = 0 \rightarrow x_1 = -3$, $x_2 = 1$. Representem la paràbola:

- Si $x \leq -3 \rightarrow 3x^2 + 6x - 9 \geq 0$.
- Si $-3 < x < 1 \rightarrow 3x^2 + 6x - 9 < 0$.
- Si $x \geq 1 \rightarrow 3x^2 + 6x - 9 \geq 0$.

Per tant, podem assignar a $x$ qualsevol valor més petit o igual que –3 o bé qualsevol valor més gran o igual que 1.

Per tant, el domini d'aquesta funció, $f$, és aquest:

$$Dom\, f = (-\infty, -3] \cup [1, +\infty)$$

S'inclou la gràfica només perquè es vegi clar el que s'està fent.

**Fes-ho tu** Troba el domini de definició de la funció següent:

$$y = \sqrt{-2x^2 + 14x - 20}$$

## 2. MÉS DOMINIS DE DEFINICIÓ

***Troba els dominis de definició de les funcions següents:***

*a)* $f(x) = \dfrac{1}{\sqrt{x} - 3}$

*b)* $g(x) = \dfrac{\sqrt{x+1}}{\sqrt{4 - x^2}}$

*c)* $h(x) = f(x) + g(x)$

**a)** En $f(x)$ hi ha dues restriccions: una arrel el radicand de la qual no pot ser negatiu i un denominador que no pot ser 0.

Perquè $\sqrt{x}$ existeixi, la restricció és $x \in [0, +\infty)$ i perquè $\sqrt{x} - 3 \neq 0$, $x$ ha de ser diferent de 9 ($x \neq 9$). Per tant, $Dom\, f = [0, 9) \cup (9, +\infty)$.

**b)** Passa el mateix que en l'apartat a), però ara hi ha tres restriccions:

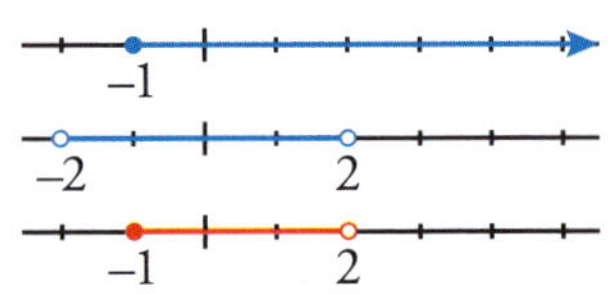


- $\sqrt{x+1} \rightarrow x \in [-1, +\infty)$
- $\sqrt{4 - x^2} \rightarrow x \in [-2, 2]$
- $\sqrt{4 - x^2} \neq 0 \rightarrow x \neq \pm 2$

(les dues darreres) $\Big\}\ x \in (-2, 2)$

Per tant, $Dom\, g = [-1, +\infty) \cap (-2, 2) = [-1, 2)$.

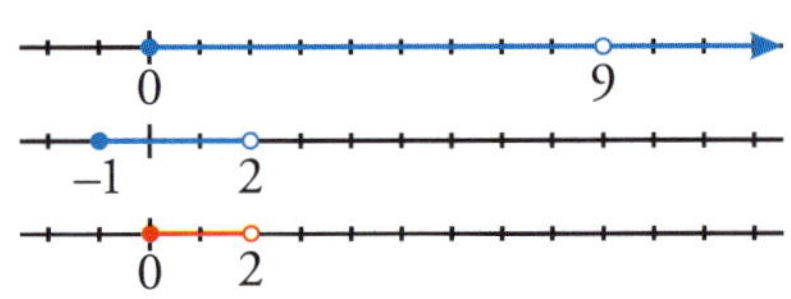


**c)** $Dom\, h = Dom\, f \cap Dom\, g =$

$= ([0, 9) \cup (9, +\infty)) \cap [-1, 2) = [0, 2)$

## 3. EL CICLISTA

***En Pau fa un recorregut en bici. La gràfica de la dreta representa la velocitat amb què ha anat durant tota l'etapa.***

***a)*** ***En els primers 15 minuts circula en pla. A quina velocitat? Quina distància recorre?***

***b)*** ***Entre els minuts 18 i 27, va costa amunt o costa avall? A quina velocitat?***

***c)*** ***Assenyala un interval de 5 min en què va costa avall. A quina velocitat circula?***

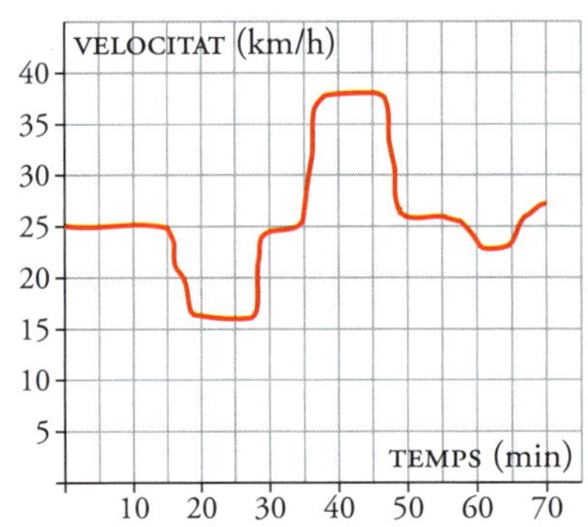


**a)** En els primers 15 min circula a una velocitat de 25 km/h.

$$15 \text{ min} = \frac{1}{4} \text{ h} = 0{,}25 \text{ h}$$

En aquest temps ha recorregut:

$$0{,}25 \cdot 25 = 6{,}25 \text{ km}$$

**b)** Entre els minuts 18 i 27 va costa amunt, ja que la seva velocitat ha disminuït 9 km/h. És a dir, ha passat de 25 km/h a 16 km/h.

**c)** Per exemple, entre els minuts 40 i 45 va costa avall a uns 38 km/h.



BARCANOVA EDITORIAL

## 4. CONSTRUINT UNA CAPSA

***Amb una cartolina que mesura 40 cm × 30 cm, volem construir una capsa. Per a això, tallem un quadrat de costat x a cada cantonada.***

***a) Escriu la funció que relaciona el volum de la capsa amb la longitud del costat dels quadrats que tallem.***

***b) Troba el domini de definició de la funció.***

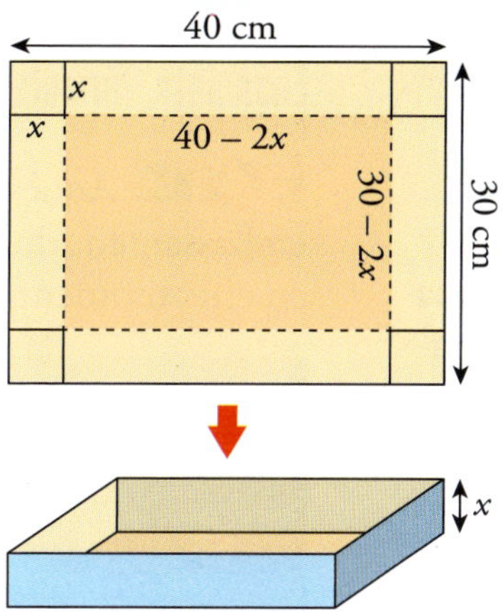


**a)** Si tallem un quadrat de costat $x$ a cada cantonada, el rectangle que obtenim com a base de la capsa té aquestes dimensions: $40 - 2x$ de llarg i $30 - 2x$ d'ample i l'altura de la capsa serà $x$.

Per tant, el volum en funció de $x$ és aquest:

$$V = (40 - 2x) \cdot (30 - 2x) \cdot x =$$
$$= 4x^3 - 140x^2 + 1.200\,x$$

**b)** Perquè hi hagi capsa, la $x$ no pot ser negativa ni 0 i, a més, ha de valer menys de 15 cm. El domini de la funció és, doncs, (0, 15).

**Fes-ho tu** Repeteix aquesta activitat per a una cartolina d'1 m × 70 cm.

## 5. GRÀFICA DISCONTÍNUA

***Fixa't en la gràfica de la dreta:***

***a) Troba'n el domini.***

***b) És creixent o decreixent en l'interval [0, 1]? Troba la TVM de la funció en aquest interval.***

***c) Indica els punts de discontinuïtat de la funció. Quin tipus de discontinuïtat presenta en cada un?***

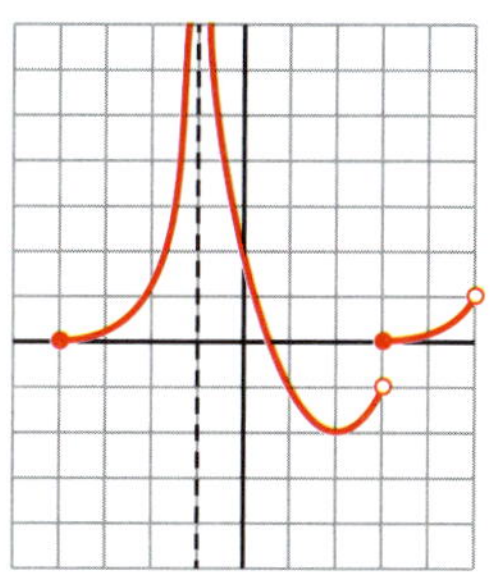

**a)** A primera vista, sembla que el domini sigui [–4, 5), però si ens hi fixem bé, la funció no està definida en $x = -1$; per tant:

$$Dom = [-4, -1) \cup (-1, 5)$$

**b)** En l'interval [0, 1] la funció és decreixent.

$$\text{TVM } [0, 1] = \frac{-1 - 2}{1 - 0} = -3$$

**c)** La funció presenta una discontinuïtat de branques infinites en $x = -1$ i una discontinuïtat de salt en $x = 3$.

## 6. VELOCITAT MITJANA

***La funció representada a la dreta relaciona l'espai recorregut per una moto amb el temps.***

***a) A quina distància de la sortida hi ha l'àrea de descans?***

***b) Troba la TVM de la funció en els intervals [0, 9], [0, 5] i [6, 9].***

***c) Quina és la velocitat mitjana en el primer tram (abans del descans)? I en el segon (després del descans)? Quina relació hi ha entre les velocitats mitjanes i les TVM de l'apartat anterior?***

***d) Calcula la velocitat mitjana del viatge.***

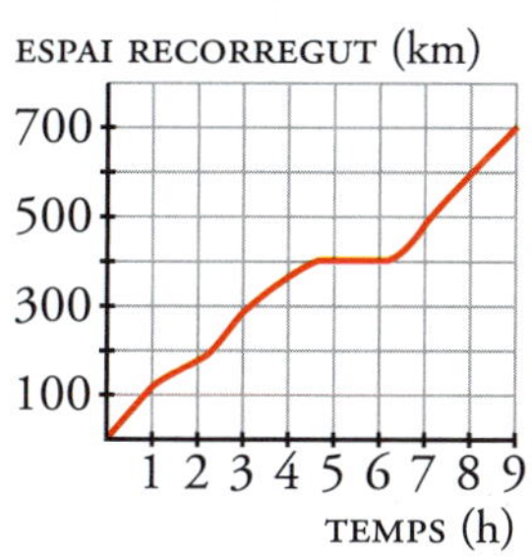


**a)** L'àrea de descans correspon al tram horitzontal en què la moto s'ha aturat 1 h. Així doncs, la distància fins a l'àrea de descans és de 400 km.

**b)** $\text{TVM } [0, 9] = \frac{700 - 0}{9 - 0} = \frac{700}{9} = 77{,}78$

$\text{TVM } [0, 5] = \frac{400 - 0}{5 - 0} = \frac{400}{5} = 80$

$\text{TVM } [6, 9] = \frac{700 - 400}{9 - 6} = \frac{300}{3} = 100$

**c)** Les velocitats mitjanes en el primer i el segon trams coincideixen amb les taxes de variació mitjana de la funció en els intervals [0, 5] i [6, 9], respectivament.

En una funció que relaciona l'espai recorregut amb el temps, en trobar la taxa de variació mitjana en un interval, el que fem realment és calcular la velocitat mitjana en aquest interval de temps.

**d)** La velocitat mitjana del viatge és la taxa de variació mitjana de la funció en l'interval [0, 9], que ja hem calculat en l'apartat b), 77,78 km/h.

**Fes-ho tu** Calcula la velocitat mitjana en la primera hora del viatge, en les dues primeres hores, en les tres primeres hores…, i així successivament.

# » EXERCITA LES TEVES COMPETÈNCIES

## Practica

### Interpretació de gràfiques

**1.** Hem tret de la nevera un got amb aigua. Aquesta gràfica mostra la temperatura de l'aigua (en graus centígrads) en passar el temps:

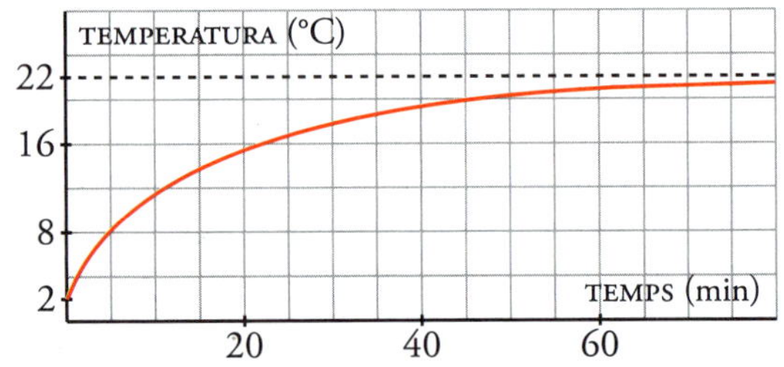


**a)** Quina temperatura hi ha dins de la nevera? I fora?

**b)** Traiem del microones un got amb aigua a 98 °C. Dibuixa la gràfica *Temps (x) - Temperatura de l'aigua (y)*.

**2.** La pressió atmosfèrica al nivell del mar és, de mitjana, la pressió que exerceix una columna de mercuri de 760 mm. S'escriu 760 mmHg.

En la gràfica s'aprecia com varia la pressió atmosfèrica en augmentar l'altura.

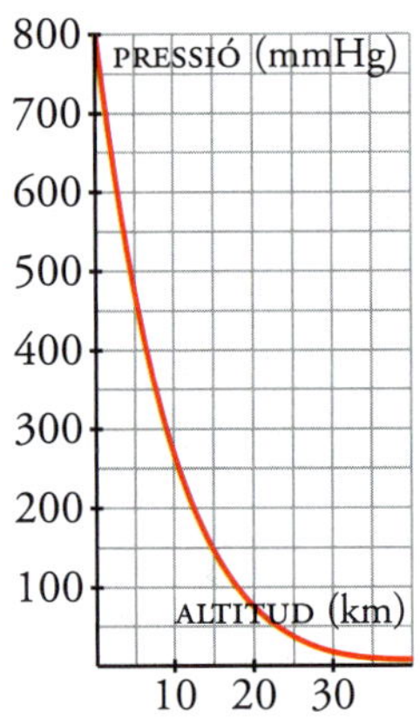


**a)** A quant tendeix la pressió atmosfèrica quan l'altura augmenta més i més?

**b)** Quina pressió suporta l'exterior d'un avió que vola a 10 km d'altura?

**3.** Aquesta és la gràfica de l'evolució dels tres primers atletes en una cursa de 1.000 m:

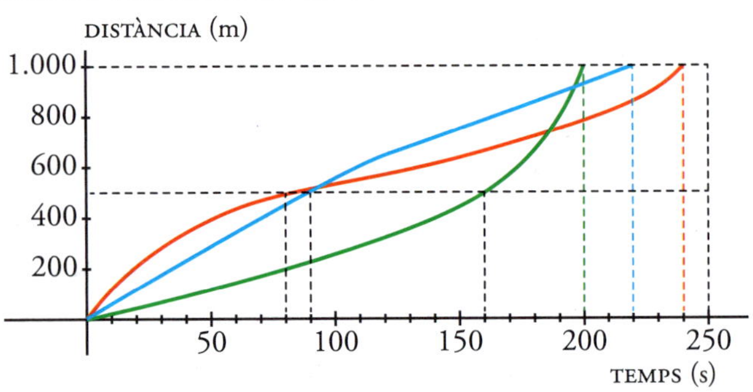


**a)** Quant va tardar cada un a completar la cursa?

**b)** En quins moments s'han avançat els uns als altres?

**c)** Quina va ser la velocitat mitjana de cada un en la primera meitat de la cursa? I en la segona?

## Enunciats, fórmules i taules

**4.** Aquesta taula mostra les reserves d'aigua d'un embassament durant tres anys. Tenim les dades concretes en cinc moments de cada any:

| SETMANA DE L'ANY | 0 | 10 | 20 | 30 | 40 | 50 |
|---|---|---|---|---|---|---|
| RESERVA ($hm^3$) 2019 | 252 | 203 | 385 | 412 | 372 | 328 |
| RESERVA ($hm^3$) 2020 | 327 | 341 | 393 | 378 | 342 | 307 |
| RESERVA ($hm^3$) 2021 | 307 | 310 | 371 | 360 | 316 | 286 |

**a)** Dibuixa les gràfiques corresponents als tres anys de la funció *Nombre de setmanes (x) - Reserva d'aigua (y)* en uns mateixos eixos. Descriu-les.

**b)** Segons les dades, en quin mes i en quin any hi va haver més reserva? I menys?

**c)** Quin és el domini de les funcions?

**d)** Amb aquestes dades, podem saber el recorregut de cada funció?

**5.** La intensitat del so d'un focus sonor és més baixa a mesura que ens n'allunyem i, a més, decreix cada vegada més a poc a poc.

**a)** Representa la intensitat del so en funció de la distància al focus sonor.

**b)** Quina n'és la tendència?

**6.** El volum, en centímetres cúbics, d'un cilindre la base del qual té 1 cm de radi en funció de la seva altura, $h$, expressada en centímetres, és $V = \pi h$. D'altra banda, el volum d'un cilindre l'altura del qual és 1 cm en funció del radi de la seva base, $r$, en centímetres, és $V = \pi r^2$.

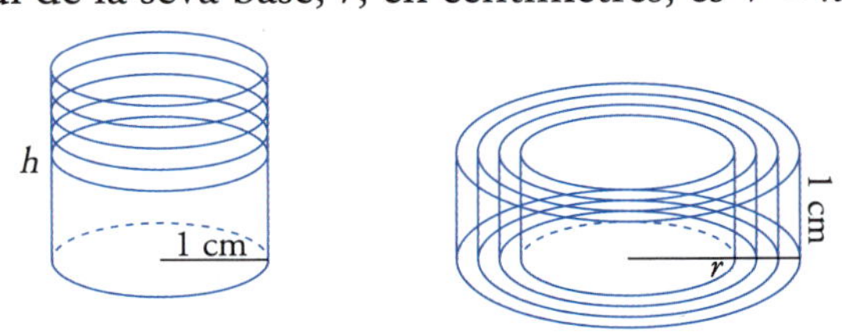


**a)** Calcula el volum d'un cilindre d'1 cm de radi per a altures d'1, 2, 3, 4 i 5 cm. Representa la funció.

**b)** Troba el volum d'un cilindre d'1 cm d'altura per a radis d'1, 2, 3, 4 i 5 cm. Representa la funció.

**c)** Quina altura té un cilindre d'1 cm de radi el volum del qual fa 37,68 $cm^3$?

**d)** Quin radi té un cilindre d'1 cm d'altura el volum del qual fa 803,84 $cm^3$?

## Domini de definició

**7.** Troba el domini de definició en cada cas:

**a)** $y = x^2 - 1$ **b)** $y = \dfrac{x^2 + 2x}{5}$ **c)** $y = \dfrac{3}{2}x^3 + 7x - 2$

**d)** $y = \dfrac{1}{x - 3}$ **e)** $y = \dfrac{-3x}{2x + 10}$ **f)** $y = \dfrac{2x - 1}{x^2 + 1}$

**g)** $y = \dfrac{2}{-x}$ **h)** $y = \dfrac{x - 1}{x^2 + x - 6}$ **i)** $y = \dfrac{1}{x^2 - x}$

**j)** $y = \sqrt{x + 7}$ **k)** $y = \sqrt{1 - x}$ **l)** $y = \sqrt{3x - 9}$

**m)** $y = \sqrt{-x}$ **n)** $y = \sqrt[3]{3x - 4}$ **o)** $y = 1 - 5\sqrt{2x + 2}$

**8.** Troba els dominis de definició:

**a)** $f(x) = \sqrt{x^2 - 9}$ **b)** $g(x) = \sqrt{x^2 + 6x - 7}$

**c)** $h(x) = \sqrt{x^2}$ **d)** $i(x) = \sqrt{-x^2}$ **e)** $j(x) = \sqrt{4 - x^2}$

**9.** A partir de les funcions de l'exercici anterior, troba els dominis de definició de les funcions següents:

**a)** $Dom[f(x) + g(x)]$ **b)** $Dom\,\dfrac{1}{g(x)}$ **c)** $Dom\,\dfrac{j(x)}{h(x)}$

**10.** Observa la gràfica de la funció $y = f(x)$. Talla l'eix $X$ en $x = -2$, $x = 0$ i $x = 4$. Pren valors positius en els intervals $(-2, 0)$ i $(4, +\infty)$ i pren valors negatius en els intervals $(-\infty, -2)$ i $(0, 4)$.

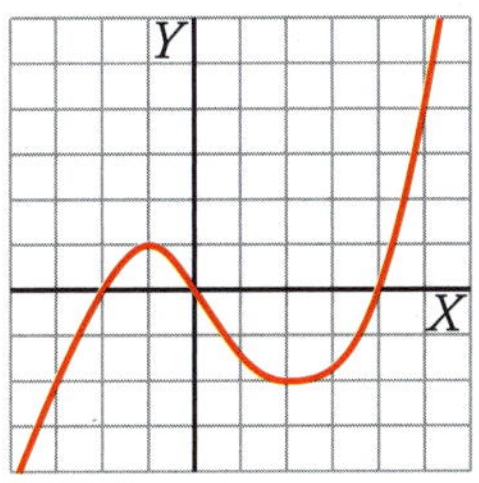


Tenint en compte això, podem afirmar que:

- El domini de definició de la funció $y = \dfrac{1}{f(x)}$ és $\mathbb{R} - \{-2, 0, 4\}$.
- El domini de definició de la funció $y = \sqrt{f(x)}$ és $[-2, 0] \cup [4, +\infty)$.

Raona de forma similar i digues el domini de definició de $y = \dfrac{1}{f(x)}$ i $y = \sqrt{f(x)}$ per a les funcions $f(x)$ representades per les gràfiques següents:

**a)**

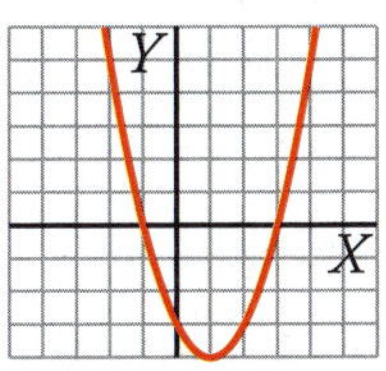


**b)**

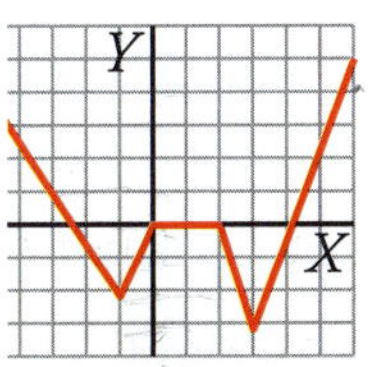


**c)**

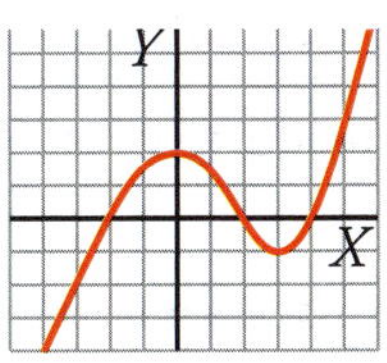


**d)**

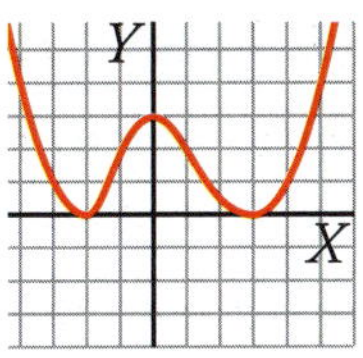


## Característiques d'una funció

**11.** Observa aquesta funció i troba'n la TVM en els intervals $[0, 4]$, $[0, 5]$, $[5, 7]$, $[0, 7]$, $[-4, 0]$ i $[-4, -2]$:

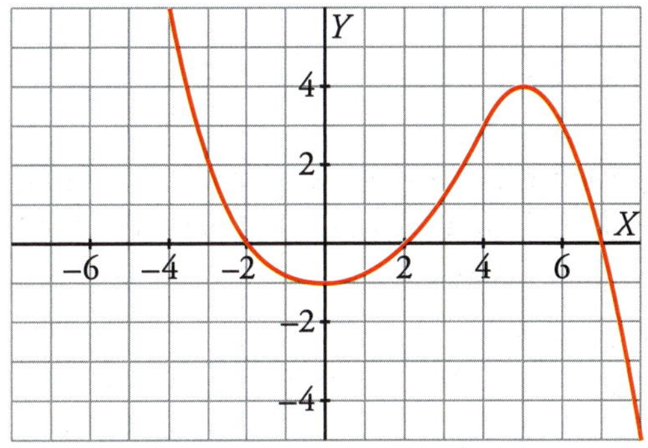


Copia la gràfica en el teu quadern i dibuixa, en cada cas, el segment del qual estàs trobant el pendent.

**12.** Troba la TVM de la funció $y = 3x^3 + 9x^2 - 3x - 9$ en els intervals $[-2, 0]$, $[-1, 0]$, $[-3, -1]$ i $[0, 1]$.

**13.** Fixa't en aquesta funció periòdica:

Esbrina el seu període i els valors de la funció en $x = 1$, $x = 3$, $x = -1{,}5$, $x = -9$, $x = 20$, $x = 23$ i $x = 42$.

**14.** Observa aquestes gràfiques de funcions discontínues i contesta:

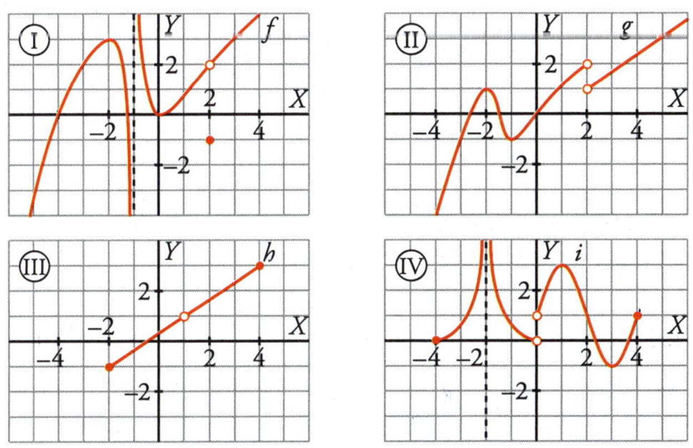


**a)** Quins són els punts de discontinuïtat de cada funció? Explica la raó de la discontinuïtat en cada punt.

**b)** Quin és el domini de definició en cada cas?

**c)** Indica, en cada cas, si la funció té màxims i mínims relatius i digues quins són.

**d)** En quins intervals les funcions són creixents? I decreixents?

**e)** Troba $f(2)$, $g(2)$, $h(2)$ i $i(0)$.

## Resol problemes

**15.** Aquestes gràfiques de funcions mostren la temperatura d'un got d'aigua en diversos moments:

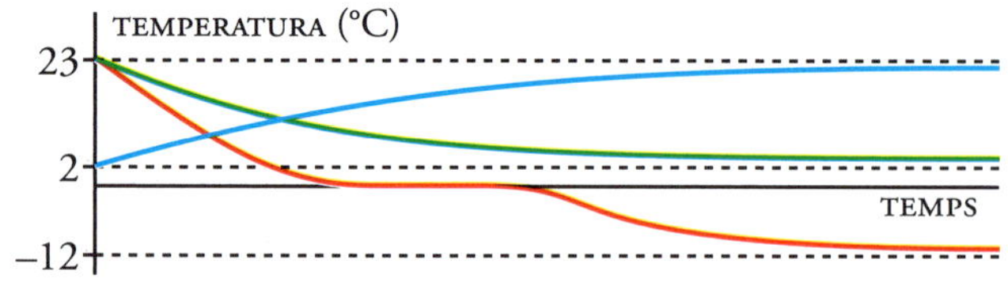


**a)** Relaciona cada corba amb la situació corresponent:

I. El got passa de la taula a la nevera.

II. Es treu de la nevera i es deixa a la taula.

III. Passa de la taula al congelador.

**b)** Quina és la temperatura de la casa? I la del congelador? I la de la nevera?

**16.** Si ets una noia, amb aquest gràfic pots saber, de manera aproximada, en quin percentil d'estatura estàs inclosa segons la teva edat i la teva altura:

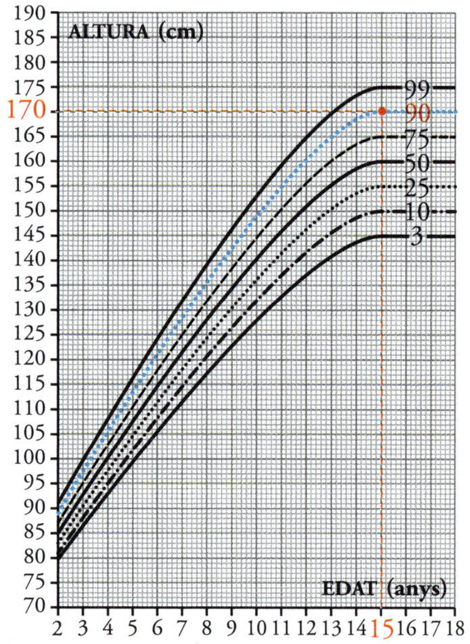


Com pots veure, l'Anna, una noia de 15 anys que mesura 170 cm, es troba en el percentil 90. Això vol dir que és més alta que el 90 % de la població i, per tant, més baixa que el 10 %.

**a)** Estima el percentil d'aquestes altres noies:

- Ester: 13 anys; 160 cm
- Júlia: 11 anys; 135 cm
- Maria: 8 anys; 113 cm
- Marta: 12 anys; 150 cm

**b)** Si la Carla està inclosa en el percentil 75 i té 13 anys, quina en serà l'altura?

**c)** Quina edat té la Laia si fa 105 cm d'altura i està inclosa en el percentil 25?

**17.** Un triangle isòsceles fa 20 cm de perímetre. Anomenem $x$ el costat desigual i $y$ els dos costats iguals.

**a)** Fes una taula de valors i, a partir d'aquesta, escriu la funció que relaciona el valor de $y$ amb el de $x$.

**b)** Quin és el seu domini de definició?

**18.** L'òrbita del cometa Halley és una el·lipse molt excèntrica, un dels focus de la qual és el Sol. La funció representada relaciona la distància del cometa al Sol amb el temps:

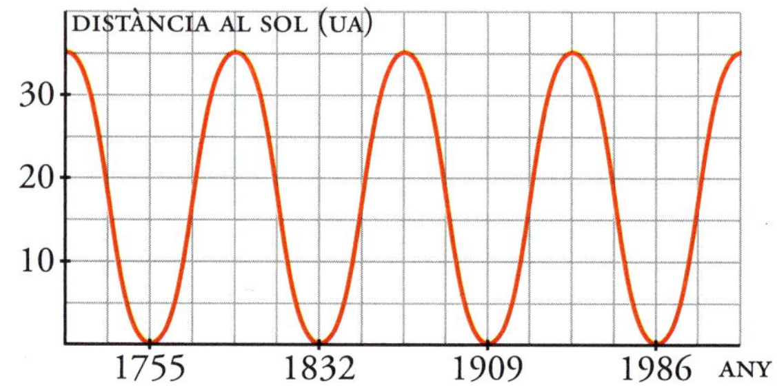


**a)** És una funció periòdica? Quin és el seu període?

**b)** En quin any tornarà a passar molt a prop del Sol?

**19.** La gràfica següent descriu el valor d'una empresa des que es va fundar:

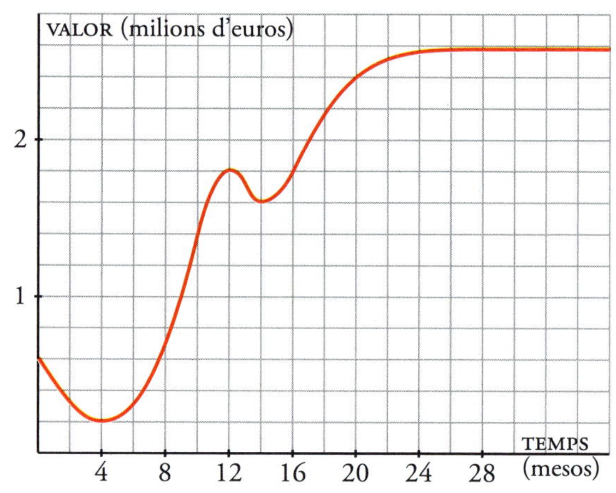


**a)** Quin era el seu valor en el moment de l'obertura?

**b)** A quant es va reduir el seu valor després de 4 mesos?

**c)** Quina és la TVM en l'interval [4, 12]? Expressa el resultat en milers d'euros per mes.

**d)** Quina és la TVM en [12, 14] i en [14, 20]?

**e)** Aquesta funció té un màxim i dos mínims relatius. Descriu-los.

**f)** Quina sembla que és la tendència d'aquesta funció per als pròxims mesos?

**g)** Fes una descripció global del valor d'aquesta empresa en els seus tres primers anys.

## Resol: una mica més difícil

**20.** Amb un rectangle de cartolina de 50 cm × 20 cm, volem fabricar una capsa amb tapa:

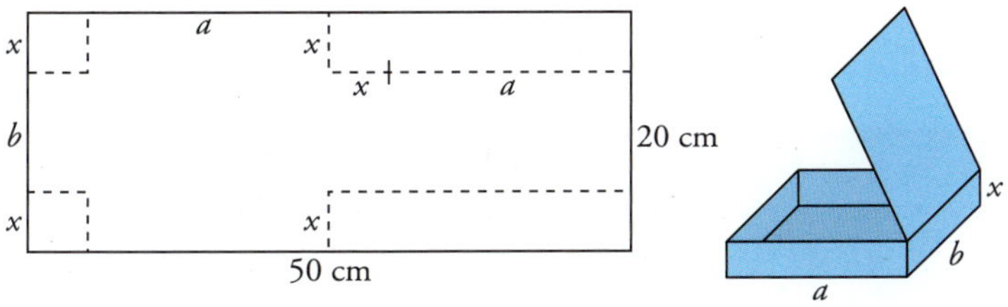


**a)** Obtén l'expressió del seu volum.

**b)** Assigna valors a $x$ i representa la gràfica de la funció $V(x)$.

**c)** Quin és el domini de $V(x)$?

**21.** Dibuixa un quadrat $ABCD$ de 7 cm de costat. Sobre el costat $AB$, marca un punt $P$ que disti $x$ de $A$. Després, dibuixa un nou quadrat $PQRS$ inscrit en l'anterior.

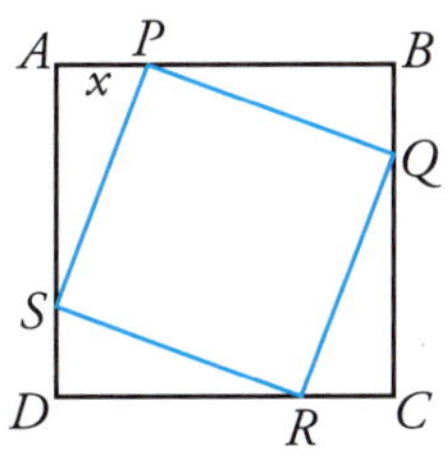


**a)** Observa que si $x = 3$ cm, aleshores $\overline{AS} = 7 - 3 = 4$ cm. Quant mesura $\overline{PS}$? Quina és l'àrea del nou quadrat?

**b)** Construeix la gràfica de la funció que relacioni $x$ amb l'àrea del quadrat inscrit. Indica'n el domini.

**22.** En un quadrat $ABCD$ de costat 1 dm es traça la diagonal $AC$. Per a cada punt $P$ d'aquesta diagonal, es forma un rectangle, com en la figura.

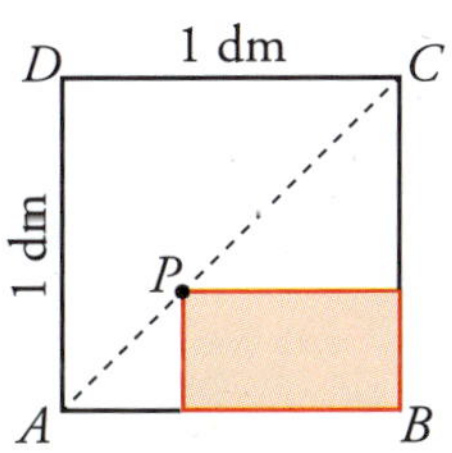


**a)** Troba l'àrea del rectangle quan $P$ dista de $AB$ 1/4 dm, 1/2 dm i 3/4 dm.

**b)** Dibuixa la gràfica de la funció que relaciona la distància de $P$ a $AB$ amb l'àrea del rectangle.

**c)** Indica el domini de definició de la funció.

**23.** El període d'una funció periòdica, $f(x)$, és 5 i la TVM en l'interval [1, 3] és 1.

**a)** Què podem dir de la TVM de la funció en l'interval [6, 8]? I en l'interval [11, 13]?

**b)** Quina TVM té la funció en l'interval [3, 6]?

**c)** Quina és la TVM de la funció en l'interval [4, 9]? I en l'interval [8, 43]?

## Reflexiona sobre la teoria

**24.** Troba l'equació de la funció quadràtica la gràfica de la qual és una paràbola que passa per (0, 0), (1, –3) i (5, 5).

**25.** L'expressió analítica d'una funció és de la forma $y = ax^3 + bx^2 + c$. Si sabem que els punts $A(0, -2)$, $B(1, 5)$ i $C(-2, -22)$ pertanyen a la gràfica, quins seran els valors de $a$, $b$ i $c$?

**26.** Calcula el valor de $a$, $b$ i $c$ perquè els punts $A(-12, a)$, $B(3/4, b)$ i $C(0, c)$ pertanyin a la gràfica de la funció $y = 3x^2 - x + 3$.

**27.** **a)** Calcula la TVM de la funció $y = 2x - 3$ en els intervals [0, 1], [5, 6], [1, 5] i [0, 7].

**b)** Observa que en tots els intervals el valor obtingut és igual. Amb quin element característic de la recta coincideix aquest valor?

**c)** Generalitza completant aquesta frase en el teu quadern: «En les funcions lineals, la TVM en qualsevol interval és igual a…».

**28.** Digues si les afirmacions següents són vertaderes o falses i raona la resposta:

**a)** Si una funció és discontínua en un punt, aquest punt no pertany al domini de definició.

**b)** Si un punt no pertany al domini de definició d'una funció, aquesta no pot ser contínua en aquest punt.

**c)** Podem assegurar que una funció periòdica és contínua.

**d)** El pendent d'una recta és la TVM de qualsevol dels seus intervals.

**e)** La TVM d'una funció periòdica en qualsevol interval de longitud igual al període és 0.

**f)** Si en una paràbola la TVM d'un interval és 0, el vèrtex està situat en el punt mitjà d'aquest interval.

**g)** Totes les funcions no lineals tenen almenys un màxim o un mínim relatiu.

**h)** Si una funció periòdica és decreixent en tot el seu domini, llavors no és contínua.

**i)** El domini d'una funció periòdica és $\mathbb{R}$.

**j)** El domini d'una funció polinòmica és $\mathbb{R}$.

**k)** El domini de la funció *altura - temps* d'una pedra que es llança a 10 m de distància és [0, 10].

**l)** El domini de la funció *longitud de la base - àrea* d'un quadrat és $\mathbb{R}$, ja que és una funció polinòmica.

# » MATEMÀTIQUES EN CONTEXT

## EL MOLÍ D'OLI DE LA FAMÍLIA VILALTA

La família Vilalta, pagesos amb una llarga experiència en el cultiu d'oliveres i la fabricació d'oli, va llançar al mercat un oli d'oliva verge extra de gran qualitat. Ha estat un oli amb molt èxit de venda, i els guanys obtinguts amb la seva venda han permès ampliar i millorar les instal·lacions del trull. Ara han parat la producció d'aquest oli per dedicar-se a produir-ne un altre, destinat especialment al mercat americà.

### 1. La comercialització de l'oli

Durant els anys que han estat comercialitzant l'oli d'oliva verge extra, n'han anat estudiant el nivell de rendibilitat i han analitzant la relació entre els guanys que han obtingut en la seva venda, $G$ (en milers d'euros), i el preu de venda de cada ampolla, $P$ (en euros). El resultat d'aquesta anàlisi de rendibilitat queda reflectit en la gràfica següent:

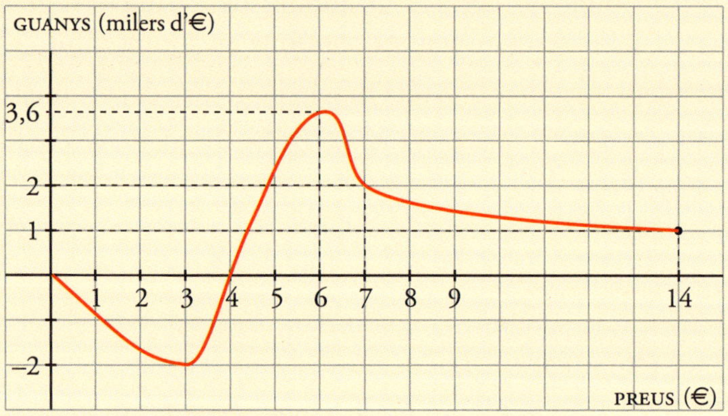

a) A quin preu màxim va comercialitzar-se l'ampolla d'oli? Ha estat rendible vendre'l a qualsevol dels preus?

b) Pots estimar què hauria passat si no se n'hagués interromput la producció?

c) Entre quins valors de $P$ va descendir la rendibilitat? I entre quins va ascendir?

d) Per a quins valors de $P$ van aconseguir-se els guanys mínims? Quins van ser? I a quin preu venien l'ampolla aleshores?

e) Per a quins valors de $P$ van aconseguir-se els guanys màxims? Quins van ser? I a quin preu venien l'ampolla aleshores?

f) Com varien els guanys en els intervals $[3, 4]$ i $[4, 6]$, segons varia el preu de l'ampolla? I en els intervals $[6, 7]$ i $[7, 14]$.

## 2. L'emmagatzematge de l'oli

Al trull de la família Vilalta, allà on fan l'oli, el suc de les olives que surt directament de la premsa (que anomenen oli de primeres) s'emmagatzema en un dipòsit. El volum d'oli al dipòsit, $V$, depèn del temps, $t$, que estigui oberta una aixeta per la qual l'oli se'n va cap a un altre dipòsit, segons l'expressió analítica següent, en la qual $t$ s'expressa en hores i $V$, en metres cúbics:

$$V = 5\left(1 + \frac{1}{t+1}\right)$$

a) Quina és la capacitat del dipòsit d'oli de primeres?

b) Per al nivell de producció habitual de l'oli d'oliva verge extra, es necessiten uns 200 litres d'oli de primeres al dia. Quants dies podrien produir oli amb només 1 dipòsit ple d'oli de primeres?

c) Suposa que l'aixeta que comunica el primer dipòsit amb el segon està oberta i completa una taula de valors en què es relacioni $V$ amb $t$ (considera que $t$ = 0, 2, 4, 6, 8, 10, 12). Construeix en el teu quadern una gràfica similar a la següent amb les dades que obtinguis:

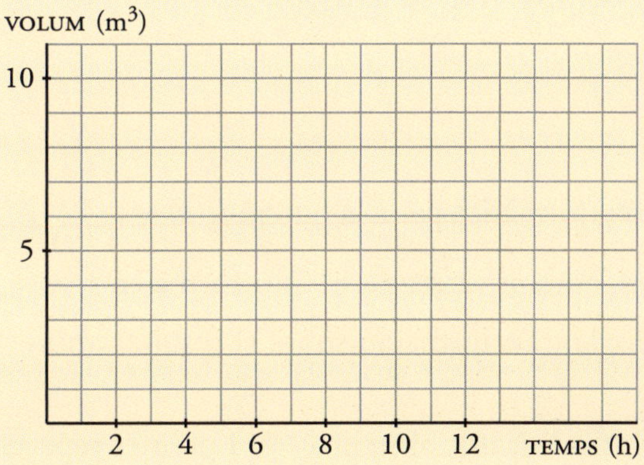


d) Si l'aixeta, per error, quedés oberta indefinidament, es buidaria tot el dipòsit? Per esbrinar-ho, considera que $t$ = 100, $t$ = 1.000 i $t$ = 10.000. Què observes?

e) El dipòsit té forma d'ortoedre, i la seva base és un rectangle de 10 $m^2$ de superfície. Segons això, podríem saber a quina altura sobre la base es troba l'aixeta? Si és així, escriu-la.

f) Pensa una altra pregunta per plantejar-la a un company o companya de la classe. Primer l'has de resoldre tu per comprovar que està ben plantejada i per saber quina és la solució correcta.

# » TALLER DE MATEMÀTIQUES

## » BUSCA REGULARITATS I GENERALITZA

Troba la relació de dependència i escriu l'equació de la funció en cada cas:

| x | f(x) |
|---|---|
| 1 | 3 |
| 2 | 5 |
| 3 | 7 |
| 5 | 11 |
| 10 | 21 |

| x | g(x) |
|---|---|
| 1 | 2 |
| 2 | 5 |
| 3 | 8 |
| 5 | 14 |
| 10 | 29 |

| x | h(x) |
|---|---|
| 1 | 2 |
| 2 | 5 |
| 3 | 10 |
| 5 | 26 |
| 10 | 101 |

| x | t(x) |
|---|---|
| 1 | 4 |
| 2 | 10 |
| 3 | 18 |
| 5 | 40 |
| 10 | 130 |

AJUDA: Per resoldre l'últim cas, relaciona $t(x)$ amb $g(x)$ i $h(x)$.

## » INVESTIGA

### Funcions encadenades

Suposa que construeixes una aplicació informàtica per a la funció $f_1(x) = \dfrac{1+x}{1-x}$, de manera que si escrius un nombre, $x$, i prems «ENTER», es transforma en $f_1(x)$. I si tornes a prémer «ENTER», repeteix la transformació sobre el resultat anterior, tantes vegades com premis.

- Calcula els resultats successius en introduir inicialment $x = 3$ i prémer repetides vegades la tecla «ENTER».

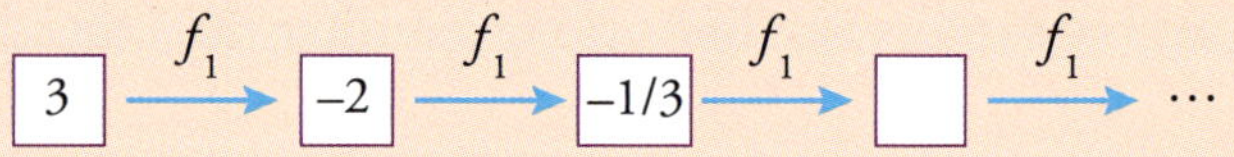


**AMB CALCULADORA**

Pots provar de realitzar aquestes operacions amb calculadora prement la seqüència següent:

3 = ( 1 + Ans ) ÷ ( 1 − Ans ) =

Cada vegada que prems =, obtens el resultat següent.

Anomenem, ara, $f_2(x)$ la funció que transforma $x$ en el resultat que s'obté quan premem «ENTER» dues vegades; $f_3(x)$, quan el premem tres vegades; …; $f_n(x)$, quan el premem $n$ vegades.

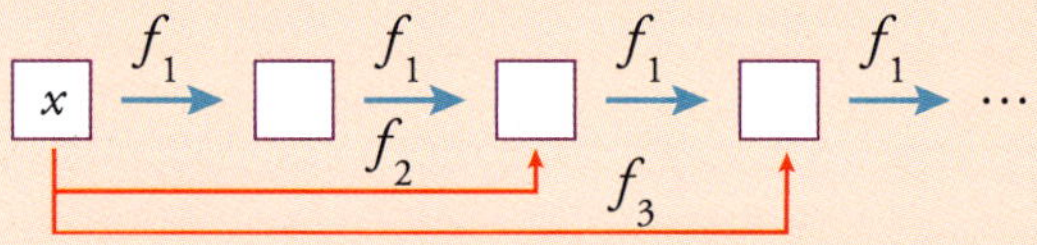


- Troba $f_{12}(3)$, $f_{13}(3)$, $f_{14}(3)$ i $f_{15}(3)$.
- Generalitza: quant val $f_n(3)$?

### Encreuament de camins

Pensa que en un camp hi ha diverses cases i que totes estan unides per camins independents.

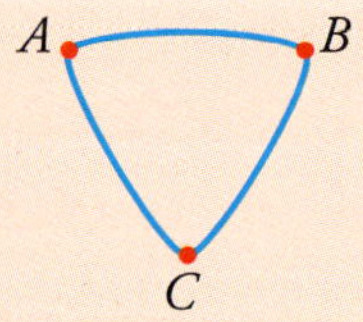


Tres punts es poden unir per camins que no s'encreuen.

$f(3) = 0$

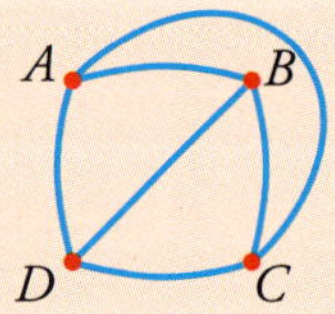


I el mateix passa amb quatre punts.

$f(4) = 0$

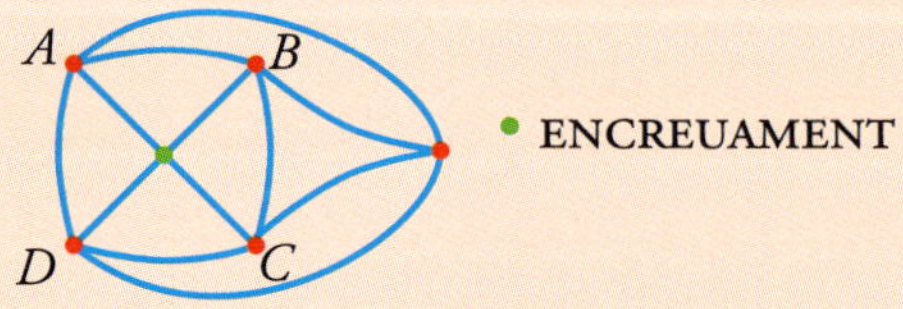


Cinc punts no es poden unir sense que hi hagi, almenys, un encreuament.

$f(5) = 1$

Ens podríem preguntar quant val $f(6)$, $f(7)$, etc.; però val més que no intentis resoldre aquest últim cas. Encara no s'ha pogut resoldre!

## » ENTRENA'T RESOLENT ALTRES PROBLEMES

A 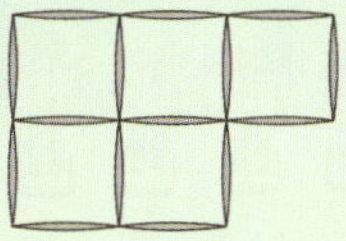

B 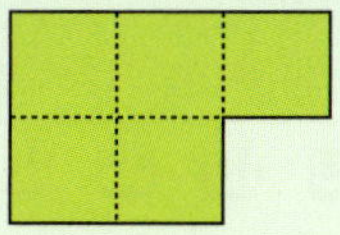

a) Aconsegueix que, en la figura A, hi quedin només tres quadrats suprimint tres escuradents.

b) Aconsegueix que en la figura A quedin només tres quadrats suprimint dos escuradents.

c) Divideix la figura B en tres peces fent-hi dos talls rectes. Construeix amb aquestes peces un quadrat.

d) Divideix la figura B en quatre peces idèntiques.

e) Canviant de lloc dos escuradents, aconsegueix que en la figura C, quedin quatre quadrats.

C 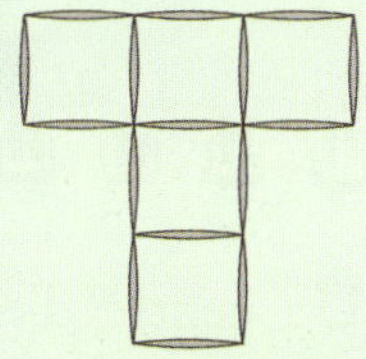

f) Divideix la figura D en quatre peces idèntiques.

D 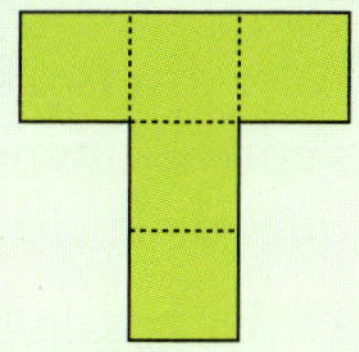

## » POSA'T A PROVA

**1.** Aquesta corba mostra l'audiència de televisió durant un dia de cada dia:

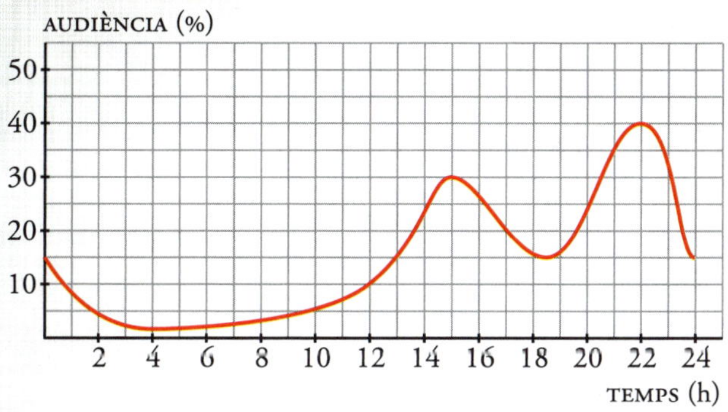


a) Descriu-la tenint en compte els moments més significatius.

b) Quin és el seu domini de definició? I el seu recorregut?

c) Dibuixa en el teu quadern la corba que creus que pot correspondre a un diumenge.

d) Dibuixa en el teu quadern la corba del 31 de desembre.

**2.** Troba per a la funció representada en la gràfica:

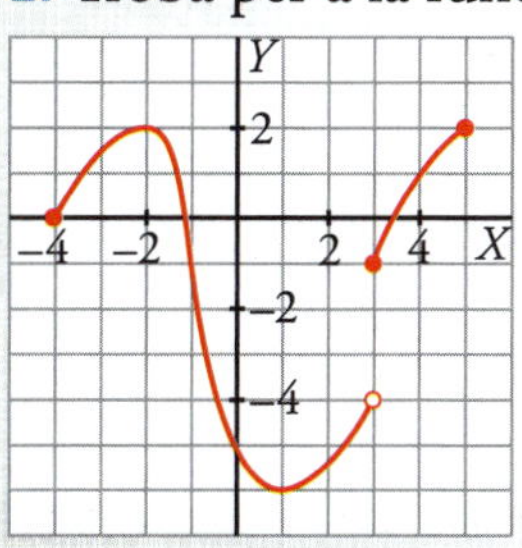


a) El domini i el recorregut.

b) Els màxims i els mínims.

c) Els intervals de creixement i de decreixement.

d) On és contínua i els punts de discontinuïtat.

e) Els valors $f(-4)$, $f(-2)$, $f(1)$, $f(3)$ i $f(5)$.

**3.** Troba el domini de definició d'aquestes funcions:

a) $j(x) = x^2 - 16$ b) $f(x) = \sqrt{4x + 8}$ c) $g(x) = \dfrac{1}{x - 7}$

d) $h(x) = \sqrt{x^2 + 2x - 15}$ e) $\dfrac{1}{f(x)}$ f) $\dfrac{f(x)}{h(x)}$

**4.** Observa aquesta funció periòdica:

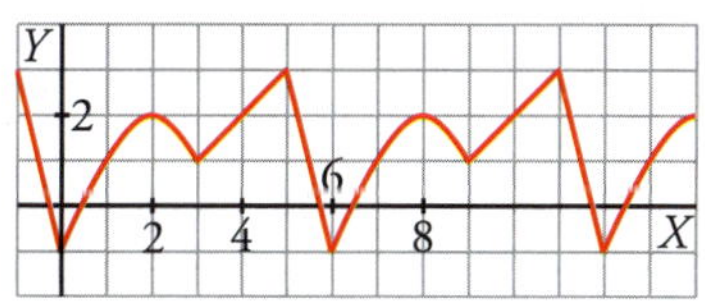


a) Quin n'és el període?

b) Troba els valors de la funció en aquests punts d'abscissa: $x = 0$, $x = -6$, $x = -3$, $x = 2$, $x = 4$, $x = 40$, $x = -40$ i $x = 42$.

**5.** Representa la funció $y = -x^3 + 9x^2 - 15x + 26$, definida en $[0, 5]$. Dona a $x$ valors enters.

Suposa que $y$ és el valor en borsa, en milions d'euros, d'una empresa que ha canviat d'adreça i que $x$ és el nombre de mesos transcorreguts des que va fer aquest canvi.

Descriu-ne l'evolució en aquests cinc mesos i assenyala'n el creixement, el decreixement, els màxims i els mínims.

**6.** Calcula la taxa de variació mitjana de la funció l'expressió analítica de la qual és $y = x^2 + 4x - 5$ en els intervals $[-5, 2]$, $[-2, 1]$ i $[1, 2]$.

# » REPTE: VISITA AL MUSEU DE LA CIÈNCIA

Un centre d'estudis ha organitzat una visita al Museu de la Ciència per als estudiants de 4t curs.

A les diverses sales del museu, jugant i investigant s'aprenen temes relacionats amb les diverses branques de la ciència.

Hi ha la sala de l'Univers, la dels microscopis, la del volum i moltes altres.

**1.** Algunes dades sobre el museu són exposades en un tauler a l'entrada.

Expressa cada quantitat d'aquest cartell amb el nombre de xifres significatives que et sembli raonable.

Dona una fita de l'error absolut i una altra de l'error relatiu comès en cada valoració de les quantitats que has aproximat.

**DADES DEL MUSEU**

**Nombre d'assistents durant tot l'any passat: 28.465.376 persones**

**Superfície dedicada a l'exposició: 63.582 m$^2$**

**Diners invertits en les instal·lacions: 82.321.817 €**

**Temps dedicat a la construcció i el muntatge de les activitats: 24.353 hores**

**2.** Expressa en notació científica les quantitats arrodonides de l'activitat anterior.

**3.** A la sala de l'Univers hi ha el sistema solar representat a escala 1:100.000.000.000. En aquesta representació, Neptú es troba a 45 m del Sol, que és al centre de la sala.

En la maqueta, els altres planetes són a aquestes distàncies del Sol:

Mercuri: 0,57 m — Venus: 1,08 m — Terra: 1,50 m — Mart: 2,28 m

Júpiter: 7,79 m — Saturn: 14,33 m — Urà: 28,77 m

a) Si la maqueta està efectivament muntada d'acord amb l'escala que indica, calcula la distància a la qual es troba cada planeta del Sol en la realitat.

b) Busca a internet la distància mitjana real de cada planeta al Sol i indica l'error absolut i l'error relatiu que s'ha comès.

c) La unitat astronòmica (UA) és la distància que hi ha de la Terra al Sol i equival a $1{,}5 \cdot 10^{11}$ m. Indica la distància de cada planeta al Sol mesurada en unitats astronòmiques.



BARCANOVA EDITORIAL

**4.** Els diàmetres (en quilòmetres) dels planetes i del Sol són aquests:

Sol: $1,39 \cdot 10^6$ Mercuri: $4,88 \cdot 10^3$ Venus: $1,21 \cdot 10^4$ Terra: $1,28 \cdot 10^4$ Mart: $6,79 \cdot 10^3$

Júpiter: $1,43 \cdot 10^5$ Saturn: $1,09 \cdot 10^5$ Urà: $5,11 \cdot 10^4$ Neptú: $4,95 \cdot 10^4$

Si són a la mateixa escala, indica els centímetres que fa el diàmetre de cada planeta en la maqueta anterior.

**5.** A la sala de l'Univers també hi ha una gràfica que indica l'acostament del cometa Halley al Sol o l'allunyament respecte a aquest al llarg dels anys.

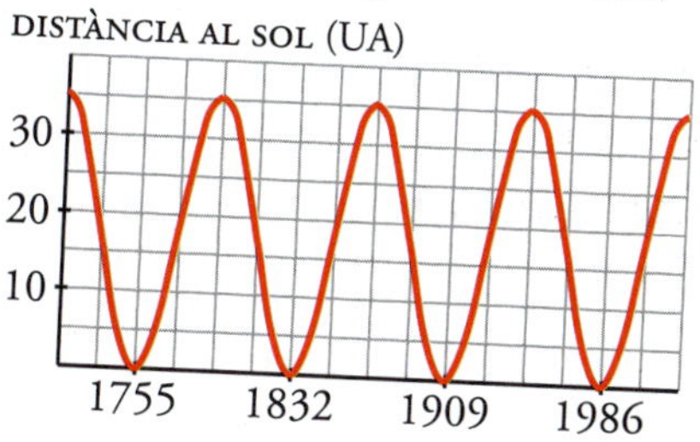


a) Quant fa que va passar per última vegada?

b) Cada quants anys repeteix el seu cicle?

c) Quan tornarà a estar a la distància mínima del Sol?

d) A quina distància màxima, en quilòmetres, s'allunya del Sol?

e) El cometa West té un període orbital de 558.306 anys i les seves distàncies màxima i mínima al Sol són, respectivament, 13.560 UA i 0,58 UA. Representa sobre uns eixos la gràfica *distància al Sol-temps* d'aquest cometa des de fa 3 milions d'anys.

**6.** A la sala dels microscopis hi ha cultius de diferents tipus de bacteris. N'hi ha de diverses formes i mides, com ara els *cocs*, els *bacils*, els *vibrions*, els *espirils*...

La longitud mitjana d'un bacteri és de 2 μm, que correspon a $2 \cdot 10^{-6}$ m.

Es calcula que al món hi ha aproximadament $5 \cdot 10^{30}$ bacteris. Si es col·loquessin l'un darrere l'altre, quants quilòmetres faria la filera que formarien?

**7.** S'ha experimentat amb tres tipus de bacteris diferents variant la temperatura ambient.

- Els del tipus A són extremament forts: poden aguantar qualsevol temperatura entre –20 °C i 100 °C.
- Els del tipus B es reprodueixen sobretot a –15 °C.
- Els bacteris del tipus C no aguanten temperatures inferiors a –10 °C ni superiors a 40 °C.

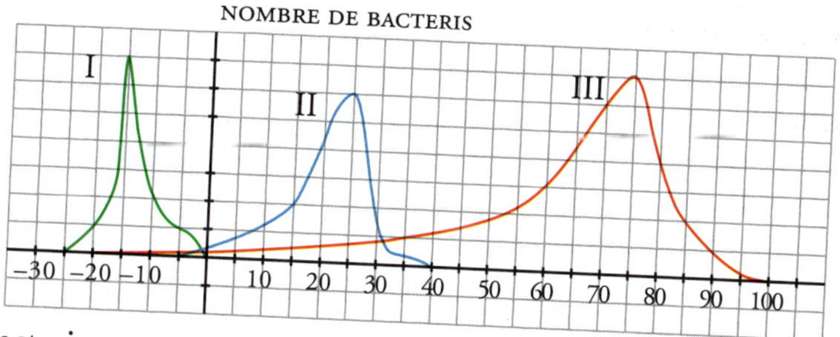


a) Indica quina corba correspon a cada tipus de bacteri.

b) Descriu com evoluciona cada cultiu depenent de la temperatura.

c) A quin rang de temperatura podrien conviure els bacteris del tipus B amb els del tipus C?

**8.** En una sala dedicada als animals hi ha tres cubs que representen el volum de tres animals: el d'una rata, de 2,6 cm d'aresta; el d'una cabra, de 3,8 dm d'aresta, i el d'un elefant, d'1,8 m d'aresta.

Es pretén estudiar la relació entre la superfície i el volum dels mamífers per investigar quanta energia perden a través de la pell per irradiació de calor.

a) Calcula les superfícies, en decímetres quadrats, i els volums, en decímetres cúbics, dels tres cubs.

b) Troba la relació entre superfície i volum de cada un.

c) Expressa les relacions anteriors amb dues xifres significatives.

d) Anomena $c$ l'aresta d'un cub. Expressa amb una fracció la relació entre la superfície i el volum. A quant tendeix aquesta relació quan augmenta la longitud de l'aresta?

UNITAT 5

# FUNCIONS ELEMENTALS

DIMENSIÓ RESOLUCIÓ DE PROBLEMES · DIMENSIÓ RAONAMENT I PROVA
DIMENSIÓ CONNEXIONS · DIMENSIÓ COMUNICACIÓ I REPRESENTACIÓ

## Buscant la precisió del concepte

Durant els segles XIX i XX es van produir apassionants discussions sobre quins requisits eren imprescindibles per definir una funció i quins no. Al llarg d'aquest procés, molts matemàtics, entre els quals destaquen **Dirichlet**, **Riemann** i **Weierstrass**, van anar perfilant el concepte, provant de donar una definició precisa de funció. L'any 1923 es va arribar a la definició següent, molt semblant a la que s'admet actualment:

> Es diu que $y$ és una funció de $x$ si a cada valor de $x$ li correspon un valor de $y$. Aquesta correspondència s'indica mitjançant l'equació $y = f(x)$.

## Funcions honestes, segons Poincaré

Però en aquesta recerca de la precisió, es van generar una sèrie de funcions estrafolàries que van contrariar **Poincaré**, incòmode amb el rumb que agafava l'afer. Això el va portar, el 1899, a afirmar el següent:

> «Durant mig segle hem vist una massa de funcions estranyes construïdes de manera que s'assemblin el mínim possible a les *funcions honestes* que serveixen per a algun propòsit. Abans, quan s'inventava alguna funció, era amb alguna meta pràctica. Avui són inventades a fi de mostrar que el raonament dels nostres antecessors era erroni.»

En aquesta unitat ens dedicarem a les *funcions honestes* que propugnava el gran Poincaré, unes funcions que serveixen per a alguna cosa més que per construir o desmuntar conceptes.

*Henri Poincaré (1854-1912) és un dels grans matemàtics de la història. Les seves contribucions inclouen tots els àmbits de la disciplina matemàtica.*

## Funcions evidentment útils

Les funcions que s'utilitzen en el camp de la ciència, en el de la tècnica i en altres camps del coneixement són, òbviament, útils. Vegem-ne algunes i comprovem com es passa de l'experimentació a l'expressió analítica.

Quan un conductor troba un perill a la carretera i necessita frenar, passa un cert temps des que decideix frenar fins que realment prem el fre (**temps de reacció**). Aquest temps, uns 3/4 de segon, que pot semblar insignificant, dona lloc a un recorregut del cotxe tant més llarg com més alta sigui la velocitat a la qual circula.

Però, a més, el cotxe no s'atura automàticament quan es prem el fre, sinó que encara recorre una distància (**distància de frenada**) a causa de la inèrcia.

De manera que, des que el conductor aprecia el perill fins que el cotxe s'atura, es recorre una distància ($d$), tant més gran com més elevada sigui la velocitat ($v$). Experimentalment, s'obtenen els valors següents:

| VELOCITAT QUE ES PORTA (km/h) | DISTÀNCIA PER AL TEMPS DE REACCIÓ (m) | DISTÀNCIA DE FRENADA (m) | DISTÀNCIA TOTAL DE DETENCIÓ (m) |
|---|---|---|---|
| 10 | 2 | 1 | 3 |
| 20 | 4 | 3 | 7 |
| 30 | 6,5 | 7 | 13,5 |
| 40 | 8,5 | 12 | 20,5 |
| 50 | 10,5 | 19 | 29,5 |
| 60 | 12,5 | 27 | 39,5 |
| 70 | 14,5 | 36 | 50,5 |
| 80 | 17 | 47 | 64 |
| 90 | 19 | 60 | 79 |
| 100 | 21 | 74 | 95 |

Les equacions són aquestes:

$$d_{\text{REACCIÓ}} = 0{,}21v \quad d_{\text{FRENADA}} = 0{,}0074v^2 \quad d_{\text{TOTAL}} = 0{,}0074v^2 + 0{,}21v$$

### RESOL

**1.** Comprova, utilitzant la teva calculadora, la validesa de les fórmules anteriors per als valors de la taula (fes la comprovació només per a alguns valors de cada fila i tingues en compte que es tracta de valors aproximats) i construeix les gràfiques corresponents.

# 1. FUNCIONS LINEALS

## Funcions lineals en la vida quotidiana

En el camp de la ciència abunden les funcions en què les variacions de les causes influeixen proporcionalment en les variacions dels efectes. Aquestes funcions s'anomenen lineals i es representen mitjançant rectes. Vegem-ne un exemple.

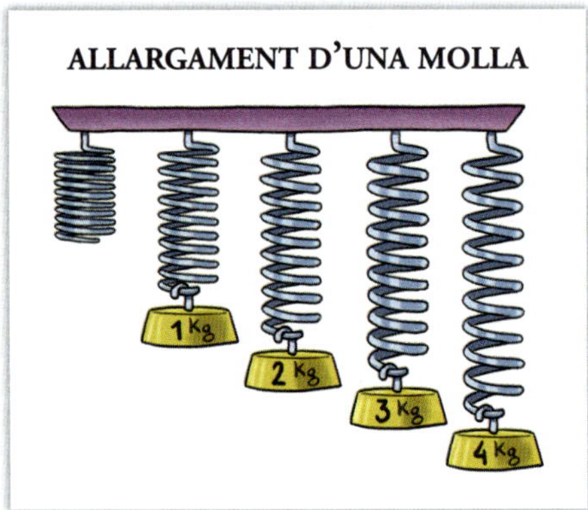


Si d'una molla pengem diferents pesos, es produeixen diversos allargaments. És a dir, la *longitud de la molla* és funció del *pes* que es penja, i cal destacar que aquesta funció és lineal.

Suposem que la molla sense estirar mesura 30 cm i que s'allarga 15 cm per cada quilogram que hi pengem. La relació és aquesta:

$y = 30 + 15x$ ($y$: longitud en cm; $x$: pes en kg)

El domini de definició d'aquesta funció és $[0, 6]$, si suposem que per a pesos de més de 6 kg la molla es deteriora.

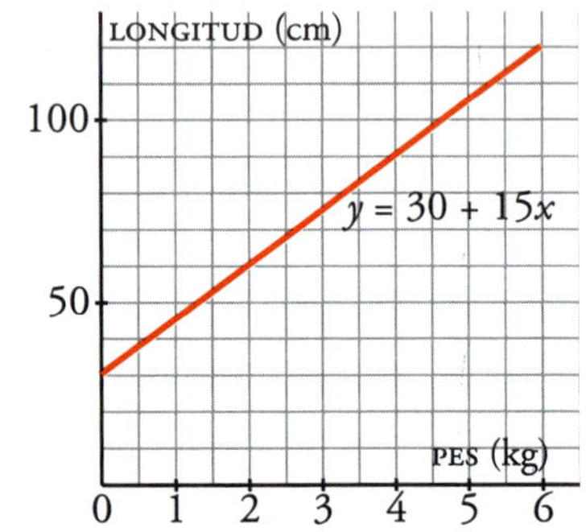


## Funció de proporcionalitat: $y = mx$

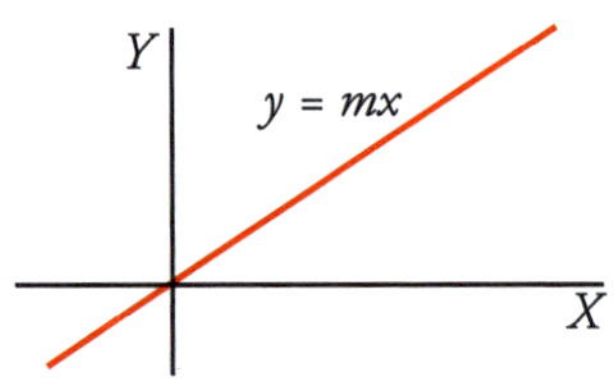


Les funcions de proporcionalitat es representen mitjançant rectes que passen per l'origen. Descriuen una proporció entre els valors de les dues variables.

El **pendent** de la recta és la raó de proporcionalitat, $m$.

Per exemple, *l'espai recorregut* a velocitat constant, $v$, en funció del *temps* és aquest:

$e = v \cdot t$, en què $v$ és el pendent de la recta que relaciona $e$ amb $t$.

## Funció constant: $y = n$

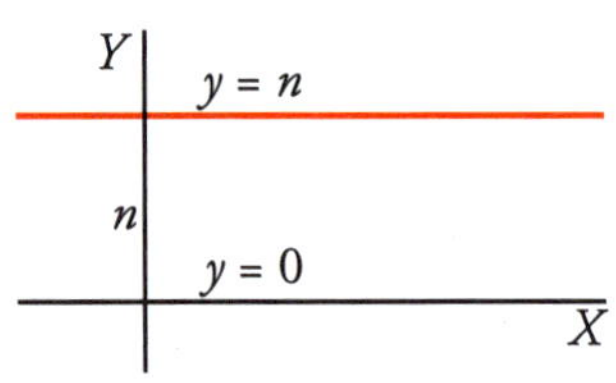


Es representa mitjançant una recta paral·lela a l'eix $X$.

El seu pendent és 0.

La recta $y = 0$ coincideix amb l'eix $X$.

Per exemple, la distància d'un satèl·lit artificial a la Terra és constant, no depèn del temps, $t$. L'equació serà, doncs, $d = 36.000$ ($d$: distància en km; $t$: temps, que no apareix en l'equació).

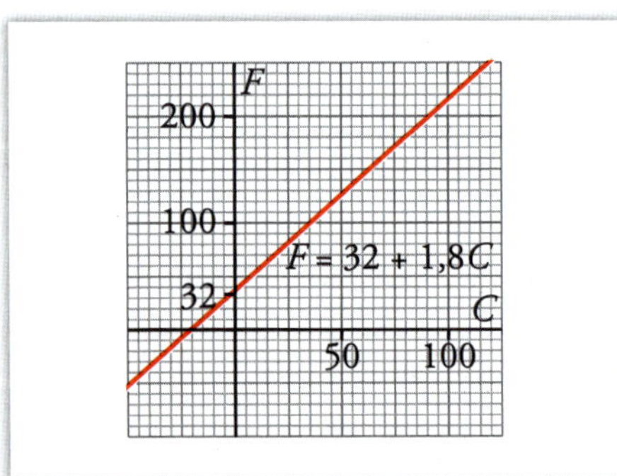


## Expressió general de la funció lineal: $y = mx + n$

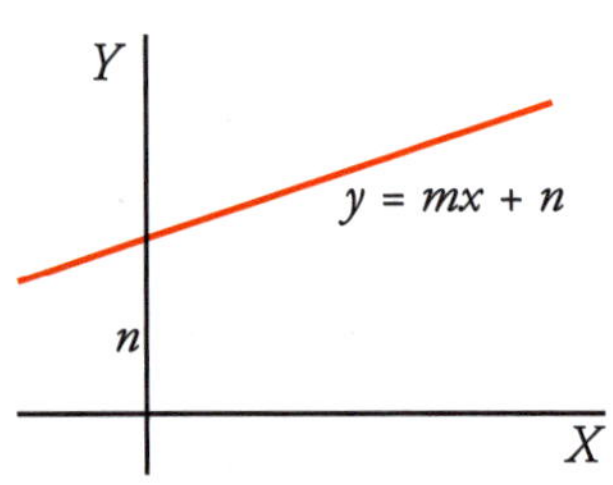


La seva representació és una recta de pendent $m$ que talla l'eix $Y$ en el punt $(0, n)$. El nombre $n$ s'anomena **ordenada en l'origen.**

Per exemple, la recta $F = 32 + 1{,}8C$, representada en el marge, permet passar de graus centígrads, $C$, a graus Fahrenheit, $F$.

### Atenció

Aquesta fórmula és molt útil. Aprèn a utilitzar-la!

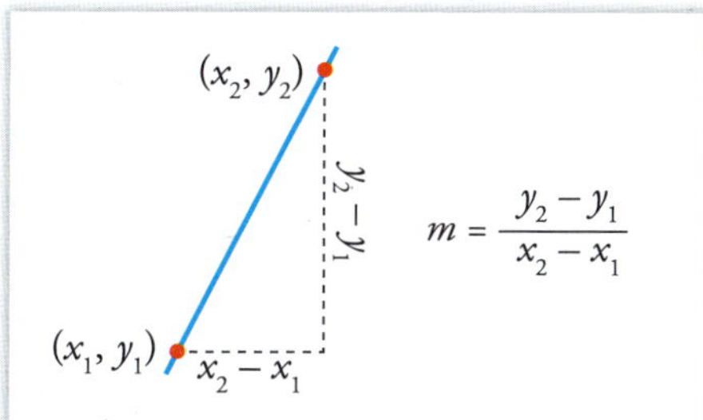


## Equació d'una recta en la forma punt-pendent

Sovint hem d'escriure l'equació d'una recta de la qual coneixem un punt i el pendent, que és aquesta:

| Punt: $P(x_0, y_0)$ | Pendent: $m$ | Equació: $y = y_0 + m(x - x_0)$ |
|---|---|---|

### Justificació

- $y = y_0 + m(x - x_0)$ és una expressió de 1r grau. Per tant, **és una recta**.
- El coeficient de la $x$ és $m$. Per tant, el **seu pendent és $m$**.
- Si donem a $x$ el valor $x_0$, obtenim que $y = y_0 + m(x_0 - x_0) = y_0 + m \cdot 0 = y_0$. És a dir, **passa per $(x_0, y_0)$**.

### Recta donada per dos punts

Per trobar l'equació de la recta que passa per dos punts, seguim aquests passos:

- A partir dels dos punts, obtenim el seu pendent.
- Amb el pendent i un dels punts, obtenim l'equació.

### EXERCICI RESOLT

**1.** ***Troba l'equació de cada una de les rectes següents:***

***a) Passa per (–5, 7) i té un pendent de $\frac{-3}{5}$.***

***b) Passa per (–2, 7) i per (4, 5).***

**a)** Equació: $y = 7 - \frac{3}{5}(x + 5)$. Aquesta ja és l'equació de la recta.

Podem simplificar-la: $y = 7 - \frac{3}{5}x - \frac{3}{5} \cdot 5 \rightarrow y = 4 - \frac{3}{5}x$

**b)** Comencem trobant-ne el pendent: $m = \frac{5-7}{4-(-2)} = \frac{-2}{6} = -\frac{1}{3}$

Equació de la recta que passa per (–2, 7) i que té com a pendent $-\frac{1}{3}$:

$$y = 7 - \frac{1}{3}(x + 2) \rightarrow y = \frac{19}{3} - \frac{1}{3}x$$

## » APLICA EL QUE HAS APRÈS

**1.** Representa les funcions següents:

**a)** $y = 2x$ **b)** $y = \frac{2}{3}x$ **c)** $y = -\frac{1}{4}x$ **d)** $y = -\frac{7}{3}x$

**2.** Representa:

**a)** $y = 3$ **b)** $y = -2$ **c)** $y = 0$ **d)** $y = -5$

**3.** Representa aquestes funcions:

**a)** $y = 2x - 3$ **b)** $y = \frac{2}{3}x + 2$

**c)** $y = -\frac{1}{4}x + 5$ **d)** $y = -3x - 1$

**4.** Un objecte mòbil, en l'instant inicial, està a 3 m de l'origen i se n'allunya a una velocitat de 2 m/s.

Troba l'equació de la seva distància a l'origen en funció del temps i representa-la.

**5.** El preu de les patates al mercat és d'1 €/kg i el dels tomàquets, de 2 €/kg.

**a)** Escriu l'equació del preu d'una bossa de patates en funció del seu pes.

**b)** Fes el mateix per al preu d'una bossa de tomàquets.

**c)** Representa les funcions anteriors.

**6.** Troba l'equació de cada una de les rectes següents a partir de les dades indicades:

**a)** Passa per (–3, –5) i el seu pendent és $\frac{4}{9}$.

**b)** Passa per (0, –3) i el seu pendent és 4.

**c)** Passa per (3, –5) i per (– 4, 7).

GeoGebra. Calcula el pendent d'una recta.

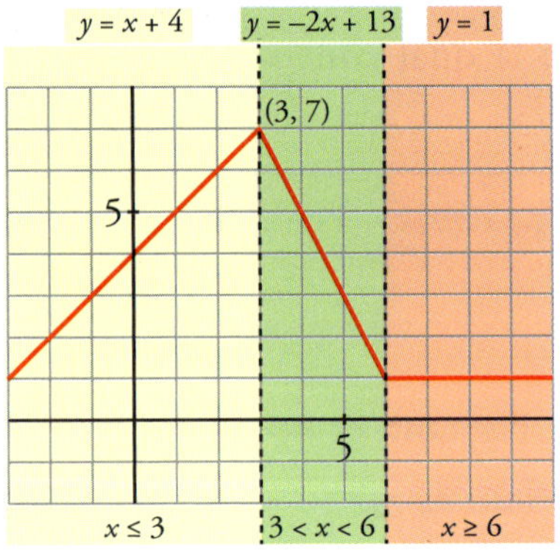


## Funcions lineals definides a trossos

És freqüent trobar-se funcions les gràfiques de les quals són formades per trossos de rectes. Vegem, per exemple, la funció representada en el marge:

- El primer tram, $x \leq 3$, pertany a la recta que té com a pendent 1 i com a ordenada en l'origen 4. La seva equació és $y = x + 4$.
- El segon tram, $3 < x < 6$, pertany a la recta que passa per (3, 7) i que té com a pendent –2. La seva equació en la forma punt-pendent és, doncs, $y = 7 - 2(x - 3) \rightarrow y = -2x + 13$.
- El tercer tram, $x \geq 6$, és la funció constant $y = 1$.

La funció es descriu així: $f(x) = \begin{cases} x + 4 & \text{si } x \leq 3 \\ -2x + 13 & \text{si } 3 < x < 6 \\ 1 & \text{si } x \geq 6 \end{cases}$

> Per descriure analíticament una gràfica formada per trossos de rectes, es donen les equacions dels diversos trams, enumerats d'esquerra a dreta, i s'indica en cada un dels trams els valors de $x$ per als quals la funció està definida.

### EXERCICI RESOLT

**2.** ***Representa la funció que té l'expressió analítica següent:***

$$y = \begin{cases} 4 & \text{si } x < -1 \\ 0,5(x-1) + 5 & \text{si } -1 \leq x \leq 3 \\ -2x + 12 & \text{si } 3 < x < 5 \\ -1 & \text{si } x \geq 5 \end{cases}$$

Obtenim els punts extrems de cada un dels trams, començant, per exemple, en l'abscissa –5 i acabant en 11 (podríem haver pres altres valors, com ara –4 i 8):

| 1. | 2. | 3. | 4. |
|---|---|---|---|
| (–5, 4) | $0,5(-1-1) + 5 = 4 \rightarrow (-1, 4)$ | $-2 \cdot 3 + 12 = 6 \rightarrow (3, 6)$ | (5, –1) |
| (–1, 4) | $0,5(3-1) + 5 = 6 \rightarrow (3, 6)$ | $-2 \cdot 5 + 12 = 2 \rightarrow (5, 2)$ | (11, –1) |

Representem els quatre trams (tenint en compte si els extrems hi pertanyen o no) i així obtenim la gràfica de la funció.

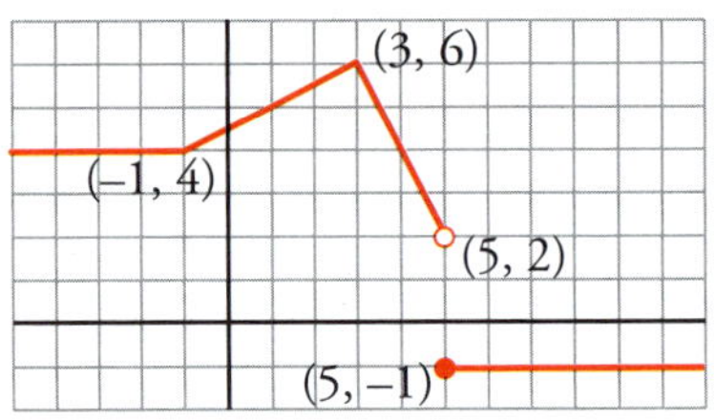


Observem que la funció és contínua en $x = -1$ perquè en aquest punt els dos trams prenen el mateix valor, 4. El mateix passa en $x = 3$, però no en $x = 5$, en què la funció és **discontínua**.

## » APLICA EL QUE HAS APRÈS

**7.** Representa la funció l'expressió analítica de la qual és la següent:

$$y = \begin{cases} -3 & \text{si } x < 0 \\ x - 3 & \text{si } 0 \leq x \leq 5 \\ 2 & \text{si } x > 5 \end{cases}$$

Digues quin és el pendent de cada un dels trams que formen la funció. És una funció contínua?

**8.** Escriu l'equació que correspon a aquesta gràfica:

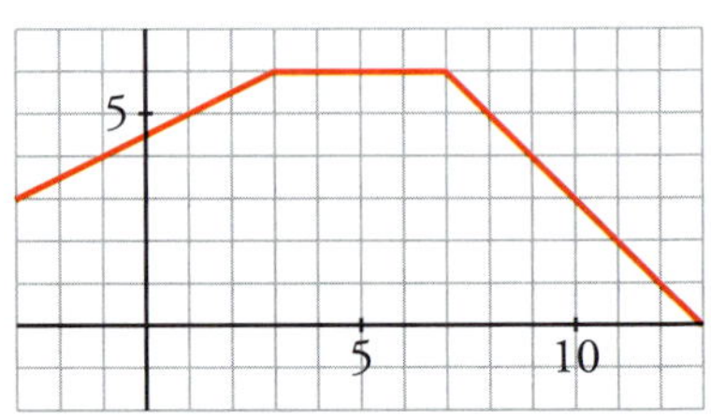




BARCANOVA EDITORIAL

GeoGebra. Representació de funcions lineals a trossos.

# 2. LA PARÀBOLA: UNA CORBA MOLT INTERESSANT

El tenista de la imatge aprofita que el seu adversari és a prop de la xarxa per superar-lo amb un «globus». La corba que descriu la pilota és una paràbola.

En la vida quotidiana ens trobem multitud de paràboles: les trajectòries dels rajos d'aigua o les corresponents a tota mena de llançaments de pilotes i altres objectes, les seccions de les antenes parabòliques i dels fars dels cotxes... Totes es descriuen mitjançant **funcions quadràtiques.**

## Funcions quadràtiques

La funció $y = x^2$ ens proporciona una paràbola tipus, que servirà de referència per a d'altres:

- La trajectòria de la pilota del tenista del dibuix de dalt. L'equació d'aquesta paràbola és $y = 5 - \frac{x^2}{20}$, en què $x$ és el recorregut horitzontal, en metres, i $y$ és l'altura, en metres. L'origen de coordenades està situat en el jugador que està aturat a la xarxa.
- L'àrea d'un quadrat en funció d'un costat ($A = c^2$) o la d'un cercle en funció del radi ($A = \pi r^2$).
- L'altura d'una pedra que llancem cap amunt, en funció del temps ($h = 20t - 5t^2$).

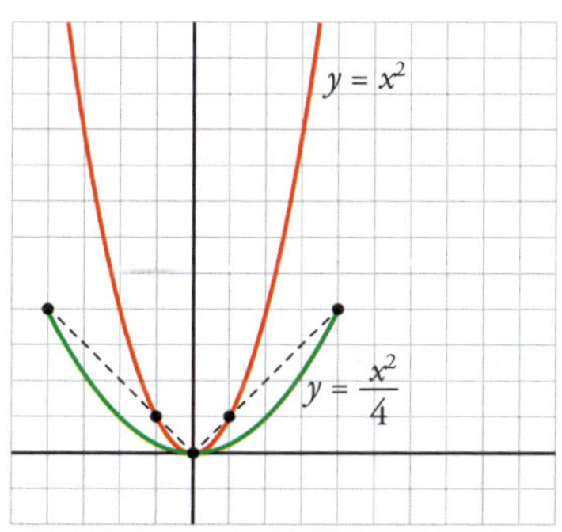


## Són iguals totes les paràboles?

Doncs sí, o més ben dit, són semblants. Aquestes paràboles que semblen molt més amples simplement estan representades només pel seu «extrem», la part pròxima al vèrtex. Si les prolonguéssim, tindrien la mateixa forma que les altres més fines, més estirades.

## Responen aquestes paràboles de les funcions a la seva definició com a llocs geomètrics?

El curs passat vas aprendre que una paràbola està determinada per un punt, $F$, anomenat focus, i una recta, $d$, anomenada directriu. Els punts $P$ de la paràbola equidisten de $F$ i de $d$: $\overline{PF} = dist(P, d)$. Ara ens preguntem: les paràboles $y = x^2$ o $y = x^2/4$ responen a aquesta definició? La resposta és, naturalment, afirmativa. Per a $y = x^2$, el focus és $F(0, 1/4)$ i la directriu, $d$: $y = -1/4$. Per a $y = x^2/4$, el focus és $F(0, 1)$ i la directriu, $d$: $y = -1$. Pots comprovar-ho.

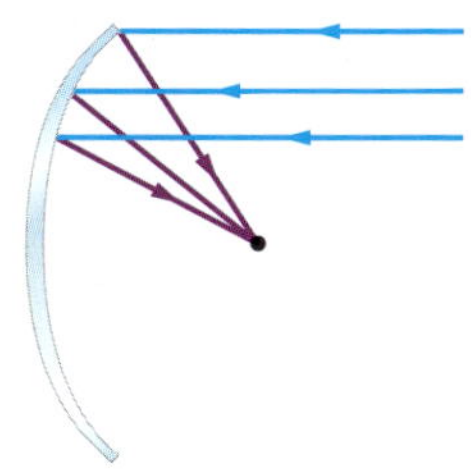

## Quina peculiaritat tenen les antenes parabòliques o els fars dels cotxes?

Un raig que arriba paral·lel a l'eix de la paràbola s'hi reflecteix de manera que passa pel focus, on es concentren tots els raigs.

I viceversa, els raigs que surten del focus es reflecteixen en la paràbola i es projecten cap enfora en un feix de raigs paral·lels al seu eix.

# 3. FUNCIONS QUADRÀTIQUES

## Funcions quadràtiques

Observa les paràboles següents i les equacions corresponents:

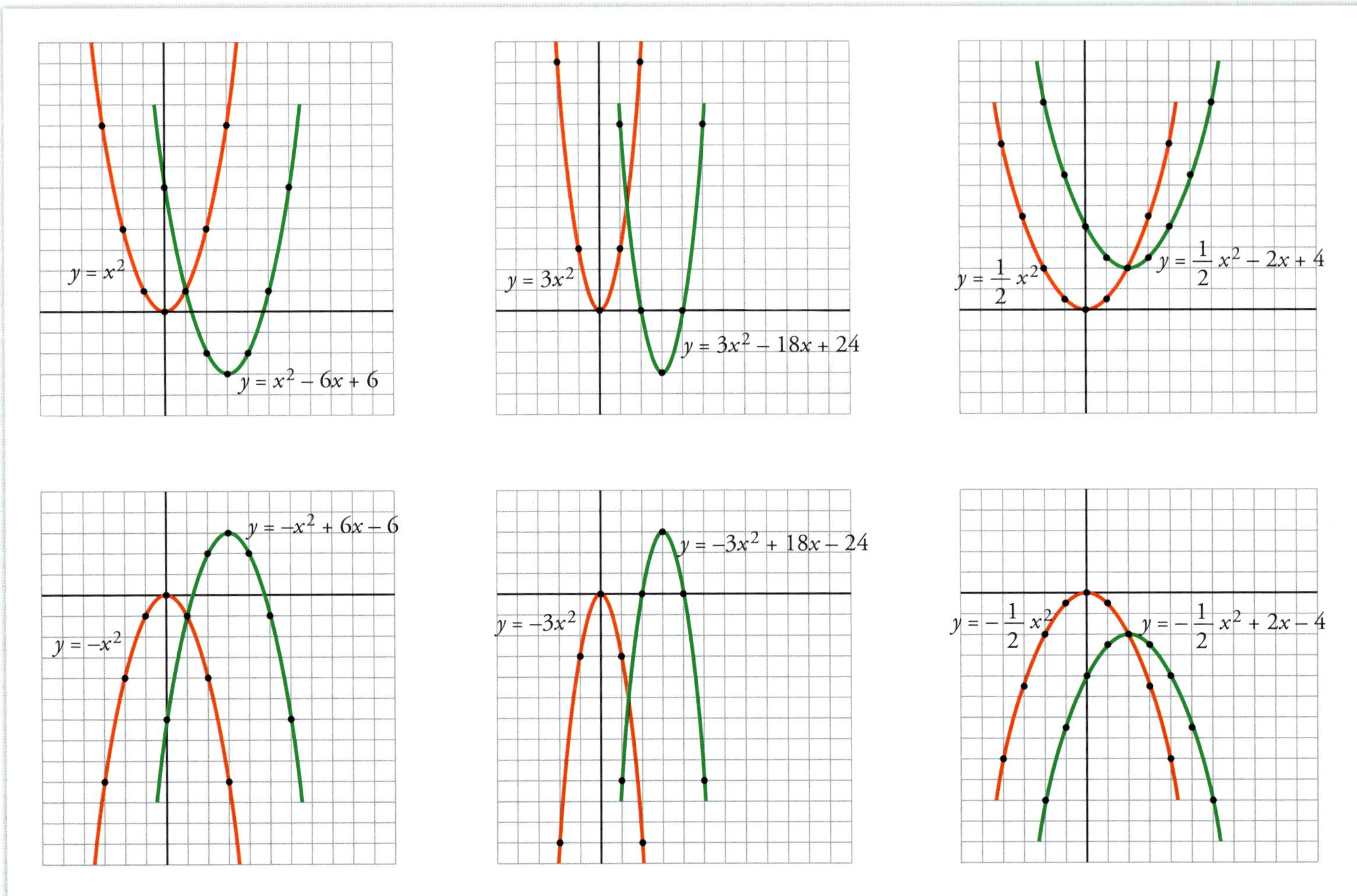


A partir de l'anàlisi de les gràfiques, podem fer les afirmacions següents:

Les funcions $y = ax^2 + bx + c$, amb $a \neq 0$, anomenades **quadràtiques**, es representen totes per mitjà de **paràboles** i són contínues en tot $\mathbb{R}$.

Cada una d'aquestes paràboles té un eix paral·lel a l'eix $Y$.

La seva forma depèn de $a$, coeficient de $x^2$, de la manera següent:

- Si dues funcions quadràtiques tenen el mateix coeficient de $x^2$, les seves paràboles corresponents són idèntiques, encara que poden estar situades en posicions diferents.
- Si $a > 0$, tenen les branques cap amunt, i si $a < 0$, cap avall.
- Com més gran sigui $|a|$, més estilitzada és la paràbola.

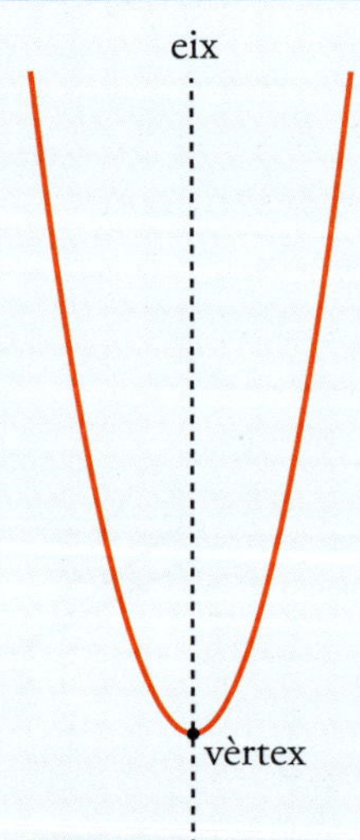



BARCANOVA EDITORIAL

## Taules de valors amb calculadora

La calculadora ens permet elaborar, de forma ràpida i eficient, una taula de valors corresponent a qualsevol funció, en l'interval que vulguem i amb els increments desitjats.

Observa com ho fem per a la funció $y = -x^2 + 3x + 4$.

Escollim **9: Taula** en l'opció de [MENÚ] i apareix a la pantalla l'expressió $f(x) =$. A continuació, introduïm l'expressió analítica. Cal tenir en compte que per escriure la $x$ cal prémer [ALPHA] [x )].

[(−)] [ALPHA] [x )] [x²] [+] 3 [ALPHA] [x )] [+] 4 [=]

Apareix aquesta pantalla, i hem d'indicar el primer i l'últim valor de $x$ i la mida del pas:

En el nostre cas, com que el vèrtex està situat en $x = 1{,}5$, donem els valors de $-2$ i 5 als extrems i el valor 1 al pas.

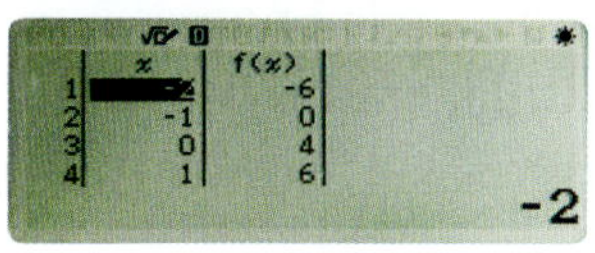


Per veure els valors que no surten a la pantalla, hem de moure cap avall el cursor.

## Representació de funcions quadràtiques

Per representar una funció quadràtica de la qual coneixem l'equació, només cal obtenir-ne uns quants punts. Comencem per trobar el vèrtex de la paràbola i, després, alguns punts que l'envolten.

- Trobem l'abscissa del vèrtex de la paràbola: $y = ax^2 + bx + c \rightarrow p = -\dfrac{b}{2a}$.
- Calculem el valor de la funció en algunes abscisses pròximes al vèrtex.
- Els punts de tall amb els eixos ens poden venir bé per fer la representació.
  - — Amb l'eix $X$: es resol l'equació $ax^2 + bx + c = 0$.
  - — Amb l'eix $Y$: és el punt $(0, c)$.

### EXERCICI RESOLT

**3.** ***Representa la paràbola l'equació de la qual és $y = -x^2 + 3x + 4$.***

Obtenim el vèrtex:

Abscissa: $p = -\dfrac{3}{-2} = 1{,}5$; Ordenada: $f(1{,}5) = 6{,}25$; Vèrtex: $(1{,}5; 6{,}25)$

Obtenim punts pròxims al vèrtex:

| x | −2 | −1 | 0 | 1 | 2 | 3 | 4 | 5 |
|---|---|---|---|---|---|---|---|---|
| y | −6 | 0 | 4 | 6 | 6 | 4 | 0 | −6 |

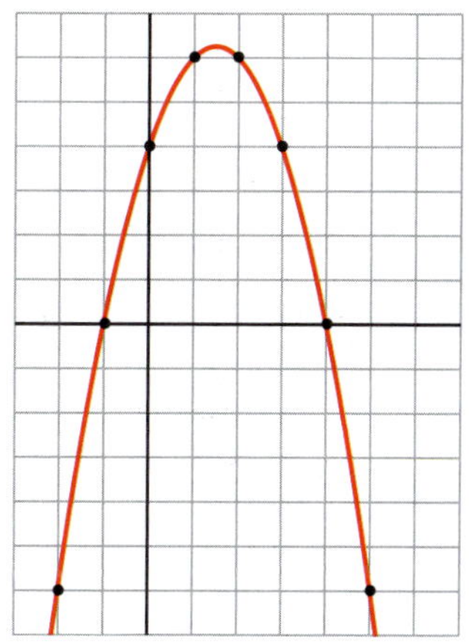

Podem observar que, a causa de la simetria de la paràbola respecte del seu eix, les ordenades dels punts que estan a la mateixa distància del vèrtex coincideixen. És a dir, com que el vèrtex està situat en $x = 1{,}5$, llavors $f(1) = f(2)$; $f(0) = f(3)$...

Veiem que $-x^2 + 3x + 4 = 0$ té dues solucions, $x = -1$ i $x = 4$, i que $f(0) = 4$. Aquests punts de tall amb els eixos, però, ja apareixen en la taula.

## » APLICA EL QUE HAS APRÈS

**9.** Associa cada un dels coeficients de $x^2$ amb la paràbola corresponent:

- $a = -1$
- $a = 2$
- $a = -\dfrac{1}{3}$
- $a = \dfrac{1}{2}$
- $a = -3$

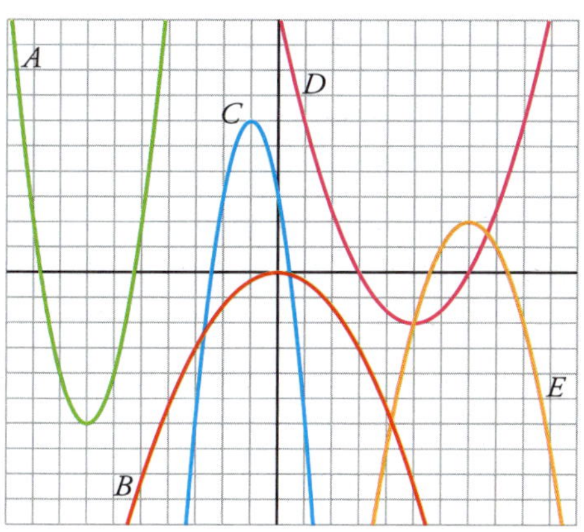


**10.** Representa les paràboles següents:

**a)** $y = x^2 - 2x + 2$

**b)** $y = -2x^2 - 2x - 3$

**c)** $y = \dfrac{1}{3}x^2 + x - 2$

**d)** $y = -x^2 + 4$

**e)** $y = -\dfrac{1}{2}x^2 + 2$

**f)** $y = 3x^2 + 6x + 4$

**11.** Fes la representació gràfica d'aquestes funcions quadràtiques en el teu quadern:

**a)** $y = (x - 1) \cdot (x - 3)$

**b)** $y = 2(x - 2)^2$

**c)** $y = \dfrac{1}{2}(x + 2) \cdot (x - 2)$

**d)** $y = (x - 1)^2 + 5$

## Rectes i paràboles

En alguns problemes haurem de fer un estudi conjunt d'una funció lineal i una altra de quadràtica o bé de dues de quadràtiques. Per a això, de vegades caldrà resoldre un sistema de segon grau, les solucions del qual (dues, una o cap) seran les coordenades dels punts de tall de les dues gràfiques.

En algunes funcions a trossos també apareixeran rectes i paràboles conjuntament.

### EXERCICIS RESOLTS

**4.** ***Resol, analíticament i gràficament, aquest sistema:***

$$\begin{cases} y = -2x^2 + 5x - 2 \\ y = x - 2 \end{cases}$$

**Analíticament:**

$$\left.\begin{array}{l} y = -2x^2 + 5x - 2 \\ y = x - 2 \end{array}\right\} -2x^2 + 5x - 2 = x - 2 \rightarrow -2x^2 + 4x = 0 \rightarrow$$

$$x(-2x + 4) = 0 \begin{cases} x = 0 \rightarrow y = -2 \\ x = 2 \rightarrow y = 0 \end{cases}$$

Hi ha dues solucions. En la resolució gràfica observem que la paràbola i la recta es tallen en els punts (0, –2) i (2, 0).

**Gràficament:**

Representem la paràbola $y = -2x^2 + 5x - 2$ i la recta $y = x - 2$.

Els punts de tall de les dues gràfiques són (0, –2) i (2, 0), les solucions del sistema.

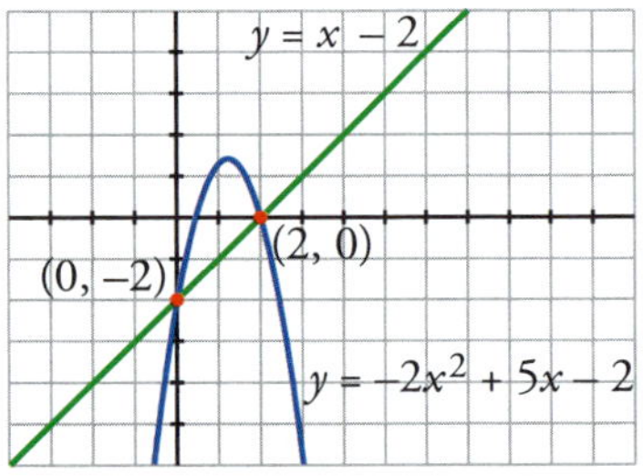


**5.** ***Representa gràficament aquesta funció:***

$$y = \begin{cases} -x^2 + 1 & \text{si } x \le 1/2 \\ 3/4 & \text{si } 1/2 < x < 2 \\ x - 5/4 & \text{si } x \ge 2 \end{cases}$$

- El primer tram de la funció correspon a un tros de paràbola i només està definit per a $x \le 1/2$. El vèrtex està situat en el punt (0, 1), talla l'eix $X$ en (–1, 0) [el punt (1, 0) no el considerem, perquè ha de ser $x \le 1/2$] i passa pels punts (1/2, 3/4) i (–2, –3).
- El segon tram correspon a un tros de recta horitzontal que comença en el punt (1/2, 3/4) i acaba en el punt (2, 3/4).
- El darrer tram és un tros de recta que parteix del punt (2, 3/4) i passa pel punt (3, 7/4).

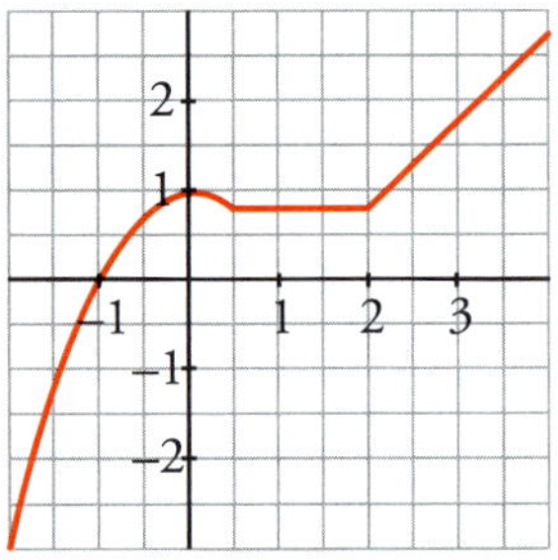


## » APLICA EL QUE HAS APRÈS

**12.** Resol, analíticament i gràficament, els sistemes d'equacions següents:

a) $\begin{cases} y = x^2 - 6x + 5 \\ y = x - 5 \end{cases}$

b) $\begin{cases} y = x^2 - 2x \\ y = -x + 2 \end{cases}$

c) $\begin{cases} y = 2x + 2 \\ y = 5 - x^2 \end{cases}$

d) $\begin{cases} y = x^2 - 4x + 2 \\ y = -\dfrac{x^2}{2} + x + 6 \end{cases}$

**13.** Representa gràficament aquestes funcions:

a) $y = \begin{cases} x^2 + 2 & \text{si } x \le 1 \\ 3 & \text{si } 1 < x < 3 \\ \dfrac{-3x + 15}{2} & \text{si } x \ge 3 \end{cases}$

b) $y = \begin{cases} 4 - x & \text{si } x \le 1 \\ -x^2 + 4x & \text{si } x > 1 \end{cases}$

# 4. FUNCIONS AMB VALOR ABSOLUT

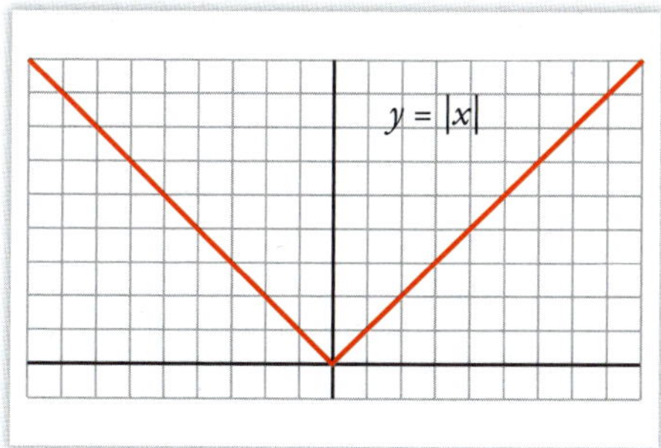


Recorda que el valor absolut d'un nombre $a$ coincideix amb $a$, si és positiu o nul, o amb el seu oposat, $-a$, si és negatiu:

$$|a| = \begin{cases} a & \text{si } a \geq 0 \\ -a & \text{si } a < 0 \end{cases}$$

En conseqüència, $y = |x|$ és aquesta funció definida a trossos:

$$|x| = \begin{cases} -x & \text{si } x < 0 \\ x & \text{si } x \geq 0 \end{cases}$$

Es coneix com a **funció valor absolut** i la seva representació gràfica és la del marge.

## Valor absolut d'una funció: $y = |f(x)|$

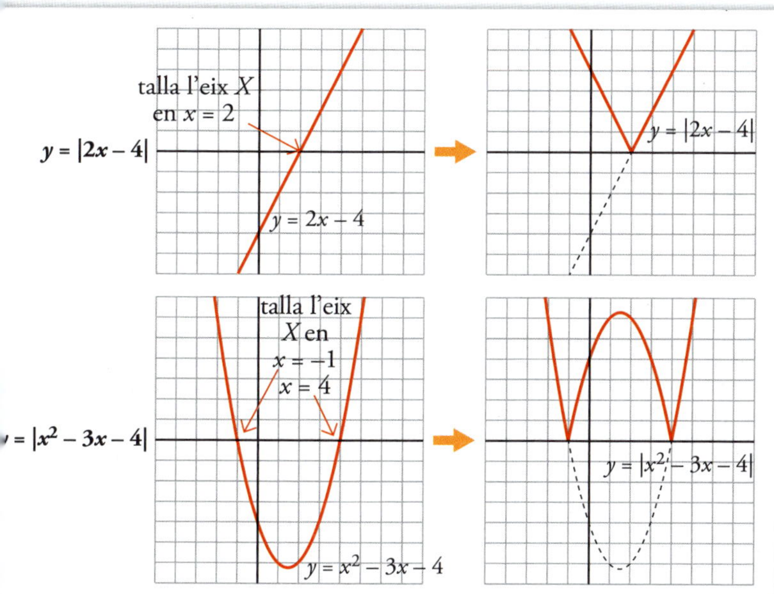


Observa com trobem el valor absolut d'algunes funcions:

$$y = |2x-4| = \begin{cases} -(2x-4) & \text{si } x < 2 \\ 2x-4 & \text{si } x \geq 2 \end{cases}$$

És a dir: $y = \begin{cases} -2x+4 & \text{si } x < 2 \\ 2x-4 & \text{si } x \geq 2 \end{cases}$

$$y = |x^2-3x-4| = \begin{cases} x^2-3x-4 & \text{si } x \leq -1 \text{ o } x \geq 4 \\ -(x^2-3x-4) & \text{si } -1 < x < 4 \end{cases}$$

És a dir: $y = \begin{cases} x^2-3x-4 & \text{si } x \leq -1 \\ -x^2+3x+4 & \text{si } -1 < x < 4 \\ x^2-3x-4 & \text{si } x \geq 4 \end{cases}$

> La representació de $y = |f(x)|$ a partir de $y = f(x)$ és molt senzilla: només hem de «fer positiu el que és negatiu», és a dir, la part de la gràfica que és sota l'eix $X$ és substituïda per la seva simètrica respecte d'aquest eix.
>
> L'expressió analítica s'aconsegueix canviant de signe la funció en els trams en què $f(x)$ pren valors negatius. Per a això, és fonamental conèixer els punts de tall de $y = f(x)$ amb l'eix $X$.

### » APLICA EL QUE HAS APRÈS

**14.** Representa el valor absolut d'aquestes funcions en el teu quadern.

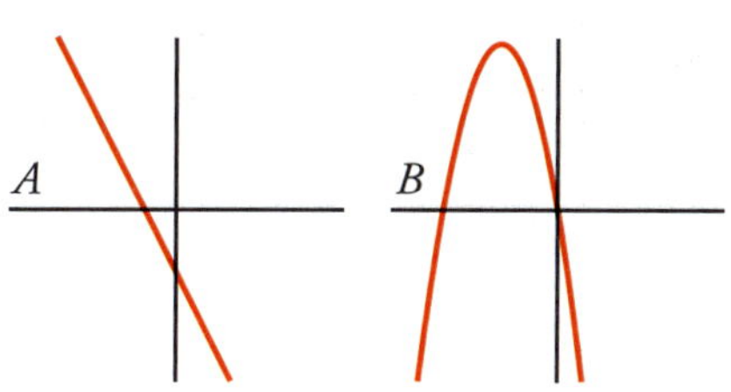


**15.** Representa aquestes funcions i escriu les seves expressions analítiques sense utilitzar el valor absolut:

**a)** $y = |3-2x|$ **b)** $y = \left|\frac{1}{2}x+1\right|$

**c)** $y = |x^2-4x|$ **d)** $y = |-x^2+6x-5|$

# 5. FUNCIONS RADICALS

Vegem alguns exemples de funcions radicals:

- El *costat* d'un quadrat en funció de la seva *àrea* és aquest:

$$c = \sqrt{A}$$

- El *radi* d'un cercle en funció de la seva *superfície* és aquest:

$$r = \sqrt{\frac{S}{\pi}}$$

- El *període* d'un pèndol simple en funció de la *longitud* del fil és aquest:

$$T = 2\sqrt{l}\text{; } l \text{ en m, } T \text{ en s}$$

- La *velocitat* amb què arriba a terra una bola que deixem caure des d'una *altura* $h$ és aquesta:

$$v = \sqrt{2gh}\text{; } v \text{ en m/s; } h \text{ en m}$$

A continuació, estudiarem aquestes funcions de manera formal.

## Tingues en compte

La funció $y = \sqrt{x}$ està definida i és contínua en $[0, +\infty)$ i creixent, tot i que cada vegada creix més a poc a poc.

Anàlogament, $y = -\sqrt{x}$ està definida i és contínua en $[0, +\infty)$ i decreixent.

## Diferents tipus de funcions radicals

Les funcions $y = \sqrt{x}$ i $y = -\sqrt{x}$ es poden representar punt a punt i donen lloc a les gràfiques que hi ha a sota. Són **meitats de paràbola**, i juntes descriuen una paràbola idèntica a $y = x^2$, però amb el seu eix sobre l'eix $X$.

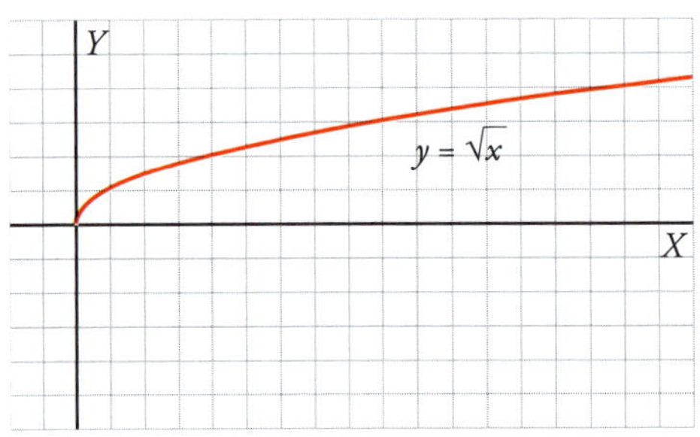


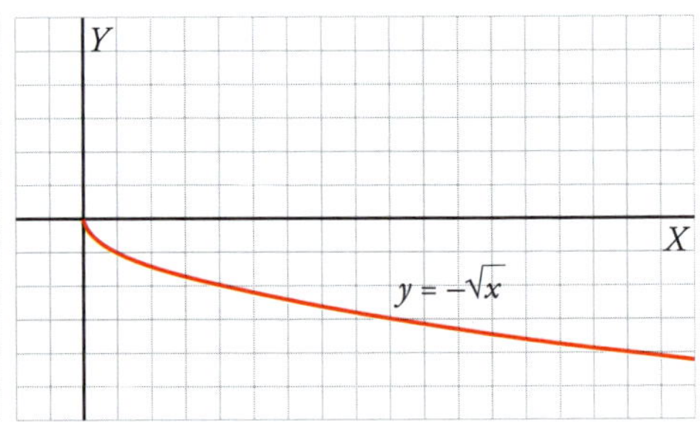


El domini de definició d'aquestes funcions és $[0, +\infty)$.

Les corbes següents són de la mateixa família:

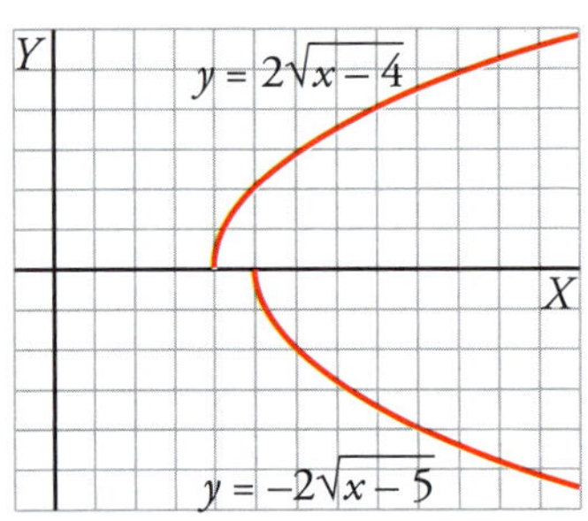


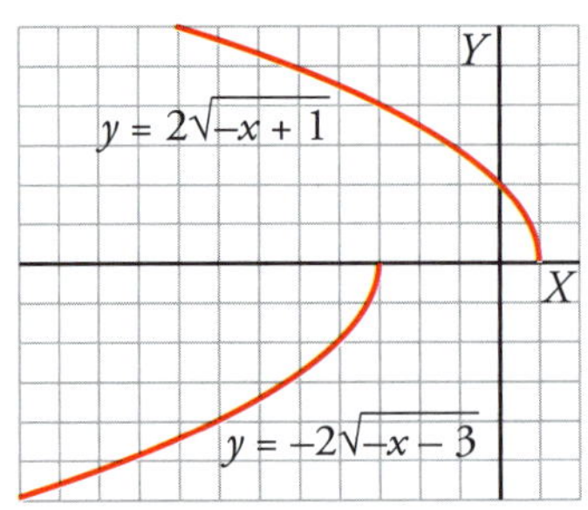


Les funcions $y = a\sqrt{x + b}$ i $y = a\sqrt{-x + b}$ es representen mitjançant mitges paràboles. Els seus dominis de definició són, respectivament, aquests:

$$[-b, +\infty) \text{ i } (-\infty, b]$$

## EXERCICIS RESOLTS

**6.** ***Representa aquesta funció i indica'n el domini de definició:***

$$y = -2 + \sqrt{x - 1}$$

- La $x$ amb signe positiu en el radicand significa que la corba va cap a la dreta.
- El primer valor que donem a la $x$ és 1, perquè anul·la el radicand.
- Després, donem a $x$ els valors 1, 2, 5, 10 i 17, amb els quals l'arrel és exacta.

| $x$ | 1 | 2 | 5 | 10 | 17 |
|---|---|---|---|---|---|
| $x - 1$ | 0 | 1 | 4 | 9 | 16 |
| $\sqrt{x - 1}$ | 0 | 1 | 2 | 3 | 4 |
| $y = -2 + \sqrt{x - 1}$ | –2 | –1 | 0 | 1 | 2 |

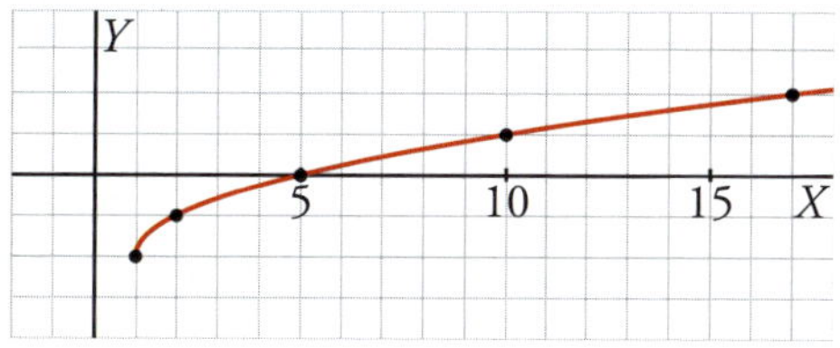


Domini de definició: $[1, +\infty)$

**7.** ***Representa*** $y = -3\sqrt{-x + 2}$ ***i indica'n el domini de definició.***

- $-x$ implica que la corba va cap a l'esquerra.
- El primer valor que donem a $x$ és 2, perquè anul·la el radicand.
- Després, donem a la $x$ els valors 2, 1, –2, –7, –14, amb els quals l'arrel és exacta.
- El coeficient –3 dona lloc a ordenades negatives. Per tant, la corba està per sota de l'eix $X$.

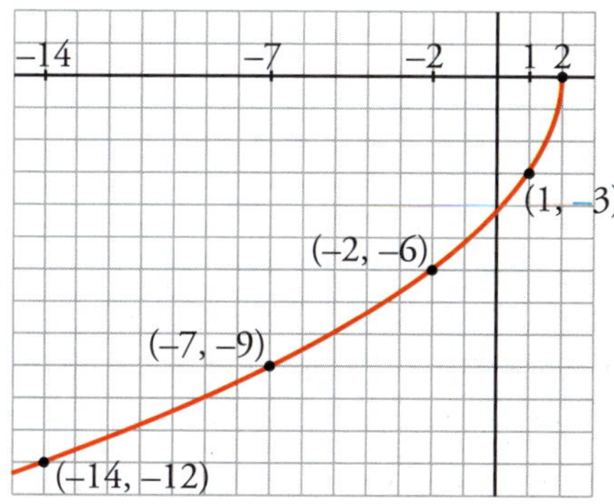


Domini de definició: $(-\infty, 2]$

**8.** ***Representa*** $y = \sqrt[3]{x}$.
***Quin és el seu domini de definició?***

| $x$ | –8 | –1 | 0 | 1 | 8 | 27 |
|---|---|---|---|---|---|---|
| $y = \sqrt[3]{x}$ | –2 | –1 | 0 | 1 | 2 | 3 |

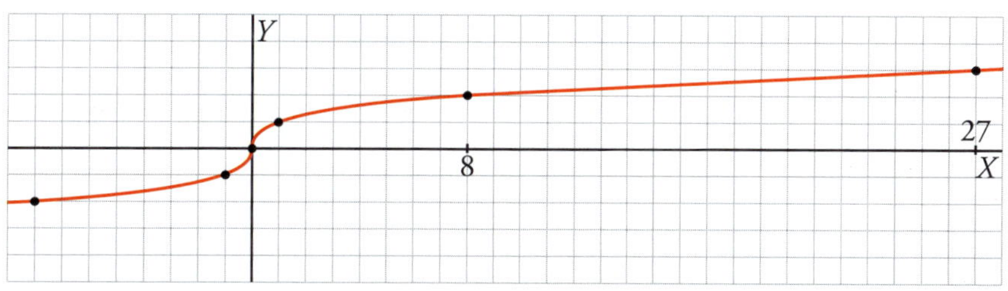


Domini de definició: $(-\infty, +\infty)$

## » APLICA EL QUE HAS APRÈS

**16.** Representa les funcions següents i troba el domini de definició de cada una:

**a)** $y = 2\sqrt{x}$ **b)** $y = -2\sqrt{x}$ **c)** $y = 2\sqrt{x + 3}$ **d)** $y = -2\sqrt{x + 3}$ **e)** $y = 4 - 2\sqrt{x + 3}$

**f)** $y = 2\sqrt{-x}$ **g)** $y = -2\sqrt{-x}$ **h)** $y = 2\sqrt{-x + 3}$ **i)** $y = -2\sqrt{-x + 3}$ **j)** $y = -3 - 2\sqrt{-x + 5}$

GeoGebra. Representació de funcions radicals.

# 6. FUNCIONS DE PROPORCIONALITAT INVERSA

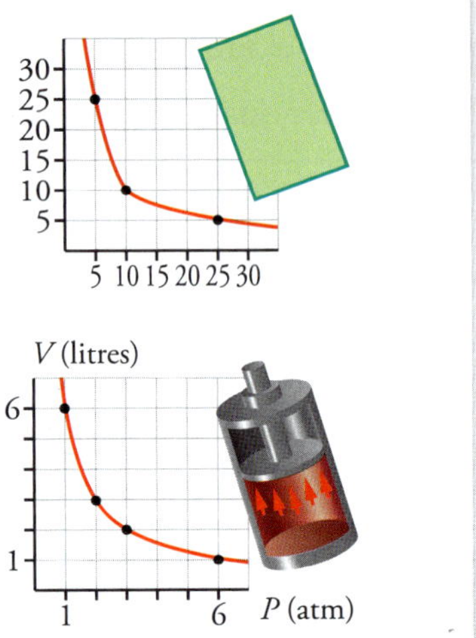


- Desconeixem els costats d'un rectangle de 100 cm$^2$ de superfície. Si els anomenem $x$ i $y$, és clar que $xy = 100$. Aquesta relació la podem escriure així:

  $y = \frac{100}{x}$ (A àrees iguals, els costats són inversament proporcionals.)

- En un dipòsit de 6 ℓ hi ha aire a pressió atmosfèrica. Si el comprimim (augmentem la pressió), disminueix el volum. Es compleix la relació $P \cdot V = 6$, que també podem escriure així:

  $V = \frac{6}{P}$ (La pressió i el volum d'una massa de gas són inversament proporcionals.)

En la natura, en física, en economia... abunden les relacions de proporcionalitat inversa. El curs passat vam fer-ne una breu introducció. Ara, repassarem tot el que vam veure i hi aprofundirem una mica més.

## Estudi de la funció $y = k/x$

Aquesta és la gràfica de la funció $y = \frac{1}{x}$:

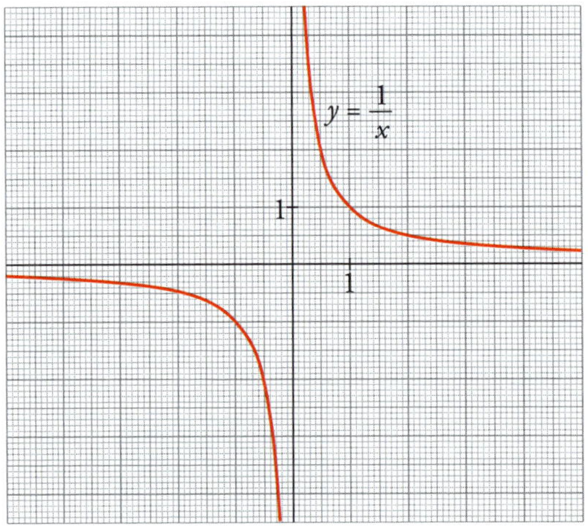


- Aquesta corba s'anomena **hipèrbola**. Les seves asímptotes són els eixos de coordenades.
- L'eix $Y$ és una **asímptota** perquè, quan $x$ s'acosta a 0, $y$ pren valors cada vegada més grans.
- L'eix $X$ és una altra asímptota perquè, quan $x$ pren valors cada vegada més grans, $y$ s'acosta a 0.
- No està definida per a $x = 0$.

| x | y |
|---|---|
| 1 | 1 |
| 2 | 0,5 |
| 3 | $0,\widehat{3}$ |
| 4 | 0,25 |
| 5 | 0,20 |
| ... | ... |

| x | y |
|---|---|
| 1 | 1 |
| 0,5 | 2 |
| $0,\widehat{3}$ | 3 |
| 0,25 | 4 |
| 0,20 | 5 |
| ... | ... |

La $x$ i la $y$ *poden intercanviar-se*. És a dir, si canviem l'una per l'altra s'obté la mateixa gràfica.

Les corbes següents són de la mateixa família:

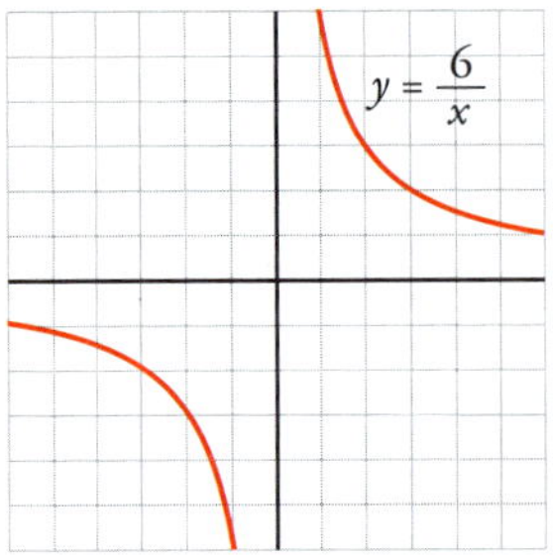


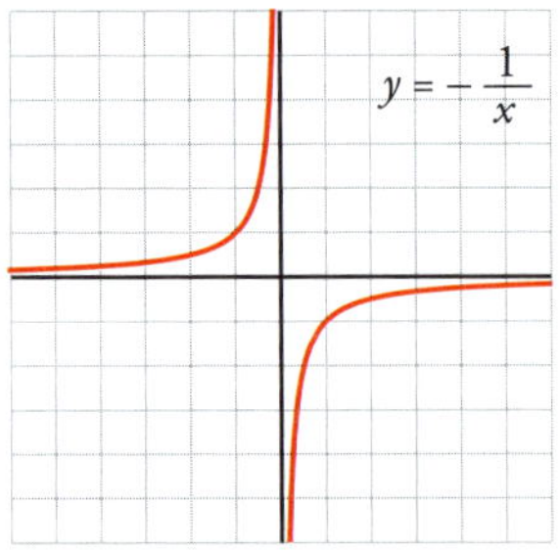


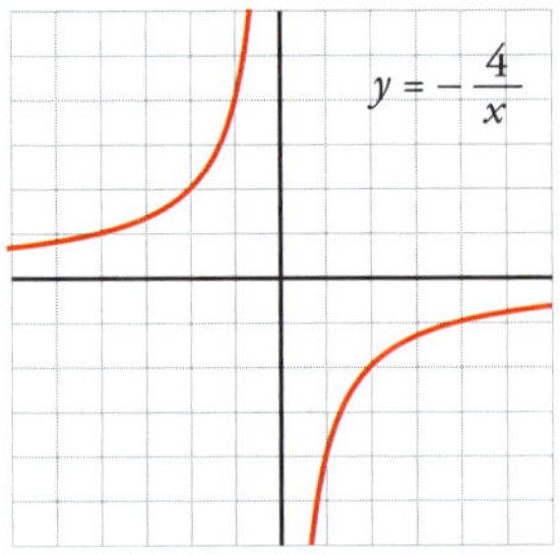


Les funcions $y = \frac{k}{x}$ s'anomenen **funcions de proporcionalitat inversa**.

Es representen per mitjà d'hipèrboles, les asímptotes de les quals són els eixos de coordenades.

El seu domini de definició està format pels trams $(-\infty, 0)$ i $(0, +\infty)$. Això s'expressa d'aquesta manera: $Dom = (-\infty, 0) \cup (0, +\infty)$.



BARCANOVA EDITORIAL

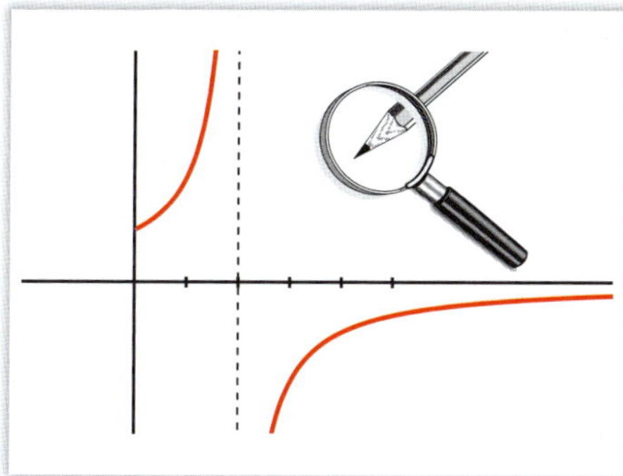

## Funcions relacionades amb $y = k/x$

- En la unitat anterior vam veure la funció $A = \frac{2}{2-d}$, que relacionava l'augment, $A$, produït per una lupa amb la distància, $d$, a la qual es col·locava l'objecte. La gràfica d'aquesta funció és també una hipèrbola. Les seves asímptotes són l'eix de les abscisses i la recta $d = 2$.
- En general, les funcions

$$y = \frac{k}{x-a},\ y = \frac{k}{a-x},\ y = \frac{k}{x-a} + b$$

són hipèrboles que estan relacionades amb les de proporcionalitat inversa. Vegem-ne alguns exemples.

### EXERCICIS RESOLTS

**9.** ***Represente aquesta funció i indica'n el domini de definició:***

$$y = \frac{6}{x-4}$$

La gràfica d'aquesta funció serà com la de $y = 6/x$, desplaçada 4 unitats a la dreta. Vegem que és així mitjançant una taula de valors:

| $x$ | –2 | 0 | 1 | 2 | 3 | … | 5 | 6 | 7 | 8 | 10 | … |
|---|---|---|---|---|---|---|---|---|---|---|---|---|
| $x-4$ | –6 | –4 | –3 | –2 | –1 | … | 1 | 2 | 3 | 4 | 6 | … |
| $y$ | –1 | –1,5 | –2 | –3 | –6 | … | 6 | 3 | 2 | 1,5 | 1 | … |

Les seves asímptotes són $x = 4$ i $y = 0$.

El seu domini de definició és $(-\infty, 4) \cup (4, +\infty)$.

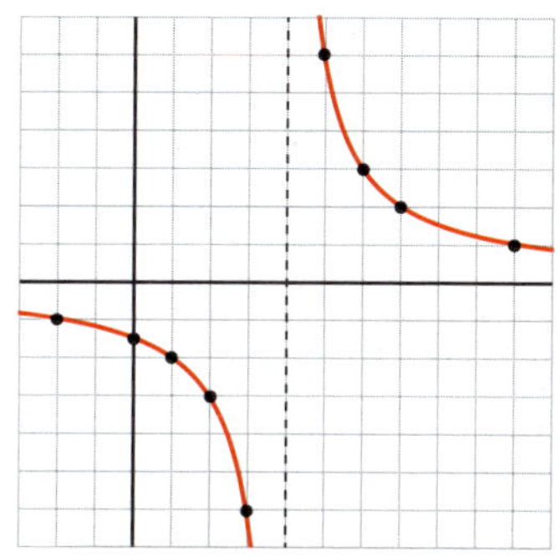

**10.** ***Representa aquesta funció i indica'n el domini de definició:***

$$y = \frac{6}{x-4} + 2$$

La seva gràfica serà com l'anterior, però 2 unitats més amunt. O, dit d'una altra manera, s'obté de la gràfica anterior baixant l'eix $X$ dues unitats.

El seu domini de definició és $(-\infty, 4) \cup (4, +\infty)$.

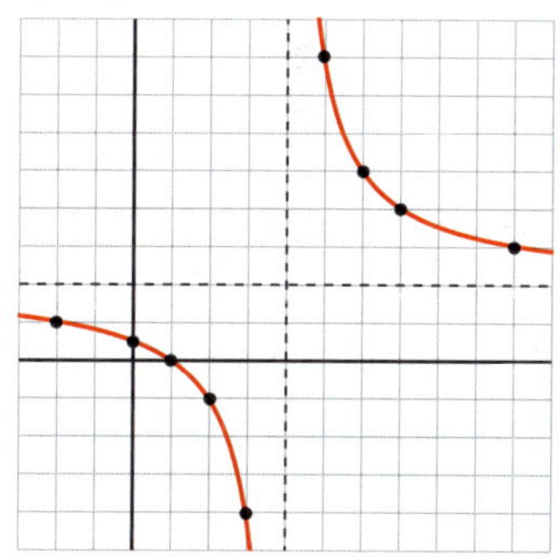

## » APLICA EL QUE HAS APRÈS

**17.** Relaciona cada una d'aquestes gràfiques amb la funció corresponent i indica'n el domini:

a) $y = \frac{2}{x}$ b) $y = -\frac{2}{x}$

c) $y = \frac{2}{x-3}$ d) $y = \frac{2}{x-3} + 5$

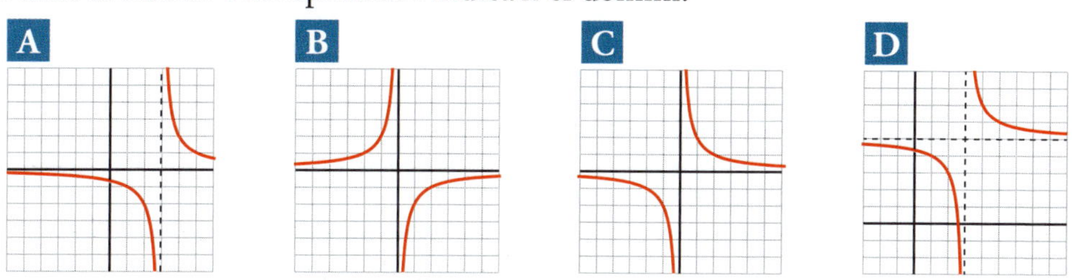


**18.** Representa cada funció i indica'n el domini:

a) $y = \frac{5}{x}$ b) $y = -\frac{3}{x}$ c) $y = \frac{4}{x}$ d) $y = \frac{1}{x-1}$ e) $y = \frac{1}{x+1}$ f) $y = -\frac{1}{x+2}$

GeoGebra. Representació de funcions de proporcionalitat inversa.

# 7. FUNCIONS EXPONENCIALS

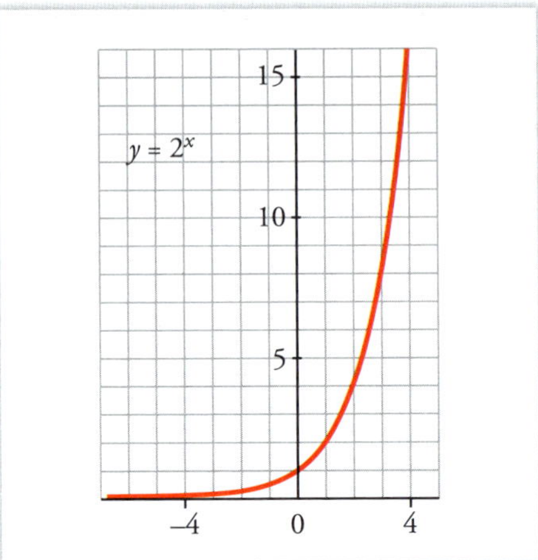


## Funcions exponencials creixents: $y = a^x$, $a > 1$

En el marge tens la gràfica de la funció exponencial de base 2: $y = 2^x$.

$x \geq 0$:

| $x$ | 0 | 1 | 2 | 3 | 4 | … |
|---|---|---|---|---|---|---|
| $2^x$ | 1 | 2 | 4 | 8 | 16 | … |

$x < 0$:

| $x$ | –1 | –2 | –3 |
|---|---|---|---|
| $2^x$ | $2^{-1} = 0{,}5$ | $2^{-2} = 0{,}25$ | $2^{-3} = 0{,}125$ |

Quan $x$ pren valors cada vegada més grans, $2^x$ tendeix a infinit. Tanmateix, quan $x$ pren els valors –4, –5, –10…, $2^x$ es fa molt petit. És a dir, cap a l'esquerra, $2^x$ tendeix a zero.

S'anomenen **funcions exponencials** les que tenen l'equació $y = a^x$, amb la **base** $a$ igual a un nombre real positiu diferent d'1.

- Són contínues, estan definides en tot $\mathbb{R}$ i passen per (0, 1) i (1, $a$).
- Si la base és més gran que 1 ($a > 1$), aleshores són creixents. Creixen tant més ràpidament com més gran és $a$.

Les funcions de la forma $y = a^{kx} = (a^k)^x$ són exponencials de base $a^k$.

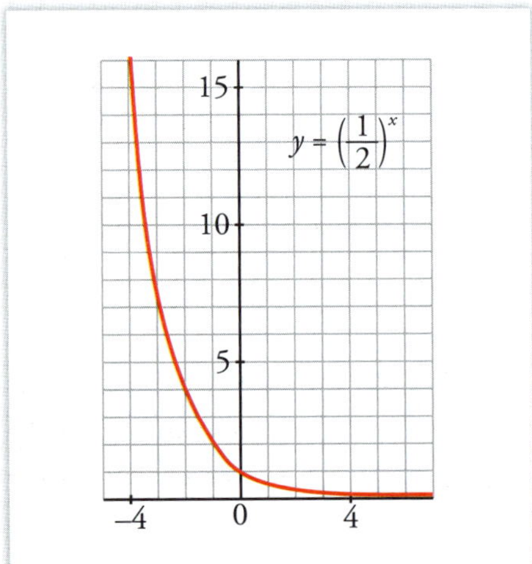


## Funcions exponencials decreixents: ($0 < a < 1$)

$y = \left(\dfrac{1}{2}\right)^x$ també és exponencial. Com que la seva base (1/2) és més petita que 1, la funció és decreixent. La seva gràfica és simètrica de la de $y = 2^x$ respecte de l'eix $Y$.

Les funcions $y = a^x$, amb $0 < a < 1$, també passen per (0, 1) i (1, $a$), són contínues i estan definides en tot $\mathbb{R}$, però són decreixents. Decreixen tant més ràpidament com més pròxim a 0 sigui $a$.

Les funcions $y = a^x$ i $y = (1/a)^x$ són simètriques respecte de l'eix $Y$.

### EXERCICI RESOLT

**11.** ***Representa aquesta funció:***

$$y = 10^{0,2x}$$

***Després, representa sobre els mateixos eixos aquesta altra funció:***

$$y = \left(\frac{1}{1,6}\right)^x$$

$$10^{0,2x} = (10^{0,2})^x = 1{,}6^x$$

Passa pels punts (0, 1) i (1; 1,6).

Com que 1,6 > 1, la funció és creixent.

Per dibuixar la gràfica, cal buscar-ne uns quants punts més.

La funció $y = \left(\dfrac{1}{1,6}\right)^x$ és simètrica a la primera respecte a l'eix $Y$.

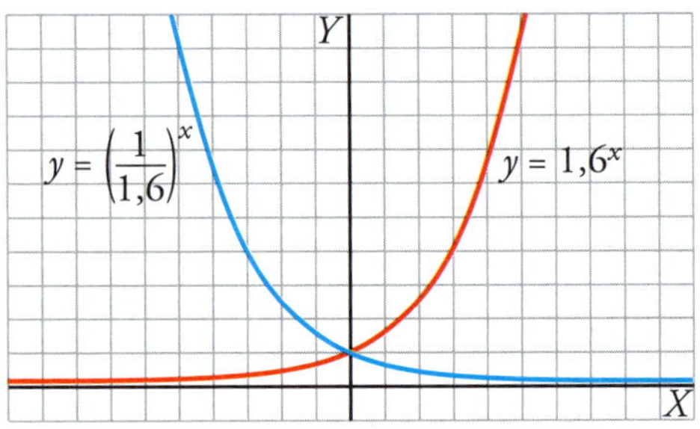


## » APLICA EL QUE HAS APRÈS

**19.** Representa aquestes funcions en un paper mil·limetrat. Quin és el domini de definició de cada una?

**a)** $y = 1{,}25^x$ **b)** $y = 0{,}8^x$

**20.** Escriu en forma exponencial aquestes expressions:

**a)** $2^{0,4x}$ **b)** $10^{0,01x}$ **c)** $1{,}01^{12x}$ **d)** $\left(\dfrac{1}{2}\right)^{x/28}$



GeoGebra. Representació de funcions exponencials.

## Aplicacions de les funcions exponencials

El creixement exponencial és molt freqüent en la naturalesa (cultius de microorganismes, poblacions animals o vegetals...). També serveix per descriure fenòmens econòmics i d'altres tipus. Vegem-ne alguns exemples.

### Exemple 1. Creixement d'una població

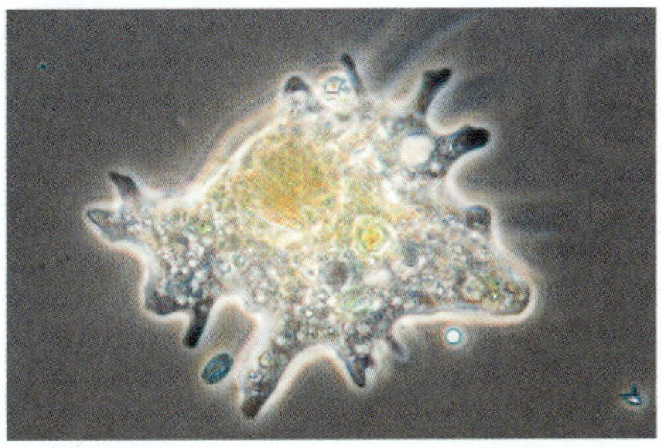

Les amebes, com saps, són éssers unicel·lulars que es reprodueixen partint-se en dos trossos (bipartició) amb més o menys rapidesa.

Suposem que les condicions d'un cultiu fan que el nombre d'amebes es dupliqui, aproximadament, cada hora i que, al principi, hi ha només una ameba.

El nombre aproximat d'amebes que hi haurà al cap de $t$ hores és $N = 2^t$. La seva gràfica és com la primera gràfica de la pàgina anterior, però només és vàlida per a valors $t \geq 0$.

### Tingues en compte

En el Taller de Matemàtiques (pàg. 142) s'estudia l'aplicació de la funció exponencial a la desintegració radioactiva i a la prova del carboni 14.

### Exemple 2. Creixement d'un capital

Suposem ara que un capital de 20.000 € es diposita en un banc al 0,5 % mensual. Això vol dir que cada mes augmenta el 0,5 % i, per tant, el capital que hi ha al principi de cada mes es multiplica per 1,005.

L'expressió que dona el capital acumulat al cap de $T$ mesos és aquesta:

$$C = 20.000 \cdot 1{,}005^T, \quad T \geq 0$$

### PROBLEMES RESOLTS

**12.** ***Ingressem 60.000 € en un compte que produeix el 5 % anual. Quants diners tindrem al cap de 8 anys i 3 mesos?***

Un augment del 5 % anual significa multiplicar el capital per 1,05 cada any. El capital creix aleshores segons l'equació següent:

$$C = 60.000 \cdot 1{,}05^T$$

Els diners que hi haurà al cap de 8 anys i 3 mesos (8 anys i un quart) són el valor de $C$ per a $T = 8{,}25$:

$$C\,(8{,}25) = 60.000 \cdot 1{,}05^{8{,}25} = 89.735{,}23 \text{ €}$$

**13.** ***Una maquinària es devalua a raó del 8 % a l'any. Si ara val 120.000 €, quin serà el seu valor d'aquí a 11 anys?***

Una devaluació del 8 % anual significa multiplicar el valor per 0,92 al final de cada any (1 – 0,08 = 0,92). El valor de la maquinària evoluciona així:

$$V = 120.000 \cdot 0{,}92^T$$

Per a $T = 11$, obtenim que $V\,(11) = 120.000 \cdot 0{,}92^{11} = 47.956{,}49$ €.

### » APLICA EL QUE HAS APRÈS

**21.** Escriu l'equació que expressa el nombre aproximat d'amebes que hi haurà al cap de $t$ hores en un cultiu semblant al de l'exemple 1, si, al principi, hi havia 200 amebes.

Quantes amebes hi haurà al cap de 8 hores?

**22.** Un capital de 130.000 € s'ha col·locat en un banc al 12 % anual. Expressa el valor del capital, $C$, en funció del temps, $t$, en anys, que romanguin els diners al banc.

Quants diners hi haurà al cap de 6 anys i 9 mesos?

# 8. FUNCIONS LOGARÍTMIQUES

En aquests eixos de coordenades hi ha dibuixades la gràfica de la funció $y = 2^x$, en blau, i la seva simètrica respecte de la recta $y = x$, en vermell.

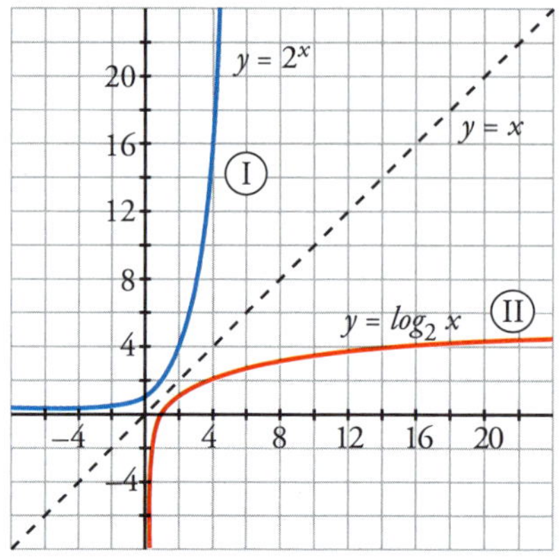


Aquestes dues corbes es relacionen analíticament de la manera següent:

(0, 1), (1, 2), (2, 4), (3, 8), (4, 16)… són punts de la gràfica I.

(1, 0), (2, 1), (4, 2), (8, 3), (16, 4)… són punts de la gràfica II.

En general, si el punt $(a, b)$ és de la gràfica I, llavors $(b, a)$ és de la II. Per això, diem que la funció descrita per II és la **inversa** o **recíproca** de la funció descrita per I.

La funció descrita per la gràfica vermella s'anomena **funció logarítmica** de base 2 i es designa així: $y = log_2\,x$.

## Logaritmes

Recorda que $log_a\,P$ és l'exponent al qual cal elevar la base $a$ per obtenir $P$. És a dir:

$$log_a\,P = x \Leftrightarrow a^x = P$$

Per exemple:

- $2^3 = 8 \rightarrow log_2\,8 = 3$
- $2^{-1} = \frac{1}{2} \rightarrow log_2\,\frac{1}{2} = -1$

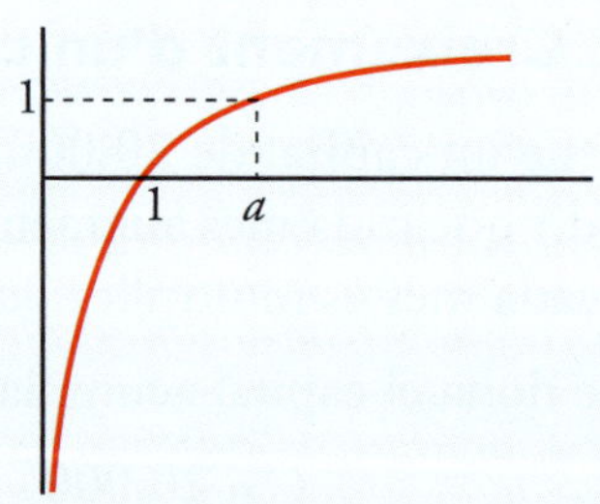


- La funció logarítmica $y = log_a\,x$ (amb $a > 1$) és la inversa (o recíproca) de l'exponencial $y = a^x$.
- Està definida per a valors més grans que 0. És a dir, el seu domini de definició és $(0, +\infty)$.
- És contínua i passa pels punts (1, 0) i $(a, 1)$.
- És creixent, però, en augmentar $x$, la seva velocitat de creixement disminueix fins a fer-se molt petita.
- Té una asímptota en l'eix $Y$.

## EXERCICI RESOLT

**14.** ***Representa la funció:***

$$y = log_{1,5}\,x$$

Sabem que passa per (1, 0) i (1,5; 1).

Per representar-la, ens ajudem de la seva inversa, la funció exponencial $y = 1,5^x$:

| $y = 1,5x$ | $y = log_{1,5}\,x$ |
|---|---|
| (2; 2,25) | (2,25; 2) |
| (3; 3,38) | (3,38; 3) |
| (4; 5,06) | (5,06; 4) |
| (5; 7,59) | (7,59; 5) |
| (6; 11,39) | (11,39; 6) |

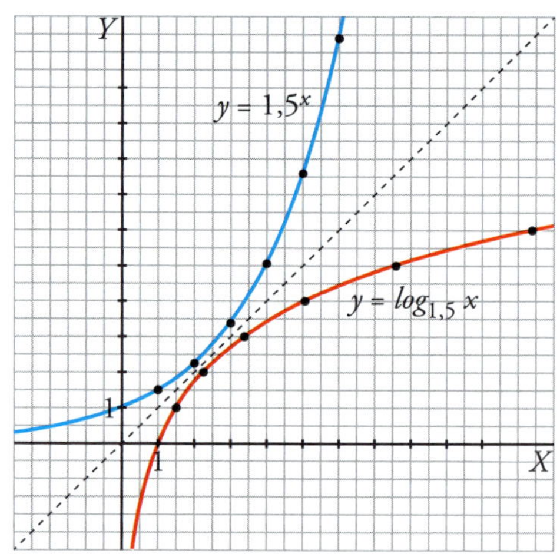


## » APLICA EL QUE HAS APRÈS

**23.** Representa cada parell de funcions en un sistema de coordenades. Fes-ho en paper mil·limetrat.

**a)** $y = e^x$; $y = ln\,x$ **b)** $y = 3^x$; $y = log_3\,x$ **c)** $y = 10^x$; $y = log\,x$ **d)** $y = 2,2^x$; $y = log_{2,2}\,x$ **e)** $y = 4^x$; $y = log_4\,x$

Digues quin és el domini de definició de cada funció.



GeoGebra. Representació de funcions logarítmiques.

# » OBSERVA, RAONA I RESOL

## 1. FUNCIÓ CONTÍNUA DEFINIDA A TROSSOS

***Calcula el valor de m perquè la funció següent sigui contínua:***

$$y = \begin{cases} 2x - 5 & \text{si } x < 2 \\ mx + 3 & \text{si } x \geq 2 \end{cases}$$

***Representa-la per al valor de m obtingut.***

La funció està representada per dues rectes. Perquè sigui contínua, només cal que coincideixin en $x = 2$, on canvia de la primera recta a la segona. Perquè això passi, $2x - 5$ ha de coincidir amb $mx + 3$ en $x = 2$:

$$2 \cdot 2 - 5 = 2m + 3 \rightarrow m = -2$$

La funció queda així: $y = \begin{cases} 2x - 5 & \text{si } x < 2 \\ -2x + 3 & \text{si } x \geq 2 \end{cases}$

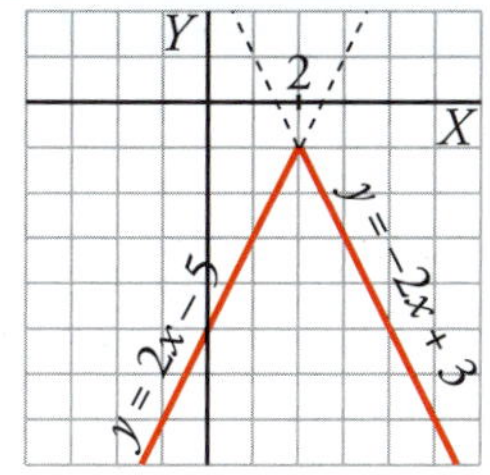


**Fes-ho tu** Troba el valor de $k$ perquè aquesta funció sigui contínua:

$$y = \begin{cases} 4x + 2 & \text{si } x < -1 \\ kx - 3 & \text{si } x \geq -1 \end{cases}$$

## 2. OBTENCIÓ DE L'EQUACIÓ D'UNA PARÀBOLA A PARTIR DEL SEU VÈRTEX I UN DELS SEUS PUNTS

***Troba l'equació de la paràbola el vèrtex de la qual és (3, –1) si passa pel punt (2, –2).***

***Representa-la en uns eixos de coordenades.***

L'equació d'una paràbola qualsevol és $y = ax^2 + bx + c$.

Sabem que el valor de l'abscissa del vèrtex és $x = 3$.

Per tant: $-b/2a = 3 \rightarrow b = -6a$ (*)

La paràbola passa per (3, –1) i (2, –2):

$$-1 = 9a + 3b + c \xrightarrow{(*)} -9a + c = -1$$

$$-2 = 4a + 2b + c \xrightarrow{(*)} -8a + c = -2$$

$$\begin{cases} 9a - c = 1 \\ -8a + c = -2 \end{cases} \rightarrow a = -1;\ b = 6;\ c = -10$$

La paràbola és $y = -x^2 + 6x - 10$.

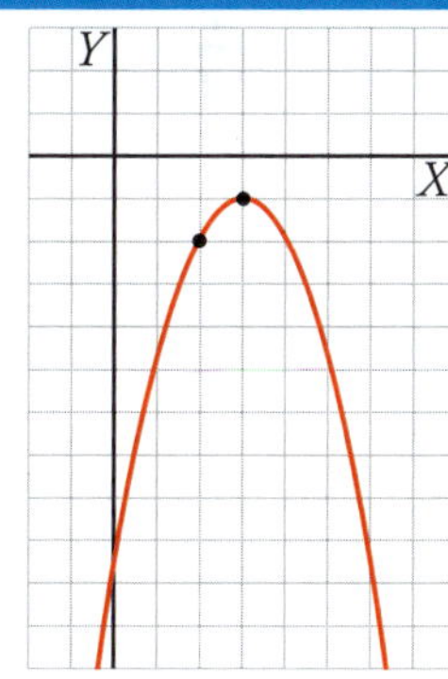


**Fes-ho tu** Troba l'equació de la paràbola que té el vèrtex situat en el punt (–2, –9) i que passa per (0, 1).

## 3. RECTES I PARÀBOLES

***Interpreta analíticament i gràficament aquest sistema:***

$$\begin{cases} y = x^2 - 2 \\ y = x \end{cases}$$

***Descriu i representa la funció contínua que s'obté a partir d'ambdues, formada per recta-paràbola-recta.***

Trobem els punts de tall de la paràbola i la recta. Per fer-ho, aïllem $y$ en cada equació i igualem:

$$\left.\begin{matrix} y = x^2 - 2 \\ y = x \end{matrix}\right\} \rightarrow x^2 - 2 = x \rightarrow x^2 - x - 2 = 0 \rightarrow x = -1,\ x = 2$$

Es tallen en (–1, –1) i (2, 2).

En l'enunciat es diu que la funció està formada, primer, per un tros de recta, després, per un tros de paràbola i, finalment, per un altre tros de recta. Aquesta és la funció definida a trossos:

$$y = \begin{cases} x & \text{si } x < -1 \\ x^2 - 2 & \text{si } -1 \leq x \leq 2 \\ x & \text{si } x > 2 \end{cases}$$

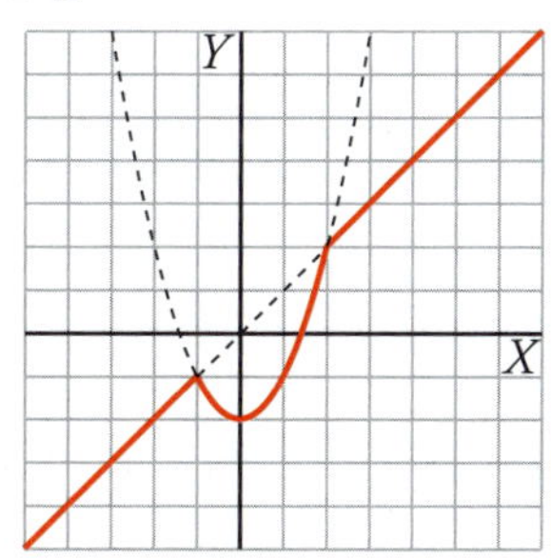


**Fes-ho tu** Fes el mateix amb aquest altre sistema: $\begin{cases} y = 4 - x^2 \\ y = -x - 2 \end{cases}$

## 4. VALOR ABSOLUT D'UNA FUNCIÓ

***Expressa la funció següent sense utilitzar el signe de valor absolut i representa-la:***

$$y = \left| \frac{1}{4}x^2 - \frac{5}{2}x + \frac{9}{4} \right|$$

Per expressar-la en forma de funció definida a trossos, primer hem de veure on talla l'eix $X$ la funció que és dins del valor absolut. Així, podrem esbrinar en quins intervals és positiva i en quins és negativa.

$$\frac{1}{4}x^2 - \frac{5}{2}x + \frac{9}{4} = 0 \rightarrow x = 1,\ x = 9$$

Les branques de la paràbola van cap amunt, ja que el coeficient de $x^2$ és positiu. Això vol dir que la funció només és negativa entre els dos punts de tall amb l'eix $X$.

Tenim, doncs, els trams $(-\infty, 1]$ i $[9, +\infty)$, on la funció és positiva o zero, per la qual cosa no se l'ha de canviar de signe, i el tram $(1, 9)$, on la funció és negativa. En aquest tram canviem de signe la funció.

$$y = \begin{cases} \frac{1}{4}x^2 - \frac{5}{2}x + \frac{9}{4} & \text{si } x \le 1 \\ -\frac{1}{4}x^2 + \frac{5}{2}x - \frac{9}{4} & \text{si } 1 < x < 9 \\ \frac{1}{4}x^2 - \frac{5}{2}x + \frac{9}{4} & \text{si } x \ge 9 \end{cases}$$

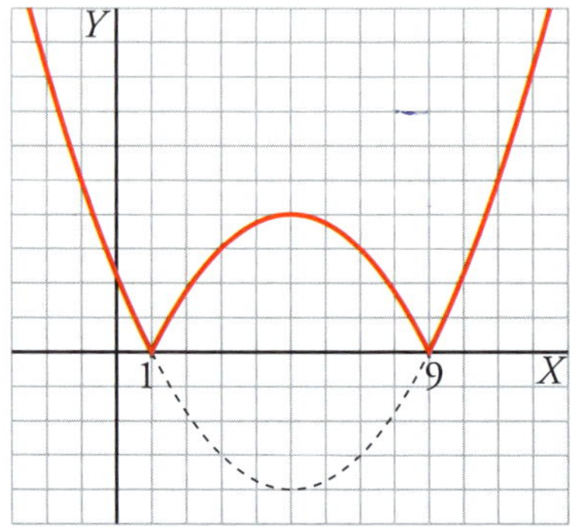


**Fes-ho tu** Expressa la funció següent com a funció definida a trossos i representa-la:

$$y = |x^2 - 2x - 8|$$

## 5. FUNCIONS AMB VALORS ABSOLUTS

***Expressa cada una d'aquestes funcions com una funció definida a trossos:***

***a)*** $y = |x^2 - 1| + 1$

***b)*** $y = |2x - 4| + |x|$

**a)** Els punts de tall amb l'eix $X$ de la paràbola $y = x^2 - 1$ són $x = -1$ i $x = 1$. Com que té les branques cap amunt, la funció definida a trossos queda així:

$$y = \begin{cases} x^2 - 1 + 1 & \text{si } x < -1 \\ -x^2 + 1 + 1 & \text{si } -1 \le x \le 1 \\ x^2 - 1 + 1 & \text{si } x > 1 \end{cases} \rightarrow y = \begin{cases} x^2 & \text{si } x < -1 \\ -x^2 + 2 & \text{si } -1 \le x \le 1 \\ x^2 & \text{si } x > 1 \end{cases}$$

**b)** Fem una taula per estudiar com varia l'expressió dins de cada valor absolut segons el tram. Els extrems de cada tram són els que fan que cada una de les expressions sigui igual a 0.

| | $0 \le x \le 2$ | $x < 0$ | $x > 2$ |
|---|---|---|---|
| $\|2x - 4\|$ | $-2x + 4$ | $-2x + 4$ | $2x - 4$ |
| $\|x\|$ | $x$ | $-x$ | $x$ |
| $\|2x - 4\| + \|x\|$ | $-x + 4$ | $-3x + 4$ | $3x - 4$ |

La funció queda, per tant, així:

$$y = \begin{cases} -3x + 4 & \text{si } x < 0 \\ -x + 4 & \text{si } 0 \le x \le 2 \\ 3x - 4 & \text{si } x > 2 \end{cases}$$

**Fes-ho tu** Expressa cada funció com una funció definida a trossos:

**a)** $y = |x^2 - 4| - 2$

**b)** $y = |x + 3| + |x|$

## 6. FUNCIONS RELACIONADES AMB LA FUNCIÓ DE PROPORCIONALITAT INVERSA

***Expressa la funció següent de la forma $y = \dfrac{k}{x - a} + b$. Després, representa-la.***

$$y = \frac{2x + 3}{x + 1}$$

Comencem per fer la divisió:

$$\begin{array}{r|l} 2x + 3 & x + 1 \\ \hline -2x - 2 & 2 \\ \hline 1 & \end{array}$$

La funció es pot expressar així:

$$\frac{2x + 3}{x + 1} = 2 + \frac{1}{x + 1}$$

Es tracta de la funció $y = \dfrac{1}{x}$ desplaçada 1 unitat a l'esquerra i 2 unitats cap amunt.

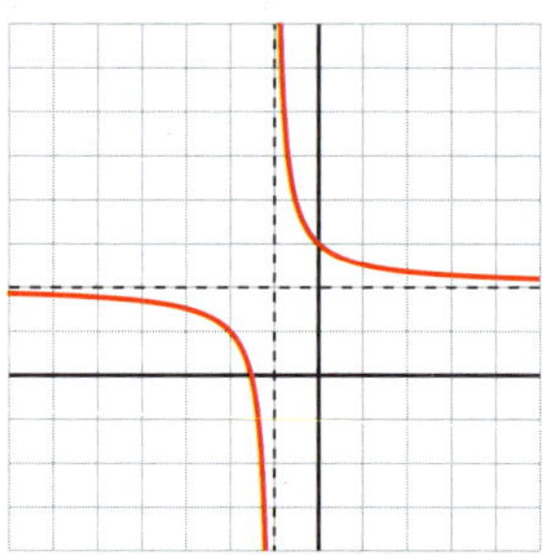

**Fes-ho tu** Representa aquesta funció:

$$y = \frac{3x - 1}{x + 2}$$


BARCANOVA EDITORIAL

# » EXERCITA LES TEVES COMPETÈNCIES

## Practica

### Funcions lineals

**1.** Representa aquestes funcions lineals:

**a)** $y = 2x - 3$ **b)** $y = \frac{4}{7}x$

**c)** $y = \frac{-3x + 10}{5}$ **d)** $y = 2,5$

**2.** A partir del pendent i un punt, calcula, en cada cas, l'equació de la recta:

**a)** $P(0, 0)$, $m = 1$ **b)** $P(2, -1)$, $m = -2$

**c)** $A(-2, 1)$, $m = \frac{1}{2}$ **d)** $A(1, 3)$, $m = -\frac{5}{3}$

**3.** Escriu l'equació d'aquestes funcions lineals:

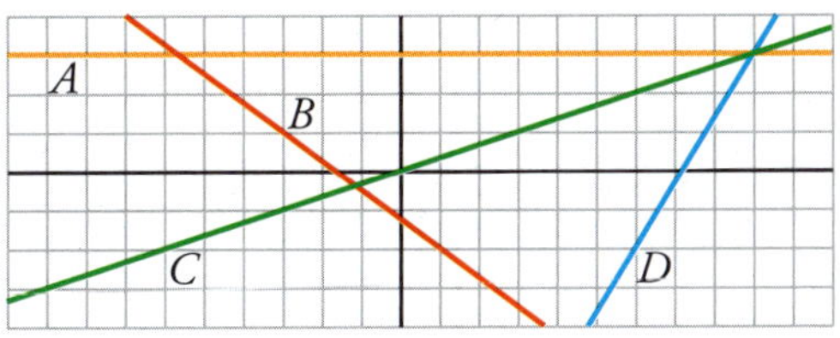


**4.** Troba, en cada cas, l'equació de la recta que passa pels punts $A$ i $B$:

**a)** $A(3, 0)$, $B(5, 0)$ **b)** $A(-2, -4)$, $B(2, -3)$

**c)** $A(0, -3)$, $B(3, 0)$ **d)** $A(0, -5)$, $B(-3, 1)$

**5.** Troba l'equació, en cada cas, i representa-la:

**a)** Recta que passa per $(2, -3)$ i és paral·lela a la recta que passa per $(1, -2)$ i $(-4, 3)$.

**b)** Funció de proporcionalitat que passa pel punt $(-4, 2)$.

**c)** Funció constant que passa per $(18, -1,5)$.

**6.** Troba el valor dels paràmetres desconeguts per tal que les rectes i els punts compleixin les condicions demanades. Després, representa totes les rectes.

**a)** La recta passa pels punts $(4, 0)$ i $(-2, a)$ i el seu pendent és $-1$.

**b)** La recta $y = bx + 2$ passa pel punt $(-3, 4)$.

**c)** Els punts $(d, -2)$ i $(4, e)$ pertanyen a la recta d'equació $y = \frac{1}{2}x - 3$.

**d)** Les rectes d'equacions $y = 3x + c$ i $y = cx + 3$ es tallen en el punt d'ordenada 2.

Digues quina és l'abscissa corresponent a aquest punt.

### Funcions quadràtiques

**7.** Associa cada gràfica amb la seva expressió:

**a)** $y = x^2$

**b)** $y = (x - 3)^2$

**c)** $y = x^2 - 3$

**d)** $y = x^2 - 6x + 6$

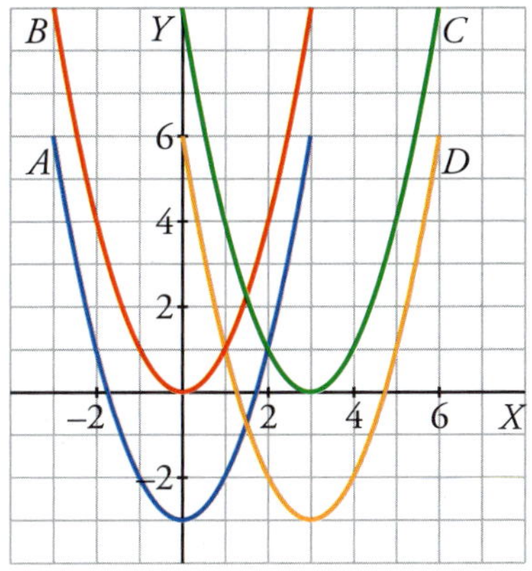


**8.** Representa les funcions següents. Fes primer, en cada cas, una taula de valors com aquesta:

| x | –4 | –3 | –2 | –1 | 0 | 1 | 2 | 3 | 4 |
|---|---|---|---|---|---|---|---|---|---|
| y | … | … | … | … | … | … | … | … | … |

**a)** $y = x^2 + 1$ **b)** $y = -x^2 + 4$

**c)** $y = -3x^2$ **d)** $y = 0,4x^2$

**9.** Representa les paràboles següents. Primer, troba'n el vèrtex, alguns punts pròxims a aquest i els punts de tall amb els eixos:

**a)** $y = (x + 2)^2$ **b)** $y = x^2 - 4x$

**c)** $y = \frac{1}{2}x^2 + 2x + 1$ **d)** $y = x^2 - 9$

**10.** Indica quin és el punt (abscissa i ordenada) on hi ha el vèrtex de les paràboles següents i assenyala, en cada cas, si es tracta d'un màxim o d'un mínim. Després, representa-les.

**a)** $y = 8 - x^2$ **b)** $y = 4 + (3 - x)^2$

**c)** $y = -x^2 - 2x + 4$ **d)** $y = 3x - \frac{1}{2}x^2 + 1$

**e)** $y = \frac{15}{4} - \frac{1}{4}x^2 + \frac{1}{2}x$ **f)** $y = \frac{1}{3}x^2 + 2x + 3$

**11.** Indica el vèrtex, l'eix de simetria i els punts de tall amb els eixos (si els té) de cada una d'aquestes paràboles:

**a)** $y = 2x^2$ **b)** $y = 2(x - 5)^2$

**c)** $y = 2(x - 5)^2 + 2$ **d)** $y = -x^2 + 1$

**e)** $y = -(x + 1)^2 + 1$ **f)** $y = -3x + 2x^2$

## Funcions definides a trossos

**12.** Representa aquestes funcions i indica quines són contínues:

**a)** $y = \begin{cases} 2x & \text{si } x \le -1 \\ -2 & \text{si } -1 < x \le 3 \\ x - 5 & \text{si } x > 3 \end{cases}$ **b)** $y = \begin{cases} -3 & \text{si } x < 0 \\ 2x + 1 & \text{si } x \ge 0 \end{cases}$

**c)** $y = \begin{cases} -x + 3 & \text{si } x < 1 \\ 2 & \text{si } 1 \le x < 2 \\ x & \text{si } x \ge 2 \end{cases}$

**d)** $y = \begin{cases} 0 & \text{si } x < -2 \\ x + 2 & \text{si } -2 \le x \le 0 \\ 3x - 2 & \text{si } x > 0 \end{cases}$

**13.** Representa les funcions següents:

**a)** $y = \begin{cases} -1 - x & \text{si } x < -1 \\ 1 - x^2 & \text{si } -1 \le x \le 1 \\ x - 1 & \text{si } x > 1 \end{cases}$

**b)** $y = \begin{cases} x^2 & \text{si } x < 0 \\ -x^2 & \text{si } x \ge 0 \end{cases}$ **c)** $y = \begin{cases} x^2 + 4x & \text{si } x < 0 \\ -x^2 + 4x & \text{si } x \ge 0 \end{cases}$

**14.** Escriu l'equació de la funció definida a trossos que correspon a aquesta gràfica:

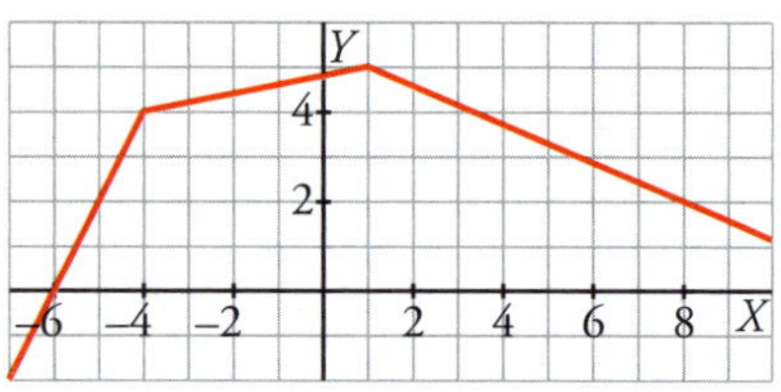


**15.** Les equacions de les paràboles representades en les gràfiques següents són aquestes:

**a)** $y = -x^2 - 4x$ **b)** $y = x^2 - 6x + 5$

**c)** $y = x^2$ **d)** $y = 4 - x^2$

Escriu l'expressió analítica de cada funció.

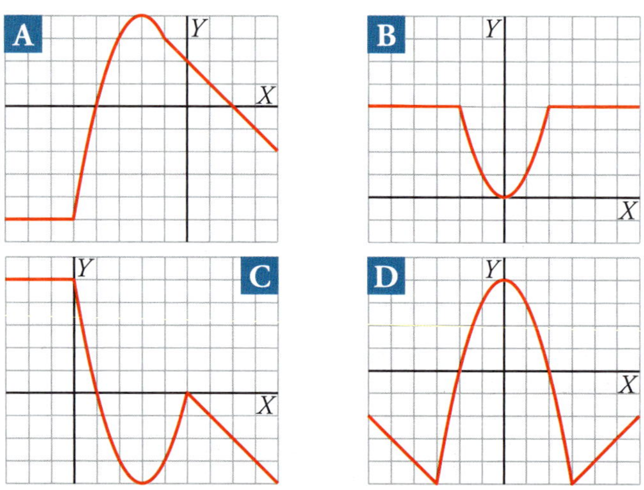


## Valor absolut d'una funció

**16.** Associa cada una de les funcions següents amb la gràfica corresponent:

**a)** $y = |2x - 2|$ **b)** $y = |4 - x|$

**c)** $y = \left|\frac{1}{2}x + 2\right|$ **d)** $y = \left|1 - \frac{1}{2}x\right|$

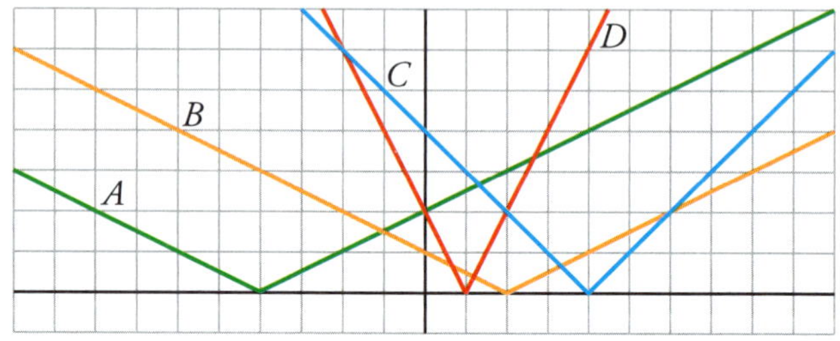


**17.** Associa cada funció amb la seva gràfica:

**a)** $y = |x^2 - 4|$ **b)** $y = |-x^2 - 10x - 22{,}75|$

**c)** $y = |x^2 - 6x + 5|$ **d)** $y = |-x^2 - 4x - 3|$

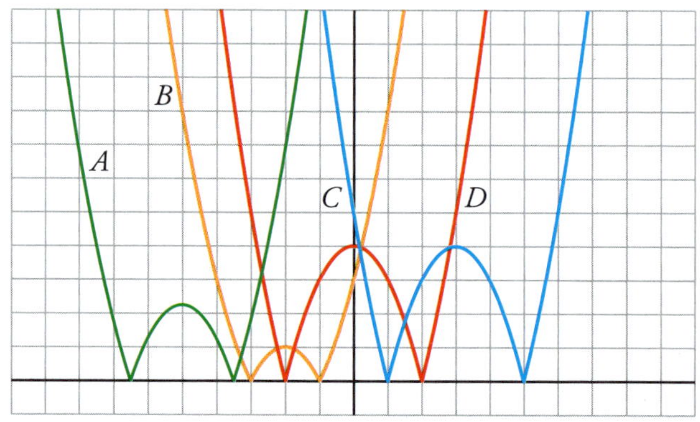


**18.** Expressa cada una d'aquestes funcions en forma de funció definida a trossos. Recorda que per definir els intervals necessites els punts de tall amb l'eix *X*.

**a)** $y = \left|4 - \frac{1}{3}x\right|$ **b)** $y = |2x + 2|$

**c)** $y = |x^2 - 2x - 3|$ **d)** $y = |-x^2 + 2x - 1|$

**e)** $y = \left|\frac{1}{2}x^2 - 4x + \frac{7}{2}\right|$ **f)** $y = |9 - x^2|$

**19.** Escriu la funció definida a trossos corresponent a cada una d'aquestes funcions. Expressa-les, després, com a valor absolut d'una funció.

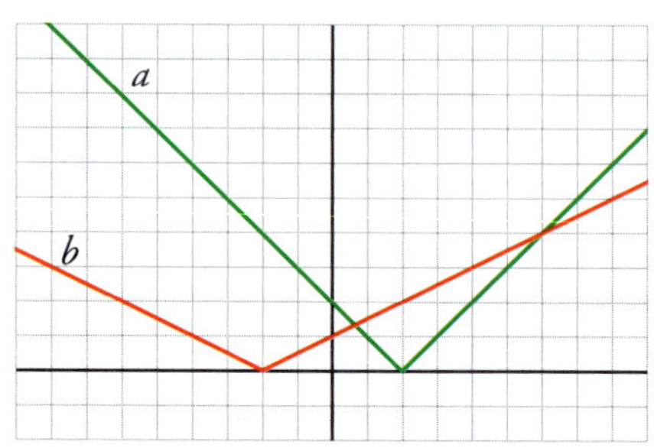

## Altres funcions

**20.** Associa a cada gràfica una d'aquestes fórmules i indica el domini de definició de cada funció:

I) $y = \dfrac{1}{3 - x}$ II) $y = 1 - \dfrac{1}{x - 2}$

III) $y = 3 + \dfrac{2}{x}$ IV) $y = -\dfrac{1}{x + 2} - 1$

**a)**

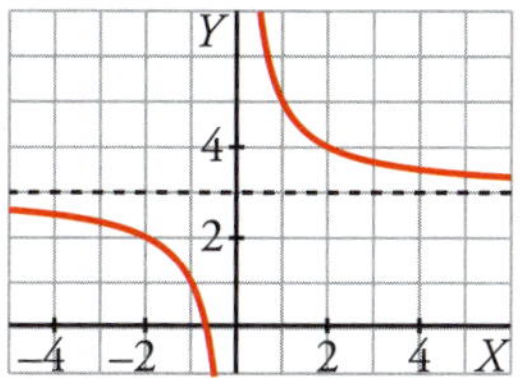


**b)**

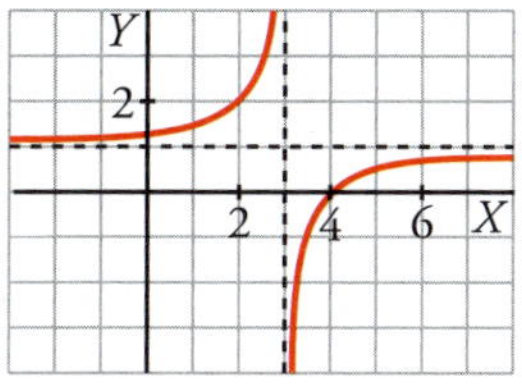


**c)**

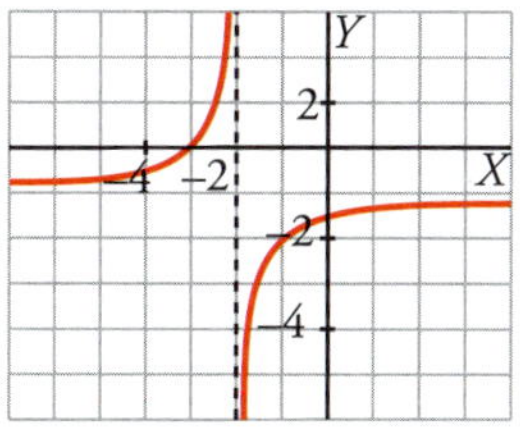


**d)**

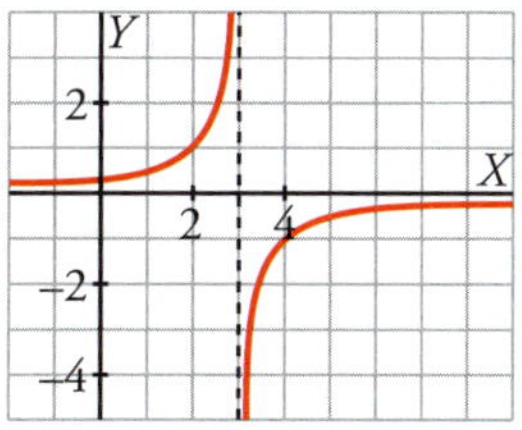


**21.** Associa a cada gràfica la fórmula corresponent i indica el domini de definició de cada funció:

I) $y = \sqrt{x - 3}$ II) $y = \sqrt{x} - 3$

III) $y = 3 - \sqrt{-x}$ IV) $y = \sqrt{-3x}$

**a)**

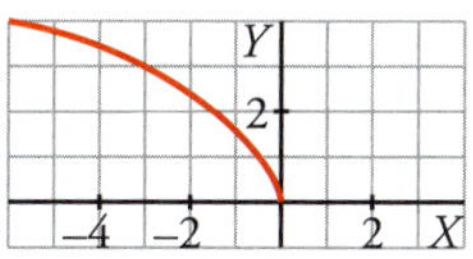


**b)**

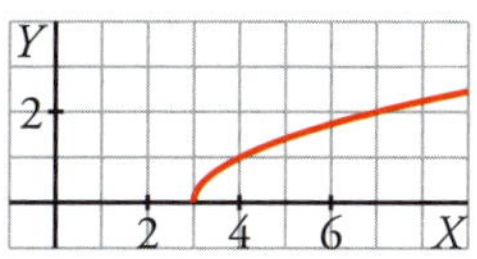


**c)**

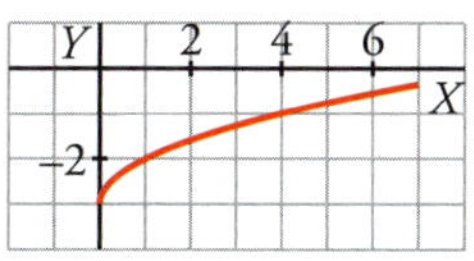


**d)**

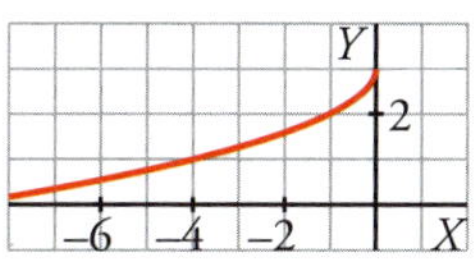


**22.** Associa a cada gràfica una d'aquestes fórmules:

I) $y = 3^x$ II) $y = 1{,}5^x$

III) $y = 0{,}4^x$ IV) $y = 0{,}7^x$

**a)**

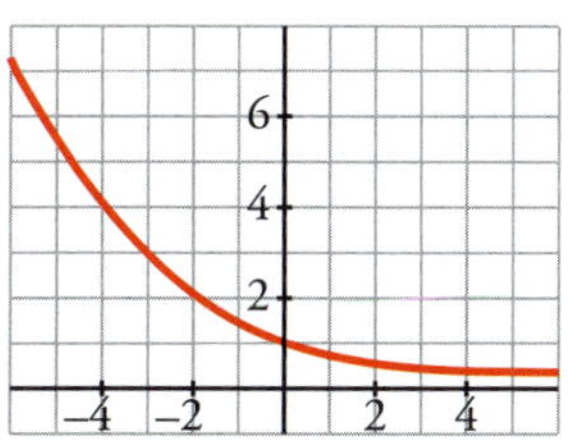


**b)**

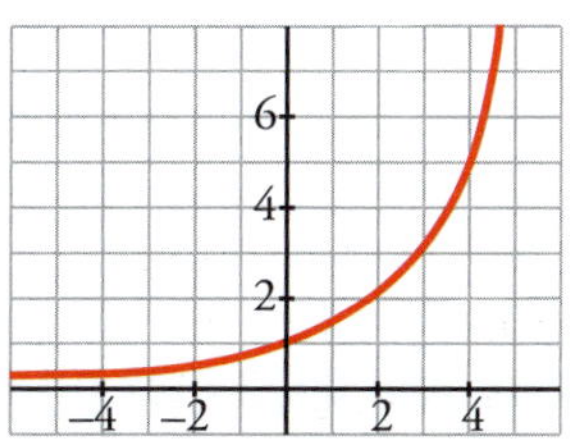


**c)**

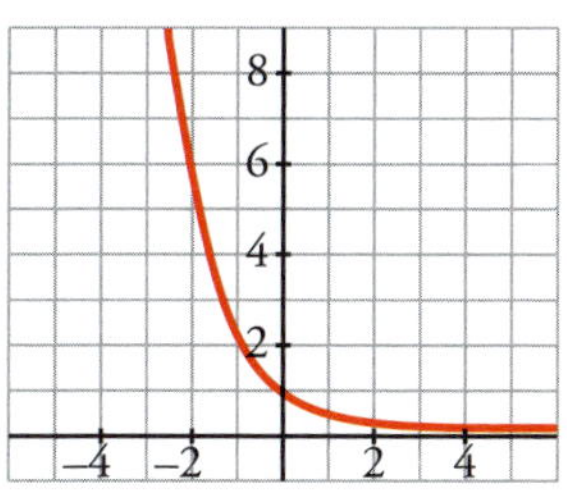


**d)**

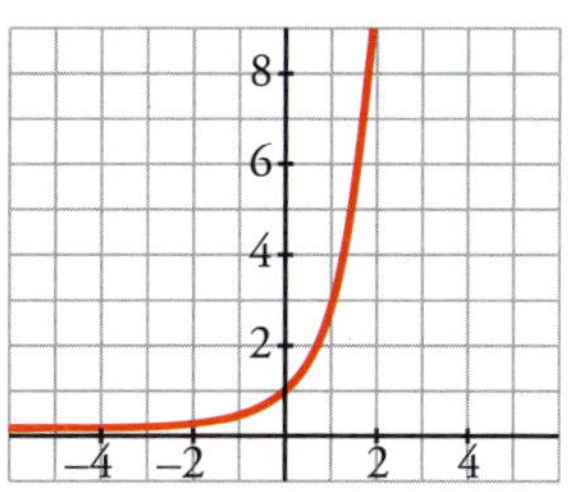


Digues, en cada cas, si la funció és creixent o decreixent.

**Pel que fa a les activitats següents, és aconsellable utilitzar la calculadora per crear la taula de valors corresponent.**

**23.** Dibuixa la gràfica de les funcions següents:

**a)** $y = -\dfrac{1}{x} + 3$ **b)** $y = \dfrac{2}{x + 1}$

**c)** $y = \dfrac{1}{x + 3} + 2$ **d)** $y = \dfrac{3}{x - 2}$

**24.** Digues quin és el domini de definició de les funcions següents i quines en són les asímptotes. Representa-les gràficament.

**a)** $y = \dfrac{1}{x - 1}$ **b)** $y = -\dfrac{3}{x - 3}$

**c)** $y = \dfrac{1}{2 - x} - 2$ **d)** $y = \dfrac{1}{x + 1} + 1$

**25.** Representa gràficament les funcions següents i indica'n el domini de definició en cada cas:

**a)** $y = \sqrt{x} + 2$ **b)** $y = 2 - \sqrt{x}$

**c)** $y = 2\sqrt{-x}$ **d)** $y = -\sqrt{-x}$

**e)** $y = -2 - \sqrt{x}$ **f)** $y = -2 - 2\sqrt{-x}$

**g)** $y = 2 + \sqrt{-x}$ **h)** $y = 2\sqrt{-x} + 2$

**26.** Estudia el domini de definició de les funcions següents i representa-les gràficament:

**a)** $y = \sqrt{2 - x}$ **b)** $y = 7 - \sqrt{2x + 4}$

**c)** $y = \sqrt{-x - 1}$ **d)** $y = 2 + \sqrt{x + 3}$

**e)** $y = 1 + \sqrt{x - 1}$ **f)** $y = \sqrt{2(x - 1)}$

**g)** $y = -\sqrt{-(x + 2)}$ **h)** $y = 1 + \sqrt{1 - (x + 1)}$

**27.** Representa les funcions següents. Fes primer la taula de valors corresponent.

**a)** $y = 2^{-x}$ **b)** $y = 3^x + 1$

**c)** $y = \left(\dfrac{2}{3}\right)^x + 3$ **d)** $y = 0{,}75^{-x}$

**28.** Representa cada parell de funcions sobre els mateixos eixos de coordenades. Quina relació hi ha entre les dues funcions en cada cas?

**a)** $y = \left(\dfrac{1}{3}\right)^x$; $y = 3^x$ **b)** $y = 0{,}25^x$; $y = 4^x$

**29.** Representa les funcions següents:

**a)** $y = 3^x$ **b)** $y = log_3\, x$

Després, comprova si els punts següents pertanyen a la gràfica de $y = log_3\, x$:

$$(243,\ 5) \quad \left(\frac{1}{27}, -3\right) \quad \left(\sqrt{3};\ 0{,}5\right) \quad (-3, -1)$$

## Aplica els teus coneixements

**30.** Resol analíticament i gràficament aquests sistemes:

a) $\begin{cases} y = 2x^2 - 5x - 6 \\ y = 3x + 4 \end{cases}$  b) $\begin{cases} y = -x^2 + 5x \\ y = x^2 + 3x - (15/2) \end{cases}$

**31.** a) Calcula $b$ i $c$ perquè el vèrtex de la paràbola $y = x^2 + bx + c$ estigui situat en el punt (3, 1).

b) Quin és l'eix de simetria?

c) Quins són els punts de tall amb els eixos?

**32.** La paràbola $y = ax^2 + bx + c$ passa per l'origen de coordenades. Quant valdrà $c$?

Si, a més, sabem que passa pels punts (1, 3) i (4, 6), troba $a$ i $b$ i representa la paràbola.

**33.** Calcula $a$ i $b$ perquè la funció $y = \dfrac{a}{x - b}$ passi pels punts (2, 2) i (–1, –1).

**34.** La gràfica d'una funció exponencial del tipus $y = ka^x$ passa pels punts (0, 3) i (1; 3,6).

a) Calcula $k$ i $a$.

b) És creixent o decreixent?

c) Representa la funció.

**35.** La funció exponencial $y = ka^x$ passa pels punts (0, 2) i (2; 1,28). Calcula $k$ i $a$ i representa-la.

**36.** a) Representa gràficament la funció exponencial $y = 1{,}2^x$. Primer, fes una taula de valors.

b) Quina és la funció inversa o recíproca de $y = 1{,}2^x$? Representa-la en els mateixos eixos que la primera.

**37.** Representa les funcions següents:

a) $y = \begin{cases} x & \text{si } x < 0 \\ \sqrt{x} & \text{si } x \geq 0 \end{cases}$  b) $y = \begin{cases} x^2 & \text{si } x < 1 \\ \dfrac{1}{x} & \text{si } x \geq 1 \end{cases}$

**38.** Calcula el valor del paràmetre $k$ perquè la funció següent sigui contínua:

$$y = \begin{cases} -x^2 - kx - 5 & \text{si } x \leq -2 \\ \dfrac{1}{2}x + 4 & \text{si } x > -2 \end{cases}$$

**39.** Fes la gràfica de les funcions següents:

a) $y = |x^2 - 1| - 2$  b) $y = 1 + |x|$

c) $y = 1 - |x^2 - 6x + 5|$  d) $y = |x| - |4 - x|$

## Resol problemes

**40.** La temperatura d'ebullició de l'aigua és de 100 °C a 0 m sobre el nivell del mar. Cada 300 m que pugem, la temperatura d'ebullició disminueix 1 °C. És a dir, a 3.000 m sobre el nivell del mar la temperatura d'ebullició de l'aigua és de 90 °C.

a) Escriu la funció que relaciona la temperatura d'ebullició de l'aigua, $T$, amb l'altura, $a$.

b) Representa-la gràficament.

c) A quina temperatura bull l'aigua on tu vius? I al cim de l'Everest?

**41.** L'altura, $h$, a la qual es troba en cada instant, $t$, una fletxa que llancem amb l'arc verticalment cap amunt a una velocitat de 40 m/s és $h = 40t - 5t^2$.

a) Representa gràficament la funció.

b) Indica quin domini de definició té.

c) En quin moment assoleix la seva altura màxima? Quina és aquesta altura?

d) En quin moment es clava la fletxa a terra?

e) En quin interval de temps la fletxa està a una altura superior a 35 metres?

**42.** L'Andrea ha comprat un regal d'aniversari per a en Carles que li ha costat 100 €. La resta dels amics del grup li demanen de pagar el regal entre tots.

Construeix una funció que ens doni els diners que ha de posar cadascú depenent del nombre de persones que hi hagi al grup i representa-la.

Té sentit unir els punts? Raona la resposta.

**43.** El sou inicial de l'Anna és de 24.000 € anuals. En el seu contracte de treball diu que augmentarà el 8 % anual. Respon:

a) Quant guanyarà d'aquí a 10 anys?

b) Escriu la funció que relaciona el sou amb el temps.

c) Per a quins valors de la variable temps està definida?

## Resol: una mica més difícil

**44.** Utilitza una escala adequada i representa:

a) $y = \dfrac{x^2}{100}$

b) $y = -75x^2 + 675$

c) $y = 0{,}002x^2 - 0{,}04x$

d) $y = -10x^2 - 100x$

**45.** Expressa les funcions següents de la forma $y = \dfrac{k}{x-a} + b$ i representa-les:

a) $y = \dfrac{3x-1}{x-1}$  b) $y = \dfrac{x+1}{x+2}$  c) $y = \dfrac{1-x}{x+1}$

**46.** Aquest any, la Valèria ha aconseguit recollir 240 kg d'alvocats que avui es vendrien a 1,20 €/kg. A partir d'ara, cada dia que passa se'n fan malbé 4 kg, però el preu augmentarà 0,10 €/kg. Quan ha de vendre els alvocats per obtenir el màxim benefici? Quin serà aquest benefici?

**47.** El curs passat vam aprendre que la intensitat, $I$, del so que percebem decreix amb la distància a què ens trobem, $d$, del focus emissor. Concretament, la intensitat del senyal acústic que emet la sirena d'una ambulància és aquesta:

$I = \dfrac{750}{d^2}$  $d$: distància en metres
$I$: intensitat del so en decibels (dB)

Si a partir de 120 dB el so és insuportable, quina és la distància mínima a la qual ens haurem de mantenir?

Representa la gràfica de la funció anterior en paper mil·limetrat. Considera que, en l'eix $X$, 1 quadrat = 0,5 m i que, en l'eix $Y$, 1 quadrat = 25 dB.

Què pots dir de la tendència de $I$ quan $d$ es fa cada cop més petita? I quan $d$ es fa cada cop més gran?

**48.** Troba l'expressió analítica corresponent a cada una de les paràboles representades:

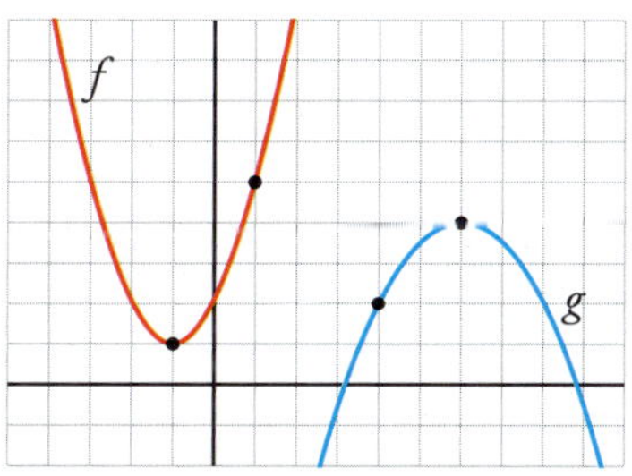


**49.** En una piscina hi ha un trampolí a 8 m de l'aigua. Fem rodolar una pilota pel trampolí i cau a l'aigua a 12 m de la seva vertical.

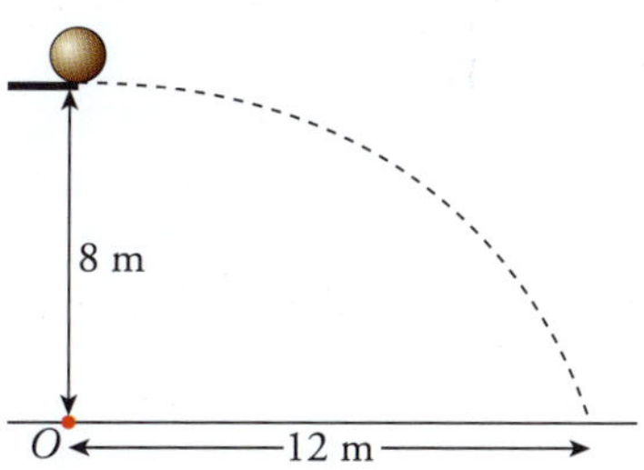


Escriu l'equació de la trajectòria descrita per la pilota des que surt del trampolí fins que toca l'aigua. Dona'n el domini de definició.

*La trajectòria és una paràbola $y = ax^2 + bx + c$ amb el vèrtex en el punt de caiguda. Considera O com a centre de coordenades i tingues en compte que el vèrtex és (0, 8).*

## Reflexiona sobre la teoria

**50.** Explica per què aquestes expressions no poden correspondre a funcions definides a trossos:

a) $y = \begin{cases} 2x+1 & \text{si } x \le -2 \\ x^2 - 4 & \text{si } -2 \le x \le 1 \\ 2x+1 & \text{si } x \ge 1 \end{cases}$  b) $y = \begin{cases} x+1 & \text{si } x \le 1 \\ x-1 & \text{si } x > 0 \end{cases}$

**51.** Dibuixa, en cada cas, la paràbola que compleix aquestes condicions. Escriu-ne també l'equació:

a) El seu eix és $x = 2$, el coeficient de la $x^2$ és $-1$ i talla l'eix $X$ en un sol punt.

b) Té el vèrtex en el punt (3, –2) i té la mateixa forma que $y = x^2$.

c) Té el vèrtex en l'origen de coordenades i passa pel punt (–3, –18).

**52.** Construeix funcions definides a trossos que compleixin les condicions següents i dibuixa-les:

a) És contínua i està composta per dos trossos de rectes. Passa per l'origen de coordenades i té pendent –2 en $x = 4$. Té un màxim en (3, 7).

b) És contínua i està composta per un tros de paràbola i un tros de recta, en aquest ordre. Té un mínim relatiu en (0, 0) i un màxim relatiu en (2, 4).

**53.** Totes les funcions exponencials de la forma $y = a^x$ passen per un mateix punt. Indica quin punt és i justifica la resposta. Per a quins valors de $a$ la funció és decreixent?

**54.** Vertader o fals?

a) Les funcions $y = \sqrt{x}$ i $y = \sqrt{-x}$ formen una paràbola d'eix horitzontal en representar-les en els mateixos eixos de coordenades.

b) Si l'eix d'una paràbola és $x = 2$, no pot passar pels punts (–1, 6) i (5, 8).

c) Les funcions $y = 4^x$ i $y = -4^x$ són simètriques respecte de l'eix $Y$.

d) Les funcions $y = 4^x$ i $y = \left(\dfrac{1}{4}\right)^x$ són simètriques respecte de l'eix $Y$.

e) La funció $y = log_3\, x$ té dues asímptotes, una de vertical i una d'horitzontal.

f) Les funcions $y = log\, x$ i $y = 10^x$ són simètriques respecte de l'eix $Y$.

g) Les funcions $y = log\, x$ i $y = 10^x$ són simètriques respecte de la recta $y = x$.

# » MATEMÀTIQUES EN CONTEXT

## ELS BOSCOS DE BENGALA

Un equip d'investigació de la regió de Bengala, a l'Índia, treballa en un projecte de conservació i sostenibilitat de la flora i la fauna de l'entorn. El treball se centra en l'estudi de l'ecosistema i la biodiversitat dels boscos de Bengala.

### 1. L'obtenció de la fusta

Els tècnics forestals de la zona estimen que els seus arbres representen un volum de fusta de 30 m$^3$ per hectàrea i que el creixement d'aquesta xifra és del 4 % anual.

a) Tenint en compte aquestes dades, quin volum de fusta, per hectàrea, tindrà el bosc d'aquí a un any? I d'aquí a dos anys? (Arrodoneix els resultats a unitats de metres cúbics.)

b) Quina és l'expressió analítica que relaciona el volum de fusta del bosc, $V$, en metres cúbics, amb el transcurs del temps, $t$, en anys? Construeix una quadrícula com aquesta en el teu quadern i fes la representació gràfica de la relació entre les dues variables.

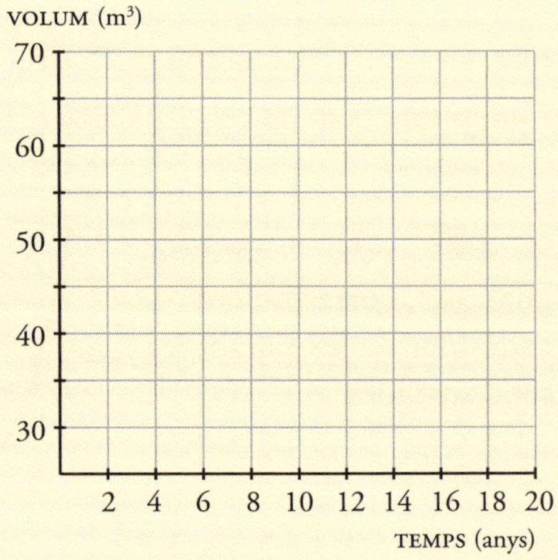


c) Si un incendi destruís el bosc i es replantés amb l'equivalent a 1 m$^3$ de fusta per hectàrea, quants anys haurien de passar per recuperar l'actual quantitat de fusta, si se suposa que el ritme de creixement és el mateix? Fes estimacions per a d'aquí a 40 anys, 50 anys, 60 anys, etc.

d) Quin volum màxim de fusta es podria extreure en un any, de manera ecològicament sostenible, d'una parcel·la de la regió boscosa que té una superfície de 428 ha?

## 2. Explotació comercial de la fusta

El preu d'una tona de fusta dels arbres d'aquesta regió en el mercat indi és al voltant dels 30 € i la mitjana de densitat de la fusta és de 0,95 $t/m^3$. Un incendi calcina una gran part de la regió boscosa, incloent-hi la parcel·la de l'apartat *d* de l'exercici anterior. Els tècnics forestals calculen que, amb sort, tardaran uns 30 anys a poder-la explotar una altra vegada. A quant ascendirien els guanys que s'haurien obtingut si la parcel·la no s'hagués cremat?

## 3. El tigre de Bengala

A la vora de la zona s'ha aconseguit caçar viu un tigre de Bengala, espècie en perill d'extinció, que fugia de l'incendi forestal amb una ferida greu en una de les potes del darrere. Quan arriba la veterinària li administra anestèsia, disparant-li un dard, per tal d'aconseguir que arribi a tenir-ne una concentració inicial en sang de 10 $mg/cm^3$. La concentració de l'anestèsic en la sang disminueix amb el temps segons aquesta relació, en què *C* s'expressa en $mg/cm^3$ i *t*, en minuts:

$$C = 10 \times 0{,}9^t$$

a) L'assistent tècnic veterinari s'encarregarà de vigilar la concentració en sang de l'anestèsic mentre duri l'operació per curar-li la pota. Per no cometre cap error, l'assistent aprofita que tenen un aparell d'última generació per mesurar la concentració esmentada: primer elabora una taula i una gràfica en què representa la concentració donada per la fórmula de dalt i, després, va mesurant la concentració real per veure si s'ajusta a l'esperada. Construeix una quadrícula com aquesta en el teu quadern i dibuixa la gràfica. Considera que $t = 0, 2, 4, 6, \ldots, 22$.

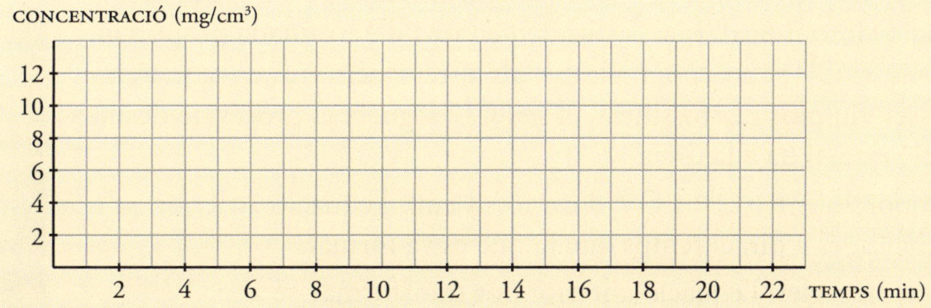


b) La funció creix o decreix? On ho fa?

c) Com varia la concentració *C*, per minut, en els intervals [0, 10] i [10, 22]? Compara i interpreta ambdós resultats.

d) Per tal que la funció cardiorespiratòria del tigre es mantingui estable, cal que l'operació no comenci fins que la concentració de l'anestèsic no estigui per sota del 25 % de la corresponent a la quantitat inicial injectada. Quan podrà començar la intervenció?

e) L'assistent creu que el tigre començarà a despertar-se quan la concentració sigui inferior al 12 % de la quantitat inicial injectada. Quin és el temps aproximat de què disposa la veterinària per fer la intervenció, si no li administra una nova dosi?

# » TALLER DE MATEMÀTIQUES

## » LLEGEIX I COMPRÈN

### Desintegració radioactiva

Quan les substàncies radioactives es desintegren, emeten radiacions i es transformen en altres substàncies. Aquest procés es realitza amb el pas del temps i a un ritme que varia moltíssim d'unes substàncies a les altres.

SUBSTÀNCIA RADIOACTIVA ⟶ RADIACIONS + UNA ALTRA SUBSTÀNCIA

La rapidesa amb què es desintegra una substància radioactiva es mesura mitjançant el seu **període de semidesintegració**, que és el temps que tarda a desintegrar-se la meitat de la massa inicial. A la dreta pots veure els períodes de desintegració d'algunes substàncies radioactives.

| Element | Nom | Període |
|---|---|---|
| 92 U 238,029 | **Urani** | 2.500 milions d'anys |
| 88 Ra 226,025 | **Radi** | 1.620 anys |
| 89 Ac 227,028 | **Actini** | 28 anys |
| 81 Tl 204,383 | **Tal·li** | 3 minuts |

Si tenim una massa inicial d'1 g, la quantitat de massa d'aquesta substància que queda amb el pas del temps és aquesta:

$M = \left(\frac{1}{2}\right)^{T}$ grams (en què $T$ és el temps transcorregut **prenent com a unitat el període de semidesintegració, SD**).

Per a l'actini, i amb el temps expressat en anys, la fórmula corresponent és aquesta:

$M = \left(\frac{1}{2}\right)^{t/28}$ (en què $M$ és la quantitat d'actini que queda després de $t$ anys).

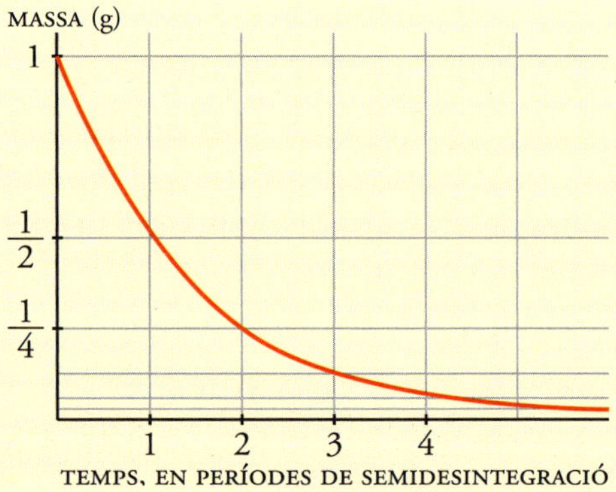


### La prova del carboni 14, $C^{14}$

En la naturalesa hi ha tres isòtops del carboni: $C^{12}$, $C^{13}$ i $C^{14}$. Els dos primers són estables i el tercer és radioactiu. Té un període de semidesintegració de 5.700 anys; és a dir, en aquest temps, una quantitat qualsevol de $C^{14}$ queda reduïda a la meitat.

$$P = 100 \cdot \left(\frac{1}{2}\right)^{\frac{t}{5.700}}$$

Igual que els altres isòtops del carboni, el $C^{14}$ es troba en l'atmosfera ($CO_2$) i és absorbit per les plantes (funció clorofíl·lica), que l'assimilen en una determinada proporció. I, per mitjà de les plantes, el $C^{14}$ s'incorpora, també, als altres éssers vius en la mateixa proporció. Quan un ésser viu mor i es fossilitza, el seu $C^{14}$ segueix el procés de desintegració segons la funció que hi ha a la dreta.

Així, si s'analitza la proporció entre $C^{14}$ i $C^{12}$ d'un fòssil amb l'equació anterior, se'n pot obtenir l'edat geològica, és a dir, el temps que fa que es va formar.

Si expressem el temps, $t$, en segles, l'equació anterior pot transformar-se així:

$$P = 100 \cdot \left(\frac{1}{2}\right)^{\frac{t}{57}} = 100 \cdot \left[\left(\frac{1}{2}\right)^{\frac{1}{57}}\right]^{t} \approx 100 \cdot 0{,}988^{t} \rightarrow P = 100 \cdot 0{,}988^{t}\text{, en segles}$$

És a dir, que en 1 segle es conserva el $100 \cdot 0{,}988 = 98{,}8\,\%$ del $C^{14}$ o, el que és el mateix, se n'ha desintegrat l'1,2 %.

- Quin percentatge de $C^{14}$, amb relació al d'una planta viva, tindrà un fòssil de 33.000 anys?
- Quina és l'antiguitat d'un fòssil al qual només li queda el 10 % del $C^{14}$ d'una planta viva?

*En la fórmula, substitueix P per 10 i aïlla t aplicant logaritmes.*

## » ENTRENA'T RESOLENT ALTRES PROBLEMES

- Una espelma dura una hora i amb les sobres de 10 espelmes se'n fabrica una de nova.
  **a)** Quantes hores de llum tindrem amb 442 espelmes?
  **b)** Quantes espelmes necessitarem per tenir 1.000 hores de llum?
- Una grangera va anar al mercat a vendre una cistella d'ous. La primera clienta va comprar la meitat dels ous més mig ou. La segona va comprar la meitat dels que li quedaven més mig ou i la tercera va fer el mateix. Després de les tres vendes, a la grangera ja no li quedaven més ous.

  Quants ous tenia?

- Un pare va repartir entre els seus fills un ramat d'ovelles.
  — El fill gran es va endur una ovella més 1/7 de les restants.
  — Al segon li van correspondre dues ovelles més 1/7 de les restants.
  — El tercer va rebre tres ovelles més 1/7 de les que quedaven.
  — I així successivament fins a arribar al més petit.

  D'aquesta manera, tots van rebre la mateixa herència i no va sobrar cap ovella.

  Quants germans eren?

  Quantes ovelles hi havia al ramat?

## » POSA'T A PROVA

**1.** Representa la funció definida a trossos l'equació de la qual és aquesta:

$$y = \begin{cases} 2x + 6 & \text{si } x < -2 \\ x/2 + 3 & \text{si } -2 \le x < 2 \\ -x + 6 & \text{si } x \ge 2 \end{cases}$$

És contínua? Inventa-te'n una altra amb els mateixos trams que no ho sigui.

**2.** Troba el vèrtex de cada una de les paràboles següents i representa-les:

**a)** $y = \dfrac{x^2}{2} - 2$ **b)** $y = x^2 + 4x - 5$

**c)** $y = (5 - x)(x + 1)$ **d)** $y = -(x - 3)^2 - 1$

**e)** $y = 2x^2 + 4x$ **f)** $y = 9 - (x - 1)^2$

**g)** $y = 2(x - 1)(x + 3)$ **h)** $y = (x + 2)^2 - 2x^2$

**3.** Expressa cada funció com una funció definida a trossos i representa-les:

**a)** $y = |2x + 1|$ **b)** $y = \left|1 - \dfrac{x}{4}\right|$

**c)** $y = |-x^2 + 4x - 3|$ **d)** $y = |9 - (x - 2)^2|$

**4.** Representa les funcions següents i indica'n el domini de definició:

**a)** $y = \dfrac{1}{x + 5}$ **b)** $y = \dfrac{3}{x} - 2$ **c)** $y = \dfrac{3}{x - 1} + 1$

**d)** $y = \sqrt{x + 2}$ **e)** $y = 2\sqrt{x - 1}$ **f)** $y = -\sqrt{x - 3}$

**5.** Representa aquests parells de funcions:

**a)** $y = 1{,}2^x$; $y = log_{1,2}\, x$ **b)** $y = 2{,}2^x$; $y = log_{2,2}\, x$

Respecte de quina recta són simètriques les dues funcions de cada parell?

**6.** Amb un llistó de fusta de 3 metres de llarg, volem fabricar un marc per a un quadre.

**a)** Si la base del quadre mesurés 0,5 m, quant mesuraria l'altura? I la superfície?

**b)** Quina és l'expressió que ens dona la superfície, $S$, per a una base qualsevol, $b$? Representa-la.

**c)** Per a quin valor de la base s'obté la superfície màxima? Quant mesura aquesta superfície?

# ESPAI, FORMA i MESURA

6. SEMBLANÇA. APLICACIONS
7. TRIGONOMETRIA
8. GEOMETRIA ANALÍTICA

# UNITAT 6

# SEMBLANÇA. APLICACIONS

**DIMENSIÓ RESOLUCIÓ DE PROBLEMES · DIMENSIÓ RAONAMENT I PROVA**
**DIMENSIÓ CONNEXIONS · DIMENSIÓ COMUNICACIÓ I REPRESENTACIÓ**

## Origen del concepte de semblança

Alguns problemes sobre mesures de triangles trobats en tauletes de fa més de 2.000 anys suggereixen que les civilitzacions babilònica i egípcia estaven familiaritzades amb el concepte de semblança. No obstant això, el seu coneixement era molt rudimentari i les seves aplicacions, merament pràctiques.

### La semblança a la Xina antiga

El llibre *Els nou capítols de les arts matemàtiques*, escrit a la Xina probablement entre els segles I i II aC, és una recopilació de problemes interessants. En el capítol 9 es proposa el següent:

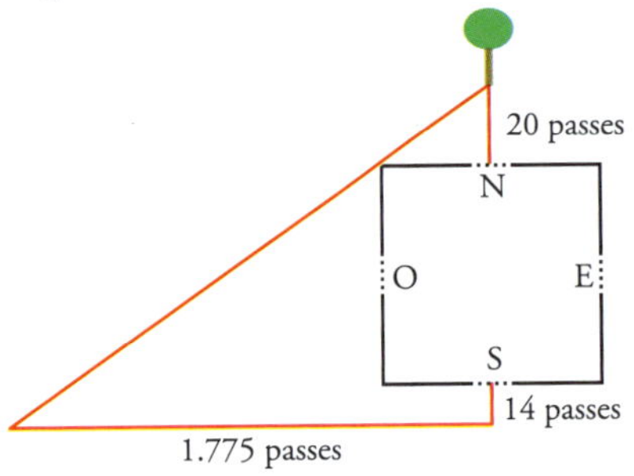


- Hi ha una ciutat quadrada. Té una porta al centre de cada costat. A 20 passes de la porta nord hi ha un arbre.

  Si una persona surt per la porta sud, s'allunya 14 passes cap al sud i després camina 1.775 passes cap a l'oest, veurà l'arbre.

  El problema consisteix a esbrinar quant mesura el costat de la ciutat.

## Un personatge clau

**Tales de Milet** (segles VII-VI aC) va visitar Egipte i, possiblement, Babilònia i va aprendre la ciència pràctica acumulada durant segles per aquestes civilitzacions. Va aportar aquests coneixements, segurament molt elaborats, al món grec.

Va ser el primer que va exigir que les afirmacions matemàtiques i les d'altres ciències fossin avalades per raonaments ben fonamentats. Per això se'l considera el fundador de la ciència grega.

## És de Tales el «teorema de Tales»?

Molt admirat en la seva època i en segles posteriors, se li va donar el rang del primer dels «set savis de Grècia». Aquesta gran admiració de què va ser objecte va fer que se'l mitifiqués i que se li atribuïssin mèrits que realment no eren seus, com, per exemple, la predicció d'un eclipsi i la paternitat del teorema que porta el seu nom.

Sembla cert que a Egipte va mesurar l'altura d'una piràmide comparant-ne l'ombra amb la que feia, en el mateix instant, una vara vertical. Però aquesta aplicació pràctica de la semblança no significa que donés forma a l'enunciat del teorema, i encara menys que el demostrés.

Ambdós assoliments, juntament amb una adequada fonamentació i un desenvolupament teòric de la semblança, cal atribuir-los a **Euclides** dos segles i mig més tard.

### Mesura del radi de la Terra

**Eratòstenes** (segle II aC) va saber que en una determinada localitat, *S*, situada al sud d'Alexandria, el sol il·luminava el fons dels pous un dia concret de l'any, al migdia. Això significava que en aquesta localitat i en aquell mateix moment els raigs del sol queien verticals. Va mesurar l'angle que, en aquell instant, formaven a Alexandria, *A*, els raigs del sol amb la vertical. Coneixent la distància entre les dues localitats, *A* i *S*, va poder esbrinar el radi de la Terra.

- *S* i *A* són en el mateix meridià.

  Els raigs del sol arriben a *S* i a *A* paral·lels.

  Eratòstenes va mesurar l'angle $\alpha$ i va obtenir $\frac{1}{50}$ de l'angle total; és a dir:

  $$360° : 50 = 7{,}2° = 7°\ 12'$$

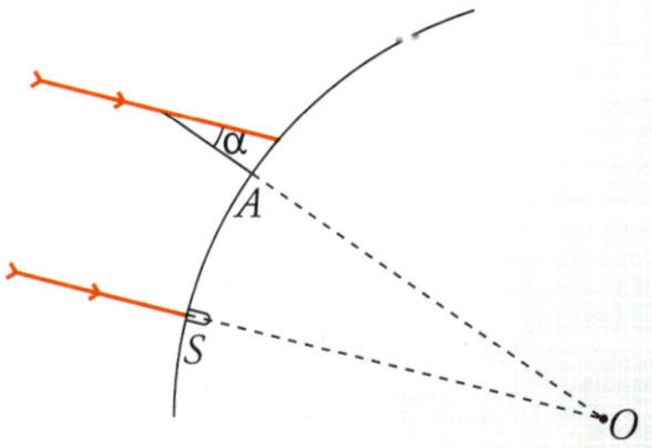


I també va mesurar la distància de *S* a *A*: 5.000 estadis.

Amb aquests mesuraments i altres càlculs que va fer, Eratòstenes va obtenir de forma bastant precisa el radi de la Terra.

## RESOL

**1.** Si 1 estadi = 185 m, troba, en quilòmetres, el radi de la Terra que va obtenir Eratòstenes i compara'l amb el valor real (6.371 km).

**2.** Quant mesura el costat de la ciutat del problema del llibre *Els nou capítols de les arts matemàtiques*?

# 1. SEMBLANÇA

Segurament, mai no has vist aquest quadre. No obstant això, el coneixes perfectament per mitjà de les seves reproduccions.

Dues figures semblants tenen la *mateixa forma*. Com es manifesta matemàticament aquesta semblança?

- Els angles corresponents en figures semblants són iguals.
- Les longituds dels segments corresponents en figures semblants són proporcionals. La raó de proporcionalitat s'anomena **raó de semblança.**

## Figures semblants en la vida quotidiana

Estem envoltats de reproduccions:

— Fotografies, vídeos, pel·lícules en pantalles de diferents grandàries...

— Maquetes de monuments o d'urbanitzacions, còpies de quadres famosos, reproduccions de cotxes...

— Plànols d'edificis o de ciutats, mapes...

Les reproduccions del primer grup pretenen, exclusivament, reproduir unes característiques determinades de l'original: la imatge, la forma, el color, la bellesa...

Amb els plànols i els mapes pretenem alguna cosa més: volem que, a més d'apreciar la forma, es puguin obtenir amb precisió mesures de distàncies. Per això van acompanyats d'una **escala** que permet obtenir magnituds de l'objecte real a partir de la seva reproducció (plànol o mapa).

Amb un plànol podem orientar-nos en una ciutat. L'escala ens permet, a més, conèixer-ne les distàncies.

L'**escala** és el quocient entre cada longitud de la reproducció (mapa, plànol o maqueta) i la longitud corresponent en la realitat. És, per tant, la **raó de semblança** entre la reproducció i la realitat.

Una escala 1:200 significa, com ja saps, que 1 cm del pla correspon a 200 cm = 2 m de la realitat.

Una escala 100:1 significa que 1 cm de la realitat correspon a 100 cm = 1 m del plànol o maqueta. Les escales d'aquest tipus serveixen per representar objectes molt petits.

L'escala de la representació d'una mosca d'1,5 cm mitjançant una maqueta de 30 cm de llarg és aquesta:

$$\frac{30}{1,5}:1 \rightarrow \mathbf{20:1}$$

## Relació entre les àrees i entre els volums

Si la raó de semblança entre dues figures és $k$, la raó entre les seves àrees és $k^2$ i la raó entre els seus volums és $k^3$.

La raó entre les àrees de dues figures semblants és igual al quadrat de la raó de semblança.

La raó entre els volums de dues figures semblants és igual al cub de la raó de semblança.

Si l'escala d'una maqueta és 1:200, la relació entre la superfície d'una parcel·la i la de la seva representació és $200^2$ = 40.000. I la relació entre el volum d'un edifici i el de la seva representació en la maqueta és $200^3$ = 8.000.000.

## PROBLEMA RESOLT

**1.** ***El dibuix adjunt representa la maqueta d'una urbanització a escala 1:500.***

***Sobre la maqueta s'han pres les mesures següents:***

*POLIESPORTIU* $\begin{cases} \text{Llarg} = 30 \text{ cm} \\ \text{Ample} = 18 \text{ cm} \end{cases}$

*DIPÒSIT CILÍNDRIC* $\begin{cases} \text{Diàmetre} = 6 \text{ cm} \\ \text{Altura} = 10 \text{ cm} \end{cases}$

*ENVELAT:* ***Diàmetre = 16 cm***

***Per construir l'envelat de la maqueta, s'han necessitat 402 $cm^2$ de tela.***

***Al dipòsit de la maqueta hi caben 283 $cm^3$ de sorra.***

***Troba:***

*a)* ***La superfície total del poliesportiu.***

*b)* ***El volum del dipòsit.***

*c)* ***La superfície i el volum de l'envelat en la realitat.***

Dimensions en la realitat:

POLIESPORTIU $\begin{cases} \text{Llarg} = 30 \text{ cm} \times 500 = 15.000 \text{ cm} = 150 \text{ m} \\ \text{Ample} = 18 \text{ cm} \times 500 = 9.000 \text{ cm} = 90 \text{ m} \end{cases}$

DIPÒSIT $\begin{cases} \text{Radi} = 3 \text{ cm} \times 500 = 1.500 \text{ cm} = 15 \text{ m} \\ \text{Altura} = 10 \text{ cm} \times 500 = 5.000 \text{ cm} = 50 \text{ m} \end{cases}$

ENVELAT: Radi = 8 cm × 500 = 4.000 cm = 40 m

**a)** Superfície del poliesportiu = 150 m × 90 m = 13.500 $m^2$

**b)** Volum del dipòsit = $\pi r^2 h = \pi \cdot 15^2 \cdot 50 = 35.342{,}9 \text{ m}^3$

També es pot calcular a partir del volum del dipòsit de la maqueta:

$$V_{\text{DIPÒSIT REAL}} = V_{\text{DIPÒSIT MAQUETA}} \cdot 500^3 = 283 \text{ cm}^3 \cdot 500^3 =$$
$$= 35.375.000.000 \text{ cm}^3 = 35.375 \text{ m}^3$$

**c)** Superfície de l'envelat = $\frac{1}{2} 4\pi r^2 = 2\pi \cdot 40^2 = 10.053{,}1 \text{ m}^2$

També es pot calcular a partir de la superfície en la maqueta:

$$S_{\text{ENVELAT REAL}} = S_{\text{ENVELAT MAQUETA}} \cdot 500^2 = 402 \text{ cm}^2 \cdot 500^2 =$$
$$= 100.500.000 \text{ cm}^2 = 10.050 \text{ m}^2$$

Volum de l'envelat = $\frac{1}{2} \cdot \frac{4}{3} \pi r^3 = \frac{2}{3} \pi 40^3 = 134.041{,}3 \text{ m}^3$

## » APLICA EL QUE HAS APRÈS

**1. a)** Un edifici de la maqueta anterior té forma d'ortoedre. Les seves dimensions són 9 cm × 6,4 cm de planta i 4 cm d'altura. Troba les dimensions, l'àrea de la façana i el volum de l'edifici en la realitat.

**b)** La superfície d'un camp de futbol sala en la maqueta és de 32 $cm^2$. Quina és la superfície en la realitat?

**c)** Una caseta de la maqueta està feta amb 0,3 $cm^3$ de porexpan. Quin és el seu volum real?

**d)** L'altura d'un edifici en la realitat és de 65 m. Quina és la seva altura en la maqueta?

**2.** A l'estació d'Atocha de Madrid hi ha una obra del famós pintor i escultor Antonio López: es tracta d'un cap de nounat amb un perímetre cranial de 7 m.

Si el perímetre cranial d'un nadó en néixer fa aproximadament 35 cm, calcula:

**a)** L'escala a la qual l'escultor va construir el cap.

**b)** El volum del cap d'un nadó si l'escultura té un volum de 5,8 $m^3$.

GeoGebra. Raó de semblança.

# 2. HOMOTÈCIA

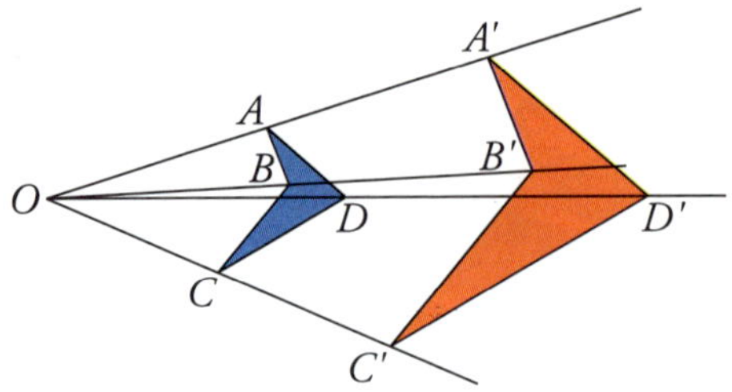


En la transformació de l'esquerra, cada punt de la figura blava (per exemple, l'$A$) s'ha transformat en un punt de la vermella ($A'$) que compleix aquestes condicions:

- $O$, $A$ i $A'$ estan alineats.
- $\overline{OA'} = 2 \cdot \overline{OA}$

Es tracta d'una *homotècia* de centre $O$ i raó 2.

L'homotècia és una transformació que produeix figures semblants. La raó de semblança és igual a la raó d'homotècia. A més, si dues figures són homotètiques, els seus segments corresponents són paral·lels.

## Observa

- Si $k > 0$, aleshores $P$ i $P'$ pertanyen a la mateixa semirecta d'extrem $O$.
- Si $k < 0$, els punts $P$ i $P'$ pertanyen a semirectes oposades.

Una **homotècia** de centre $O$ i raó $k$ és una transformació que fa correspondre a cada punt, $P$, un altre punt, $P'$, tal que:

- $O$, $P$ i $P'$ estan alineats.
- $\frac{\overline{OP'}}{\overline{OP}} = k$ si $k > 0$ / si $k < 0$

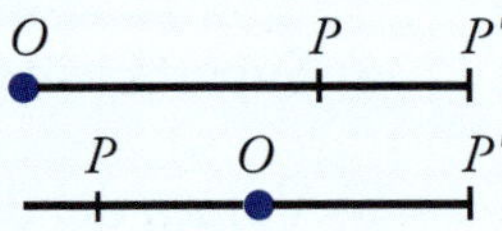


Dues figures homotètiques són semblants, i la seva raó de semblança és $|k|$. A més, els costats de l'una i l'altra són paral·lels entre si.

## Aplicacions de l'homotècia

### Rectangles semblants

Observa com es comprova que dos rectangles són semblants i com es construeix un rectangle de manera que sigui semblant a un altre:

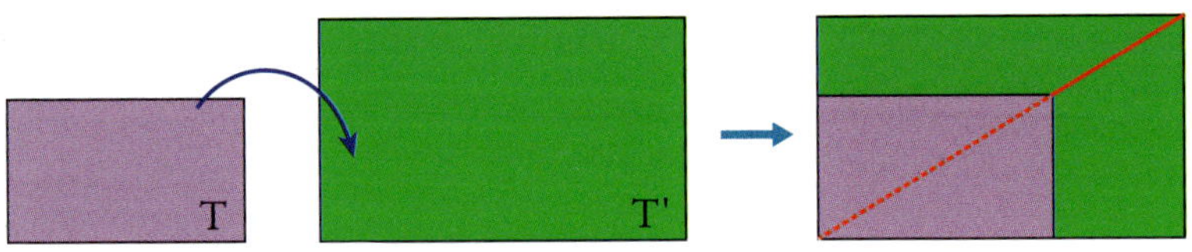


COMPROVACIÓ QUE ELS RECTANGLES T I T' SÓN SEMBLANTS

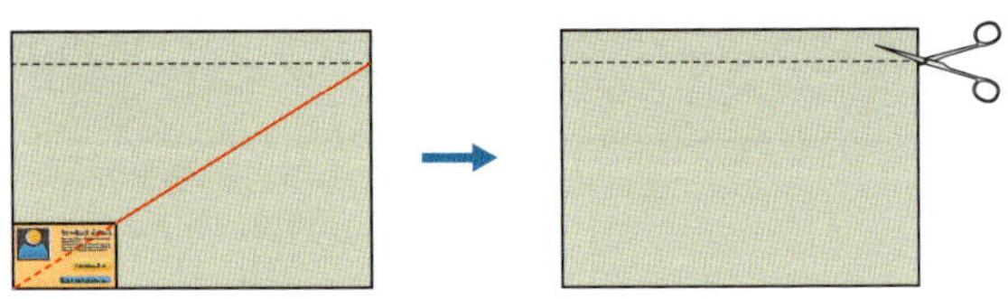

CONSTRUCCIÓ D'UN RECTANGLE SEMBLANT A UN ALTRE

### Reduccions i ampliacions d'una figura

Reducció a la meitat (en vermell) i ampliació al doble (en blau).

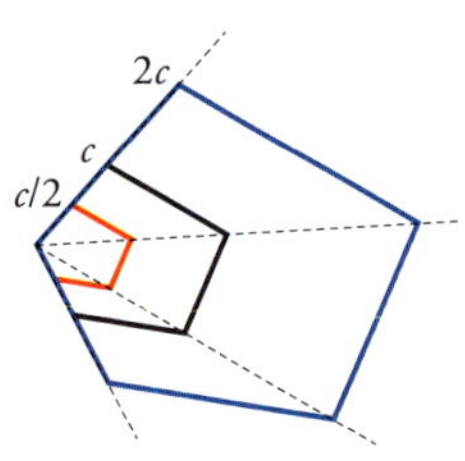


Centre d'homotècia en un dels vèrtexs.

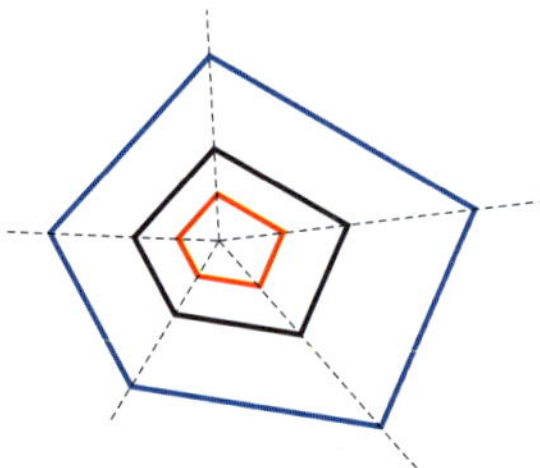

Centre d'homotècia en un punt interior.



GeoGebra. Homotècia de figures planes.

## L'homotècia en l'espai

La projecció d'una diapositiva en una pantalla és una homotècia.

- El centre d'homotècia és, òbviament, el focus lluminós.
- La raó d'homotècia serà tant més gran com més allunyada se situï la pantalla.

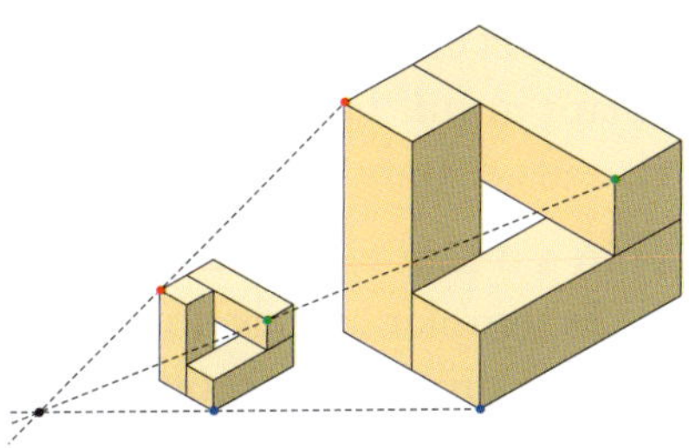

La definició d'homotècia donada en la pàgina anterior és vàlida per a una homotècia en l'espai, que es produeix quan la figura projectada no és plana o bé quan, tal com passa amb la projecció de la diapositiva, la figura inicial és plana però el centre d'homotècia és fora del pla.

En l'espai, dues figures homotètiques són semblants. A més, les seves arestes i les seves cares corresponents són paral·leles. I viceversa, si dues figures són semblants i els seus elements corresponents (cares, arestes…) són paral·lels, aleshores hi ha una homotècia que transforma l'una en l'altra.

- Els nois de la figura del marge estan situant la moneda i el disc de la Lluna *homotèticament*, de manera que el centre d'homotècia és l'ull d'en Zineb i la raó d'homotècia és el quocient entre els diàmetres de les dues circumferències. Es tracta d'una homotècia en l'espai, perquè els dos discos es troben en plans diferents (tot i que són paral·lels) i el centre d'homotècia és fora d'ambdós plans.
- La Lluna i el Sol són semblants; és clar, ambdós són esferes! Quin deu ser el seu centre d'homotècia? Com que estan en moviment, aquest centre és variable. No obstant això, és molt interessant pensar on està situat aquest centre quan es produeix un eclipsi total de Sol.

## » APLICA EL QUE HAS APRÈS

**3.** La distància de la Terra a la Lluna és de 384.000 km. El diàmetre de la moneda que subjecta en Hamadi és de 23 mm i, en el punt en què «tapa» la Lluna, es troba a 253 cm de l'ull d'en Zineb.

Calcula el volum de la Lluna.

**4.** A quina distància d'en Zineb s'ha de situar en Hamadi per «tapar» la Lluna amb una pilota de bàsquet de 24 cm de diàmetre?

**5.** On està situat el centre d'homotècia del Sol i la Lluna en el moment de l'eclipsi total de Sol?

GeoGebra. Homotècia en l'espai.

# 3. RECTANGLES DE DIMENSIONS INTERESSANTS

El rectangle és la figura geomètrica més comuna al nostre entorn: taules, llibres, parets, finestres, pantalles de tot tipus… I, en concret, hi ha dos rectangles que utilitzes contínuament les dimensions dels quals tenen molt a veure amb la semblança: són els fulls DIN A4 i el document d'identitat.

Per aplicar la semblança a aquests rectangles, tindrem en compte la propietat següent:

> Dos **rectangles** són **semblants** si les seves dimensions (llarg i ample) són proporcionals.

## Un full DIN A4

Els fulls que s'utilitzen habitualment (DIN A4) tenen una curiosa propietat: si els partim per la meitat, cada un dels trossos és semblant al full inicial. Basant-nos en aquesta propietat, trobem la proporció entre els seus costats.

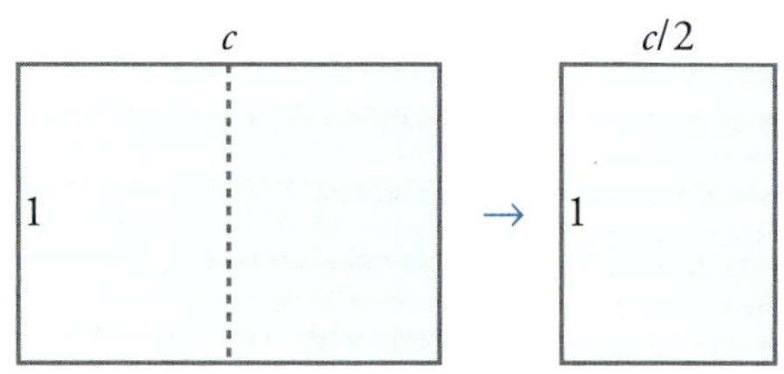


Prenem com a unitat el costat més petit. A partir de la semblança dels dos rectangles obtenim la proporció següent:

$$\frac{c}{1} = \frac{1}{c/2} \rightarrow \frac{c^2}{2} = 1 \rightarrow c^2 = 2 \rightarrow c = \sqrt{2}$$

AQUESTS DOS RECTANGLES SÓN SEMBLANTS

Arribem a la conclusió que per tal que un rectangle sigui semblant a la seva meitat cal que la proporció entre els seus costats sigui $\sqrt{2}$.

### Comprovació mitjançant plecs

És fàcil comprovar si un full de dimensions $a \times b$ és un DIN A4 o semblant fent-hi dos plecs:

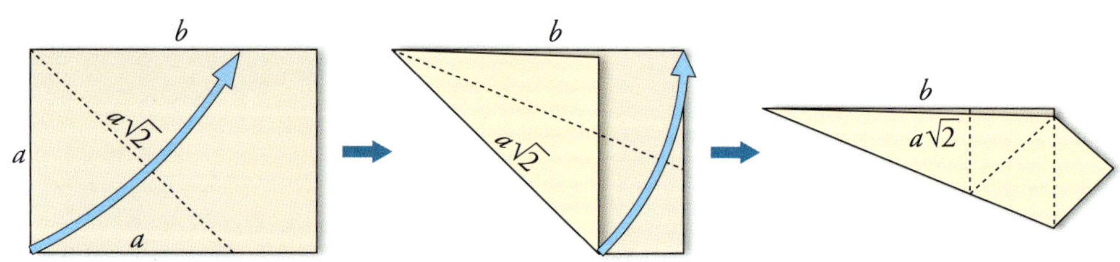


### La cadena A0, 1, 2, 3, 4, 5…

El full doble del DIN A4 s'anomena DIN A3.

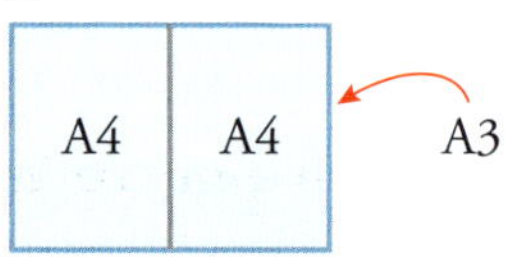


Al seu torn, el doble del DIN A3 és el DIN A2, el doble del DIN A2 és el DIN A1 i el doble del DIN A1 és el DIN A0.

La meitat del DIN A4 és el DIN A5.

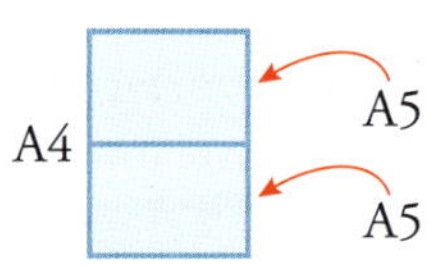


La meitat del DIN A5 és el DIN A6.

…

Tots són semblants.

## » APLICA EL QUE HAS APRÈS

**6.** Tenint en compte que les dimensions d'un full DIN A4 són 210 mm × 297 mm, calcula les d'un full DIN A0, les d'un DIN A5 i les d'un DIN A8.

**7. a)** Troba la successió de les superfícies que ocupen els fulls DIN A1, DIN A2, DIN A3…

**b)** Troba la suma dels infinits termes i comprova que, segons la figura de la dreta, aquesta suma ha de ser el doble del primer terme, és a dir, A0.

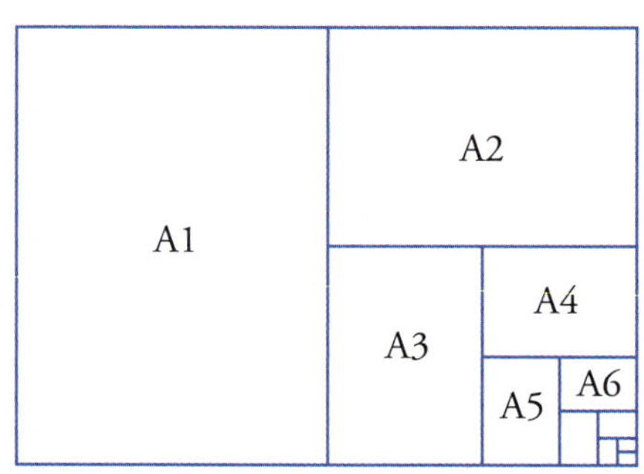

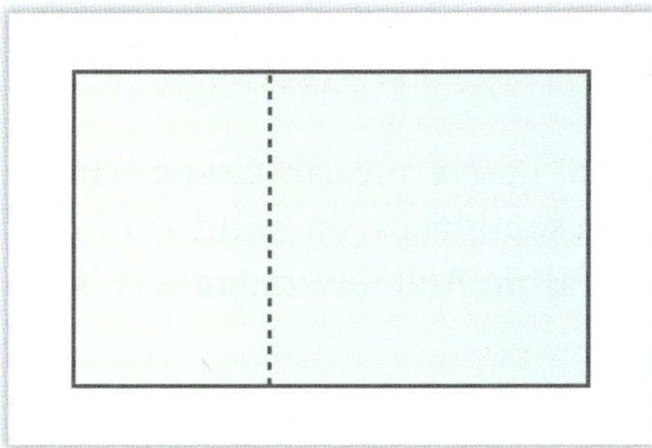

## Rectangle auri

El rectangle del marge té la peculiaritat següent: si se li suprimeix un quadrat, el rectangle que queda és semblant a l'inicial. Vegem quina és la relació entre les seves dimensions.

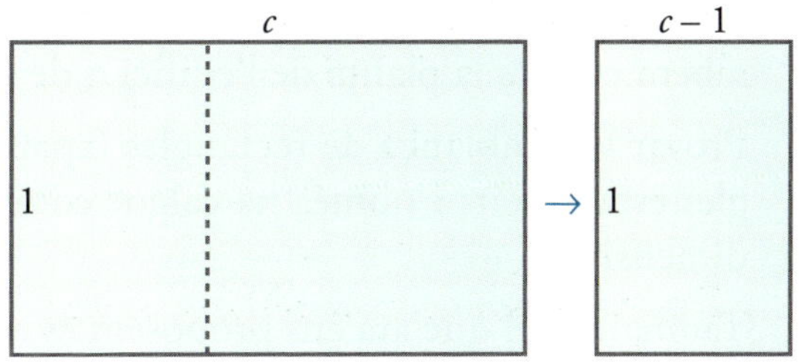


Prenem com a unitat el costat més petit. A partir de la semblança dels rectangles obtenim la proporció següent:

$$\frac{c}{1} = \frac{1}{c-1}$$

$$\frac{c}{1} = \frac{1}{c-1} \rightarrow c(c-1) = 1 \rightarrow c^2 - c - 1 = 0 \rightarrow c = \frac{1 \pm \sqrt{1+4}}{2} \rightarrow c = \frac{1+\sqrt{5}}{2}$$

La relació entre els costats és el nombre $c = \frac{1+\sqrt{5}}{2}$. El recordes? És el nombre auri, $\Phi$, que vam veure en la unitat 1. Per això, aquest rectangle i tots els seus semblants s'anomenen rectangles auris.

El DNI i les targetes de crèdit, per exemple, són rectangles auris. En arquitectura també s'utilitzen sovint rectangles auris.

Amb un regle i un compàs, podem comprovar que el rectangle és auri mitjançant un mètode basat en la construcció del nombre $\Phi$.

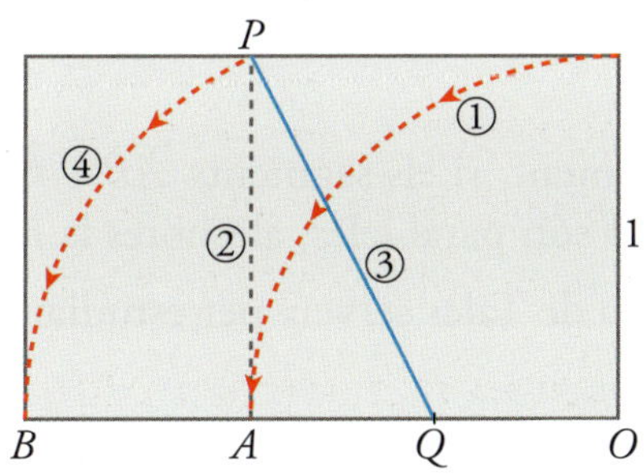


① Traslladem el costat més petit, de longitud 1, sobre el més gran: $\overline{OA} = 1$.

② Tracem el segment $\overline{AP} = 1$ per formar un quadrat.

③ $Q$ és el punt mitjà d'$\overline{AO}$. I $\overline{PQ} = \frac{\sqrt{5}}{2}$.

④ Traslladem $\overline{PQ}$ sobre el costat més gran del rectangle. $\overline{BO}$ mesura:

$$\frac{\sqrt{5}}{2} + \frac{1}{2} = \frac{\sqrt{5}+1}{2} = \Phi$$

### Recorda

$$\Phi = \frac{1+\sqrt{5}}{2} = 1{,}618...$$

## » APLICA EL QUE HAS APRÈS

**8.** Si retalles una tira de 2,5 cm d'ample al llarg del costat més gran d'un full DIN A4, obtindràs un rectangle auri. Construeix-ne dos.

Agafa'n un i retalla-hi un quadrat. Comprova que el rectangle romanent és semblant al rectangle inicial.

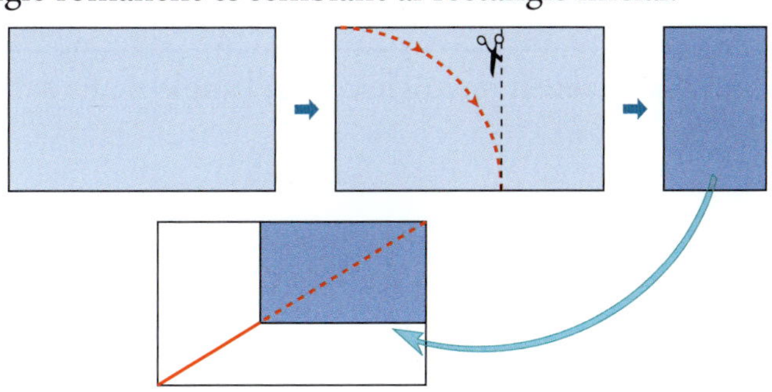

**9.** Si a un DIN A4 hi afegim un quadrat, adossat al costat més petit, el rectangle resultant, que anomenarem A4 PLUS, té la propietat següent: si en traiem dos quadrats, el rectangle romanent és semblant a l'inicial.

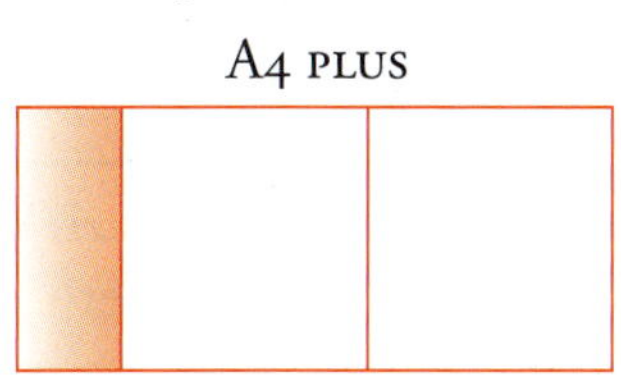


(En la pàgina 170 et tornaràs a trobar aquest rectangle.)

**a)** Comprova-ho amb un full DIN A4.

**b)** Demostra-ho tenint en compte que les dimensions de l'A4 PLUS són $\sqrt{2} + 1$ i 1 i que les del rectangle sobrant (pintat de taronja) són 1 i $\sqrt{2} - 1$.

# 4. SEMBLANÇA DE TRIANGLES

En el primer apartat hem treballat amb parelles de figures que **sabíem per endavant que eren semblants** i, basant-nos en aquesta semblança, en estudiar una de les figures obteníem conseqüències vàlides per a l'altra. Així, estudiant un plànol sabem com és la planta de l'edifici o de la ciutat.

Provar la semblança de rectangles (apartat 3) ha estat molt fàcil, perquè els angles estan fixats i només ha calgut comprovar la proporció entre les seves dues dimensions.

Tanmateix, el que ara ens proposem és més difícil: **com podem esbrinar si dues figures**, de forma qualsevol, **són semblants**. Per a això, hem d'aprofundir en la semblança de triangles, ja que qualsevol figura es pot descompondre en triangles. (Si la figura té costats curvilinis, la descomposició serà només aproximada.)

En l'estudi de la semblança de triangles, és fonamental el teorema de Tales.

## Teorema de Tales

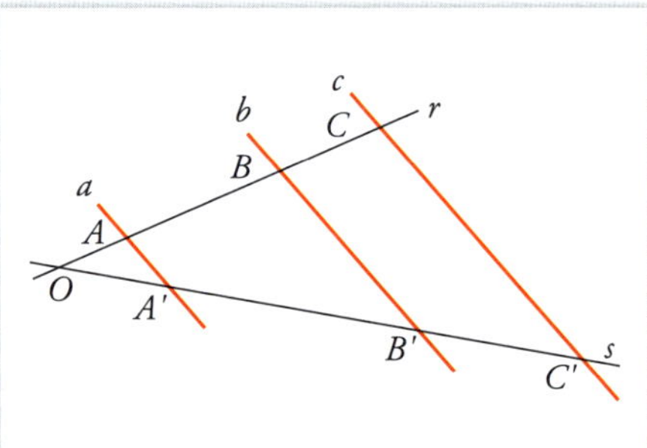


Si les rectes $a$, $b$ i $c$ són paral·leles i tallen dues rectes $r$ i $s$, aleshores els segments que hi determinen són proporcionals.

$$\frac{\overline{AB}}{\overline{BC}} = \frac{\overline{A'B'}}{\overline{B'C'}}$$

Com a conseqüència, es verifica que: $\frac{\overline{AB}}{\overline{A'B'}} = \frac{\overline{BC}}{\overline{B'C'}} = \frac{\overline{OA}}{\overline{OA'}}$

Recíprocament, si els segments $\overline{AB}$ i $\overline{BC}$ són proporcionals a $\overline{A'B'}$ i $\overline{B'C'}$ i les rectes $a$ i $b$ són paral·leles, aleshores la recta $c$ és paral·lela a $a$ i $b$.

El teorema de Tales serveix per estudiar la semblança de triangles.

## Triangles semblants

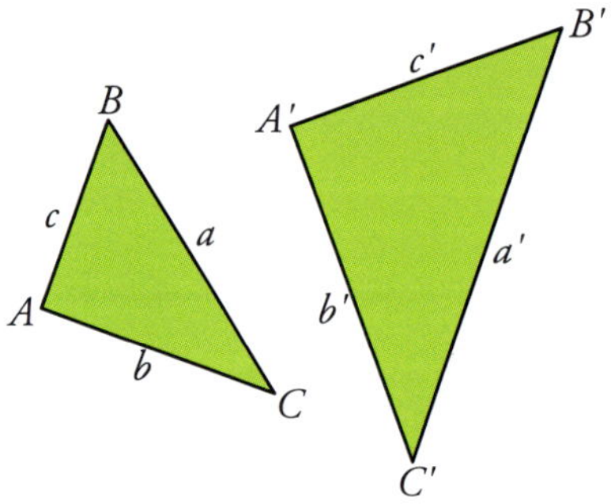


Dos **triangles semblants** tenen:

- Els costats proporcionals:

$$\frac{a}{a'} = \frac{b}{b'} = \frac{c}{c'} = \text{raó de semblança}$$

- Els angles respectivament iguals:

$$\hat{A} = \hat{A}',\ \hat{B} = \hat{B}',\ \hat{C} = \hat{C}'$$

## Triangles en posició de Tales

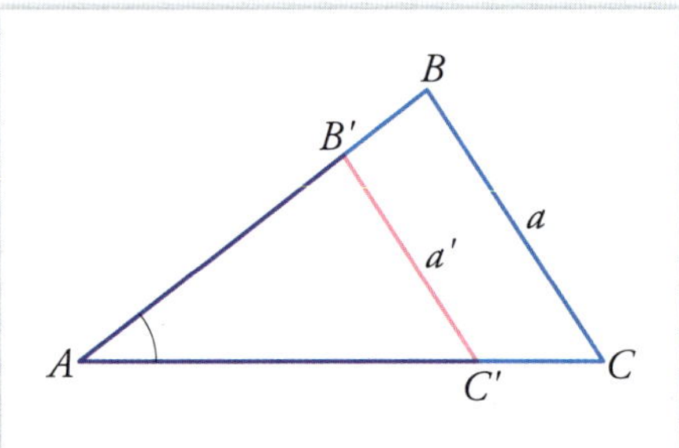


Els triangles $ABC$ i $AB'C'$ del marge tenen un angle comú: l'angle $\hat{A}$. És a dir, el triangle petit està encaixat en el gran.

A més, els costats oposats a $\hat{A}$ són paral·lels.

Diem que aquests dos triangles estan en **posició de Tales**.

**Dos triangles en posició de Tales són semblants.**


BARCANOVA EDITORIAL

## Criteris de semblança de triangles

Per saber si dos triangles són semblants, no cal comprovar totes les condicions indicades en la pàgina anterior. N'hi haurà prou de veure que se'n compleixen algunes.

> S'anomena **criteri de semblança** de dos triangles un conjunt de condicions tals que, en complir-se, demostren que els triangles són semblants.

### Primer criteri

Dos triangles són semblants si tenen dos parells d'angles respectivament iguals.

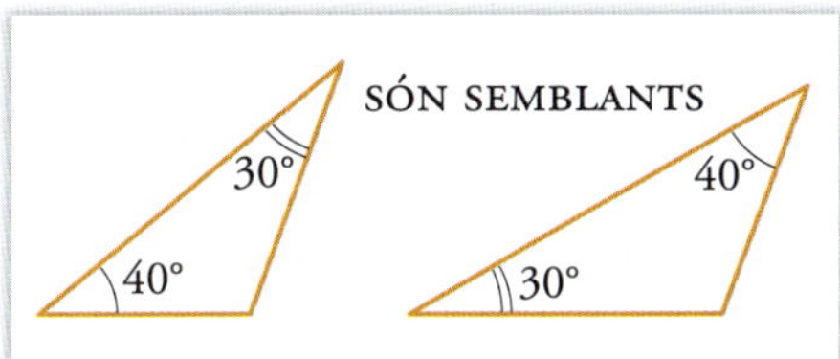


> $\widehat{ABC}$ és semblant a $\widehat{A'B'C'}$ si:
>
> $\hat{A} = \hat{A}'$ i $\hat{B} = \hat{B}'$

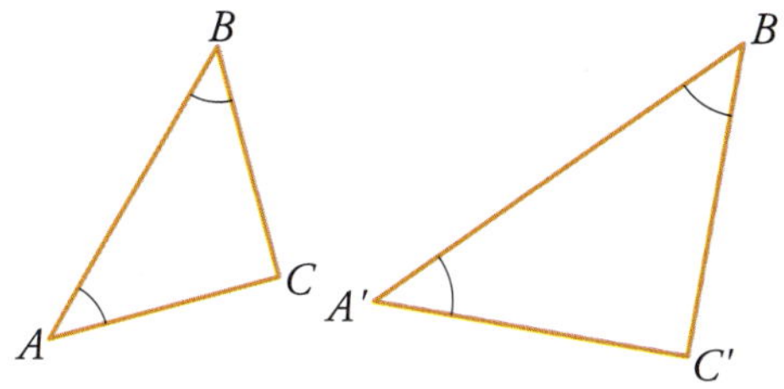


### Segon criteri

Dos triangles són semblants si els seus costats són proporcionals.

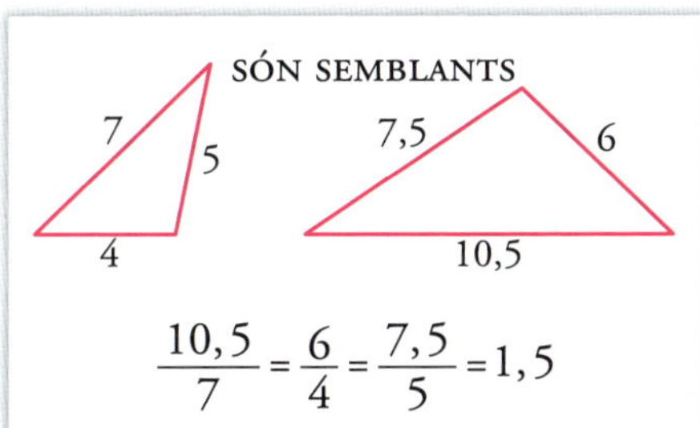


> $\widehat{ABC}$ és semblant a $\widehat{A'B'C'}$ si:
>
> $\frac{a'}{a} = \frac{b'}{b} = \frac{c'}{c}$

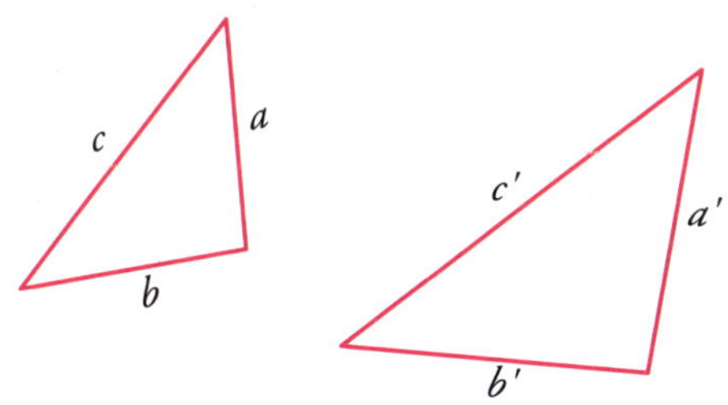


### Tercer criteri

Dos triangles són semblants si tenen un angle igual i els costats que el formen són proporcionals.

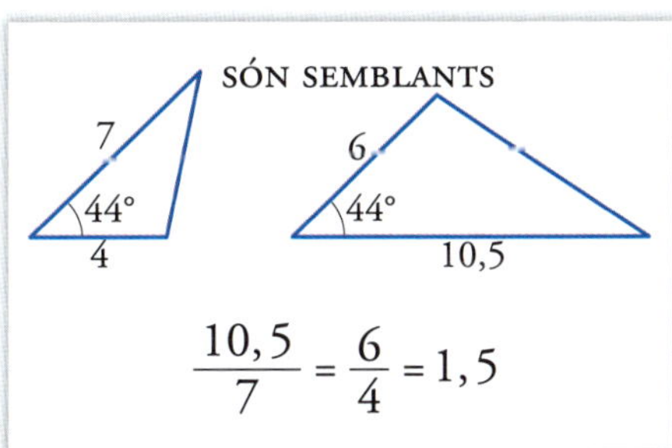


> $\widehat{ABC}$ és semblant a $\widehat{A'B'C'}$ si:
>
> $\hat{A} = \hat{A}'$ i $\frac{b'}{b} = \frac{c'}{c}$

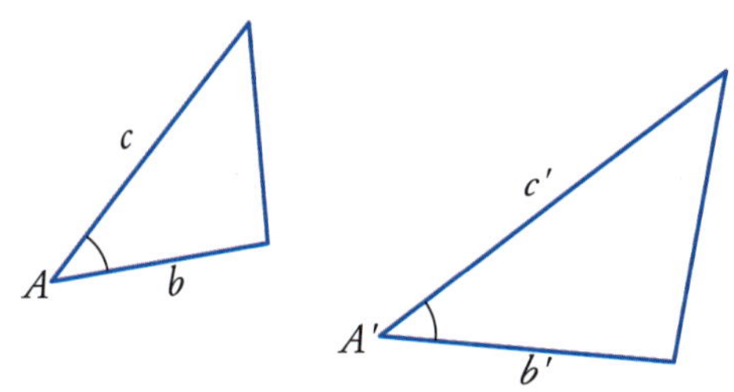


## » APLICA EL QUE HAS APRÈS

**10.** Som al punt $A$. Volem calcular la distància a un punt llunyà i inaccessible, $C$. Per a això, senyalem un altre punt pròxim, $B$, i mesurem $\overline{AB} = 53$ m. Mesurem també els angles $\hat{A} = 46°$ i $\hat{B} = 118°$.

Ara, dibuixem en el nostre quadern un triangle $A'B'C'$ que tingui les mesures següents: $\overline{A'B'} = 53$ mm, $\hat{A}' = 46°$, $\hat{B}' = 118°$.

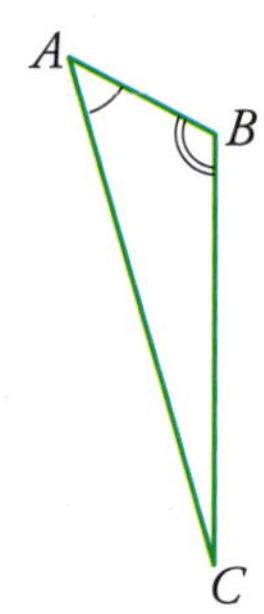


**a)** Construeix el triangle $A'B'C'$ en el teu quadern.

**b)** Explica per què $\widehat{A'B'C'}$ és semblant a $\widehat{ABC}$.

**c)** Mesura $\overline{A'C'}$ amb el regle.

**d)** Dedueix quant mesura la distància buscada, $\overline{AC}$.

GeoGebra. Practica la semblança de triangles.

# 5. LA SEMBLANÇA EN ELS TRIANGLES RECTANGLES

Els triangles rectangles són particularment importants, tant des del punt de vista teòric com pràctic. Per això els dedicarem una atenció especial. Comencem per estudiar un criteri de semblança molt fàcil d'aplicar.

## Criteri de semblança de triangles rectangles

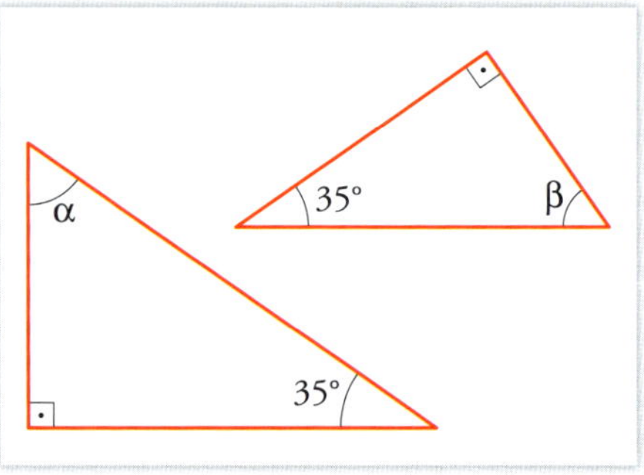


Dos triangles rectangles són semblants si tenen igual un dels angles aguts.

Això és així perquè amb aquest angle i l'angle recte ja són dos els angles iguals i, per tant, també serà igual el tercer.

Per exemple, els dos triangles del marge són rectangles i tenen un angle agut igual. Podem assegurar que són semblants, ja que els altres angles, $\alpha$ i $\beta$, també són iguals. Ho comprovem:

$$\left.\begin{array}{l} 90° + 35° + \alpha = 180° \\ 90° + 35° + \beta = 180° \end{array}\right\} \rightarrow \alpha = \beta = 55°$$

## Conseqüències del criteri de semblança anterior

Del criteri anterior, n'obtenim dues conseqüències importants:

Tots els triangles obtinguts en traçar perpendiculars a algun dels costats d'un angle són semblants.

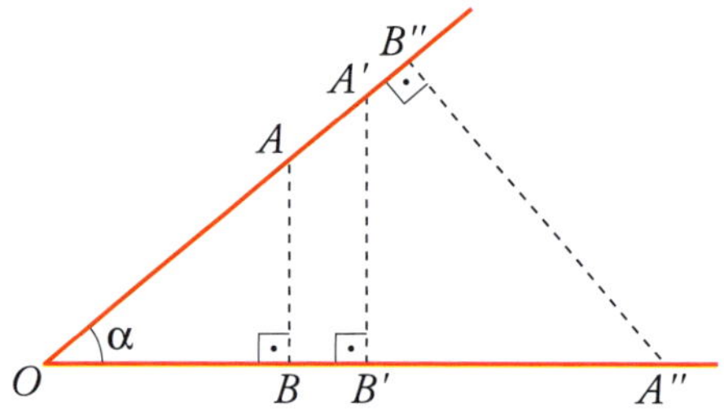


Tots aquests triangles (*ABO*, *A'B'O*, *A''B''O*) són semblants ja que tenen l'angle $\alpha$ comú.

Per tant, sabem, sense més comprovació (pel criteri anterior), que els seus costats són proporcionals.

La segona conseqüència té a veure amb l'altura sobre la hipotenusa:

En un triangle rectangle, l'altura sobre la hipotenusa determina dos triangles semblants a l'original.

En la figura següent hi ha tres triangles rectangles: *ABC*, *AMB* i *AMC*.

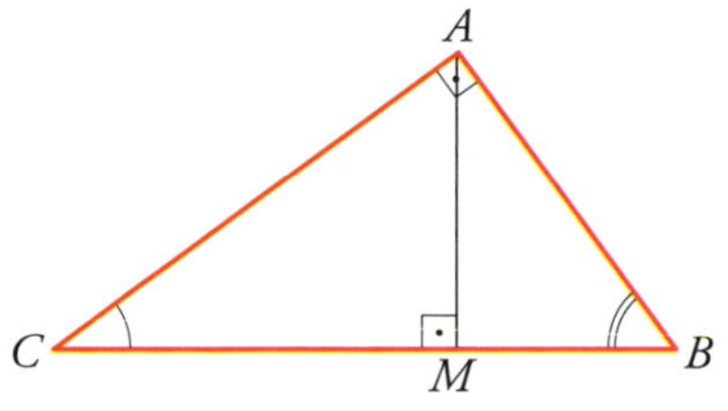


— $\widehat{ABC}$ i $\widehat{AMB}$ són semblants perquè comparteixen l'angle $\hat{B}$.
— $\widehat{ABC}$ i $\widehat{AMC}$ són semblants perquè comparteixen l'angle $\hat{C}$.

### Observa

Aquesta segona propietat dels triangles rectangles també és conseqüència de la primera.

$\widehat{ABC}$ i $\widehat{AMB}$ són semblants perquè són dos triangles formats sobre l'angle *B* en traçar dues perpendiculars als seus costats, *AM* i *CA*.

El mateix passa amb $\widehat{ABC}$ i $\widehat{AMC}$.

## Teorema del catet

Segons acabem de veure, cada un dels dos triangles formats en traçar l'altura sobre la hipotenusa d'un triangle rectangle és semblant a aquest triangle.

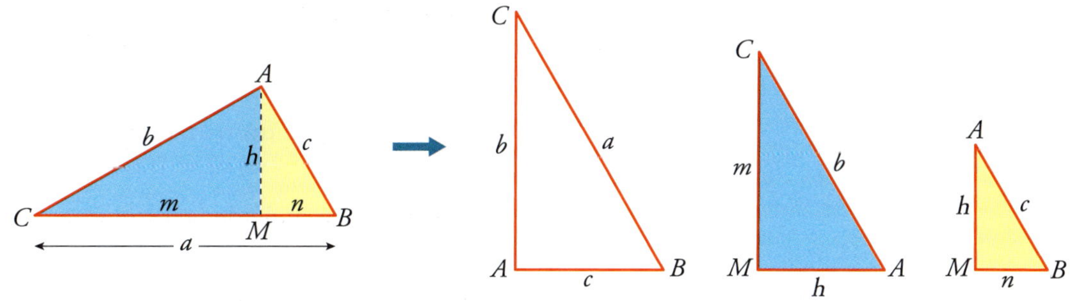


- Com que els triangles $ABC$ i $MAC$ són semblants: $\frac{a}{b} = \frac{b}{m} \rightarrow b^2 = a \cdot m$.
- De la semblança d'$\widehat{ABC}$ i $\widehat{MBA}$ s'obté que: $\frac{a}{c} = \frac{c}{n} \rightarrow c^2 = a \cdot n$.

**Teorema del catet**

El quadrat d'un catet és igual al producte de la hipotenusa per la projecció d'aquest catet sobre la hipotenusa. És a dir: $\boldsymbol{b^2 = a \cdot m}$ i $\boldsymbol{c^2 = a \cdot n}$.

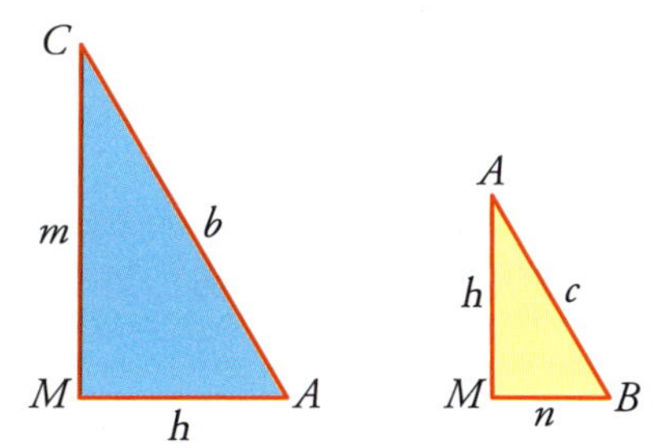


## Teorema de l'altura

Com que els triangles $MAC$ i $MBA$ són semblants: $\frac{m}{h} = \frac{h}{n} \rightarrow h^2 = m \cdot n$.

**Teorema de l'altura**

El quadrat de l'altura sobre la hipotenusa és igual al producte dels dos segments en què aquesta altura divideix la hipotenusa. És a dir: $\boldsymbol{h^2 = m \cdot n}$.

### EXERCICI RESOLT

**2.** ***Calcula h, x i y en aquest triangle rectangle:***

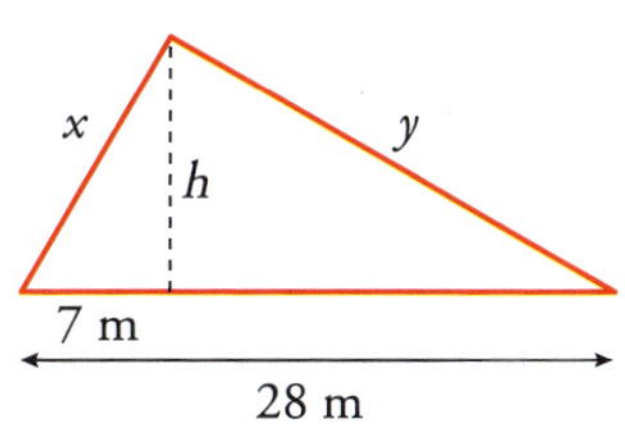


La projecció del catet $y$ sobre la hipotenusa és $28 - 7 = 21$ m.

Aplicant el teorema del catet, obtenim els valors de $x$ i $y$:

$$x^2 = 28 \cdot 7 = 196 \rightarrow x = \sqrt{196} = 14 \text{ m}$$

$$y^2 = 28 \cdot 21 = 588 \rightarrow y = \sqrt{588} \text{ m}$$

Aplicant el teorema de l'altura, obtenim el valor de $h$:

$$h^2 = 7 \cdot 21 = 147 \rightarrow h = \sqrt{147} \text{ m}$$

## » APLICA EL QUE HAS APRÈS

**11.** En aquest triangle rectangle, calcula les longituds $h$, $m$ i $n$.

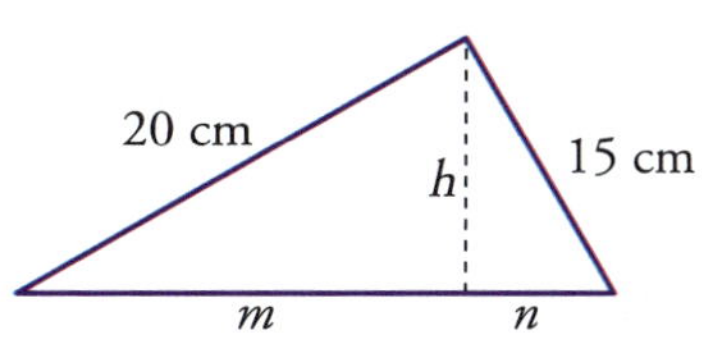


**12.** En un triangle rectangle, les projeccions dels catets sobre la hipotenusa mesuren 20 cm i 22,05 cm, respectivament. Calcula les mesures dels catets i de l'altura sobre la hipotenusa.

GeoGebra. Practica els teoremes del catet i de l'altura.

# 6. SEMBLANÇA DE TRIANGLES RECTANGLES EN COSSOS GEOMÈTRICS

La semblança de triangles, i en concret la dels triangles rectangles, s'utilitza molt sovint en les figures en l'espai. Vegem-ne dos exemples interessants:

- El càlcul del volum d'un tronc de con del qual coneixem els radis de les bases i l'altura.
- El càlcul de la superfície de la Terra que es veu des d'una nau espacial si sabem l'altura a què es troba.

## EXERCICI RESOLT

**3.** ***Troba el volum d'un tronc de con de 9 cm d'altura si els radis de les bases fan 20 cm i 8 cm.***

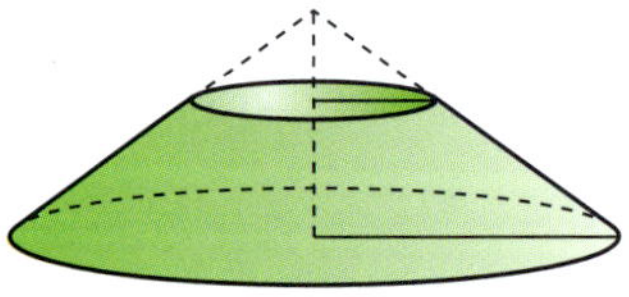

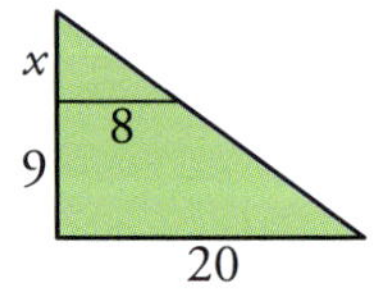


Ampliem el tronc fins a completar un con. Anomenem $x$ l'increment de l'altura. Tenim en compte la semblança dels dos triangles: el petit, de catets 8 i $x$, i el gran, de catets 20 i $x + 9$:

$$\frac{x}{8} = \frac{x+9}{20} \rightarrow 20x = 8x + 72 \rightarrow 12x = 72 \rightarrow x = 6 \text{ cm}$$

El volum del tronc de con és la diferència entre els volums de dos cons:

$$V_{\text{TRONC}} = \frac{1}{3}\pi \cdot 20^2 \cdot (9+6) - \frac{1}{3}\pi \cdot 8^2 \cdot 6 = \frac{1}{3}\pi(6.000 - 384) = 5.881{,}06 \text{ cm}^3$$

**GENERALITZACIÓ**

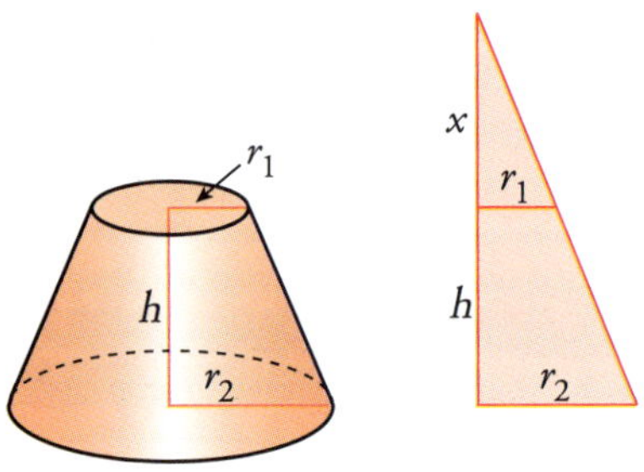


Resolem el problema de forma general (vegeu la figura de l'esquerra):

$$\frac{x+h}{r_2} = \frac{x}{r_1} \rightarrow xr_1 + hr_1 = xr_2 \rightarrow x(r_2 - r_1) = hr_1 \rightarrow x = \frac{hr_1}{r_2 - r_1}$$

$$V_{\text{TRONC}} = \frac{1}{3}\pi r_2^2(x+h) - \frac{1}{3}\pi r_1^2 x = \frac{1}{3}\pi\left[r_2^2\left(\frac{hr_1}{r_2 - r_1} + h\right) - r_1^2\frac{hr_1}{r_2 - r_1}\right] =$$

$$= \frac{1}{3}\pi\left[r_2^2\left(\frac{\cancel{hr_1} + hr_2 - \cancel{hr_1}}{r_2 - r_1}\right) - r_1^2\frac{hr_1}{r_2 - r_1}\right] = \frac{1}{3}\pi\left(\frac{hr_2^3}{r_2 - r_1} - \frac{hr_1^3}{r_2 - r_1}\right) =$$

$$= \frac{1}{3}\pi h\frac{r_2^3 - r_1^3}{r_2 - r_1} = \frac{1}{3}\pi h(r_2^2 + r_1 r_2 + r_1^2)$$

FÓRMULA PER AL CÀLCUL DEL VOLUM DEL TRONC DE CON

## » APLICA EL QUE HAS APRÈS

**13.** Calcula el volum d'un tronc de con si la seva altura fa 9 cm i els radis de les seves bases fan 20 cm i 35 cm.

**a)** Fes-ho pas a pas, raonadament.

**b)** Comprova el resultat aplicant la fórmula anterior.

**14.** Calcula el volum d'un tronc de piràmide quadrangular regular les bases del qual són quadrats.

Costats dels quadrats: 40 cm i 16 cm

Altura: 9 cm


BARCANOVA EDITORIAL

## PROBLEMA RESOLT

**4.** ***Quina és la superfície de la Terra que es veu des de 1.000 km d'altura?***

***Recorda que el radi de la Terra mesura 6.371 km.***

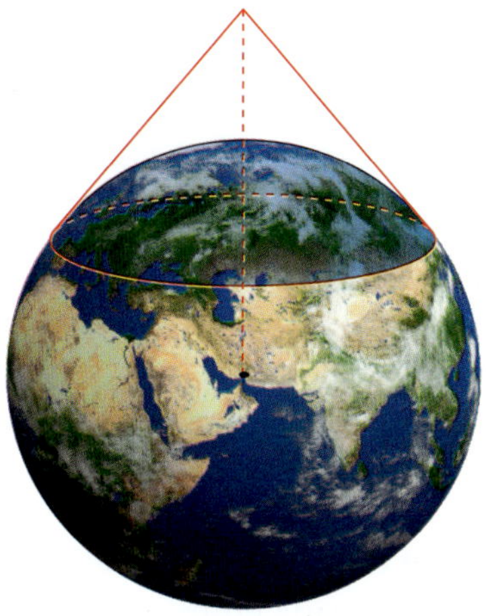

La porció de superfície del nostre planeta (o de qualsevol esfera) que es veu en mirar-lo des d'una distància determinada és un casquet esfèric. (La línia de l'horitzó és la circumferència en què el con format per les visuals és tangent a l'esfera.)

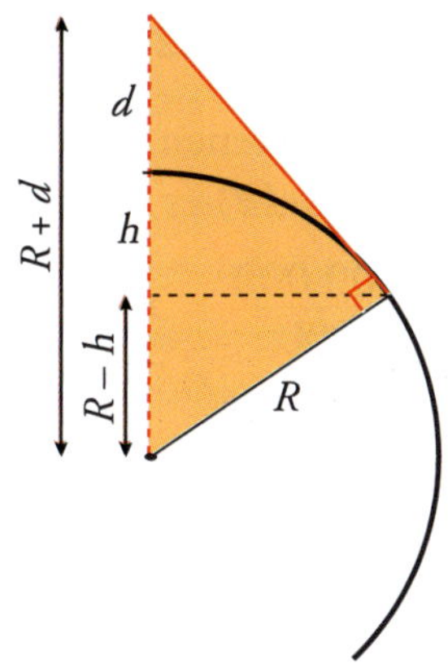


Anomenem $d = 1.000$ km la distància des del punt de mira fins a l'esfera, $R = 6.371$ km el radi de l'esfera i $h$ l'altura del casquet esfèric l'àrea del qual volem calcular.

Recordem que $A_{\text{CASQUET}} = 2\pi Rh$.

El triangle taronja els costats del qual són la visual tangent a l'esfera, $R$ i $R + d$, és rectangle.

Per calcular $h$, apliquem el teorema del catet:

$$R^2 = (R - h) \cdot (R + d) \rightarrow$$

$$6.371^2 = (6.371 - h) \cdot (7.371) \rightarrow h = 864{,}33 \text{ km}$$

$$A_{\text{CASQUET}} = 2\pi \cdot 6.371 \cdot 864{,}33 = 34.599.280 \text{ km}^2$$

**GENERALITZACIÓ**

Resolem aquest problema de forma general:

$$R^2 = (R - h) \cdot (R + d) \rightarrow R^2 = R^2 + Rd - (R + d)h \rightarrow$$

$$(R + d)h = Rd \rightarrow h = \frac{Rd}{R + d}$$

Aquesta és l'altura del casquet esfèric en funció del radi, $R$, de l'esfera i de la distància, $d$, des de la qual la mirem.

La superfície del casquet és aquesta:

$$A_{\text{CASQUET}} = 2\pi R \cdot \frac{Rd}{R + d} = \frac{2\pi R^2 d}{R + d}$$

## » APLICA EL QUE HAS APRÈS

**15.** Un globus puja 643 m sobre la superfície de la Terra. Calcula l'extensió de superfície terrestre que es veurà des de dalt.

Fes-ho de dues formes:

**a)** Raonadament, utilitzant el teorema del catet.

**b)** Aplicant la fórmula de l'àrea del casquet esfèric per comprovar que la solució és correcta.

**c)** A quina altura hem d'ascendir per veure exactament el 5 % de la superfície de la Terra? (Aplica la fórmula.)

**16.** Un coet s'aproxima a la Lluna, el diàmetre de la qual, segons sabem, és de 3.500 km.

**a)** Esbrina quina superfície de Lluna es veu des del coet quan està a 1.000 km de distància. Fes-ho raonadament i comprova el resultat aplicant la fórmula.

**b)** A quina distància de la Lluna ha d'estar el coet per poder assegurar que els seus ocupants poden veure el 10 % de la superfície lunar? (Aplica la fórmula.)

GeoGebra. Triangles semblants en l'espai.

# » OBSERVA, RAONA I RESOL

## 1. RAÓ DE SEMBLANÇA

***La Lluna és a 384.000 km de nosaltres i el seu diàmetre mesura 3.500 km.***

***El Sol és a 150.000.000 km i la seva grandària aparent és igual a la de la Lluna.***

*a)* ***Calcula la superfície i el volum de la Lluna.***

*b)* ***Troba el diàmetre, la superfície i el volum del Sol a partir de les magnituds corresponents de la Lluna.***

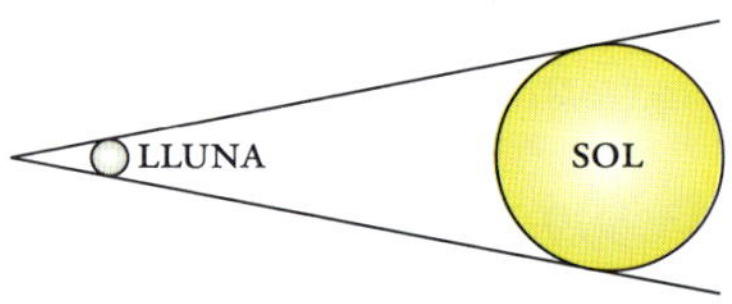


a) Suposem que la Lluna és una esfera perfecta.

$S = 4\pi r^2 = 4\pi \cdot 1.750^2 = 38.484.510 \text{ km}^2 \approx 3,85 \cdot 10^7 \text{ km}^2$

$V = \frac{4}{3}\pi r^3 = \frac{4}{3}\pi \cdot 1.750^3 = 22.449.297.500 \text{ km}^3 \approx 2,24 \cdot 10^{10} \text{ km}^3$

b) Com que el Sol i la Lluna tenen la mateixa grandària aparent, la relació entre les seves distàncies a la Terra ($d$) és igual a la relació entre els seus diàmetres ($D$):

$k = \frac{d_{SOL}}{d_{LLUNA}} = \frac{150.000.000}{384.000} = 390,625 \rightarrow \frac{D_{SOL}}{D_{LLUNA}} = 390,625$

Per tant:

Diàmetre: $D_{SOL} = k \cdot D_{LLUNA} = 390,625 \cdot 3.500 = 1,37 \cdot 10^6$ km

Superfície: $S_{SOL} = k^2 \cdot S_{LLUNA} = (390,625)^2 \cdot 3,85 \cdot 10^7 = 5,87 \cdot 10^{12} \text{ km}^2$

Volum: $V_{SOL} = k^3 \cdot V_{LLUNA} = (390,625)^3 \cdot 2,24 \cdot 10^{10} = 1,34 \cdot 10^{18} \text{ km}^3$

**Fes-ho tu** A quina distància dels nostres ulls hem de situar una bola de 3 cm de diàmetre perquè la Lluna estigui completament tapada en mirar-la?

## 2. TRIANGLES SEMBLANTS

***Una carretera de 100 m de longitud travessa una parcel·la rectangular de 80 m d'ample. La carretera ocupa 20 m del llarg de la parcel·la. Quin és l'ample de la carretera?***

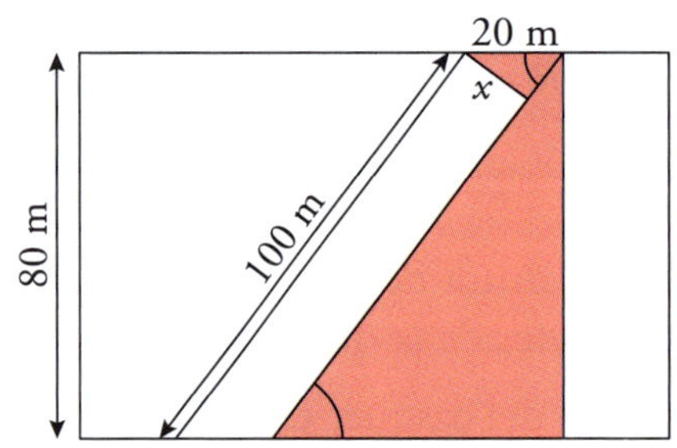


Els triangles pintats són semblants perquè són triangles rectangles amb un angle agut igual (els angles alterns interns en dues rectes paral·leles). Per això:

$$\frac{x}{80} = \frac{20}{100} \rightarrow x = \frac{20 \cdot 80}{100} = 16 \text{ m}$$

**Fes-ho tu** Si $M$ i $N$ són els punts mitjans de $BC$ i $AD$, calcula $\overline{MP}$.

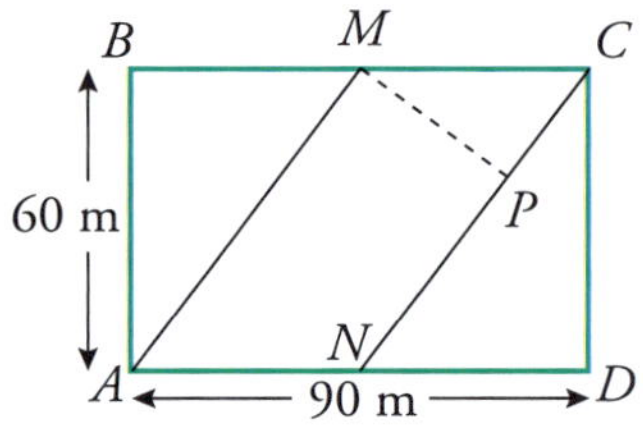


## 3. TEOREMA DE L'ALTURA I SEMBLANÇA DE TRIANGLES

***Calcula la longitud de la rampa AD i l'altura de la paret BD.***

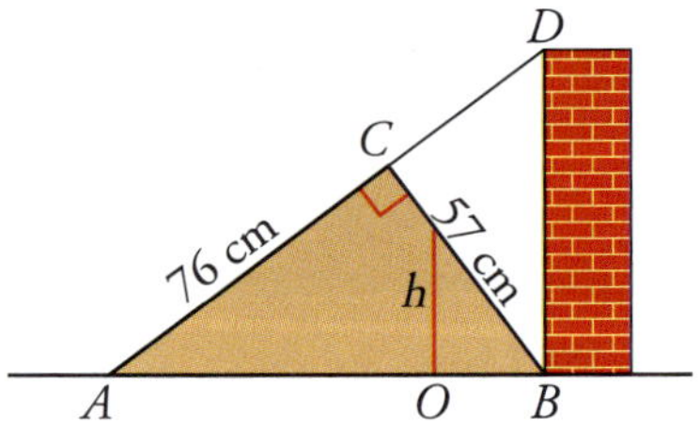


***Troba també la longitud h tenint en compte que:***

$$\overline{AO} = 3\overline{OB}$$

Anomenem $x$ la longitud del tros de rampa que hi ha entre C i D. Apliquem el teorema de l'altura:

$57^2 = 76x \rightarrow x = 42,75$ cm. La longitud de la rampa és $76 + 42,75 = 118,75$ cm.

Anomenem $y$ l'altura de la paret. Apliquem el teorema de Pitàgores:

$$y = \sqrt{57^2 + 42,75^2} = 71,25 \text{ cm}$$

Apliquem un altre cop el teorema de Pitàgores: $\overline{AB} = \sqrt{76^2 + 57^2} = 95$ cm

$$\overline{AB} = \overline{AO} + \overline{OB} = 3\overline{OB} + \overline{OB} = 4\overline{OB} \rightarrow \overline{OB} = \overline{AB} : 4 = 23,75 \text{ cm}$$

Per la semblança de triangles, obtenim que: $\frac{76}{57} = \frac{h}{23,75} \rightarrow h = 31,67$ cm.

**Fes-ho tu** Calcula l'altura d'una rampa disposada com l'anterior si les dades són aquestes: $\overline{AC} = 84$ cm, $\overline{CB} = 35$ cm i $\overline{AO} = 2\overline{OB}$.

# » EXERCITA LES TEVES COMPETÈNCIES

## Practica

### Raó de semblança. Escales

**1.** **a)** Són semblants els triangles interior i exterior d'un escaire?

**b)** Quantes unitats mesuraran els catets d'un triangle semblant al petit si la raó de semblança és 2,5?

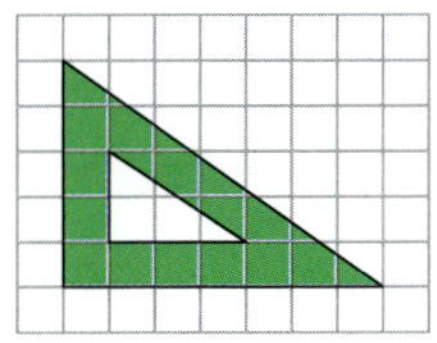

**2.** Indica en quins casos el marc és semblant a la foto i troba, en cada cas, la raó de semblança.

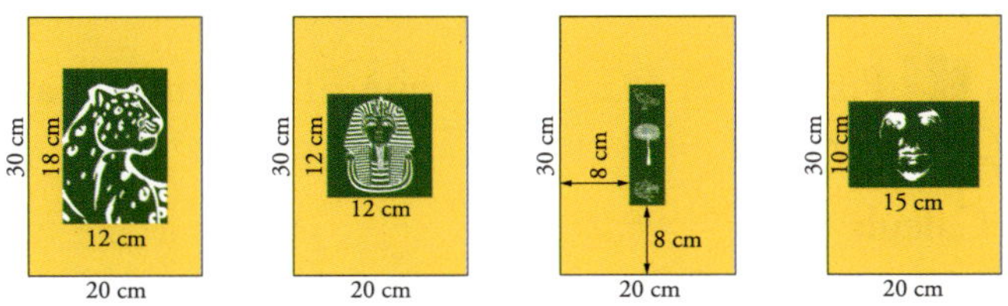


**3.** En un mapa l'escala del qual és 1:1.500.000, la distància entre dues ciutats és de 2,5 cm.

**a)** Quina és la distància real entre totes dues?

**b)** Quina serà la distància en aquest mapa entre dues ciutats A i B que disten en la realitat 360 km?

**4.** Indica, en cada cas, quina és l'escala aplicada:

**a)** 1 mm del plànol representa 10 m reals.

**b)** 50 km reals es representen per 1 dm en el plànol.

**c)** 0,001 mm reals es representen per 1 cm en el plànol.

**d)** 1 cm real es representa per 180 cm en la maqueta.

**5.** En el plànol d'un pis d'escala 1:200, el menjador ocupa una superfície de 7 $cm^2$. Quina és la superfície real del menjador?

**6.** Quina àrea ocuparà un rombe les diagonals del qual fan 275 cm i 150 cm en un plànol a escala 1:25?

**7.** Una maqueta està feta a escala 1:250. Calcula:

**a)** Les dimensions d'una torre cilíndrica que en la maqueta mesura 6 cm d'altura i 4 cm de diàmetre.

**b)** La superfície d'un jardí que en la maqueta ocupa 40 $cm^2$.

**c)** El volum d'una piscina que en la maqueta conté 20 $cm^3$ d'aigua.

**d)** El volum, expressat en centímetres cúbics, d'una altra piscina de la maqueta que en la realitat té una capacitat de 312.500 litres.

### Semblança de triangles

**8.** Identifica triangles en posició de Tales en cada una de les figures i calcula, en cada cas, la longitud del segment $DE$:

**a)**

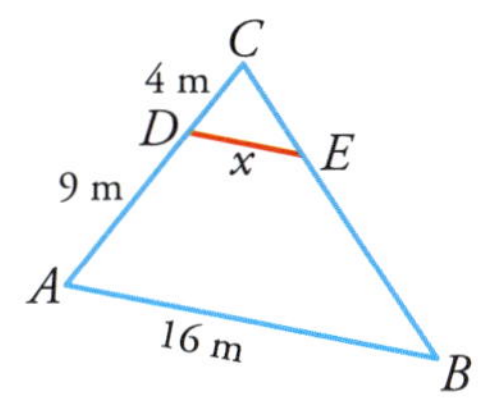


**b)**

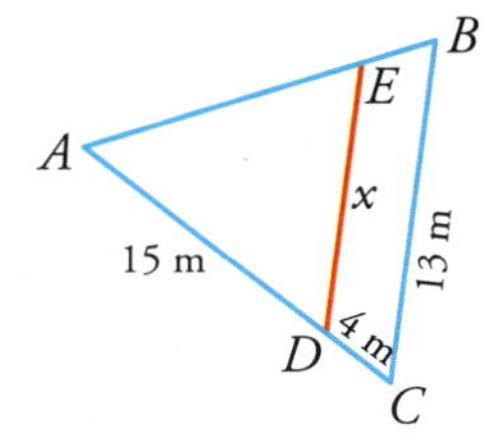


**c)**

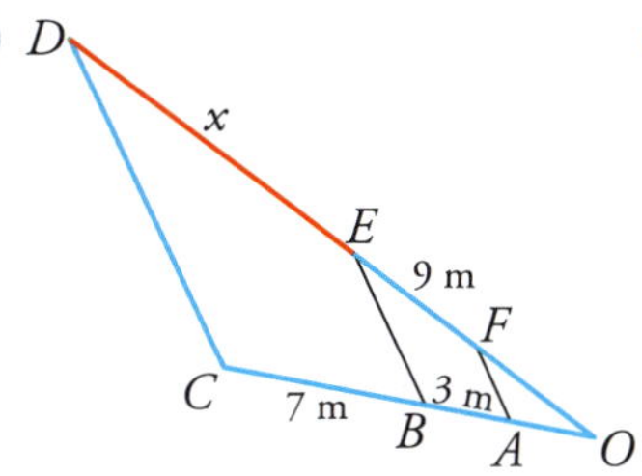


**d)**

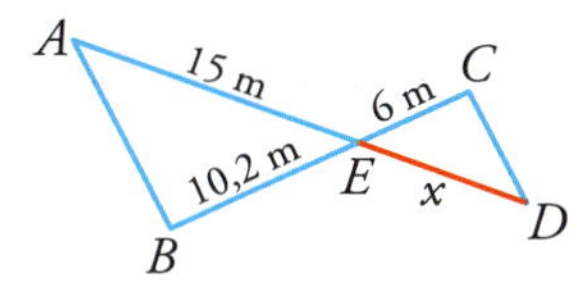


**9.** Per què són semblants els triangles $ABC$ i $AED$?

Troba l'àrea i el perímetre del trapezi $EBCD$.

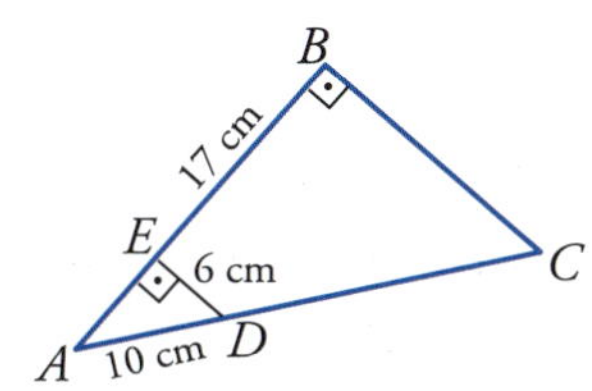


**10.** Calcula el perímetre i l'àrea de les figures groga i taronja.

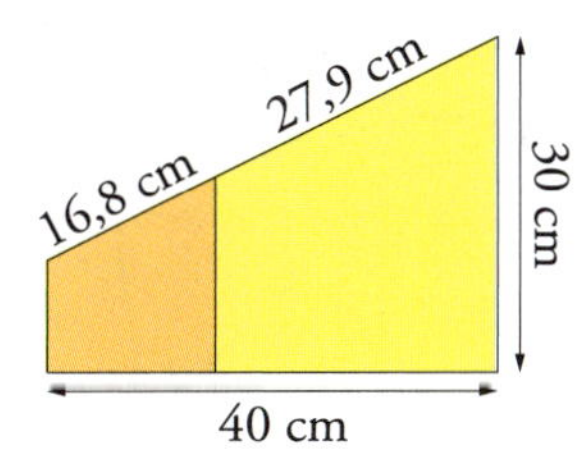


**11.** En un triangle rectangle, la relació entre els catets és 3/4. Troba el perímetre d'un altre triangle semblant en què el catet més petit mesura 54 cm.

**12.** La raó de semblança entre dos triangles és 2/5. Si l'àrea del més gran és 150 $cm^2$, quina és l'àrea del més petit?

**13.** Observa aquesta figura, en la qual els segments $AB$ i $CD$ són paral·lels.

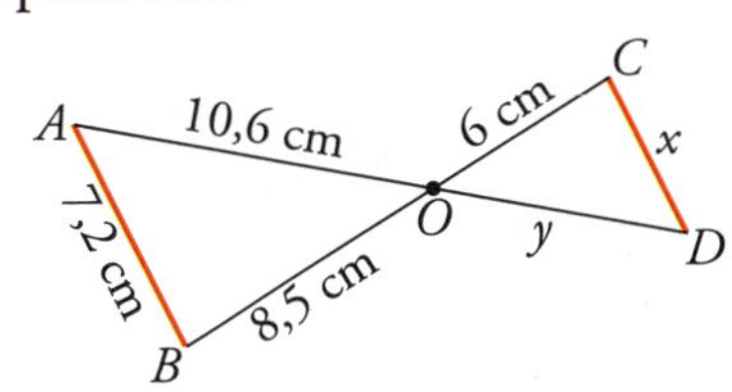


**a)** Digues per què són semblants els triangles $AOB$ i $ODC$.

**b)** Calcula $x$ i $y$.

## Teoremes del catet i de l'altura

**14.** En cada un dels triangles rectangles següents s'ha traçat l'altura $BH$ sobre la hipotenusa. Troba, en cada cas, els segments $x$ i $y$.

**a)**

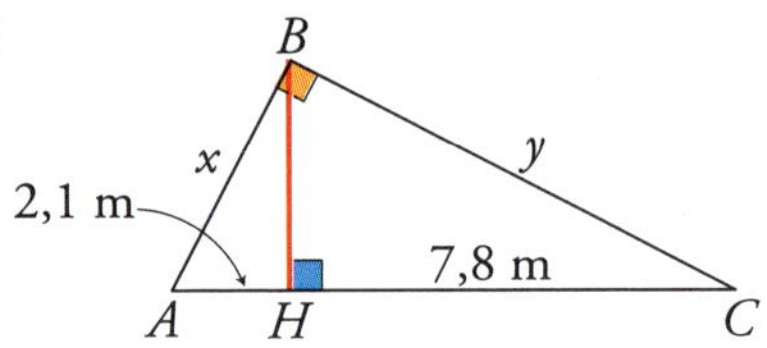


**b)**

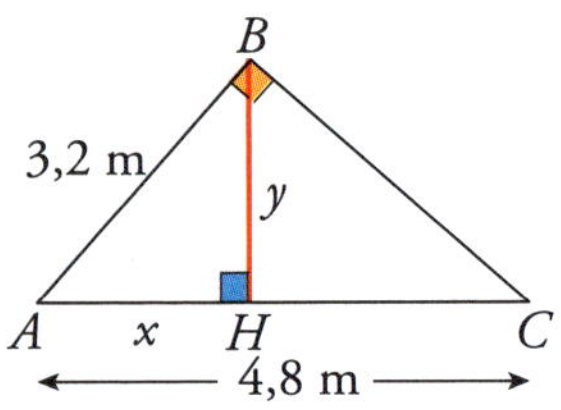


**c)**

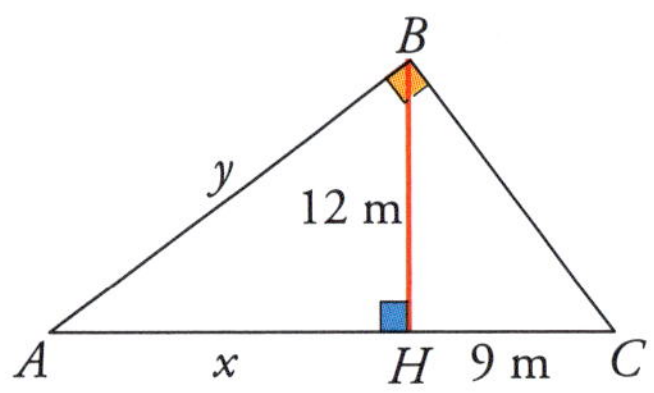


**15.** Calcula els valors que falten en cada un dels triangles següents, que són rectangles en $A$:

**a)**

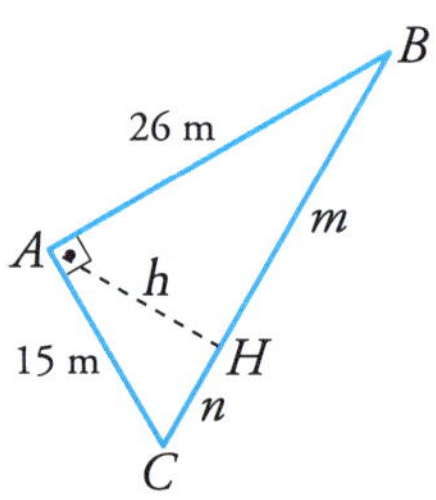


**b)**

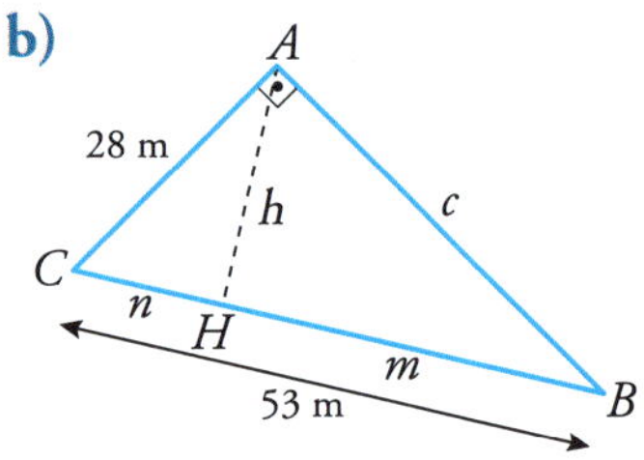


**c)**

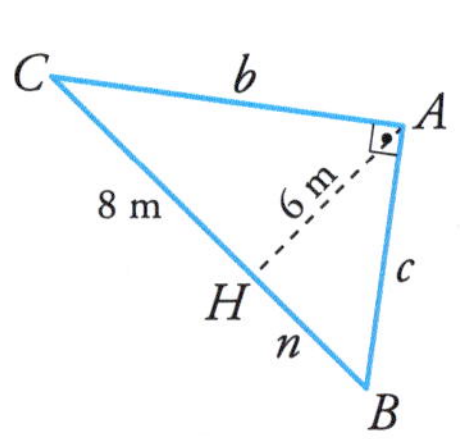


**d)**

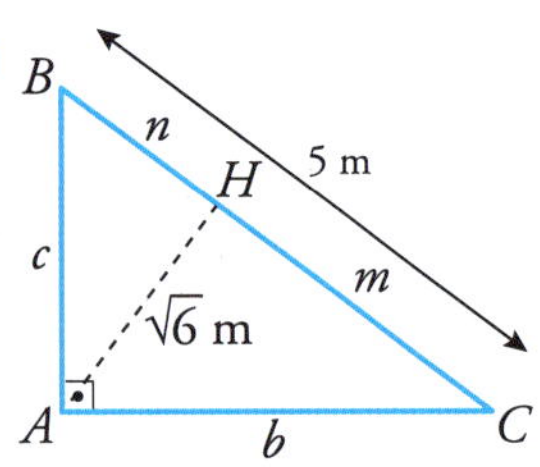


**16.** Dibuixa, en cada cas, un triangle rectangle i traça la seva altura sobre la hipotenusa.

**a)** Calcula la projecció del catet més petit sobre la hipotenusa si aquesta mesura 50 cm i el catet gran, 40 cm.

**b)** La hipotenusa mesura 25 cm i la projecció del catet petit sobre la hipotenusa, 9 cm. Troba el catet gran.

**17.** Troba $x$ en cada un d'aquests casos:

**a)**

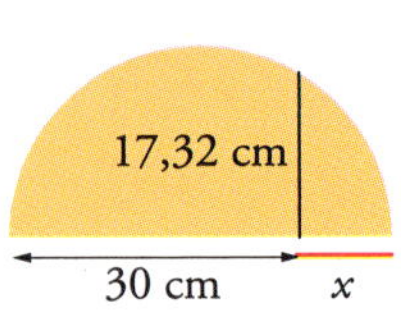


**b)**

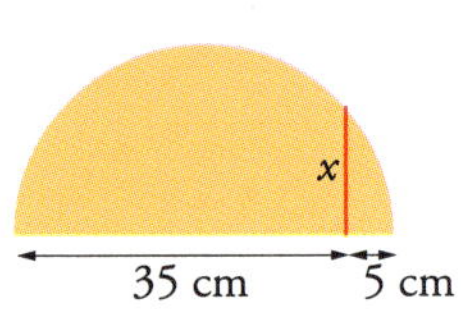


**c)**

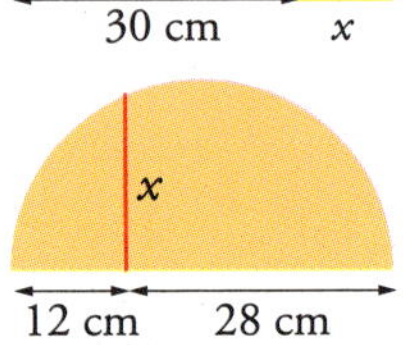


**d)**

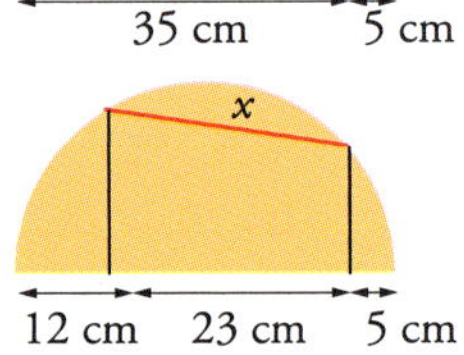


## Resol problemes

**18.** El pal d'una bandera se subjecta a terra per mitjà de dos cables que formen un angle recte en el punt més alt del pal. Les distàncies des de la base del pal fins als punts de subjecció dels cables són 12 m i 15 m. Calcula l'altura del pal.

**19.** Si aquests dos dipòsits són semblants, quant mesura el radi del més gran?

**20.** Fixa't en el triangle, en què $BD$ és paral·lel a $AE$, $\overline{AC} = 15$ cm, $\overline{CE} = 11$ cm i $\overline{BC} = 6{,}4$ cm:

**a)** Calcula $\overline{CD}$.

**b)** Podem saber quant val $\overline{AE}$ sense mesurar-lo directament?

**c)** Si $\hat{A} = 37°$ i $\hat{C} = 80°$, calcula $\hat{E}$, $\hat{B}$ i $\hat{D}$.

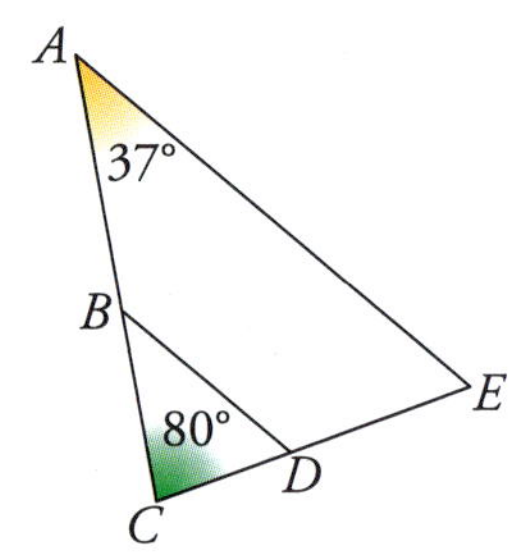


**21.** Els costats més grans de dos triangles semblants mesuren 8 cm i 13,6 cm, respectivament. Si l'àrea del primer és 26 cm$^2$, quina és l'àrea del segon?

**22.** Calcula el perímetre del triangle si la seva base coincideix amb la base més gran d'aquest trapezi rectangle i s'obté en prolongar els costats no paral·lels fins que es tallen.

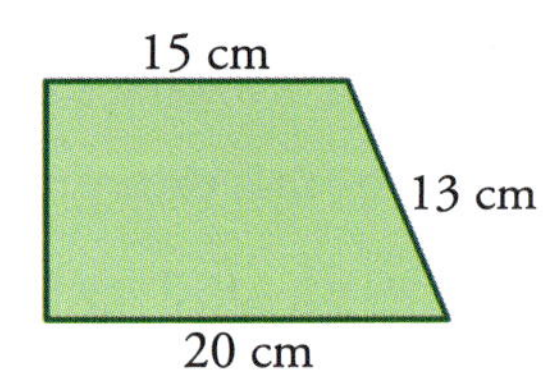


**23.** Calcula l'àrea de la zona pintada, tenint en compte que $M$ és el punt mitjà del segment $AB$.

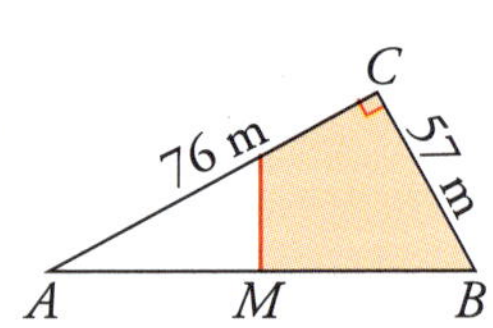


**24.** La bola blanca toca la negra després de rebotar en un punt, $C$, de la banda inferior. Calcula la longitud $\overline{AC}$.

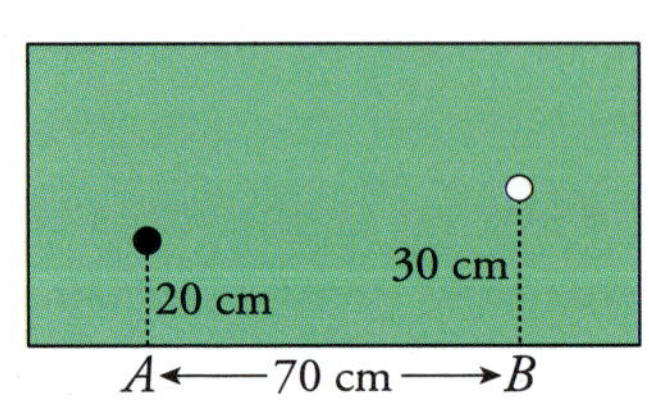



BARCANOVA EDITORIAL

**25.** Quina és la profunditat d'un pou que fa 1,2 m d'amplada si, allunyant-te 0,8 m de la vora, des d'una altura d'1,7 m, la visual uneix la vora del pou amb la línia del fons?

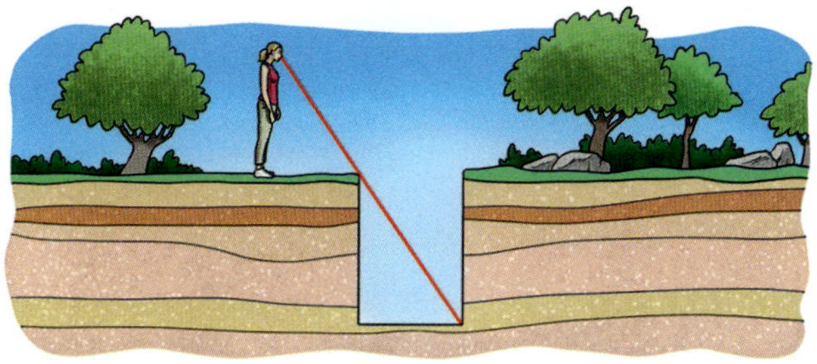

**26.** Entre dos pobles $A$ i $B$ hi ha un turó que impedeix mesurar la distància $\overline{AB}$ directament. Per determinar aquesta distància, fixem un punt $P$ des del qual es veuen els dos pobles i prenem les mesures $\overline{AP}$ = 15 km, $\overline{PM}$ = 7,2 km i $\overline{MN}$ = 12 km. ($MN$ és paral·lel a $AB$.) Troba la distància $\overline{AB}$.

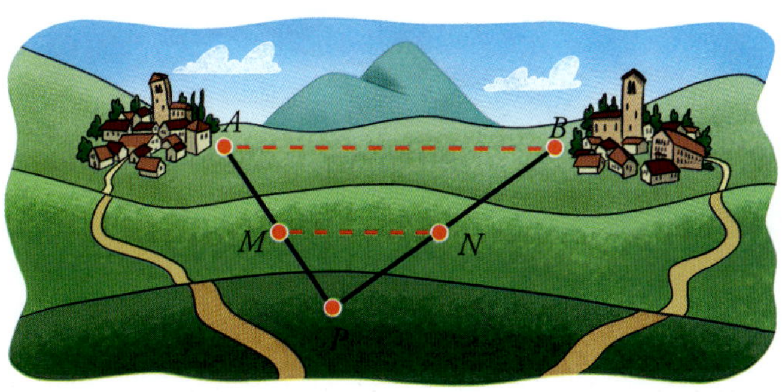


**27.** Per mesurar l'alçada de la casa, en Pol, que fa 165 cm d'estatura, se situa a 1,5 m de la tanca i pren les mesures indicades en el dibuix. Quina és l'alçada?

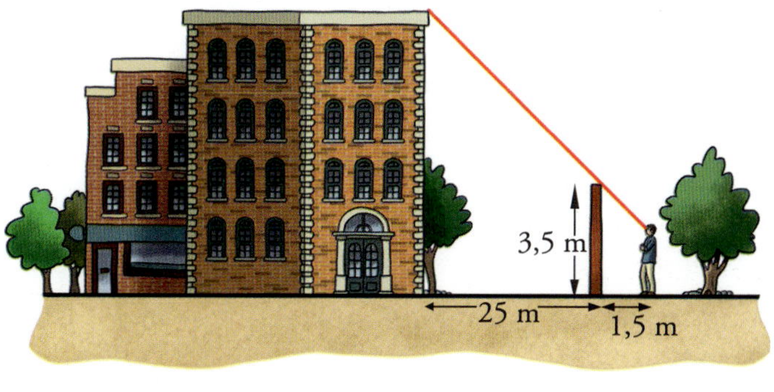


**28.** El rècord d'altura assolida per un globus aerostàtic va ser establert per Felix Baumgartner el 2012 quan va pujar a una mica més de 39 km d'altura.

**a)** Troba la distància a què es trobava del punt més allunyat que podia veure en l'horitzó terrestre.

**b)** Quina proporció de la Terra es veia des d'aquesta altura?

**29.** El perímetre d'un triangle isòsceles mesura 64 m i el costat desigual fa 14 m.

Calcula l'àrea d'un triangle semblant el perímetre del qual és 96 m.

**30.** Dos triangles $ABC$ i $PQR$ són semblants. Els costats del primer fan 24 m, 28 m i 34 m.

Calcula la mesura dels costats del segon triangle si el seu perímetre fa 129 m.

**31.** Les àrees de dos triangles isòsceles semblants fan 48 $m^2$ i 108 $m^2$. Si el costat desigual del primer triangle fa 12 m, quant mesura el perímetre del segon?

**32.** Els costats d'un triangle $ABC$ tenen questes mesures:

$$\overline{AC} = \overline{AB} = 36 \text{ cm i } \overline{CB} = 42 \text{ cm}$$

Des d'un punt $M$ de $AB$ es traça una paral·lela a $AC$, que talla el costat $BC$ en un punt $N$. Quant han de mesurar els costats del triangle $MBN$ perquè la seva àrea sigui 1/9 de la del triangle $ABC$?

**33.** D'un con de 5 cm de radi, n'hem retallat un altre de 2 cm de radi i 3 cm d'altura. Calcula el volum del con gran.

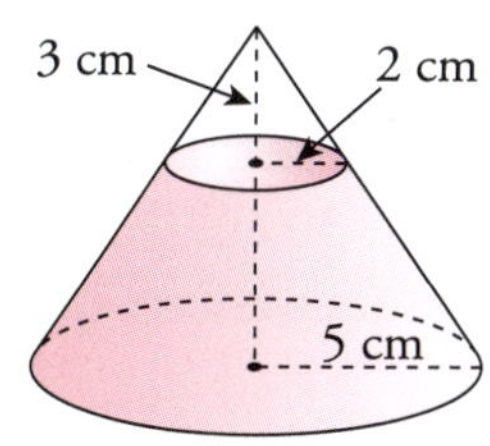


**34.** Troba el volum d'un tronc de con de 10 cm d'altura semblant a un altre que té aquestes dimensions:

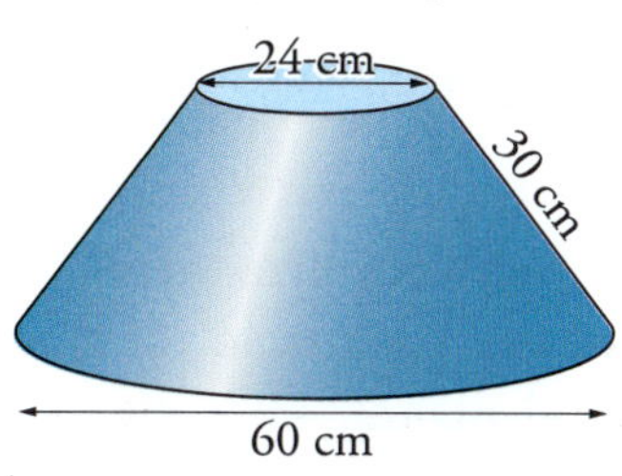


**35.** En un con de 10 cm de radi hi hem inscrit un cilindre de 4 cm de radi i 14,4 cm d'altura. Troba l'altura del con.

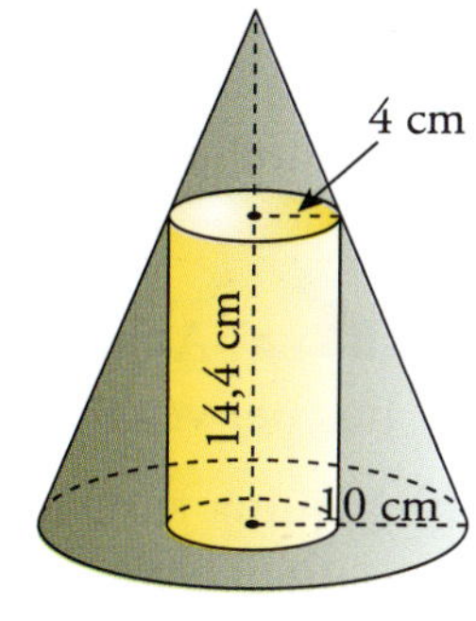

**36.** Calcula el volum d'un tronc de piràmide quadrangular regular de 15 cm d'altura si els costats de les bases mesuren 8 cm i 14 cm.

**37.** Troba el radi d'una circumferència en què hem inscrit un triangle isòsceles de costats $\overline{AB} = \overline{AC} = 16$ m i $\overline{BC} = 10$ m.

**38.** PROBLEMA RESOLT

***Troba el radi de la base d'un con de 14 cm d'altura inscrit en una esfera d'11 cm de radi.***

El triangle $ABC$ és rectangle en $B$. El radi del con, $R$, és l'altura sobre la hipotenusa $AC$.

Anomenem $x$ la projecció de $BC$ sobre la hipotenusa $AC$, que és el diàmetre de l'esfera.

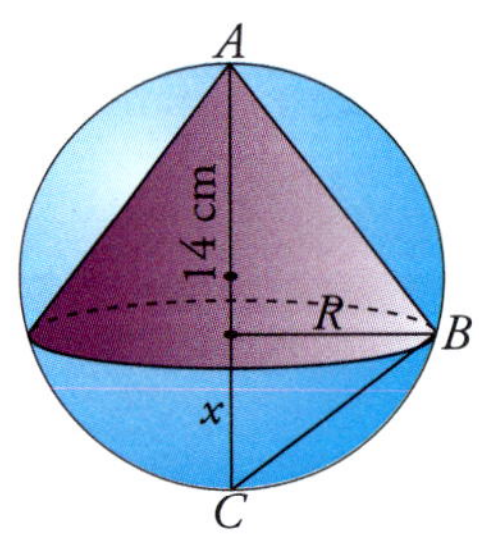


$\overline{AC} = 2 \cdot 11 = 22$ cm $\rightarrow x = 22 - 14 = 8$ cm

Pel teorema de l'altura, en el triangle $ABC$ es verifica que:

$$R^2 = 14 \cdot 8 = 112 \rightarrow R \approx 10{,}58 \text{ cm}$$

**39.** En una esfera de 15 cm de radi, hi hem inscrit un con d'altura 12 cm. Calcula'n l'àrea lateral.

**40.** Sobre una esfera de 20 cm de radi s'encaixa un con de 30 cm d'altura. Troba l'àrea del casquet esfèric que determina el con.

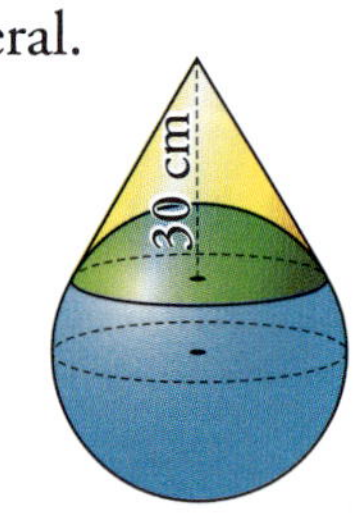


**41.** Volem construir un ortoedre amb un volum de 36.015 cm$^3$ que sigui semblant a un altre que té aquestes dimensions 25 × 15 × 35 cm. Quant mesuraran les seves arestes?

**42.** **a)** Troba l'escala utilitzada en aquest plànol si l'habitació de 12 m$^2$ té, en el plànol, unes dimensions de 10 cm × 7,5 cm.

**b)** Quina ampliació o reducció hauríem de fer sobre el plànol per tenir una escala d'1:200?

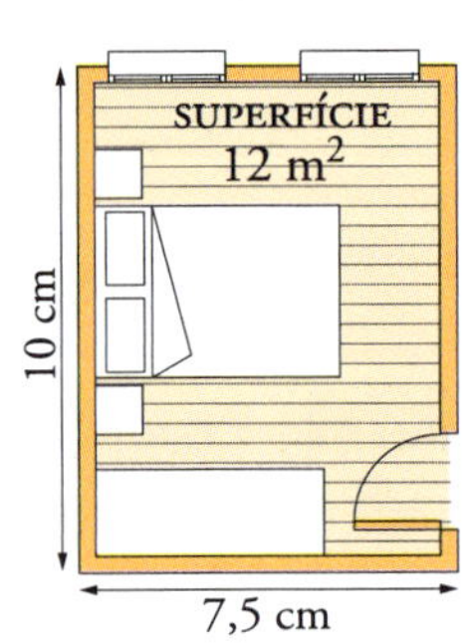


**43.** **a)** A quina altura (en metres) ha de volar un globus per veure l'horitzó a 200 km? I a 1.000 km?

**b)** A quina altura ha de pujar perquè la superfície visible sigui d'1.986.000 km$^2$?

**44.** Fixa't en el triangle $ABC$, que és rectangle en $A$:

$\overline{AH} = 18$ cm

$\overline{HB} = 32$ cm

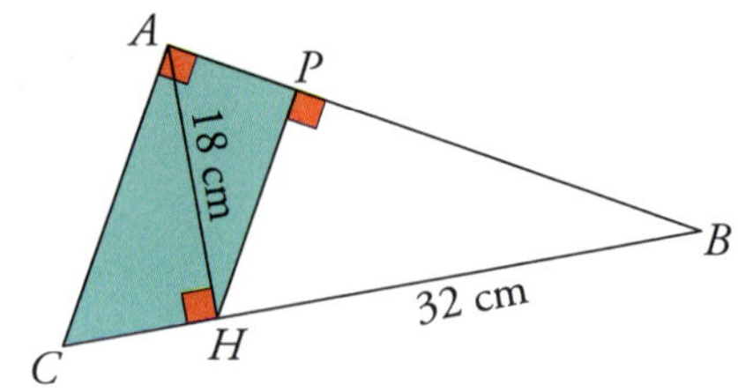


**a)** Calcula $\overline{CH}$, $\overline{AC}$ i $\overline{AB}$.

**b)** Aplica el teorema del catet en el triangle rectangle $AHB$ per obtenir $\overline{AP}$. Calcula $\overline{PH}$.

**c)** Troba l'àrea i el perímetre del trapezi $APHC$.

**45.** En el rectangle de la figura, $EF$ és paral·lel a $AC$, $G$ és el punt mitjà de $BC$ i $\overline{DF} = 5$ cm. Calcula l'àrea i el perímetre del pentàgon $FECGA$.

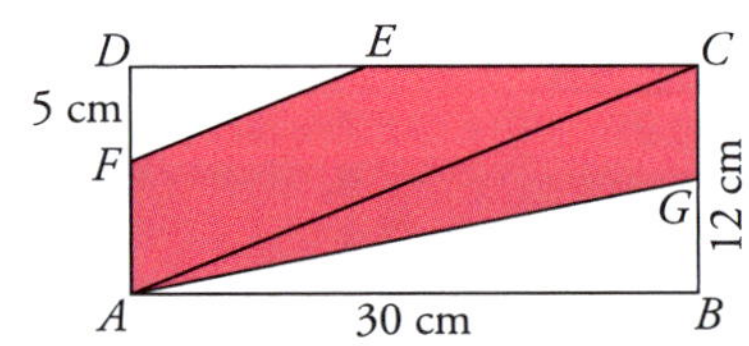


**46.** Fixa't en aquestes dues circumferències concèntriques. El radi de la més gran és el triple del de la més petita.

Hem traçat el diàmetre $AC$ i la corda $BC$, que és tangent a la circumferència interior.

Si $\overline{AB} = 10$ cm, quant mesuren els radis de cada circumferència?

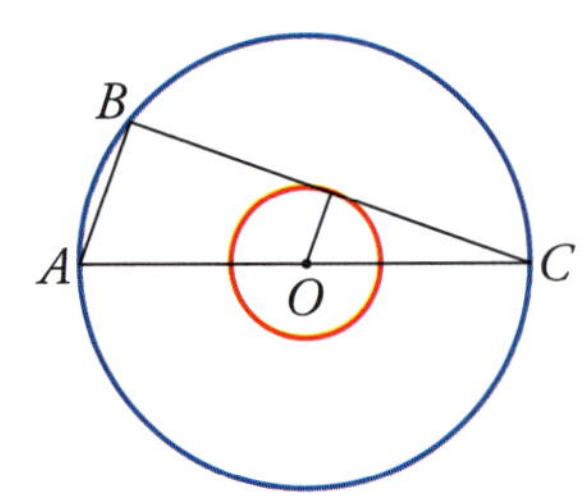


**47.** Calcula el perímetre i l'àrea d'aquestes figures:

**a)**

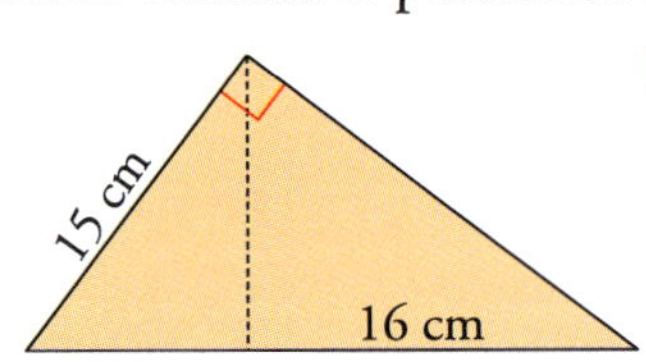


**b)**

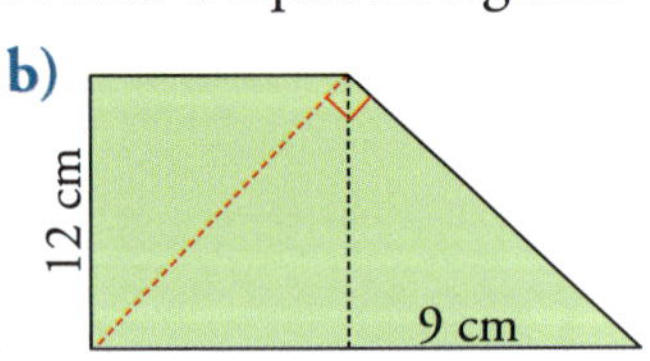


**48.** La Marta ha anat a París i ha comprat una figura de la torre Eiffel de 10 cm d'altura. La deixa en una barana i se n'allunya 2 m per fotografiar-la juntament amb la torre original. Troba la distància a què està la Marta de la torre Eiffel si en la foto surten:

**a)** Les dues torres iguals.

**b)** L'original, 4/3 més gran que la figureta.

L'altura real de la torre Eiffel és de 300 m.



BARCANOVA EDITORIAL

## Resol: una mica més difícil

**49.** **a)** Troba $\overline{PH}$.

**b)** Demostra que la longitud de $PH$ depèn de $\overline{AB}$ i $\overline{CD}$ i no pas de $\overline{AC}$.

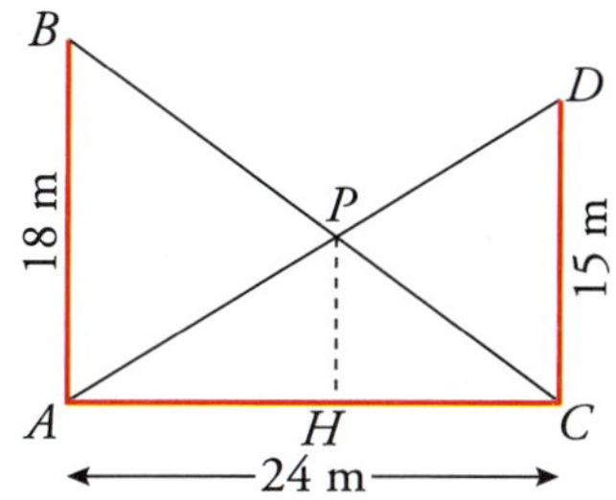


**50.** Una esfera recolzada a terra projecta una ombra que arriba fins a 10 m del punt on l'esfera toca el terra. En aquest moment, un pal vertical d'1 m d'alt produeix una ombra d'1 m. Calcula el radi de l'esfera.

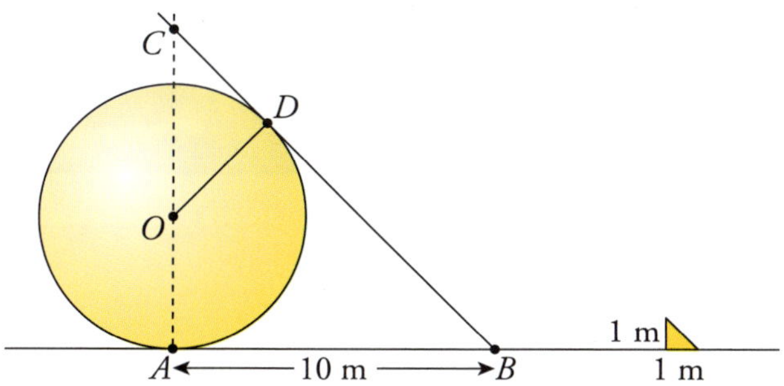


**51.** Una de les diagonals d'un rombe fa 24 cm i el radi del cercle inscrit en aquest rombe mesura 8 cm. Calcula el perímetre i l'àrea del rombe.

**52.** En el quadrat de la figura, $E$ és el punt mitjà del costat $AB$ i $F$ és el punt mitjà de $BC$.

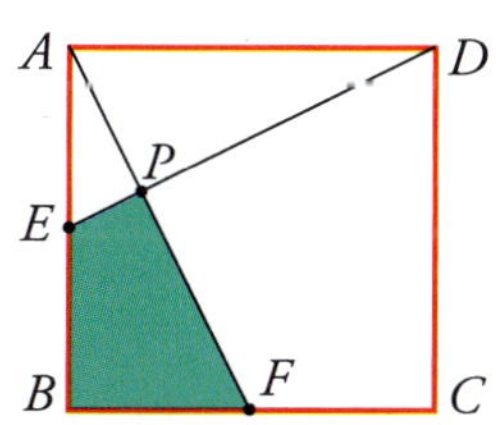


Si el costat del quadrat mesura 2 cm, quina és l'àrea del quadrilàter $EPFB$?

**53.** En la figura s'observen dues circumferències tangents interiors, de radis 35 cm i 50 cm, i un quadrat. Un dels costats del quadrat és tangent a la circumferència petita i els vèrtexs oposats a aquest costat són sobre la circumferència gran.

Calcula el costat del quadrat.

## Reflexiona sobre la teoria

**54.** Vertader o fals? Justifica la teva resposta:

**a)** Dos triangles rectangles que tenen la mateixa hipotenusa són semblants.

**b)** Tots els pentàgons regulars són semblants.

**c)** Si els costats d'un triangle són $a$, $b$, $c$ i els d'un altre són $a + 1$, $b + 1$, $c + 1$, no són semblants.

**d)** Les piràmides quadrangulars són totes semblants entre si.

**e)** Una escala 100:1 significa que 1 cm del dibuix correspon a 1 m en la realitat.

**55.** Justifica en quins casos podem assegurar que els triangles $ABC$ i $A'B'C'$ són semblants:

**a)** $\dfrac{\overline{AB}}{\overline{A'B'}} = \dfrac{\overline{BC}}{\overline{B'C'}}, \hat{C} = \hat{C}'$ **b)** $\dfrac{\overline{AC}}{\overline{A'C'}} = \dfrac{\overline{AB}}{\overline{A'B'}}, \hat{A} = \hat{A}'$

**c)** $\dfrac{\overline{AB}}{\overline{A'B'}} \neq \dfrac{\overline{BC}}{\overline{B'C'}}, \hat{B} = \hat{B}'$ **d)** $\hat{A} = \hat{A}', \hat{B} = \hat{B}'$

**56.** Vertader o fals? Justifica la teva resposta.

**a)** Un triangle equilàter, un quadrat i qualsevol altre polígon regular estan determinats únicament pel seu costat. Per això, tots els polígons de $n$ costats són semblants, sigui quin sigui el valor de $n$.

**b)** Com que els rectangles es defineixen per mitjà de dues dimensions, no tots són semblants.

**c)** Tots els triangles rectangles són semblants.

**d)** Hi ha triangles isòsceles no semblants.

**e)** Com que els rombes tenen els quatre costats iguals, tots els rombes són semblants.

**f)** En girar dos triangles rectangles semblants al voltant dels seus catets més petits, es generen dos cons semblants.

**g)** En girar un triangle rectangle al voltant de la seva hipotenusa, es generen dos cons semblants enfrontats per la seva base.

**h)** Dos cilindres amb el mateix radi són semblants.

**57.** La imatge il·lustra com dues circumferències qualssevol en el pla són homotètiques respecte de dos centres diferents.

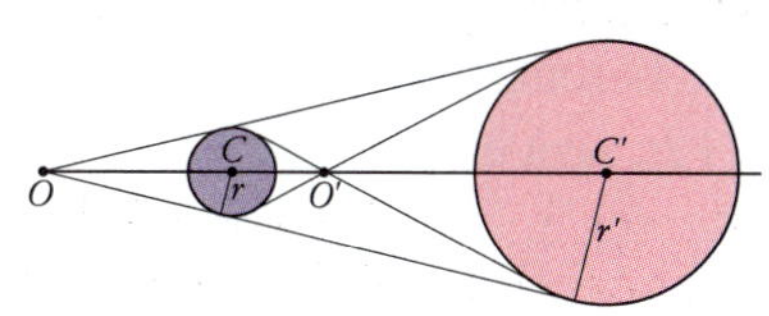


Repeteix el dibuix en el teu quadern per a uns valors $r$ = 1,5 cm, $r'$ = 4,5 cm i $\overline{CC'}$ = 10 cm.

# » MATEMÀTIQUES EN CONTEXT

## REFORMES A L'ERMITA DE LA VALL

A la vall pirinenca on viuen els avis de la Núria hi ha una ermita romànica que ha estat catalogada recentment com a patrimoni de la humanitat. Amb aquest motiu, s'ha concedit una partida pressupostària destinada a millorar i condicionar tant l'ermita com els seus voltants. L'ermita és ubicada al centre d'un bell entorn natural de la vall pirinenca, travessada per un riu que manté un bon cabal durant tot l'any. Hi ha dos ponts pels quals pot travessar-se el riu, que la gent de la contrada anomena, amb força lògica, el pont Xic i el pont Llarg.

### 1. El camí d'accés

Es volen condicionar els accessos a l'ermita des de dos punts, $O$ i $D$, de la petita carretera que hi passa a prop, que van fer aprofitant el traçat d'un antic camí ral. Tingues en compte les dades del gràfic i contesta:

a) El camí de la carretera a l'ermita que passa pel pont Xic ($\overline{OE}$) és perpendicular a la carretera. Quina és la distància des de $O$ fins al cap del pont Xic del costat de l'ermita, $A$?

b) A quina distància, $\overline{AE}$ i $\overline{BE}$, es troba cada pont de l'ermita?

c) Prenent com a base els triangles $\widehat{EOD}$ i $\widehat{ABE}$, a quina distància es troba l'ermita del punt $D$?

d) Quants quilòmetres hi ha des del punt $D$ fins al cap del pont Llarg del costat de la carretera, $F$?

e) Es construirà un camí paral·lel a $\overline{OD}$, amb entrada pels punts $P$ i $B$ i, exactament al punt mitjà, s'habilitarà un berenador. A quina distància de cada accés, $P$ i $B$, serà el berenador?

f) Pensa una altra pregunta per plantejar-la a un company o companya de la classe. Primer l'has de resoldre tu per comprovar que està ben plantejada i per saber quina és la solució correcta.

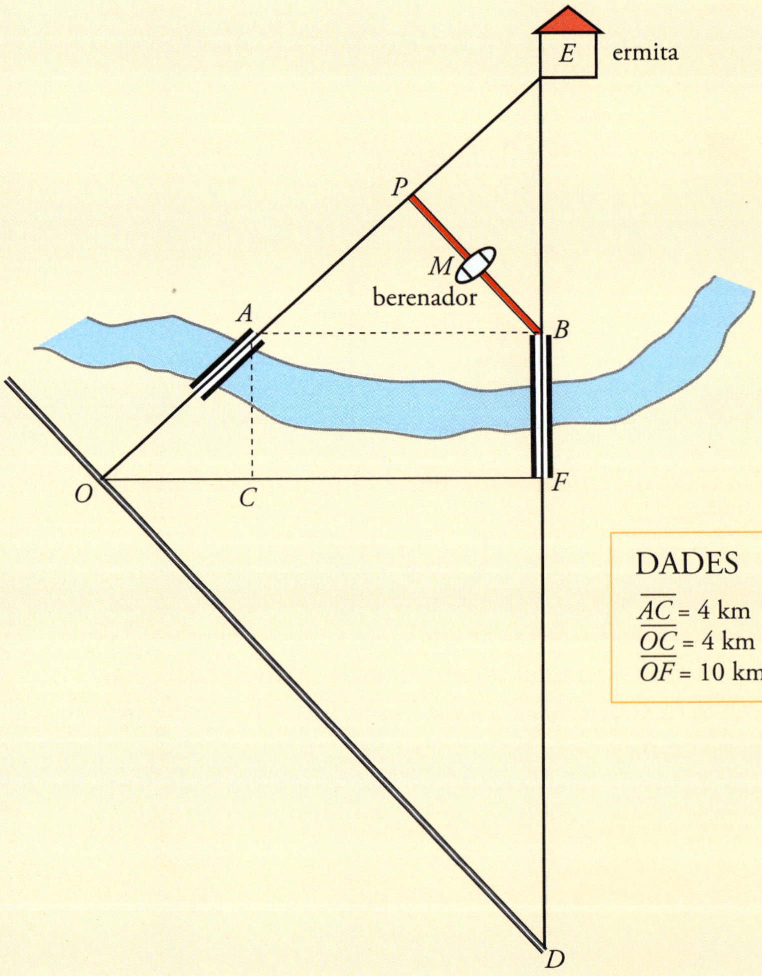


DADES
$\overline{AC}$ = 4 km
$\overline{OC}$ = 4 km
$\overline{OF}$ = 10 km

## 2. El jardí vora l'ermita

També es volen condicionar els voltants de l'ermita per tal que esdevingui més atractiva per al turisme. Aprofitant que aquesta part de la vall és molt plana, volen fer, al darrere de l'ermita, un gran jardí botànic amb espècies autòctones, en el qual tothom que hi vagi, incloent-hi les persones amb mobilitat reduïda, pugui passejar fàcilment i relaxar-se en contacte amb la natura.

La Núria, que treballa per a l'estudi de paisatgisme que durà a terme el projecte, ha fet anotacions i ha pres diverses mesures de la parcel·la destinada al projecte del jardí, però no ha pogut prendre totes les que necessitava perquè la parcel·la és completament plena de bardissa.

$O$, $E$ i $G$ són en línia recta.

$C$, $D$ i $F$ són en línia recta.

$\overline{EF}$ és paral·lel a $\overline{CB}$.

$\overline{FH}$ és paral·lel a $\overline{EG}$.

$\overline{OG}$ és perpendicular a $\overline{CB}$.

$M$ és el punt mitjà de $\overline{OB}$.

$\overline{AB} = \overline{OA}$

$\overline{OE} = 24$ m

$\overline{ED} = 40$ m

$\overline{DC} = 20$ m

$\overline{CG} = 10$ m

$\overline{AM} = 40$ m

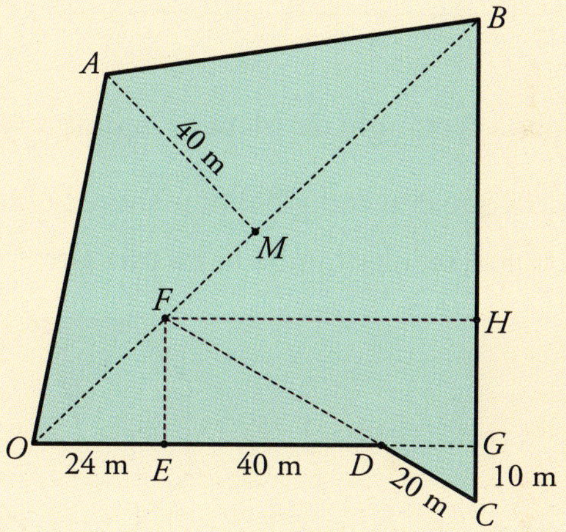


Ajuda la Núria a completar el plànol amb les mesures corresponents responent les preguntes següents:

a) Quant mesura $\overline{DG}$? Quant mesura $\overline{EF}$?

b) Quant mesura $\overline{CB}$? Quant mesura $\overline{FB}$?

c) Quant mesura $\overline{AB}$? Quant mesura $\overline{OA}$?

d) Quin és el perímetre de la parcel·la?

e) Quant mesura la seva superfície?

# » TALLER DE MATEMÀTIQUES

## » LLEGEIX I REFLEXIONA

### El nombre de plata i el triangle cordovès

Si a un full DIN A4 hi afegim un quadrat, adossat al costat més petit, obtenim aquesta figura:

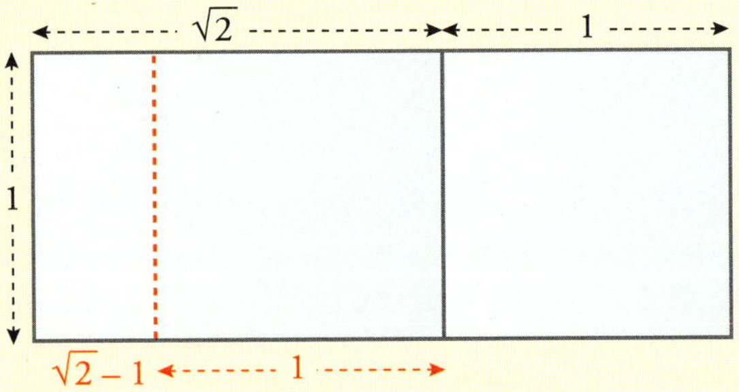


Aquest rectangle allargat té la propietat següent: si se'n suprimeixen dos quadrats, el resultat és un altre rectangle semblant.

- Comprova que: $\frac{\sqrt{2}+1}{1} \stackrel{?}{=} \frac{1}{\sqrt{2}-1}$.

S'anomena **rectangle de plata** i el nombre $\sqrt{2}+1$ rep el nom de **nombre de plata.**

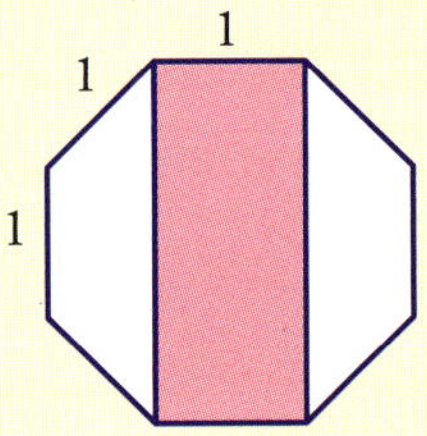


- Demostra que el rectangle pintat sobre l'octàgon regular de la figura de la dreta és de plata.

En l'octàgon regular també hi ha una altra figura interessant amb nom propi.

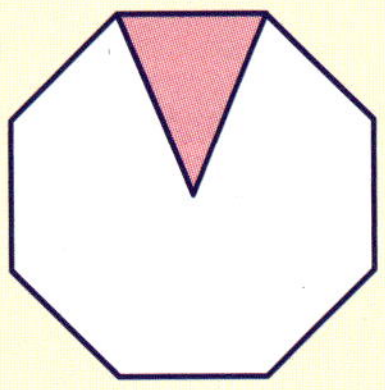

És el **triangle cordovès:**

— És isòsceles.

— El seu angle petit fa 45°.

- Prova que la relació entre els costats del triangle cordovès (radi i costat de l'octàgon regular) és aquesta:

$$\frac{r}{1} = \sqrt{1+\frac{\sqrt{2}}{2}} = \frac{1}{\sqrt{2-\sqrt{2}}} = 1,306562965 \text{ (\textbf{nombre cordovès})}$$

El triangle cordovès el trobem, de nou, en l'octàgon regular. I, també, en un full DIN A4:

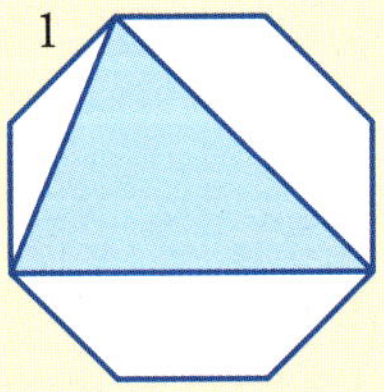


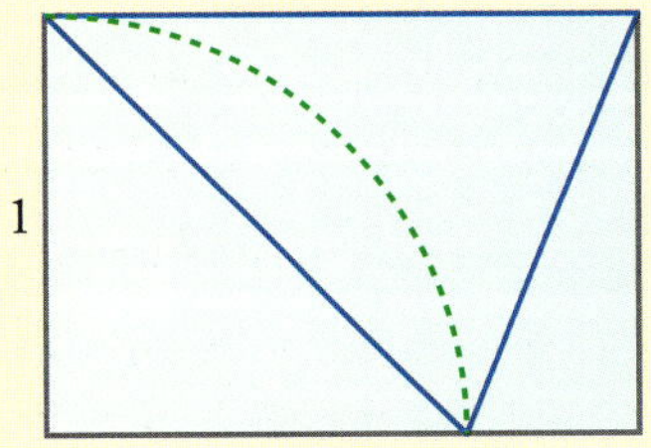


- Es pot demostrar fàcilment que aquests dos triangles són cordovesos (tenen un angle de 45° i són isòsceles). Més difícil és obtenir-ne les dimensions a partir del costat 1 de cada figura i provar que el seu quocient és el nombre cordovès.

Prova de fer ambdues coses pel que fa a cada figura.

Per què aquest triangle s'anomena «cordovès»?

El va estudiar per primera vegada l'arquitecte Rafael de la Hoz mentre investigava la mesquita de Còrdova.

Les dimensions de la planta de la mesquita de Còrdova responen a la proporció (raó) cordovesa.


BARCANOVA EDITORIAL

## » ENTRENA'T RESOLENT ALTRES PROBLEMES

- L'Anna i en Marc volen compartir aquest cucurutxo ple de gelat amb la mitja bola a sobre.

  A quina altura han de tallar el cucurutxo perquè les dues parts tinguin la mateixa quantitat de gelat?

- Per preparar una coca de 15 polzades de diàmetre i 1 polzada de gruix, es necessiten 18 unces de massa. Quantes unces de massa es necessitaran per a una coca d'1,5 polzades de gruix i 25 polzades de diàmetre?

- Dues localitats A i B són al mateix costat d'una autopista recta, de la qual disten 20 km i 10 km, respectivament.

  Es vol construir una carretera tan curta com sigui possible que uneixi les dues localitats amb un punt de l'autopista. Si la distància entre A i B és de 26 km, troba la longitud de la carretera.

## » POSA'T A PROVA

**1.** Volem fer una maqueta d'un jardí rectangular a escala 1:400. El seu perímetre fa 850 m i la seva àrea, 37.500 m$^2$. Quines seran aquestes mesures en la maqueta?

**2.** Una maqueta d'una cèl·lula eucariota mesura 1 m de diàmetre i està feta a una escala de 10.000:1.

**a)** Troba el diàmetre de la cèl·lula real.

**b)** Calcula el volum de la cèl·lula real i de la maqueta.

**3.** En un triangle rectangle s'inscriu un rectangle, de costats paral·lels als catets, la base del qual mesura el doble que l'altura. Si els catets mesuren 12 cm i 18 cm, quines són les dimensions del rectangle?

Atenció: hi pot haver dues solucions.

**4.** Un vaixell *A* que navega cap al port *P* se situa en un punt tal que la seva posició forma un angle recte amb els fars $F_1$ i $F_2$. La línia que uneix aquest punt amb el port és perpendicular a la costa.

Sabem que $\overline{PF_1}$ = 13 km i que $\overline{PF_2}$ = 26 km.

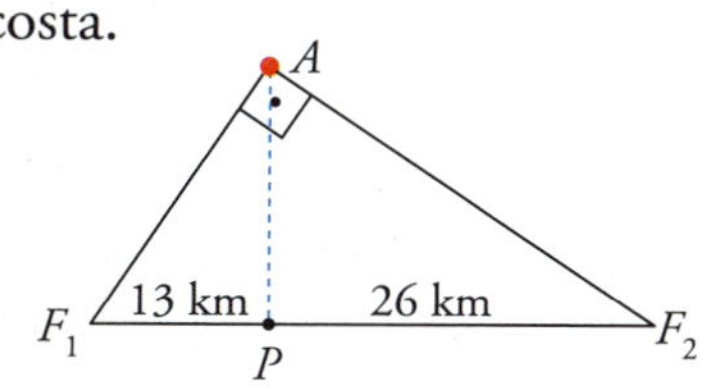


Calcula la distància del vaixell al port i a cada un dels fars.

**5.** Un centre comercial *P* està situat entre dues vies paral·leles *r* i *s*. Es vol unir, mitjançant carreteres, amb les poblacions *A, B, C* i *D*. A partir de les dades de la figura, calcula *x* i *y*.

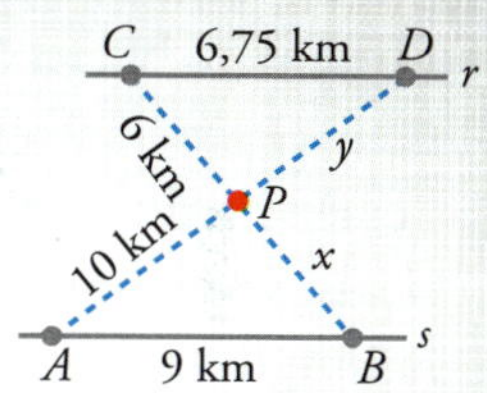


**6.** En una esfera amb un diàmetre de 18 cm s'inscriu un con l'altura del qual és 6 cm. Quant mesurarà el radi de la base del con?

**7.** Tenim un got en forma de tronc de con en què els diàmetres de les bases mesuren 10 cm i 6 cm i l'altura fa 12 cm. Hi cap més de mig litre d'aigua, o menys?

**8.** Un coet, que està a 190 km d'altura, acaba de començar el seu viatge cap a Saturn.

**a)** Quina extensió de la superfície de la Terra pot veure?

**b)** Si viatja a 40.000 km/h, quina superfície de la Terra veurà al cap de 5 min? I al cap d'un quart d'hora?

**9.** Les diagonals d'un rombe mesuren $\overline{AC}$ = 32 cm i $\overline{BD}$ = 24 cm. Per un punt *P* de la diagonal petita, tal que $\overline{PD}$ = 9 cm, es traça una paral·lela a la diagonal *AC*, que talla els costats *AD* i *CD* en els punts *M* i *N*, respectivament. Calcula l'àrea i el perímetre del pentàgon *MABCN*.

# UNITAT 7

# TRIGONOMETRIA

DIMENSIÓ RESOLUCIÓ DE PROBLEMES · DIMENSIÓ RAONAMENT I PROVA
DIMENSIÓ CONNEXIONS · DIMENSIÓ COMUNICACIÓ I REPRESENTACIÓ

## Origen de la trigonometria

Tot i que l'origen de la trigonometria està relacionat amb el mesurament de camps o la construcció de piràmides, el seu desenvolupament va lligat al de l'astronomia.

Babilonis i egipcis van encetar el camí fa uns 4.000 anys. A Babilònia es va establir la mesura sexagesimal dels angles, a banda d'altres aportacions. Els grecs es van nodrir d'aquests coneixements i els van ampliar. En aquest camp van destacar dos grans astrònoms:

- **Hiparc de Nicea** (segle II aC), considerat el «pare de l'astronomia», va consolidar el sistema sexagesimal per a la mesura d'angles. Tenint en compte que l'essència de la trigonometria és substituir mesures angulars per mesures lineals, va elaborar unes taules en què associava la mesura de cada angle amb la longitud de la corda corresponent.

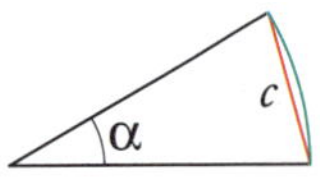


- **Ptolemeu d'Alexandria** (segle II dC) va ampliar i va millorar l'obra d'Hiparc i va escriure un enorme tractat d'astronomia de tretze llibres, que més tard es va acabar anomenant *Almagest* ('el més gran').

## Evolució posterior

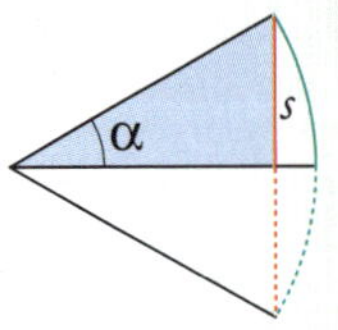


A l'Índia (segles IV i V) es va desenvolupar una trigonometria amb un enfocament diferent de la grega: els indis van associar a cada angle la longitud de la semicorda de l'angle doble (el que posteriorment s'anomenaria *sinus* de l'angle) i així van aconseguir treballar amb triangles rectangles, més fàcils de manejar.

La trigonometria àrab (segles IX i X) es va inspirar en l'*Almagest* de Ptolemeu, però va utilitzar les taules dels sinus dels indis, les va ampliar amb altres mesures i les va millorar. Aquesta trigonometria, ben fonamentada i molt pràctica, es va estendre per Europa a partir del segle XII.

## El fonament de la trigonometria

La trigonometria es basa en la semblança de triangles rectangles:

*La raó entre dos costats d'un triangle rectangle és igual a la raó entre els costats corresponents de qualsevol altre triangle que hi sigui semblant.*

Observa com apliquen aquesta propietat un grup d'amics que volen saber les altures dels arbres d'una parcel·la plana:

- Claven a terra una estaca vertical, que sobresurt 163 cm.
- A continuació, s'afanyen a assenyalar els extrems de les ombres dels arbres i de l'estaca.
- Tot seguit, i ja sense presses, en mesuren les longituds.

Les mesures de les ombres de l'estaca i d'un xiprer són aquestes:

OMBRA ESTACA = 76 cm

OMBRA XIPRER = 2,37 m = 237 cm

Finalment, apliquen la semblança de triangles:

$$\frac{x}{237} = \frac{163}{76} \rightarrow x = \frac{237 \cdot 163}{76} = 508 \text{ cm} = 5{,}08 \text{ m}$$

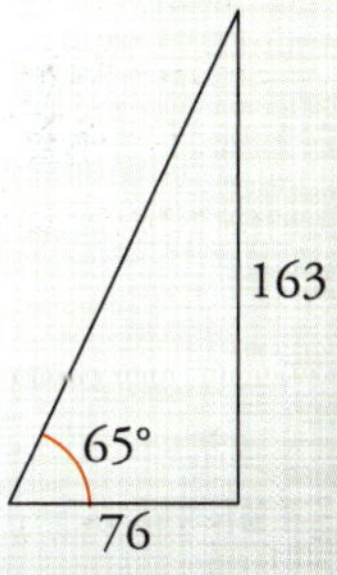


L'altura del xiprer es podria haver obtingut multiplicant la longitud de la seva ombra per $\frac{163}{76} = 2{,}145$. Aquest nombre és el resultat de dividir els catets de qualsevol triangle rectangle amb un angle de 65°. És, per tant, un nombre associat a aquest angle. S'anomena **tangent de 65°**.

Antigament, es recorria a unes taules en què es trobaven aquests nombres. Actualment, els obtenim amb la calculadora.

### RESOL

**1. a)** Raona el fet que l'estaca i la seva ombra formen un triangle rectangle. Passa el mateix amb cada arbre i la seva ombra?

**b)** Per què s'han d'afanyar a assenyalar els extrems de les ombres? Raona el fet que tots els triangles formats per un arbre –o l'estaca– i la seva ombra corresponent en cada instant són semblants.

**c)** Troba l'altura d'un pollancre l'ombra del qual fa 3,92 m.

**2.** Com caracteritzarien els grecs un angle de 60° mitjançant una mesura longitudinal (longitud de la corda de l'arc corresponent)? I els indis (la meitat de la corda de l'angle doble, 120°)?

# 1. RAONS TRIGONOMÈTRIQUES D'UN ANGLE AGUT

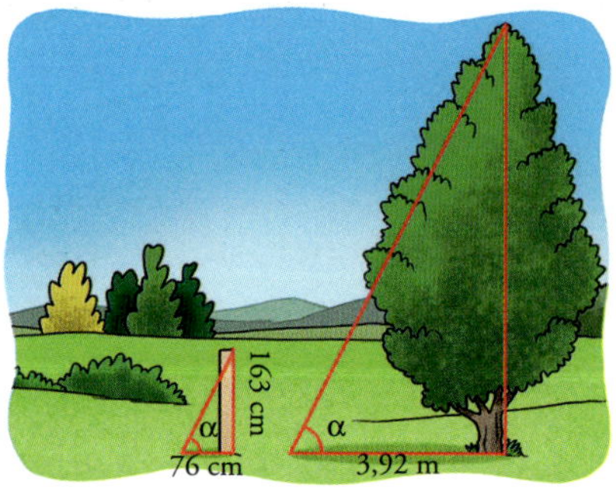


Com hem vist en la pàgina anterior, la raó entre l'altura i l'ombra de l'estaca (163/76) és igual a la raó entre l'altura i l'ombra de l'arbre.

D'aquesta manera, podem trobar l'altura d'un pollancre multiplicant la longitud de la seva ombra, 3,92 m, per 163/76.

Aquest quocient és el que aquí anomenem *tangent* de l'angle α.

Recordem la propietat dels triangles rectangles que hem vist en la pàgina anterior:

*La raó entre dos costats d'un triangle rectangle és igual a la raó entre els costats corresponents de qualsevol altre triangle que hi sigui semblant.*

Ara estudiarem totes les possibles raons entre dos dels costats d'un triangle rectangle.

## Sinus, cosinus i tangent d'un angle

Sobre un angle agut, α, com el de la figura de la dreta, construïm un triangle rectangle, *ABC*.

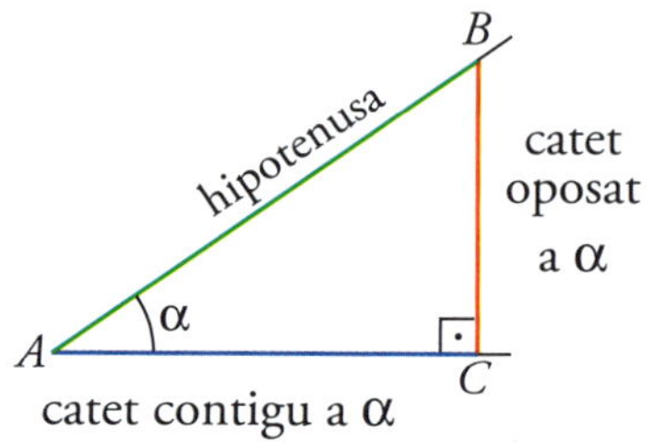


Observa les relacions següents, anomenades **raons trigonomètriques** de l'angle α.

**sinus** de $\alpha = \dfrac{\text{longitud del catet oposat a } \alpha}{\text{longitud de la hipotenusa}}$ $\qquad sin\ \alpha = \dfrac{\overline{BC}}{\overline{AB}}$

**cosinus** de $\alpha = \dfrac{\text{longitud del catet contigu a } \alpha}{\text{longitud de la hipotenusa}}$ $\qquad cos\ \alpha = \dfrac{\overline{AC}}{\overline{AB}}$

**tangent** de $\alpha = \dfrac{\text{longitud del catet oposat a } \alpha}{\text{longitud del catet contigu a } \alpha}$ $\qquad tg\ \alpha = \dfrac{\overline{BC}}{\overline{AC}}$

## Càlcul gràfic (aproximat) de raons trigonomètriques

La definició mateixa ens proporciona un mètode per obtenir les raons trigonomètriques d'un angle agut.

- Es dibuixa un angle. Per exemple, 34°.
- Des d'un punt qualsevol, *B*, d'un dels seus costats es traça una perpendicular a l'altre costat. D'aquesta manera es forma un triangle rectangle *ABC*.
- Es mesuren els costats del triangle. En el nostre exemple:

$$\overline{AC} = 41 \text{ mm}, \quad \overline{BC} = 28 \text{ mm}, \quad \overline{AB} = 50 \text{ mm}$$

- Amb aquestes dades, calculem les raons trigonomètriques de l'angle, 34°:

$$sin\ \alpha = \frac{\overline{BC}}{\overline{AB}} = \frac{28}{50} = 0{,}56; \quad cos\ \alpha = \frac{\overline{AC}}{\overline{AB}} = \frac{41}{50} = 0{,}82; \quad tg\ \alpha = \frac{\overline{BC}}{\overline{AC}} = \frac{28}{41} = 0{,}68$$

Les mesures són aproximades, per la qual cosa les relacions també ho són.

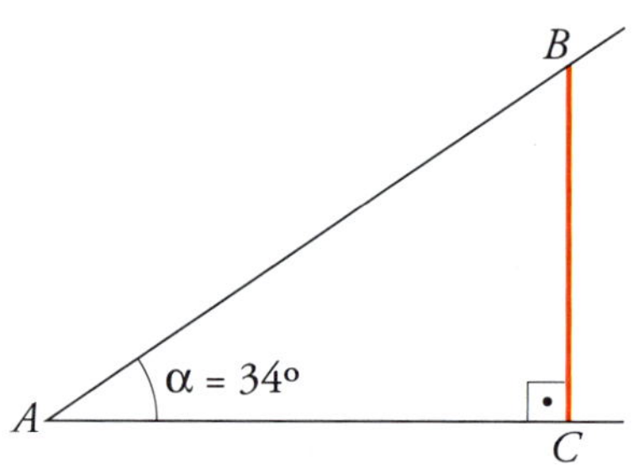


## » APLICA EL QUE HAS APRÈS

**1.** Dibuixa sobre un angle com l'anterior, 34°, un triangle rectangle de manera que $\overline{AB}$ = 100 mm.

Troba'n les raons trigonomètriques i observa que obtens, aproximadament, els mateixos valors que en l'exemple de dalt.

**2.** Dibuixa sobre un angle de 45° un triangle rectangle la hipotenusa del qual mesuri 10 cm.

Calcula, com en l'exemple de dalt, les raons trigonomètriques de 45°. Com són entre si el sinus i el cosinus? Quant val la tangent? Explica per què.



GeoGebra. Reforça les raons trigonomètriques.

## Les raons trigonomètriques depenen de l'angle, no del triangle

Què passaria si sobre un mateix angle $\alpha$ tracéssim diversos triangles rectangles diferents?

Ja vam veure en l'activitat 1 de la pàgina anterior que les raons trigonomètriques de 34° que s'obtenen són les mateixes, tret de petites diferències degudes a imprecisions en la mesura. Demostrem, basant-nos en la semblança de triangles, que el mateix passa per a qualsevol angle $\alpha$:

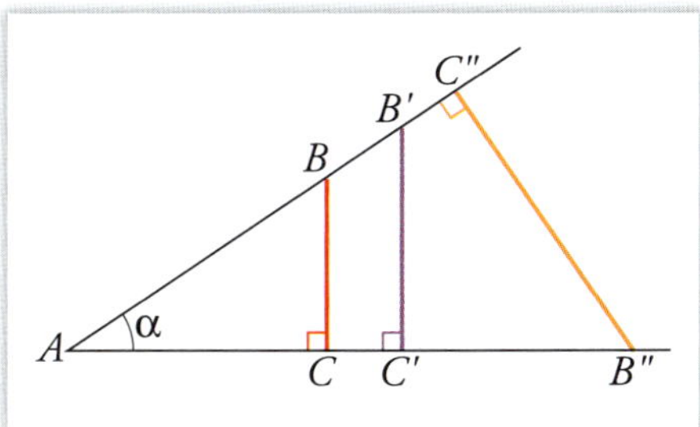


| | EN *ABC* | EN *AB'C'* | EN *AB''C''* |
|---|---|---|---|
| *sin* $\alpha$ | $\overline{BC}/\overline{AB}$ | $\overline{B'C'}/\overline{AB'}$ | $\overline{B''C''}/\overline{AB''}$ |

Els triangles *ABC*, *AB'C'* i *AB''C''* són semblants, ja que són rectangles i tenen un angle agut igual. Per això:

$$\frac{\overline{BC}}{\overline{AB}} = \frac{\overline{B'C'}}{\overline{AB'}} = \frac{\overline{B''C''}}{\overline{AB''}}$$

És a dir, és indiferent calcular el *sinus* sobre qualsevol dels triangles.

I el mateix es pot dir per al *cosinus* i per a la *tangent*.

## Una plantilla per mesurar raons trigonomètriques

Sobre paper mil·limetrat tracem un quadrant de circumferència de radi 10 cm, longitud que *prenem com a unitat*.

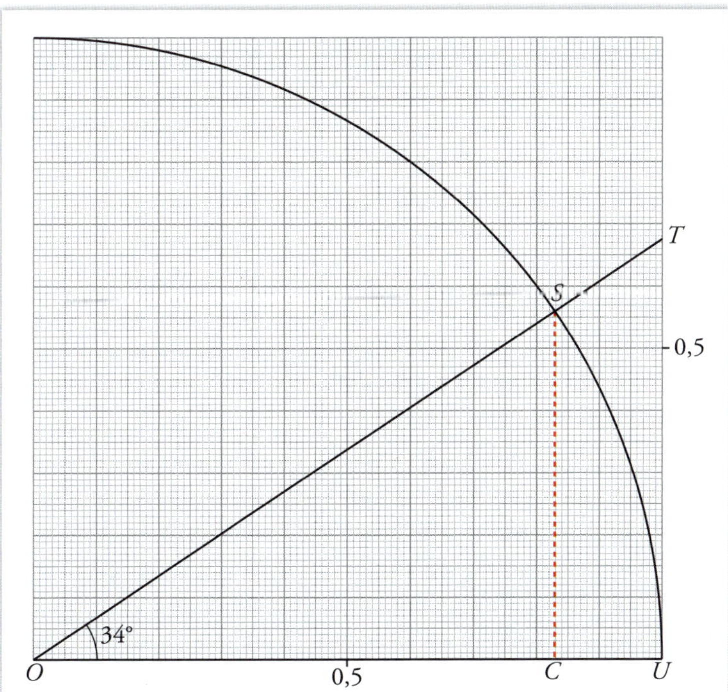


Situem els angles amb un costat sobre l'eix *X*. La hipotenusa del triangle rectangle *OCS* mesura 1; per tant:

$$sin\ 34° = \frac{\overline{SC}}{1} \rightarrow sin\ 34° = \overline{SC}$$

$$cos\ 34° = \frac{\overline{OC}}{1} \rightarrow cos\ 34° = \overline{OC}$$

Sobre el paper mil·limetrat obtenim els valors següents per a $\overline{SC}$ i $\overline{OC}$:

$$\overline{SC} = sin\ 34° = 0{,}56 \qquad \overline{OC} = cos\ 34° = 0{,}83$$

Com que $\overline{OU} = 1$, la tangent es mesura també directament:

$$tg\ 34° = \frac{\overline{UT}}{\overline{OU}} = \frac{\overline{UT}}{1} = \overline{UT} = 0{,}68$$

Observa que, a partir d'un cert angle, la tangent ja no es pot mesurar directament perquè surt de la plantilla.

### » APLICA EL QUE HAS APRÈS

**3.** Utilitzant una plantilla de paper mil·limetrat com la de dalt i un transportador d'angles, calcula el sinus i el cosinus de 10°, 20°, 30°, 40°, 50°, 60°, 70° i 80° i la tangent d'aquells que puguis.

**4.** Calcula les raons trigonomètriques (sinus, cosinus i tangent) de 45° i comprova que coincideixen (excepte alguns decimals) amb les que vas calcular en l'activitat 2 de la pàgina anterior.

# 2. RELACIONS TRIGONOMÈTRIQUES FONAMENTALS

### Notació

En comptes de $(sin\ \alpha)^2$ se sol escriure $sin^2\ \alpha$. De la mateixa manera:

$$(cos\ \alpha)^2 = cos^2\ \alpha \text{ i } (tg\ \alpha)^2 = tg^2\ \alpha$$

No obstant això, per evitar confusions, utilitzarem durant aquest curs l'expressió entre parèntesis.

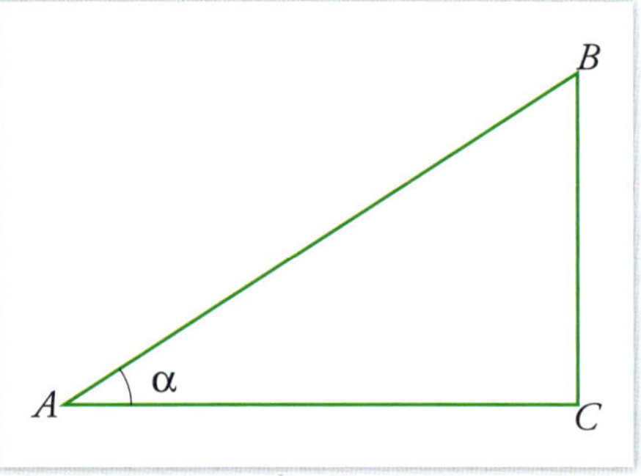


Els valors de *sin*, *cos* i *tg* d'un mateix angle no són independents, sinó que estan relacionats, de manera que *coneixent-ne un, podem calcular els altres dos*. Les relacions que els lliguen són les següents:

**Relacions fonamentals**

$$(sin\ \alpha)^2 + (cos\ \alpha)^2 = 1 \text{ [I]} \qquad \frac{sin\ \alpha}{cos\ \alpha} = tg\ \alpha \text{ [II]}$$

Aquestes igualtats són fàcils de demostrar:

[I] $$(sin\ \alpha)^2 + (cos\ \alpha)^2 = \left(\frac{\overline{BC}}{\overline{AB}}\right)^2 + \left(\frac{\overline{AC}}{\overline{AB}}\right)^2 = \frac{\overline{BC}^2 + \overline{AC}^2}{\overline{AB}^2} \overset{(*)}{=} \frac{\overline{AB}^2}{\overline{AB}^2} = 1$$

(*) Pel teorema de Pitàgores, es compleix que $\overline{BC}^2 + \overline{AC}^2 = \overline{AB}^2$.

[II] $$\frac{sin\ \alpha}{cos\ \alpha} = \frac{\overline{BC}}{\overline{AB}} : \frac{\overline{AC}}{\overline{AB}} = \frac{\overline{BC}}{\overline{AC}} = tg\ \alpha$$

En els exercicis resolts següents veiem com, coneguda una raó trigonomètrica d'un angle, es poden calcular les altres dues.

## EXERCICIS RESOLTS

**1.** ***Si cos α = 0,63, calcula s = sin α i t = tg α.***

Mitjançant la igualtat I, si coneixem *sin* α, obtenim *cos* α, i viceversa.

$$s^2 + 0{,}63^2 = 1 \rightarrow s^2 = 1 - 0{,}63^2 = 0{,}6031 \rightarrow s = \sqrt{0{,}6031} = 0{,}777$$

(Només prenem l'arrel positiva, perquè *sin* α ha de ser positiu.)

$$t = \frac{0{,}777}{0{,}63} = 1{,}23$$

*Solució:* $sin\ \alpha = 0{,}777$ i $tg\ \alpha = 1{,}23$.

**2.** ***Si tg α = 2, calcula s = sin α i c = cos α.***

Mitjançant les igualtats I i II, si coneixem *tg* α, resolem un sistema d'equacions i obtenim els valors de *sin* α i *cos* α:

$$\left.\begin{array}{l} \frac{s}{c} = 2 \\ s^2 + c^2 = 1 \end{array}\right\} \begin{array}{l} s = 2c \\ (2c)^2 + c^2 = 1 \rightarrow 4c^2 + c^2 = 1 \rightarrow 5c^2 = 1 \end{array}$$

$$c^2 = \frac{1}{5} \xrightarrow[\text{l'arrel positiva}]{\text{només prenem}} c = \frac{1}{\sqrt{5}} \xrightarrow{\text{racionalitzem}} c = \frac{\sqrt{5}}{5};\ s = \frac{2\sqrt{5}}{5}$$

*Solució:* $sin\ \alpha = \frac{2\sqrt{5}}{5} = 0{,}894$ i $cos\ \alpha = \frac{\sqrt{5}}{5} = 0{,}447$

## » APLICA EL QUE HAS APRÈS

**5.** Si $sin\ \alpha = 0{,}6$, calcula *cos* α i *tg* α.

**6.** Si $tg\ \beta = 0{,}53$, calcula *sin* β i *cos* β.

## Raons trigonomètriques de 30°, 45° i 60°

Els triangles rectangles els angles aguts dels quals mesuren 45°, 30° o 60° abunden al nostre entorn, per la qual cosa resulten especialment interessants en geometria. Trobarem les raons trigonomètriques d'aquests angles.

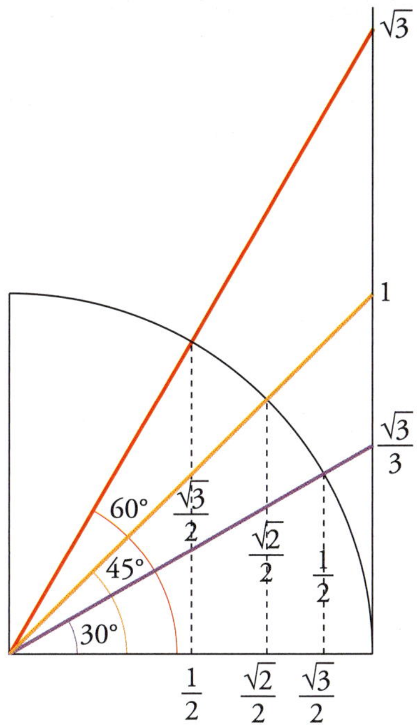


Localitza en la gràfica les raons que hi ha en la taula.

| | *sin* | *cos* | *tg* |
|---|---|---|---|
| **30°** | $\frac{1}{2}$ | $\frac{\sqrt{3}}{2}$ | $\frac{\sqrt{3}}{3}$ |
| **45°** | $\frac{\sqrt{2}}{2}$ | $\frac{\sqrt{2}}{2}$ | 1 |
| **60°** | $\frac{\sqrt{3}}{2}$ | $\frac{1}{2}$ | $\sqrt{3}$ |

### Raons trigonomètriques de 45°

La hipotenusa d'aquest triangle rectangle isòsceles els catets del qual mesuren 1 és la següent:

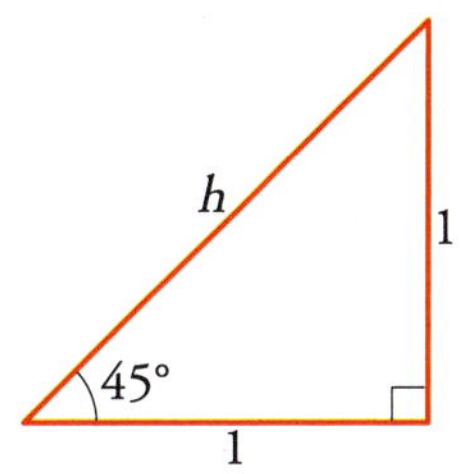


$$h = \sqrt{1^2 + 1^2} = \sqrt{2}$$

Per tant:

$$\sin 45° = \frac{1}{\sqrt{2}} = \frac{\sqrt{2}}{2} \qquad \cos 45° = \frac{\sqrt{2}}{2} \qquad tg\, 45° = 1$$

### Raons trigonomètriques de 30° i de 60°

Calculem l'altura d'aquest triangle equilàter de costat 1:

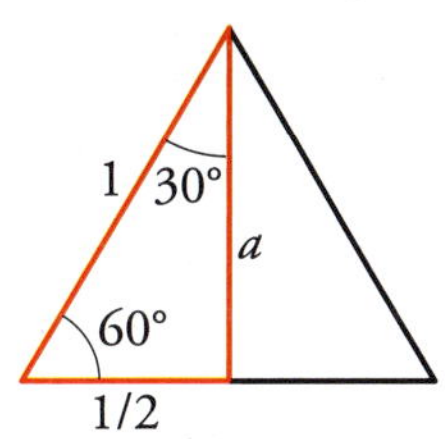


$$a = \sqrt{1^2 - \left(\frac{1}{2}\right)^2} = \sqrt{1 - \frac{1}{4}} = \sqrt{\frac{3}{4}} = \frac{\sqrt{3}}{2}$$

Per tant:

$$\sin 30° = \frac{1}{2} \qquad \cos 30° = \frac{\sqrt{3}}{2} \qquad tg\, 30° = \frac{1/2}{\sqrt{3}/2} = \frac{1}{\sqrt{3}} = \frac{\sqrt{3}}{3}$$

$$\sin 60° = \frac{\sqrt{3}}{2} \qquad \cos 60° = \frac{1}{2} \qquad tg\, 60° = \frac{\sqrt{3}/2}{1/2} = \sqrt{3}$$

## » APLICA EL QUE HAS APRÈS

**7.** Tenint en compte que *tg* 45° = 1, dedueix el valor de *sin* 45° i de *cos* 45° mitjançant les relacions fonamentals.

**8.** Tenint en compte que *sin* 30° = 1/2, troba el valor de *cos* 30° i de *tg* 30° mitjançant les relacions fonamentals.

**9.** Calcula el sinus i la tangent d'un angle el cosinus del qual val 0,8.

**10.** Troba el sinus i el cosinus d'un angle la tangent del qual val 0,7.

**11.** Copia en el teu quadern aquesta taula de raons trigonomètriques i completa-la:

| | | | | | | |
|---|---|---|---|---|---|---|
| *sin* α | 0,94 | | 4/5 | | | |
| *cos* α | | 0,82 | | | $\sqrt{3}/2$ | |
| *tg* α | | | | 3,5 | | 1 |

En les operacions en què apareguin fraccions o radicals, treballa amb aquestes expressions; no n'utilitzis l'expressió decimal.

# 3. UTILITZACIÓ DE LA CALCULADORA EN TRIGONOMETRIA

Les calculadores científiques ens donen directament el valor del sinus, del cosinus o de la tangent de qualsevol angle. També ens diuen quin és l'angle el valor d'una de les raons trigonomètriques del qual coneixem.
Vegem, pas a pas, com s'utilitza la calculadora per treballar en trigonometria.

### Selecció del mode DEG (graus sexagesimals)

Les calculadores manegen tres unitats de mesura d'angles:

- Graus sexagesimals (DEG). Són els que utilitzem normalment.
- Graus centesimals (GRA). Un angle recte té 100 graus centesimals. Mai no utilitzarem aquesta unitat de mesura.
- Radians (RAD). Un angle pla (180°) té $\pi$ radians. Aquesta unitat de mesura està relacionada amb l'estudi de les funcions trigonomètriques i la faràs servir en cursos posteriors.

En aquest curs utilitzarem, gairebé sempre, els graus sexagesimals. Per tant, seleccionem en la calculadora el mode DEG de la manera següent:

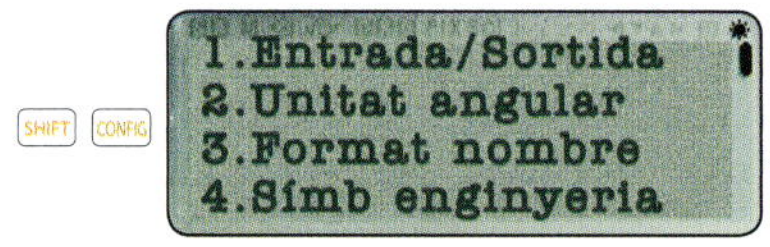


Premem 2

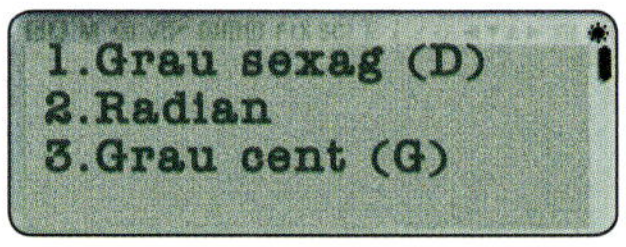


Triem, aleshores, **1:Grau sexag (D).**

### Anotar un angle. Tecla [°′″]

Per escriure l'angle 38° 25' 36'', premem aquestes tecles:

38 [°′″] 25 [°′″] 36 [°′″] [=] 38,42666667

En prémer [=], obtenim l'angle en forma decimal. Si premem [°′″], apareix el resultat en forma sexagesimal. Cada vegada que premem la tecla [°′″], apareix el resultat d'una forma o de l'altra.

### Càlcul d'una raó trigonomètrica. Tecles [sin] [cos] [tan]

Per calcular *sin* (47° 25'), premem aquestes tecles:

[sin] 47 [°′″] 25 [°′″] [=] 0,73629395121

És a dir, *sin* 47° 25' = 0,736.

I per calcular el cosinus, [cos], i la tangent, [tan], es fa el mateix.

## Etimologia

- DEG, prové de l'anglès *degree*, que significa «grau», i s'utilitza per als graus sexagesimals.
- GRA, prové de l'anglès *gradian* i s'utilitza per als graus centesimals.

## El radian

S'anomena **radian** un angle tal que abraça un arc de circumferència de la mateixa longitud que el radi. És a dir, $\alpha$ és un radian perquè la longitud de l'arc *AB* és igual a la del radi:

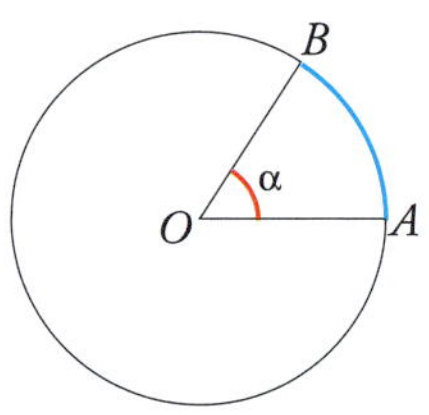


Longitud de $\widehat{AB} = \overline{OA}$

## » APLICA EL QUE HAS APRÈS

**12.** Obtén les raons trigonomètriques següents i arrodoneix els resultats a les mil·lèsimes:

**a)** *sin* 86° **b)** *cos* 59° **c)** *tg* 22° **d)** *sin* 15° 25' 43''

**e)** *cos* 59° 27' **f)** *tg* 86° 52' **g)** *sin* 10° 30'' (atenció, 10° 0' 30'')

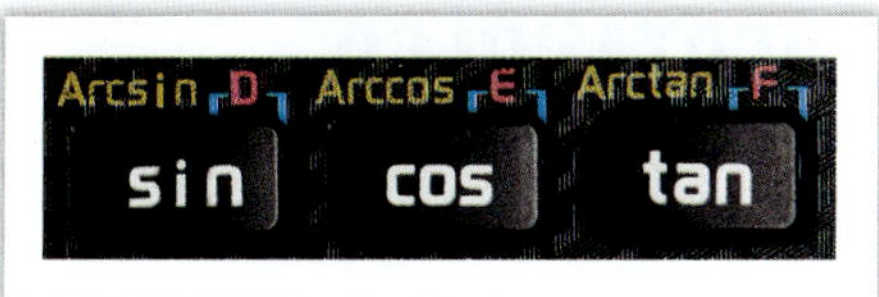


## Funcions inverses: arc sinus [Arcsin sin], arc cosinus [Arccos cos], arc tangent [Arctan tan]

Quin és l'angle el sinus del qual val 0,5? Sabem que és 30°. La manera de preguntar-ho a la calculadora és aquesta:

[SHIFT] [Arcsin sin] 0,5 [=] 30

Anàlogament:

*cos* α = 0,56 → α? → [SHIFT] [Arccos cos] 0,56 [=] 55,94420226 [° ' "] 55° 56' 39,13"

*tg* α = 3 → α? → [SHIFT] [Arctan tan] 3 [=] 71,56505118 [° ' "] 71° 33' 54,18"

## Càlcul d'una raó trigonomètrica coneixent-ne una altra

*Si cos* α = 0,63*, quant val tg* α*?*

Per trobar aquest resultat, en la pàgina 176 vam recórrer a les relacions fonamentals. Ara podem fer-ho directament amb les tecles trigonomètriques de la calculadora:

[SHIFT] [Arccos cos] 0,63 [=] 50,94987746 [tan] [=] 1,232690687

Vegem com van apareixent els diferents resultats a la pantalla de la calculadora:

[SHIFT] [Arccos cos] 0,63 [=] → ARCCOS(0.63 | 50.94987746 [tan] [Ans] [=] → TAN(ANS | 1.232690687

També es pot fer directament:

[tan] [SHIFT] [Arccos cos] 0,63 [=] → TAN(ARCCOS (0.63 | 1.232690687

La tangent de l'angle el cosinus del qual és 0,63 val 1,23269…

### Recorda

[Ans] és un lloc de memòria on es desa l'últim resultat obtingut.

### EXERCICI RESOLT

**3.** ***Si tg* α *= 2, quant val cos* α*?***

[cos] [SHIFT] [Arctan tan] 2 [=] → COS (ARCTAN(2 | 0.4472135955

És a dir 0,447… és el cosinus de l'angle la tangent del qual mesura 2. Dit d'una altra manera, si *tg* α = 2, llavors *cos* α = 0,447…

## » APLICA EL QUE HAS APRÈS

**13.** Escriu el valor de l'angle α en forma sexagesimal en cada cas:

**a)** *sin* α = 0,91
**b)** *tg* α = 5,83
**c)** *cos* α = 0,42
**d)** *tg* α = 0,34
**e)** *sin* α = 0,08
**f)** *cos* α = 0,88

**14. a)** Calcula *sin* α si *cos* α = 0,91.
**b)** Calcula *cos* α si *tg* α = 6,41.
**c)** Calcula *tg* α si *cos* α = 0,06.
**d)** Calcula *tg* α si *cos* α = 0,96.
**e)** Calcula *sin* α si *tg* α = 0,01.

# 4. RESOLUCIÓ DE TRIANGLES RECTANGLES

**Resoldre un triangle** és trobar un o més elements desconeguts (costats o angles) a partir d'alguns elements coneguts.

Les raons trigonomètriques ens permeten resoldre qualsevol triangle rectangle.

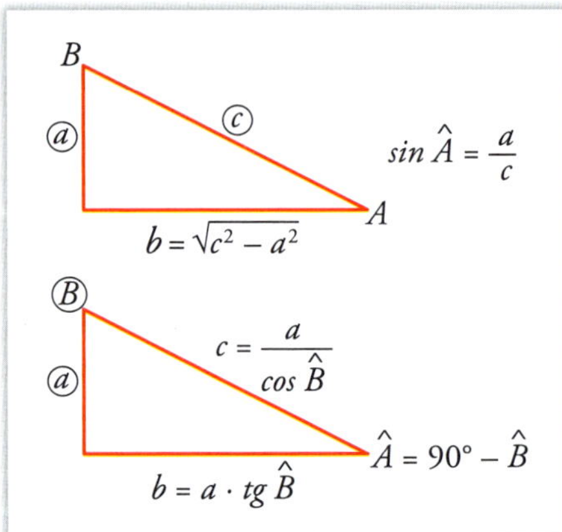


### Coneguts dos costats

- El tercer costat s'obté mitjançant el teorema de Pitàgores.
- Cada un dels angles aguts es troba a partir de la raó trigonomètrica que el relaciona amb els dos costats coneguts.

### Coneguts un costat i un angle agut

- Els altres costats es troben a partir de la raó trigonomètrica que els relaciona amb el costat i l'angle coneguts.
- L'altre angle agut és complementari del que coneixem.

## EXERCICIS RESOLTS

**4.** ***Els dos catets d'un triangle mesuren 17 cm i 40 cm. Troba els angles del triangle.***

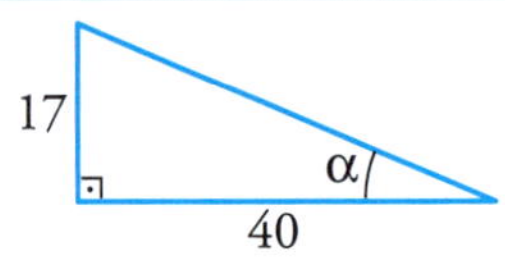


L'angle α es relaciona amb els dos catets mitjançant la seva tangent: $tg\ \alpha = \frac{17}{40} = 0,425$.

Trobem amb la calculadora l'angle la tangent del qual fa 0,425:

SHIFT Arctan tan 0,425 = °'" 23° 1' 31,77''. És a dir, α = 23° 1' 32''.

L'altre angle és el seu complementari: 90° – 23° 1' 32'' = 66° 58' 28''.

**5.** ***Un dels angles aguts d'un triangle rectangle mesura 27° i la hipotenusa, 46 m. Troba'n els dos catets.***

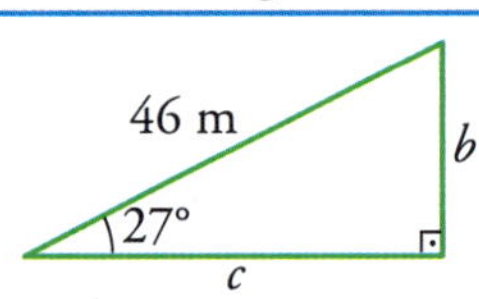


*b* és el catet oposat a l'angle de 27°. Per tant:

$$sin\ 27° = \frac{b}{46} \rightarrow b = 46 \cdot sin\ 27° = 20,88 \text{ m}$$

Anàlogament: $cos\ 27° = \frac{c}{46} \rightarrow c = 46 \cdot cos\ 27° = 40,99 \text{ m}$

**6.** ***Quant mesura l'apotema d'un pentàgon regular el costat del qual fa 10 cm?***

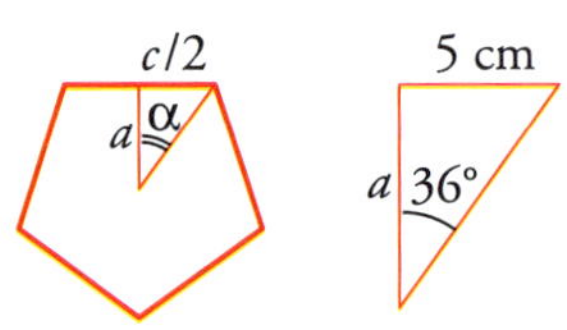


$\alpha = 360° : 10 = 36°$

$tg\ 36° = \frac{5}{a} \rightarrow a = \frac{5}{tg\ 36°} = 6,88$

L'apotema mesura 6,9 cm.

## » APLICA EL QUE HAS APRÈS

**15.** Els dos catets d'un triangle rectangle mesuren 48 cm i 71 cm. Troba'n els dos angles aguts.

**16.** Un dels angles aguts d'un triangle rectangle mesura 37° i el catet oposat, 87 m. Troba'n l'altre catet i la hipotenusa.

**17.** Calcula el radi d'un octàgon regular de 20 cm de costat. Quant mesura la seva apotema?

**18.** Troba l'apotema d'un heptàgon regular de 10 cm de radi. Calcula també la longitud del costat.



GeoGebra. Practica la resolució de triangles rectangles.

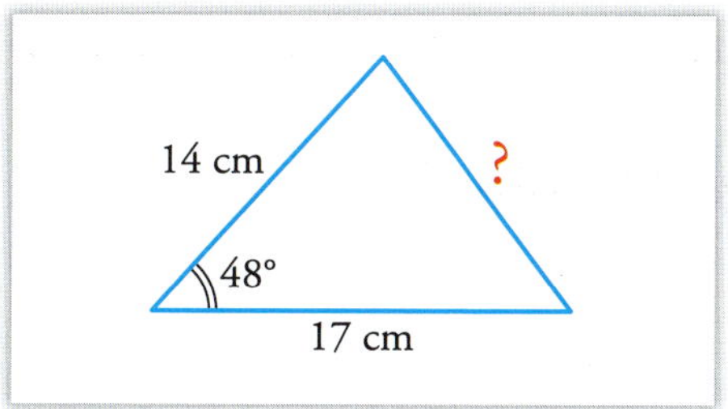


### Problema 1

El triangle del marge no és rectangle. Per obtenir-ne el costat desconegut, el partim, per mitjà de l'altura, en dos triangles rectangles amb un costat comú:

- El triangle $ABH$ és rectangle. En coneixem la hipotenusa i un angle agut. Podem calcular-ne els dos catets:

$$sin\ 48° = \frac{h}{14} \rightarrow h = 14 \cdot sin\ 48° = 10{,}4 \text{ cm}$$

$$cos\ 48° = \frac{x}{14} \rightarrow x = 14 \cdot cos\ 48° = 9{,}37 \text{ cm}$$

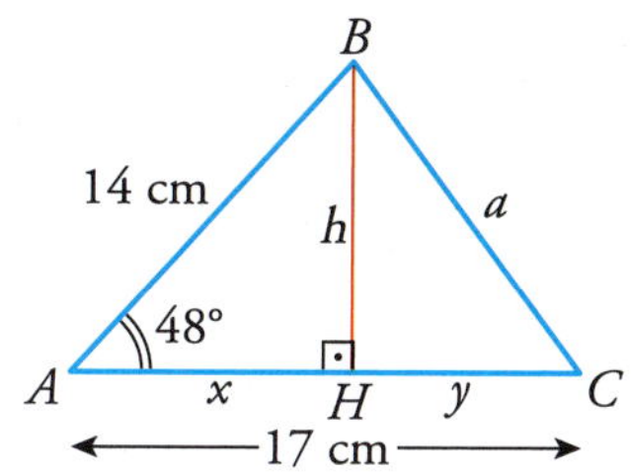


- El triangle $BHC$ és rectangle. Com que coneixem $\overline{BH} = h = 10{,}4$ cm, podem calcular molt fàcilment $\overline{HC} = y = 17 - x = 17 - 9{,}37 = 7{,}63$ cm.

  Coneguts els dos catets, en calculem la hipotenusa:

$$a = \sqrt{h^2 + y^2} = \sqrt{10{,}4^2 + 7{,}63^2} = 12{,}9 \text{ cm}$$

### Reflexió sobre el problema 1

L'altura, $h$, ha partit el triangle obliquangle en dos triangles rectangles. En el primer hi ha elements que serveixen per obtenir el costat $a$ en l'altre triangle.

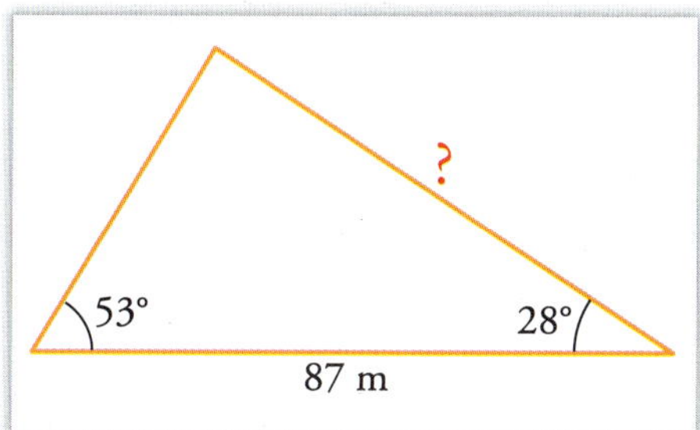


### Problema 2

Per resoldre el nou triangle del marge, fem com en el cas anterior: dividim el triangle inicial en dos triangles rectangles per mitjà de l'altura. Aquests dos triangles ens permetran relacionar $x$ i $y$.

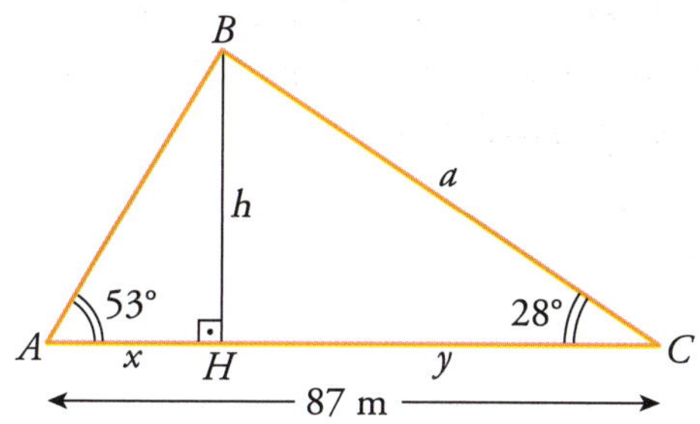


$$\left.\begin{array}{l} \text{En } \widehat{ABH},\ tg\ 53° = \dfrac{h}{x} \rightarrow h = x\ tg\ 53° \\ \text{En } \widehat{BHC},\ tg\ 28° = \dfrac{h}{y} \rightarrow h = y\ tg\ 28° \end{array}\right\} \begin{array}{l} x\ tg\ 53° - y\ tg\ 28° \\ 1{,}33x = 0{,}53y \end{array}$$

Com que $x + y = 87$, tenim un sistema de dues equacions amb dues incògnites:

$$\left.\begin{array}{l} x + y = 87 \\ 1{,}33x = 0{,}53y \end{array}\right\} \begin{array}{l} x = 87 - y \\ 1{,}33\,(87 - y) = 0{,}53y \rightarrow y = 62{,}2 \text{ m} \end{array}$$

Si coneixem $y$, podem calcular $a$:

$$\text{En } \widehat{BHC},\ cos\ 28° = \frac{y}{a} \rightarrow a = \frac{62{,}2}{cos\ 28°} = 70{,}4 \rightarrow a = 70{,}4 \text{ m}$$

### Reflexió sobre el problema 2

En aquest cas hem hagut de resoldre simultàniament els dos triangles rectangles. Relacionant algebraicament les conclusions (amb un sistema d'equacions), obtenim els segments que busquem.

## » APLICA EL QUE HAS APRÈS

**19.** Troba el costat $\overline{BC}$ d'un triangle $ABC$ si $\overline{AB} = 37$ cm, $\overline{AC} = 50$ cm i $\hat{A} = 32°$.

**20.** Troba els costats $\overline{AB}$ i $\overline{BC}$ d'un triangle $ABC$ si $\overline{AC} = 100$ cm, $\hat{A} = 42°$ i $\hat{C} = 18°$.

GeoGebra. Practica la resolució de triangles no rectangles.

# 6. RAONS TRIGONOMÈTRIQUES DE 0° A 360°

## Circumferència goniomètrica

Tracem, en un sistema de coordenades, una circumferència de radi 1 amb centre en l'origen i l'anomenem **circumferència goniomètrica**. En aquesta circumferència, és fàcil visualitzar les raons trigonomètriques d'un angle qualsevol i, per tant, és senzill definir-les.

Els angles se situen sobre la circumferència goniomètrica de la manera següent:

- El seu vèrtex se situa al centre.
- Un dels costats es fa coincidir amb el semieix positiu de les *X*.
- S'obre l'angle en el sentit contrari al moviment de les agulles del rellotge i se situa l'altre costat on correspongui.

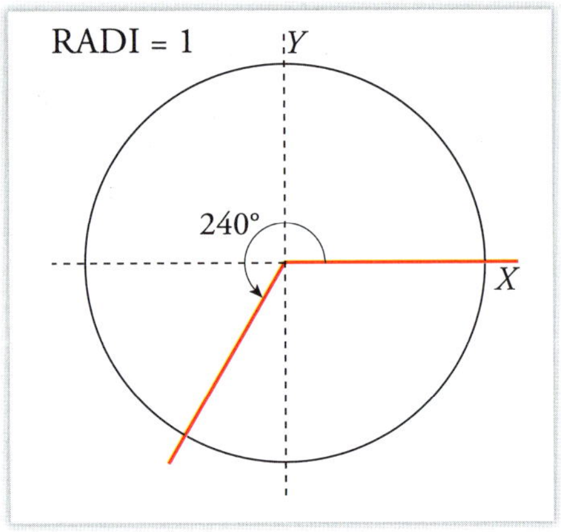


## Sinus i cosinus d'un angle entre 0° i 360°

Si situem un angle qualsevol, $\phi$, sobre la circumferència goniomètrica, definim ($\cos\ \phi$, $\sin\ \phi$) com les coordenades del punt en què el segon costat de l'angle talla la circumferència.

Observa que, per a angles aguts, com és natural, aquesta definició coincideix amb la que hem utilitzat fins ara. Per exemple, si $\alpha = 30°$, les coordenades de *A* són $\left(\frac{\sqrt{3}}{2}, \frac{1}{2}\right)$.

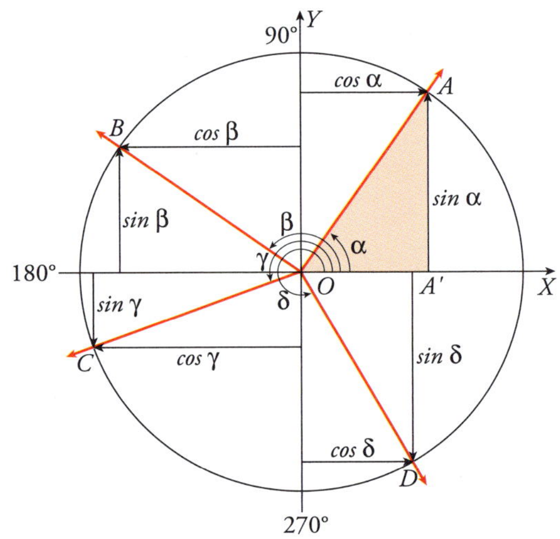


### Signe del sinus i del cosinus

De la mateixa manera que les coordenades d'un punt, els signes del sinus i del cosinus d'un angle depenen del quadrant en el qual se situï el segon costat de l'angle.

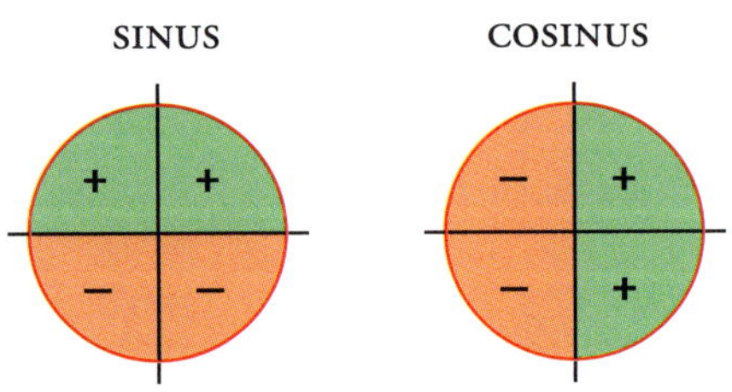


### Observa

$\sin\ 0° = 0$, $\sin\ 90° = 1$, $\cos\ 0° = 1$, $\cos\ 90° = 0$...

## Tangent d'un angle entre 0° i 360°

Situem un angle qualsevol, $\alpha$, sobre la circumferència goniomètrica. Tracem la recta *t*, tangent a la circumferència en *U*.

El segon costat de l'angle, o la seva prolongació, talla la recta *t* en el punt *T*. La tangent de l'angle és igual a la mesura del segment *UT*, amb el signe corresponent, positiu cap amunt i negatiu cap avall.

Els angles de 90° i 270° no tenen tangent.

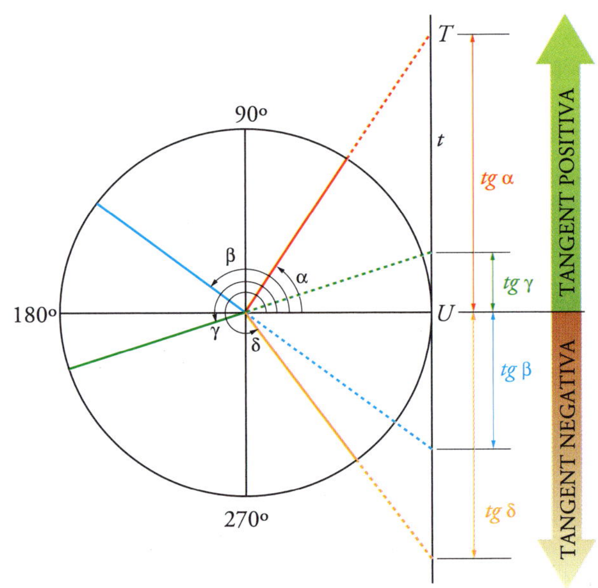


### Signe de la tangent

La tangent és positiva als quadrants primer i tercer i és negativa als quadrants segon i quart.

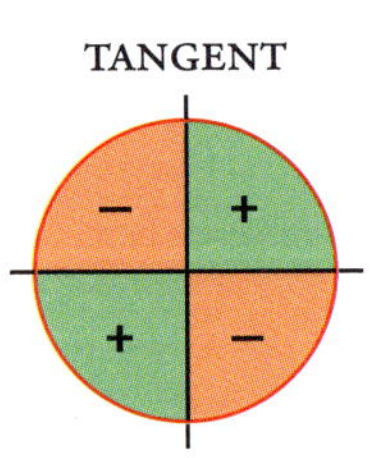


Observa que el signe de la tangent s'obté a partir dels signes del sinus i del cosinus.

## PROBLEMA RESOLT

**7.** ***Situa sobre la circumferència goniomètrica els angles de 141°, 233° i 338°. Representa-hi les raons trigonomètriques (sin, cos, tg) dels tres angles i valora-les numèricament.***

Per facilitar la valoració de les raons trigonomètriques, pots imprimir la circumferència goniomètrica dibuixada sobre paper mil·limetrat (la pots trobar a internet). Aquí l'hem representada reduïda a menys de la meitat de la seva mida real. Si hi situes els angles convenientment, la lectura dels valors de les raons trigonomètriques és immediata.

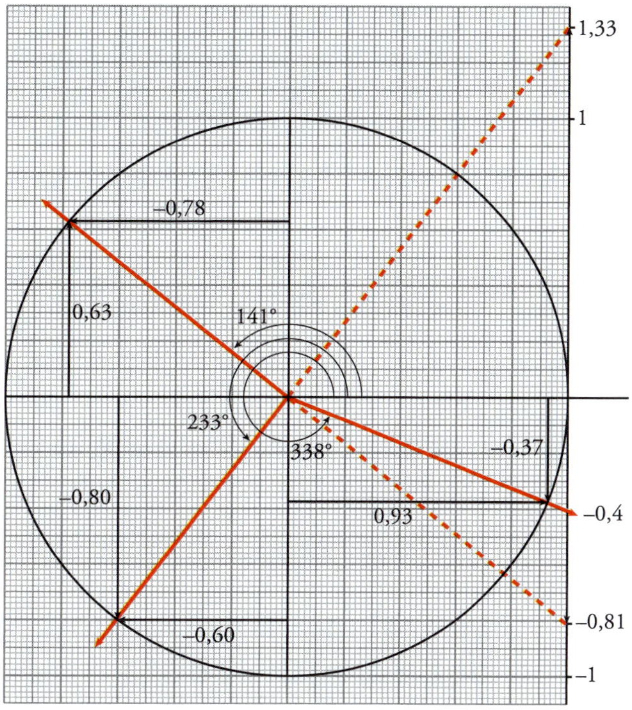


*sin* 141° = 0,63

*cos* 141° = –0,78

*tg* 141° = –0,81

*sin* 233° = –0,80

*cos* 233° = –0,60

*tg* 233° = 1,33

*sin* 338° = –0,37

*cos* 338° = 0,93

*tg* 338° = –0,40

## » APLICA EL QUE HAS APRÈS

**21.** Indica el signe de cada una d'aquestes raons trigonomètriques. Per fer-ho, situa aproximadament els angles en la circumferència goniomètrica:

**a)** *sin* 185° **b)** *cos* 320° **c)** *tg* 100°
**d)** *cos* 350° **e)** *cos* 120° **f)** *tg* 95°
**g)** *cos* 275° **h)** *sin* 85° **i)** *tg* 265°

**22.** Indica a quin quadrant es troba cada un dels angles $\alpha$, $\beta$, $\gamma$ i $\phi$:

**a)** $sin\ \alpha < 0$ i $tg\ \alpha > 0$ **b)** $cos\ \beta > 0$ i $tg\ \beta < 0$
**c)** $sin\ \gamma < 0$ i $cos\ \gamma < 0$ **d)** $cos\ \phi > 0$ i $sin\ \phi < 0$

Quin signe té cada una de les raons trigonomètriques que falten?

**23.** Dibuixa una circumferència goniomètrica, en paper mil·limetrat, i marca-hi els angles següents:

62°, 154°, 243° i 300°

Representa les seves raons trigonomètriques i indica'n el valor aproximat.

**24.** En la circumferència goniomètrica de la pàgina anterior sobre la qual s'han representat el sinus i el cosinus, hi ha un triangle acolorit, *OA'A*.

**a)** Si $\overline{OA} = 1$, justifica que $cos\ \alpha = \overline{OA'}$ i $sin\ \alpha = \overline{A'A}$.

**b)** Aplica el teorema de Pitàgores en aquest triangle i justifica que $(sin\ \alpha)^2 + (cos\ \alpha)^2 = 1$.

**c)** Justifica de manera raonada que $(sin\ \beta)^2 + (cos\ \beta)^2 = 1$.

**25.** A partir de la semblança dels triangles *OA'A* i *OUT*, demostra que:

$$\frac{sin\ \alpha}{cos\ \alpha} = tg\ \alpha$$

Tingues en compte que $\overline{OU} = 1$.

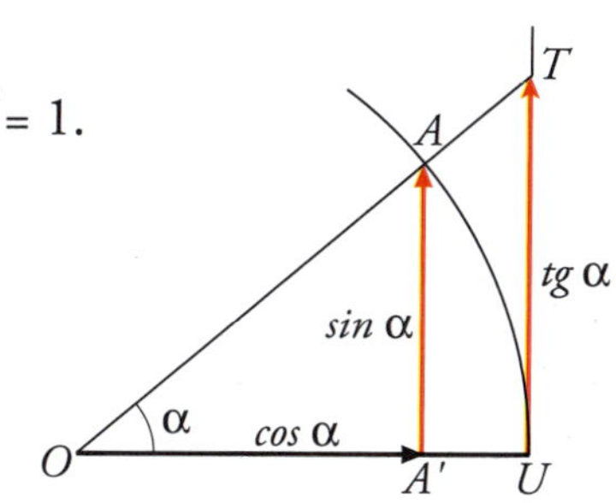

## Relació d'un angle amb un altre del primer quadrant

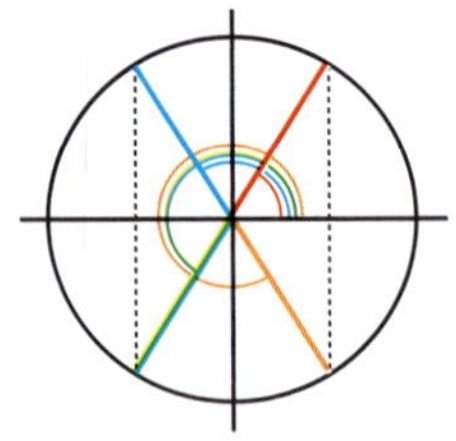

Qualsevol angle pot relacionar-se amb un altre del primer quadrant de manera que les raons trigonomètriques de l'un i de l'altre siguin iguals, tret del signe. Vegem-ne alguns exemples:

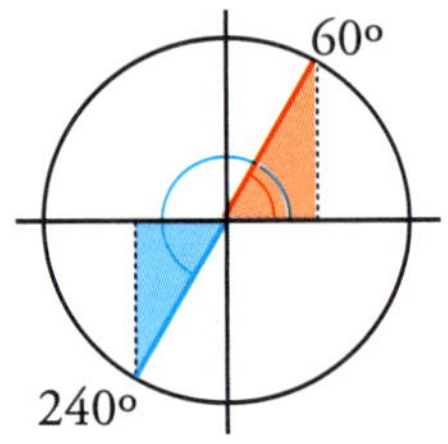


- Troba les raons trigonomètriques de 240°.

  240° = 180° + 60°. L'angle 240° pertany al 3r quadrant. Observem que els dos triangles acolorits són iguals. Tenint en compte els signes que corresponen a les raons trigonomètriques del tercer quadrant, podem escriure que:

  $sin\ 240° = -sin\ 60° = -\frac{\sqrt{3}}{2}$; $cos\ 240° = -cos\ 60° = -\frac{1}{2}$; $tg\ 240° = tg\ 60° = \sqrt{3}$

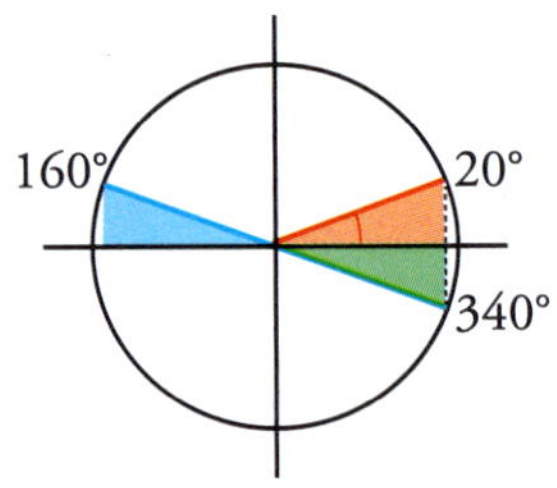


- Si $sin\ 20° = 0{,}342$, $cos\ 20° = 0{,}940$ i $tg\ 20° = 0{,}364$, troba les raons trigonomètriques de 160° i de 340°.

  160° = 180° – 20° 340° = 360° – 20°

  Els tres triangles acolorits són iguals. Tenint en compte els signes de les raons trigonomètriques de cada quadrant, podem escriure que:

  $sin\ 160° = sin\ 20° = 0{,}342$; $cos\ 160° = -cos\ 20° = -0{,}940$; $tg\ 160° = -tg\ 20° = -0{,}364$

  $sin\ 340° = -sin\ 20° = -0{,}342$; $cos\ 340° = cos\ 20° = 0{,}940$; $tg\ 340° = -tg\ 20° = -0{,}364$

## Les relacions trigonomètriques fonamentals per a $\alpha \in [0°, 360°)$

Recordem aquestes relacions:

$$\text{[I]}\quad (sin\ \alpha)^2 + (cos\ \alpha)^2 = 1 \qquad \text{[II]}\quad \frac{sin\ \alpha}{cos\ \alpha} = tg\ \alpha$$

Com ja sabem, es compleixen per a angles aguts, és a dir, per a $0 < \alpha < 90°$. I a partir d'aquí, és molt fàcil veure que també es compleixen per a angles qualsevol, $0 \leq \alpha < 360°$.

Només cal tenir en compte que sempre és possible trobar un angle agut amb les mateixes raons trigonomètriques que $\alpha$, tret del signe, i comprovar els signes de *sin*, *cos* i *tg* en el quadrant corresponent.

Per a la relació I, els quadrats neutralitzen els signes menys.

## » APLICA EL QUE HAS APRÈS

**26.** Troba les raons trigonomètriques de 120° a partir de les de 60°. Comprova que compleixen les dues relacions fonamentals.

**27.** A partir de les raons trigonomètriques de 20°, que tens més amunt, troba les de 70°.

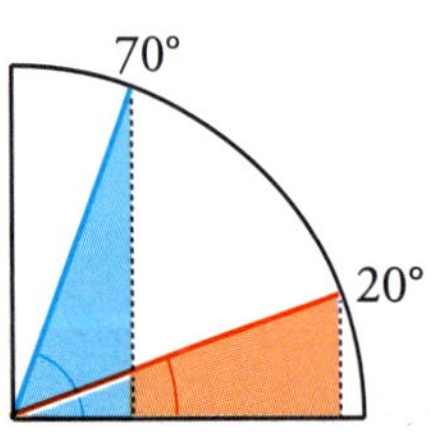


**28.** **a)** Digues el valor de les raons trigonomètriques de 0°, 90°, 180° i 270°.

**b)** Comprova si es compleixen les relacions fonamentals.

**c)** Per què 90° i 270° no tenen tangent?

**29.** Si $sin\ 75° = 0{,}97$, $cos\ 75° = 0{,}26$ i $tg\ 75° = 3{,}73$, troba les raons trigonomètriques de:

**a)** 15° **b)** 165° **c)** 255°

# 7. ANGLES DE MESURES QUALSSEVOL. RAONS TRIGONOMÈTRIQUES

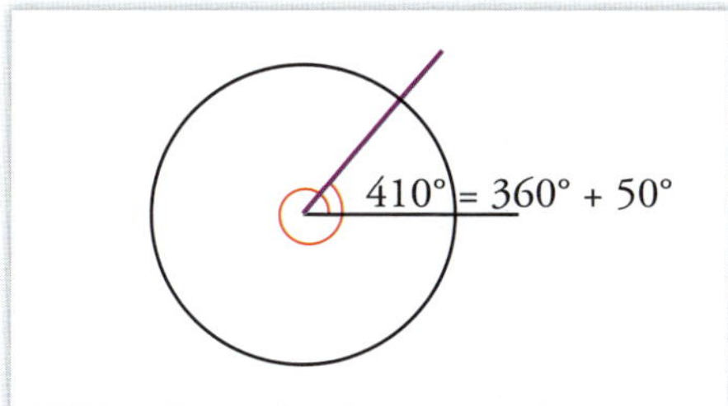


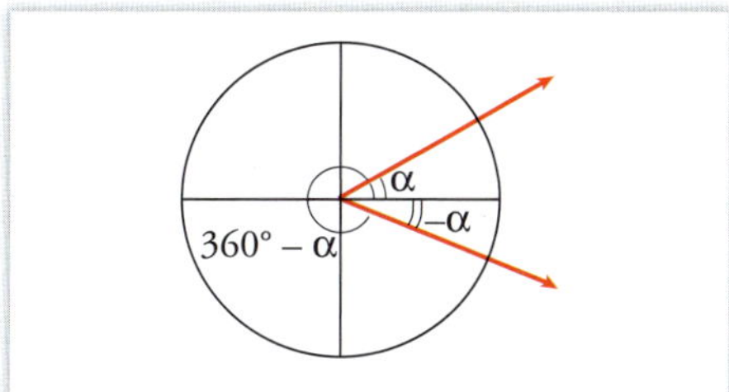


Els valors compresos entre 0° i 360° ens permeten mesurar qualsevol angle i, per tant, donar sentit a altres mesures fora d'aquest rang. Per exemple, podem interpretar 410° com una volta completa (360°) més un angle de 50°. És a dir, 410° = 360° + 50° = 50°. Les raons trigonomètriques de 410° són, doncs, les mateixes que les de 50°.

> En general, si $\alpha \in [0°, 360°)$ i $\beta = \alpha + 360° \cdot n$, en què $n$ és un nombre enter (positiu o negatiu), aleshores l'angle $\beta$ és essencialment igual a l'angle $\alpha$ i, per tant, les raons trigonomètriques de $\beta$ són les mateixes que les de $\alpha$.

### Angles negatius

Un angle de 300° pot expressar-se així: 300° = 300° – 360° = –60°. Per això, molt sovint, els angles que queden situats sota l'eix *X*, és a dir, els compresos entre 180° i 360°, es designen amb una mesura negativa.

## Calculadora

Les calculadores donen directament el valor de *sin*, *cos*, *tg* de qualsevol angle.

Per exemple: [sin] 3842 [=] –0,88394759385 → *sin* 3.842° = –0,88

[cos] –597 [=] –0,54463903501 → *cos* (–597°) = –0,54

[tan] 8324 [=] 0,9656887748 → *tg* 8.324° = 0,97

| PER A | DONA UN VALOR ENTRE |
|---|---|
| SINUS | –90° i 90° |
| COSINUS | 0° i 180° |
| TANGENT | –90° i 90° |

Si preguntem a la calculadora **quin és l'angle la raó trigonomètrica del qual és un cert nombre**, respon de la manera següent:

[SHIFT] [sin] (Arcsin) –0,5 [=] –30 — [SHIFT] [sin] (Arcsin) 0,8 [=] 53,130…

[SHIFT] [cos] (Arccos) –0,5 [=] 130 — [SHIFT] [cos] (Arccos) 0,8 [=] 36,869

[SHIFT] [tan] (Arctan) –4 [=] –75,963… — [SHIFT] [tan] (Arctan) 1 [=] 45

És a dir, dels molts angles que tenen aquesta raó trigonomètrica, la calculadora en dona un, seguint el criteri que hi ha en la taula del marge.

### EXERCICI RESOLT

**8.** ***Expressa amb valors compresos entre –180° i 180° els angles següents:***

***a)* 775°** ***b)* 1.400°**

**a)** 775 ⌊ 360 → residu 55, quocient 2

775° = 360° · 2 + 55° = = 55°

**b)** 1.400 ⌊ 360 → residu 320, quocient 3

1.400° = 360° · 3 + 320° = 320° = = 320° – 360° = – 40°

## » APLICA EL QUE HAS APRÈS

**30.** Expressa amb valors compresos entre –180° i 180° aquests angles:

**a)** 1.837° **b)** 3.358° **c)** 1.381° **d)** 3.805°

Comprova amb la calculadora que, en cada cas, coincideixen les raons trigonomètriques d'un i altre angle.

# » OBSERVA, RAONA I RESOL

## 1. VISIÓ DE LA TERRA DES D'UN SATÈL·LIT

***Des d'un satèl·lit artificial es veu la Terra sota un angle de 140°. Calcula:***

***a) La distància a què es troba de la Terra.***

***b) A quina altura sobre la superfície terrestre hem de pujar per veure un lloc situat sobre la superfície a 1.000 km de nosaltres?***

***Radi de la Terra: 6.371 km***

**Fes-ho tu** A quina altura hem de pujar per veure un lloc situat sobre la superfície terrestre a 500 km de nosaltres?

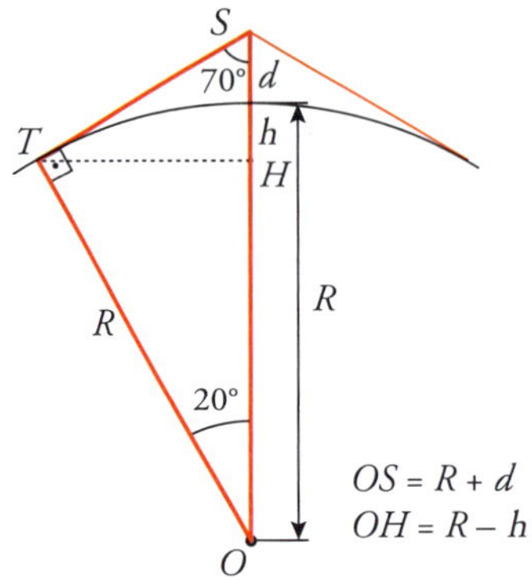


a) En el triangle $OTS$:

$$\cos 20° = \frac{\overline{OT}}{\overline{OS}} = \frac{R}{R+d}$$

$$R + d = \frac{R}{\cos 20°} \rightarrow$$

$$d = \frac{R}{\cos 20°} - R = 408,88 \text{ km}$$

El satèl·lit es troba a uns 410 km de la Terra.

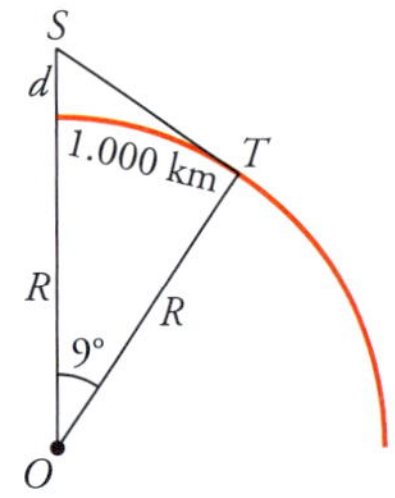


b) Un quadrant de meridià terrestre té 10.000 km i correspon a un angle de 90°. Per tant, un arc de 1.000 km correspon a 9°.

En $\widehat{OTS}$: $\cos 9° = \frac{\overline{OT}}{\overline{OS}} = \frac{R}{R+d} \rightarrow R + d = \frac{R}{\cos 9°} \rightarrow$

$$d = \frac{R}{\cos 9°} - R \rightarrow d = 6\,371\left(\frac{1}{\cos 9°} - 1\right) = 79,415 \text{ km}$$

Hem de pujar uns 80 km.

## 2. VELOCITAT D'UN AVIÓ

***Des d'un punt P, observem un avió que s'apropa sota un angle vertical de 30°. Quinze segons després, l'angle és de 55°. Si l'avió vola a 3.000 m d'altura, quina és la seva velocitat?***

**Fes-ho tu** Si coneixem la distància recorreguda $\overline{NM}$ = 5.000 m i no sabem a quina altura vola l'avió, com podem trobar-la?

Per trobar la velocitat de l'avió, necessitem calcular $\overline{NM}$.

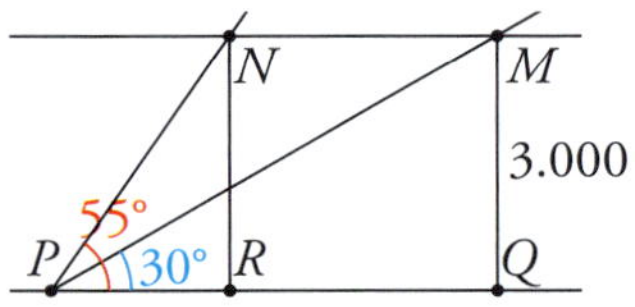


En el triangle $PMQ$: $tg\, 30° = \frac{3.000}{\overline{PQ}} \rightarrow \overline{PQ} = \frac{3.000}{tg\, 30°} \rightarrow \overline{PQ} = 5.196,15$ m

En el triangle $PNR$: $tg\, 55° = \frac{3.000}{\overline{PR}} \rightarrow \overline{PR} = \frac{3.000}{tg\, 55°} \rightarrow \overline{PR} = 2.100,62$ m

$\overline{NM} = \overline{PQ} - \overline{PR} = 3.095,53$ m $\rightarrow$ velocitat $= \frac{3.095,53}{15} = 206,37$ m/s

## 3. ALTURA DE L'ARBRE I AMPLADA DEL RIU

***Des de la vora d'un riu observes la part més alta d'un arbre que hi ha a la vora oposada amb un angle de 41° respecte de l'horitzontal. Després, t'allunyes 25 m de l'arbre en direcció perpendicular a la vora i tornes a mesurar l'angle. Ara fa 23°.***

***Quina amplada té el riu? I quina altura té l'arbre?***

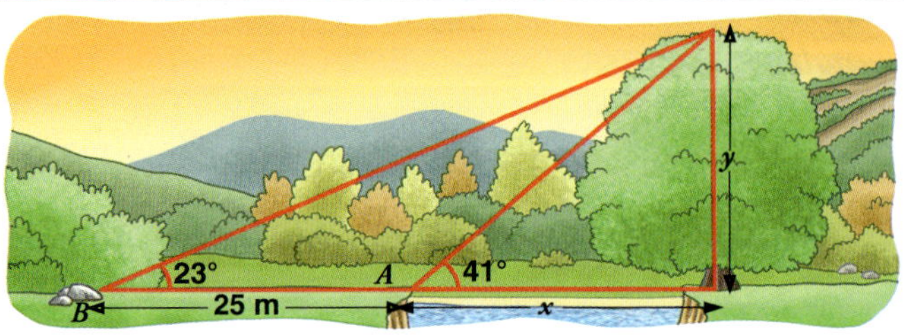


Fem una representació i anomenem $x$ l'amplada del riu i $y$ l'altura de l'arbre.

$$\left.\begin{array}{l} tg\, 41° = y/x \\ tg\, 23° = y/(x+25) \end{array}\right\} \begin{array}{l} \rightarrow y = x \cdot 0,87 \\ \rightarrow y = (x+25) \cdot 0,42 \end{array}\Bigg\} \rightarrow 0,87x = 0,42x + 25 \cdot 0,42 \rightarrow$$

$$0,45x = 10,5 \rightarrow x = 23,3;\ y = 23,3 \cdot 0,87 = 20,3$$

*Solució:* L'amplada del riu fa 23,3 m i l'altura de l'arbre, 20,3 m.

# » EXERCITA LES TEVES COMPETÈNCIES

## Practica

### Raons trigonomètriques d'un angle agut

**1.** Troba les raons trigonomètriques dels angles aguts d'aquests triangles rectangles ($\hat{A}$ = 90°):

**a)** $b$ = 56 cm; $a$ = 62,3 cm

**b)** $b$ = 33,6 cm; $c$ = 4,5 cm

**c)** $c$ = 16 cm; $a$ = 36 cm

**2.** 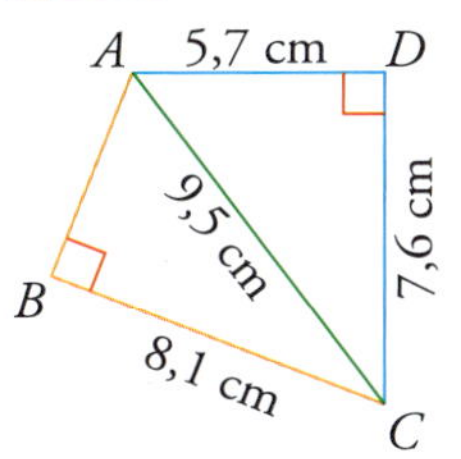


En la figura hi ha dos triangles rectangles: $ABC$ ($\hat{B}$ = 90°) i $ACD$ ($\hat{D}$ = 90°).

Troba les raons trigonomètriques dels angles $\widehat{ACD}$ i $\widehat{BAC}$ en el triangle corresponent.

**3.** Indica quina raó o quines raons trigonomètriques representen aquests quocients en el triangle ① o en el ②:

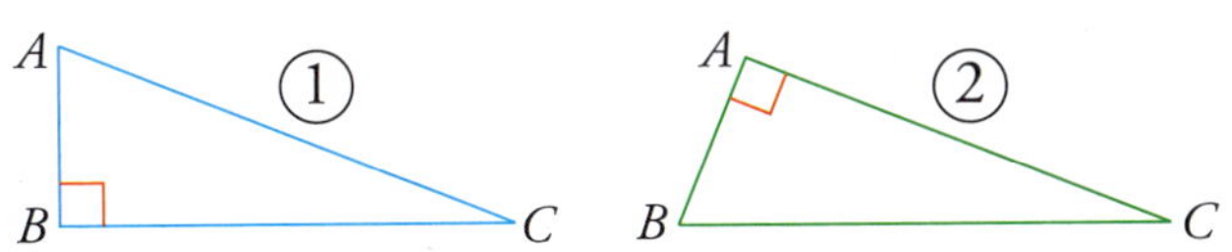


**a)** $\dfrac{\overline{AC}}{\overline{AB}}$ **b)** $\dfrac{\overline{CB}}{\overline{AC}}$ **c)** $\dfrac{\overline{AC}}{\overline{CB}}$ **d)** $\dfrac{\overline{AB}}{\overline{AC}}$

**4.** **a)** Justifica per què són iguals $\widehat{ANG}$ i $\widehat{DNJ}$.

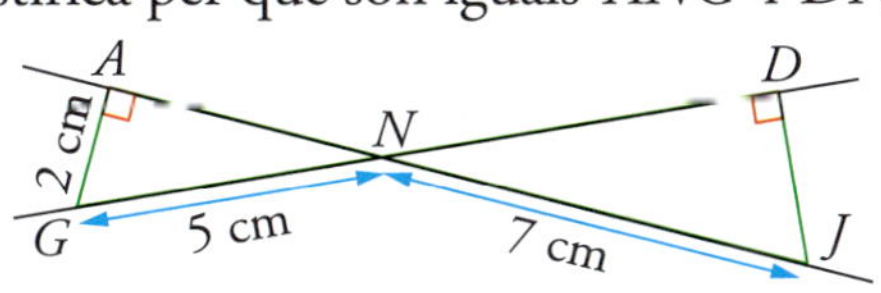


**b)** Troba les raons trigonomètriques de l'angle $\widehat{ANG}$ i les longituds de $ND$ i $DJ$.

**5.** **a)** Fixa't en la figura següent, calcula $\overline{BC}$ i $\overline{AD}$ i comprova que el triangle $ABC$ és rectangle.

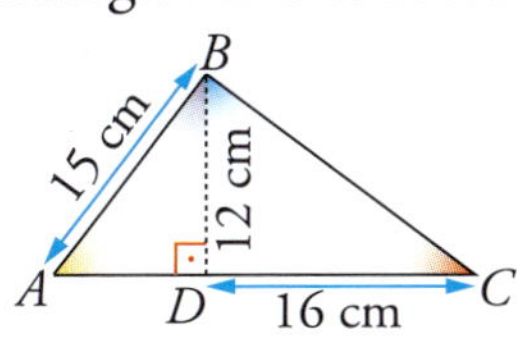


**b)** Troba les raons de $\hat{A}$ del triangle $ABC$ i del triangle $ABD$ i comprova que coincideixen.

**6.** Si en aquesta figura $\overline{AB}$ = 10 cm, quant mesura $\overline{AD}$?

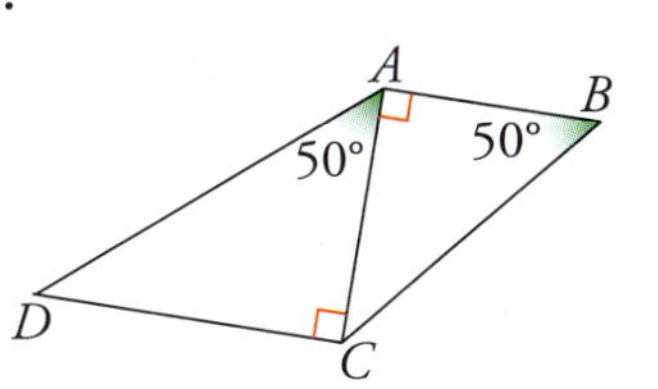


### Relacions fonamentals

**7.** Completa la taula en el teu quadern per a α < 90°. Utilitza fraccions i radicals.

| | | | |
|---|---|---|---|
| **sin α** | 2/3 | | |
| **cos α** | | $\sqrt{2}/3$ | |
| **tg α** | | | 2 |

**8.** Calcula, en cada cas, les raons trigonomètriques que falten (α < 90°) sense utilitzar les tecles trigonomètriques de la calculadora:

**a)** $\sin \alpha = 0{,}28$ **b)** $\cos \alpha = 2/3$ **c)** $tg\ \alpha = \sqrt{5}$

**9.** Calcula el valor de les expressions següents sense utilitzar la calculadora:

**a)** $\sin 45° - \cos 45°$ **b)** $\sin 30° + \cos 60°$

**c)** $\sin 30° + \cos 30°$ **d)** $tg\ 30° + tg\ 60°$

**e)** $tg\ 45° - \cos 60°$ **f)** $tg\ 45° + \sin 45°$

**10.** Completa la taula en el teu quadern amb l'ajut de la calculadora:

| α | 15° | 55° 20' | 72° 25' 40'' | 85,5° |
|---|---|---|---|---|
| **sin α** | | | | |
| **cos α** | | | | |
| **tg α** | | | | |

**11.** Troba l'angle α < 90° en cada cas i expressa'l en graus, minuts i segons:

**a)** $\sin \alpha = 0{,}58$ **b)** $\cos \alpha = 0{,}75$ **c)** $tg\ \alpha = 2{,}5$

**d)** $\sin \alpha = \dfrac{\sqrt{5}}{3}$ **e)** $\cos \alpha = \dfrac{1}{\sqrt{3}}$ **f)** $tg\ \alpha = 3\sqrt{2}$

**12.** Troba, amb la calculadora, les altres raons trigonomètriques de l'angle α < 90° en cada un dels casos següents:

**a)** $\sin \alpha = 0{,}23$ **b)** $\cos \alpha = 0{,}74$ **c)** $tg\ \alpha = 1{,}75$

**d)** $\sin \alpha = \dfrac{1}{\sqrt{2}}$ **e)** $tg\ \alpha = \sqrt{3}$ **f)** $\cos \alpha = \dfrac{\sqrt{3}}{2}$

### Resolució de triangles

**13.** Troba la mesura de tots els elements desconeguts d'aquests triangles rectangles si $\hat{C}$ = 90°:

**a)** $a$ = 5 cm, $b$ = 12 cm Elements desconeguts: $c$, $\hat{A}$, $\hat{B}$

**b)** $a$ = 43 m, $\hat{A}$ = 37° Elements desconeguts: $b$, $c$, $\hat{B}$

**c)** $c$ = 5,8 km, $\hat{A}$ = 71° Elements desconeguts: $a$, $b$, $\hat{B}$

**14.** Quan els rajos de sol formen 40° amb el terra, l'ombra d'un arbre fa 18 m. Quina és la seva altura?

**15.** **a)** Quin angle té com a catet contigu $AB$? En quin triangle? I com a catet oposat $BH$?

**b)** Si $\overline{HC}$ = 5,4 cm i $\hat{C}$ = 40°, troba $\overline{BH}$, $\overline{BC}$, $\overline{AB}$ i $\overline{AH}$.

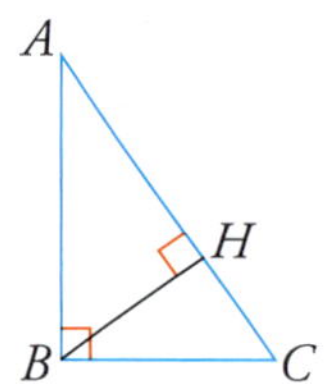


**16.** Per mesurar l'altura d'un arbre, ens situem a 20 m de la seva base i n'observem, des de terra, la part més alta sota un angle de 50°. Quant mesura l'arbre?

**17.** Un estel està lligat a terra mitjançant un fil que fa 50 m de llarg i que forma amb l'horitzontal un angle de 60°. A quina altura es troba l'estel?

**18.** Una escala de 3 m està recolzada en una paret. Quin angle forma l'escala amb el terra si la seva base està a 1,2 m de la paret?

**19.** El radar d'un vaixell detecta un objecte a 40 m de profunditat i en una direcció que forma 15° amb l'horitzontal. Quina distància ha de recórrer un bussejador per arribar des del vaixell fins a l'objecte?

**20.** Troba l'altura del turó, $\overline{SH}$.

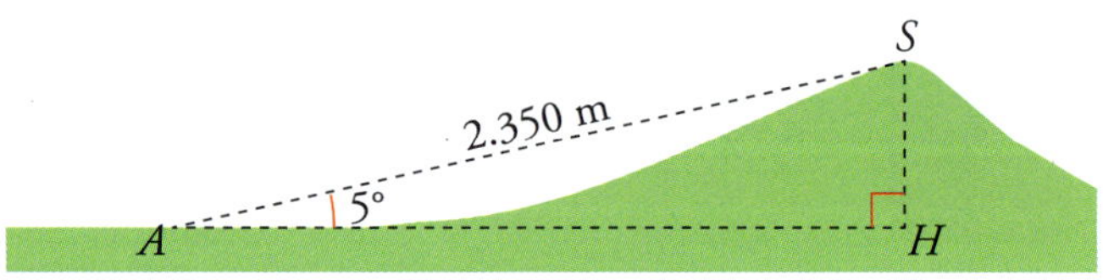


**21.** Calcula el perímetre i l'àrea d'un triangle isòsceles si l'angle desigual mesura 72° i la longitud del costat oposat a aquest angle és de 16 m.

**22.** Un pal està subjectat a terra amb dos cables de 12 m que formen angles de 50° amb el terra. Calcula l'altura del pal i la distància de la base als punts de subjecció.

**23.** Calcula l'altura, $h$, i l'àrea de cada triangle.

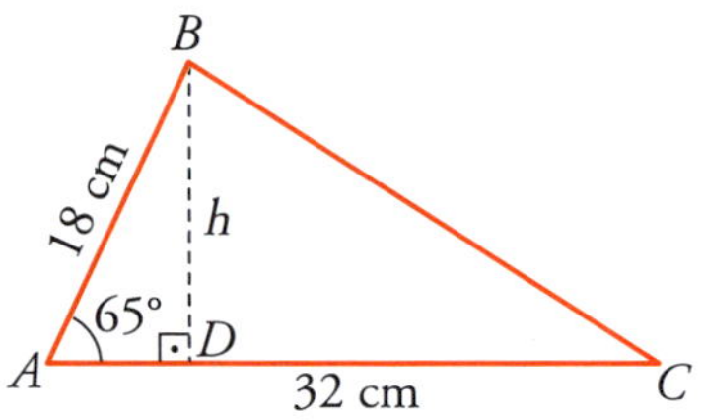


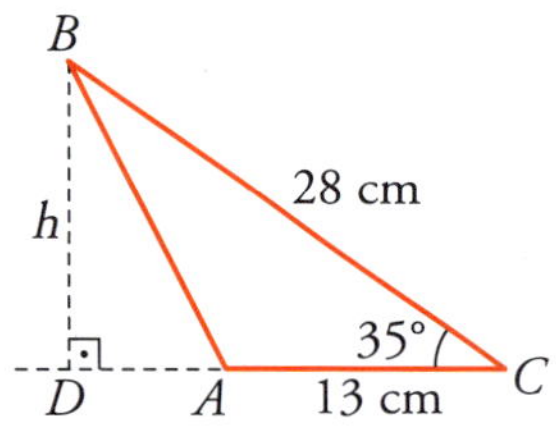


**24.** Aquest senyal ens indica un pendent del 10 %. És a dir, cada 100 m en horitzontal es pugen 10 m en vertical. Quin angle correspon a aquest pendent?

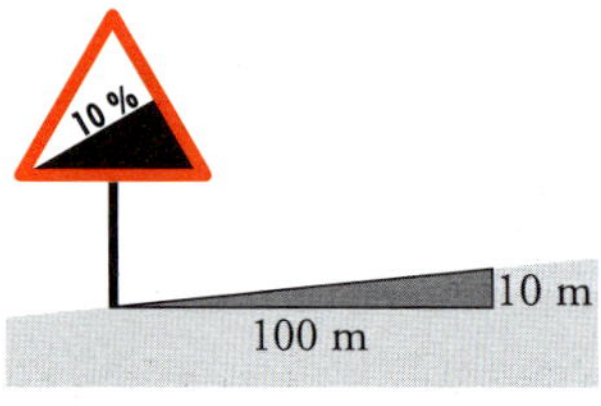


## Raons trigonomètriques d'angles qualssevol

**25.** Situa en la circumferència goniomètrica aquests angles i indica'n el signe de les raons trigonomètriques:

**a)** 128° **b)** 198° **c)** 87°

**d)** 98° **e)** 285° **f)** 305°

Comprova-ho amb la calculadora.

**26.** Justifica a quin quadrant és α en cada cas i calcula les raons trigonomètriques que falten:

**a)** $\sin \alpha = 0{,}6$; $\cos \alpha < 0$ **b)** $\cos \alpha = -1/3$; $tg\, \alpha > 0$

**c)** $tg\, \alpha = -2$; $\sin \alpha > 0$ **d)** $\sin \alpha = -2/3$; $tg\, \alpha < 0$

Representa l'angle α en una circumferència goniomètrica en cada cas.

**27.** Justifica a quin quadrant és α en cada cas i calcula les raons trigonomètriques restants:

**a)** $\sin \alpha = 4/5$; $\alpha < 90°$ **b)** $\cos \alpha = 2/3$; $\alpha > 270°$

**c)** $tg\, \alpha = 3$; $\alpha > 180°$ **d)** $\cos \alpha = -3/4$; $\alpha < 180$

**28.** EXERCICI RESOLT

***Expressa en radians els angles de 30°, 45°, 60° i 90° a partir de l'equivalència 180° = π rad.***

$30° \cdot \dfrac{\pi \text{ rad}}{180°} = \dfrac{\pi}{6} \text{ rad}$ $45° \cdot \dfrac{\pi \text{ rad}}{180°} = \dfrac{\pi}{4} \text{ rad}$

$60° \cdot \dfrac{\pi \text{ rad}}{180°} = \dfrac{\pi}{3} \text{ rad}$ $90° \cdot \dfrac{\pi \text{ rad}}{180°} = \dfrac{\pi}{2} \text{ rad}$

**29.** **a)** Expressa en radians els angles següents tenint en compte que són múltiples dels angles de l'exercici resolt anterior: 150°, 135°, 240°, 300° i 270°.

**b)** Troba amb la calculadora les raons dels angles de l'apartat anterior expressats en radians.

**30.** **a)** Expressa en graus els angles següents:

$$\frac{2\pi}{3};\ \frac{3\pi}{2};\ \frac{5\pi}{4};\ \frac{7\pi}{6};\ \frac{\pi}{9};\ \frac{\pi}{5}$$

**b)** Digues quin és el signe de les seves raons trigonomètriques.

**31.** Considera les raons trigonomètriques següents:

- $\sin 25° = 0{,}42$
- $\cos 25° = 0{,}91$
- $tg\, 25° = 0{,}47$

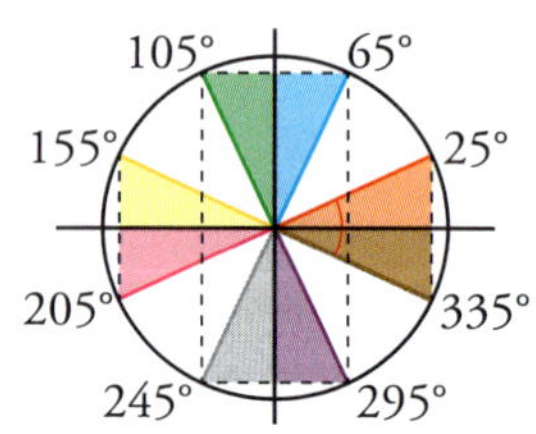


Observa la figura i indica el valor d'aquestes altres:

**a)** $\sin 205°$ **b)** $\cos 65°$ **c)** $\cos 245°$

**d)** $tg\, 115°$ **e)** $\sin 295°$ **f)** $tg\, 335°$

## Resol problemes

**32.** Es vol construir una rampa de 3 m d'altura per a un campionat de monopatí. El reglament diu que l'angle en el punt de salt ha d'estar comprès entre 70° i 75°. Quina pot ser la longitud de la rampa?

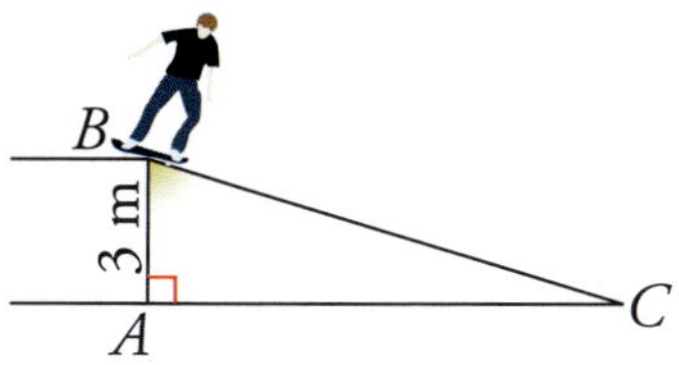


**33.** **a)** Escriu de dues formes diferents $sin\ \hat{D}$ utilitzant els triangles *ABD* i *CED*.

**b)** Calcula les longituds de *CD*, *ED*, *BD* i *BC*.

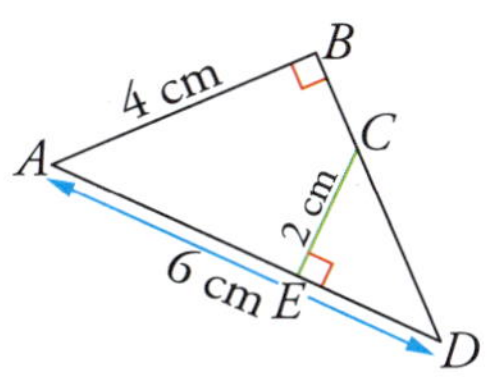


**34.** En una circumferència de 6 cm de radi tracem una corda *AB* a 3 cm del centre *O*. Troba l'angle $\widehat{AOB}$.

**35.** Fixa't, en la figura i calcula:

**a)** La longitud $\overline{AC}$.

**b)** L'àrea del triangle *ABC*.

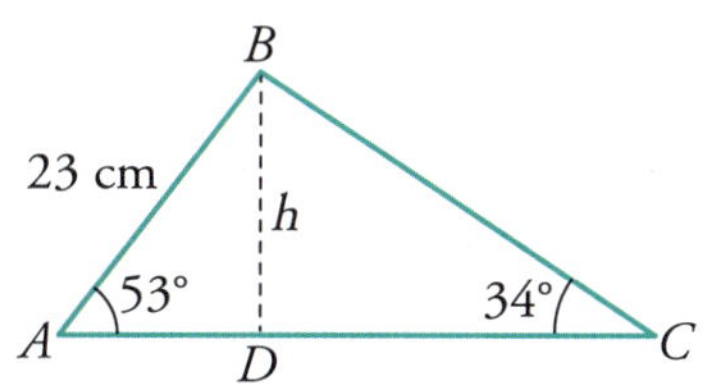


**36.** El costat d'un rombe mesura 8 cm i l'angle més petit fa 38°. Quant mesuren les diagonals?

**37.** Troba l'àrea d'un paral·lelogram els costats del qual mesuren 16 cm i 24 cm i formen un angle de 40°.

**38.** La figura representa la secció d'una lluerna d'aquesta casa:

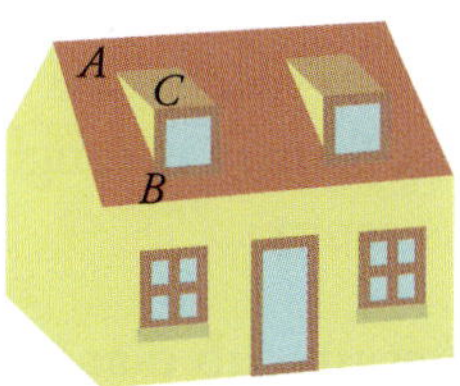


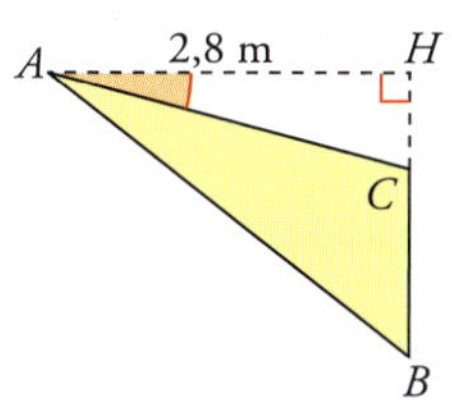


A més de la longitud $\overline{AH}$ = 2,8 m, s'han mesurat els angles $\widehat{HAC}$ = 16° i $\widehat{HAB}$ = 40°. Calcula $\overline{CH}$, $\overline{BC}$, $\overline{AB}$ i $\overline{AC}$.

**39.** El funicular de Bulnes (Astúries) té una longitud de 2.227 m. L'altura de l'estació inferior és de 183 m i la de l'estació superior, 585 m. Calcula l'angle que forma la línia del funicular amb l'horitzontal i el pendent de la via en percentatge.

**40.** Dos edificis disten entre si 90 m. Des d'un punt del terra que és entre els dos edificis, les visuals als seus punts més alts formen amb l'horitzontal angles de 35° i 20°. Quina és l'altura dels edificis si sabem que un és 6 m més alt que l'altre?

**41.** Les diagonals d'un rectangle formen un angle de 52° i el seu costat més gran fa 14 cm. Troba el perímetre i la longitud de les diagonals.

**42.** Un operari se situa a 10 m d'un edifici i mesura l'angle entre la visual al punt més alt i l'horitzontal, que fa 72°. El punt d'observació està a 1,70 m del terra. Calcula l'altura de l'edifici.

**43.** En un hort hi ha un pou d'1,2 m d'ample. Quan és buit veiem, des del brocal, la vora oposada del fons sota un angle de 70° amb l'horitzontal. Quan l'aigua puja, veiem la vora oposada de l'aigua sota un angle de 42°. Quina és l'altura del pou? Quant ha pujat l'aigua?

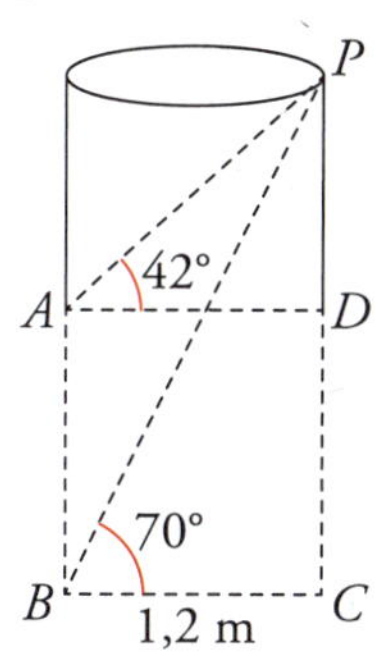


**44.** La Carme i en Francesc surten a córrer des de dos punts *A* i *B* distants entre si 1,2 km i volen trobar-se en un punt *C*. La direcció que pren la Carme forma un angle de 35° amb *AB* i la que pren en Francesc, un angle de 48° també amb *AB*. Quin dels dos ha de fer un camí més llarg?

**45.** Dalt d'un edifici en construcció hi ha una grua de 4 m d'altura. Des d'un punt del terra es veu el punt més alt de la grua sota un angle de 45° respecte a l'horitzontal i el punt més alt de l'edifici sota un angle de 40° amb l'horitzontal. Calcula l'altura de l'edifici.

**46.** Calcula l'àrea d'un trapezi isòsceles de bases *AB* i *DC* si el costat $\overline{AB}$ = 5 m, el costat $\overline{BC}$ = $3\sqrt{2}$ m i els angles que forma la base més gran del trapezi amb els costats oblics fan 45°.

**47.** Per conèixer l'amplada del riu del dibuix, prenem aquestes mesures:

$\widehat{BAD}$ = 54°; $\widehat{BAC}$ = 28°;

$\widehat{ABD}$ = 90°; $\overline{AB}$ = 80 m

Quina és l'amplada del riu?

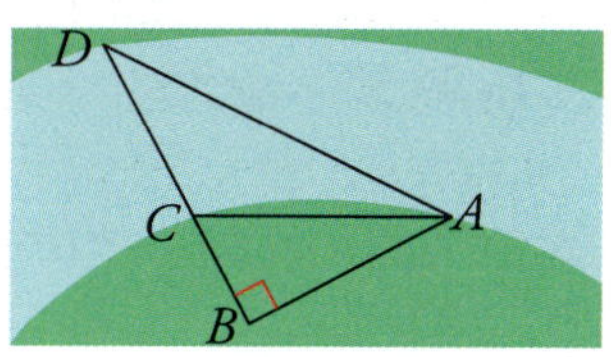

**48.** Una antena de ràdio està subjectada a terra amb dos cables, que formen amb l'antena angles de 36° i 48°. Els punts de subjecció dels cables estan alineats amb el peu de l'antena i disten 98 m entre si. Calcula l'altura de l'antena.

**49.** Les bases d'un trapezi isòsceles mesuren 18 cm i 26 cm i els costats iguals, 14 cm. Calcula'n els angles i l'àrea.

**50.** Troba l'àrea i el perímetre d'un triangle *ABC* si l'angle $\hat{A}$ = 62°, l'angle $\hat{C}$ = 34° i el costat $c$ = 5 cm.

**51.** Observa aquestes tres circumferències goniomètriques en les quals s'ha dibuixat un angle α del primer quadrant i, a partir d'aquest, els angles 180° – α, 180° + α i 360° – α dels quadrants 2n, 3r i 4t, respectivament. Busca la relació que existeix entre:

**a)** *sin* (180° – α) i *sin* α
*cos* (180° – α) i *cos* α
*tg* (180° – α) i *tg* α

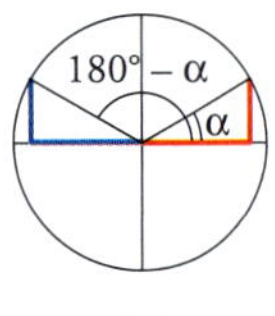


**b)** *sin* (180° + α) i *sin* α
*cos* (180° + α) i *cos* α
*tg* (180° + α) i *tg* α

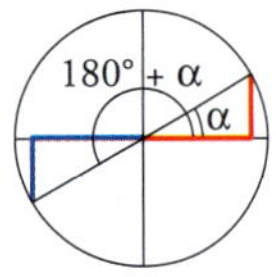


**c)** *sin* (360° – α) i *sin* α
*cos* (360° – α) i *cos* α
*tg* (360° – α) i *tg* α

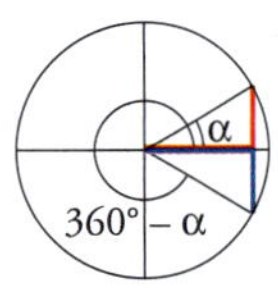


**52.** Si *sin* α = $\sqrt{3}/4$ i α és un angle agut, troba les raons trigonomètriques següents sense calcular α:

**a)** *sin* (180° + α) **b)** *cos* (180° – α)
**c)** *sin* (360° – α) **d)** *tg* (180° + α)

**53.** Situa els angles següents sobre la circumferència goniomètrica i expressa'n les raons trigonomètriques utilitzant un angle agut, com en l'exemple:

- **Angle: 215°**
  ***sin* 215° = –sin 35°**
  ***cos* 215° = –cos 35°**
  ***tg* 215° = *tg* 35°**

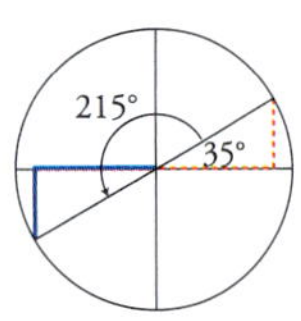


**a)** 150° **b)** 240° **c)** 300°
**d)** 225° **e)** 100° **f)** 320°

**54.** Determina en cada cas quins angles de l'interval [0°, 360°] verifiquen les igualtats següents:

**a)** *cos* α = 0,5 **b)** *sin* α = –1 **c)** *cos* α = 1
**d)** *tg* α = $\sqrt{3}$ **e)** *sin* α = $-\sqrt{3}/2$ **f)** *tg* α = –1

**55.** Troba en cada cas l'angle α que verifica les condicions donades. Fixa't en l'exemple:

- ***sin* α = $\sqrt{3}/2$, 90° < α < 180° →**
  ***arc sin* $\sqrt{3}/2$ = 60° → α = 180° – 60° = 120°**

**a)** *cos* α = $\sqrt{2}/2$ 270° < α < 360°
**b)** *sin* α = –0,5 180° < α < 270°
**c)** *tg* α = –2 90° < α < 180°

**56.** Troba els angles compresos entre 0° i 360° que verifiquen aquestes equacions. Fixa't en l'exemple:

- **1 – 2*cos x* = 0 → *cos x* = 1/2 → *x* = 60°; *x* = 300°**

**a)** 2*sin x* = $\sqrt{3}$ **b)** 2*sin x* = $-\sqrt{2}$
**c)** 3*tg x* + 3 = 0 **d)** $(sin\ x)^2 = 1$
**e)** $(sin\ x)^2 - sin\ x = 0$ **f)** $4(sin\ x)^2 - 1 = 0$
**g)** $2(cos\ x)^2 - cos\ x - 1 = 0$

**57.** Demostra aquestes igualtats mitjançant les relacions fonamentals:

**a)** $(sin\ \alpha + cos\ \alpha)^2 + (sin\ \alpha - cos\ \alpha)^2 = 2$

**b)** $\dfrac{(sin\ \alpha)^3 + sin\ \alpha \cdot (cos\ \alpha)^2}{sin\ \alpha} = 1$

**c)** $\dfrac{(sin\ \alpha)^3 + sin\ \alpha \cdot (cos\ \alpha)^2}{cos\ \alpha} = tg\ \alpha$

**d)** $1 + (tg\ \alpha)^2 = \dfrac{1}{(cos\ \alpha)^2}$

## Resol: una mica més difícil

**58.** Dues circumferències secants tenen radis de 6 cm i 10 cm. Les seves tangents comunes formen un angle de 40°. Calcula la distància entre els seus centres.

**59.** La figura *ABCDEFGH* és un cub d'aresta *a*.

**a)** Expressa, en funció de *a*, la diagonal d'una cara, $\overline{DG}$, i la diagonal del cub, $\overline{AG}$.

**b)** Calcula l'angle que formen *DG* i *AG*.

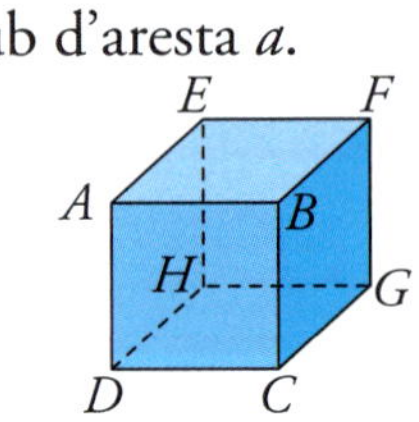


**60.** El costat de la base d'una piràmide quadrangular regular mesura 6 m i l'angle $\widehat{APD}$ = 60°. Troba'n el volum.

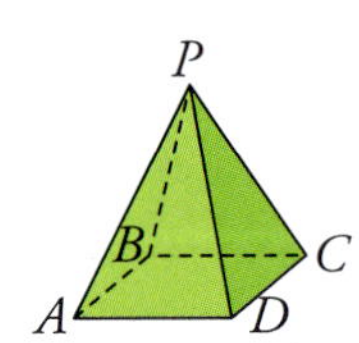

**61.** Des d'un far $F$ s'observen un vaixell $A$ sota un angle de 43° respecte a la línia de la costa i un vaixell $B$ sota un angle de 21°. El vaixell $A$ es troba a 5 km de la costa i el $B$, a 3 km. Calcula la distància entre els vaixells.

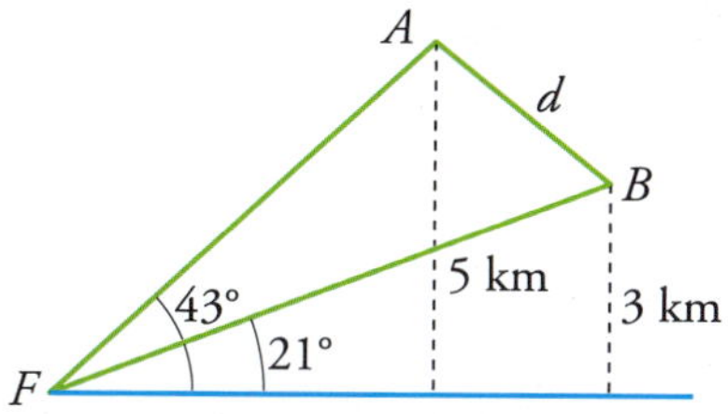


**62.** Des d'un satèl·lit artificial es veu la Terra sota un angle de 110°. Calcula l'àrea del casquet esfèric de la Terra visible des del satèl·lit. El radi de la Terra mesura 6.371 km.

**63.** Per il·luminar una parcel·la rectangular, s'han col·locat tres focus en $P$ de manera que els angles d'il·luminació $\widehat{APB}$, $\widehat{BPC}$ i $\widehat{CPD}$ són iguals.

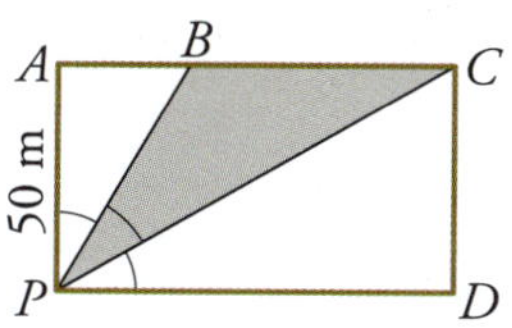


Una avaria apaga el focus central. Quant mesuren l'àrea i el perímetre de la zona enfosquida, si $\overline{AP}$ = 50 m?

**64.** Volem esbrinar la longitud de la diagonal $AC$ de la parcel·la $ABCD$. Sabem que $\hat{B} = \hat{D} = 90°$, $\hat{A} = 120°$, $\overline{AD}$ = 18 m i $\overline{AB}$ = 29 m.

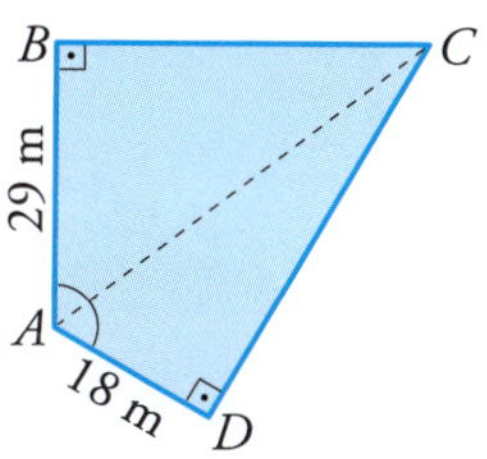


Un amic topògraf ens suggereix prolongar els costats $BA$ i $CD$ fins que es tallin en un punt $P$ i trobar quant mesura l'angle $\widehat{APD}$. Quina longitud té $AC$?

## Reflexiona sobre la teoria

**65.** Els dos angles aguts d'un triangle rectangle s'anomenen complementaris perquè la seva suma és 90°. Completa la taula en el teu quadern amb les dades del triangle i expressa la relació entre les raons trigonomètriques dels angles que sumen 90°:

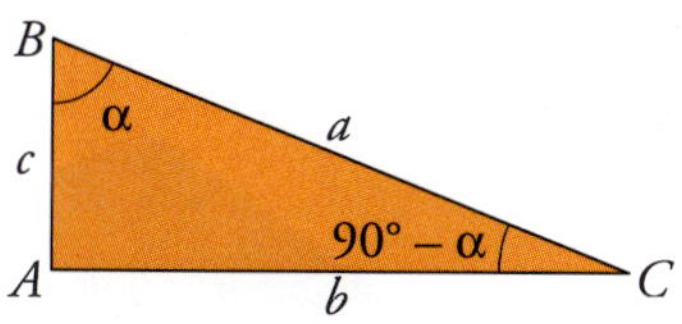


| | α | 90° – α |
|---|---|---|
| sin | | |
| cos | | |
| tg | | |

**66.** Amb quines d'aquestes dades no n'hi ha prou per resoldre un triangle rectangle?

a) Un catet i la hipotenusa.

b) Un angle agut i la hipotenusa.

c) Els dos angles aguts.

**67.** Vertader o fals? Justifica la resposta i posa'n exemples.

a) El sinus d'un angle agut és sempre més gran que la tangent.

b) No existeix cap angle α tal que $\sin \alpha = 3/5$ i $tg\, \alpha = 1/4$.

c) El cosinus d'un angle de π radians és igual a –1.

d) El valor màxim de la tangent d'un angle és 1.

e) Si $270° < \alpha < 360°$, aleshores $tg\, \alpha < 0$ i $\cos \alpha > 0$.

f) No existeix cap angle α tal que $\sin \alpha + 2\cos \alpha = 0$.

g) L'altura d'un triangle és igual al producte d'un dels seus costats pel sinus de l'angle que forma aquest costat amb la base.

**68.** Els angles α i β estan compresos entre 90° i 180° i $\sin \alpha > \sin \beta$. Justifica si aquestes afirmacions són vertaderes o falses:

a) $\alpha > \beta$ b) $\cos \alpha > \cos \beta$ c) $tg\, \alpha < tg\, \beta$

**69.** Raona si les igualtats següents, referides a un triangle $ABC$, rectangle en $A$, són vertaderes o falses:

a) $a = \dfrac{b}{\sin \hat{A}}$

b) $c = a \cos \hat{B}$

c) $c = \dfrac{b}{tg\, \hat{C}}$

d) $b = a \sin \hat{C}$

e) $tg\, \hat{B} - tg\, \hat{C} = 1$

f) $c\, tg\, \hat{B} = b$

g) $\sin \hat{B} - \cos \hat{C} = 1$

h) $a = \dfrac{b}{\cos \hat{C}}$

i) $b = \dfrac{c}{tg\, \hat{B}}$

j) $\sqrt{1 - (\sin \hat{B})^2} = \dfrac{c}{a}$

k) $\sin \hat{B} \cdot \cos \hat{C} = 1$

l) $\dfrac{\sin \hat{B}}{\cos \hat{C}} = 1$

**70.** El sinus de l'angle desigual d'un triangle isòsceles és $\dfrac{\sqrt{2}}{2}$. Quines són les possibles mesures dels altres angles?

**71.** En cada un d'aquests cercles hi ha indicat el signe d'una de les raons trigonomètriques d'un angle α segons el quadrant en què es troba. Quin correspon al sinus? I al cosinus? I a la tangent?

a) 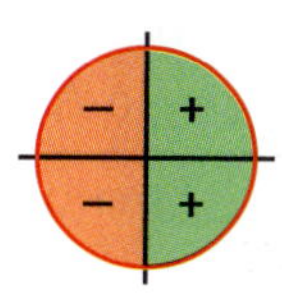


b) 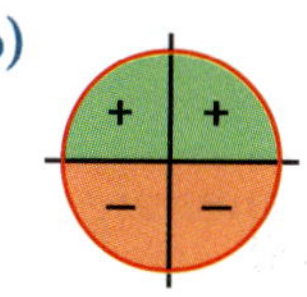


c) 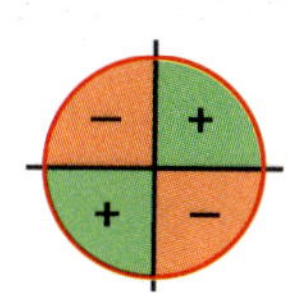

# » MATEMÀTIQUES EN CONTEXT

## UN DIA A CAL FUSTER

A la fusteria i ebenisteria Quercus reben l'encàrrec següent: han de fer un pressupost per a unes prestatgeries per aprofitar els buits que queden sota les escales d'una casa unifamiliar. Aquests espais tenen forma de prisma triangular, i els amos de la casa pensen que amb unes prestatgeries podran aprofitar aquest espai per col·locar-hi diferents objectes.

### 1. Opcions de reforma per al primer pis

Per al buit de l'escala del primer pis, els clients demanen que els facin un pressupost que reculli dues opcions diferents, una amb dos prestatges (A) i l'altra amb tres (B).

- Pel que fa a l'opció A, el primer prestatge ha d'estar a 30 cm de terra i el segon, 30 cm més amunt que el primer.
- Quant a l'opció B, el primer prestatge anirà a 20 cm de terra, el segon 25 cm més amunt que el primer i el tercer 20 cm més amunt que el segon.

En Ferran, un treballador de la fusteria, va a la casa dels clients a prendre mides i comprova que els buits de les escales fan 1,5 m d'amplada de base, 90 cm d'altura i 80 cm de fons. Tenint en compte totes aquestes dades, ajuda en Ferran a fer el pressupost i respon:

a) Quina serà la superfície de cada prestatge?

b) Per col·locar els prestatges al buit de l'escala, com en aquest cas, els fusters de Quercus tallen les fustes de biaix. Quant ha de mesurar l'angle del biaix d'aquests prestatges? Serà el mateix per a tots els prestatges?

c) Si els clients escullen un tipus de fusta el metre quadrat de la qual costa 30 €, quant costarà la fusta de l'opció A? I la de l'opció B? I si escullen una fusta que costa 42 € el metre quadrat, quant costarà la fusta de l'opció A? I la de l'opció B?

d) Dissenya, ara, la teva prestatgeria amb la forma que vulguis i utilitzant la quantitat de fusta que necessitis. Després, calcula'n el cost.

## 2. Els gerros xinesos

El segon pis té unes escales, que van cap a les golfes, de mides idèntiques a les del primer pis. En aquest forat, els clients hi volen col·locar un únic prestatge per posar-hi els seus gerros xinesos. Si trien el tipus de fusta més econòmic, el prestatge costarà 16,80 €.

a) A quina altura respecte del terra se situarà el prestatge?

A més, els clients volen tapar el prestatge i la resta del buit d'aquest tram d'escala que dona a les golfes amb dues portes de fusta, una de forma triangular i una altra de forma trapezoidal, de manera que cada una ocupi la meitat de la longitud de la base del buit.

b) Quant mesuraran els catets de la porta triangular?

c) Quant mesuraran els seus angles?

d) Quant mesuraran els angles de la porta trapezoidal?

e) Quina serà la superfície de cada porta?

f) Quin serà el cost de la fusta utilitzada, si trien la més cara de la fusteria Quercus? I si trien la més barata?

g) Pensa una altra pregunta per plantejar-la a un company o companya de la classe. Primer l'has de resoldre tu per comprovar que està ben plantejada i per saber quina és la solució correcta.

## 3. La proposta de la Isabel

La Isabel, una altra treballadora de la fusteria, proposa als clients una nova opció: una prestatgeria de disseny esglaonat formada per baldes horitzontals i verticals que formen 10 quadrats, tal com pots veure en la imatge.

a) Calcula la longitud del costat de cada quadrat perquè la prestatgeria càpiga dins del buit de l'escala i tots els quadrats siguin iguals.

b) Calcula el cost de la fusta que caldria fer servir si escollissin la més cara i volguessin aprofitar tota la fondària del buit.

# » TALLER DE MATEMÀTIQUES

## » LLEGEIX I COMPRÈN

### Geometries diverses

La geometria convencional i intuïtiva, amb la qual analitzem l'espai pròxim, és a dir, el que veiem al nostre voltant, s'anomena **geometria euclidiana.** Pensa, per exemple, en un principi conegut: *la suma dels angles d'un triangle val 180°*, que és cert quan dibuixes en un full les rectes que uneixen tres punts.

No obstant això, hi ha altres geometries, igual de consistents des del punt de vista teòric, però més efectives i realistes quan s'amplia l'objectiu a l'explicació de l'univers.

Si construíssim un triangle sobre la superfície terrestre amb segments de cercles màxims, els costats serien arcs de circumferències, i *la suma dels angles del triangle seria més gran que 180°*. La geometria que assumeix aquest principi s'anomena **geometria el·líptica**.

I si construíssim un triangle enorme, en un espai corb deformat per una massa estel·lar o per un forat negre (sembla que les coses són així a l'univers), obtindríem un triangle diferent dels anteriors. En aquestes condicions, *la suma dels angles del triangle és més petita que 180°* **(geometria hiperbòlica)**.

GEOMETRIA EUCLIDIANA

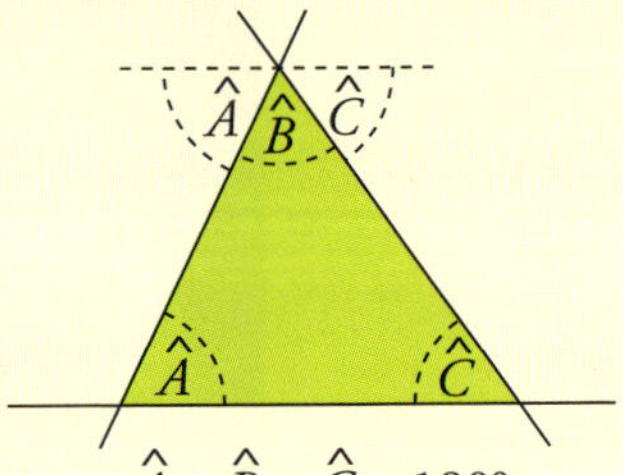


$\hat{A} + \hat{B} + \hat{C} = 180°$

GEOMETRIA EL·LÍPTICA

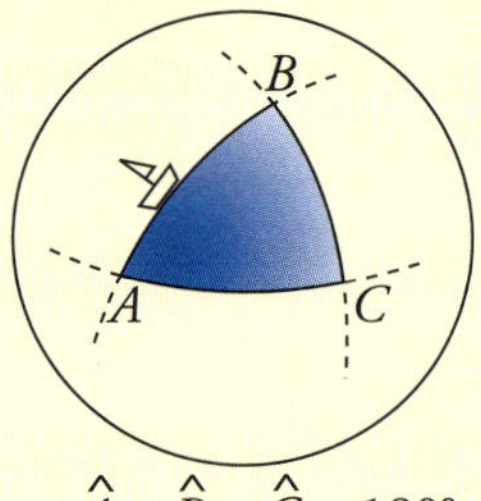


$\hat{A} + \hat{B} + \hat{C} > 180°$

GEOMETRIA HIPERBÒLICA

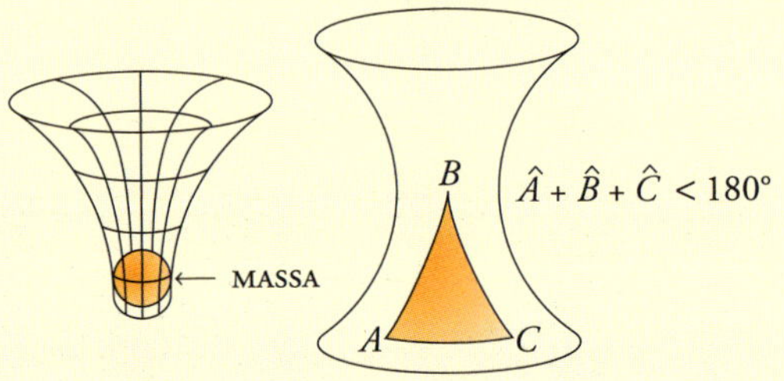


La utilització d'aquestes «altres» geometries més generals, que inclouen com a cas particular l'euclidiana, ha permès grans avenços de la física moderna (astrofísica, teoria de la relativitat, anàlisi de la propagació d'ones, etc.).

## » DESCOBREIX

### Hiparc: pare de la trigonometria

**Hiparc** va néixer a Nicea (avui Iznik, a Turquia) cap a l'any 190 aC.

Va establir el seu observatori a l'illa de Rodes (SE del mar Egeu) i va dedicar els seus esforços a mesurar les distàncies i les grandàries del Sol i la Lluna. Per fer-ho, va idear procediments matemàtics que poden ser considerats com el punt de partida de la trigonometria.

## » COMPRÈN I CALCULA

### Fotografies via satèl·lit

La península Ibèrica cap en un cercle de 600 km de radi.

A quina altura s'ha de col·locar un satèl·lit per fer una fotografia de la Península si l'objectiu de la càmera fotogràfica té una amplitud de 120°?

NOTA: Considera la Península com una superfície plana.

## » ENTRENA'T RESOLENT ALTRES PROBLEMES

- Quina fracció de la superfície del triangle s'ha acolorit?

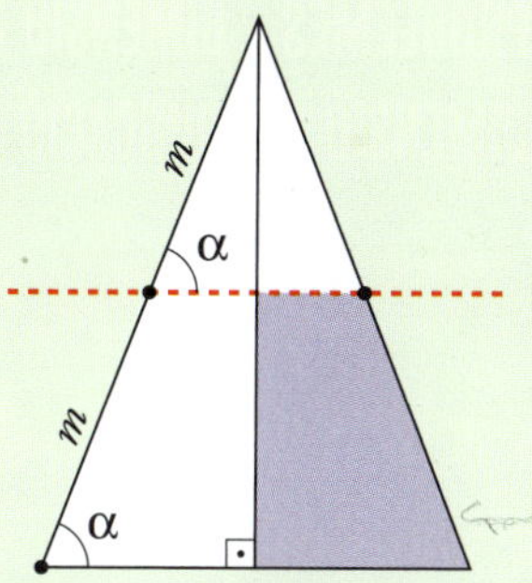


- Troba el perímetre extern de tota la figura si el radi de la circumferència més petita és $r = 1$ cm.

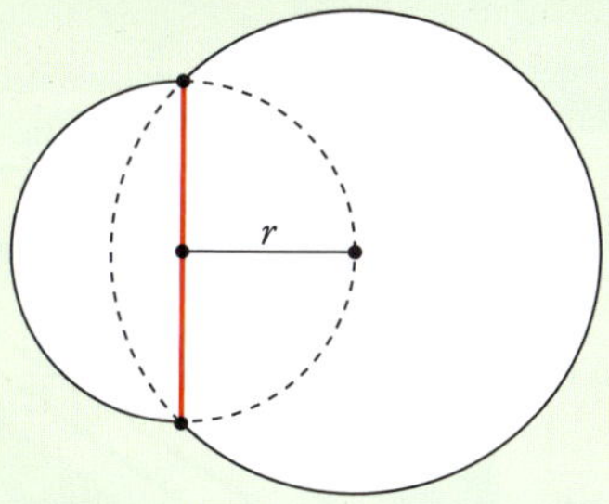


- El rombe té una superfície de 24 cm i la seva diagonal petita és igual als tres quarts de la diagonal gran. Calcula l'àrea del cercle inscrit.

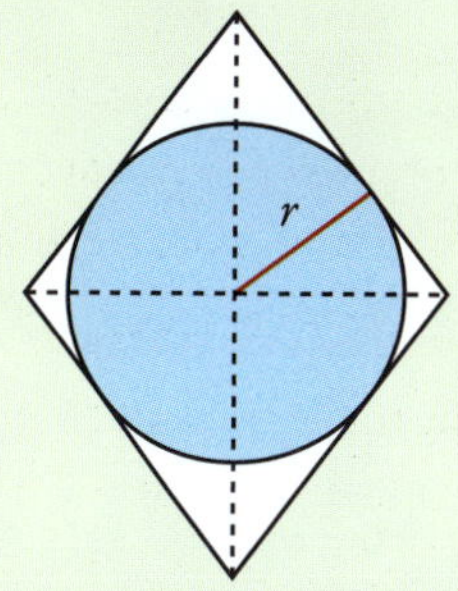


- Calcula l'àrea d'un quadrat que té els vèrtexs sobre un rombe les diagonals del qual mesuren 8 cm i 24 cm.

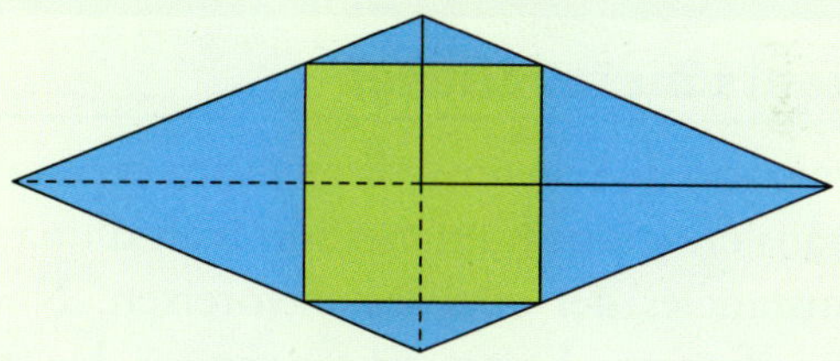

## » POSA'T A PROVA

**1.** **a)** Si $\cos \alpha = 0{,}52$ i $\alpha < 90°$, calcula $\sin \alpha$ i $tg\,\alpha$.

**b)** Si $tg\,\beta = \dfrac{12}{5}$ i $\beta < 90°$, calcula $\sin \beta$ i $\cos \beta$.

**2.** Una persona que fa 1,78 m d'estatura projecta una ombra de 85 cm. Quin angle formen els rajos de sol amb l'horitzontal?

**3.** Per arribar a una altura de 3 m, recolzem una escala a la paret formant un angle de 60° amb el terra. Troba la longitud de l'escala i la distància des de la seva base fins a la paret.

**4.** En una circumferència de radi 6 cm tracem una corda $AB$ a 3 cm del centre $O$. Troba l'angle $\widehat{AOB}$.

**5.** Des d'un punt d'observació situat a 1,5 m del terra, la visual al punt més alt d'un edifici forma un angle de 28° amb l'horitzontal. Si ens hi apropem 20 m, l'angle és de 40°. Quina és l'altura de l'edifici?

**6.** Troba l'amplada d'un riu a partir de les mesures indicades en la figura.

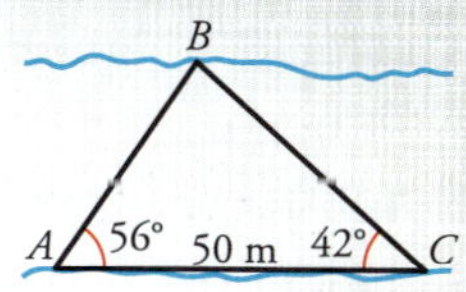


**7.** Fixa't en aquest triangle i troba l'altura sobre $AC$, l'àrea del triangle i l'angle $\hat{C}$.

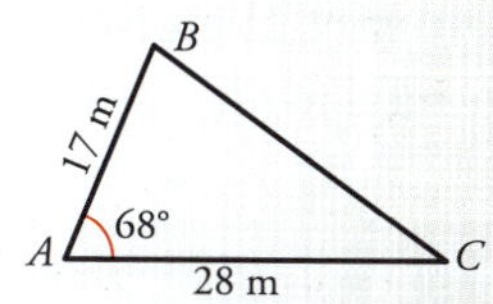


**8.** Les bases d'un trapezi isòsceles mesuren 18 cm i 26 cm i els costats iguals, 14 cm. Calcula'n els angles i l'àrea.

**9.** Si $\cos \alpha = -1/5$ i $tg\,\alpha < 0$, indica a quin quadrant pertany l'angle $\alpha$ i calcula'n les raons trigonomètriques restants.

**10.** Expressa els angles en radians o en graus, segons correspongui:

$\dfrac{11\pi}{8}$ rad; 140°; 315°; $0{,}6\,\pi$ rad

UNITAT 8

# GEOMETRIA ANALÍTICA

DIMENSIÓ RESOLUCIÓ DE PROBLEMES · DIMENSIÓ RAONAMENT I PROVA
DIMENSIÓ CONNEXIONS · DIMENSIÓ COMUNICACIÓ I REPRESENTACIÓ

## Dues ments meravelloses

Amb la invenció de la geometria analítica es posa de manifest, una vegada més, que les grans creacions humanes són fruit d'una època, d'un moment històric les circumstàncies del qual les afavoreixen. Només cal el personatge genial que les faci efectives. En aquest cas van ser dos francesos, **Descartes** i **Fermat**, els qui la van desenvolupar independentment i gairebé simultàniament.

- **René Descartes** (segle XVII), filòsof i matemàtic, en l'obra *Discurs del mètode* va incloure una part final anomenada «Geometria» en què es detalla com s'aplica l'àlgebra a la resolució d'alguns problemes geomètrics amb l'ajuda d'un sistema de coordenades. En honor del seu creador, es van anomenar *coordenades cartesianes,* ja que en aquella època els textos científics s'escrivien en llatí i Descartes va llatinitzar el seu nom: *Cartesius.*

- **Pierre de Fermat** (segle XVII), advocat, polític i matemàtic per afició, va desenvolupar un sistema similar al de Descartes: va aplicar els mètodes algebraics al tractament de figures geomètriques representades en uns eixos de coordenades rectangulars. El va descriure el 1636, un any abans que Descartes, però no va ser publicat fins després de la seva mort, per la qual cosa la seva obra no va exercir tanta influència com la d'aquell. Per això sovint s'atribueix només a Descartes la invenció de la geometria analítica i s'oblida la contribució de Fermat, que, fins i tot, és una mica anterior.

## Què són els vectors i per a què serveixen

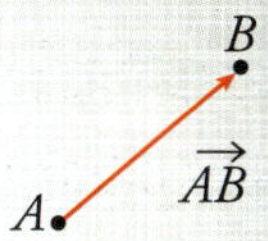


Un vector és, senzillament, una fletxa que va d'un punt a un altre. Vegem, mitjançant diversos exemples, per a què poden servir.

### Primera excursió

Un grup de noies i nois han anat de colònies al camp. Casa seva és al punt *O*. No gaire lluny d'allà hi passa un riu al qual solen anar d'excursió. En aquest riu hi ha un indret molt bonic, *M*, al qual tornen molt sovint.

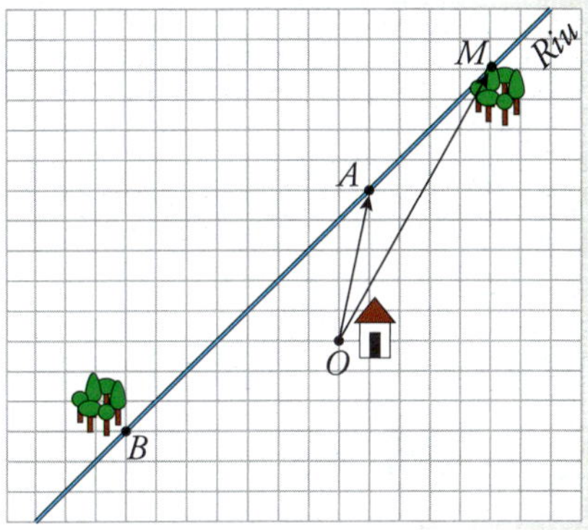


Per exemple, un dia fan el recorregut següent:

$\overrightarrow{OA}$ caminant + $\overrightarrow{AM}$ amb barca = $\overrightarrow{OM}$

Mitjançant coordenades, el recorregut s'expressa així:

$\overrightarrow{OA} = (1, 5)$, $\overrightarrow{AM} = (4, 4)$,

$\overrightarrow{OM} = (5, 9) \rightarrow (1, 5) + (4, 4) = (5, 9)$

### Segona excursió

L'any següent tornen al mateix lloc, però adverteixen un canvi important: el riu està envoltat de tanques i només s'hi pot accedir des d'un embarcador, *E*. Per tant, decideixen fer excursions al llarg del riu. Per exemple:

$\overrightarrow{OA} = \overrightarrow{OE} + \overrightarrow{EA} \rightarrow (0, 4) + (1, 1)$

$\overrightarrow{OM} = \overrightarrow{OE} + \overrightarrow{EM} \rightarrow (0, 4) + (5, 5)$

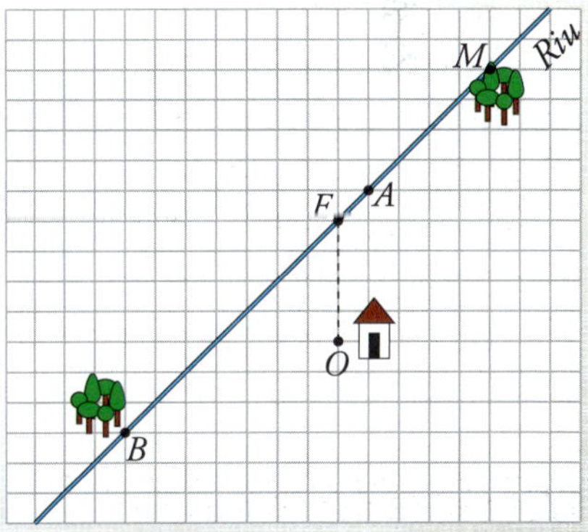


El trajecte $\overrightarrow{EM}$ és 5 vegades més llarg que el trajecte $\overrightarrow{EA}$:

$\overrightarrow{OM} = \overrightarrow{OE} + 5 \cdot \overrightarrow{EA} \rightarrow (0, 4) + 5 \cdot (1, 1)$

El vector $\overrightarrow{OE}$ ens **posiciona** al riu. El vector (1, 1) multiplicat per un nombre *t* ens **fa lliscar** al llarg del riu:

$\overrightarrow{OX} = (0, 4) + t \cdot (1, 1)$

## RESOL

**1.** L'endemà de la primera excursió van caminant al bosc *B*, i d'allà, amb barca, a *M*. Descriu aquest últim itinerari amb vectors, $\overrightarrow{OB}$ + ..., i amb coordenades.

**2.** En la segona excursió, els viatges pel riu es descriuen per mitjà del vector $\overrightarrow{OX} = (0, 4) + t(1, 1)$.

**a)** Assenyala a quins llocs s'arriba per a $t = 4$, $t = -1$ i $t = 0$.

**b)** Quin valor cal donar a *t* per arribar al bosc *B*?

# 1. VECTORS EN EL PLA

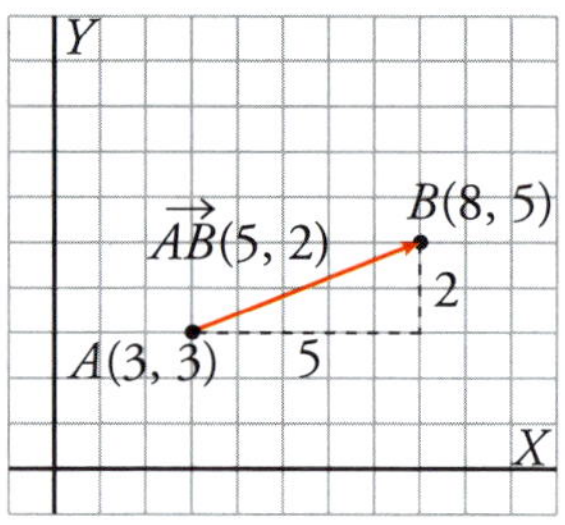


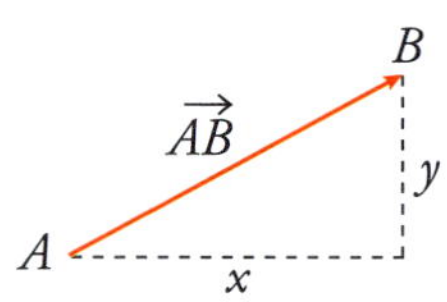


Mitjançant el teorema de Pitàgores, el mòdul del vector $\overrightarrow{AB}(x, y)$ s'obté així:

$$|\overrightarrow{AB}| = \sqrt{x^2 + y^2}$$

En un sistema d'eixos cartesians, cada punt es descriu per mitjà de les seves coordenades: $A(3, 3)$, $B(8, 5)$.

La fletxa que va de $A$ a $B$ s'anomena **vector** i es representa per $\overrightarrow{AB}$. És el vector **d'origen** $A$ i **extrem** $B$.

El vector $\overrightarrow{AB}$ es pot descriure d'aquesta manera: des de $A$ avancem 5 unitats en el sentit de les $X$ i pugem 2 unitats en el sentit de les $Y$.

Això s'expressa més breument així: les **coordenades** de $\overrightarrow{AB}$ són (5, 2). O, millor, així: $\overrightarrow{AB} = (5, 2)$. O, simplement, $\overrightarrow{AB}(5, 2)$.

Les coordenades d'un vector s'obtenen restant, de les coordenades del seu extrem, les del seu origen:

$$\overrightarrow{AB} = (8, 5) - (3, 3) = (8 - 3, 5 - 3) = (5, 2)$$

- El **mòdul** d'un vector $\overrightarrow{AB}$ és la distància de $A$ a $B$. Es designa així: $|\overrightarrow{AB}|$.
- Si les coordenades de $\overrightarrow{AB}$ són $(x, y)$, aleshores $|\overrightarrow{AB}| = \sqrt{x^2 + y^2}$.
- La **direcció** d'un vector és la de la recta en què es troba i la de totes les seves paral·leles.
- Cada direcció admet dos **sentits oposats**.

Per exemple, $\overrightarrow{PQ}$ i $\overrightarrow{PR}$ són vectors amb la mateixa direcció i sentits oposats.

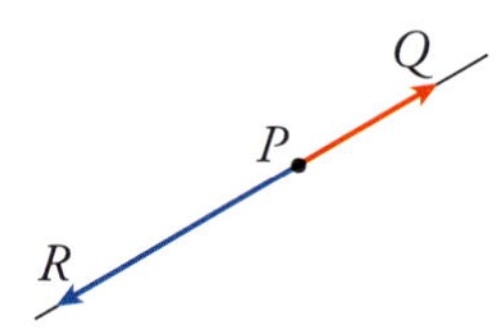


Dos **vectors** són **iguals** quan tenen el mateix mòdul, la mateixa direcció i el mateix sentit. En aquest cas, tenen les mateixes coordenades.

## EXERCICI RESOLT

**1.** ***Si A (3, 3), B (7, 6), A'(7, –2) i B'(11, 1), comprova que els vectors $\overrightarrow{AB}$ i $\overrightarrow{A'B'}$ són iguals. Calcula'n els mòduls.***

Representem els vectors i observem que tenen el mateix mòdul, la mateixa direcció i el mateix sentit. Però també podem comprovar que són iguals trobant-ne les coordenades:

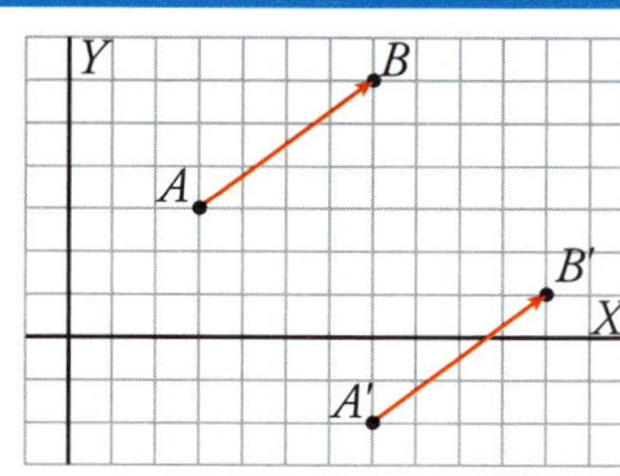


$$\left.\begin{array}{l}\overrightarrow{AB}: (7, 6) - (3, 3) = (4, 3) \rightarrow \overrightarrow{AB}(4, 3) \\ \overrightarrow{A'B'}: (11, 1) - (7, -2) = (4, 3) \rightarrow \overrightarrow{A'B'}(4, 3)\end{array}\right\} \rightarrow \overrightarrow{AB} = \overrightarrow{A'B'}$$

Els seus mòduls, per tant, també són iguals: $|\overrightarrow{AB}| = |\overrightarrow{A'B'}| = \sqrt{4^2 + 3^2} = 5$.

## » APLICA EL QUE HAS APRÈS

**1.** Representa els vectors $\overrightarrow{AB}$ i $\overrightarrow{CD}$, si $A(1, 1)$, $B(-2, 7)$, $C(6, 0)$ i $D(3, 6)$, i observa que són iguals.

Troba les coordenades d'aquests vectors i comprova que $\overrightarrow{AB} = \overrightarrow{CD}$. Calcula'n el mòdul.

**2.** Les coordenades de tres punts són aquestes:

$$A(3, -1),\ B(4, 6),\ C(0, 0)$$

Troba les coordenades del punt $D$ perquè els vectors $\overrightarrow{AB}$ i $\overrightarrow{CD}$ siguin iguals.



GeoGebra. Representació de vectors.

# 2. OPERACIONS AMB VECTORS

### Vectors proporcionals

Dos vectors $\vec{u}$ i $\vec{v}$ són **proporcionals** si tenen la **mateixa direcció**. En aquest cas, les seves coordenades són proporcionals.

$$\vec{u} = k\vec{v}$$

Per exemple, $\vec{u}(-2, 6)$ i $\vec{v}(1, -3)$ són proporcionals perquè $\vec{u} = -2\vec{v}$.

## Producte d'un nombre per un vector

El producte d'un nombre $k$ per un vector $\vec{v}$ és un altre vector $k\vec{v}$ amb les característiques següents:

- Mòdul: igual al producte del mòdul de $\vec{v}$ pel valor absolut de $k$:

$$|k\vec{v}| = |k| \cdot |\vec{v}|$$

- Direcció: la mateixa que $\vec{v}$.
- Sentit: el mateix que el de $\vec{v}$ o el seu oposat, segons $k$ sigui positiu o negatiu, respectivament.

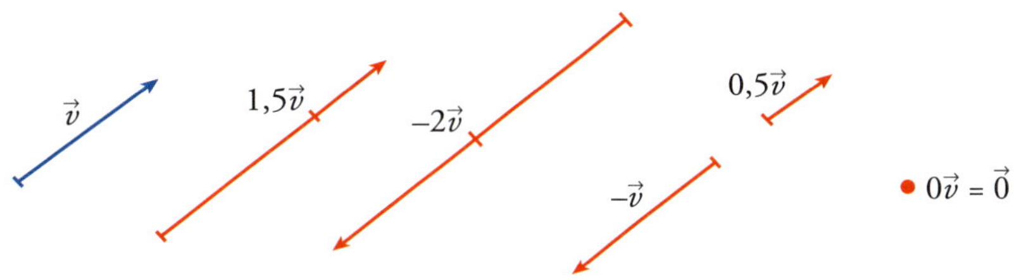


El producte $0\vec{v}$ és igual al **vector zero,** $\vec{0}$. És un vector l'origen i l'extrem del qual coincideixen i, per tant, el seu mòdul és zero. No té direcció.

El vector $-1\vec{v}$ es designa per $-\vec{v}$ i s'anomena **oposat** de $\vec{v}$.

Les **coordenades** del vector $k\vec{v}$ s'obtenen multiplicant per $k$ les coordenades de $\vec{v}$. Les coordenades de $\vec{0}$ són (0, 0). Les coordenades de $-\vec{v}$ són les oposades de les coordenades de $\vec{v}$.

Per exemple, si $\vec{v} = (2, -3)$, aleshores $-\vec{v} = (-2, 3)$ i, a més:

$$2\vec{v} = (2 \cdot 2, 2 \cdot (-3)) = (4, -6) \qquad -3\vec{v} = (-3 \cdot 2, (-3) \cdot (-3)) = (-6, 9)$$

### Coordenades

$$\vec{u}(x, y) \rightarrow \begin{cases} k\vec{u}(kx, ky) \\ -\vec{u}(-x, -y) \\ \vec{0}(0, 0) \end{cases}$$

## Suma de vectors

Per sumar dos vectors, $\vec{u}$ i $\vec{v}$, se situa $\vec{v}$ a continuació de $\vec{u}$, de manera que l'origen de $\vec{v}$ coincideix amb l'extrem de $\vec{u}$. La suma $\vec{u} + \vec{v}$ és el vector l'origen del qual és l'origen de $\vec{u}$ i l'extrem del qual és l'extrem de $\vec{v}$.

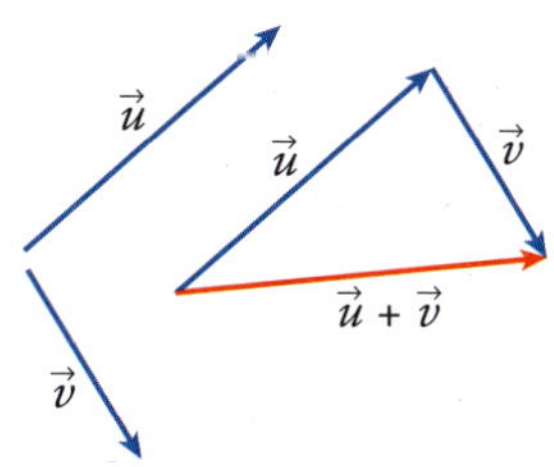


Les **coordenades** del vector $\vec{u} + \vec{v}$ s'obtenen sumant les coordenades de $\vec{u}$ amb les de $\vec{v}$. Per exemple:

$$\vec{u}(7, -3), \vec{v}(4, 5) \rightarrow \vec{u} + \vec{v} = (7 + 4, -3 + 5) = (11, 2)$$

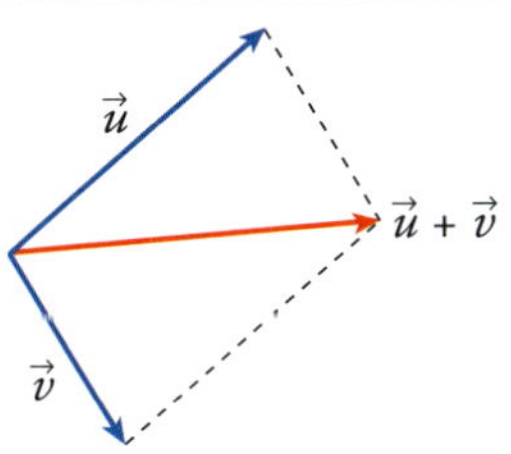


Si col·loquem $\vec{u}$ i $\vec{v}$ de manera que tinguin el mateix origen i completem un paral·lelogram, el vector suma $\vec{u} + \vec{v}$ serà la diagonal del paral·lelogram l'origen de la qual és l'origen de $\vec{u}$ i $\vec{v}$.

## » APLICA EL QUE HAS APRÈS

**3.** **a)** Representa els vectors $\vec{u} = \overrightarrow{AB}$ i $\vec{v} = \overrightarrow{BC}$ si $A(1, 3)$, $B(4, 5)$ i $C(6, -2)$. Troba'n les coordenades.

**b)** Representa $\vec{u} + \vec{v}$ i troba'n les coordenades.

**c)** Representa els vectors $3\vec{u}$, $-2\vec{u}$ i $0\vec{v}$ i troba'n les coordenades.

**d)** Representa el vector $3\vec{u} - 4\vec{u}$ i troba'n les coordenades.

GeoGebra. Suma de vectors.

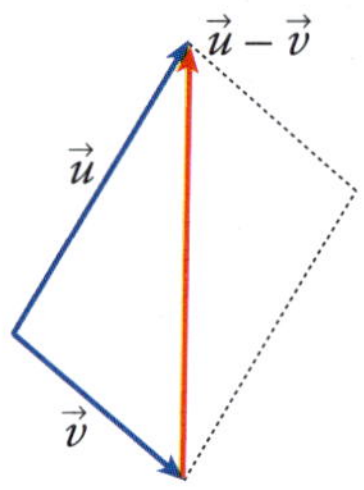


Si col·loquem $\vec{u}$ i $\vec{v}$ de manera que tinguin el mateix origen i completem un paral·lelogram, la diagonal que va de l'extrem de $\vec{v}$ a l'extrem de $\vec{u}$ és $\vec{u}-\vec{v}$.

## Resta de vectors

Per restar dos vectors, $\vec{u}$ i $\vec{v}$, se suma a $\vec{u}$ l'oposat de $\vec{v}$:

$$\vec{u}-\vec{v}=\vec{u}+(-\vec{v})$$

Les **coordenades** del vector $\vec{u}-\vec{v}$ s'obtenen restant, de les coordenades de $\vec{u}$, les de $\vec{v}$. Per exemple:

$\vec{u}(7,-3)$, $\vec{v}(4,5) \rightarrow \vec{u}-\vec{v}=(7-4,-3-5)=(3,-8)$

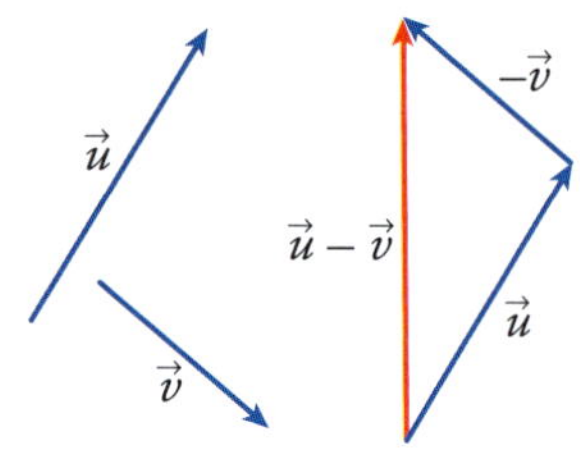


## Combinació lineal de vectors

Donats dos vectors, $\vec{u}$ i $\vec{v}$, i dos nombres, $a$ i $b$, es diu que el vector $a\vec{u}+b\vec{v}$ és una **combinació lineal** de $\vec{u}$ i $\vec{v}$.

Per exemple, $4\vec{u}+2\vec{v}$ i $-2\vec{u}+\vec{v}$ són combinacions lineals de $\vec{u}$ i $\vec{v}$.

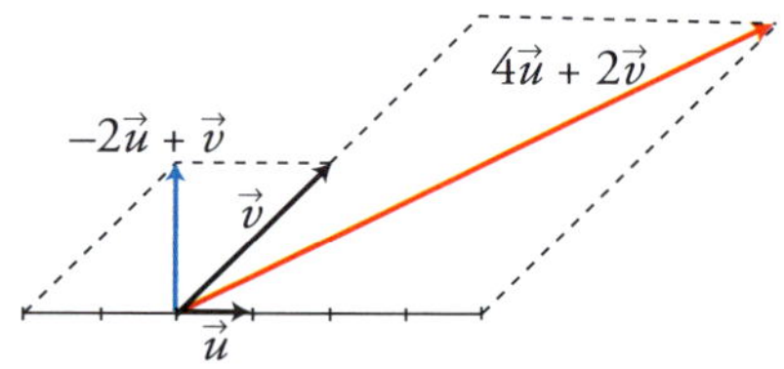


També es poden formar combinacions lineals de més de dos vectors. Per exemple, $a\vec{u}+b\vec{v}+c\vec{w}$.

Si dos vectors $\vec{u}$ i $\vec{v}$ tenen direccions diferents, qualsevol vector pot expressar-se com a combinació lineal de $\vec{u}$ i $\vec{v}$.

### Els vectors $\vec{u}$ i $\vec{v}$ tenen la mateixa direcció?

Si els vectors $\vec{u}(x, y)$ i $\vec{v}(x', y')$ tenen la mateixa direcció, les seves coordenades són proporcionals:

$$\frac{x'}{x}=\frac{y'}{y}$$

En cas contrari, tenen direccions diferents.

### EXERCICI RESOLT

**2.** ***Tenim els vectors $\vec{u}(7,-4)$, $\vec{v}(-5,-2)$ i $\vec{w}(11,18)$.***

***a)*** ***Els vectors $\vec{u}$ i $\vec{v}$ tenen la mateixa direcció?***

***b)*** ***Calcula les coordenades de $3\vec{u}-2\vec{v}$.***

***c)*** ***Troba el valor de x i y perquè es compleixi la igualtat $x\vec{u}+y\vec{v}=\vec{w}$.***

**a)** És clar que $\vec{u}$ i $\vec{v}$ no tenen la mateixa direcció, ja que $\frac{-5}{7}\neq\frac{-2}{-4}$.

**b)** $3\vec{u}-2\vec{v}=3(7,-4)-2(-5,-2)=(21,-12)-(-10,-4)=$
$=(21,-12)+(10,4)=(31,-8)$

**c)** $x\vec{u}+y\vec{v}=\vec{w} \rightarrow x(7,-4)+y(-5,-2)=(11,18) \rightarrow$

$(7x-5y,-4x-2y)=(11,18) \rightarrow \begin{cases} 7x-5y=11 \\ -4x-2y=18 \end{cases} \rightarrow x=-2,\ y=-5$

Per tant, $-2\vec{u}-5\vec{v}=\vec{w}$.

## » APLICA EL QUE HAS APRÈS

**4.** Comprova si aquests parells de vectors tenen o no la mateixa direcció:

**a)** $\vec{u}(3,-1)$, $\vec{v}(-3,1)$
**b)** $\vec{u}(2,-4)$, $\vec{v}(1,2)$
**c)** $\vec{u}(-2,0)$, $\vec{v}(4,0)$
**d)** $\vec{u}(5,2)$, $\vec{v}(2{,}5;\ 1)$
**e)** $\vec{u}(-2,6)$, $\vec{v}(-3,1)$
**f)** $\vec{u}(0,-1)$, $\vec{v}(-2,0)$

**5.** Tenim els vectors següents:

$$\vec{u}(-5,8),\ \vec{v}(-41,-10),\ \vec{w}(3,6)$$

**a)** Troba les coordenades de $3\vec{u}-2\vec{v}+10\vec{w}$.

**b)** Esbrina el valor de $x$ i $y$ perquè es compleixi que:

$$x\vec{u}+y\vec{w}=\vec{v}$$

# 3. VECTORS QUE REPRESENTEN PUNTS

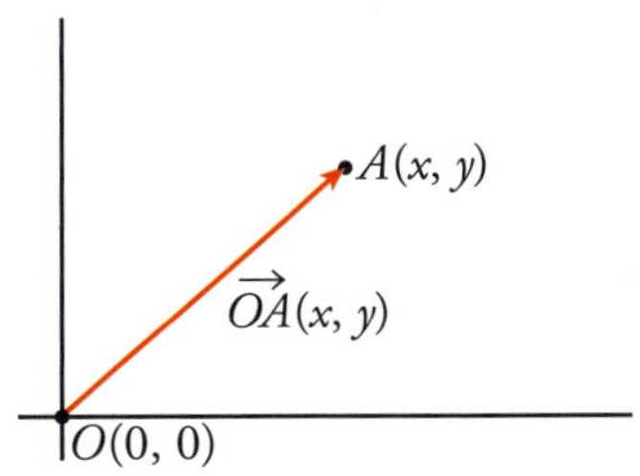


Si un vector té el seu origen en el punt $O$ (origen de coordenades), aleshores les coordenades del vector coincideixen amb les del seu extrem.

(coordenades del vector $\overrightarrow{OA}$) = (coordenades del punt $A$)

Per això, els punts del pla poden ser descrits per vectors amb origen en $O$.

Aquesta propietat resulta molt útil per obtenir les coordenades de punts als quals es pot arribar mitjançant un recorregut vectorial.

## EXERCICIS RESOLTS

**3.** ***Des del punt A (3, 7) ens movem en la direcció de $\vec{v}$ (4, 2) el doble de la seva longitud. Després, ens movem el triple de $\vec{w}$ (1, –3). A quin punt arribem?***

**Gràficament:**

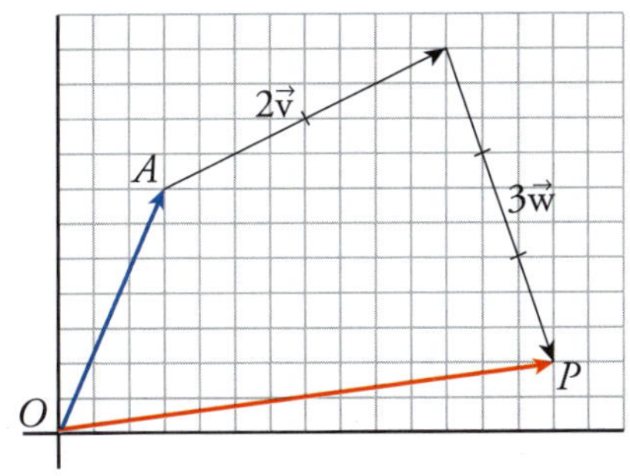


**Analíticament:**

$\overrightarrow{OP} = \overrightarrow{OA} + 2\vec{v} + 3\vec{w} =$

$= (3, 7) + 2(4, 2) + 3(1, -3) =$

$= (14, 2)$

Com que $\overrightarrow{OP}(14, 2)$, les coordenades de $P$ són $(14, 2)$.

**4.** ***El segment els extrems del qual són A (1, 4) i B (10, 10) es divideix en tres trossos iguals. Quines són les coordenades dels dos punts que en marquen la partició?***

**Gràficament:**

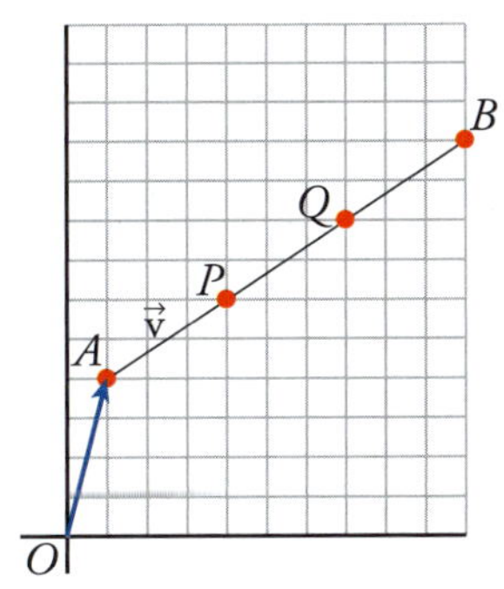


**Analíticament:**

$\overrightarrow{AB} = \overrightarrow{OB} - \overrightarrow{OA} = (10, 10) - (1, 4) = (9, 6)$

$\vec{v} = \frac{1}{3}\overrightarrow{AB} = \frac{1}{3}(9, 6) = (3, 2)$

$\overrightarrow{OP} = \overrightarrow{OA} + \vec{v} = (1, 4) + (3, 2) = (4, 6)$

$\overrightarrow{OQ} = \overrightarrow{OP} + \vec{v} = (4, 6) + (3, 2) = (7, 8)$

$P(4, 6)$, $Q(7, 8)$

**5.** ***Calcula el punt mitjà, M, del segment d'extrems A (1, 4) i B (9, 8).***

$\overrightarrow{AB} = (9, 8) - (1, 4) = (8, 4)$

Sabem que $\overrightarrow{AM} = \frac{1}{2}\overrightarrow{AB}$; per tant:

$\overrightarrow{OM} = \overrightarrow{OA} + \overrightarrow{AM} = \overrightarrow{OA} + \frac{1}{2}\overrightarrow{AB} =$

$= (1, 4) + \frac{1}{2}(8, 4) = (1, 4) + (4, 2) = (5, 6)$

Per tant, $M(5, 6)$.

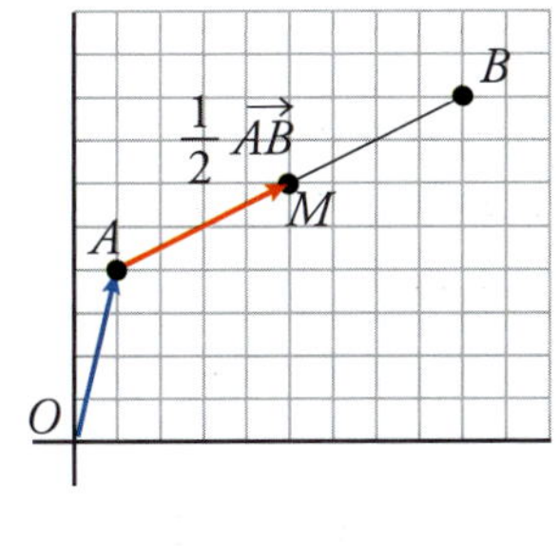


## » APLICA EL QUE HAS APRÈS

**6.** Des del punt $A(8, 9)$ ens movem en la direcció de $\vec{u}(-1, -2)$ quatre vegades la seva longitud. Després, ens movem el triple de $\vec{v}(2, 1)$. A quin punt arribem?

**7.** Dividim el segment d'extrems $A(1, 2)$ i $B(16, 12)$ en cinc parts iguals. Troba les coordenades dels quatre punts de separació.

# 4. PUNT MITJÀ D'UN SEGMENT

En l'exercici resolt 3 de la pàgina anterior vam calcular el punt mitjà del segment d'extrems $A(1, 4)$ i $B(9, 8)$ de la manera següent:

$M$ és el punt mitjà de $AB$, per la qual cosa $\overrightarrow{AM} = \frac{1}{2}\overrightarrow{AB}$. Per tant:

$$\overrightarrow{OM} = \overrightarrow{OA} + \overrightarrow{AM} = \overrightarrow{OA} + \frac{1}{2}\overrightarrow{AB}$$

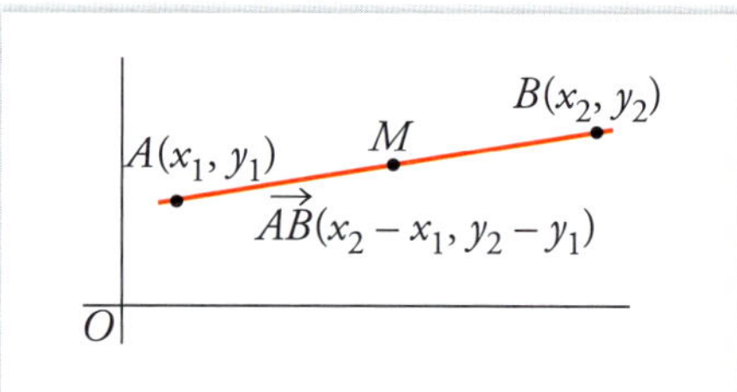


En general, si $A(x_1, y_1)$ i $B(x_2, y_2)$, aleshores:

$$\overrightarrow{OM} = (x_1, y_1) + \frac{1}{2}(x_2 - x_1, y_2 - y_1) = \left(x_1 + \frac{1}{2}x_2 - \frac{1}{2}x_1, y_1 + \frac{1}{2}y_2 - \frac{1}{2}y_1\right) =$$

$$= \left(\frac{1}{2}x_1 + \frac{1}{2}x_2, \frac{1}{2}y_1 + \frac{1}{2}y_2\right) = \left(\frac{x_1 + x_2}{2}, \frac{y_1 + y_2}{2}\right)$$

Les coordenades del **punt mitjà**, $M$, d'un segment $AB$ són la semisuma de les coordenades dels seus extrems.

És a dir, si $A(x_1, y_1)$ i $B(x_2, y_2) \rightarrow M\left(\frac{x_1 + x_2}{2}, \frac{y_1 + y_2}{2}\right)$.

## EXERCICIS RESOLTS

**6.** ***Troba les coordenades del punt mitjà del segment d'extrems A(7, 10) i B(11, 2).***

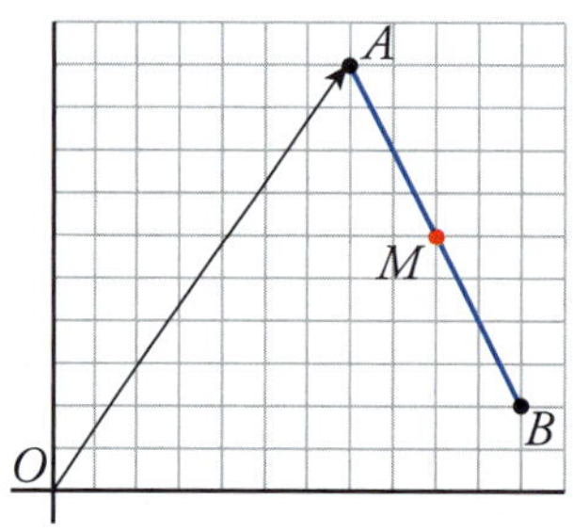


*Obtenció pas a pas:*

$$\overrightarrow{OM} = \overrightarrow{OA} + \overrightarrow{AM} = \overrightarrow{OA} + \frac{1}{2}\overrightarrow{AB} =$$

$$= (7, 10) + \frac{1}{2}(4, -8) = (7, 10) + (2, -4) = (9, 6)$$

Les coordenades de $M$ són, per tant, $(9, 6)$.

*Obtenció aplicant la fórmula:* $M\left(\frac{7 + 11}{2}, \frac{10 + 2}{2}\right) = (9, 6)$.

**7.** ***Troba les coordenades del punt simètric de A(7, 2) respecte de P(4, 4).***

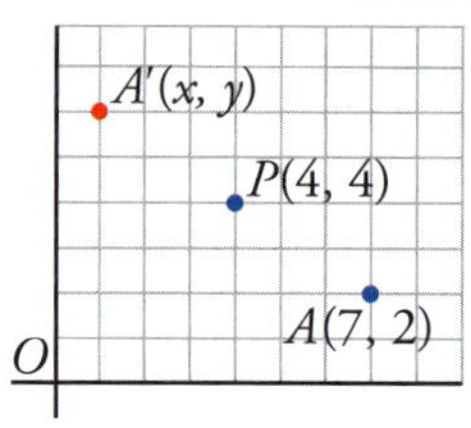


Si $A'$ és el simètric de $A$ respecte de $P$, aleshores $P$ és el punt mitjà del segment $AA'$. Per tant, les coordenades de $P$ són la semisuma de les de $A$ i $A'$:

$$\left.\begin{aligned} 4 = \frac{x + 7}{2} \quad &\rightarrow \quad x = 1 \\ 4 = \frac{y + 2}{2} \quad &\rightarrow \quad y = 6 \end{aligned}\right\} \text{Les coordenades de } A' \text{ són } (1, 6).$$

## » APLICA EL QUE HAS APRÈS

**8.** Troba les coordenades del punt mitjà de cada segment:

**a)** $A(-2, 5)$, $B(4, 1)$ **b)** $C(7, -3)$, $D(-5, 1)$

**c)** $E(1, 4)$, $F(7, 2)$ **d)** $G(-3, 5)$, $H(4, 0)$

**9.** Troba les coordenades del punt simètric de $A$ respecte de $P$ en els casos següents:

**a)** $A(4, -1)$, $P(-7, 2)$

**b)** $A(2, 4)$, $P(5, -1)$



GeoGebra. Punt mitjà d'un segment.

# 5. COMPROVACIÓ QUE TRES PUNTS ESTAN ALINEATS

Ens proposem comprovar si els punts $A(2, 5)$, $B(5, 3)$ i $C(11, -1)$ estan alineats. Si ho estan, els vectors $\overrightarrow{AB}$ i $\overrightarrow{BC}$ han de tenir la mateixa direcció, i això només passa si les seves coordenades són proporcionals:

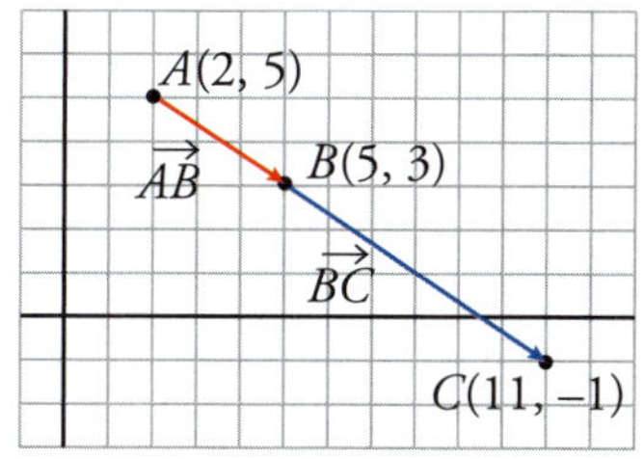


$$\overrightarrow{AB} = (5, 3) - (2, 5) = (3, -2)$$
$$\overrightarrow{BC} = (11, -1) - (5, 3) = (6, -4)$$

Veiem que les coordenades són proporcionals, ja que $\overrightarrow{BC} = 2\overrightarrow{AB}$. És a dir, $\overrightarrow{AB}$ i $\overrightarrow{BC}$ tenen la mateixa direcció. Per tant, els punts $A$, $B$ i $C$ estan alineats.

## Notació

El símbol // posat entre dos vectors denota que són paral·lels; és a dir, que tenen la mateixa direcció.

Els punts $A(x_1, y_1)$, $B(x_2, y_2)$ i $C(x_3, y_3)$ estan **alineats** si $\overrightarrow{AB} \,//\, \overrightarrow{BC}$, és a dir, si les coordenades del vector $(x_2 - x_1, y_2 - y_1)$ són proporcionals a les del vector $(x_3 - x_2, y_3 - y_2)$.

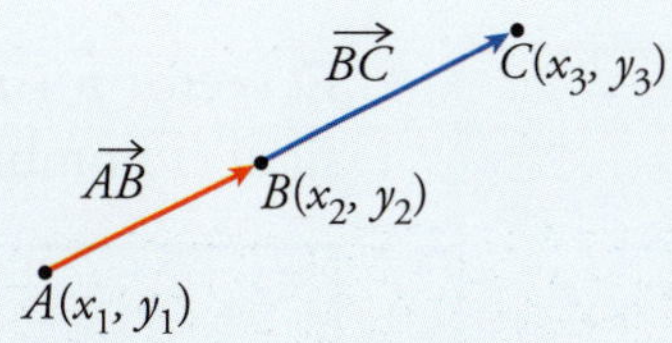


## EXERCICIS RESOLTS

**8.** ***Comprova si els punts A (2, –1), B (6, 1) i C (8, 2) estan alineats.***

Comprovem si els vectors $\overrightarrow{AB}$ i $\overrightarrow{BC}$ són paral·lels:

$$\left.\begin{array}{l}\overrightarrow{AB} = (6 - 2, 1 - (-1)) = (4, 2)\\ \overrightarrow{BC} = (8 - 6, 2 - 1) = (2, 1)\end{array}\right\}$$

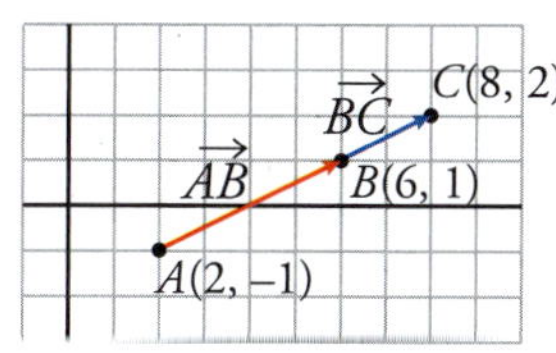


Les coordenades són proporcionals, perquè:

$$2 \cdot (2, 1) = (4, 2)$$

Per tant, $\overrightarrow{AB} \,//\, \overrightarrow{BC}$ i els punts estan alineats.

**9.** ***Esbrina el valor de m perquè estiguin alineats els punts P (1, 4), Q (5, –2) i R (6, m).***

Perquè els punts estiguin alineats, fem que els vectors $\overrightarrow{PQ}$ i $\overrightarrow{QR}$ tinguin la mateixa direcció; és a dir, que siguin proporcionals:

$$\left.\begin{array}{l}\overrightarrow{PQ} = (4, -6)\\ \overrightarrow{QR} = (1, m + 2)\end{array}\right\} \frac{4}{1} = \frac{-6}{m + 2} \rightarrow m + 2 = -\frac{6}{4} = -1,5 \rightarrow m = -3,5$$

Perquè estiguin alineats, $m = -3{,}5$.

Les seves coordenades són, per tant, $P(1, 4)$, $Q(5, -2)$ i $R(6; -3{,}5)$.

## » APLICA EL QUE HAS APRÈS

**10.** Comprova si els punts $R(2, 7)$, $S(5, -1)$ i $T(15, -25)$ estan alineats.

**11.** Esbrina el valor de $a$ perquè els punts $R(2, 7)$, $S(5, -1)$ i $Q(a, -25)$ estiguin alineats.

**12.** Esbrina quina relació han de complir $x$ i $y$ perquè $A(0, 1)$, $B(2, 5)$ i $P(x, y)$ estiguin alineats.

**13.** Esbrina el valor de $t$ perquè els punts $A(1, 2)$, $B(7, -11)$ i $C(t, 2t)$ estiguin alineats.

# 6. EQUACIONS DE LA RECTA

En cursos anteriors vam fer servir diferents formes de l'equació d'una recta. Ara relacionarem aquestes equacions amb el que hem après dels vectors.

## Equació vectorial d'una recta

Pretenem descriure els punts d'una recta, $r$, per mitjà de vectors que tinguin el seu origen en $O$ i el seu extrem en la recta.

Tots aquests vectors, $\overrightarrow{OX}$, es poden expressar a partir de dos:

- Un vector $\overrightarrow{OP} = \vec{p}$ que ens posiciona sobre la recta (**vector posició**).
- Un vector $\vec{d}$, paral·lel a $r$, que ens fa lliscar sobre la recta (**vector direcció**).

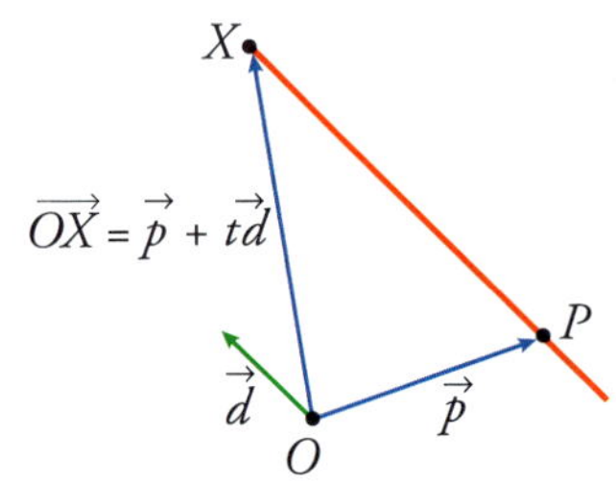


- $\overrightarrow{OX} \longrightarrow$ vector genèric
- $\vec{p} \longrightarrow$ vector posició
- $\vec{d} \longrightarrow$ vector direcció
- $t \longrightarrow$ paràmetre

El vector $\vec{p} + t\vec{d}$ té el seu origen en $O$ i el seu extrem sobre la recta, qualsevol que sigui el nombre $t$. S'obté així l'equació següent:

$$\overrightarrow{OX} = \vec{p} + t\vec{d}$$ **EQUACIÓ VECTORIAL**

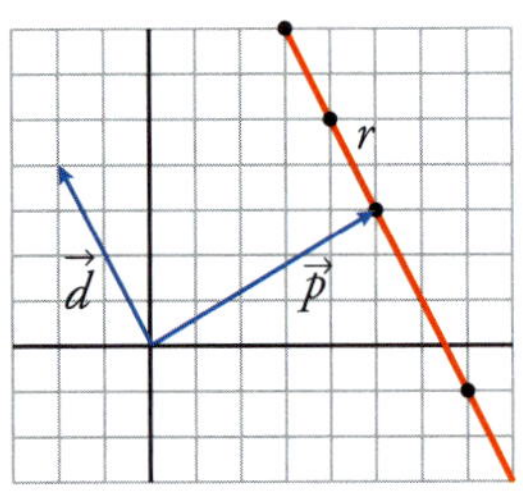


Per exemple, observa la recta $r$ del marge. Si $\vec{p}(5, 3)$ i $\vec{d}(-2, 4)$:

Per a $t = 1 \rightarrow (5, 3) + 1 \cdot (-2, 4) = (5, 3) + (-2, 4) = (3, 7) \in r$

Per a $t = \frac{1}{2} \rightarrow (5, 3) + \frac{1}{2} \cdot (-2, 4) = (5, 3) + (-1, 2) = (4, 5) \in r$

Per a $t = 0 \rightarrow (5, 3) + 0 \cdot (-2, 4) = (5, 3) \in r$

Per a $t = -1 \rightarrow (5, 3) + (-1) \cdot (-2, 4) = (5, 3) + (2, -4) = (7, -1) \in r$

Qualsevol que sigui el valor de $t$, $(x, y) = (5, 3) + t \cdot (-2, 4)$ pertany a $r$.

## Equacions paramètriques de la recta

Si en la recta l'equació vectorial de la qual és $\overrightarrow{OX} = \vec{p} + t\vec{d}$ substituïm cada vector per les seves coordenades, $\overrightarrow{OX} = (x, y)$, $\vec{p} = (p_1, p_2)$, $\vec{d} = (d_1, d_2)$, l'equació queda així:

$$(x, y) = (p_1, p_2) + t(d_1, d_2)$$

Igualant coordenada a coordenada obtenim que:

- $(x, y) \longrightarrow$ punt genèric
- $(p_1, p_2) \longrightarrow$ vector posició
- $(d_1, d_2) \longrightarrow$ vector direcció
- $t \longrightarrow$ paràmetre

$$\begin{cases} x = p_1 + td_1 \\ y = p_2 + td_2 \end{cases}$$ **EQUACIONS PARAMÈTRIQUES**

En l'exemple anterior, les equacions paramètriques de la recta $r$ són aquestes:

$$\begin{cases} x = 5 - 2t \\ y = 3 + 4t \end{cases}$$

Per a cada valor de $t$, s'obté un punt de la recta.

Per exemple, per a $t = -1 \rightarrow x = 7, y = -1$, s'obté el punt $(7, -1)$.

GeoGebra. Equació vectorial i equacions paramètriques d'una recta.

## Equació de la recta en forma contínua

Si en ambdues equacions paramètriques aïllem el paràmetre i igualem les expressions resultants, s'obté una única equació en $x$ i $y$.

- $(x, y) \rightarrow$ punt genèric
- $(p_1, p_2) \rightarrow$ vector posició
- $(d_1, d_2) \rightarrow$ vector direcció

$$\frac{x - p_1}{d_1} = \frac{y - p_2}{d_2} \qquad \textbf{EQUACIÓ EN FORMA CONTÍNUA}$$

En l'exemple de la pàgina anterior:

$$t = \frac{x-5}{-2},\ t = \frac{y-3}{4} \rightarrow \frac{x-5}{-2} = \frac{y-3}{4}$$

Equació de la recta $r$ en forma contínua.

## Equació explícita de la recta

Si en l'equació anterior s'aïlla la $y$, s'arriba a l'equació explícita, que ja coneixem de cursos anteriors.

- $(x, y) \rightarrow$ punt genèric
- $m \rightarrow$ pendent
- $n \rightarrow$ ordenada en l'origen

$$y = mx + n \qquad \textbf{EQUACIÓ EXPLÍCITA}$$

Com es relacionen el pendent, $m$, i les coordenades $(d_1, d_2)$ del vector direcció?

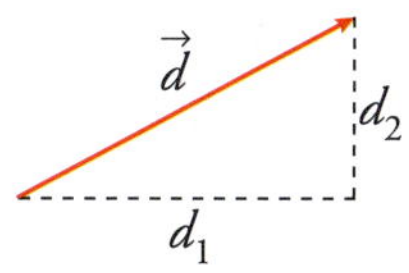


En aïllar la $y$ en l'equació en forma contínua, el coeficient de la $x$ és $d_2/d_1$. Aquest és el pendent $m$ (recorda que el pendent és el coeficient de la $x$ quan s'ha aïllat la $y$).

### EXERCICIS RESOLTS

**10.** ***Escriu les equacions vectorial, paramètriques, en forma contínua i explícita de la recta que passa pels punts A (1, 3) i B (5, 5).***

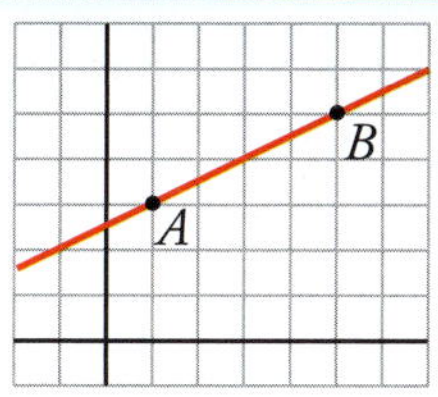


$\overrightarrow{AB} = \overrightarrow{OB} - \overrightarrow{OA} = (5, 5) - (1, 3) = (4, 2)$

EQUACIÓ VECTORIAL: $\overrightarrow{OX} = \overrightarrow{OA} + t\overrightarrow{AB} \rightarrow \overrightarrow{OX} = (1, 3) + t(4, 2)$

EQUACIONS PARAMÈTRIQUES: $\begin{cases} x = 1 + 4t \\ y = 3 + 2t \end{cases}$

FORMA CONTÍNUA: $\dfrac{x-1}{4} = \dfrac{y-3}{2}$

FORMA EXPLÍCITA: en aïllar la $y$ s'obté $y = \dfrac{1}{2}x + \dfrac{5}{2}$.

**11.** ***Indica les equacions vectorial, paramètriques, en forma contínua i explícita de la recta que passa pels punts P (1, 3) i Q (5, 3).***

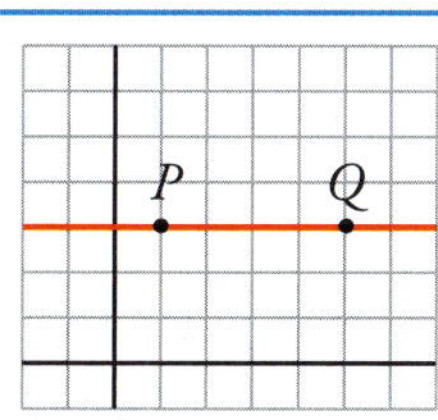


$\overrightarrow{PQ} = \overrightarrow{OQ} - \overrightarrow{OP} = (5, 3) - (1, 3) = (4, 0)$

EQUACIÓ VECTORIAL: $\overrightarrow{OX} = (1, 3) + t(4, 0)$

EQUACIONS PARAMÈTRIQUES: $\begin{cases} x = 1 + 4t \\ y = 3 + 0t \end{cases}$

FORMA CONTÍNUA: $\dfrac{x-1}{4} = \dfrac{y-3}{0}$ Atenció, no es pot dividir per 0!

L'expressió anterior, amb el 0 en el denominador, és només simbòlica.

FORMA EXPLÍCITA: $y = 3$

## » APLICA EL QUE HAS APRÈS

**14.** Escriu, en cada cas, les equacions vectorial, paramètriques, en forma contínua i explícita de les rectes que passen pels punts següents:

**a)** $M(-2, 1)$, $N(4, 5)$ **b)** $P(0, 0)$, $Q(3, -2)$ **c)** $R(2, 5)$, $S(8, 5)$ **d)** $T(-2, 1)$, $U(-2, -2)$

GeoGebra. Equació de la recta en forma contínua i equació explícita.

# 7. RECTES. PARAL·LELISME I PERPENDICULARITAT

### Recorda

El pendent d'una recta donada per la seva equació és el coeficient de la $x$ quan la $y$ està aïllada.

L'equació explícita o *equació punt-pendent* d'una recta $r$ de la qual coneixem un punt $(x_0, y_0)$ i el pendent, $m$, és aquesta:

$$y = y_0 + m(x - x_0)$$

Per estudiar les relacions de paral·lelisme i perpendicularitat entre rectes, hem de controlar-ne les direccions. Recordem:

> La direcció d'una recta ve donada pel seu vector direcció, $\vec{d}(d_1, d_2)$, o bé pel seu pendent. La relació entre aquests és $m = \dfrac{d_2}{d_1}$.

Una recta queda determinada per dos punts. A partir d'aquests s'obtenen tant el vector direcció com el pendent.

Per exemple, la recta $r$ que passa pels punts $A(3, 7)$ i $B(8, -3)$ té com a vector direcció $\overrightarrow{AB}(5, -10)$. El seu pendent és aquest:

$$m = \frac{-10}{5} = -2$$

Per tant, la seva equació es pot escriure d'aquesta manera:

$y = 7 - 2(x - 3)$; és a dir, $y = -2x + 13$.

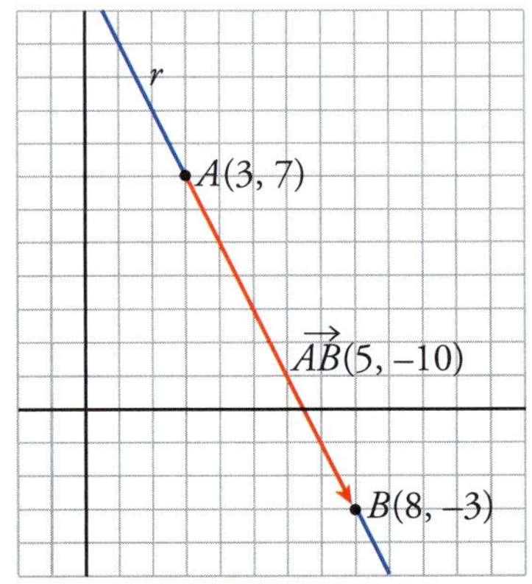


## EXERCICIS RESOLTS

**12.** ***Troba l'equació de la recta que passa per A (–2, 3) i B (6, 7).***

Un vector direcció és $\overrightarrow{AB}(8, 4)$. Per tant, un altre vector direcció serà $\vec{d}(2, 1)$.

Pendent: $m = \dfrac{1}{2}$. Equació: $y = 3 + \dfrac{1}{2}(x + 2) \rightarrow y = \dfrac{1}{2}x + 4$

**13.** ***Troba l'equació de la recta que passa per (5, –3) i que té com a vector direcció $\vec{d}(3, 2)$.***

Pendent: $m = \dfrac{2}{3}$.

Equació: $y = -3 + \dfrac{2}{3}(x - 5) \rightarrow y = \dfrac{2}{3}x - \dfrac{19}{3}$.

**14.** ***Tenim la recta r = 2x + 5y – 4 = 0. Troba l'equació de les rectes paral·leles que passen per:***

***a) (0, 0)***

***b) (4, –3)***

Com que les rectes que ens demanen són paral·leles a $r$ (tenen el mateix pendent), comencem per trobar el pendent de $r$. Per a això, aïllem la $y$ i ens fixem en el coeficient de la $x$:

$2x + 5y - 4 = 0 \rightarrow y = -\dfrac{2}{5}x + \dfrac{4}{5}$ Pendent: $m = -\dfrac{2}{5}$

a) Passa per (0, 0) i el seu pendent és $-\dfrac{2}{5} \rightarrow y = -\dfrac{2}{5}x$.

b) Passa per (4, –3) i el seu pendent és $-\dfrac{2}{5} \rightarrow y = -3 - \dfrac{2}{5}(x - 4)$.

## » APLICA EL QUE HAS APRÈS

**15.** Troba l'equació de les rectes que passen per:

a) $A(1, 3)$ i $B(5, 5)$ b) $A(1, 6)$ i $B(8, -2)$

**16.** Troba l'equació de la recta que passa per (7, –5) i que té com a vector direcció (7, –4).

**17.** Troba la recta paral·lela a $5x - 6y + 14 = 0$ que passa per (0, –3).

**18.** Troba la recta paral·lela a $5y - 10 = 0$ que passa per (2, 4).

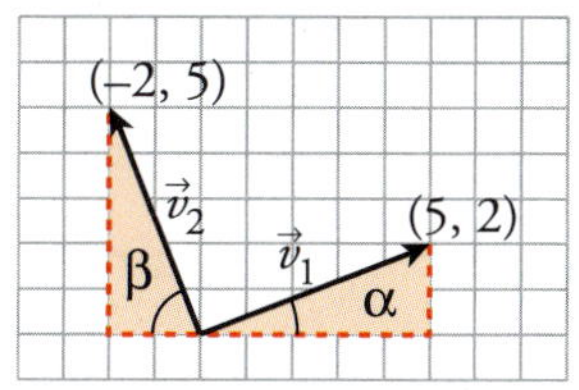


## Vector perpendicular a un altre

Els vectors $\vec{v}_1(5, 2)$ i $\vec{v}_2(-2, 5)$ són perpendiculars. Fixa't, en el gràfic del marge i observa que els dos triangles ombrejats són iguals. Per tant, $\alpha + \beta = 90°$. En general:

> Els vectors de coordenades $(a, b)$ i $(-b, a)$ són perpendiculars.

## Recta perpendicular a una altra

Un vector direcció d'una recta $r_1$ és $\vec{d}_1 = (a, b)$.

Si $r_2$ és perpendicular a $r_1$, un vector direcció de $r_2$ és $\vec{d}_2 = (-b, a)$.

Els pendents de $r_1$ i $r_2$ són, respectivament, $m_1 = \dfrac{b}{a}$ i $m_2 = \dfrac{-a}{b}$.

El producte dels seus pendents és –1: $m_1 \cdot m_2 = \dfrac{b}{a} \cdot \dfrac{-a}{b} = -1$.

> Els pendents, $m_1$ i $m_2$, de dues rectes perpendiculars es relacionen així:
> $$m_1 \cdot m_2 = -1 \text{ o, el que és el mateix, } m_2 = -\frac{1}{m_1}.$$

### EXERCICIS RESOLTS

**15.** ***Troba l'equació de la recta r que passa per A(4, 7) i que és perpendicular al vector $\vec{v}$ (3, –5).***

El vector $\vec{d}(5, 3)$ és perpendicular a $\vec{v}$ i, per tant, és un vector direcció de $r$. El pendent de $r$ és $m = \dfrac{3}{5}$. La seva equació és aquesta:

$$y = 7 + \frac{3}{5}(x - 4) \rightarrow y = \frac{3}{5}x + \frac{23}{5}$$

**16.** ***Obtén diversos vectors perpendiculars a $\vec{v}$ (2, 3).***

El vector (–3, 2) és perpendicular a $\vec{v}$.

També ho són aquests altres vectors:
(3, –2), (–6, 4), (6, –4)…

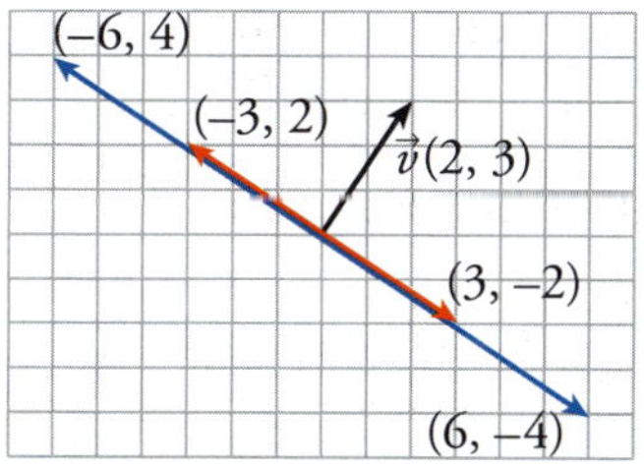


**17.** ***Escriu l'equació de la recta r que passa pel punt (–7, 2) i que és perpendicular a aquesta altra:***
***s: 5x – 3y + 15 = 0***

Pendent de $s$: $y = \dfrac{5}{3}x + 5 \rightarrow m_1 = \dfrac{5}{3}$

Pendent de $r$: $m_2 = -\dfrac{1}{m_1} = -\dfrac{3}{5}$

Equació de $r$: $y = 2 - \dfrac{3}{5}(x + 7) \rightarrow y = -\dfrac{3}{5}x - \dfrac{11}{5}$

## » APLICA EL QUE HAS APRÈS

**19.** Escriu tres vectors perpendiculars a (–6, 1).

**20.** Troba l'equació de la recta que passa per $P(2, -5)$ i que és perpendicular al vector $\vec{v}(5, 7)$.

**21.** La recta $r$ passa per (3, 0) i la recta $s$, per (–5, 3). Ambdues són perpendiculars a $4x + 2y - 7 = 0$.

Troba'n les equacions.

GeoGebra. Rectes paral·leles i perpendiculars.

# 8. RECTES PARAL·LELES ALS EIXOS DE COORDENADES

### No ho oblidis

Un vector direcció de la recta $y = k$ té la forma $(a, 0)$.

Un vector direcció de la recta $x = k$ té la forma $(0, a)$.

## Rectes paral·leles a l'eix *X*

Com ja saps, la funció constant, $y = k$, es representa mitjançant una recta paral·lela a l'eix $X$ i, per tant, té pendent 0.

Els vectors direcció d'aquestes rectes són els vectors del tipus $(a, 0)$ per a qualsevol valor de $a$ diferent de 0.

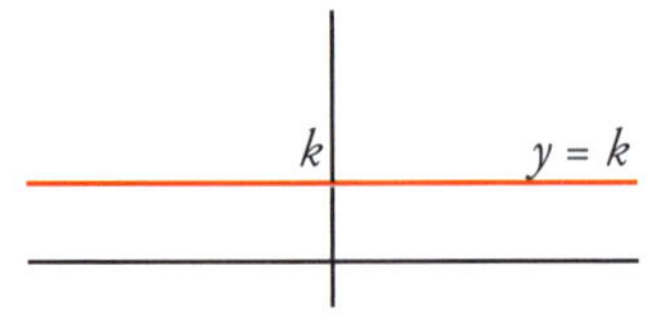


## Rectes paral·leles a l'eix *Y*

Anàlogament, les equacions $x = k$ es representen mitjançant rectes paral·leles a l'eix $Y$. Els vectors direcció d'aquestes rectes són del tipus $(0, a)$, amb $a \neq 0$.

Aquestes rectes no representen funcions perquè a un valor de $x$ li correspon més d'un valor de $y$.

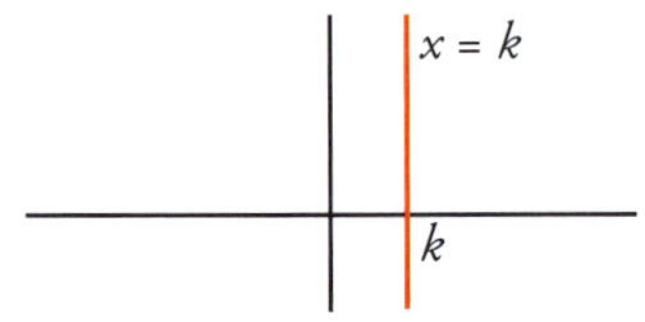


### EXERCICIS RESOLTS

**18.** ***Escriu diversos vectors paral·lels i alguns de perpendiculars a la recta d'equació 3y + 7 = 0. Representa-la.***

Aïllem la $y$ en l'equació:

$$3y + 7 = 0 \rightarrow y = -\frac{7}{3}$$

Vectors paral·lels: $(1, 0)$, $(2, 0)$, $(-1, 0)$…

Vectors perpendiculars: $(0, 1)$, $(0, 2)$, $(0, -1)$…

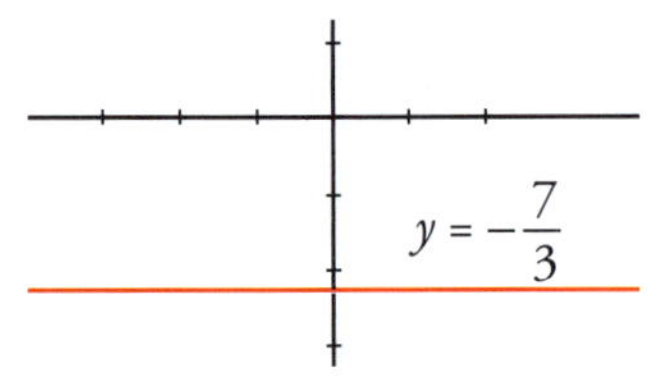


**19.** ***Representa la recta 5x − 2 = 0 i escriu diversos vectors paral·lels i alguns de perpendiculars a aquesta recta.***

Aïllem la $x$ en l'equació:

$$5x - 2 = 0 \rightarrow x = \frac{2}{5}$$

Vectors paral·lels: $(0, 1)$, $(0, 2)$, $(0, -1)$…

Vectors perpendiculars: $(1, 0)$, $(2, 0)$, $(-1, 0)$…

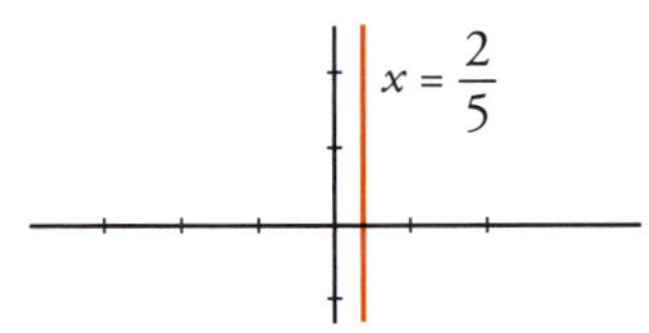


**20.** ***Escriu l'equació de la recta r, perpendicular a 2x − 7 = 0, que passa per (−3, 8).***

Aïllem la $x$ en l'equació: $2x - 7 = 0 \rightarrow x = \frac{7}{2}$

Aquesta recta és paral·lela a l'eix $Y$, per la qual cosa la recta buscada, $r$, és paral·lela a l'eix $X$ i, per tant, és del tipus $y = k$.

Com que $r$ passa per $(-3, 8)$, la seva equació és $y = 8$.

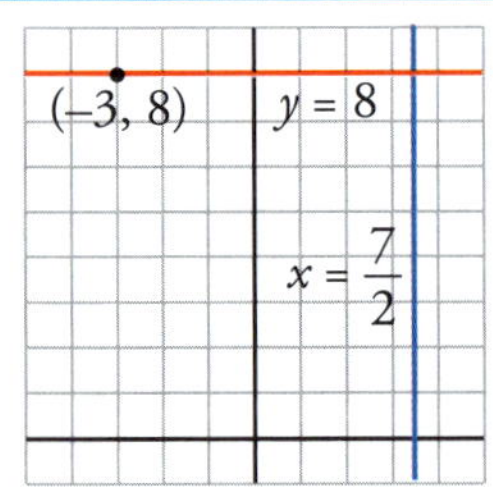


## » APLICA EL QUE HAS APRÈS

**22.** Representa $r$ i $s$ i escriu tres vectors paral·lels i tres de perpendiculars a cada una de les rectes:

$r$: $5x - 7 = 0$ $s$: $3 + 4y = 0$

**23.** Representa dues rectes que passin pel punt $(-4, 2)$, una de paral·lela a l'eix $X$ i l'altra de paral·lela a l'eix $Y$.

**24.** Les rectes $r$ i $s$ passen pel punt $(5, -3)$; $r$ és paral·lela a $5y + 17 = 0$ i $s$ hi és perpendicular.

Representa $r$ i $s$ i escriu-ne les equacions.

**25.** Troba l'equació de la recta paral·lela a l'eix $X$ que talla la recta $2x - 3y = 5$ en el punt d'abscissa $x = 1$.

# 9. POSICIONS RELATIVES DE DUES RECTES

Gràficament, dues rectes poden tallar-se o no. Si no es tallen, són paral·leles.

Però si les rectes estan expressades per les seves equacions, és possible que es doni un tercer cas: que siguin la mateixa recta i, en tenir un aspecte algebraic diferent, no s'apreciï a primer cop d'ull.

Per esbrinar la posició relativa de dues rectes expressades per les seves equacions, cal resoldre el sistema que formen.

## EXERCICI RESOLT

**21.** ***Estudia la posició relativa dels parells de rectes següents:***

***a)*** ***r:*** $\boldsymbol{5x - 4y + 10 = 0}$

***s:*** $\boldsymbol{y = 2x + 1}$

***b) r passa per (2, –1) i (8, 2).***

***s passa per (2, 5) i el seu pendent és –1.***

***c) r passa per (3, 8) i (8, 3).***

***s:*** $\boldsymbol{x + y = 11}$

***d) r passa per (2, 4) i (4, 7).***

***s:*** $\boldsymbol{y = \frac{3}{2}x - 2}$

**a)** $\begin{cases} 5x - 4y + 10 = 0 \\ y = 2x + 1 \end{cases} \rightarrow 5x - 4(2x + 1) + 10 = 0 \rightarrow$

$5x - 8x - 4 + 10 = 0 \rightarrow -3x + 6 = 0 \rightarrow x = 2$

$y = 2 \cdot 2 + 1 = 5 \rightarrow y = 5$

Les rectes es tallen en el punt (2, 5).

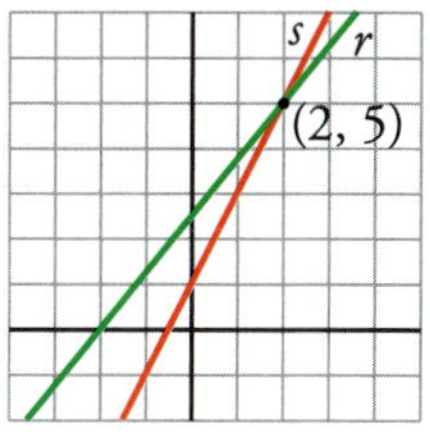


**b)** Un vector direcció de $r$ és $(8, 2) - (2, -1) = (6, 3) \,//\, (2, 1)$. El seu pendent és, per tant, $m = \frac{1}{2}$.

$r$: $y = -1 + \frac{1}{2}(x - 2) \rightarrow y = \frac{1}{2}x - 2$

$s$: $y = -(x - 2) + 5 \rightarrow y = -x + 7$

$\begin{cases} y = \frac{1}{2}x - 2 \\ y = -x + 7 \end{cases}$ Si es resol el sistema, s'obté el punt de tall, (6, 1).

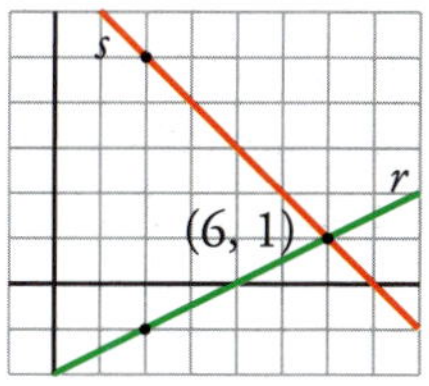


**c)** Un vector direcció de $r$ és $(8, 3) - (3, 8) = (5, -5) \,//\, (1, -1)$. El seu pendent és, per tant, $m = -1$.

$r$: $y - 8 = -(x - 3) \rightarrow y = -x + 11 \rightarrow x + y = 11$

$r$ i $s$ són la mateixa recta.

**d)** Un vector direcció de $r$ és $(4, 7) - (2, 4) = (2, 3)$. El seu pendent és $m = \frac{3}{2}$.

$r$: $y = 4 + \frac{3}{2}(x - 2) \rightarrow y = \frac{3}{2}x + 1$

$r$ és paral·lela a $s$ perquè tenen el mateix pendent, 3/2, però diferents ordenades en l'origen, 1 i –2, respectivament.

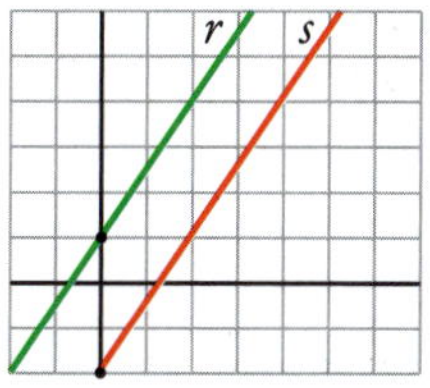


## » APLICA EL QUE HAS APRÈS

**26.** Determina la posició relativa d'aquests parells de rectes:

**a)** $r$: $8x + 2y - 14 = 0$, $s$: $5x - y - 20 = 0$

**b)** $r$: $3x - 2y - 14 = 0$

$s$: passa per (1, –2) i per (10, 1).

**c)** $r$: passa per (–1, 4) i (7, –2).

$s$: $3x + 4y = 0$

**d)** $r$: passa per (2, –1) i (8, 2).

$s$: el seu pendent és 1/2 i passa per (0, –2).

# 10. DISTÀNCIA ENTRE DOS PUNTS

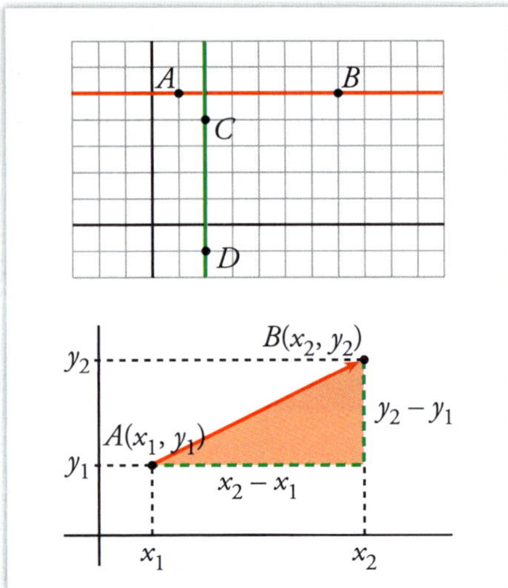


La **distància entre dos punts** $A$ i $B$ és el mòdul del vector $\overrightarrow{AB}$:

$$dist(A, B) = |\overrightarrow{AB}|$$

Si els dos punts tenen la mateixa abscissa o la mateixa ordenada, és molt fàcil trobar la distància que els separa. Per exemple, es pot observar el gràfic del marge:

$dist\,(A, B) = 6$; $\quad dist\,(C, D) = 5$ (només cal comptar quadradets)

O bé fixar-se en les seves coordenades:

$dist[(3, -1), (3, 11)] = 11 - (-1) = 12$; $\quad dist[(4, 7), (1, 7)] = 4 - 1 = 3$

La distància entre dos punts qualssevol, $A(x_1, y_1)$ i $B(x_2, y_2)$, és aquesta:

$$dist\,(A, B) = |\overrightarrow{AB}| = \sqrt{(x_2 - x_1)^2 + (y_2 - y_1)^2}$$

Evidentment, aquesta fórmula també és vàlida si els punts tenen la mateixa abscissa o la mateixa ordenada.

## EXERCICIS RESOLTS

**22.** ***Calcula la longitud dels costats del triangle de vèrtexs A(–2, 2), B(1, 6), C(6 – 6). Troba'n l'àrea.***

$|\overrightarrow{AB}| = \sqrt{(1+2)^2 + (6-2)^2} = \sqrt{3^2 + 4^2} = 5 = c$

$|\overrightarrow{BC}| = \sqrt{(6-1)^2 + (-6-6)^2} = \sqrt{5^2 + 12^2} = 13 = a$

$|\overrightarrow{AC}| = \sqrt{(6+2)^2 + (-6-2)^2} = \sqrt{8^2 + 8^2} = 11{,}31 = b$

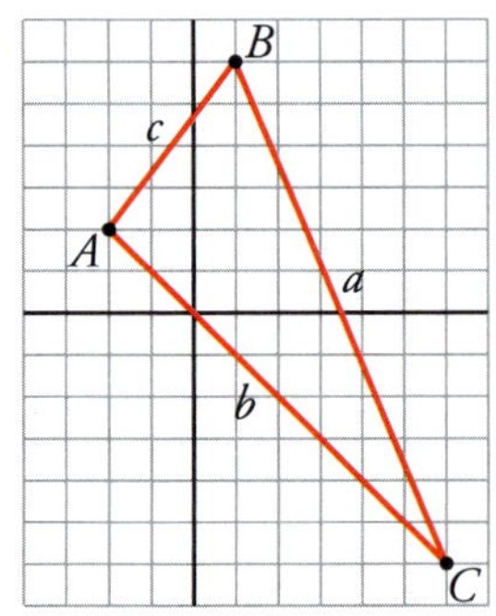


Per trobar l'àrea, recordem la fórmula d'Heró:

Àrea = $\sqrt{p \cdot (p-a)(p-b)(p-c)}$; $p$ = semiperímetre

Perímetre = $2p = 5 + 13 + 11{,}31 = 29{,}31 \rightarrow$
$p = 14{,}655$ u

Àrea = $\sqrt{14{,}655 \cdot 1{,}655 \cdot 3{,}345 \cdot 9{,}655} = 28$ u$^2$

**23.** ***Calcula el valor de k perquè la distància de A(–1, 4) a B(k, 1) sigui igual a 5.***

$|\overrightarrow{AB}| = \sqrt{(k+1)^2 + (1-4)^2} = \sqrt{k^2 + 2k + 1 + 9} = \sqrt{k^2 + 2k + 10}$

$|\overrightarrow{AB}| = 5 \rightarrow \sqrt{k^2 + 2k + 10} = 5 \rightarrow k^2 + 2k + 10 = 25 \rightarrow$

$$k^2 + 2k - 15 = 0 \rightarrow k = \frac{-2 \pm \sqrt{4 + 4 \cdot 15}}{2} = \frac{-2 \pm 8}{2} = \begin{cases} 3 \\ -5 \end{cases}$$

Hi ha dos punts, $B_1(3, 1)$ i $B_2(-5, 1)$, la distància dels quals a $A(-1, 4)$ és igual a 5.

## » APLICA EL QUE HAS APRÈS

**27.** Troba la distància entre $A$ i $B$:

**a)** $A(-7, 4)$, $B(6, 4)$

**b)** $A(3, 4)$, $B(3, 9)$

**c)** $A(-5, 11)$, $B(0, -1)$

**d)** $A(4, -6)$, $B(7, 4)$

**28.** Aplica la fórmula d'Heró per trobar l'àrea del triangle de vèrtexs $A(-5, -2)$, $B(7, 3)$ i $C(4, 7)$.

**29.** Calcula el valor de $c$ perquè el punt $A(10, c)$ disti 13 unitats del punt $B(-2, 5)$.

**30.** Calcula el valor de $a$ perquè el punt $P(a, 7)$ estigui a 10 unitats de distància de $Q(5, 1)$.

# 11. EQUACIÓ D'UNA CIRCUMFERÈNCIA

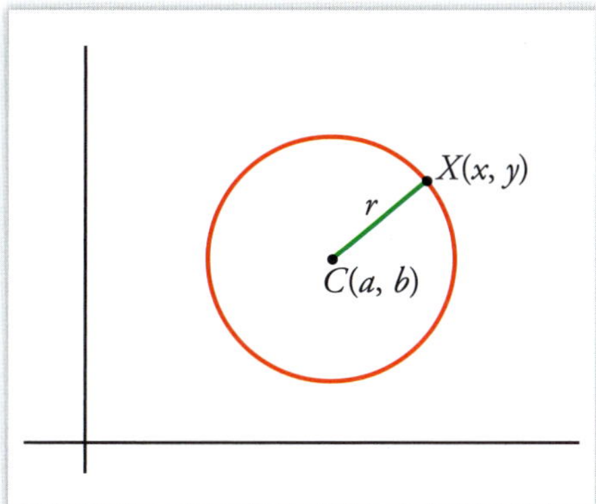


Quina condició compleixen tots els punts d'una circumferència? Que la seva distància al centre és igual al radi. Apliquem aquesta propietat per trobar l'equació d'una circumferència de centre $C(a, b)$ i radi $r$. Anomenem $X(x, y)$ un punt qualsevol (**punt genèric**) de la circumferència.

Perquè $X$ sigui de la circumferència, ha de complir que $|\overrightarrow{CX}| = r$. És a dir:

$$\sqrt{(x-a)^2 + (y-b)^2} = r$$

Si elevem al quadrat, obtenim aquesta equació:

$$(x-a)^2 + (y-b)^2 = r^2 \qquad \textbf{EQUACIÓ DE LA CIRCUMFERÈNCIA}$$

## EXERCICIS RESOLTS

**24.** ***Escriu l'equació de la circumferència de centre C(5, 2) i radi 6.***

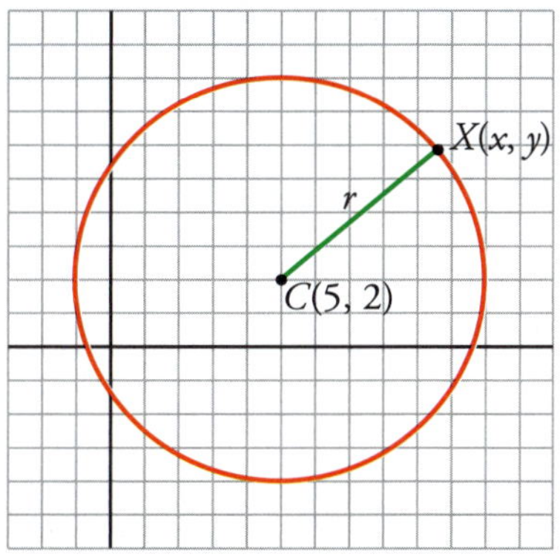


El mòdul del vector $\overrightarrow{CX}$ és 6.

L'expressem en coordenades:

$$(x-5)^2 + (y-2)^2 = 36$$

Podem desenvolupar i simplificar:

$$x^2 - 10x + 25 + y^2 - 4y + 4 = 36$$

$$x^2 + y^2 - 10x - 4y - 7 = 0$$

**25.** ***Escriu l'equació de la circumferència de centre C(–2, 3) que passa pel punt P(4, 7).***

El radi de la circumferència és la distància de $C$ a $P$:

$$|\overrightarrow{CP}| = \sqrt{(4+2)^2 + (7-3)^2} = \sqrt{6^2 + 4^2} = \sqrt{52}$$

L'equació de la circumferència és aquesta:

$$(x+2)^2 + (y-3)^2 = \left(\sqrt{52}\right)^2 \rightarrow (x+2)^2 + (y-3)^2 = 52$$

**26.** ***Comprova si el punt P(1, –5) pertany a la circumferència de centre C(4, –1) i radi 5.***

Podríem escriure l'equació de la circumferència i comprovar si les coordenades de $P$ compleixen la igualtat. Però és molt més senzill comprovar si la distància de $P$ a $C$ és igual al radi, 5.

$$|\overrightarrow{PC}| = \sqrt{(4-1)^2 + (-1+5)^2} = \sqrt{3^2 + 4^2} = 5 = r$$

Sí, $P$ pertany a la circumferència.

## » APLICA EL QUE HAS APRÈS

**31.** Escriu, en cada cas, l'equació de la circumferència:

**a)** $C(7, 1)$, $r = 5$ **b)** $C(-2, 4)$, $r = 12$

**c)** $C(-4, -3)$, $r = 5$ **d)** $C(0, -3)$, $r = 3$

**32.** Digues el centre i el radi de les circumferències següents:

**a)** $(x-3)^2 + (y-5)^2 = 25$ **b)** $(x+2)^2 + y^2 = 1$

**33.** Una circumferència de radi $r = \sqrt{45}$ té el centre en el punt $C(4, 9)$. Els punts $A(-2, 6)$ i $B(8, 2)$ pertanyen a aquesta circumferència?

**34.** Troba l'equació de la circumferència el centre de la qual és $C(4, -2)$ i que passa per $P(5, 7)$.

GeoGebra. Equació de la circumferència.

# » OBSERVA, RAONA I RESOL

## 1. PUNT DETERMINAT PER UNA IGUALTAT VECTORIAL

***Donat el triangle de vèrtexs A(1, 3), B(4, 0) i C(−2, −1), troba les coordenades del punt M tal que:***

$$\overrightarrow{MA} = \overrightarrow{CB} = 2\,\overrightarrow{CM}$$

**Fes-ho tu** Troba el valor de $k$ perquè es compleixi que $\overrightarrow{DE} = k\overrightarrow{AB}$ si $\overrightarrow{DC} = 2\overrightarrow{AB}$ i $\overrightarrow{CE} = -3\overrightarrow{AB}$.

Anomenem $M(x, y)$ el punt que cerquem.

$\overrightarrow{MA} = \overrightarrow{OA} - \overrightarrow{OM} = (1, 3) - (x, y) = (1 - x, 3 - y)$

$\overrightarrow{CB} = \overrightarrow{OB} - \overrightarrow{OC} = (4, 0) - (-2, -1) = (6, 1)$

$\overrightarrow{CM} = \overrightarrow{OM} - \overrightarrow{OC} = (x, y) - (-2, -1) = (x + 2, y + 1)$

Escrivim la relació indicada en l'enunciat i igualem les coordenades obtingudes:

$(1 - x, 3 - y) = (6, 1) - 2(x + 2, y + 1) = (2 - 2x, -1 - 2y)$

$$\begin{cases} 1 - x = 2 - 2x \rightarrow x = 1 \\ 3 - y = -1 - 2y \rightarrow y = -4 \end{cases}$$

El punt buscat és $M(1, -4)$.

## 2. SIMÈTRIC D'UN PUNT RESPECTE D'UNA RECTA

***Troba el punt simètric de P(4, 2) respecte de la recta r: x − 2y + 5 = 0.***

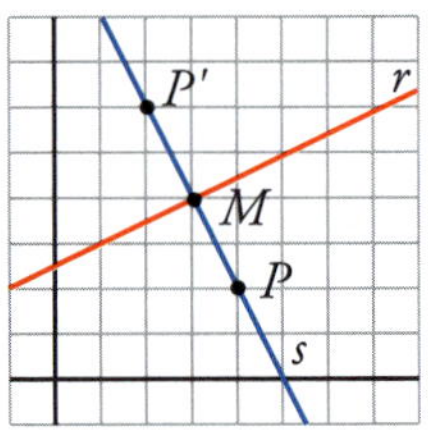


**Fes-ho tu** Troba el punt simètric de $A(1, 1)$ respecte de la recta $s: x - 2y - 4 = 0$.

El punt simètric de $P$ respecte de $r$, $P'$, és el simètric de $P$ respecte d'un punt $M$, que és el punt de tall de $r$ amb la perpendicular a $r$ que passa per $P$.

Busquem l'equació de la recta, $s$, perpendicular a $r$ i que passa per $P$:

Pendent de $r$: $m = 1/2$. Pendent de $s$: $m' = -2$.

Equació de $s$: $y = 2 - 2(x - 4) \rightarrow 2x + y - 10 = 0$

Trobem el punt de tall de $r$ i $s$: $\begin{cases} x - 2y + 5 = 0 \\ 2x + y - 10 = 0 \end{cases} \rightarrow M(3, 4)$

El punt $M$ és el punt mitjà del segment d'extrems $P(4, 2)$ i $P'(x, y)$.

Coordenades de $M$: $\left(\dfrac{4 + x}{2}, \dfrac{2 + y}{2}\right) = (3, 4)$.

Aïllem $x$ i $y$: $\begin{cases} \dfrac{4 + x}{2} = 3 \rightarrow x = 2 \\ \dfrac{2 + y}{2} = 4 \rightarrow y = 6 \end{cases}$

El punt buscat és $P'(2, 6)$.

## 3. ALTURA D'UN TRIANGLE: EQUACIÓ I LONGITUD

***Donat el triangle de vèrtexs A(−5, 4), B(4, 1) i C(−1, −2), troba:***

***a) L'equació de la recta que conté l'altura, h, sobre el costat AB.***

***b) La longitud de l'altura h.***

**Fes-ho tu** Donat el mateix triangle, troba l'equació de la mitjana que parteix de $B$ i la seva longitud.

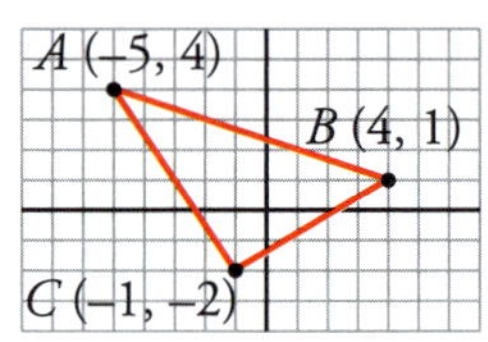


**a)** L'altura $h$ és perpendicular al costat $AB$.

Pendent de $AB$: $m = -\dfrac{1}{3} \rightarrow$ Pendent de $h$: $m' = 3$

L'equació de la recta demanada és:

$y = -2 + 3(x + 1) \rightarrow y = 3x + 1$.

**b)** Equació de $AB$: $y = 4 - \dfrac{1}{3}(x + 5) \rightarrow y = -\dfrac{1}{3}x + \dfrac{7}{3}$

Punt de tall, $P$: $\begin{cases} y = 3x + 1 \\ y = -\dfrac{1}{3}x + \dfrac{7}{3} \end{cases} \rightarrow P\left(\dfrac{2}{5}, \dfrac{11}{5}\right)$

Longitud de $h = |\overrightarrow{CP}| = \sqrt{\left(\dfrac{2}{5} + 1\right)^2 + \left(\dfrac{11}{5} + 2\right)^2} = \dfrac{\sqrt{490}}{5} = 4{,}43$ u

# » EXERCITA LES TEVES COMPETÈNCIES

## Practica

### Vectors i punts

**1.** El quadrilàter $ABCD$ és un rombe i $M$, $N$, $P$ i $Q$ són els punts mitjans dels seus costats:

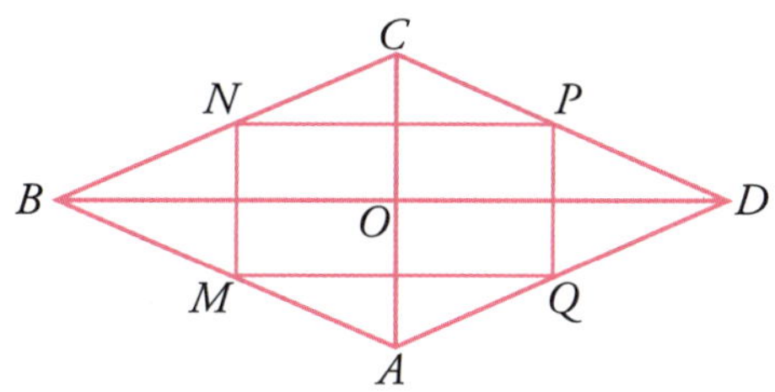


Indica:

**a)** Dos vectors amb la mateixa direcció i el mateix sentit però que no siguin iguals.

**b)** Dos vectors amb el mateix mòdul i direccions diferents.

**c)** Dos vectors amb la mateixa direcció i sentits diferents que no siguin oposats.

**2.** Observa la figura de l'exercici anterior i substitueix, en el teu quadern, els punts suspensius per un nombre perquè els vectors siguin iguals:

**a)** $\overrightarrow{AC} = \ldots \overrightarrow{AO}$ **b)** $\overrightarrow{OC} = \ldots \overrightarrow{OA}$

**c)** $\overrightarrow{AQ} = \ldots \overrightarrow{CB}$ **d)** $\overrightarrow{AD} = \ldots \overrightarrow{NB}$

**3.** Completa, en el teu quadern, cada una d'aquestes sumes de vectors corresponents a la figura de l'exercici 1 amb les lletres que falten:

**a)** $\overrightarrow{AB} + \overrightarrow{BC} = \overrightarrow{A\ldots}$ **b)** $\overrightarrow{AD} + \overrightarrow{AB} = \overrightarrow{\ldots}$

**c)** $2\overrightarrow{AM} + \overrightarrow{BO} = \overrightarrow{\ldots}$ **d)** $\frac{1}{2}\overrightarrow{AC} - \overrightarrow{OD} = \overrightarrow{\ldots}$

**4.** Donats $A(-2, 0)$, $B(4, 0)$, $C(5, 1)$ i $D(-3, 2)$, troba les coordenades dels vectors $\overrightarrow{AB}$, $\overrightarrow{BC}$, $\overrightarrow{CD}$ i $\overrightarrow{AD}$. Calcula'n, també, els mòduls.

**5.** Dibuixa amb origen en el punt $A(3, -3)$ els vectors $\overrightarrow{AB}(-3, 2)$, $\overrightarrow{AC}(5, 1)$ i $\overrightarrow{AD}(1/2, -4)$. Quines seran les coordenades dels punts $B$, $C$ i $D$?

**6.** **a)** Digues quines són les coordenades dels vectors $\vec{u}$ i $\vec{v}$.

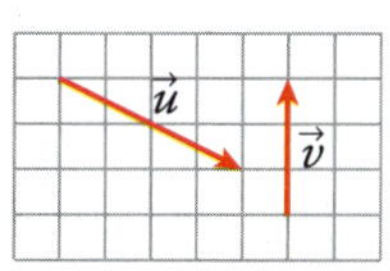


**b)** Dibuixa els vectors $\vec{u} + \vec{v}$, $\vec{u} - \vec{v}$, $-\vec{u} + \vec{v}$ i $\frac{1}{2}\vec{u} + 2\vec{v}$ i digues quines en són les coordenades.

**c)** Troba el mòdul de $\vec{u}$, $\vec{v}$, $\vec{u} + \vec{v}$ i $\vec{u} - \vec{v}$.

**7.** Donats els vectors $\vec{u}(1, 3)$, $\vec{v}(-2, 5)$ i $\vec{w}(-1, -3)$, fes aquestes operacions:

**a)** $\vec{u} + \vec{v} + \vec{w}$ **b)** $\vec{u} - \vec{v} - \vec{w}$ **c)** $-2\vec{u} + \vec{v} - 2\vec{w}$

**d)** $-3\vec{u} + \frac{1}{2}\vec{v}$ **e)** $\frac{2}{3}\vec{u} + \frac{1}{3}\vec{w}$ **f)** $-\frac{1}{5}\vec{v} - \vec{w} + \vec{u}$

**8.** Representa en uns eixos de coordenades els vectors següents i calcula l'origen o l'extrem en cada cas:

**a)** El seu origen és $M(0, 4)$ i les seves coordenades, $(3, 5)$.

**b)** El seu extrem és $B(5, 0)$ i les seves coordenades, $(4, 4)$.

**c)** El seu origen és $A(1, -2)$ i el seu punt mitjà, $M(3, 1)$.

**9.** Donats $A(-3, 0)$, $B(0, 4)$, $C(4, 4)$ i $D(1, 0)$:

**a)** Troba els punts mitjans dels segments $AC$ i $DB$.

**b)** Calcula les coordenades de $\overrightarrow{AB}$ i $\overrightarrow{DC}$ i comprova que coincideixen.

**10.** Si $M(-3, 5)$ és el punt mitjà del segment $AB$, troba el punt $B$ en cada un dels casos següents:

**a)** $A(-1, 5)$ **b)** $A(6, -4)$ **c)** $A(-4, -7)$

**11.** Troba, en cada cas, el punt simètric de $A(-3, -5)$ respecte de:

**a)** $P(-2, 0)$ **b)** $Q(2, -3)$ **c)** $O(0, 0)$

**12.** Comprova, en cada cas, si els punts indicats estan alineats:

**a)** $A(1, 2)$, $B(4, 3)$, $C(19, 8)$

**b)** $P(-2, -3)$, $Q(2, 0)$, $R(-26, -21)$

**c)** $M(-4, 3)$, $N(3, 4)$, $P(6, 5)$

**13.** Des del punt $P(1, 3)$, tracem el vector $2\vec{u} + \vec{v} - \vec{w}$ i arribem al punt $Q$. Esbrina les coordenades de $Q$ si $\vec{u}(2, 1)$, $\vec{v}(3, -1)$ i $\vec{w}(2, 3)$.

**14.** **a)** Donats $\vec{x}(2, 2)$, $\vec{y}(3, 0)$ i $\vec{z}(1, -2)$, representa els vectors $\vec{u} = 2\vec{x} + \vec{y} + \vec{z}$ i $\vec{v} = -\vec{x} + 4\vec{y} - 2\vec{z}$.

**b)** Troba les coordenades de $\vec{u}$ i $\vec{v}$. Són iguals?

**15.** **a)** Quins d'aquests vectors tenen la mateixa direcció?

$\vec{t}(-3, 2)$ $\vec{u}(2, 3)$ $\vec{v}\left(\frac{5}{3}, \frac{5}{2}\right)$ $\vec{w}(6, -4)$

**b)** Calcula el valor de $m$ i $n$ perquè es verifiqui que $\vec{v} = m\vec{t} + n\vec{u}$.

**16.** Calcula $m$ perquè els punts $R(5, -2)$, $S(-1, 1)$ i $T(2, m)$ estiguin alineats.

## Rectes

**17.** Escriu, en cada cas, les equacions vectorial, paramètriques, en forma contínua i explícita de les rectes que passen pel punt $P(-4, 3)$ i que tenen com a vector direcció:

**a)** $\vec{d}(2, -1)$ **b)** $\vec{d}(-1, -3)$ **c)** $\vec{d}(2, 0)$

**18.** Escriu, en cada cas, un vector direcció i les equacions vectorial, paramètriques, en forma contínua i explícita de les rectes que passen per $A$ i $B$:

**a)** $A(-1, 0)$, $B(0, 3)$ **b)** $A(0, -2)$, $B(5, -2)$

**c)** $A(-2, 3)$, $B(4, -1)$ **d)** $A(3, -1)$, $B(3, 5)$

**19.** Escriu les equacions paramètriques i explícita de les rectes $r$, $s$ i $t$.

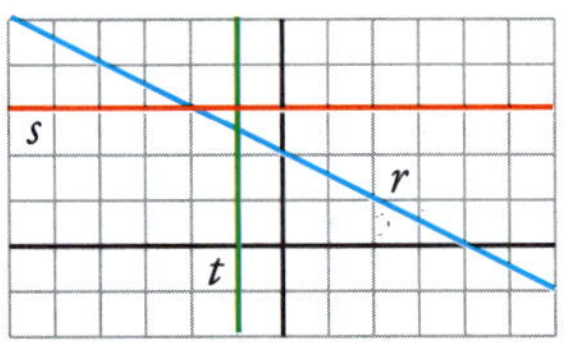


**20.** Escriu un vector direcció i un punt de cada recta i les equacions contínues corresponents:

**a)** $\begin{cases} x = -1 + 2t \\ y = -3t \end{cases}$ **b)** $\begin{cases} x = t \\ y = 1 - 5t \end{cases}$

**21.** Escriu l'equació explícita, un vector direcció i el pendent de cada una de les rectes següents:

**a)** $\dfrac{x-3}{2} = \dfrac{y+1}{3}$ **b)** $\begin{cases} x = 2 - t \\ y = 1 + 3t \end{cases}$

**22.** Troba dos punts de cada una de les rectes següents i utilitza'ls per buscar un vector direcció en cada cas:

**a)** $y = 2x - 3$ **b)** $y = 3$ **c)** $x - 2y + 1 = 0$

**23.** Escriu l'equació de les rectes següents i troba, en cada cas, un vector direcció:

**a)** Passa per $(-4, 2)$ i el seu pendent és $\dfrac{1}{2}$.

**b)** Passa per $(1, 3)$ i el seu pendent és $-2$.

**c)** Passa per $(5, -1)$ i el seu pendent és $0$.

**24.** Troba l'equació de les rectes següents:

**a)** Paral·lela a $y = -2x + 3$ i passa per $(4, 5)$.

**b)** Paral·lela a $2x - 4y + 3 = 0$ i passa per $(4, 0)$.

**c)** Paral·lela a $3x + 2y - 6 = 0$ i passa per $(0, -3)$.

**25.** Escriu, en cada cas, l'equació de la recta que passa per $P(3, -2)$ i és perpendicular al vector $\vec{v}$:

**a)** $\vec{v}(2, 1)$ **b)** $\vec{v}(-5, 4)$ **c)** $\vec{v}(-1, 0)$

**26.** Escriu l'equació de la recta perpendicular a $r$ que passa pel punt $P$ en cada un d'aquests casos:

**a)** $r$: $y = -2x + 3$; $P(-3, 2)$

**b)** $r$: $3x - 2y + 1 = 0$; $P(4, -1)$

**c)** $r$: $x = 3$; $P(0, 4)$

**27.** Troba el punt d'intersecció de les rectes $r$ i $s$ en els casos següents:

**a)** $\begin{cases} r: 3x - 5y + 17 = 0 \\ s: 7x + 3y - 63 = 0 \end{cases}$

**b)** $\begin{cases} r: 3x + 6 = 0 \\ s: 2y - 5 = 0 \end{cases}$

**28.** Comprova si els punts $A(18, 15)$ i $B(-43, -5)$ pertanyen a la recta $x - 3y + 27 = 0$.

## Distàncies i circumferències

**29.** **a)** Troba el punt mitjà del segment d'extrems $A(-2, 0)$ i $B(6, 4)$.

**b)** Comprova que la distància del punt mitjà a cada un dels extrems és la mateixa.

**30.** Comprova que el triangle de vèrtexs $A(-1, 0)$, $B(3, 2)$ i $C(7, 4)$ és isòsceles. Quins són els costats iguals?

**31.** Comprova, mitjançant el teorema de Pitàgores, que el triangle de vèrtexs $A(-2, -1)$, $B(3, 1)$ i $C(1, 6)$ és rectangle.

**32.** Escriu l'equació de la circumferència de centre $C$ i radi $r$:

**a)** $C(4, -3)$, $r = 3$

**b)** $C(0, 5)$, $r = 6$

**c)** $C(6, 0)$, $r = 2$

**d)** $C(0, 0)$, $r = 5$

**33.** Digues quins són el centre i el radi de les circumferències següents:

**a)** $(x - 2)^2 + (y + 3)^2 = 16$

**b)** $(x + 1)^2 + y^2 = 81$

**c)** $x^2 + y^2 = 10$

**34.** Comprova si els punts $P(5, 5)$, $Q(3, 6)$ i $R(1, 7)$ pertanyen a la circumferència de centre $C(1, 2)$ i radi 5.

## Resol problemes

**35.** Calcula, en cada cas, el valor de $m$ perquè el punt $P(m, -2)$ pertanyi a la recta donada:

**a)** $r$: passa per $A(3, 1)$ i $B(-1, 0)$.

**b)** $s$: passa per $A(1, 3)$ i $B(1, -4)$.

**36.** **a)** Determina les coordenades dels punts $M$, $N$ i $P$, que són els punts mitjans dels costats del triangle $ABC$.

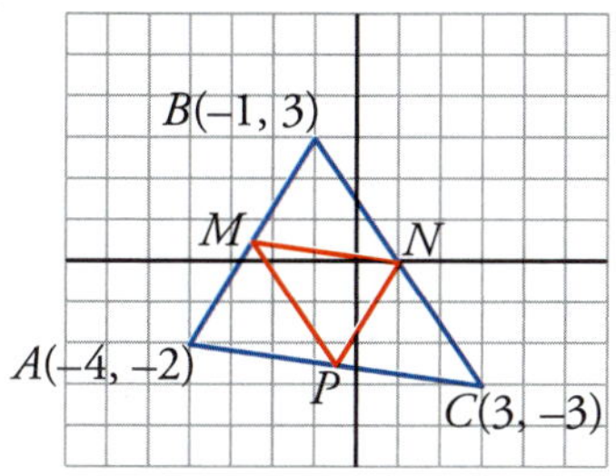


**b)** Troba les coordenades dels vectors $\overrightarrow{MN}$, $\overrightarrow{MP}$ i $\overrightarrow{PN}$ i comprova que es compleixen les relacions $\overrightarrow{MN} = \frac{1}{2}\overrightarrow{AC}$, $\overrightarrow{MP} = \frac{1}{2}\overrightarrow{BC}$ i $\overrightarrow{PN} = \frac{1}{2}\overrightarrow{AB}$.

**37.** Donat el vector $\vec{u}(\sqrt{3}, -1)$, troba les coordenades d'un vector $\vec{v}$ que tingui la mateixa direcció que $\vec{u}$ i mòdul igual a 12. Hi ha més d'una solució?

**38.** Donats els vectors $\vec{u}(3, 1)$, $\vec{v}(2, 5)$ i $\vec{w}(-1, -3)$:

**a)** Calcula $x$ i $y$ perquè es compleixi que $\vec{u} = x\vec{v} + y\vec{w}$.

**b)** Determina les coordenades d'un vector perpendicular a $\vec{u}$ el mòdul del qual faci el doble que aquest.

**39.** Donats els vectors $\vec{u}(3, 2)$, $\vec{v}(x, 5)$ i $\vec{w}(8, y)$, calcula $x$ i $y$ perquè es verifiqui que $2\vec{u} - \vec{v} = \vec{w}$.

**40.** Donats els vectors $\vec{u}(5, -3)$, $\vec{v}(1, 3)$ i $\vec{w}(2, 0)$, calcula el valor de $m$ i $n$ perquè es verifiqui que $\vec{u} = m\vec{v} + n\vec{w}$.

**41.** Calcula $m$ i $n$ perquè les rectes $r$: $3x + my - 8 = 0$ i $s$: $nx - 2y + 3 = 0$ es tallin en el punt $P(1, 5)$.

**42.** **a)** Calcula el valor de $k$ perquè la recta d'equació $(k + 3)x - y - 2 = 0$ passi pel punt $A(2, 0)$.

**b)** Quin és el pendent d'aquesta recta?

**43.** Donats els punts $A(1, -1)$, $B(0, 2)$ i $C(6, 5)$, troba les coordenades del punt $D$, de manera que $ABCD$ sigui un paral·lelogram.

**44.** Estudia la posició relativa dels parells de rectes següents i troba'n el punt d'intersecció quan sigui possible:

**a)** $r: \begin{cases} x = 3 + t \\ y = -2 - 2t \end{cases}$ $\quad s: x - 1 = \dfrac{y}{2}$

**b)** $r: y = 2x - 3$ $\quad s: \begin{cases} x = t \\ y = 2t \end{cases}$

**45.** Fixa't en les rectes següents:

$$r: \frac{x+1}{3} = \frac{y}{2} \text{ i } s: \frac{x}{2} = \frac{y-1}{m}$$

**a)** Determina el valor de $m$ perquè siguin paral·leles.

**b)** Determina el valor de $m$ perquè siguin perpendiculars.

**46.** Escriu l'equació d'una recta perpendicular a $r$ i que passi per $(4, -3)$ en els casos següents:

**a)** $r$: $2x + 7 = 0$ **b)** $r$: $-y + 4 = 0$

**47.** Determina si les rectes $r$ i $s$ són paral·leles o perpendiculars:

$r$: $3x - 5y + 15 = 0$ $\quad$ $s$: passa per $(-2, -3)$ i $(8, 3)$

**48.** Estudia la posició relativa dels parells de rectes següents:

**a)** $\begin{cases} r: 2x - 5y + 3 = 0 \\ s: P(3, 1),\ Q(-2, 3) \end{cases}$ **b)** $\begin{cases} r: 5x - 4y + 8 = 0 \\ s: A(4, 7),\ B(0, 2) \end{cases}$

**49.** Fixa't en els punts següents:

$A(-2, 3)$, $B(0, 1)$, $C(1, 2)$, $D(2, 4)$

**a)** Representa'ls en uns eixos de coordenades.

**b)** Troba les coordenades dels punts $P$, $Q$ i $R$ per tal que $\overrightarrow{AP} = 3\overrightarrow{AB}$, $\overrightarrow{AR} = 3/2\overrightarrow{AD}$ i $C$ sigui el punt mitjà de $\overrightarrow{AQ}$.

**c)** Comprova que $P$, $Q$ i $R$ estan alineats.

**50.** Comprova que el quadrilàter de vèrtexs $A(1, 5)$, $B(5, 1)$, $C(-4, -3)$ i $D(-8, 1)$ és un paral·lelogram. Per fer-ho, demostra que els punts mitjans de les seves diagonals coincideixen.

**51.** Donats els punts $A(0, 4)$ i $B(-5, 0)$, troba el punt simètric de $B$ respecte de $A$ i el simètric de $A$ respecte de $B$.

**52.** Troba l'equació d'aquestes circumferències:

**a)** Centre $C(0, 0)$ i passa per $(-3, 4)$.

**b)** Centre $C(1, 2)$ i passa per $(5, 4)$.

**53.** La figura *ABCDEF* és un hexàgon regular de centre *O*.

Si $\overrightarrow{OA} = \vec{u}$ i $\overrightarrow{OB} = \vec{v}$, expressa en funció de $\vec{u}$ i $\vec{v}$ els vectors: $\overrightarrow{AF}$, $\overrightarrow{CB}$, $\overrightarrow{AB}$, $\overrightarrow{DA}$, $\overrightarrow{BD}$.

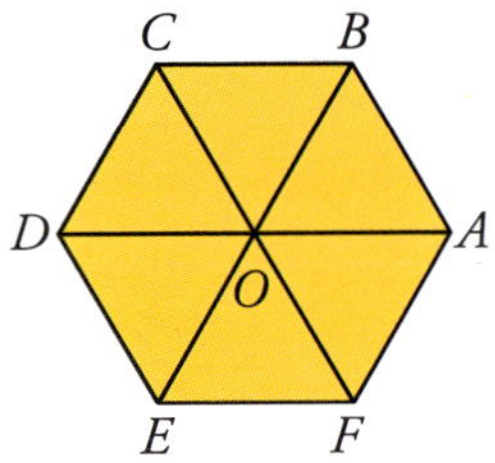


**54.** Troba l'equació de la recta perpendicular a *AB* en el seu punt mitjà, si $A(-5, 3)$ i $B(2, 7)$.

**55.** Troba, en cada cas, els punts que divideixen el segment *AB* en tres parts iguals:

**a)** $A(-3, 4)$, $B(6, 1)$

**b)** $A(0, -2)$, $B(9, 1)$

**56.** Coneixem els punts $A(-2, -2)$, $B(-4, 5)$ i $C(3, 7)$ i sabem que *M* és el punt mitjà de *AC*.

**a)** Determina les coordenades de *D*, que és el punt simètric de *B* respecte de *M*.

**b)** Demostra que el triangle *ABC* és rectangle.

**c)** Quin tipus de quadrilàter és *ABCD*? Justifica-ho.

**57.** Els punts $A(4, 5)$ i $B(7, 0)$ són vèrtexs d'un trapezi rectangle que té dos costats sobre els eixos de coordenades i un altre costat paral·lel a l'eix *X*.

Dibuixa el trapezi i troba'n les equacions dels costats, el perímetre i l'àrea.

**58.** Tenim un triangle els vèrtexs del qual són $A(3, -2)$, $B(9, 0)$ i $C(-3, 6)$. Troba:

**a)** L'equació de la recta que passa per *A* i pel punt mitjà de *BC*.

**b)** L'equació de la mitjana que parteix de *B*.

**c)** El punt de tall d'ambdues rectes (baricentre del triangle).

**59.** Dibuixa un paral·lelogram que tingui dos dels seus costats sobre les rectes $y = 3x$ i $y = 0$ i un vèrtex en el punt $P(6, 3)$.

**a)** Troba les equacions dels altres dos costats.

**b)** Determina les coordenades dels altres vèrtexs.

**60.** Comprova que el triangle els vèrtexs del qual són $A(2, 3)$, $B(3, 1)$ i $C(-1, -1)$ és rectangle i troba'n el perímetre i l'àrea.

**61.** En el radar d'una estació marítima s'observen dos vaixells navegant. El primer és en el punt $P(4, 3)$ i segueix la direcció del vector $\vec{u}(5, 2)$ i el segon segueix la trajectòria de la recta $4x - 10y = 17$. És possible que xoquin?

**62.** Donada la recta $r: \begin{cases} x = 2 + t \\ y = 1 - t \end{cases}$, calcula la longitud del segment *AB*, si *A* i *B* són els punts on *r* talla els eixos de coordenades.

**63.** Comprova que el triangle els vèrtexs del qual són $A(1, 3)$, $B(4, 1)$ i $C(3, 11/4)$ és isòsceles i calcula la mesura de l'altura relativa al costat desigual.

**64.** Els punts $A(0, 4)$ i $B(-1, 0)$ són vèrtexs consecutius d'un paral·lelogram les diagonals del qual es tallen en $M(2, 1)$. Troba les coordenades dels vèrtexs *C* i *D*.

**65.** Calcula les coordenades d'un punt *P* amb l'abscissa igual a l'ordenada i que equidista dels punts $A(2, 0)$ i $B(0, 4)$.

**66.** Tenim un triangle els vèrtexs del qual són $A(-1, 2)$, $B(-3, -2)$ i $C(5, 2)$. Calcula:

**a)** L'equació de la recta perpendicular a *AC* en el seu punt mitjà (mediatriu de *AC*).

**b)** L'equació de la mediatriu de *AB*.

**c)** El punt d'intersecció de les mediatrius (circumcentre del triangle).

**d)** L'equació de la circumferència circumscrita al triangle *ABC*.

**67.** Demostra que el quadrilàter els vèrtexs del qual són $A(4, 2)$, $B(-2, 5)$, $C(-5, 2)$ i $D(-2, -4)$ és un trapezi isòsceles i calcula'n el perímetre.

**68.** Troba l'equació de la circumferència de diàmetre *PQ* si $P(-5, 2)$ i $Q(3, -6)$.

**69.** Troba els punts de tall de la circumferència l'equació de la qual és $(x - 3)^2 + y^2 = 29$ amb la bisectriu del primer quadrant.

**70.** Calcula *k* perquè el punt $(-3, k)$ pertanyi a la circumferència $(x - 1)^2 + (y + 2)^2 = 25$.

**71.** Representa la recta $r$: $x - 2y + 1 = 0$ i el punt $A(-1, 5)$. Després, troba:

a) L'equació de la recta $s$ que passa per $A$ i és perpendicular a $r$.

b) El punt $A'$, simètric de $A$ respecte de $r$.

**72.** Demostra analíticament que el punt $B(6, 4)$ és el punt simètric de $A(-2, 2)$ respecte de la recta $4x + y - 11 = 0$.

**73.** EXERCICI RESOLT

***Troba el centre i el radi d'aquesta circumferència:***

$$x^2 + y^2 - 10x + 8y + 5 = 0$$

Separem els termes en $x$ dels termes en $y$:

$$(x^2 - 10x + \ldots) + (y^2 + 8y + \ldots) + 5 = 0$$

Completem els parèntesis perquè dins de cada un hi hagi el quadrat d'un binomi:

$(x^2 - 10x + 25) + (y^2 + 8y + 16) + 5 - 25 - 16 = 0 \rightarrow$

$(x - 5)^2 + (y + 4)^2 - 36 = 0 \rightarrow (x - 5)^2 + (y + 4)^2 = 36$

El centre és $C(5, -4)$ i el radi, $r = 6$ u.

**74.** Determina el centre i el radi de les circumferències següents:

a) $x^2 + y^2 + 6x + 2y + 6 = 0$

b) $x^2 + y^2 + 8x - 2y + 12 = 0$

c) $x^2 + y^2 + 12x - 14y + 4 = 0$

## Resol: una mica més difícil

**75.** a) Expressa matemàticament la condició que ha de complir un punt qualsevol $P(x, y)$ per equidistar dels punts $A(-1, 3)$ i $B(4, -2)$.

b) Demostra que s'obté una recta que passa pel punt mitjà del segment $AB$ i és perpendicular a la recta $AB$ (mediatriu de $AB$).

**76.** Determina el punt de la recta $r$: $4x - 8y + 7 = 0$ que equidista dels punts $A(2, 1)$ i $B(1, -3)$.

**77.** Dibuixa el quadrilàter els vèrtexs del qual són $A(-3, -2)$, $B(-2, 3)$, $C(3, 5)$ i $D(12, 3)$. Comprova si és un trapezi. Si no ho és, rectifica les coordenades del punt $D$ perquè ho sigui.

**78.** Els punts $B(3, 1)$ i $D(-5, -3)$ són vèrtexs oposats d'un rombe que té el vèrtex $A$ en l'eix de les abscisses. Troba els vèrtexs $A$ i $C$.

**79.** Una circumferència passa pels punts $P(6, 3)$ i $Q(-2, -5)$ i té el centre en la recta $4x + 5y = 0$.

Troba les coordenades del centre i el radi de la circumferència i escriu-ne l'equació.

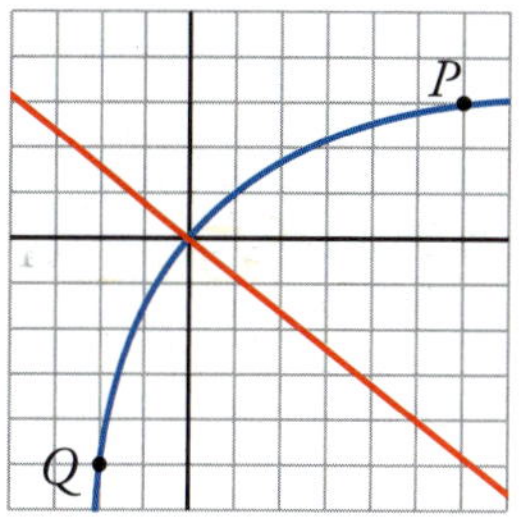


## Reflexiona sobre la teoria

**80.** Vertader o fals? Justifica les teves respostes.

a) Dos vectors amb la mateixa direcció no es poden sumar.

b) Dos vectors oposats tenen la mateixa direcció.

c) Si $\vec{u} = k\vec{v}$ i $k < 0$, aleshores $\vec{u}$ i $\vec{v}$ tenen direccions diferents.

d) Si $\vec{u} = -\vec{v}$, aleshores $\vec{u}$ i $\vec{v}$ tenen el mateix mòdul.

e) L'equació $x^2 + y^2 + 25 = 0$ representa una circumferència.

f) La recta $3x + y = 0$ és perpendicular a $y = \frac{1}{3}x + 1$.

g) Les coordenades del punt mitjà d'un segment d'extrems $P(x_1, y_1)$ i $Q(x_2, y_2)$ són aquestes:

$$M\left(\frac{x_1 + y_1}{2}, \frac{x_2 + y_2}{2}\right)$$

**81.** L'expressió $ax + by + c = 0$ és l'equació d'una recta. Digues com és aquesta recta en els casos següents:

a) $a = 0$ b) $b = 0$ c) $c = 0$ d) $a = 0$, $c = 0$

**82.** Si dues rectes $r_1$ i $r_2$ són perpendiculars, quina d'aquestes condicions compliran els seus pendents?

a) $m_1 = \dfrac{1}{m_2}$

b) $m_1 = -m_2$

c) $m_1 \cdot m_2 = -1$

d) $m_1 + m_2 = -1$

**83.** Amb quina d'aquestes expressions podem trobar la distància entre $P(x_1, y_1)$ i $Q(x_2, y_2)$?

a) $(x_2 - x_1) + (y_2 - y_1)$

b) $\sqrt{(x_2 + x_1)^2 - (y_2 + y_1)^2}$

c) $\sqrt{(x_1 - x_2)^2 + (y_1 - y_2)^2}$

d) $|x_1 - x_2| + |y_2 - y_1|$

# » MATEMÀTIQUES EN CONTEXT

## UNA SETMANA D'AVENTURA

La Marta i els seus amics s'han apuntat a un campament d'una setmana de durada que té lloc en una illa de la Mediterrània. De dilluns a divendres faran un curs per aprendre a pilotar avionetes i un altre d'orientació a la natura. El cap de setmana hi haurà una competició per equips en què posaran en pràctica les habilitats apreses. Els membres de l'equip guanyador podran quedar-se una altra setmana de vacances a l'illa amb totes les despeses pagades.

### 1. El pla de vol

La primera prova de la competició consisteix a elaborar un pla de vol. El professor de vol ha donat a cada equip una quadrícula com la següent, en què han d'anar consignant el pla de vol. S'hi mostren uns eixos de coordenades, l'origen dels quals és l'aeròdrom on hi ha l'escola de vol. L'objectiu és aterrar en un altre aeròdrom, situat a 29 km de distància.

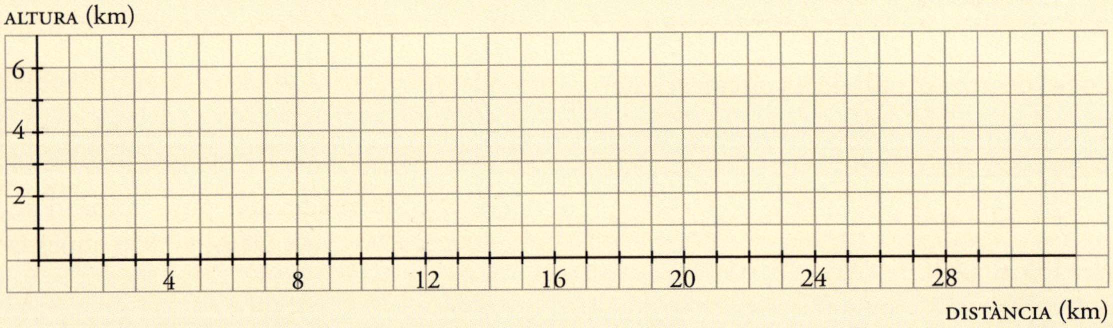


a) Copia la quadrícula en el teu quadern i després ves dibuixant-hi, en forma de vectors, les maniobres que haurà de fer la Marta, que ha estat elegida com a pilot del seu equip. Les maniobres estan descrites en els apartats següents.

b) Un company li diu: «La primera cosa que podries fer és enlairar-te fins a arribar al punt (2, 5) de la quadrícula.» Quants quilòmetres recorreria si fes el que li diuen?

c) La Marta, una mica espantada, li contesta: «No, no. Això és impossible. No es pot fer aquesta maniobra en l'enlairament. Segons el protocol, en enlairar-se s'han de pujar 2 km d'altura en 4 km de recorregut horitzontal, fins al punt *A*.» Quants quilòmetres recorrerà en aquest cas?

d) «Com que soc novella, el més recomanable és que després de l'ascens recorri uns quants quilòmetres fins que estabilitzi totalment l'aparell, en el punt *B*», diu la Marta. «Què et semblen 3 km?», li pregunta un company. «Per a mi és correcte. Dibuixa-ho», respon la Marta.

e) «Ara, a partir del punt *B*, se m'acut que podria seguir una recta de pendent 1/2, durant $\sqrt{6^2+3^2}=\sqrt{45}$ km», diu la Marta. «Què significa això?», li demanen els companys. «Són les dades del vector que heu de dibuixar», respon ella.

f) «Molt bé. Doncs a partir d'aquí ja podries anar baixant, en línia recta, fins a l'altre aeròdrom, al punt (29, 0)», li diu una companya. El pendent d'aquesta maniobra seria més gran o més petit que el de l'enlairament?


BARCANOVA EDITORIAL

## 2. La recerca del tresor

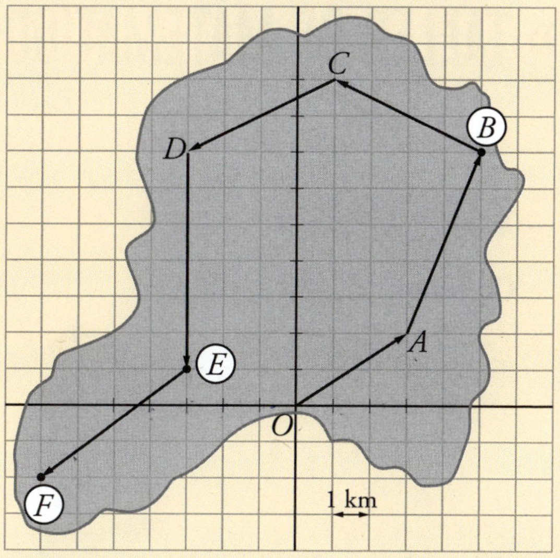


Per superar la segona prova, els participants hauran de trobar un tresor enterrat a l'illa. La professora d'orientació lliura a cada equip un mapa de l'illa en què s'explica que els tres punts indicats amb cercles (els punts *B*, *E* i *F* en el mapa) mostren els llocs on està enterrat, repartit dins de tres cofres, el tresor. El punt de partida està marcat amb una *O* i és diferent per a cada equip. A la dreta pots veure el mapa que ha rebut l'equip de la Marta.

a) Els membres de l'equip tracen sobre el mapa la ruta que han de seguir. També hi dibuixen l'origen d'un sistema de coordenades, tal com es veu en la imatge. Quants quilòmetres cal recórrer en total, per la ruta indicada, des de *O* fins a *F*?

b) Quan mira el mapa, a la Marta li sembla que els trams *OA* i *EF* són paral·lels. És correcte el que pensa? Demostra-ho per mitjà de la geometria analítica.

c) Quan estan a punt de començar la ruta, en Miquel, un membre de l'equip, diu: «Em sembla que aquesta ruta és molt llarga; es pot fer de *B* a *D* directament i ens estalviarem molt de camí.» Quants quilòmetres s'estalviarien si anessin per la ruta que indica en Miquel?

d) Després de vèncer diverses dificultats, excaven i troben els cofres en *B* i en *F*, però no en *E*. La Marta creu que un altre equip se'ls ha avançat, però en Miquel pensa que potser el mapa no és prou exacte i proposa ampliar la zona d'excavació al voltant del punt *E*, primer amb un radi de 500 m i, si no el troben, amb un radi d'1 km. Escriu les equacions de les circumferències que delimitarien les dues excavacions.

# » TALLER DE MATEMÀTIQUES

## » INVESTIGA

### Cargols enamorats

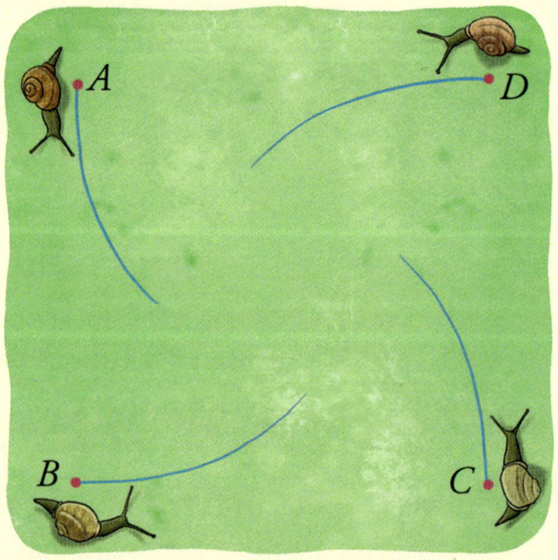


En cada un dels quatre vèrtexs, *A, B, C, D*, d'un quadrat d'1 m de costat hi ha un cargol. Els quatre animalons estan enamorats, però d'una manera ben curiosa, cada un d'ells està enamorat del següent:

- *A* està enamorat de *B*.
- *B* ho està de *C*.
- *C* ho està de *D*.
- I *D* ho està de *A*.

Comencen a moure's en el mateix instant i a la mateixa velocitat, 10 cm per minut, cada un en la direcció del seu estimat.

### Quina corba segueixen?

Per imitar el moviment dels cargols, pots fer un dibuix com el que hi ha a continuació:

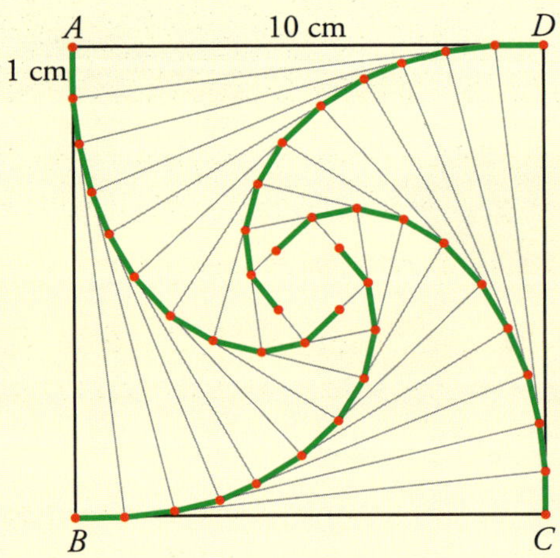


És una simulació en la qual cada cargol avança 10 cm en la direcció adequada i, a continuació, canvia bruscament la direcció cap al seu estimat. És a dir, en lloc de modificar la seva direcció contínuament, ho fa cada 10 cm.

Pots fer un dibuix a escala 1:10 (quadrat de 10 cm i distàncies avançades pels cargols d'1 cm). T'ajudarà a respondre les preguntes que hi ha a continuació.

Les corbes d'aquest tipus s'anomenen **corbes de persecució**, i cal saber moltes matemàtiques per obtenir-ne l'equació.

### On es troben?

Sembla raonable pensar que, per simetria, ho faran al centre del quadrat.

### Quant tarden? Quina distància recorre cada un?

Per respondre aquesta pregunta, manipularem una mica l'experiència. Imagina que en una gran cartolina hem dibuixat el quadrat i que l'hem col·locada a terra. Els cargols se situen sobre la cartolina. En el moment en què comencen a moure's, la sotmetem a un moviment continu tal que el cargol *B* roman al mateix lloc del terra (es mou sobre la cartolina però no respecte del terra). És clar que *A* segueix, respecte del terra, la línia *AB*. Quan es trobin, *A* haurà recorregut 1 m en 10 minuts. I, per tant, els altres hauran fet el mateix.

## » ENTRENA'T RESOLENT ALTRES PROBLEMES

- Troba l'àrea de la part acolorida.

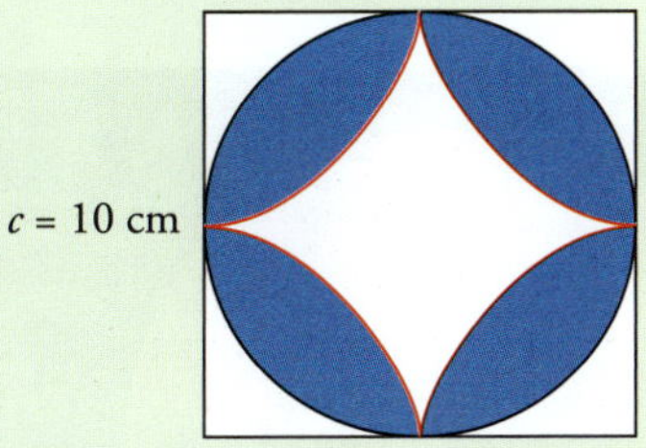


- Prenent com a centre cada un dels vèrtexs d'un triangle equilàter, s'han traçat tres arcs de radi igual a 4 cm, com indica la figura.

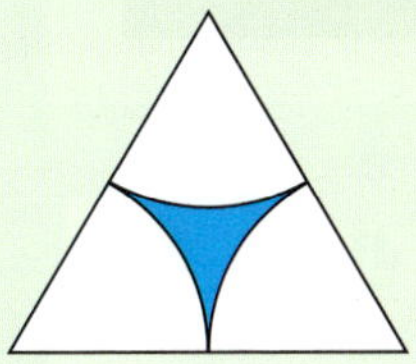

Troba l'àrea de la zona acolorida.

- Troba la superfície de l'hexàgon.

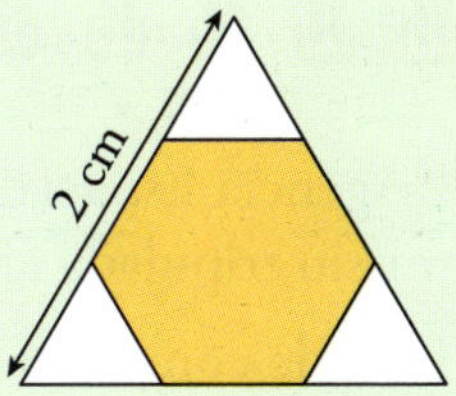


- Calcula l'àrea d'un hexàgon regular si saps que té el mateix perímetre que un triangle equilàter la superfície del qual fa 12 cm$^2$.

- Calcula la longitud del segment $AB$.

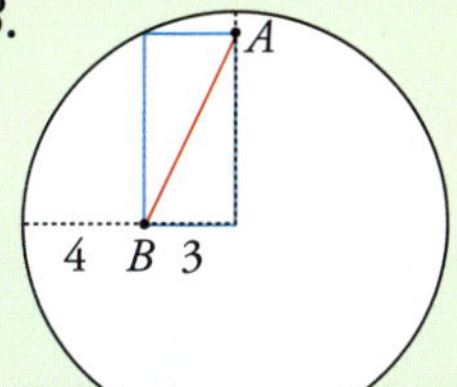


## » POSA'T A PROVA

**1.** Donats els vectors $\vec{u}(4, -2)$ i $\vec{v}(-2, -1)$:

**a)** Representa els vectors $\vec{u} + \vec{v}$, $\vec{u} - \vec{v}$, $\frac{1}{2}\vec{u}$ i $-3\vec{v}$ i troba'n les coordenades.

**b)** Calcula les coordenades del vector $\vec{w} = 2\vec{u} + 3\vec{v}$.

**2. a)** Donats els vectors $\vec{u}(2, -6)$, $\vec{v}(3, 1)$ i $\vec{w}(-5, 5)$, calcula $x$ i $y$ perquè es verifiqui que $\vec{w} = x\vec{u} + y\vec{v}$.

**b)** Calcula el valor de $k$ perquè el vector $\vec{p}(3, k)$ tingui la mateixa direcció que el vector $\vec{u}$.

**3.** Troba el valor de $k$ perquè els punts $A(1, -5)$, $B(3, 0)$ i $C(6, k)$ estiguin alineats.

**4.** Escriu les equacions vectorial, paramètriques, en forma contínua i explícita de la recta que passa pel punt $P(3, -2)$ i té com a vector direcció $\vec{d}(-1, 5)$.

**5.** Obtén les equacions de les rectes $r$ i $s$ i el seu punt d'intersecció:

$r$ passa per $(-3, 2)$ i és perpendicular a $8x - 3y + 6 = 0$.

$s$ passa per $(9, -5/2)$ i és paral·lela a $2x + y - 7 = 0$.

**6.** Els punts $A(2, 1)$ i $B(6, 4)$ són vèrtexs d'un triangle. Si $M(0{,}5; -1)$ és el punt mitjà del costat $AC$, calcula les coordenades de $\overrightarrow{AC}$ i el perímetre del triangle.

**7.** Els vèrtexs d'un triangle són $A(-2, 2)$, $B(0, 7)$ i $C(6, 4)$. Troba les equacions de la mitjana i de l'altura que parteixen del vèrtex $B$.

**8.** Troba l'equació de la circumferència que té el seu centre en el punt $C(0, -3)$ i passa pel punt $A(3, 0)$.

**9.** Troba les coordenades del punt $D$ que fa que $ABCD$ sigui un paral·lelogram, si $A(8, 9)$, $B(2, 1)$ i $C(1, 8)$. És un rectangle? Troba'n el perímetre.

**10.** Els extrems d'un segment són $A(-2, -3)$ i $B(4, 3)$. Troba les coordenades del punt $P$ tal que $\overrightarrow{AP} = \frac{2}{3}\overrightarrow{AB}$.

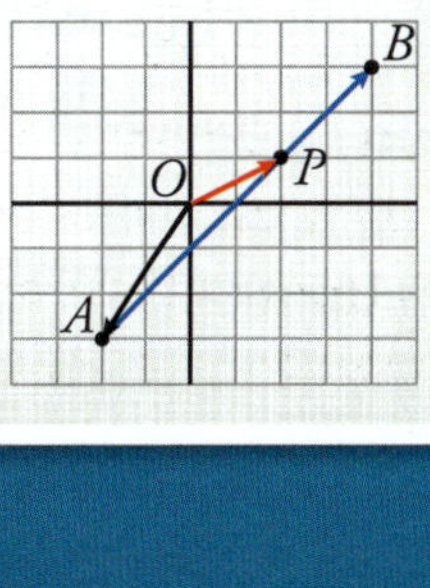

# » REPTE: PREPARACIÓ D'UNA MISSIÓ ESPACIAL

L'Agència Espacial Europea ha aprovat la primera missió tripulada al planeta vermell, Mart.

Han de començar els preparatius amb la posada a punt de la nau i l'entrenament dels astronautes que componen la tripulació.

**1.** Per omplir el tanc de la nau s'ha preparat un dipòsit que hi descarrega combustible amb un cabal constant. La relació entre el cabal, $C$, de l'aixeta, en litres por minut, i el temps, $t$, en minuts, que tarda a omplir el tanc s'expressa amb aquesta fórmula: $C = \dfrac{550.000}{t}$

a) Tenint en compte que el cabal de l'aixeta no baixa dels 10 ℓ per minut i no pot ser superior a 5.000 ℓ per minut, quin és el domini de la funció? Representa-la.

b) Quina és la capacitat del tanc, en metres cúbics?

c) Quant temps tardarà a omplir-se si s'ha fixat un cabal de 2.500 ℓ por minut?

**2.** Un dels experiments que duran a terme a Mart és el mesurament dels temps i les altures en el llançament vertical d'un objecte cap amunt. Aquest mateix experiment, en les mateixes condicions, s'ha fet a la Terra.

Les equacions *altura-temps* en ambdós planetes són aquestes:

- Objecte llançat a la Terra: $a = 50t - 4{,}9t^2$
- Objecte llançat a Mart: $a = 50t - 1{,}85t^2$

a) Dibuixa les dues gràfiques sobre uns eixos cartesians. En l'eix de les ordenades, indica l'altura fins a 400 m, amb una divisió per a cada 25 m i en l'eix de les abscisses, el temps, amb una divisió per segon.

b) Quina altura assoleix cada objecte?

c) Quant temps està pujant cada objecte?

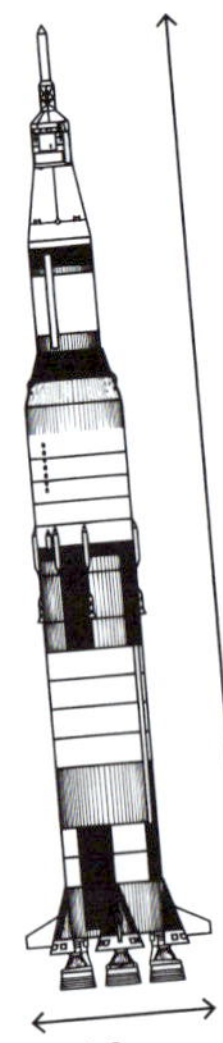


**3.** Les dimensions de la nau espacial són les que pots veure en el dibuix. S'ha fabricat una rèplica a escala 1:200, amb tots els detalls de la nau original, per mostrar-la en una exposició sobre la missió que se celebrarà una vegada que hagi acabat amb èxit.

a) Quines dimensions té la maqueta?

b) A partir de la capacitat del tanc de combustible de la nau, que has calculat en l'activitat 1, esbrina quants centímetres cúbics tindrà el tanc de la maqueta.

**4.** En el seu viatge a Mart, la nau s'allunya de la Terra a una gran velocitat. Quan es troba a una altura de 2.000 km, la tripulació observa el nostre planeta per la finestreta de la nau. Quina superfície en podran veure? Recorda que el radi mitjà de la Terra és d'uns 6.371 km.

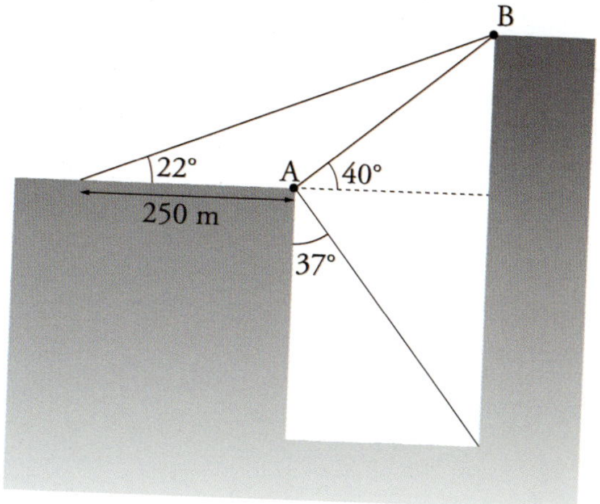


**5.** Una vegada que han arribat a Mart, els astronautes han de prendre mesures de tots els accidents geogràfics que vagin trobant. A prop de l'estació espacial hi ha un gran canyó, un enorme congost flanquejat per dos penya-segats desiguals. N'han pres les mesures que s'indiquen en el gràfic.

a) Quina amplada fa el canyó?

b) Quina profunditat té des d'on ells el mesuren, el punt A?

c) Quina profunditat té des del punt B, a l'altra banda?

**6.** La missió disposa, a més, d'un robot, anomenat Kurgan V3.2, que ajuda la tripulació a prendre determinades mesures i que pren mostres del sòl a diverses profunditats i en diversos punts al voltant de l'estació espacial. En aquesta quadrícula, d'1 km de costat, pots veure un mapa de la zona:

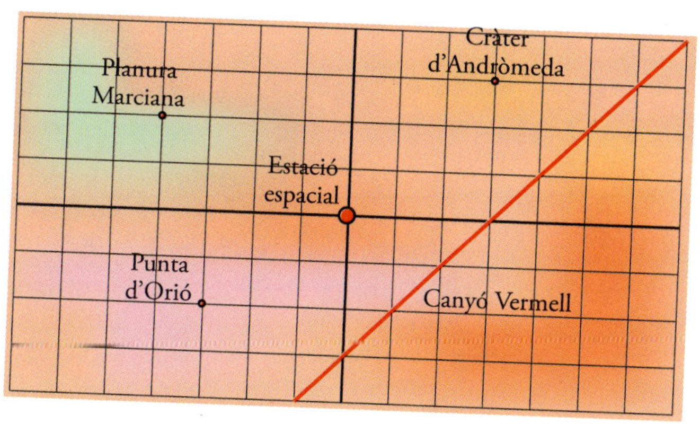

Les instruccions que s'han donat a Kurgan V3.2 són aquestes:

I. Surt de l'estació espacial en direcció perpendicular al canyó Vermell. Quan arribis al costat del penya-segat, pren mostres.

II. Ves cap al cràter d'Andròmeda i pren mostres.

III. Ves a la planura Marciana, però a mig camí fes una parada, desplega les plaques solars i carrega bateries. Quan arribis a la planura, pren mostres.

IV. Avança cap a la punta d'Orió i pren mostres quan hi arribis.

V. Torna a l'estació espacial, diposita les mostres i descarrega els arxius a la computadora central.

a) Indica les coordenades del cràter d'Andròmeda, la planura Marciana i la punta d'Orió.

b) Escriu les coordenades dels vectors de cada un dels moviments que fa el robot.

c) Quina distància ha recorregut en total?

d) Si les bateries duren des que surt de l'estació fins que les recarrega, haurà de fer-ho una altra vegada abans de tornar a l'estació? Si és així, quines són les coordenades del punt en què ho haurà de fer?

# ESTADÍSTICA I ATZAR

# UNITAT 9 ESTADÍSTICA

**DIMENSIÓ RESOLUCIÓ DE PROBLEMES · DIMENSIÓ RAONAMENT I PROVA**
**DIMENSIÓ CONNEXIONS · DIMENSIÓ COMUNICACIÓ I REPRESENTACIÓ**

## Origen i evolució de l'estadística com a ciència

En el desenvolupament històric de l'estadística es poden distingir tres grans etapes:

- **Censos.** Des de l'antiguitat i fins al segle XVI, només es realitzaven recollides de dades i, a tot estirar, se'n feia una exposició ordenada i clara.

  Han arribat als nostres dies papirs egipcis i tauletes babilòniques de fa uns 5.000 anys, en els quals hi ha constància de censos molt complets de població i béns.

  Els censos estadístics van cobrar especial importància amb el naixement de l'Imperi romà, quan es van recopilar i ordenar ingents quantitats de dades.

- **Anàlisi de dades.** Comprèn els segles XVII, XVIII i XIX. Se supera tot el que és merament descriptiu i les dades passen a ser analitzades de manera sistemàtica a fi d'extreure'n conclusions.

  Aquesta etapa comença amb els treballs de l'anglès **John Graunt** (segle XVII), que va utilitzar arxius parroquials per dur a terme un estudi profund dels naixements i les defuncions a Londres durant 30 anys: va anotar el sexe de cada nadó, les causes de la defunció i moltes altres variables. Amb això va poder extreure conclusions vàlides per al futur i va inaugurar, així, l'estadística demogràfica.

  Més tard, van fer aportacions destacades a aquesta ciència **Neumann** (segle XVII), els mètodes del qual van servir de base per elaborar les taules de mortalitat utilitzades per les companyies d'assegurances, i **Quetelet** (segle XIX), que va ser el primer a aplicar l'estadística a les ciències socials, per a la qual cosa va utilitzar la probabilitat.

- **Estadística inferencial.** S'inicia a finals del segle XIX. L'essència d'aquesta branca de l'estadística és que a partir d'una mostra s'extreuen conclusions vàlides per a tota una població. Per a això, es recorre a l'alta matemàtica. Al segle XX van destacar en aquest camp **Ronald Fisher** i **Karl Pearson**.

## El valor de les mostres. Un experiment curiós

Observa aquest exemple d'estadística inferencial:

Volem esbrinar la mitjana, $\bar{x}$, dels 311 nombres de la taula següent. Però en comptes de calcular-la directament, l'obtindrem per mitjà d'una mostra: agafarem 10 nombres de la taula, la mitjana dels quals servirà per estimar $\bar{x}$.

| | | | | | | | | | | | | | | |
|---|---|---|---|---|---|---|---|---|---|---|---|---|---|---|
| 37 | 43 | 285 | 50 | 281 | 24 | 24 | 322 | 3.481 | 5 | 4 | 20 | 490 | 2.869 | 430 |
| 8 | 593 | 499 | 317 | 42 | 23 | 222 | 7 | 103 | 52 | 15 | 49 | 14 | 76 | 56 |
| 2.200 | 77 | 21 | 111 | 35 | 4.553 | 27 | 341 | 128 | 33 | 280 | 3.259 | 399 | 1.123 | 459 |
| 170 | 3.333 | 51 | 8 | 501 | 253 | 320 | 2.830 | 113 | 75 | 7 | 17 | 3.500 | 31 | 173 |
| 1.333 | 8 | 2.343 | 478 | 163 | 65 | 1.111 | 191 | 120 | 89 | 184 | 93 | 290 | 63 | 121 |
| 7 | 50 | 215 | 333 | 3.984 | 30 | 420 | 101 | 83 | 5.000 | 12 | 389 | 184 | 3.700 | 923 |
| 120 | 293 | 147 | 789 | 20 | 1.532 | 111 | 99 | 558 | 86 | 64 | 477 | 444 | 79 | 184 |
| 17 | 33 | 30 | 81 | 3.222 | 119 | 2.259 | 39 | 290 | 19 | 289 | 241 | 120 | 2.311 | 350 |
| 17 | 1.103 | 456 | 11 | 53 | 4.902 | 42 | 333 | 7 | 91 | 86 | 229 | 16 | 2.000 | 59 |
| 499 | 111 | 51 | 103 | 918 | 57 | 128 | 4.990 | 83 | 80 | 184 | 74 | 25 | 211 | 55 |
| 3.159 | 500 | 93 | 63 | 77 | 71 | 3.200 | 107 | 3.000 | 2.001 | 4 | 313 | 116 | 357 | 3.201 |
| 4 | 59 | 188 | 250 | 91 | 1 | 418 | 370 | 125 | 400 | 86 | 100 | 2.211 | 420 | 115 |
| 111 | 31 | 470 | 1.985 | 19 | 199 | 180 | 300 | 1.532 | 47 | 8 | 87 | 93 | 4.850 | 146 |
| 12 | 1.584 | 1.997 | 391 | 3.522 | 6 | 50 | 16 | 50 | 13 | 352 | 109 | 1.150 | 99 | 48 |
| 4.001 | 11 | 197 | 2.343 | 6 | 4.791 | 115 | 2 | 1 | 12 | 425 | 102 | 201 | 42 | 122 |
| 47 | 500 | 50 | 740 | 61 | 130 | 83 | 3 | 11 | 1 | 193 | 420 | 784 | 23 | 5 |
| 180 | 180 | 1.187 | 83 | 137 | 17 | 6 | 117 | 34 | 339 | 350 | 891 | 411 | 37 | 11 |
| 401 | 41 | 400 | 359 | 13 | 110 | 253 | 67 | 2.324 | 20 | 220 | 317 | 1.119 | 513 | 25 |
| 35 | 19 | 378 | 1 | 230 | 173 | 68 | 3.050 | 4.774 | 70.184 | 1.129 | 512 | 3.820 | 28 | 78 |
| 47 | 36 | 4.254 | 311 | 71 | 61 | 90 | 333 | 190 | 4.780 | 72 | 95 | 46 | 2.580 | 14 |
| 97 | 1 | 4.770 | 37 | 215 | 97 | 131 | 243 | 45 | 3 | | | | | |

Imagina que aquesta prova la duen a terme dos equips de 15 persones cada un.

Els de l'equip A trien, cada un, una mostra a consciència: observen minuciosament la taula i trien els 10 nombres de manera que representin bé la totalitat.

Els de l'equip B trien les mostres a l'atzar.

- Quin equip creus que obtindrà millors resultats? És a dir, en general, les mitjanes de les mostres de l'equip A s'assemblaran més a $\bar{x}$ que les del B o a l'inrevés? Et sorprendrà saber que les mostres aleatòries es comporten molt millor que les triades a consciència.

### RESOL

**1.** Selecciona diverses mostres de 10 nombres a consciència (és a dir, prova d'escollir nombres que siguin representatius de la totalitat). Tria, després, diverses mostres aleatòriament (és a dir, 10 d'aquests nombres escollits a l'atzar).

Calcula la mitjana de cada mostra i compara-la amb la mitjana real dels 311 nombres, que és $\bar{x} = 603{,}4$. Treu-ne conclusions.

# 1. L'ESTADÍSTICA I ELS SEUS MÈTODES

L'estadística té per objecte el desenvolupament de tècniques per al coneixement numèric d'un conjunt de dades empíriques (recollides mitjançant experiments o enquestes).

Recordem les nocions bàsiques necessàries per entendre l'estadística, algunes de les quals es van establir fa anys.

## Nocions generals

- **Població** és el conjunt de tots els elements el coneixement dels quals ens interessa i que seran objecte del nostre estudi.

  Per exemple, una població pot estar constituïda pels 1.580 estudiants matriculats en un centre d'estudis.

- **Individu** és cada un dels elements que formen la població.

  En el cas del centre d'estudis, cada estudiant és un individu.

- **Mostra** és un subconjunt de la població, l'estudi del qual serveix per inferir característiques de tota la població.

  Seguint amb l'exemple anterior, una mostra podria ser un grup significatiu de 50 estudiants.

- **Caràcters** són els aspectes que desitgem estudiar en els individus d'una població. Cada caràcter pot prendre diferents valors.

  Dels estudiants, podríem analitzar-ne alguns caràcters, com l'edat, l'altura, el pes, el color dels cabells, el mitjà de transport que fan servir per arribar al centre, el nombre de persones que viuen a casa seva, les preferències de lectura...

- **Variable estadística** és la que recorre tots els valors d'un cert caràcter. Pot ser:

  — **Quantitativa**, si pren valors numèrics.

  - **Discreta:** només pren valors aïllats.
  - **Contínua:** pot prendre qualsevol valor d'un interval.

  — **Qualitativa**, si pren valors no numèrics.

  El nombre de persones que viuen a casa i l'edat prenen valors quantitatius discrets. L'altura i el pes prenen valors quantitatius continus. El color dels cabells i el mitjà de transport utilitzat per arribar al centre prenen valors qualitatius.

L'**estadística descriptiva** exposa i analitza alguns caràcters dels individus d'un grup donat (població) sense extreure conclusions per a un grup més gran.

L'**estadística inferencial**, al contrari, treballa amb mostres i pretén, a partir d'aquestes, «inferir» característiques de tota la població.

### Exemple

En una determinada diputació es volen estudiar algunes característiques dels 2.537 pobles que la componen. Per a això, prenen les dades de 300 pobles.

**Població:** els 2.537 pobles.

**Individu:** cadascun dels pobles.

**Mostra:** els 300 pobles que s'estudien.

### Exemple d'estadística inferencial

Una editorial realitza una enquesta a 387 estudiants d'una universitat sobre les seves preferències de lectura a fi d'extreure conseqüències vàlides per a tothom. Això és estadística **inferencial**, ja que a partir d'una mostra es vol obtenir informació sobre algun aspecte de la població. És a dir:

S'estudia el comportament d'una variable en una MOSTRA.

↓

S'INFEREIX el comportament d'aquesta variable en la POBLACIÓ.

## Fases i tasques d'un estudi estadístic

Per realitzar un estudi estadístic, convé seguir els passos següents:

**1.** Selecció dels caràcters que interessa estudiar.

S'ha de tenir molt clar quina és la variable estadística i de quin tipus és. Per exemple, aficions dels alumnes d'un centre d'estudis, tipus de lectura preferida, edat, resultats acadèmics, mitjà de transport utilitzat per arribar al centre, tipus de música preferida, nombre de persones que viuen a casa…

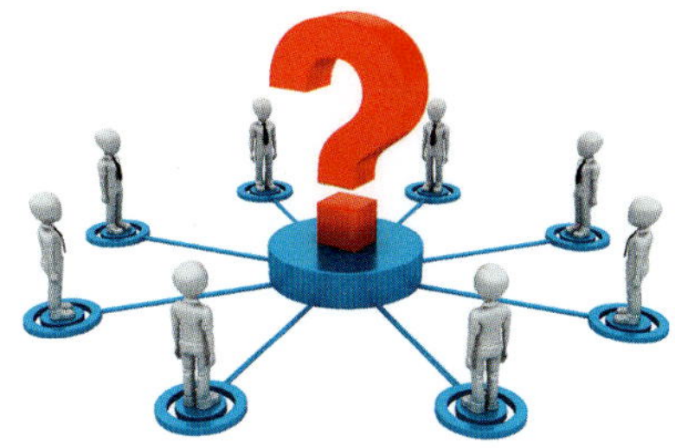

**2.** Anàlisi de cada caràcter: disseny i realització d'una enquesta o d'un experiment i recollida de dades.

Per exemple, es realitza una enquesta sobre les aficions dels alumnes.

*A quina activitat de lleure dediques més hores en el teu temps lliure?*

| | |
|---|---|
| *Esport* | *Cultura* |
| *Muntanya* | *TV* |
| *Sortir amb amics* | *Jocs* |

**3.** Classificació i organització dels resultats en taules de freqüències.

| AFICIONS | FREQÜÈNCIA |
|---|---|
| ESPORT | 20 |
| CULTURA | 12 |
| MUNTANYA | 18 |
| TV | 32 |
| SORTIR AMB AMICS | 53 |
| JOCS | 15 |

**4.** Elaboració de gràfics per mostrar els resultats més importants d'un cop d'ull.

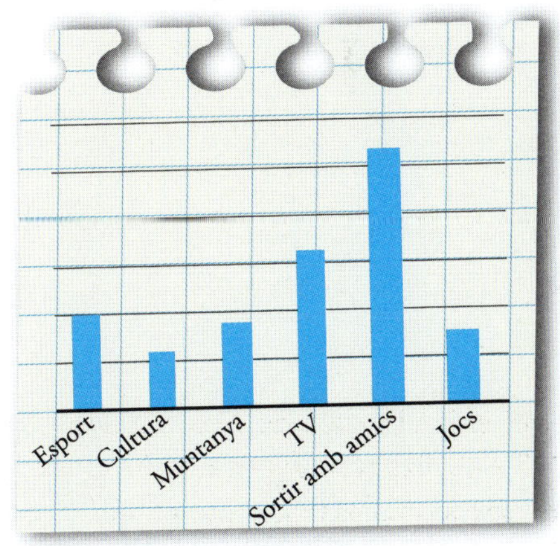


**5.** Obtenció dels paràmetres estadístics que ens ajuden a resumir la informació.

*Mitjana:* $\bar{x} = 23{,}5$

*Desviació típica:* $\sigma = 2{,}1$

*Coeficient de variació:* $CV = 8{,}9\ \%$

### Tingues en compte

Els paràmetres estadístics que s'han posat d'exemple no corresponen a la variable estadística exemplificada més amunt, ja que la variable és qualitativa i aquests paràmetres només tenen sentit per a variables quantitatives.

# 2. TAULES DE FREQÜÈNCIES

## Taules amb dades aïllades

Després de la recollida de dades, el pas següent és l'elaboració d'una taula de freqüències. Quan la variable pren pocs valors, l'elaboració de la taula és força senzilla. Només cal fer el recompte dels resultats.

### Exemple

Als alumnes d'una classe se'ls ha preguntat pel nombre de cosins i cosines que tenen. Aquests en són els resultats:

| | | | | | | | | | | | | | | |
|---|---|---|---|---|---|---|---|---|---|---|---|---|---|---|
| 5 | 3 | 2 | 6 | 4 | 3 | 6 | 5 | 8 | 2 | 4 | 6 | 3 | 2 | 0 |
| 4 | 3 | 7 | 5 | 4 | 3 | 3 | 6 | 7 | 5 | 4 | 8 | 5 | 4 | 3 |

Elaborem una taula en què mostrem ordenadament cada valor de la variable (nombre de cosins i cosines) amb la freqüència corresponent i representem aquests valors mitjançant un diagrama de barres:

| $x_i$ | $f_i$ |
|---|---|
| 0 | 1 |
| 1 | 0 |
| 2 | 3 |
| 3 | 7 |
| 4 | 6 |
| 5 | 5 |
| 6 | 4 |
| 7 | 2 |
| 8 | 2 |

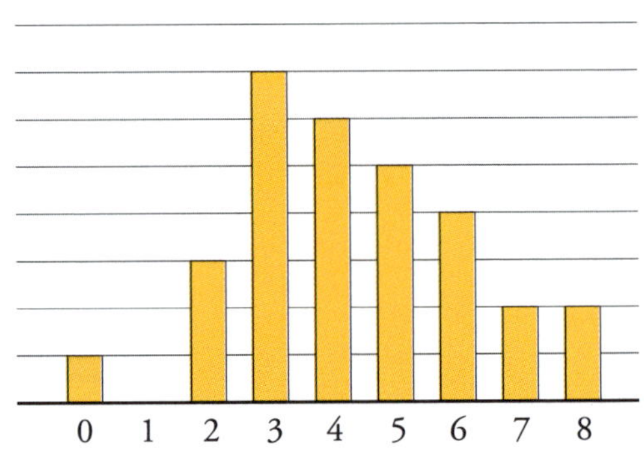


## Taules amb dades agrupades

Quan en una distribució estadística la variable és contínua o bé quan, tot i ser discreta, el nombre de valors que pren la variable és molt gran, convé elaborar una taula de freqüències amb els valors agrupats en intervals.

Per exemple, aquests són alguns casos de variables estadístiques en què és preferible agrupar les dades en intervals:

- Altura, pes, gruix, perímetre, àrea, volum, temps i, en general, qualsevol mesura física. Aquestes són variables contínues, per la qual cosa prenen qualsevol valor dins d'un interval.
- El nombre de cotxes que passen un dia determinat per un carrer, el nombre de llibres consultats en una biblioteca pels usuaris i les usuàries, el nombre de pàgines que tenen els llibres d'una biblioteca... Aquestes variables són discretes, però convé agrupar les dades com en el cas de les variables contínues, atesa la quantitat tan elevada de valors diferents que prenen.

## Elaboració d'una taula amb dades agrupades en intervals

Per elaborar una taula amb dades agrupades, convé seguir aquests passos:

1. Es localitzen els valors extrems, $a$ i $b$, i se'n troba la diferència, $r = b - a$ (recorregut).
2. Es decideix el nombre d'intervals que es formaran a partir de la quantitat de dades que es té. El nombre d'intervals sol ser de 6 a 15.
3. Es pren un interval, $r'$, amb una longitud una mica més gran que el recorregut, $r$, i que sigui múltiple del nombre d'intervals, per tal que aquests tinguin una longitud entera.
4. Es formen els intervals, de manera que l'extrem inferior del primer sigui una mica més petit que $a$ i que l'extrem superior de l'últim sigui una mica més gran que $b$. És preferible que els extrems dels intervals no coincideixin amb cap dada. Per a això, convé que els extrems dels intervals tinguin una xifra decimal més que les dades.

El punt mitjà de cada interval s'anomena **marca de classe**. És el valor que representa tot l'interval per al càlcul d'alguns paràmetres.

La taula de freqüències del marge pot correspondre a:

— Una distribució de dades aïllades que pren els valors $x_1, x_2, \ldots, x_n$.

— Una distribució de dades agrupades en intervals en què $x_1, x_2, \ldots, x_n$ són les marques de classe.

En el primer cas, la taula reflecteix exactament la distribució real. En el segon, la taula és una bona aproximació a la realitat.

### Observa

Quan s'elabora una taula amb dades agrupades, es perd una mica d'informació, ja que s'ignora cada valor concret, que es difumina dins d'un interval. A canvi, es guanya en claredat i eficàcia.

| $x_i$ | $f_i$ |
|---|---|
| $x_1$ | $f_1$ |
| $x_2$ | $f_2$ |
| … | … |
| … | … |
| … | … |
| $x_n$ | $f_n$ |

### EXERCICI RESOLT

**1.** ***Elabora una taula de freqüències amb les estatures de 40 adolescents i representa les dades en un gràfic.***

| | | | | |
|---|---|---|---|---|
| *168* | *160* | *167* | *175* | *175* |
| *167* | *168* | *158* | *149* | *160* |
| *178* | *166* | *158* | *163* | *171* |
| *162* | *165* | *163* | *156* | *174* |
| *160* | *165* | *154* | *163* | *165* |
| *161* | *162* | *166* | *163* | *159* |
| *170* | *165* | *150* | *167* | *164* |
| *165* | *173* | *164* | *169* | *170* |

1. Valors extrems: $a = 149$, $b = 178$. Recorregut: $r = 178 - 149 = 29$.
2. Prendrem només 6 intervals. Un múltiple de 6 més gran que 29 i pròxim a aquest és 30. Longitud de cada interval: 5.
3. Formem els intervals començant per un nombre una mica més petit que $a = 149$ i acabant en un nombre una mica més gran que $b = 178$.
4. Repartim les dades en els intervals:

| INTERVALS | M. DE CLASSE | FREQÜÈNCIA |
|---|---|---|
| 148,5-153,5 | 151 | 2 |
| 153,5-158,5 | 156 | 4 |
| 158,5-163,5 | 161 | 11 |
| 163,5-168,5 | 166 | 14 |
| 168,5-173,5 | 171 | 5 |
| 173,5-178,5 | 176 | 4 |

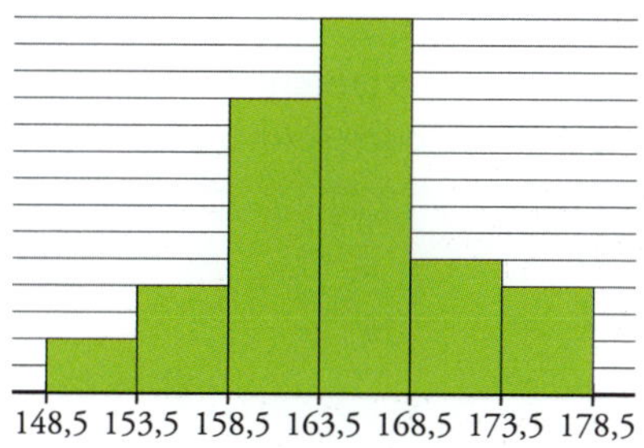


## » APLICA EL QUE HAS APRÈS

**1.** Reparteix les quaranta dades de l'exercici resolt anterior en 10 intervals amb el mateix recorregut total.

**2.** Reparteix les quaranta dades de l'exercici resolt anterior en 8 intervals. Considera que $r' = 32$.

GeoGebra. Elabora taules de freqüències amb dades agrupades.

# 3. PARÀMETRES ESTADÍSTICS: $\bar{x}$ i $\sigma$

Recordem com s'obtenen els paràmetres a partir d'una taula, ja sigui amb dades aïllades o amb dades agrupades en intervals. En aquest últim cas, recorrem a les marques de classe per calcular els paràmetres.

PUNTUACIONS EN UN TEST

| $x_i$ | $f_i$ | $f_i x_i$ |
|---|---|---|
| 0 | 12 | 0 |
| 1 | 31 | 31 |
| 2 | 86 | 172 |
| 3 | 92 | 276 |
| 4 | 48 | 192 |
| 5 | 19 | 95 |
| | 288 | 766 |

**Mitjana:** $\bar{x} = \dfrac{\Sigma f_i x_i}{\Sigma f_i}$   $\Sigma f_i x_i \rightarrow$ suma de totes les dades; $\Sigma f_i = N \rightarrow$ nre. total d'individus

Per exemple, en la distribució que hi ha en el marge:

$\Sigma f_i = 288$. Hi ha 288 individus (que han fet el test).

$\Sigma f_i x_i = 766$. És la suma de les puntuacions de tots els individus.

La mitjana és $\bar{x} = \dfrac{766}{288} = 2,66$.

**Variància:** $Var = \dfrac{\Sigma f_i (x_i - \bar{x})^2}{N}$ o bé $Var = \dfrac{\Sigma f_i x_i^2}{N} - \bar{x}^2$

Les dues expressions coincideixen.

— En la primera, es veu clar el significat de la variància: és la mitjana dels quadrats de les desviacions respecte de la mitjana.

— La segona és més còmoda per realitzar els càlculs.

Utilitzem la segona fórmula per obtenir la variància a partir d'aquesta taula:

| $x_i$ | $f_i$ | $f_i x_i$ | $f_i x_i^2$ |
|---|---|---|---|
| 0 | 12 | 0 | 0 |
| 1 | 31 | 31 | 31 |
| 2 | 86 | 172 | 344 |
| 3 | 92 | 276 | 828 |
| 4 | 48 | 192 | 768 |
| 5 | 19 | 95 | 475 |
| | 288 | 766 | 2.446 |

$Var = \dfrac{2.446}{288} - 2,66^2 = 1,42$

**Desviació típica:** $\sigma = \sqrt{\textit{variància}}$

La desviació típica és un paràmetre més raonable que la variància, perquè s'expressa en la mateixa magnitud que les dades i que la mitjana (per exemple, si les dades s'expressen en centímetres, la desviació típica també; en canvi, la variància s'expressaria en centímetres quadrats).

En l'exemple: $\sigma = \sqrt{1,42} = 1,19$

**Coeficient de variació:** $CV = \dfrac{\sigma}{\bar{x}}$

El coeficient de variació serveix per comparar les dispersions de poblacions heterogènies, perquè indica la *variació relativa.*

En l'exemple: $CV = \dfrac{1,19}{2,66} = 0,447$ o bé 44,7 %.

## Per a què serveixen els paràmetres?

Els paràmetres estadístics resumeixen la informació que es dona en una taula.

Per què convé resumir-la?

Si un professor o una professora vol consultar les notes dels alumnes d'una classe, en la taula de resultats trobarà les dades de manera molt clara. Però si l'equip directiu del centre vol comparar les notes en diverses matèries d'unes classes amb unes altres i, fins i tot, amb els resultats d'altres anys hi ha massa informació. Cal resumir-la. Per a això fem servir els paràmetres.

La mitjana, $\bar{x}$, i la desviació típica, $\sigma$, es complementen. Ambdues, conjuntament, aporten una visió bastant completa del comportament de la distribució estadística corresponent.

## EXERCICI RESOLT

**2.** ***Calcula la mitjana, la desviació típica i el coeficient de variació en la distribució següent:***

| DISTRIBUCIÓ DE PESOS (en kg) | |
|---|---|
| **INTERVALS** | **FREQÜÈNCIES** |
| 42,5-53,5 | 4 |
| 53,5-64,5 | 19 |
| 64,5-75,5 | 86 |
| 75,5-86,5 | 72 |
| 86,5-97,5 | 41 |
| 97,5-108,5 | 7 |

Comencem substituint els intervals per les seves marques de classe:

$$\frac{42,5+53,5}{2}=48;\ \frac{53,5+64,5}{2}=59;\ \ldots;\ \frac{97,5+108,5}{2}=103$$

La taula queda així:

| $x_i$ | $f_i$ | $f_i x_i$ | $f_i x_i^2$ |
|---|---|---|---|
| 48 | 4 | 192 | 9.216 |
| 59 | 19 | 1.121 | 66.139 |
| 70 | 86 | 6.020 | 421.400 |
| 81 | 72 | 5.832 | 472.392 |
| 92 | 41 | 3.772 | 347.024 |
| 103 | 7 | 721 | 74.263 |
| | 229 | 17.658 | 1.390.434 |

$N = \Sigma f_i = 229$

$\Sigma f_i x_i = 17.658$

$\Sigma f_i x_i^2 = 1.390.434$

Els nombres de la 3a columna, $f_i x_i$, s'obtenen multiplicant els de les columnes anteriors ($x_i \cdot f_i = f_i x_i$). Per exemple, $59 \cdot 19 = 1.121$.

Anàlogament, els de la 4a columna s'obtenen multiplicant els de la 1a pels de la 3a ($x_i \cdot f_i x_i = f_i x_i^2$). Per exemple, $59 \cdot 1.121 = 66.139$.

Amb les sumes de les columnes de la taula, obtenim els paràmetres:

MITJANA: $\bar{x} = \dfrac{\Sigma f_i x_i}{\Sigma f_i} = \dfrac{17.658}{229} = 77,1$ kg

DESVIACIÓ TÍPICA: $\sigma = \sqrt{\dfrac{\Sigma f_i x_i^2}{\Sigma f_i} - \bar{x}^2} = \sqrt{\dfrac{1.390.434}{229} - 77,1^2} = 11,2$ kg

COEFICIENT DE VARIACIÓ: $CV = \dfrac{\sigma}{\bar{x}} = \dfrac{11,2}{77,1} = 0,145 = 14,5\,\%$

### Amb calculadora

1. Preparem la calculadora perquè treballi en el mode Estadística. Per a això, accedim a MENÚ 1 triem **Estadística** 1, a continuació, **1-Variable.**
2. Introduïm els valors en la primera columna de la taula, prement = després d'introduir cada dada, i les freqüències corresponents, en la segona columna. Si cometem algun error, ens situem, amb el cursor, a sobre, teclegem la dada correcta i premem =.
3. Per veure els resultats, premem OPTN i accedim a l'opció **Càlc 1-variable.** Per veure-ho tot, ens movem amb el cursor cap avall.

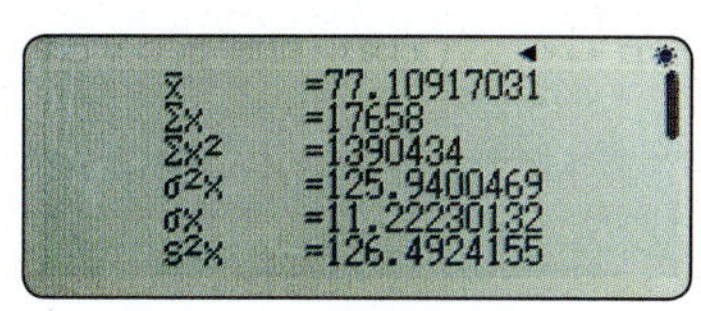


## » APLICA EL QUE HAS APRÈS

**3.** Troba, manualment i amb calculadora, la mitjana, la desviació típica i el coeficient de variació per a la taula obtinguda en l'exercici resolt 1:

| $x_i$ | 151 | 156 | 161 | 166 | 171 | 176 |
|---|---|---|---|---|---|---|
| $f_i$ | 2 | 4 | 11 | 14 | 5 | 4 |

**4.** Troba, manualment i amb calculadora, la mitjana, la desviació típica i el coeficient de variació en la distribució dels exercicis 1 i 2 de la pàgina 231.

Compara els resultats entre si i amb els de l'activitat 3.

# 4. PARÀMETRES DE POSICIÓ PER A DADES AÏLLADES

### Què aporten aquests paràmetres?

Els paràmetres de posició són una altra manera de sintetitzar la informació. Tenen l'avantatge que són molt fàcils d'interpretar: amb una senzilla explicació tothom entén que l'afirmació «la *meva estatura està en el percentil 78*» significa que, en aquest col·lectiu, *de cada 100 individus n'hi ha 78 que són més baixos que jo i 22 que són més alts.*

**DISTRIBUCIÓ I:** 16 individus

0 1 2 2 4 5 5 5

6 7 7 8 8 9 10 10

16 : 4 = 4 individus en cada grup:

**4**, 4 · 2 = **8**, 4 · 3 = **12**

**DISTRIBUCIÓ II:** 19 individus

0 1 2 2 3 4 5 5 5 6

6 7 7 8 8 9 10 10 10

19 : 4 = 4,75 individus en cada grup:

**4,75**; 4,75 · 2 = **9,5**; 4,75 · 3 = **14,25**

↓ ↓ ↓

5è 10è 15è

### Observa

La mediana és $Me = p_{50}$ i els quartils, $Q_1 = p_{25}$ i $Q_3 = p_{75}$.

## Mediana i quartils

Si els individus d'una població es col·loquen en ordre creixent segons la variable que estudiem i partim la població en quatre parts, totes amb el mateix nombre d'individus, els punts de separació són els quartils i la mediana:

- $Q_1$ (**primer quartil**) és el valor de la variable que deixa el 25 % de la població per sota i el 75 % per sobre.
- *Me* (**mediana**) és el valor de la variable que deixa el 50 % de la població per sota i el 50 % per sobre.
- $Q_3$ (**tercer quartil**) és el valor de la variable que deixa el 75 % dels individus per sota. S'anomena tercer quartil perquè la mediana és precisament el segon quartil.

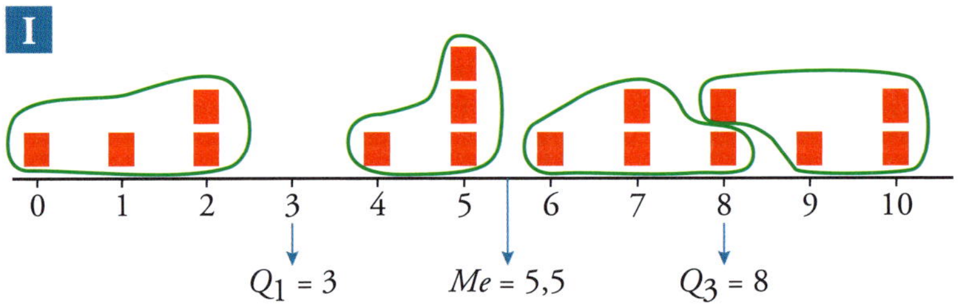


En aquest cas, és molt fàcil partir la població en 4 parts iguals.

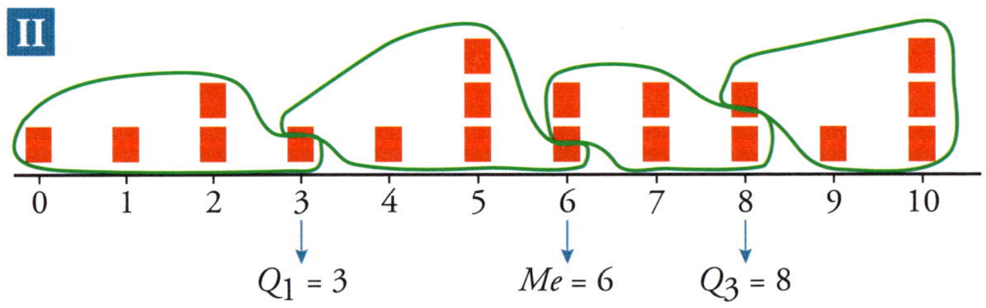


En aquest cas, cada paquet té un nombre fraccionari d'individus.

Observa que els quartils ($Q_1$, *Me*, $Q_3$) se situen en els individus que «es parteixen» perquè els quatre paquets siguin iguals.

## Percentils (o centils)

Si dividim la població en 100 parts iguals i assenyalem el lloc que deixa per sota un nombre $k$ d'aquestes parts, el valor de la variable corresponent a aquest lloc es designa amb $p_k$ i s'anomena **centil *k*** o **percentil *k***.

Per exemple, en la distribució I, fem aquesta operació per trobar $p_{85}$:

$$16 \cdot \frac{85}{100} = 13{,}6 \rightarrow p_{85} \text{ correspon al valor de l'individu 14è} \rightarrow p_{85} = 9$$

Els paràmetres $Q_1$, *Me*, $Q_3$, així com els percentils, s'anomenen **paràmetres de posició**.

## » APLICA EL QUE HAS APRÈS

**5.** Troba $Q_1$, *Me*, $Q_3$ i $p_{40}$ a partir d'aquesta distribució:

0 1 1 2 2 2 3 3 4 4 4 4 5 5 5

6 6 7 7 7 7 8 8 8 8 9 9 9 10 10

## Freqüències acumulades

En una distribució de freqüències, s'anomena **freqüència acumulada,** $F_i$, corresponent a $x_i$, la suma de la freqüència d'aquest valor amb totes les anteriors:

$$F_i = f_1 + f_2 + \ldots + f_i$$

NOMBRE DE FILLS DE 120 PARELLES

| $x_i$ | $f_i$ |
|---|---|
| 0 | 10 |
| 1 | 20 |
| 2 | 41 |
| 3 | 29 |
| 4 | 14 |
| 5 | 5 |
| 6 | 1 |

Per exemple, en la distribució de freqüències que hi ha en el marge, obtenim que:

| $x_i$ | $f_i$ | $F_i$ | | % ACUM. |
|---|---|---|---|---|
| 0 | 10 | 10 | = **10** | 8,3 |
| 1 | 20 | 10 + 20 | = **30** | 25 |
| 2 | 41 | 10 + 20 + 41 | = 30 + 41 = **71** | 59,2 |
| 3 | 29 | 10 + 20 + 41 + 29 | = 71 + 29 = **100** | 83,3 |
| 4 | 14 | 10 + 20 + 41 + 29 + 14 | = 100 + 14 = **114** | 95 |
| 5 | 5 | 10 + 20 + 41 + 29 + 14 + 5 | = 114 + 5 = **119** | 99,2 |
| 6 | 1 | 10 + 20 + 41 + 29 + 14 + 5 + 1 | = 119 + 1 = **120** | 100 |

## Obtenció de percentils en taules de freqüències

### Recorda

Per trobar quin percentatge (%) representa una quantitat, *F*, respecte a 120, cal fer aquesta operació:

$$\left(\frac{F}{120} \cdot 100\right)\%$$

Per calcular la mediana, els quartils i els altres percentils en distribucions donades per taules de freqüències, són de gran ajuda les freqüències acumulades, $F_i$, i els percentatges acumulats, % acum.

Per trobar el percentil $p_k$ en una taula de freqüències, s'obtenen les freqüències acumulades i s'expressen en percentatges. El percentil $p_k$ és el valor per al qual la freqüència acumulada corresponent supera el $k$%.

En el cas que una de les freqüències acumulades coincideixi amb $k$%, es pren com a $p_k$ el valor intermedi entre aquest valor de $x$ i el següent.

| $x_i$ | $f_i$ | $F_i$ | % ACUM. |
|---|---|---|---|
| 0 | 10 | 10 | 8,3 |
| 1 | 20 | 30 | 25 |
| 2 | 41 | 71 | 59,2 |
| 3 | 29 | 100 | 83,3 |
| 4 | 14 | 114 | 95 |
| 5 | 5 | 119 | 99,2 |
| 6 | 1 | 120 | 100 |

Per exemple, a partir de la taula del marge, obtenim $Me$, $Q_1$, $Q_3$, $p_{99}$ i $p_{95}$:

$Me = p_{50} = 2$ perquè, per a $x_i = 2$, el percentatge acumulat (% acum.) supera el 50.

$Q_1 = p_{25} = 1{,}5$ perquè, per a $x_i = 1$, el % acum. és exactament el 25. Per tant, el valor 1,5 deixa per sota el 25 % de la població i per sobre el 75 % restant.

$Q_3 = p_{75} = 3$ perquè, per a $x_i = 3$, el % acum. supera el 75.

$p_{99} = 5$ perquè, per a $x_i = 5$, el % acum. supera el 99.

$p_{95} = 4{,}5$ perquè, per a $x_i = 4$, el % acum. és exactament el 95.

## » APLICA EL QUE HAS APRÈS

**6.** Troba, a partir d'aquesta distribució de notes, $Me$, $Q_1$, $Q_3$, $p_{80}$, $p_{90}$ i $p_{99}$:

| NOTES | 1 | 2 | 3 | 4 | 5 | 6 | 7 | 8 | 9 | 10 |
|---|---|---|---|---|---|---|---|---|---|---|
| NRE. D'ESTUDIANTS | 6 | 19 | 37 | 45 | 109 | 81 | 39 | 22 | 30 | 12 |

# 5. PARÀMETRES DE POSICIÓ PER A DADES AGRUPADES

En les taules de freqüències amb dades agrupades en intervals, no hi consta el valor concret de cada individu. És impossible, doncs, saber on és la mediana o un cert percentil. Tot i així, si necessitem assignar valors a alguns d'aquests paràmetres, utilitzarem un procediment molt raonable, basat en el conveni següent:

Suposem que en una taula de freqüències amb dades agrupades en intervals, les dades de cada interval s'hi reparteixen de manera uniforme.

Segons això, els valors de les freqüències acumulades s'han d'assignar als extrems superiors dels intervals, ja que és al final de cada interval quan se n'han comptabilitzat tots els individus.

| INTERVALS | $f_i$ |
|---|---|
| 690,5-710,5 | 5 |
| 710,5-730,5 | 13 |
| 730,5-750,5 | 24 |
| 750,5-770,5 | 55 |
| 770,5-790,5 | 33 |
| 790,5-810,5 | 21 |
| 810,5-830,5 | 9 |

Marques, en centímetres, de 160 saltadors de llargada en una competició.

### Exemple

L'assignació de freqüències acumulades corresponent a la distribució de marques de salts de llargada que hi ha en el marge és en la taula de la dreta.

La seva representació gràfica es fa mitjançant l'anomenat *polígon de freqüències acumulades*, que descrivim a continuació.

| EXTREMS | $F_i$ | % ACUM. |
|---|---|---|
| 690,5 | 0 | **0** |
| 710,5 | 5 | 3,125 ≈ **3** |
| 730,5 | 18 | 11,25 ≈ **11** |
| 750,5 | 42 | 26,25 ≈ **26** |
| 770,5 | 97 | 60,625 ≈ **61** |
| 790,5 | 130 | 81,25 ≈ **81** |
| 810,5 | 151 | 94,375 ≈ **94** |
| 830,5 | 160 | **100** |

## Polígon de freqüències acumulades

Si considerem que la totalitat dels individus van apareixent en un flux continu amb una rapidesa que varia en cada interval segons el nombre d'individus, $f_i$, que hi ha, la representació gràfica d'aquest procés és el **polígon de freqüències acumulades**.

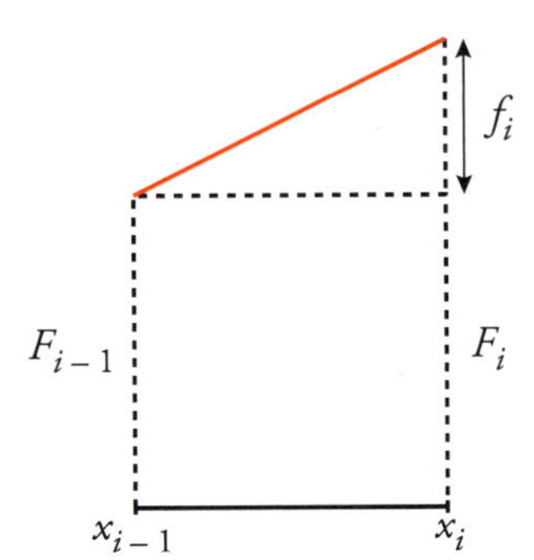


En cada interval, la gràfica creix uniformement i experimenta un augment igual a $f_i$.

Si en comptes de freqüències utilitzem percentatges, obtindrem el **polígon de percentatges acumulats**.

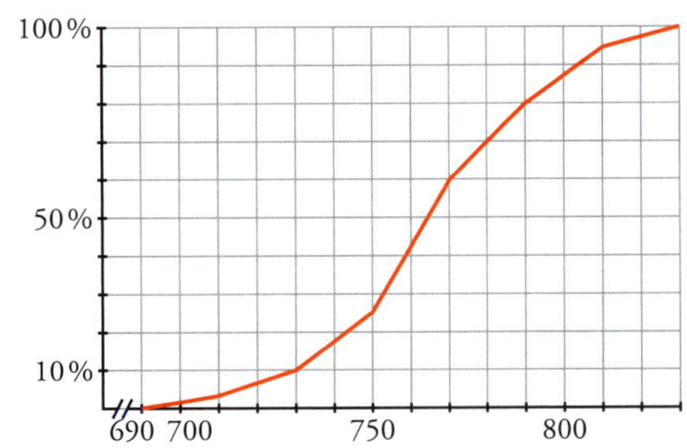


## » APLICA EL QUE HAS APRÈS

**7.** Obtén la distribució de freqüències acumulades i representa el polígon corresponent a partir de les dades de la taula següent:

| INTERVALS | 200-240 | 240-280 | 280-320 | 320-360 | 360-400 | 400-440 |
|---|---|---|---|---|---|---|
| FREQÜÈNCIES | 57 | 82 | 73 | 31 | 15 | 7 |

## Càlcul de percentils a partir del polígon de percentatges acumulats

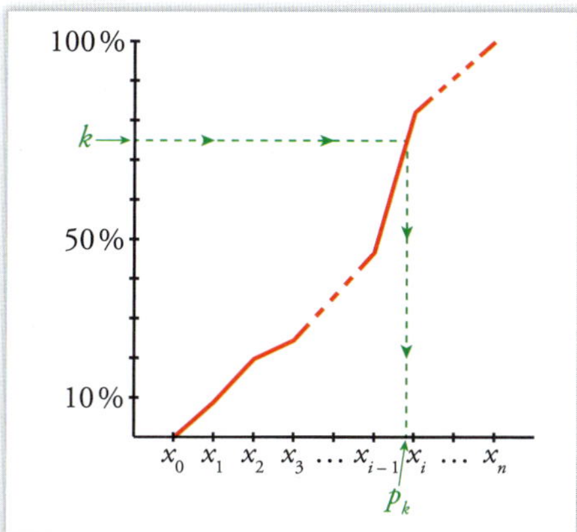


A partir del polígon de percentatges acumulats, es pot obtenir gràficament, amb comoditat, qualsevol percentil d'una distribució. Vegem com es fa.

Per calcular un percentil $p_k$, s'assenyala el percentatge corresponent, $k$, en l'eix $Y$, graduat de 0 a 100. Després, es busca, mitjançant una paral·lela a l'eix $X$, el punt corresponent del polígon. A continuació, des d'aquest punt es traça una paral·lela a l'eix $Y$ fins a l'eix de les abscisses, on es localitza el punt $p_k$. Finalment, només cal llegir aquest punt sobre l'eix $X$, tenint en compte l'escala d'aquest eix.

Per calcular numèricament, de forma exacta, el valor de $p_k$, només cal raonar adequadament a partir dels valors de l'interval corresponent i aplicar una semblança de triangles.

### EXERCICI RESOLT

**3.** ***Troba els percentils $Q_1 = p_{25}$, $Me = p_{50}$, $Q_3 = p_{75}$, $p_{80}$ i $p_{95}$ en el cas de la distribució de les marques dels saltadors de llargada de l'exemple de la pàgina anterior.***

| EXTREMS | $F_i$ | % ACUM. |
|---|---|---|
| 690,5 | 0 | **0** |
| 710,5 | 5 | 3,125 ≈ **3** |
| 730,5 | 18 | 11,25 ≈ **11** |
| 750,5 | 42 | 26,25 ≈ **26** |
| 770,5 | 97 | 60,625 ≈ **61** |
| 790,5 | 130 | 81,25 ≈ **81** |
| 810,5 | 151 | 94,375 ≈ **94** |
| 830,5 | 160 | **100** |

***Troba també el percentil que correspon a un saltador la marca del qual és 8 m.***

El polígon de percentatges acumulats el vam obtenir en la pàgina anterior. Ara, per trobar gràficament en aquest polígon els paràmetres indicats, cal seguir els passos següents:

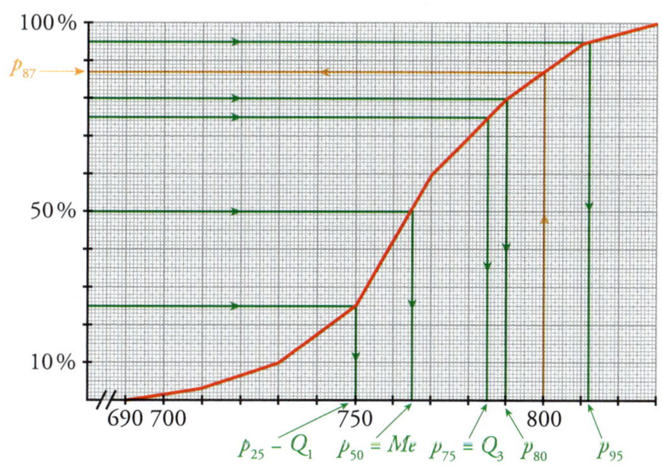


$Q_1 \approx 750$

$Me \approx 765$

$Q_3 \approx 785$

$P_{80} \approx 790$

$p_{95} \approx 812$

$800 \approx p_{87}$

El percentil corresponent a la marca 8 m = 800 cm és $p_{87}$.

Obtenció de $Me = p_{50}$ a partir de la figura:

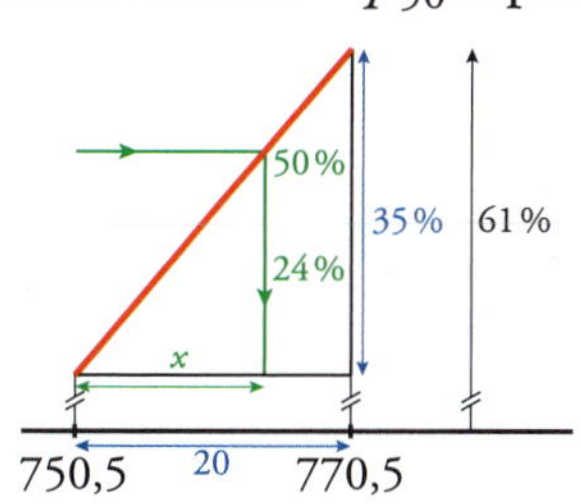


$61 - 26 = 35$

$50 - 26 = 24$

$\frac{24}{35} = \frac{x}{20} \rightarrow x = 13,7$

$Me = 750,5 + 13,7 = 764,2$

El valor obtingut així, $Me = 764,2$, és aproximadament igual al valor 765 que trobem gràficament.

## » APLICA EL QUE HAS APRÈS

**8.** Troba, gràficament i numèricament, $Q_1$, $Me$, $Q_3$ i $p_{90}$ en el cas de la distribució de l'activitat 7 de la pàgina anterior. Esbrina quin percentil correspon a un valor de 325.

GeoGebra. Polígons de freqüències acumulades.

# 6. DIAGRAMES DE CAIXA

Aquest diagrama s'anomena també de **caixa i bigotis.**

Observa aquesta manera de representar una distribució estadística tenint en compte les principals mesures de posició:

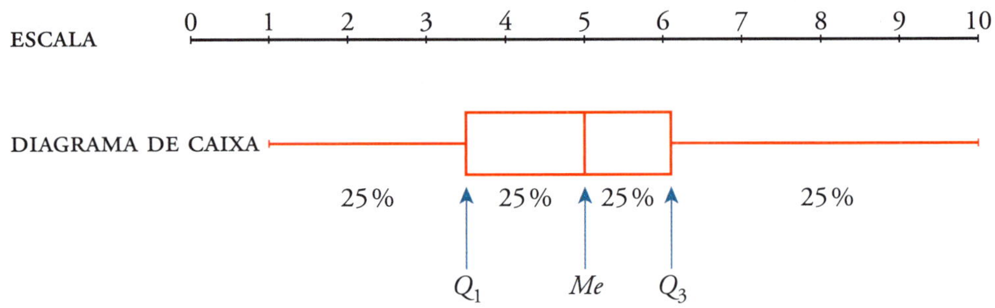


El gràfic correspon a la distribució de notes en un examen. A la part de dalt hi ha l'escala sobre la qual es mou la variable. A sota hi ha el diagrama pròpiament dit, que consisteix en el següent:

— El 50% dels valors centrals, que es troben entre els quartils $Q_1$ i $Q_3$, es destaquen per mitjà d'un rectangle (**caixa**). Aquesta caixa es divideix en dues parts: el 25% dels primers valors centrals està entre $Q_1$ i *Me* i l'altre 25%, entre *Me* i $Q_3$.

— Els valors extrems (el 25% dels més petits i el 25% dels més grans) es representen per mitjà de sengles segments **(bigotis)**.

Els **diagrames de caixa** (o de caixa i bigotis) es construeixen de la manera següent:

- En la caixa, que comprèn l'interval de $Q_1$ a $Q_3$ (anomenat recorregut interquartílic), s'hi assenyala expressament el valor de la mediana, *Me*.

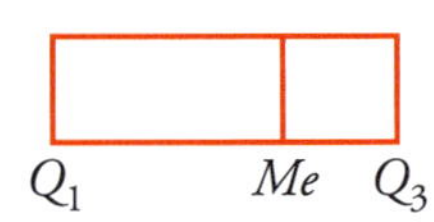


- Els bigotis es tracen fins a incloure la totalitat dels individus, amb la condició que cada costat no s'allargui més d'una vegada i mitja la longitud de la caixa.

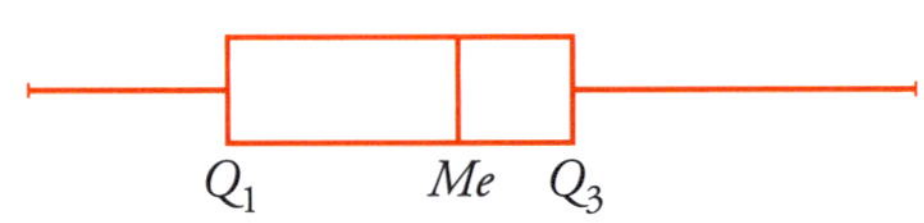


- Si un o més dels individus quedessin fora d'aquests trams, el costat corresponent del bigoti es dibuixaria amb aquesta limitació (1,5 · longitud de la caixa) i s'hi afegirien, mitjançant asteriscs, els individus en els llocs corresponents.

La longitud de la branca dreta del bigoti és 1,5 vegades la de la caixa. En aquesta branca no hi ha inclosos els dos individus de valors extrems que apareixen representats mitjançant asteriscs.

## No ho oblidis

La longitud de cada una de les branques laterals (bigotis) no ha de ser superior a 1,5 vegades la longitud de la caixa ($Q_3 - Q_1$). Si hi ha individus el valor dels quals dista més de $Q_1$ o de $Q_3$, es representen mitjançant punts solts.

## EXERCICIS RESOLTS

**4.** ***Les estatures dels 40 alumnes d'una classe són aquestes:***

| | | | | |
|---|---|---|---|---|
| *149* | *150* | *154* | *156* | *157* |
| *158* | *159* | *160* | *160* | *160* |
| *161* | *162* | *162* | *163* | *163* |
| *163* | *163* | *164* | *165* | *166* |
| *166* | *166* | *167* | *167* | *167* |
| *168* | *168* | *168* | *169* | *169* |
| *170* | *170* | *170* | *171* | *172* |
| *173* | *174* | *175* | *175* | *189* |

***Representa la distribució mitjançant un diagrama de caixa.***

Com que el nombre d'individus és múltiple de 4, $Q_1$, $Me$ i $Q_3$ seran els valors que hi ha entre els individus 10è i 11è, entre el 20è i el 21è i entre el 30è i el 31è, respectivament. És a dir:

$$Q_1 = 160{,}5 \qquad Me = 166 \qquad Q_3 = 169{,}5$$

La longitud de la caixa és $Q_3 - Q_1 = 169{,}5 - 160{,}5 = 9$.

Una vegada i mitja aquesta longitud és $1{,}5 \cdot 9 = 13{,}5$.

L'alumne que mesura 189 cm se separa de $Q_3$, l'extrem superior de la caixa, una distància de $189 - 169{,}5 = 19{,}5$. Aquesta distància és superior a una vegada i mitja la longitud de la caixa. Per això, posem a la dreta un bigoti de la longitud més gran possible, 13,5, i afegim un asterisc que assenyala la situació d'aquest alumne.

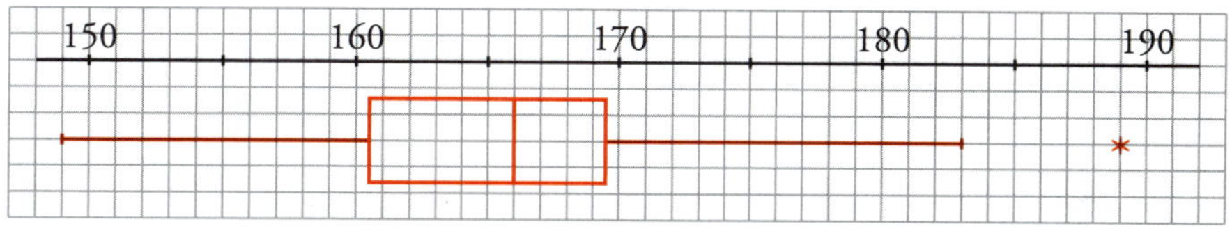


**5.** ***Representa, mitjançant un diagrama de caixa, la distribució següent, que correspon al nombre de fills de 120 parelles.***

| $x_i$ | $f_i$ |
|---|---|
| 0 | 10 |
| 1 | 20 |
| 2 | 41 |
| 3 | 29 |
| 4 | 14 |
| 5 | 5 |
| 6 | 1 |

En la pàgina 235 hem calculat diverses mesures de posició corresponents a aquesta distribució:

$$Q_1 = 1{,}5 \qquad Me = 2 \qquad Q_3 = 3$$

La caixa comprèn l'interval $[Q_1, Q_3] = [1{,}5; 3]$.

La longitud del recorregut interquartílic és de $3 - 1{,}5 = 1{,}5$.

Els segments del bigoti han de mesurar, a tot estirar, $1{,}5 \cdot 1{,}5 = 2{,}25$.

El bigoti esquerre mesura menys de 2,25; el dret, però, de 2,25, no inclou l'element amb el valor més gran (una parella amb 6 fills), ja que $Q_3 + 2{,}25 = 5{,}25$. El representem mitjançant un asterisc.

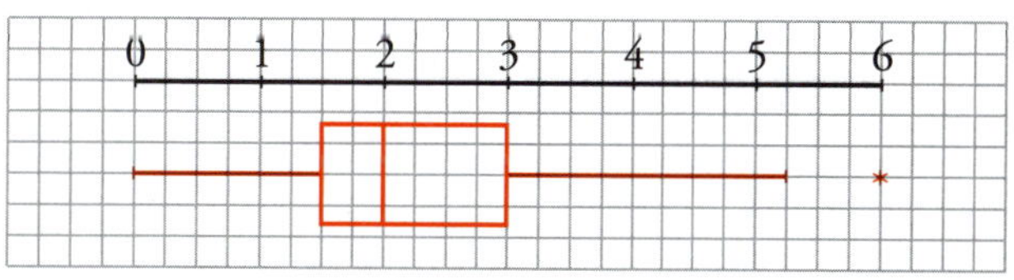


## » APLICA EL QUE HAS APRÈS

**9.** Fes el diagrama de caixa corresponent a la distribució de notes d'aquesta taula:

| $x_i$ | $f_i$ |
|---|---|
| 1 | 6 |
| 2 | 15 |
| 3 | 22 |
| 4 | 24 |
| 5 | 33 |
| 6 | 53 |
| 7 | 22 |
| 8 | 16 |
| 9 | 8 |
| 10 | 1 |

**10.** Interpreta aquest diagrama de caixa i bigotis, relatiu a les marques de diferents saltadors de llargada:

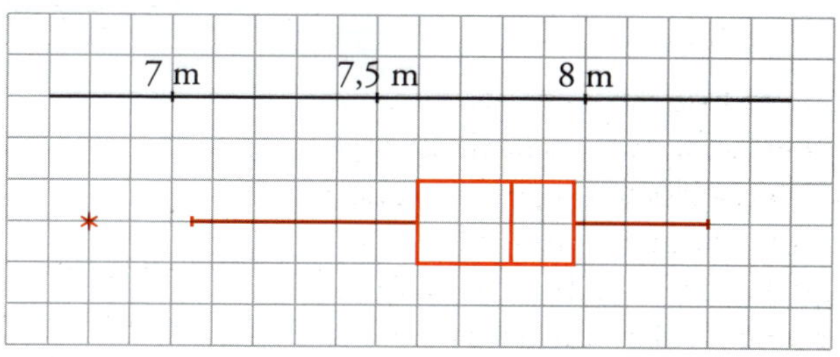


GeoGebra. Representació de diagrames de caixa.

# 7. ESTADÍSTICA INFERENCIAL

## Per què es recorre a les mostres?

Fixa't en els casos següents:

I. Si volem conèixer algunes dades anatòmiques (estatura, pes, perímetre toràcic...) dels 843 alumnes d'un centre escolar, podem mesurar-los. Tanmateix, si volguéssim obtenir les mateixes mesures de tots els joves europeus d'edats compreses entre 18 i 30 anys, la tasca seria desmesurada. Hauríem de recórrer a una mostra.

II. Per estudiar la durada d'una bombeta, cal deixar-la encesa i mesurar el temps transcorregut fins que es fongui. Com és natural, no es pot fer això amb la totalitat de les bombetes d'una producció. S'ha de recórrer a una mostra.

III. Si volem conèixer l'opinió que tenen sobre les rebaixes els clients d'uns grans magatzems, és impossible demanar-la a tothom; cal recórrer a una mostra, ja que no és possible controlar aproximadament ni quins són els individus de la població ni a quants d'ells no s'ha enquestat.

En la pràctica, sovint cal recórrer a una mostra per inferir dades de la població per algun dels motius següents:

- Perquè la població és excessivament nombrosa (cas I).
- Perquè el procés de mesurament és destructiu (cas II) o massa car.
- Perquè la població és molt difícil, o impossible, de controlar (cas III).
- Perquè cal conèixer ràpidament determinades dades de la població i es tardaria massa a consultar tots els individus (per exemple, els sondejos electorals).

## » APLICA EL QUE HAS APRÈS

**11.** Un fabricant de cargols vol fer-ne un control de qualitat. Recull un de cada 100 cargols fabricats i l'analitza.

El conjunt de cargols analitzats, és una població o una mostra? Per què?

**12.** La responsable de qualitat d'una empresa que fabrica piles vol estudiar l'energia subministrada per cada pila des que entra en funcionament fins que s'exhaureix.

Pot fer l'estudi sobre la població o ha de recórrer a una mostra? Per què?

**13.** En un viver hi ha 285 plantes d'interior. Per provar l'eficàcia d'un nou fertilitzant, el jardiner les mesura totes abans i després del semestre que dura el tractament.

El conjunt d'aquestes 285 plantes, és una població o una mostra? Per què?

## Grandària de la mostra

Respecte de la grandària, és clar que si la mostra és massa petita no en podrem extreure cap conclusió que sigui vàlida per al conjunt de la població. No obstant això, amb mostres aparentment molt petites s'aconsegueixen estimacions sorprenentment bones de la realitat.

Més endavant analitzarem la relació que hi ha entre la grandària de la mostra i el tipus de conclusions que en podem obtenir.

## La mostra ha de triar-se a l'atzar

En substituir l'estudi de la població pel de la mostra, es cometen errors. Però hi comptem per endavant i poden controlar-se.

Ara bé, si la mostra està mal triada (**no és representativa**), es produeixen errors addicionals imprevistos i incontrolats (**biaixos**).

El procés mitjançant el qual es confecciona la mostra es diu **mostratge** o **mostreig**. Com ha de ser el mostratge perquè ens proporcioni una mostra representativa, no esbiaixada? Potser et resulta xocant, però és imprescindible que la mostra es triï a l'atzar. És a dir, *el mostratge ha de ser aleatori*.

### Exemple

En un centre escolar volen conèixer el nombre d'hores que estudien, de mitjana, els 1.000 alumnes. Però en comptes d'enquestar-los tots, n'extrauran una mostra de 100. Reflexionem sobre la validesa de cada un dels mètodes de mostratge següents:

**a)** La direcció tria la mostra procurant que hi hagi alumnes de tot tipus.

**b)** Trien els 100 primers que arriben al centre un dia determinat.

**c)** Els numeren de l'1 al 1.000 i en trien, a l'atzar, 100.

El procediment a) té el gran inconvenient que depèn de la subjectivitat de la direcció. Mai no s'ha de triar una mostra amb criteris subjectius, ja que les idees de qui la triï influiran enormement en les conclusions que se n'extreguin.

El mètode b) tampoc no és bo. És possible que els primers alumnes que arribin al centre siguin els més responsables i això influeixi en els seus mètodes d'estudi.

D'aquests tres procediments, l'únic mètode vàlid és el c).

Es diu que un **mostratge és aleatori** quan els individus de la mostra es trien a l'atzar, de manera que tots els individus de la població tenen la mateixa probabilitat de ser escollits.

El mostratge aleatori és l'únic que garanteix la fiabilitat de les conclusions que se n'obtinguin.

## Conclusions que s'obtenen d'una mostra

Ens centrarem en un exemple concret per estudiar les conclusions que podem treure d'una mostra i el grau de fiabilitat que tenen.

Per estimar l'estatura de tots els nois de 21 anys d'una població, n'extraiem una mostra aleatòria de 200. La mitjana de les estatures dels individus de la mostra és $\overline{x}$ = 173 cm. A partir d'aquestes dades es fa l'estimació següent:

«L'estatura mitjana dels homes de 21 anys d'aquesta població és, aproximadament, 173 cm.»

Amb l'expressió *aproximadament* volem indicar «una mica més o una mica menys», per exemple, mig centímetre més o menys. En aquest cas, diríem que:

«L'estatura mitjana dels homes de 21 anys d'aquesta població es troba en l'interval (172,5; 173,5).»

Segur? Per descomptat que no. És, només, *probable*. L'afirmació podria ser aquesta:

«L'estatura mitjana dels homes de 21 anys d'aquesta població es troba en l'interval (172,5; 173,5), i aquesta afirmació la fem amb un nivell de confiança del 90 %.» (Això significa que la probabilitat que sigui certa és de 0,90.)

Observa que, **com més gran sigui l'interval, més gran serà el nivell de confiança que hi tindrem** (com més gran sigui la diana, més probable és que l'encertem). En lloc de l'anterior, l'afirmació podria ser aquesta altra:

«L'estatura mitjana dels homes de 21 anys d'aquesta població es troba en l'interval (172, 174), i això ho diem amb un nivell de confiança del 96 %.»

Com més precisos vulguem ser en l'estimació, més petit serà el nivell de confiança que tindrem en l'interval.

### Nivell de confiança

Una confiança del 90 % significa que, de mitjana, de cada 100 vegades que féssim una estimació, amb les precaucions corresponents, en 90 l'encertaríem i en 10 ens equivocaríem.

### No ho oblidis

Les conclusions que s'extreuen d'una mostra són només aproximades pel que fa a la població.

Les valoracions numèriques es donen per mitjà d'intervals, acompanyats d'una probabilitat (nivell de confiança).

Com més ampli sigui l'interval, més gran serà el nivell de confiança que hi tindrem. I, al contrari, si es vol afinar molt en les previsions i es redueix l'interval, hi perdrem confiança.

La grandària de la mostra també influeix. Augmentant-la, podrem:

- Augmentar el nivell de confiança mantenint l'amplitud de l'interval.
- Reduir l'amplitud de l'interval mantenint el nivell de confiança.

## » APLICA EL QUE HAS APRÈS

**14.** S'ha fet un test als 64 individus d'una mostra seleccionada aleatòriament i a partir dels resultats obtinguts s'ha arribat a la conclusió següent:

«La puntuació mitjana que assolirien els individus de tota la població si se'ls fes aquest test estaria entre 42,7 punts i 44,1 punts. I això ho podem afirmar amb un nivell de confiança del 95%.»

**a)** Si l'interval que es donés fos 42-44,8, el nivell de confiança seria del...

- 90 %
- 95 %
- 98 %

**b)** Si volguéssim tenir un nivell de confiança del 99 % i un interval de la mateixa amplitud, com hauria de ser la mostra?

- De menys de 64
- De 64
- De més de 64

# 8. ESTADÍSTICA EN ELS MITJANS DE COMUNICACIÓ

Els mitjans de comunicació sovint acompanyen la informació amb estadístiques: gràfiques, taules, paràmetres, mostratges, inferències…

**Fitxa tècnica**

- **Empresa responsable:** CNLL.
- **Tècnica d'investigació:** entrevistes telefòniques assistides per ordinador.
- **Àmbit d'estudi:** Portugal.
- **Univers:** població resident a Portugal, major d'edat i amb dret a vot.
- **Nombre d'entrevistes:** 957.
- **Marge d'error:** +/- 2,9 %.
- **Treball de camp:** del 23 al 26 de setembre.

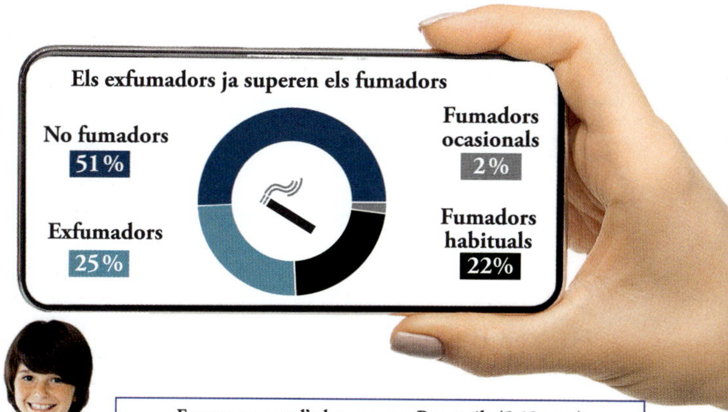

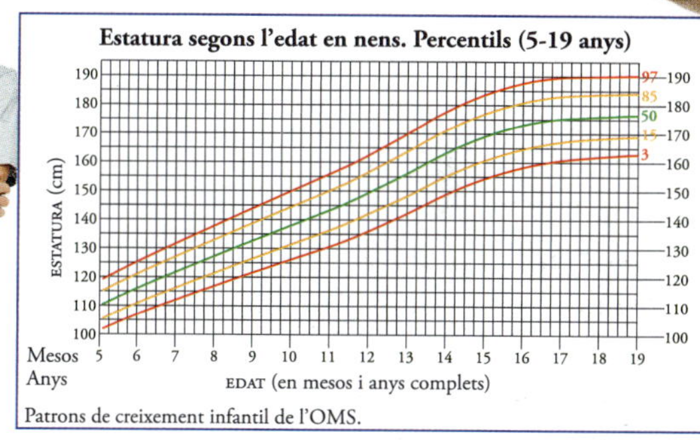


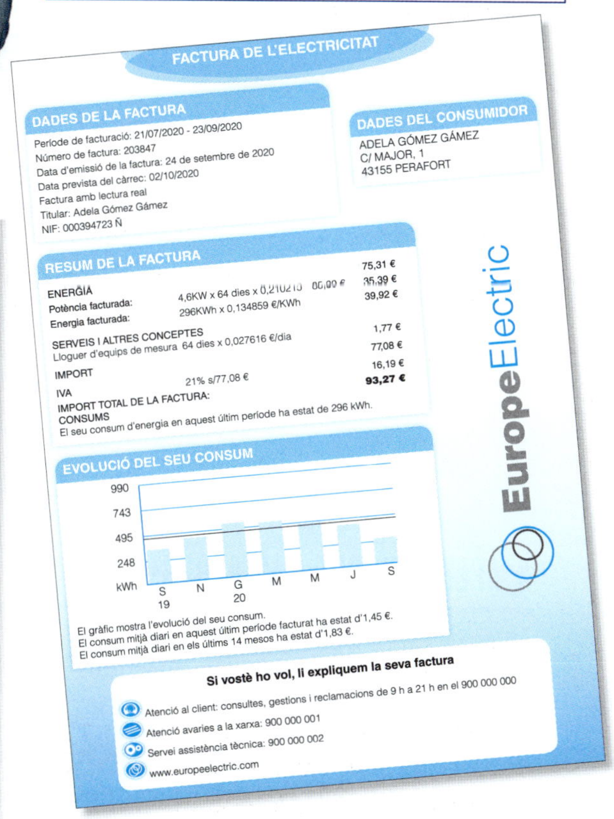

FACTURA DE L'ELECTRICITAT

**DADES DE LA FACTURA**

Període de facturació: 21/07/2020 - 23/09/2020
Número de factura: 203847
Data d'emissió de la factura: 24 de setembre de 2020
Data prevista del càrrec: 02/10/2020
Factura amb lectura real
Titular: Adela Gómez Gámez
NIF: 000394723 Ñ

**DADES DEL CONSUMIDOR**

ADELA GÓMEZ GÁMEZ
C/ MAJOR, 1
43155 PERAFORT

**RESUM DE LA FACTURA**

| | | |
|---|---|---|
| ENERGIA | | 75,31 € |
| Potència facturada: | 4,6KW x 64 dies x 0,121013 | 35,39 € |
| Energia facturada: | 296KWh x 0,134859 €/KWh | 39,92 € |
| SERVEIS I ALTRES CONCEPTES | | 1,77 € |
| Lloguer d'equips de mesura | 64 dies x 0,027616 €/dia | |
| IMPORT | | 77,08 € |
| IVA | 21% s/77,08 € | 16,19 € |
| IMPORT TOTAL DE LA FACTURA: | | 93,27 € |

CONSUMS
El seu consum d'energia en aquest últim període ha estat de 296 kWh.

**EVOLUCIÓ DEL SEU CONSUM**



El gràfic mostra l'evolució del seu consum.
El consum mitjà diari en aquest últim període facturat ha estat d'1,45 €.
El consum mitjà diari en els últims 14 mesos ha estat d'1,83 €.

**Si vostè ho vol, li expliquem la seva factura**

Atenció al client: consultes, gestions i reclamacions de 9 h a 21 h en el 900 000 000
Atenció avaries a la xarxa: 900 000 001
Servei assistència tècnica: 900 000 002
www.europeelectric.com

EuropeElectric

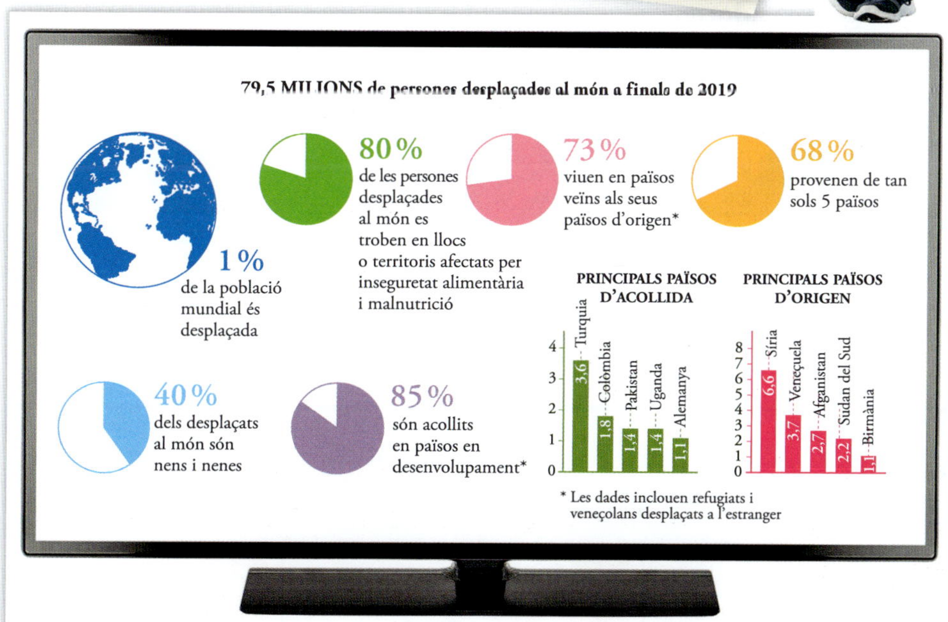


Observa que en aquests flaixos informatius hi ha gràfics de diferents tipus, taules, paràmetres (percentatges, percentils, mitjanes) i, en un dels casos, una enquesta acompanyada d'una «fitxa tècnica» amb les característiques de la mostra a partir de la qual s'ha obtingut i el nivell de confiança del resultat.

## Detalls importants en la interpretació de gràfics

Per analitzar a fons un gràfic, és important fixar-se en els detalls. Cal mirar amb atenció i esperit crític el que ens estan transmetent, ja que de vegades apareixen falsedats o s'exagera la realitat de manera que es transmet una impressió enganyosa.

### Tingues en compte

- El gràfic s'ha d'ajustar a la informació del text.
- Para atenció a les escales utilitzades en els eixos.
- Comprova que el gràfic és adequat.
- Fixa't en el tipus de gràfic i en la informació que pretén transmetre.

### Exemple 1

El 15 % dels empleats d'una empresa són dones.

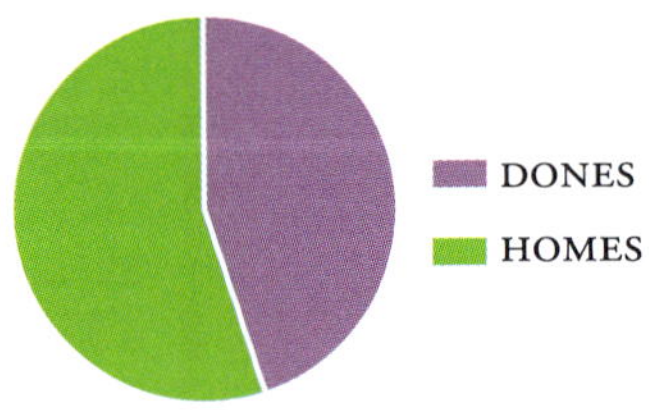


Observa el gràfic, que no es correspon amb el que diu el text. L'amplitud del sector corresponent a les dones hauria de ser molt més petita; el que hi ha representat correspon al 45 % i no pas al 15 %.

### Exemple 2

En aquests dos gràfics hi ha representats els beneficis d'una empresa en els últims 4 anys. Si canviem l'escala de l'eix vertical, l'aspecte és molt diferent:

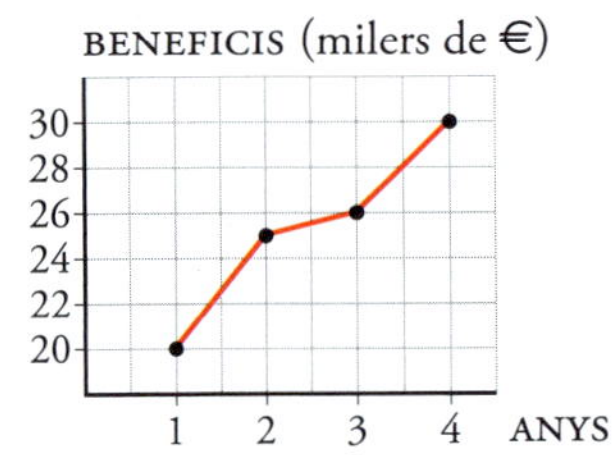


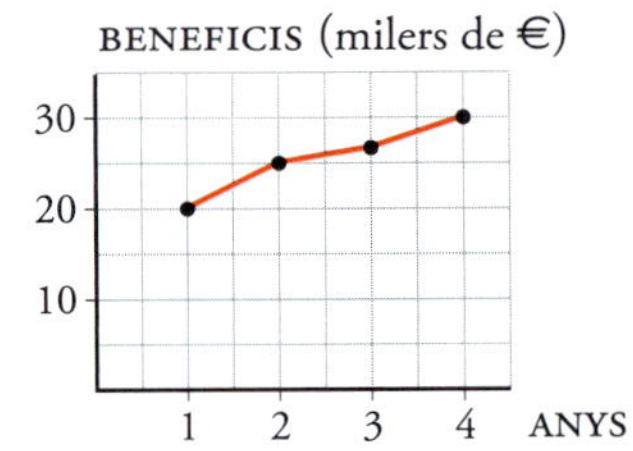


### Exemple 3

Aquests dos gràfics són completament correctes i representen els casos de coronavirus a Espanya des del 31 de gener fins al 26 de juny del 2020. La diferència és que el primer reflecteix les freqüències absolutes i el segon, les freqüències acumulades. Segons la informació que vulguem transmetre, utilitzarem l'un o l'altre.

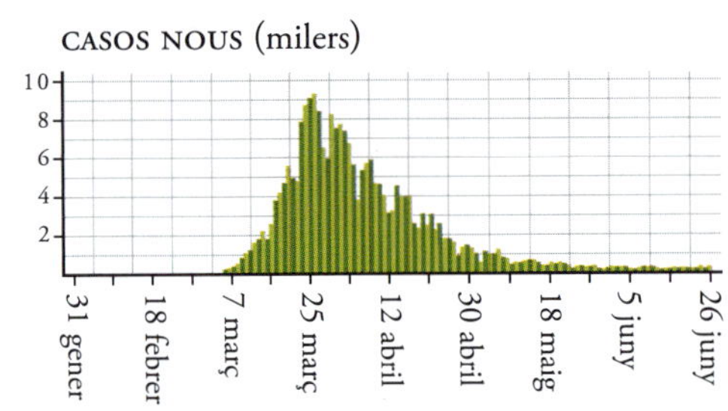


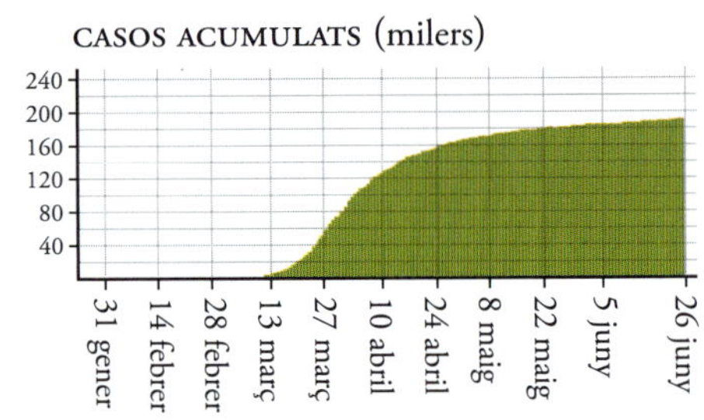


## » APLICA EL QUE HAS APRÈS

**15.** Respon a aquestes qüestions sobre els gràfics de l'exemple 3:

**a)** Si volguéssim saber quants casos hi va haver el dia 8 de maig, quin dels dos gràfics hauríem de mirar?

**b)** Com interpretes que la segona corba *s'aplani*?

**16.** Compara els diagrames següents, que reflecteixen els resultats de tres partits polítics en les últimes eleccions municipals.

El partit A va obtenir uns 30.000 vots; el B, uns 20.000, i el C, uns 12.000.

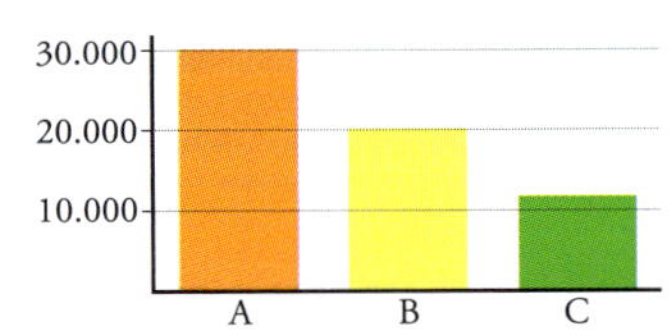


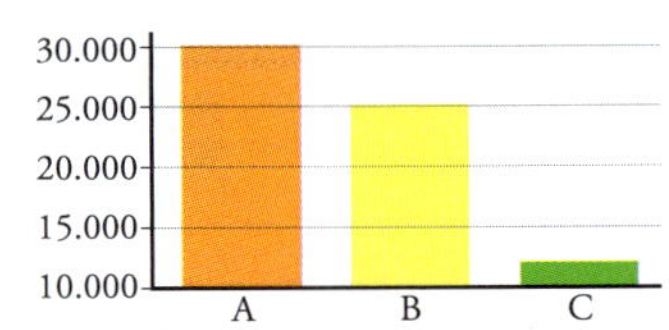


Quin dels dos gràfics et sembla més correcte? Per què? Amb quina intenció s'utilitzarà el segon?

# » OBSERVA, RAONA I RESOL

## 1. ESTUDI ESTADÍSTIC AMB DADES AÏLLADES

***La mestra d'educació física ha demanat a cada alumne que llanci 10 vegades la pilota des de la línia de tirs lliures.***

***Aquestes són les cistelles aconseguides per cada alumne:***

*4 5 7 3 5 4 3 5 7 1*

*2 6 5 4 4 2 4 3 6 3*

*5 8 6 5 7 3 5 4 4 2*

*a)* ***Construeix una taula de freqüències i representa-la gràficament. Amplia la taula amb les columnes necessàries per trobar la mitjana i la desviació típica. Calcula també el coeficient de variació.***

*b)* ***Construeix la taula de freqüències acumulades i de percentatges acumulats i, a partir d'aquesta, troba $Q_1$, Me, $Q_3$, $p_{30}$, $p_{90}$ i $p_{99}$.***

*c)* ***Representa les dades en un diagrama de caixa.***

a) Construïm la taula de freqüències amb les columnes $f_i$, $f_ix_i$ i $f_ix_i^2$.

| $x_i$ | $f_i$ | $f_ix_i$ | $f_ix_i^2$ |
|---|---|---|---|
| 1 | 1 | 1 | 1 |
| 2 | 3 | 6 | 12 |
| 3 | 5 | 15 | 45 |
| 4 | 7 | 28 | 112 |
| 5 | 7 | 35 | 175 |
| 6 | 3 | 18 | 108 |
| 7 | 3 | 21 | 147 |
| 8 | 1 | 8 | 64 |
| | 30 | 132 | 664 |

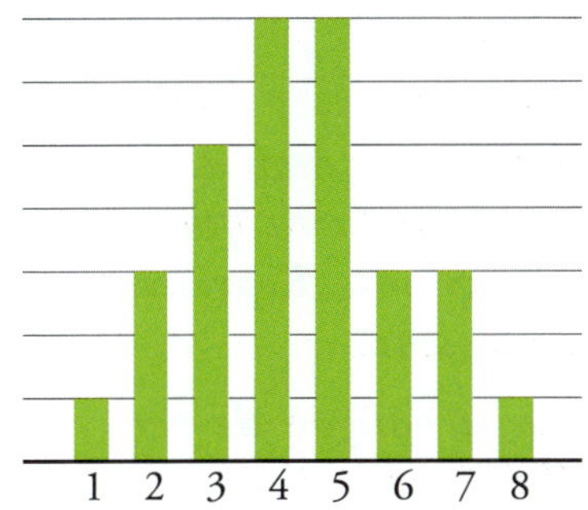


MITJANA: $\bar{x} = \dfrac{132}{30} = 4,4$

DESVIACIÓ TÍPICA: $\sigma = \sqrt{\dfrac{664}{30} - 4,4^2} = \sqrt{2,77} = 1,67$

COEFICIENT DE VARIACIÓ: $CV = \dfrac{\sigma}{\bar{x}} = \dfrac{1,67}{4,4} = 0,38$ o bé 38 %.

La representació s'ha fet mitjançant un diagrama de barres perquè es tracta d'una variable discreta.

b)

| $x_i$ | $f_i$ | $F_i$ | % ACUM. |
|---|---|---|---|
| 1 | 1 | 1 | 3,3 |
| 2 | 3 | 4 | 13,3 |
| 3 | 5 | 9 | 30 |
| 4 | 7 | 16 | 53,3 |
| 5 | 7 | 23 | 76,7 |
| 6 | 3 | 26 | 86,7 |
| 7 | 3 | 29 | 96,7 |
| 8 | 1 | 30 | 100 |

$Q_1 = p_{25} = 3$, perquè per a $x_i = 3$ el percentatge acumulat supera el 25 %.

La mitjana i el tercer quartil són $Me = p_{50} = 4$ i $Q_3 = p_{75} = 5$.

$p_{30} = 3,5$, perquè per a $x_i = 3$ el percentatge acumulat és exactament 30. Per tant, el valor 3,5 és superior al 30 % de la població i inferior al 70 % restant.

Els altres percentils demanats són $p_{90} = 7$ i $p_{99} = 8$.

c)

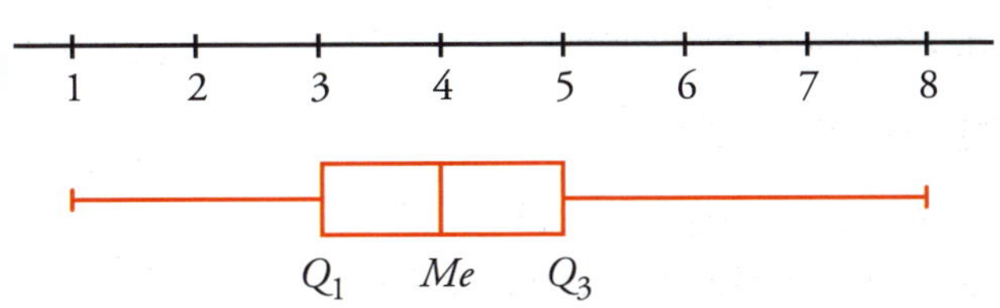


**Fes-ho tu** S'ha preguntat als alumnes d'una classe el nombre de persones que viuen a casa. Els resultats són aquests:

3 5 4 5 8 6 5 6 4 3

3 5 6 4 5 4 4 5 7 4

4 4 3 4 5 3 4 4 6 7

Resol els mateixos apartats de l'exercici resolt anterior a partir d'aquestes dades.

## 2. ESTUDI ESTADÍSTIC AMB DADES AGRUPADES EN INTERVALS

***Els pesos dels 32 alumnes d'una classe són els següents:***

| | | | | | | | |
|---|---|---|---|---|---|---|---|
| *72* | *60* | *48* | *74* | *65* | *53* | *65* | *58* |
| *77* | *55* | *81* | *74* | *67* | *65* | *72* | *49* |
| *64* | *74* | *63* | *59* | *76* | *58* | *66* | *62* |
| *62* | *59* | *68* | *89* | *54* | *71* | *78* | *58* |

a) ***Elabora una taula amb dades agrupades, de manera que hi hagi sis intervals. Representa-la gràficament.***

b) ***Representa el polígon de percentatges acumulats i, a partir d'aquest, calcula $Q_1$, Me, $Q_3$, $p_{90}$ i $p_{95}$.***
***Troba, també, el percentil d'un alumne que pesa 68 kg.***

c) ***Representa les dades en un diagrama de caixa.***

a) Els valors extrems són 48 i 89. Per tant, el recorregut és $r = 89 - 48 = 41$.

Per formar 6 intervals, el tram total ha de tenir una longitud múltiple de 6, per exemple, 42. Perquè els extrems dels intervals no coincideixin amb cap dada, els prendrem amb una xifra decimal.

Elaborem la taula amb les marques de classe:

| INTERVALS | MARQUES DE CLASSE | FREQÜÈNCIES |
|---|---|---|
| 47,5-54,5 | 51 | 4 |
| 54,5-61,5 | 58 | 7 |
| 61,5-68,5 | 65 | 10 |
| 68,5-75,5 | 72 | 6 |
| 75,5-82,5 | 79 | 4 |
| 82,5-89,5 | 86 | 1 |

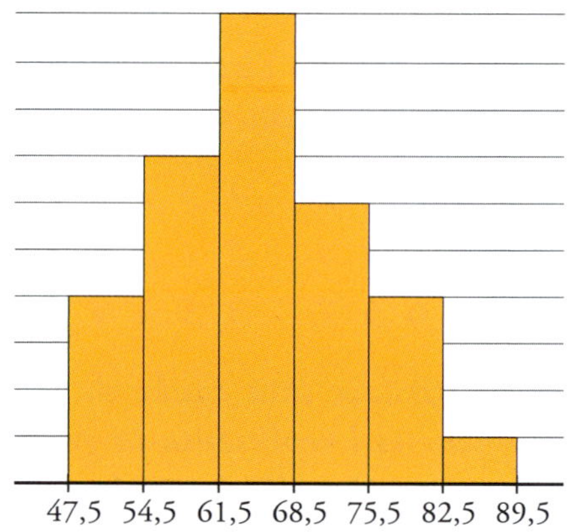


La representació s'ha fet mitjançant un histograma perquè es tracta d'una variable contínua.

b) Per representar el polígon, primer construïm la taula de freqüències i percentatges acumulats:

| EXTREMS | $F_i$ | % ACUM. |
|---|---|---|
| 47,5 | 0 | 0 |
| 54,5 | 4 | 12,5 ≈ 13 |
| 61,5 | 11 | 34,4 ≈ 34 |
| 68,5 | 21 | 65,6 ≈ 66 |
| 75,5 | 27 | 84,4 ≈ 84 |
| 82,5 | 31 | 96,9 ≈ 97 |
| 89,5 | 32 | 100 |

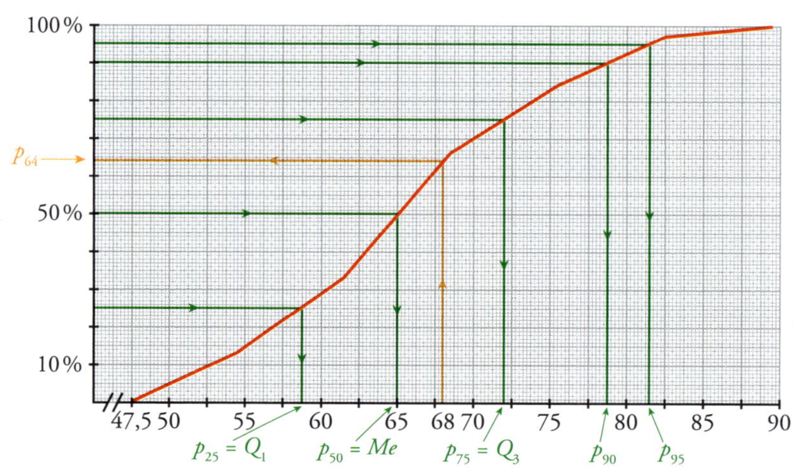


$Q_1 \approx 58{,}5$

$Me \approx 65$

$Q_3 \approx 72$

$p_{90} \approx 78{,}75$

$p_{95} \approx 81{,}5$

$68 \approx p_{64}$

c)

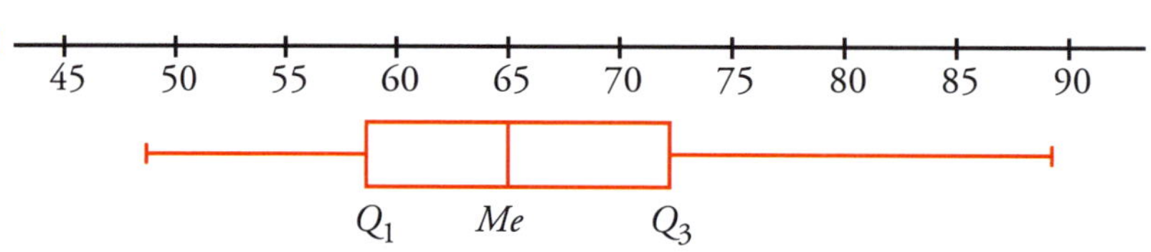


**Fes-ho tu** Les longituds (en cm) de 32 exemplars d'una espècie de plantes determinada són les següents:

| | | | | | | | |
|---|---|---|---|---|---|---|---|
| 13 | 23 | 14 | 16 | 25 | 24 | 15 | 19 |
| 21 | 17 | 18 | 12 | 24 | 20 | 16 | 10 |
| 14 | 17 | 20 | 18 | 15 | 22 | 45 | 14 |
| 16 | 17 | 14 | 15 | 20 | 21 | 22 | 16 |

a) Construeix una taula amb dades agrupades en sis intervals de longitud 6 que comencin en 9,5.

b) Representa el polígon de percentatges acumulats i fes-lo servir per trobar $Q_1$, *Me*, $Q_3$, $p_{90}$ i $p_{95}$. En quin percentil es troba una planta de 26 cm de longitud?

c) Representa les dades en un diagrama de caixa.


BARCANOVA EDITORIAL

# » EXERCITA LES TEVES COMPETÈNCIES

## Practica

### Taules de freqüències

**1.** En un centre de salut, el nombre d'urgències ateses cada dia, al llarg d'un mes, va ser aquest:

| | | | | | | | | | |
|---|---|---|---|---|---|---|---|---|---|
| 1 | 5 | 3 | 2 | 1 | 6 | 4 | 2 | 2 | 3 |
| 4 | 3 | 5 | 1 | 0 | 1 | 5 | 3 | 3 | 6 |
| 2 | 4 | 6 | 3 | 2 | 4 | 3 | 2 | 1 | 5 |

**a)** Digues quina és la variable i de quin tipus és.

**b)** Fes una taula de freqüències i representa les dades en un diagrama adequat.

**2.** A un grup de 30 persones se'ls ha mesurat el nombre de pulsacions per minut (ritme cardíac) i s'han obtingut els resultats següents:

| | | | | | | | | | |
|---|---|---|---|---|---|---|---|---|---|
| 87 | 85 | 61 | 51 | 64 | 75 | 80 | 70 | 69 | 82 |
| 80 | 79 | 82 | 74 | 92 | 76 | 72 | 73 | 63 | 65 |
| 67 | 71 | 88 | 76 | 68 | 73 | 70 | 76 | 71 | 86 |

Representa gràficament aquesta distribució agrupant les dades en 6 intervals (de 50,5 a 92,5).

**3.** En un hospital s'han mesurat els pesos (en quilograms) de 50 nadons:

| | | | | | | | | | |
|---|---|---|---|---|---|---|---|---|---|
| 2,8 | 3,2 | 3,8 | 2,5 | 2,7 | 3,7 | 1,9 | 2,6 | 3,5 | 2,3 |
| 3,3 | 2,6 | 1,8 | 3,3 | 2,9 | 2,1 | 3,4 | 2,8 | 3,1 | 3,9 |
| 2,9 | 3,5 | 3,0 | 3,1 | 2,2 | 3,4 | 2,5 | 1,9 | 3,0 | 2,9 |
| 2,4 | 3,4 | 2,0 | 2,6 | 3,1 | 2,3 | 3,5 | 2,9 | 3,0 | 2,7 |
| 2,9 | 2,8 | 2,7 | 3,1 | 3,0 | 3,1 | 2,8 | 2,6 | 2,9 | 3,3 |

**a)** Quina és la variable i de quin tipus és?

**b)** Construeix una taula amb les dades agrupades en 6 intervals d'1,65 a 4,05.

### Mitjana, desviació típica i CV

**4.** Troba la mitjana, la desviació típica i el coeficient de variació d'aquestes distribucions:

**a)**

| $x_i$ | $f_i$ |
|---|---|
| 0 | 12 |
| 1 | 9 |
| 2 | 7 |
| 3 | 6 |
| 4 | 3 |
| 5 | 3 |

**b)**

| INTERVAL | $f_i$ |
|---|---|
| 1,65-2,05 | 4 |
| 2,05-2,45 | 5 |
| 2,45-2,85 | 13 |
| 2,85-3,25 | 17 |
| 3,25-3,65 | 8 |
| 3,65-4,05 | 3 |

**5.** Les despeses mensuals, al llarg d'un any, d'una empresa A tenen una mitjana de 100.000 euros i una desviació típica de 12.500 euros. En una altra empresa B, la mitjana és de 15.000 euros i la desviació típica, de 2.500 euros. Calcula els coeficients de variació i digues quina de les dues empreses té més variació relativa.

### Paràmetres de posició per a dades aïllades

**6.** L'altura, en centímetres, d'un grup d'alumnes d'una mateixa classe és aquesta:

| | | | | | | |
|---|---|---|---|---|---|---|
| 150 | 169 | 171 | 172 | 172 | 175 | 181 |
| 182 | 183 | 177 | 179 | 176 | 184 | 158 |

Calcula la mediana i els quartils i explica el significat d'aquests paràmetres.

**7.** Troba la mediana, els quartils i el percentil 60 de cada una de les distribucions següents, corresponents al nombre de respostes correctes en un test realitzat per dos grups d'estudiants:

A: 25 – 22 – 27 – 30 – 23 – 22 – 31 – 18
24 – 25 – 32 – 35 – 20 – 28 – 30

B: 27 – 32 – 19 – 22 – 25 – 30 – 21
29 – 23 – 31 – 21 – 20 – 18 – 27

**8.** Completa, en el teu quadern, aquesta taula amb els percentatges acumulats. Calcula, a partir de la taula, la mediana, els quartils i els percentils $p_{70}$ i $p_{90}$.

| $x_i$ | $f_i$ | $F_i$ | % ACUM. |
|---|---|---|---|
| 0 | 12 | 12 | |
| 1 | 9 | 21 | |
| 2 | 7 | 28 | |
| 3 | 6 | 34 | |
| 4 | 3 | 37 | |

**9.** En una fàbrica de bombetes se n'han detectat diverses de defectuoses. S'han analitzat 200 caixes de 100 bombetes cada una i s'han obtingut aquests resultats:

| DEFECTUOSES | 1 | 2 | 3 | 4 | 5 | 6 | 7 | 8 |
|---|---|---|---|---|---|---|---|---|
| NRE. DE CAIXES | 5 | 15 | 38 | 42 | 49 | 31 | 18 | 2 |

Calcula la mediana, els quartils i els percentils $p_{10}$, $p_{90}$ i $p_{95}$.

## Paràmetres de posició per a dades agrupades en intervals

**10.** Aquest és el polígon de percentatges acumulats de la distribució del QI (quocient intel·lectual) d'un col·lectiu de 300 persones:

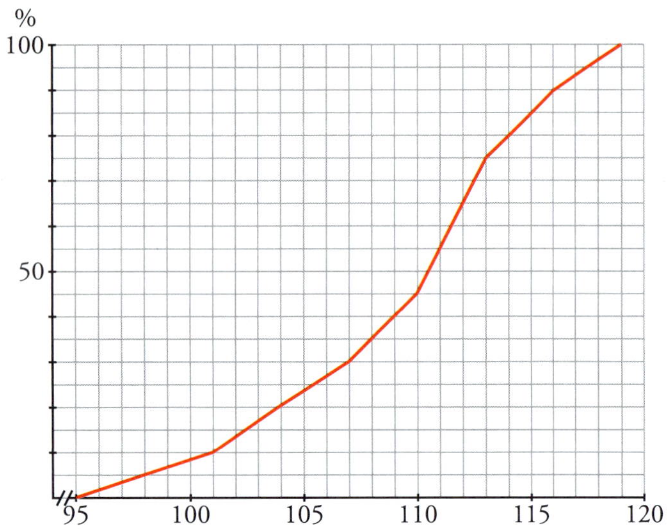


**a)** Assigna, de manera aproximada, els valors de $Q_1$, $Me$, $Q_3$, $p_5$, $p_{10}$, $p_{40}$, $p_{80}$, $p_{90}$ i $p_{95}$.

**b)** Quantes persones (aproximadament) d'aquest col·lectiu tenen un QI comprès entre 104 i 116? Quantes tenen un QI superior a 115?

**c)** Quin percentil té una persona amb un QI de 112?

**11.** Les estatures d'un grup d'alumnes de la mateixa classe es mostren en aquesta taula:

| ALTURA | NRE. D'ALUMNES |
|---|---|
| 158,5-163,5 | 1 |
| 163,5-168,5 | 5 |
| 168,5-173,5 | 11 |
| 173,5-178,5 | 14 |
| 178,5-183,5 | 6 |
| 183,5-188,5 | 3 |

**a)** Elabora la taula de freqüències i percentatges acumulats. En la taula, en lloc dels intervals indica els extrems.

**b)** Representa, a partir de la taula, el polígon de percentatges acumulats.

**c)** Calcula, de manera aproximada (sobre el polígon), la mediana, els quartils i els percentils $p_{10}$, $p_{90}$ i $p_{95}$.

**d)** Quin percentil correspon a un alumne de 180 cm d'altura?

## Diagrames de caixa

**12.** Les puntuacions obtingudes per 87 persones tenen aquests paràmetres de posició: $Q_1 = 4{,}1$; $Me = 5{,}1$; $Q_3 = 6{,}8$. Totes les puntuacions estan incloses en l'interval d'1 a 9. Fes el diagrama de caixa corresponent.

**13.** En una classe de Primària de 38 alumnes, les estatures de 35 estan compreses entre 153 cm i 179 cm. Els altres tres alumnes de la classe mesuren 150 cm, 151 cm i 183 cm. Coneixem els paràmetres següents: $Q_1 = 163$; $Me = 166$ i $Q_3 = 170$.

Representa les dades en un diagrama de caixa.

**14.** Fes el diagrama de caixa corresponent a les distribucions següents:

**a)** La de l'activitat 6.

**b)** Les de l'activitat 7.

**c)** La de l'activitat 8.

**d)** La de l'activitat 9.

**15.** Els alumnes de dues classes d'un mateix centre escolar han fet un test. Les notes estan reflectides en els diagrames de caixa següents:

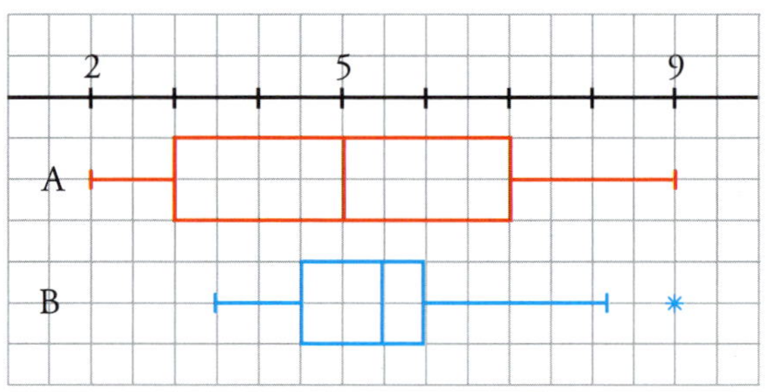


**a)** Quina de les dues classes és més homogènia?

**b)** A quin grup ha aprovat la meitat de la classe?

**c)** En una de les classes, la tercera nota més alta ha estat un 6,5. De quina classe es tracta?

**d)** A quina classe les notes del 25 % dels alumnes difereixen en mig punt o menys?

**e)** Quin és el rang de les notes de cada classe?

**16.** Calcula el valor del primer quartil corresponent a aquest diagrama de caixa:

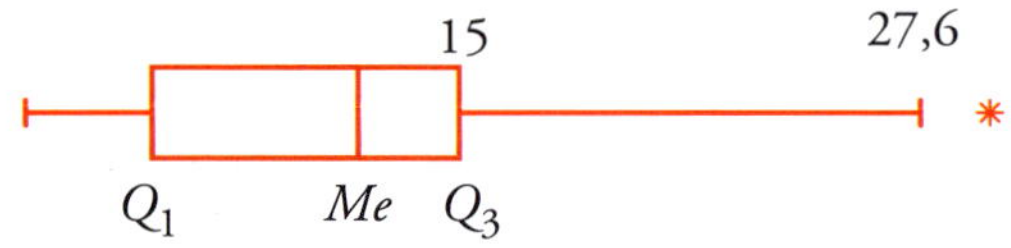



BARCANOVA EDITORIAL

### Mostratge

**17.** Indica quina és la població de cada un d'aquests estudis i digues en quins casos és necessari recórrer a una mostra i per què:

I. Tipus de transport que fan servir els veïns d'un barri per anar a la feina.

II. Estudis que pensen seguir els alumnes d'un centre escolar en acabar l'ESO.

III. Edat de les persones que han vist una obra de teatre determinada en una ciutat.

IV. Temps diari que fan servir el mòbil els nois i les noies de Catalunya amb edats compreses entre els 12 i els 18 anys.

**18.** Per fer un sondeig electoral en un poble de 2.000 electors aproximadament, es triarà una mostra de 200 individus. Digues si et sembla vàlida cada una d'aquestes maneres de seleccionar-los i explica per què:

**a)** Es pregunta a l'alcalde, que coneix tot el poble, quins individus li semblen més representatius.

**b)** Es trien 200 persones a l'atzar entre les que van al ball de la festa major.

**c)** Se seleccionen a l'atzar 200 persones majors d'edat del padró municipal actualitzat.

**d)** Es recorre a les llistes electorals i se'n seleccionen a l'atzar 200 persones.

### Anàlisi de gràfics estadístics

**19.** El consum d'energia primària en un país determinat es dona en aquesta taula:

| FONT D'ENERGIA | % |
|---|---|
| Petroli | 44 |
| Gas natural | 21 |
| Nuclear | 12 |
| Renovables | 13 |
| Carbó | 10 |

Elabora un diagrama de sectors que reflecteixi la situació i reflexiona sobre si el percentatge d'energies renovables et sembla adequat.

**20.** En aquesta notícia, hi ha un error intencionat. Explica quin és, dibuixa el gràfic correcte i compara'ls.

En unes eleccions municipals, el partit taronja va obtenir el 43 % dels vots, el groc el 38 %, el verd un 16 % i la resta de partits el 3 %.

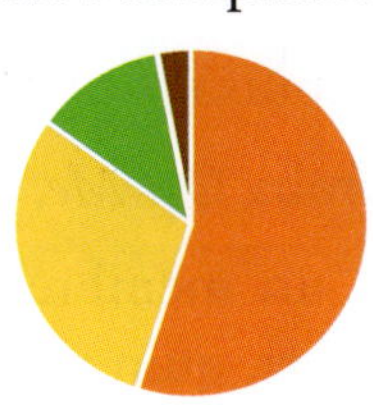


## Resol problemes

**21.** El 2015, els líders mundials van adoptar una sèrie d'objectius globals per erradicar la pobresa, protegir el planeta i assegurar la prosperitat per a tothom. Es va fer una llista de 17 objectius de desenvolupament sostenible, ODS, que s'han d'assolir el 2030, amb la participació dels governs, el sector privat, la societat civil i els ciutadans.

Els centres educatius d'un territori determinat han decidit treballar aquest tema; les dades següents mostren el nombre d'activitats i projectes relacionats amb els ODS que es duran a terme en cada un d'aquests centres:

```
3 1 5 4 2    2 3 1 2 4
2 3 1 2 4    2 1 3 5 2
5 2 4 3 6    3 4 2 3 1
```

**a)** Construeix una taula de freqüències.

**b)** Fes el diagrama de barres corresponent.

**c)** Troba la mitjana i la desviació típica.

**d)** Calcula la mediana, els quartils i els percentils $p_{40}$ i $p_{90}$.

**e)** Dibuixa el diagrama de caixa.

**22.** El nombre d'errors comesos en un test per un grup de persones es reflecteix en aquesta taula:

| NRE. D'ERRORS | 0 | 1 | 2 | 3 | 4 | 5 | 6 |
|---|---|---|---|---|---|---|---|
| NRE. DE PERSONES | 10 | 12 | 8 | 7 | 5 | 4 | 3 |

**a)** Calcula la mitjana, la desviació típica i el coeficient de variació.

**b)** Troba la mediana, els quartils inferior i superior i els percentils $p_{20}$, $p_{40}$ i $p_{90}$. Explica'n el significat.

**c)** Construeix el diagrama de caixa.

**23.** Per fer un estudi sobre els hàbits ecològics de les famílies d'una ciutat, s'han seleccionat per sorteig les adreces (carrer i número) que seran visitades. Si en un portal hi viu més d'una família, se sortejarà entre elles la que serà seleccionada. Obtindrem amb aquest procediment una mostra aleatòria?

*Pensa si té la mateixa probabilitat de ser inclosa en la mostra una família que viu en un habitatge unifamiliar que una altra que viu en un portal de 32 habitatges.*

**24.** El nombre de persones que va anar cada dia a les classes de natació d'una piscina municipal és aquest:

| | | | | | | | | | |
|---|---|---|---|---|---|---|---|---|---|
| 38 | 31 | 54 | 47 | 50 | 56 | 52 | 48 | 55 | 60 |
| 58 | 46 | 47 | 55 | 60 | 53 | 43 | 52 | 46 | 55 |
| 43 | 60 | 45 | 48 | 40 | 56 | 54 | 48 | 39 | 50 |
| 53 | 59 | 48 | 39 | 48 | | | | | |

**a)** Fes una taula de freqüències agrupant les dades en 7 intervals d'amplitud 5 començant per 28,5.

**b)** A partir de la taula anterior, fes la taula amb els extrems i els percentatges acumulats.

**c)** Dibuixa, en paper mil·limetrat, el polígon de percentatges acumulats.

**d)** Calcula, aproximadament, a partir del polígon anterior, $M_e$, $Q_1$, $Q_3$, $p_{60}$, $p_{95}$ i $p_{99}$.

**e)** A quin percentil correspon un dia en què hi van anar 70 persones?

**f)** Troba la mitjana i la desviació típica.

**25.** S'ha mesurat el nivell de colesterol en quatre grups de persones que segueixen dietes diferents:

| DIETA | A | B | C | D |
|---|---|---|---|---|
| $\bar{x}$ | 211,4 | 188,6 | 209,2 | 188,6 |
| σ | 37,5 | 52,6 | 56,3 | 43,1 |

Associa a cada dieta el gràfic corresponent:

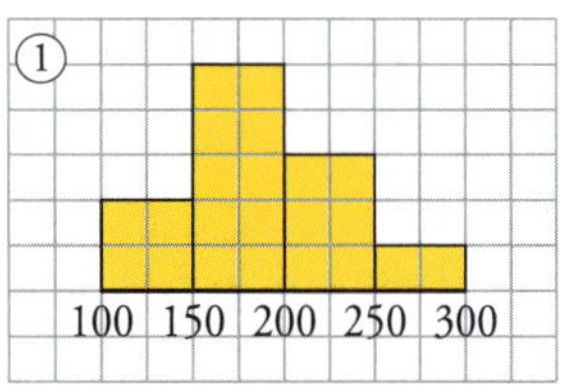


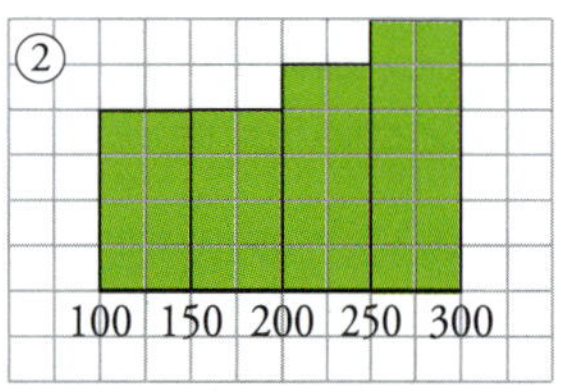


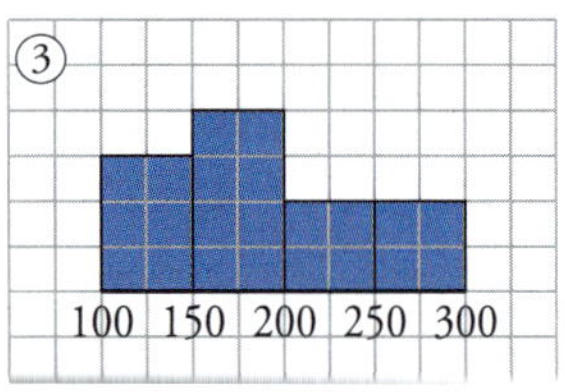


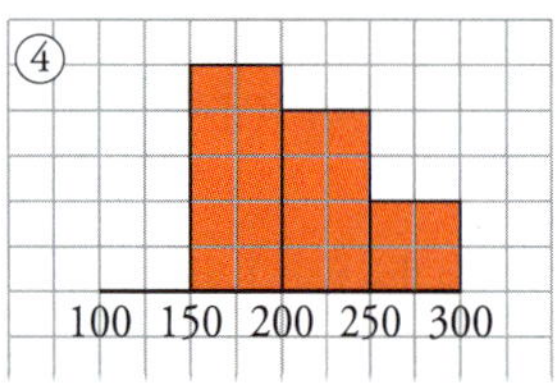


**26.** Cada un dels alumnes d'un grup compta el nombre de persones i de gossos que viuen al seu portal. Posen en comú els resultats i obtenen així una mostra per estimar el nombre de gossos de la seva ciutat.

Els resultats són aquests: 747 persones i 93 gossos. Saben que a la seva ciutat hi viuen 75.000 persones.

**a)** Quants gossos estimen que hi haurà a la ciutat?

**b)** Et sembla que el procediment d'elecció de la mostra és estadísticament correcte? És aleatòria, la mostra?

**c)** Tenint en compte l'elecció de la mostra, com de fiable és aquesta estimació?

## Resol: una mica més difícil

**27.** El gràfic següent representa els percentils del pes segons l'edat per a nenes de 0 a 5 anys. El nombre que hi ha al final de cada corba, amb el mateix color, indica el percentil corresponent. Per exemple, una nena de 3 anys que pesa 11 kg està inclosa en el percentil 3; això vol dir que el 3 % de les nenes de la seva edat pesen menys que ella.

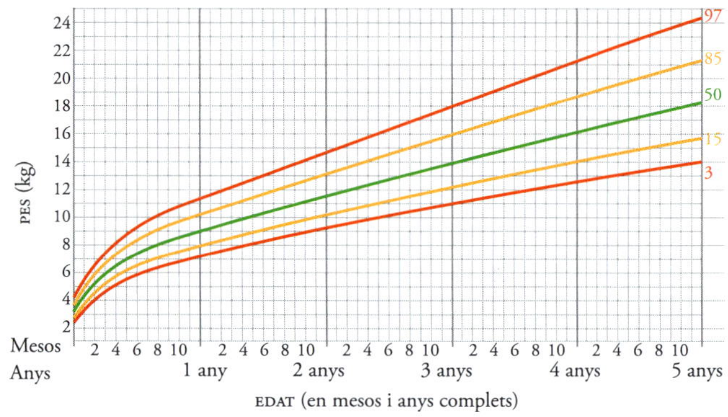


**a)** En quin percentil està inclosa una nena de 2 anys que pesa 9 kg? I si pesa 10 kg? I si pesa 13 kg?

**b)** Què significa que una nena de 4 anys que pesa 16 kg està inclosa en el percentil 50?

**c)** Quin pes correspon al percentil 85 d'una nena de 3 anys i 9 mesos?

**28.** Observa el temps que dediquen a llegir els membres d'un grup de lectura durant un cap de setmana:

| TEMPS EN HORES | NRE. DE PERSONES |
|---|---|
| [0; 0,5) | 10 |
| [0,5; 1,5) | 10 |
| [1,5; 2,5) | 18 |
| [2,5; 4) | 12 |
| [4, 8) | 12 |
| [8, 12] | 8 |

**a)** Dibuixa l'histograma corresponent (Atenció! Els intervals tenen grandàries diferents i les freqüències han de ser proporcionals a les àrees dels rectangles que formen l'histograma.)

**b)** Troba $\bar{x}$, σ i CV.

**c)** Dibuixa el polígon de percentatges acumulats.

**d)** Troba $Q_1$, $Me$, $Q_3$ i $p_{90}$.

**e)** A un membre del grup que hi ha dedicat 6 hores i quart, quin percentil li correspon?

**f)** Representa les dades en un diagrama de caixa.


BARCANOVA EDITORIAL

**29.** S'ha passat un test de 80 preguntes a 600 persones. La freqüència i el percentatge acumulat de respostes correctes es reflecteixen en aquesta taula:

| EXTREMS | FREQ. ACUM. | % ACUM. |
|---|---|---|
| 0 | 0 | 0 |
| 10 | 40 | 6,7 |
| 20 | 100 | 16,7 |
| 30 | 175 | 29,2 |
| 40 | 265 | 44,2 |
| 50 | 370 | 61,7 |
| 60 | 455 | 75,8 |
| 70 | 535 | 89,2 |
| 80 | 600 | 100 |

Observa com trobem $Q_1$:

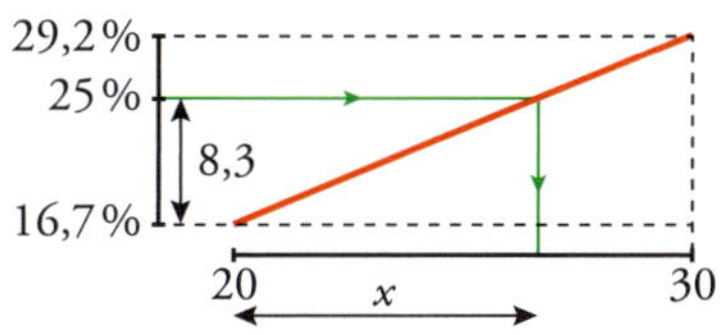


$$\frac{x}{8,3} = \frac{30-20}{29,2-16,7} \rightarrow \frac{x}{8,3} = \frac{10}{12,5} \rightarrow$$

$$x = 6,64 \rightarrow Q_1 = 26,64$$

**a)** Calcula, de la mateixa manera, $Me$, $Q_3$, $p_{20}$ i $p_{85}$.

**b)** Quin és el percentil d'una persona que té 65 respostes correctes?

**30.** En una fàbrica s'ha mesurat la longitud de 1.000 peces de les mateixes característiques i els resultats són aquests:

| LONGITUD (en mm) | NRE. DE PECES |
|---|---|
| 67,5-72,5 | 5 |
| 72,5-77,5 | 95 |
| 77,5-82,5 | 790 |
| 82,5-87,5 | 100 |
| 87,5-92,5 | 10 |

**a)** Representa l'histograma corresponent.

**b)** Es consideren acceptables les peces la longitud de les quals està compresa en l'interval [75, 86]. Quin és el percentatge de peces defectuoses?

*Del segon interval caldrà rebutjar les que mesurin entre 72,5 i 75. Calcula, com en l'activitat anterior, quin tant per cent de l'amplitud representa la diferència 75 – 72,5 i calcula el percentatge de la freqüència corresponent. Fes el mateix per al quart interval.*

## Reflexiona sobre la teoria

**31.** Completa, en el teu quadern, la taula d'aquesta distribució la mitjana de la qual és 2,7.

| $x_i$ | $f_i$ |
|---|---|
| 1 | 3 |
| 2 | … |
| 3 | 7 |
| 4 | 5 |

**32.** L'estatura mitjana dels alumnes d'una classe és de 171 cm i la seva desviació típica és 4,5 cm.

**a)** Si tots ells creixessin 2 cm, quina seria l'estatura mitjana?

**b)** I la desviació típica?

**c)** El coeficient de variació augmentaria, disminuiria o quedaria igual?

**33.** A l'empresa A, que té 500 treballadors, l'ingrés anual mitjà per persona és de 30.000 €, mentre que a l'empresa B, que té 750 treballadors, l'ingrés anual mitjà és de 25.000 €.

Si les dues empreses es fusionen, quin serà l'ingrés anual mitjà després de la fusió?

**34.** La nota mitjana dels aprovats en un examen de Matemàtiques ha estat 6,8 i la nota mitjana dels suspesos, 3,5.

Calcula la nota mitjana de la classe si hi va haver 35 aprovats i 15 suspesos.

**35.** L'estatura mitjana dels 38 alumnes d'una classe és de 168 cm. Les 17 noies mesuren 162 cm de mitjana. Calcula la mitjana dels nois.

**36.** El gràfic següent mostra la població total a Espanya en els últims anys (els valors es refereixen al principi de cada any):

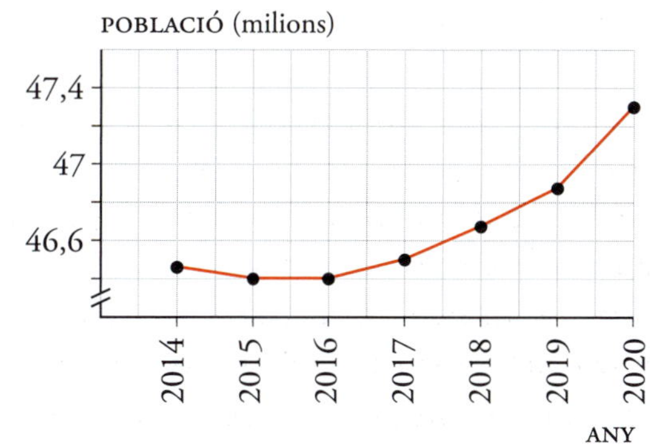


Observa l'escala que s'ha utilitzat en l'eix vertical. Si hagués començat des de zero, quin aspecte tindria el gràfic? S'apreciaria el creixement de la mateixa manera? Per què creus que s'han triat aquests valors?

# » MATEMÀTIQUES EN CONTEXT

## MILLORES EN LA GESTIÓ DEL PARC NATURAL

Els espais naturals protegits són una peça clau del patrimoni natural de Catalunya, i per això són objecte d'un pla de protecció especial per part de l'administració pública. El Departament de Territori i Sostenibilitat està duent a terme un estudi sobre un parc de l'Alt Pirineu amb l'objectiu de millorar-ne la gestió.

### 1. Problemes de trànsit al parc

En un revolt perillós de la carretera que travessa el parc, hi ha un senyal que limita la velocitat a 90 km/h. Uns quants agents de la Divisió de Trànsit dels Mossos d'Esquadra duen a terme un estudi estadístic sobre aquest revolt conflictiu. Instal·len un radar mòbil per mesurar la velocitat, en quilòmetres per hora, dels vehicles que passen per allà durant 60 minuts. El resultat, corresponent a un total de 30 cotxes, és el següent:

| | | | | | | | | | |
|---|---|---|---|---|---|---|---|---|---|
| 100 | 110 | 120 | 120 | 130 | 110 | 90 | 95 | 95 | 80 |
| 85 | 70 | 65 | 75 | 85 | 105 | 100 | 110 | 80 | 90 |
| 90 | 95 | 130 | 140 | 140 | 140 | 60 | 60 | 60 | 70 |

Per poder començar a fer els càlculs, els agents encarregats de fer l'estudi han d'agrupar i ordenar en una taula les dades que han recollit. Ajuda'ls.

a) Fes una taula com aquesta i omple-la amb les dades del revolt perillós.

| INTERVAL | MARCA DE CLASSE | $f_i$ | $F_i$ | % ACUM. | $f_i x_i$ | $f_i x_i^2$ |
|---|---|---|---|---|---|---|
| [58, 72) | | | | | | |
| [72, 86) | | | | | | |
| [86, 100) | | | | | | |
| [100, 114) | | | | | | |
| [114, 128) | | | | | | |
| [128, 142) | | | | | | |

b) Calcula'n la mitjana.

c) Calcula'n la variància.

d) Calcula'n la desviació típica.

e) Calcula'n el coeficient de variació.

f) En quin interval hi ha la dada $Q_2 = Me$? Com l'interpretes, en aquest cas?

g) Fins a quina velocitat transiten el 25 % dels vehicles de la mostra?

h) Quina velocitat no sobrepassen el 50 % dels vehicles?

i) Pensa una altra pregunta per plantejar-la a un company o una companya de la classe. Primer l'has de resoldre tu per comprovar que està ben plantejada i per saber quina és la solució correcta.

## 2. El bosc mediterrani

S'ha fet una repoblació forestal amb plançons d'alzina, surera, pi blanc, pinassa i pi pinyoner en una zona del parc que va patir un incendi i ha estat tot un èxit. Al cap d'un temps, a la zona ja hi ha un bosc de pins joves, amb alzines petitones que aprofiten l'ombra dels pins per créixer. La Sílvia estudia enginyeria tècnica forestal i està duent a terme un treball de camp sobre aquesta regió. Per començar, ha mesurat les alçàries de 50 pins blancs. Aquestes mesures, expressades en centímetres, es reflecteixen en la taula següent:

| | | | | | | | | | |
|---|---|---|---|---|---|---|---|---|---|
| 169 | 162 | 162 | 159 | 175 | 159 | 163 | 157 | 173 | 158 |
| 160 | 149 | 153 | 174 | 157 | 166 | 168 | 165 | 155 | 161 |
| 164 | 165 | 163 | 152 | 166 | 166 | 170 | 177 | 162 | 167 |
| 164 | 164 | 158 | 148 | 171 | 164 | 170 | 167 | 163 | 173 |
| 161 | 166 | 159 | 174 | 167 | 172 | 162 | 149 | 161 | 176 |

Ajuda la Sílvia a tractar les dades que ha recollit.

a) Represental les alçàries dels pins blancs en una taula de freqüències que tingui 6 intervals de 5 unitats cada un.

b) Representa les freqüències de la taula anterior amb un diagrama de barres.

c) Troba'n les freqüències relatives i els percentatges corresponents.

d) Calcula la mitjana de les alçàries dels pins blancs.

e) Calcula'n la variància, la desviació típica i el coeficient de variació.

f) Representa la distribució d'alçàries per mitjà d'un diagrama de caixa. Pots fer servir un full de càlcul per ordenar les dades; et simplificarà la feina.

g) La Sílvia va triar a l'atzar els pins blancs mesurats, encara que els va triar tots de l'obaga perquè el dia que els va mesurar feia molta calor. Podrà obtenir conclusions fiables per a tot el bosc repoblat? Per a quina població seran fiables? Com ho hauria d'haver fet perquè fossin fiables per a tot el bosc repoblat?

# » TALLER DE MATEMÀTIQUES

## » LLEGEIX I COMPRÈN

### El valor de les mostres

Per comptar el nombre de peixos que hi ha en un gran estany, seguim aquests passos:

Pesquem amb xarxa un munt de peixos, de manera que no els fem mal. Suposem que n'hi ha 242. Els senyalem ruixant-los amb una tinta indeleble (que l'aigua no pot esborrar) i els tornem a l'estany. Al cap d'uns quants dies en tornem a treure una mostra (115, per exemple). En aquesta mostra comptem que hi ha 18 peixos senyalats.

Si anomenem $N$ el nombre total de peixos de l'estany, podem suposar que:

$$\left(\begin{array}{c}\textit{Proporció de peixos senyalats}\\ \textit{en el total de l'estany}\end{array}\right) = \left(\begin{array}{c}\textit{Proporció de peixos senyalats}\\ \textit{en la mostra de 115}\end{array}\right) \rightarrow \frac{242}{N} = \frac{18}{115} \rightarrow N \approx 1.546$$

Per inducció, inferim que hi ha 1.546 peixos a l'estany.

Ara, cal que ens fem les reflexions següents:

— Podem assegurar que el nombre total de peixos a l'estany és de 1.546? No, per descomptat. Aquesta valoració és aproximada. Haurem de conformar-nos a donar el resultat en forma d'interval. Per exemple: el nombre total de peixos està entre 1.400 i 1.700.

— Tot i així, no podem estar totalment segurs d'aquesta xifra. Ens conformarem a dir que molt probablement el nombre total de peixos està entre 1.400 i 1.700.

### Ara, tu

Pots imitar aquesta experiència d'una manera còmoda i sense recórrer als peixos. Vegem-ho:

Fica un munt de xapes, o qualsevol altre objecte que tinguis al teu abast, en una capsa (poden ser els cigrons d'un paquet d'1 kg). Quantes xapes hi ha? Prova d'estimar-ho sense comptar-les. Per fer-ho, separa'n un grapat, compta-les i senyala-les. Torna-les a la capsa, remena-les per tal que es barregin bé i segueix els passos de l'exemple dels peixos de l'estany.

Ara tens l'avantatge de poder comptar-les després de fer l'estimació i comparar la quantitat real amb l'estimada.

### Algunes reflexions sobre aquest exemple

1. L'experiència dels peixos ens ha estat útil per estimar la quantitat que n'hi havia a l'estany. També podríem haver fet servir aquesta mostra per estimar la mitjana i la desviació típica de les seves longituds o dels seus pesos. Aquesta estimació, però, ha de fer-se amb cautela; hauríem de dir: és *probable* que la mitjana dels pesos de tots els peixos de l'estany sigui *aproximadament* igual a la mitjana dels pesos de la mostra.

2. Cal tenir en compte que a través dels forats de la xarxa poden escapar-se els peixos més menuts; és a dir, que el tipus de xarxa utilitzada produeix una selecció de grandàries en els peixos de la mostra. Així doncs, les conclusions que obtinguem no seran del tot vàlides; en tot cas, podrem treure conclusions per a peixos a partir d'una grandària determinada. El mateix passa si, per obtenir dades sobre la renda dels ciutadans, féssim una enquesta en línia. Els resultats serien erronis, vàlids només per a ciutadans que utilitzen internet.

   L'elecció d'una mostra és una tasca molt delicada en la qual cal garantir, entre altres coses, que tots els individus de la població tinguin la mateixa probabilitat de formar-ne part.

## » ENTRENA'T RESOLENT ALTRES PROBLEMES

- Un enquestador ha preguntat a un grup de persones quines són les seves preferències a l'hora d'escollir el lloc per anar de vacances.

  Els resultats han estat aquests:

  — A 60 els agrada la platja.

  — A 30 els agrada la muntanya.

  — A 7 els agraden tots dos destins, platja i muntanya.

  — 17 manifesten que no els agrada ni una cosa ni l'altra, per la qual cosa no surten de vacances o se'n van a l'estranger.

  Quantes persones van ser enquestades?

- Un traginer porta al seu carro vint sacs de blat que pesen, de mitjana, 35,5 kg. Després de fer nit en un hostal, paga a l'hostaler en espècie, per això agafa 1 kg de blat del primer sac, 2 kg del segon, 3 kg del tercer i així, successivament, fins a l'últim sac.

  Quin és ara el pes mitjà dels sacs?

## » POSA'T A PROVA

**1.** Les edats dels visitants d'una exposició estan recollits en la taula de la dreta:

| EDAT | NRE. DE VIS. |
|---|---|
| 15-25 | 63 |
| 25-35 | 95 |
| 35-45 | 189 |
| 45-55 | 243 |
| 55-65 | 175 |
| 65-75 | 105 |

**a)** Representa les dades en un gràfic adequat.

**b)** Troba la mitjana, la desviació típica i el CV.

**2.** Calcula la mitjana, la desviació típica, el coeficient de variació, la mediana, els quartils i els percentils 20 i 80 de la distribució següent:

| $x_i$ | 0 | 1 | 2 | 3 | 4 | 5 |
|---|---|---|---|---|---|---|
| $f_i$ | 12 | 9 | 7 | 6 | 3 | 3 |

**3.** A partir dels quartils i de la mediana de les dades de l'activitat anterior, construeix un diagrama de caixa i bigotis.

**4.** La taula mostra els pesos de 40 estudiants:

**a)** Fes el diagrama de freqüències acumulades i, a partir d'aquest, estima els valors de la mediana i dels quartils.

**b)** Estima quins percentils corresponen a 40 kg, 60 kg i 70 kg.

| PESOS | FREQÜÈNCIA |
|---|---|
| 35,5-42,5 | 2 |
| 42,5-49,5 | 11 |
| 49,5-56,5 | 13 |
| 56,5-63,5 | 9 |
| 63,5-70,5 | 3 |
| 70,5-77,5 | 2 |

**5.** Indica, en cada cas, si cal recórrer a la població o prendre una mostra i raona per què:

**a)** Estudi del nombre de suspensos dels alumnes de 4t ESO d'un centre escolar.

**b)** Estudi de la data de caducitat dels brics de llet produïts en una fàbrica.

**c)** Estudi de les rendes anuals, les despeses mensuals, els hàbits… de la població d'un país determinat.

**d)** Enquesta electoral a peu d'urna en unes eleccions.

En els casos en què calgui recórrer a una mostra, descriu una manera raonable de seleccionar-la.

**6.** Aquest gràfic mostra els resultats de les eleccions municipals d'una localitat determinada en la qual es presentaven quatre partits polítics: A, B, C i D.

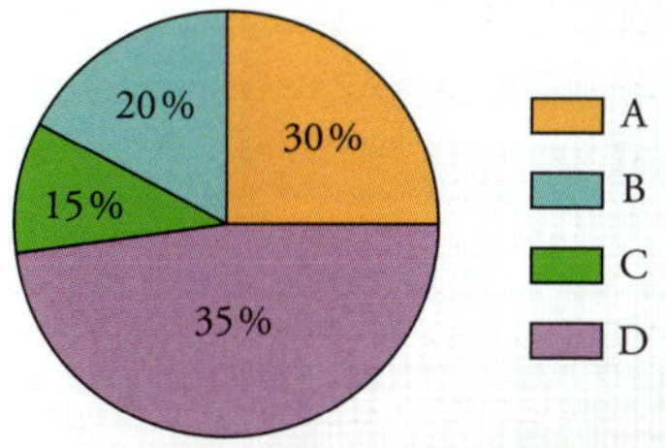


Observa que hi ha algun error intencionat per transmetre la informació de forma interessada. Explica quin és, dibuixa el gràfic correcte i compara'ls.

# UNITAT 10 DISTRIBUCIONS BIDIMENSIONALS

DIMENSIÓ RESOLUCIÓ DE PROBLEMES · DIMENSIÓ RAONAMENT I PROVA
DIMENSIÓ CONNEXIONS · DIMENSIÓ COMUNICACIÓ I REPRESENTACIÓ

## Què és una distribució bidimensional?

Imagina que un grup de biòlegs està estudiant una població de flamencs. Per a això, prenen mesures d'algunes de les característiques anatòmiques d'aquests ocells. Si en mesuren l'envergadura (distància entre els extrems de les dues ales esteses), el conjunt de resultats és una distribució estadística d'una variable (unidimensional). També és unidimensional la distribució del pes d'aquests animals. Però si prenen en consideració conjuntament les dues variables (envergadura i pes), s'obté una **distribució bidimensional**. El grau de relació que existeix entre ambdues variables és la **correlació**.

## Relació funcional i relació estadística. El rebut del gas

COMPANYIA DE GAS NATURAL
CONSUM DE GAS. ABRIL, 2021

**Usuari:** Martina Kurgans Rodríguez

| | |
|---|---|
| **Lloguer del comptador:** | 3,00 € |
| **Terme de potència:** | 15,00 € |
| **Consum:** 400 kWh · 0,125 | 50,00 € |
| **TOTAL** | 68,00 € |

En el cost mensual del gas intervenen dos conceptes:

– Una quantitat fixa de 18 € al mes (lloguer de comptador i terme de potència).

– El consum, expressat en kWh, a 0,125 € el kWh.

En la taula següent hi ha aquestes dades corresponents a vuit habitatges: el consum de gas, el cost del rebut i el nombre de persones que viuen en cada un:

| | | | | | | | | | |
|---|---|---|---|---|---|---|---|---|---|
| $x$ | CONSUM DE GAS (en kWh) | 564 | 312 | 356 | 408 | 948 | 488 | 252 | 936 |
| $y$ | COST DEL REBUT (en €) | 88,50 | 57 | 62,50 | 69 | 136,50 | 79 | 49,50 | 135 |
| $n$ | NRE. DE PERSONES QUE VIUEN A L'HABITATGE | 6 | 3 | 4 | 4 | 8 | 5 | 3 | 9 |

- Les variables $x$ i $y$ de la taula anterior compleixen la relació $y = 0{,}125x + 18$.
  És una **relació funcional**, perquè per a cada valor de $x$ s'obté, de forma exacta, un únic valor de $y$.
- Les variables $n$ i $y$ també estan relacionades (com més persones visquin a la casa, cal esperar que hi hagi més despesa en consum de gas). Tanmateix, no és una relació funcional. A partir del nombre de persones que viuen en un habitatge no podem saber la despesa en gas. En aquesta unitat estudiarem aquest tipus de **relacions estadístiques** (no funcionals).

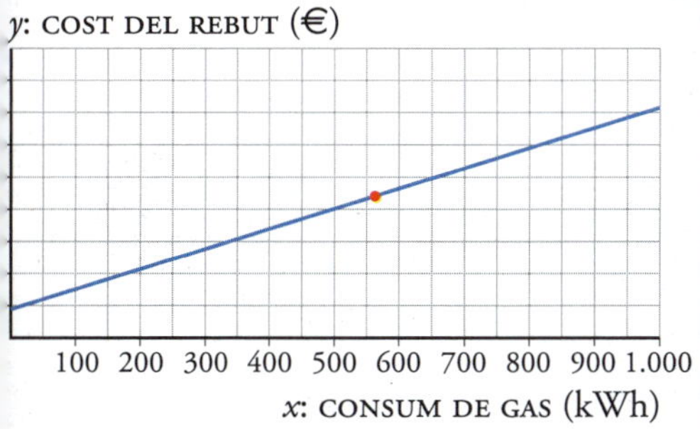


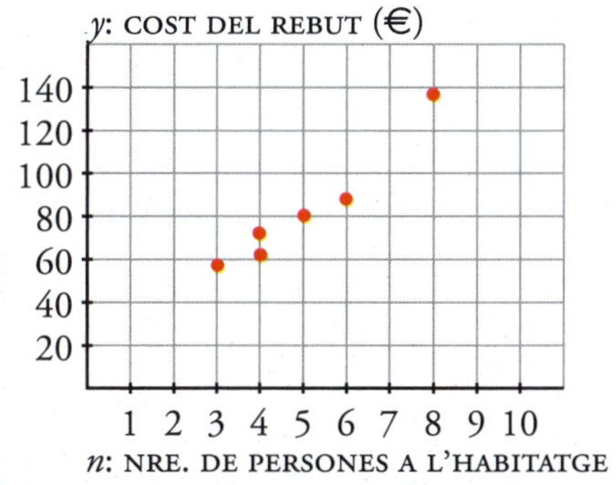


## Origen i evolució de l'estudi de distribucions bidimensionals

Les nocions relatives a les distribucions bidimensionals sorgeixen d'estudis realitzats en biologia.

- **Adolphe Quételet** (1796-1874) va ser el primer matemàtic interessat per les relacions estadístiques entre variables. Va realitzar diverses anàlisis sobre la relació entre diferents característiques de l'ésser humà. Va estudiar, per exemple, la relació entre l'edat i l'altura de les persones de 0 a 30 anys.
- **Francis Galton** (1822-1911) es va interessar per la influència que algunes característiques dels pares poden tenir en les dels fills, a instàncies del seu cosí Charles Darwin.
- No va considerar que es pogués experimentar amb persones i no disposava de prou dades relatives a persones per extreure'n conclusions, per això va recórrer a l'experimentació amb pèsols i va estudiar la distribució dels pesos de dues generacions de llavors. En les seves conclusions va encunyar el terme **regressió**. L'índex de correlació li va servir per descriure semblances degudes al parentiu.
- **Karl Pearson** (1857-1936) va continuar el treball de Galton. Per primera vegada va considerar i va descriure el significat del coeficient de correlació negatiu. Va dissenyar i va posar en pràctica mètodes matemàtics rigorosos amb els quals va poder utilitzar la correlació per inferir valors d'una variable a partir dels de l'altra. També va estendre l'estudi de la correlació a més de dues variables.

## RESOL

**1.** Tornem a l'exemple del consum de gas de la pàgina anterior.

**a)** Observa en la gràfica de l'esquerra que el punt corresponent al primer habitatge és sobre la recta. Comprova que també hi són els altres set.

**b)** Sabem que en un habitatge han consumit 500 kWh. Sabries calcular, exactament, a quant ascendeix el rebut del gas?

**c)** Comprova que els punts assenyalats en la gràfica de l'esquerra són els sis primers de la distribució que relaciona $n$ amb $y$.

Representa'n els dos restants, (3; 49,5) i (9; 135).

**d)** Observa com, en vista d'aquests punts, podríem aventurar-nos a fer conjectures sobre la despesa de gas en un habitatge amb 7 persones, però ho faríem a risc d'equivocar-nos.

# 1. DISTRIBUCIONS BIDIMENSIONALS

| ESTUDIANTS | NOTA EN M | NOTA EN F |
|---|---|---|
| *a* | 7 | 6 |
| *b* | 6 | 4 |
| *c* | 8 | 7 |
| *d* | 3 | 4 |
| *e* | 6 | 5 |
| *f* | 9 | 6 |
| *g* | 4 | 2 |
| *h* | 10 | 9 |
| *i* | 2 | 1 |
| *j* | 5 | 6 |

A l'esquerra hi ha les notes de deu alumnes (*a*, *b*, *c*...) d'una classe en les assignatures de Matemàtiques (M) i Física (F).

Hi ha dues variables. Cada individu té, per tant, dos valors associats: la seva nota en M i la seva nota en F. Per això es tracta d'una *distribució bidimensional.*

## Núvol de punts

Si representem cada alumne mitjançant un punt les coordenades del qual són les respectives notes en M i en F, obtindrem el gràfic de la dreta, anomenat *núvol de punts* o *diagrama de dispersió.*

El punt (9, 6), per exemple, correspon a l'alumne *f* i el punt (2, 1), a l'alumne *i*.

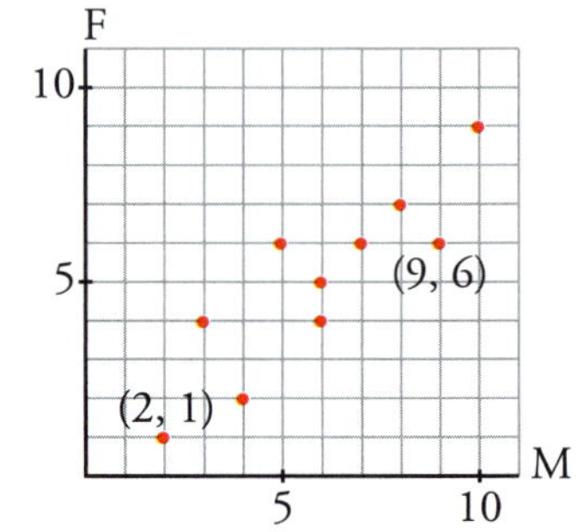


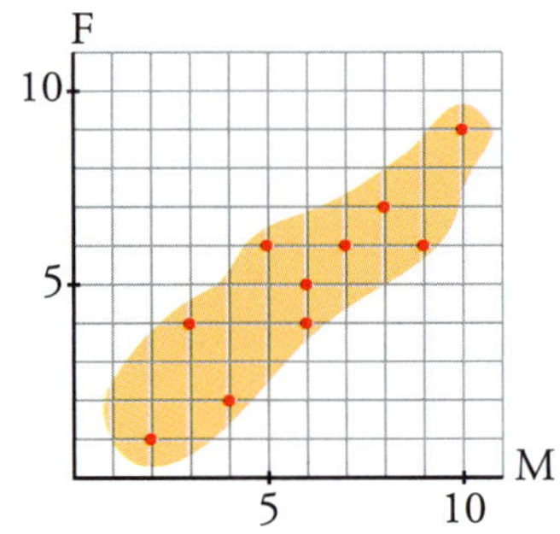


## Correlació

Si observem les notes d'aquests alumnes, apreciem una clara relació entre si: a les notes baixes en una assignatura els corresponen, gairebé sempre, notes baixes en l'altra, i el mateix passa amb les notes mitjanes o altes.

Com a conseqüència d'això, els punts del núvol són en una franja estreta. Direm que hi ha *correlació* entre les dues variables.

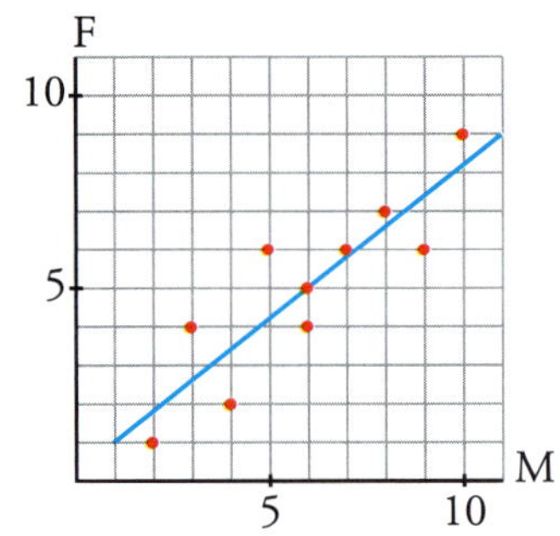


## Recta de regressió

Podem traçar, a ull, una recta que s'ajusti al núvol de punts aproximadament, com la que hi ha en el gràfic de l'esquerra.

S'anomena *recta de regressió* i marca la tendència del núvol.

En resum:

- Si a cada un dels individus d'un col·lectiu li assignem dos valors, corresponents a dues variables $x$ i $y$, tenim una **distribució bidimensional**. La representació gràfica de la distribució dona lloc a un conjunt de punts anomenat **núvol de punts** o **diagrama de dispersió**.
- Quan existeix una certa relació estadística entre els valors de la distribució, es diu que hi ha **correlació** entre les variables. Aquesta correlació s'aprecia perquè el núvol de punts és relativament estret, i, en aquest cas, es pot traçar una recta que s'ajusti al núvol, s'anomena **recta de regressió**.

## » APLICA EL QUE HAS APRÈS

**1.** Identifica els punts restants del diagrama de dispersió de l'exemple de les notes en Matemàtiques i en Física.

| ESTUDIANTS | NOTA EN M | NOTA EN L |
|---|---|---|
| *a* | 7 | 4 |
| *b* | 6 | 6 |
| *c* | 8 | 9 |
| *d* | 3 | 2 |
| *e* | 6 | 1 |
| *f* | 9 | 6 |
| *g* | 4 | 7 |
| *h* | 10 | 7 |
| *i* | 2 | 6 |
| *j* | 5 | 4 |

## La correlació pot ser més o menys forta

Vegem una altra distribució bidimensional: les notes dels mateixos deu alumnes (*a*, *b*, *c*...) en Matemàtiques, M, i en l'assignatura de Llengua, L. Compararem el núvol de punts d'aquesta distribució bidimensional M-L amb el que hem vist en la pàgina anterior, M-F.

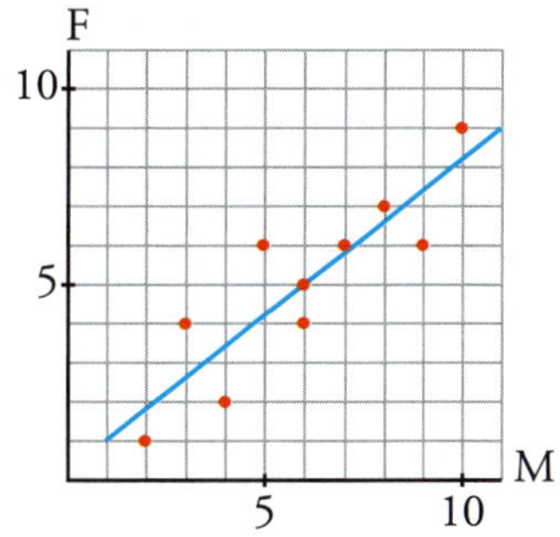


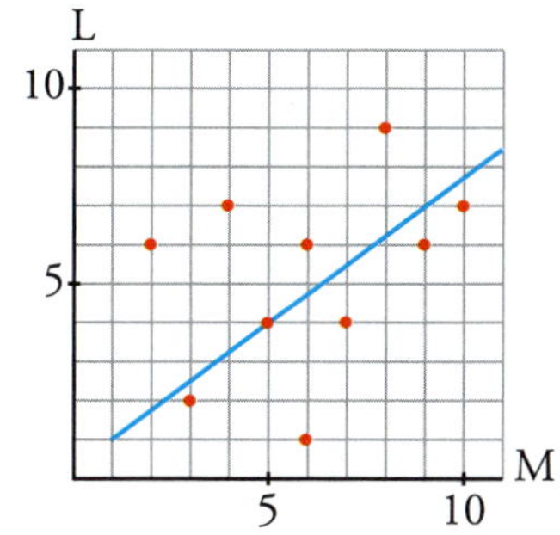


És evident que la correlació entre M i F és *més forta* que la correlació entre M i L, ja que en el primer gràfic els punts estan més concentrats al voltant de la recta de regressió que en el segon.

La **correlació** entre dues variables pot ser més o menys **forta** segons que els punts del núvol estiguin més o menys pròxims a la recta de regressió.

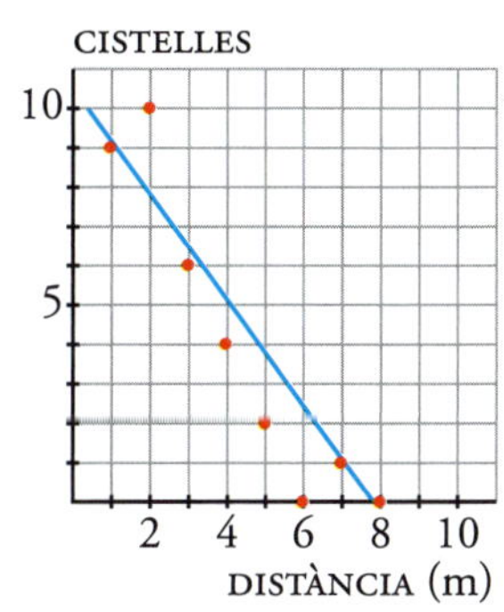


## La correlació admet signe

Una jugadora de bàsquet fa 10 llançaments a cistella des d'una distància d'1 m, 10 llançaments més des de 2 m, i així successivament fins a 8 m. En cada cas anota del nombre de cistelles (taula de la dreta). En observar, en el marge, el núvol de punts, veiem que la correlació és forta, però negativa, ja que com més distància, menys cistelles.

| DISTÀNCIA (en m) | NRE. DE CISTELLES |
|---|---|
| 1 | 9 |
| 2 | 10 |
| 3 | 6 |
| 4 | 4 |
| 5 | 2 |
| 6 | 0 |
| 7 | 1 |
| 8 | 0 |

Una **correlació** és **positiva** quan en augmentar una variable, $x$, tendeix a augmentar l'altra variable, $y$.

Una **correlació** és **negativa** quan en augmentar $x$ tendeix a disminuir $y$.

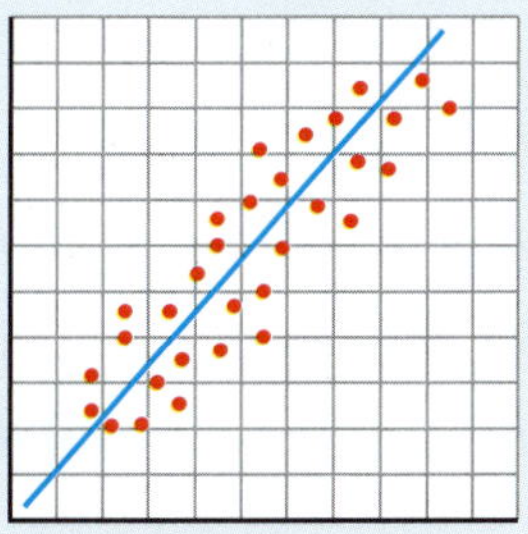

CORRELACIÓ POSITIVA

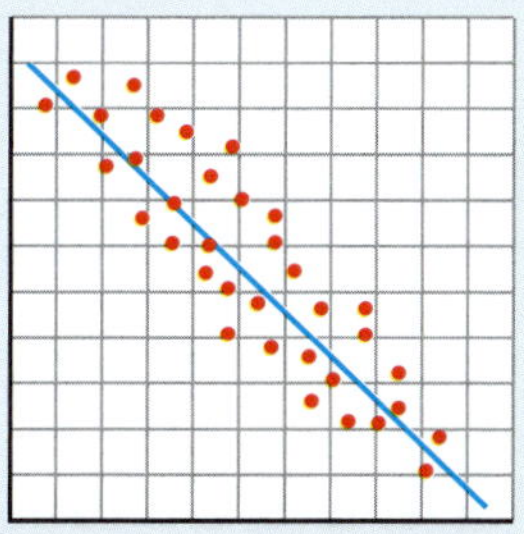

CORRELACIÓ NEGATIVA

El signe de la correlació coincideix amb el signe del pendent de la recta de regressió.

## PROBLEMA RESOLT

**1.** ***Aquesta és la taula dels 15 primers classificats en una lliga de futbol:***

| POS. | J | G | E | P | F | C | PTS. |
|---|---|---|---|---|---|---|---|
| 1. Isards | 34 | 22 | 5 | 7 | 59 | 37 | 71 |
| 2. Senglars | 34 | 20 | 9 | 5 | 53 | 30 | 69 |
| 3. Pardals | 34 | 20 | 8 | 6 | 62 | 28 | 68 |
| 4. Gossos | 34 | 17 | 8 | 9 | 53 | 47 | 59 |
| 5. Ratolins | 34 | 17 | 4 | 13 | 45 | 40 | 55 |
| 6. Estruços | 34 | 14 | 9 | 11 | 43 | 35 | 51 |
| 7. Pingüins | 34 | 12 | 11 | 11 | 50 | 41 | 47 |
| 8. Lleons | 34 | 13 | 8 | 13 | 42 | 43 | 47 |
| 9. Serps | 34 | 11 | 11 | 12 | 41 | 35 | 44 |
| 10. Àligues | 34 | 12 | 8 | 14 | 45 | 47 | 44 |
| 11. Goril·les | 34 | 10 | 13 | 11 | 42 | 44 | 43 |
| 12. Granotes | 34 | 10 | 12 | 12 | 42 | 38 | 42 |
| 13. Gats | 34 | 11 | 8 | 15 | 34 | 47 | 41 |
| 14. Coloms | 34 | 11 | 7 | 16 | 44 | 60 | 40 |
| 15. Tigres | 34 | 11 | 6 | 17 | 30 | 44 | 39 |

***Les diferents columnes signifiquen:***

**Pos.** *Posició final: 1r, 2n…*

**J.** *Partits jugats*

**G.** *Partits guanyats*

**E.** *Partits empatats*

**P.** *Partits perduts*

**F.** *Total de gols marcats (a favor)*

**C.** *Total de gols rebuts (en contra)*

**Pts.** *Punts*

***Analitza les distribucions bidimensionals següents, representa-les i, quan la correlació sigui forta, traça'n la recta de regressió:***

*a)* ***Pos. - P***

*b)* ***Pos. - G***

*c)* ***Pos. - E***

**a)** Si relacionem la posició (Pos.) amb el nombre de partits perduts (P) és lògic que hi hagi correlació positiva (com més amunt en la taula, 1r, 2n, 3r…, menys partits s'han perdut). En el núvol de punts del gràfic apreciem una **correlació positiva forta**.

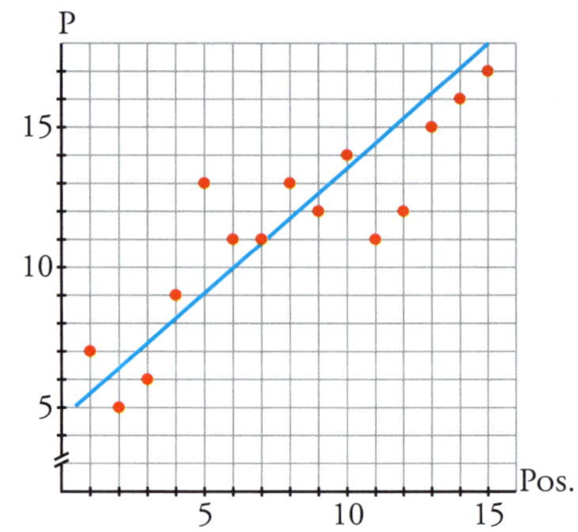


**b)** En relacionar la posició (Pos.) amb els partits guanyats (G), s'aprecia una **correlació negativa** (com més avall de la taula és un equip, 13è, 14è, 15è…, menys partits ha guanyat).

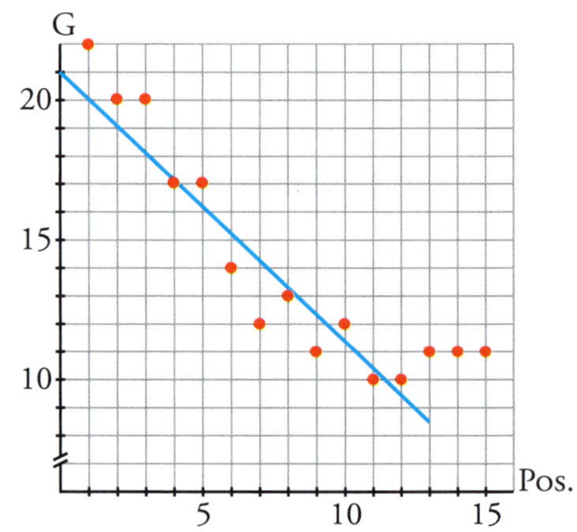


**c)** Entre la posició i els partits empatats **no s'aprecia cap correlació**. Tant els de dalt com els de baix empaten un nombre de partits molt divers.

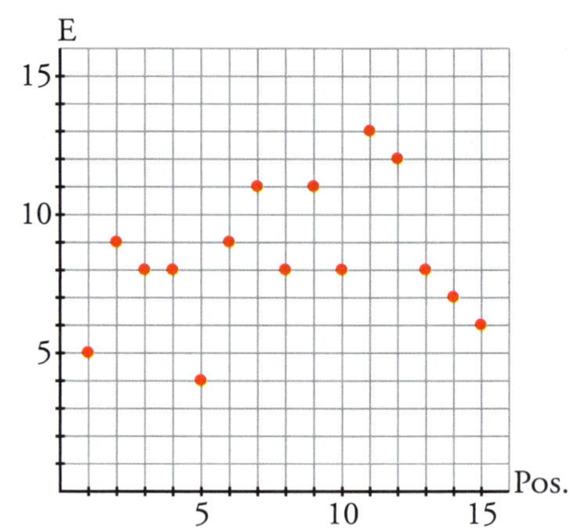


## » APLICA EL QUE HAS APRÈS

**2.** Estima, sense representar-les, si en cada una de les distribucions bidimensionals següents la correlació serà positiva o negativa, forta o feble. Després, representa-les mitjançant el núvol de punts, traça'n a ull la recta de regressió i corrobora o modifica les teves estimacions.

**a)** G - F  **b)** Pos. - F  **c)** F - C  **d)** Pos. - Pts.

**3.** Busca, en un diari o a internet, una taula com la del problema resolt anterior que sigui actual, i estudia distribucions com les que hem vist en aquesta pàgina.

## PROBLEMA RESOLT

**2.** ***S'ha volgut estudiar la relació que hi ha entre diverses característiques d'un habitatge i el nombre de persones que hi viuen (N). Per fer-ho, s'han triat 10 habitatges a l'atzar i s'ha pres nota d'aquests factors:***

**S.** ***Grandària de l'habitatge, en $m^2$.***

**A.** ***Consum bimestral d'aigua, en $m^3$.***

**E.** ***Consum bimestral d'electricitat, en kWh.***

***Aquests en són els resultats:***

| N | S | A | E |
|---|---|---|---|
| 1 | 65 | 10 | 244 |
| 2 | 60 | 11 | 298 |
| 2 | 82 | 13 | 248 |
| 3 | 65 | 16 | 870 |
| 3 | 80 | 15 | 777 |
| 3 | 74 | 14 | 543 |
| 4 | 120 | 17 | 1.042 |
| 4 | 70 | 16 | 1.085 |
| 5 | 80 | 18 | 1.159 |
| 6 | 73 | 21 | 1.156 |

***Relaciona cada una de les tres variables amb el nombre de persones. Per a això, representa els núvols de punts i avalua la correlació corresponent.***

**I. NOMBRE DE PERSONES - GRANDÀRIA**

No s'aprecia correlació.

Sembla que la grandària de l'habitatge depèn més d'altres factors socioeconòmics i no tant del nombre de persones que hi viuen.

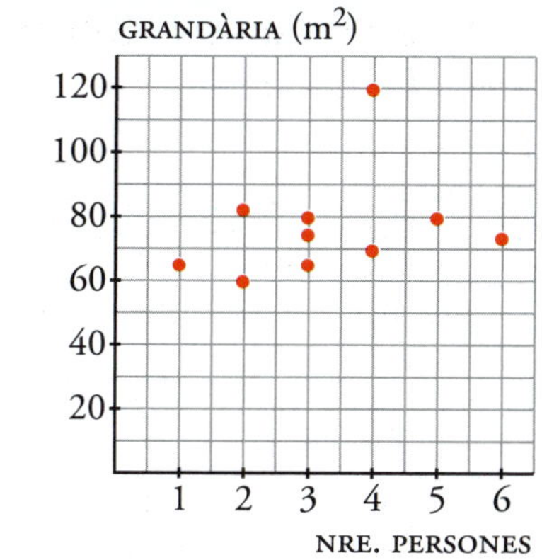


**II. NOMBRE DE PERSONES - AIGUA**

La correlació és positiva i molt forta. S'observa que tots els punts estan a prop de la recta de regressió.

És lògic que sigui així, perquè cada persona consumeix la seva part d'aigua.

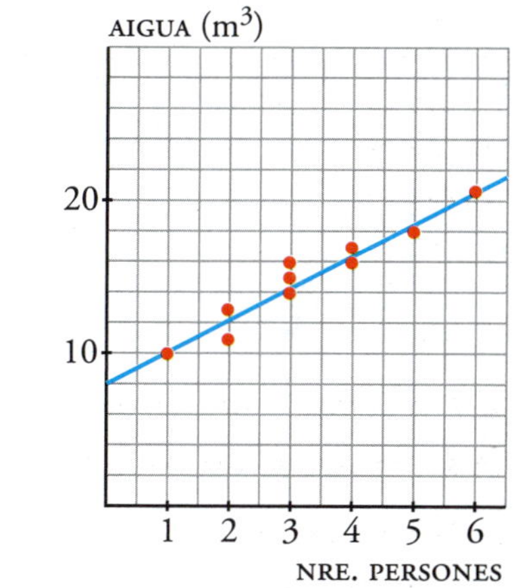


**III. NOMBRE DE PERSONES - ELECTRICITAT**

La correlació és positiva i mitjanament forta, ja que els punts no s'ajusten tan estretament a la recta com abans.

El consum d'electricitat creix amb el nombre de persones que hi viuen, però no de manera uniforme, ja que depèn d'altres factors, com ara els aparells instal·lats o els hàbits de consum.

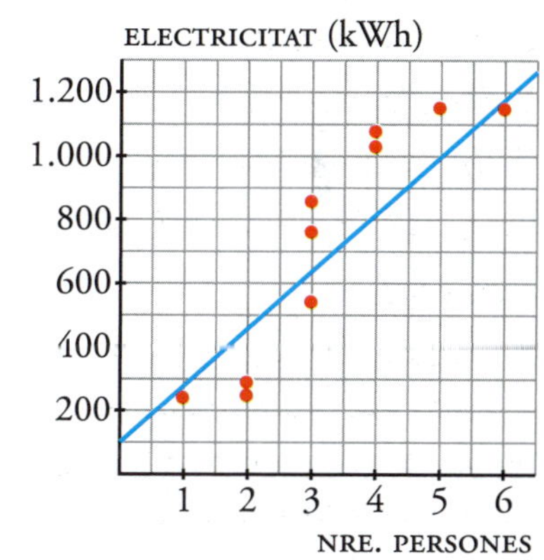


## » APLICA EL QUE HAS APRÈS

**4.** Estima si en cada una d'aquestes distribucions bidimensionals, referides als teus companys i companyes de classe, la correlació serà positiva o negativa, molt forta, forta, feble o gairebé nul·la:

**a)** Mesura d'un pam - Mesura del peu.

**b)** Nombre d'hores setmanals d'estudi - Nombre d'hores setmanals que fa servir el mòbil.

**c)** Nombre d'hores setmanals d'estudi - Nombre de suspensos en l'última avaluació.

**d)** Estatura - Pes.

**e)** Pes - Nota en Matemàtiques.

**f)** Nota en Matemàtiques en l'últim examen - Nombre d'assignatures suspeses en l'última avaluació.

**g)** Estatura mitjana dels pares - Estatura de l'alumne.

**h)** Distància de casa seva al centre d'estudis - Temps mitjà que tarda a arribar.

**i)** Nombre de llibres llegits a l'any - Nombre d'assignatures suspeses en l'última avaluació.

# 2. EL VALOR DE LA CORRELACIÓ

Igual que per a la mitjana ($\bar{x}$) o per a la desviació típica ($\sigma$), també hi ha una fórmula per trobar el valor de la correlació d'una distribució bidimensional a partir de les dades de la taula. En aquest curs no la trobarem mitjançant la fórmula, però sí que ens familiaritzarem amb la gamma de valors que pot prendre.

> El valor de la correlació s'anomena **coeficient de correlació** i es designa amb la lletra *r*.

El valor més gran de *r* es dona quan els punts estan alineats (relació funcional). En aquest cas, el valor de *r* és 1 o –1, segons sigui positiva o negativa. Per tant, els valors que pot prendre *r* oscil·len entre –1 i 1.

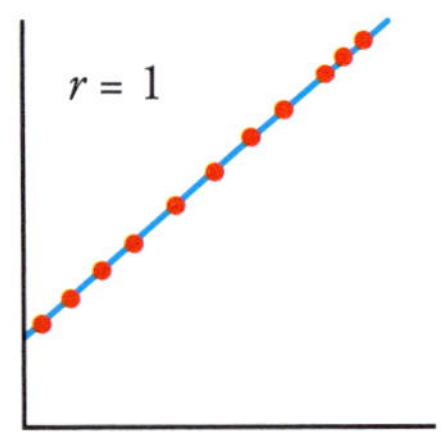


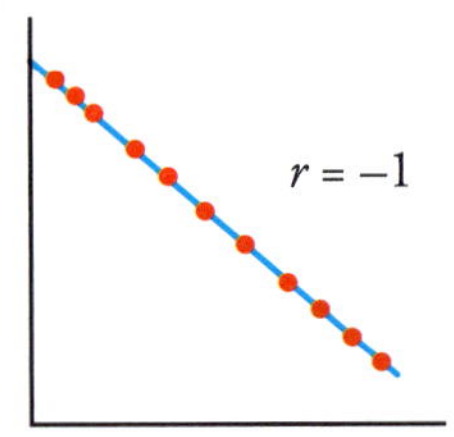


Observa els núvols de punts següents i fixa't, en cada cas, en la relació entre el valor de *r* i com de «prop» o de «lluny» es troben els punts de la seva recta de regressió.

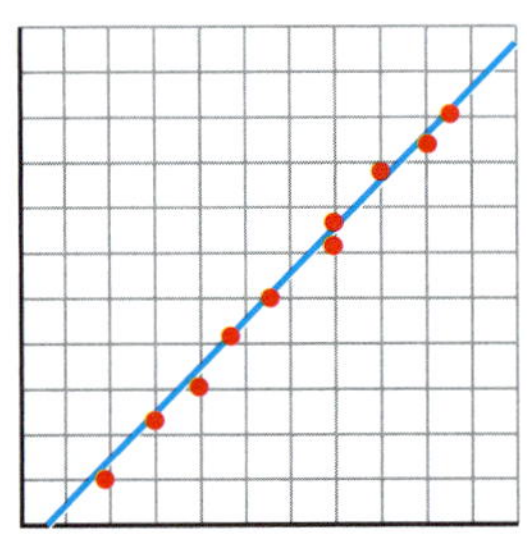

*r* = 0,99

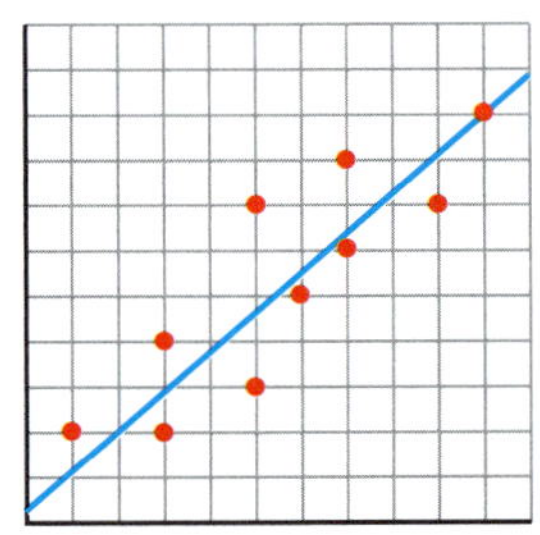

*r* = 0,86

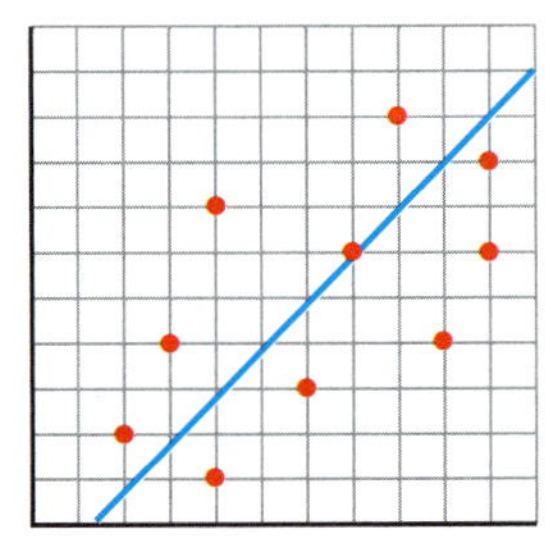

*r* = 0,59

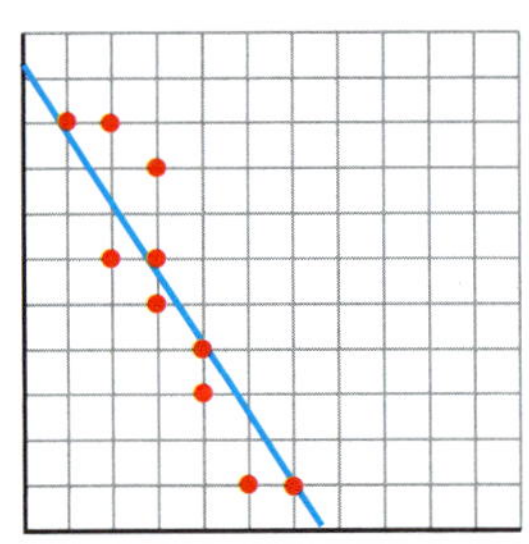

*r* = –0,92

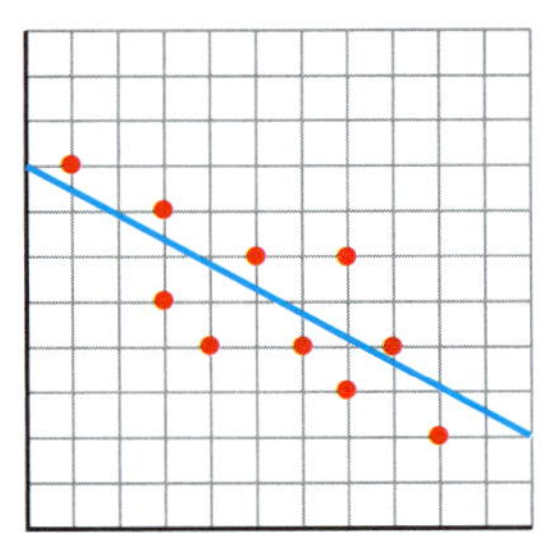

*r* = –0,77

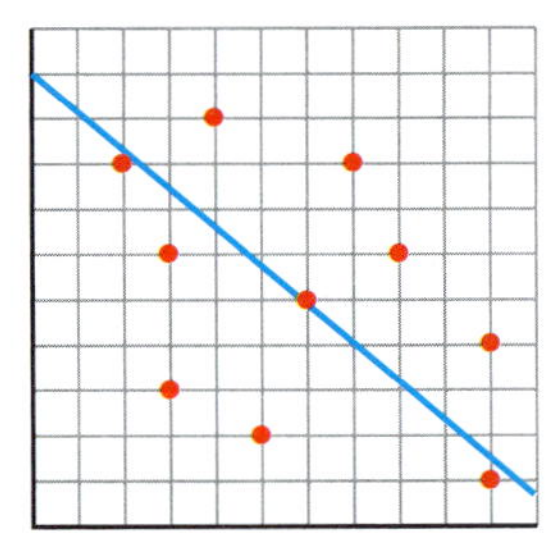

*r* = –0,41

## Correlació i pendent

Atenció! En un núvol de punts, el valor del pendent de la recta de regressió (1, 1/3, –1/2, –2...) no té res a veure amb el valor de la correlació. Només ens fixarem en el signe del pendent (positiu o negatiu).

## » APLICA EL QUE HAS APRÈS

**5.** Els nombres següents són els valors absoluts dels coeficients de correlació, *r*, de les distribucions bidimensionals representades a la dreta:

0,75 0,47 0,92 0,97

Assigna a cada coeficient la distribució corresponent i canvia el signe quan convingui.

A

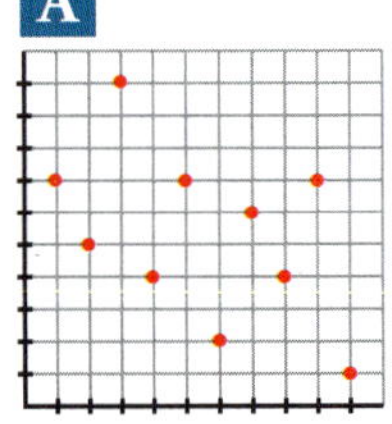

B

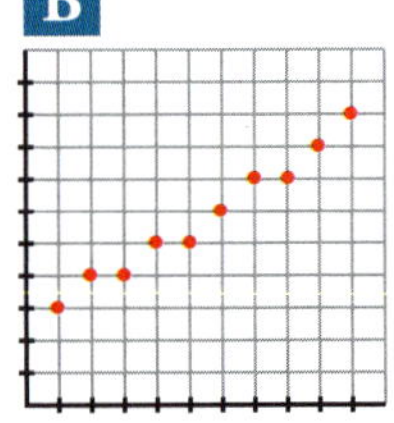

C

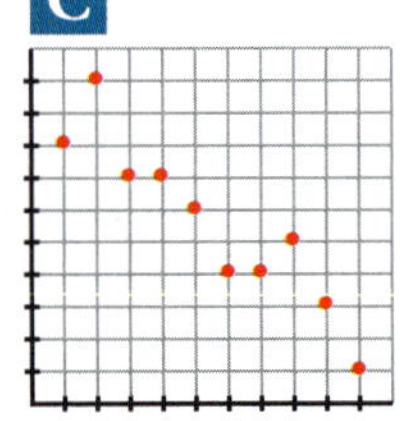

D

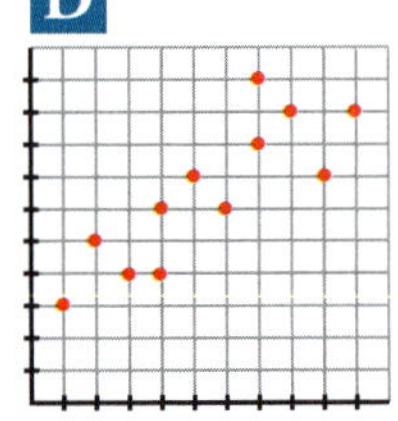



GeoGebra. Coeficient de correlació.

## PROBLEMA RESOLT

**3.** ***Aquesta taula mostra diverses característiques socioeconòmiques de 10 països:***

| PA | PO | EX | RPC | IP | ME |
|---|---|---|---|---|---|
| A | 316 | 9,8 | 56 | 15,1 | 5,6 |
| B | 202 | 8,5 | 12 | 21,4 | 1,9 |
| C | 127 | 0,38 | 38 | 16 | 2,3 |
| D | 121 | 2 | 16 | 13 | 2,1 |
| E | 92 | 0,33 | 44 | 11,3 | 4,9 |
| F | 64 | 0,64 | 43 | 7,9 | 4,2 |
| G | 61 | 0,3 | 35 | 6 | 3,8 |
| H | 38 | 0,3 | 14,4 | 10,6 | 2,2 |
| I | 14 | 1,3 | 2 | 48 | 0,04 |
| J | 4 | 1 | 2,2 | 40 | 0,13 |

***Les columnes signifiquen:***

**Pa.** *País*

**Po.** *Població (en milions de persones)*

**Ex.** *Extensió (en milions de km²)*

**RPC.** *Renda per càpita (en milers de $)*

**IP.** *Índex de pobresa (en %)*

**Me.** *Nre. de metges per 1.000 habitants*

***Analitza les distribucions bidimensionals següents:***

- **Ex - Po**
- **RPC - IP**
- **RPC - Me**

***Si els coeficients de correlació són, no respectivament, –0,68, 0,94 i 0,87, estima quin correspon a cada una de les distribucions.***

És clar que a països més grans els solen correspondre poblacions més nombroses, és a dir, la correlació és positiva.

Si, per exemple, Austràlia formés part d'aquesta llista, s'allunyaria molt de la recta de regressió, ja que és un país amb una densitat de població anormalment baixa.

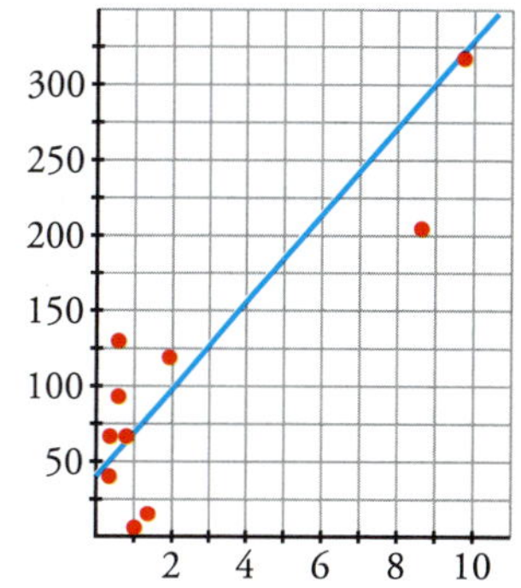


És raonable que com més renda per càpita tingui un país, més baix sigui el seu índex de pobresa; és a dir, la correlació sigui negativa. No obstant això, hi ha moltes excepcions, per la qual cosa la correlació no és gaire alta en valor absolut.

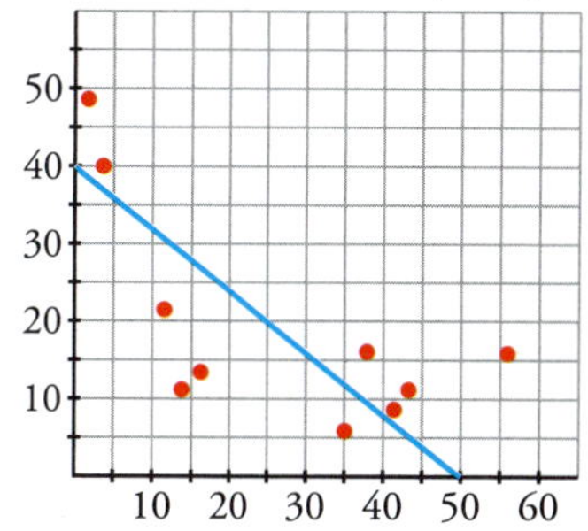


La correlació entre la renda per càpita i el nombre de metges per cada 1.000 habitants és positiva i molt més forta. En aquest cas es veu més clarament que països molt rics tenen més metges per cada 1.000 habitants.

Si, per exemple, Cuba formés part de la llista, se separaria molt de la recta de regressió i baixaria la correlació, ja que, tot i ser un país econòmicament feble, té una proporció molt alta de metges.

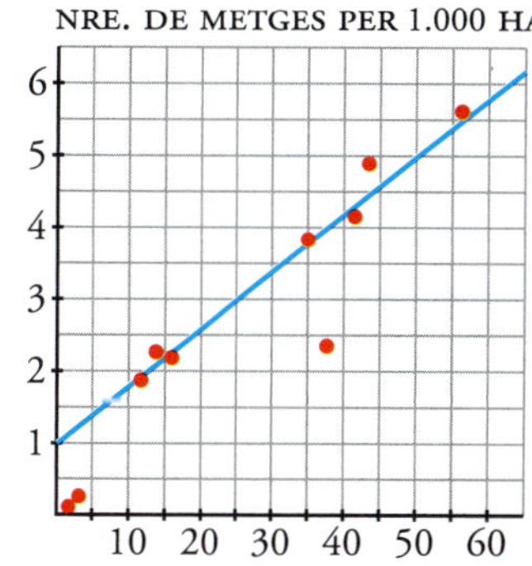


En comparar les tres gràfiques, podem afirmar que la correlació corresponent a la primera (Ex - Po) és 0,87, que la corresponent a la segona (RPC - IP) és –0,68 i que la corresponent a la tercera (RPC - Me) és 0,94.

## » APLICA EL QUE HAS APRÈS

**6.** Representa el núvol de punts i traça a ull la recta de regressió de la distribució bidimensional IP - Me del problema resolt anterior.

**7.** Indica quin d'aquests valors s'ajusta millor al coeficient de correlació de la distribució de l'activitat anterior:

0,5  –0,99  0,82  –0,77  0,99

# 3. LA RECTA DE REGRESSIÓ PER FER ESTIMACIONS

### Què és $\hat{y}$?

L'estimació que fem de la variable $y$ per a un valor determinat de $x$ a partir de la recta de regressió l'anomenem $\hat{y}$.

Ara ens preguntem si la recta de regressió ens pot servir per estimar el valor de $y$ que correspon a un individu del qual es coneix el valor de $x$. Per descomptat que podem fer l'estimació, però quin grau de fiabilitat tindrà?

Sembla raonable pensar que, com més forta sigui la correlació, més fiable serà l'estimació. Però hi influeixen altres factors? Abans d'extreure conclusions definitives, vegem-ne uns exemples.

## Exemple 1

| T | 0 | 8 | 15 | 25 | 40 | 50 | 60 | 75 |
|---|---|---|---|---|---|---|---|---|
| A | 0 | 1 | 2 | 3 | 5 | 6 | 7 | 9 |

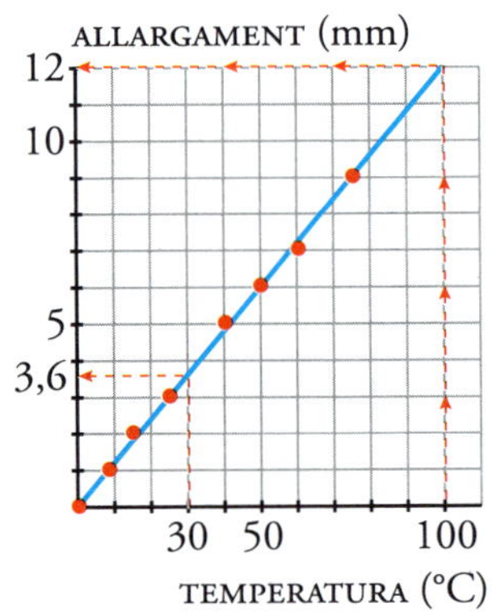


La longitud d'un raïl de via de tren a 0 °C és de 10 m. La taula del marge ens mostra els allargaments, $A$ (en mm), a diferents temperatures, $T$ (en °C).

A partir de les dades de la taula, ens preguntem per l'allargament que s'obtindria per a temperatures de 30 °C i de 100 °C.

El primer que fem és representar les dades en un núvol de punts. Observem en el marge que s'ajusten gairebé exactament a una recta, la recta de regressió traçada en blau. Per aquesta raó, el coeficient de correlació serà molt pròxim a 1.

Obtenim l'equació de la recta de regressió. Com que passa per (0, 0) i (50, 6), la seva equació és $y = \frac{6}{50}x \rightarrow y = 0{,}12x$.

Fem les estimacions següents: per a 30 °C, obtenim que $\hat{y}(30) = 3{,}6$ mm, i per a 100 °C, obtenim que $\hat{y}(100) = 12$ mm. Ambdues estimacions poden ser molt fiables, sobretot la primera, ja que el valor de la temperatura està inclòs en el tram dels valors controlats (o coneguts). En la segona estimació la temperatura està fora de l'interval de valors controlats, però poc allunyada.

## Exemple 2

| A | P |
|---|---|
| 186 | 85 |
| 189 | 85 |
| 190 | 86 |
| 192 | 90 |
| 193 | 91 |
| 198 | 93 |
| 201 | 102 |
| 205 | 101 |

Les alçades, $A$ (en cm), i els pesos, $P$ (en kg), de 8 jugadors de bàsquet es mostren en la taula del marge.

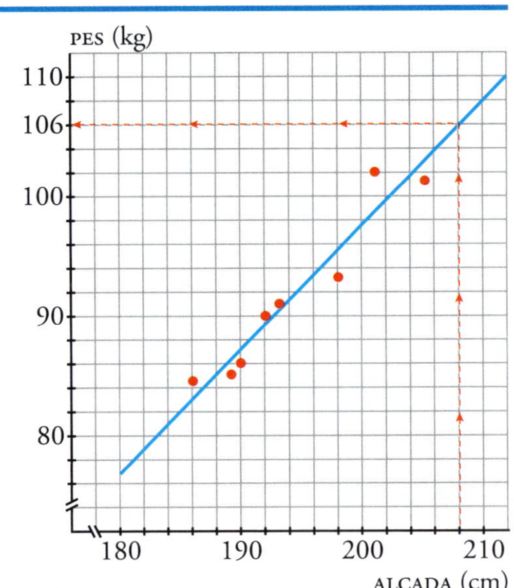


Volem estimar, mitjançant la recta de regressió, el pes d'un nou fitxatge l'alçada del qual és de 208 cm. Per a això, representem les dades i la recta de regressió i trobem gràficament el pes que correspon a 208 cm:

$$\hat{y}(208) = 106$$

En aquest cas, la correlació no és tan forta com en l'anterior, per això seria més prudent dir que el pes que correspon a 208 cm estarà relativament pròxim a 106; per exemple, entre 102 kg i 110 kg.

## » APLICA EL QUE HAS APRÈS

**8.** Estima, amb les dades de l'exemple 1, l'allargament corresponent a una temperatura de 45 °C. Consideres fiable l'estimació?

**9.** Estima, amb les dades de l'exemple 2, el pes d'un nou jugador l'alçada del qual sigui de 180 cm. Consideres fiable l'estimació?

## Quan podem fer estimacions?

Quines garanties d'èxit tenim quan fem estimacions basant-nos en la recta de regressió?

Com hem vist en els exemples anteriors, la seguretat en la previsió serà tant més gran com més gran sigui el coeficient de correlació en valor absolut. És a dir:

- Si $|r|$ és pròxim a 1, es podrà dir que, probablement, el valor real serà pròxim a la nostra previsió.
- Si $|r|$ és petit, ens hem d'abstenir de fer previsions.

Però encara que $|r|$ prengui valors grans, les previsions poden ser molt insegures si el punt de la recta de regressió sobre el qual fem l'estimació està molt allunyat dels punts coneguts. En l'exemple 1 de la pàgina anterior, considerem bastant segures les previsions d'allargament que vam fer per a temperatures de 30 °C i de 100 °C. Molt menys segurs hauríem d'estar si, a partir de la fórmula, pretenguéssim fer estimacions per a 500 °C; probablement cometríem errors importants.

### Estimacions

L'estimació és tant millor com més gran és $|r|$.

L'estimació només pot fer-se per a valors de $x$ pròxims a les dades.

### PROBLEMA RESOLT

**4.** ***Aquest núvol de punts correspon al pressupost en alimentació d'una mostra de 20 famílies segons el nombre de persones que les componen.***

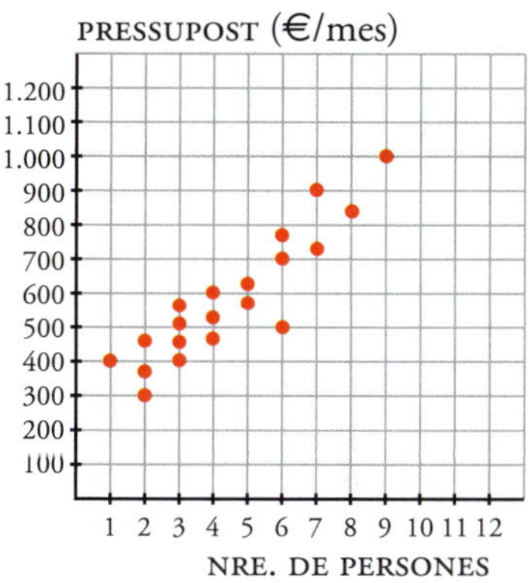


***a) Troba l'equació de la recta de regressió sabent que passa pels punts (2, 400) i (10, 1.010). Dibuixa-la.***

***b) Quin pressupost creus que tindria una família de 7 membres? I una de 12 membres?***

***c) Com de fiables són cada una de les estimacions anteriors?***

**a)** Dibuixem la recta de regressió i en trobem l'equació a partir dels punts esmentats en l'enunciat:

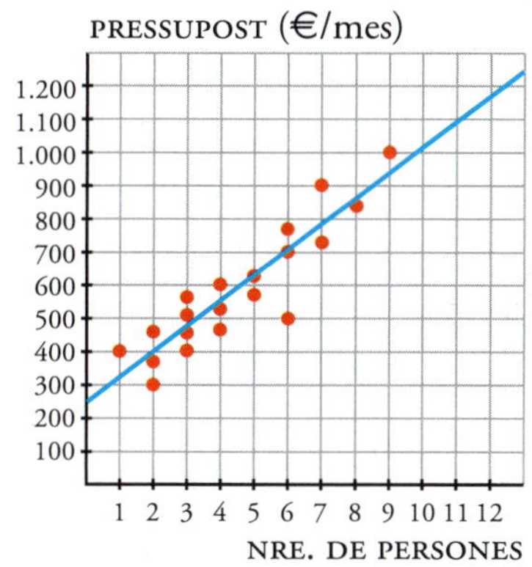


$$m = \frac{1.010 - 400}{10 - 2} = 76{,}25$$

$$\rightarrow\ y = 400 + 76{,}25(x - 2)$$

**b)** Fem les estimacions sobre la recta:

$$\hat{y}(7) = 781{,}25 \qquad \hat{y}(12) = 1.162{,}50$$

Una família de 7 persones tindria un pressupost en alimentació aproximat de 781 € (podríem dir que estaria, per exemple, entre 700 i 900 €), mentre que una de 12 persones tindria un pressupost aproximat de 1.162 € (per exemple, entre 1.000 i 1.300 €).

**c)** Entre les dues variables existeix una correlació positiva bastant forta. Podem afirmar, per tant, que la primera estimació (per a una família de 7 membres) és molt fiable, ja que aquest valor pertany a la zona controlada.

No obstant això, no hem de confiar en l'estimació feta per a una família de 12 membres, ja que aquest valor es troba lluny de la zona controlada.

## » APLICA EL QUE HAS APRÈS

**10.** Estima, amb les dades del problema resolt 4, el pressupost corresponent a una família de 4 persones. Consideres fiable l'estimació?

**11.** Estima, amb les dades del problema resolt 4, quants components hauria de tenir una família el pressupost en alimentació de la qual és de 800 euros?

GeoGebra. Estimació amb la recta de regressió.

# 4. REFLEXIONEM: LA CORRELACIÓ SIGNIFICA CAUSA-EFECTE?

Nuntius
DIVENDRES, 30 MARÇ, 2021 — Núm. 12456 / **1,20 €**
**COM MÉS S'APUGEN ELS SOUS, MÉS ES GASTA EN ALCOHOL**

## Un mal ús de l'estadística

Imagina un titular de premsa com el que veus en el marge. Suposa també que en l'article corresponent es fa al·lusió a un estudi estadístic en el qual s'obté una forta correlació entre el *sou mitjà dels treballadors* durant una sèrie d'anys i la despesa en *begudes alcohòliques* en els mateixos anys. Podem, fins i tot, imaginar que aquest «estudi» s'aplica a un segment molt concret de la població (per exemple, els homes d'edat compresa entre 20 i 30 anys).

En aquest suposat estudi hi ha una manipulació evident: es pretén donar la falsa idea que la millora dels sous es malversa en begudes alcohòliques, encara que la realitat sigui que amb el pas del temps i la inflació s'apuja el preu de tot (també el de les begudes alcohòliques) i, per descomptat, els sous.

Encara que de vegades es manipulen les estadístiques per desvirtuar la realitat i donar, com en aquest cas, informacions fal·laces, sortosament, en general, l'ús que es fa de les estadístiques és honest i constructiu.

## Un bon ús del disseny estadístic

En les ciències experimentals i en les ciències socials es recorre sovint a l'estadística en general i a la correlació en particular. Vegem-ne un exemple:

Per estudiar l'eficàcia d'un adob, se seleccionen diverses parcel·les amb característiques molt semblants: tipus de terra, hores de reg, tipus de llavor plantada, moment de la plantació, hores de sol... D'aquesta manera es podran relacionar les dues variables *quantitat d'abonament - nivell de producció* sense que el resultat sigui influenciat per altres variables que estem controlant.

### No ho oblidis

Un bon estudi estadístic requereix prendre moltes precaucions i afinar tant en el disseny de l'experiència com en la interpretació dels resultats obtinguts.

## Alguns exemples divertits de correlació

Vegem uns exemples divertits en els quals hi ha una correlació indubtable entre dues variables i, no obstant això, la possible relació causa-efecte és molt discutible.

- És fàcil demostrar que els nens amb els peus grossos llegeixen millor que els que tenen els peus petits. Influeix la grandària del peu en la capacitat per a la lectura?

  Individus: 200 nens escollits a l'atzar en una escola. Variables: $x \to$ *número de sabata*; $y \to$ *nivell de lectura*.

- S'ha constatat que, als pobles d'una comarca determinada, com més nius de cigonya hi ha a les teulades de les cases, més naixements de nens es produeixen. Tenen a veure, doncs, les cigonyes amb els naixements?

  Individus: 43 pobles d'una comarca determinada. Variables: $x \to$ *nombre de nius de cigonyes a les teulades*; $y \to$ *nombre de naixements a l'any*.

- Un estudi va demostrar que, els anys en què més rogatives o processons hi havia per demanar pluges, menys plovia. Pot ser que als sants els enutgin les rogatives?

  Individus: cada un dels últims 30 anys. Variables: $x \to$ *nombre de rogatives per demanar pluja al llarg de l'any*; $y \to$ $\ell/m^2$ *de pluja recollits a l'any*.

En el primer cas hi ha una variable intermèdia, l'*edat*, que es relaciona amb cada una de les altres dues. En el segon, la variable intermèdia és la *grandària dels pobles*. I en el tercer, la relació causa-efecte és la contrària: *a menys pluja, més rogatives*.

# 5. DISTRIBUCIONS BIDIMENSIONALS AMB CALCULADORA

Al llarg d'aquesta unitat hem pretès que et familiaritzis amb la idea de correlació: per a què serveix, on s'utilitza, com s'interpreta, etc. I, també, que siguis capaç de fer-te una idea del valor que pot prendre la correlació entre dues variables a partir d'un núvol de punts o, fins i tot, d'una taula de valors. Aquesta destresa és senyal que domines la teoria. El valor de la correlació, però, també es pot trobar amb la calculadora. De quina manera?

Triem el menú «Distribució bidimensional» d'aquesta manera: **menú → 6: Estadística → 2: $y = a+bx$** (distribució bidimensional).

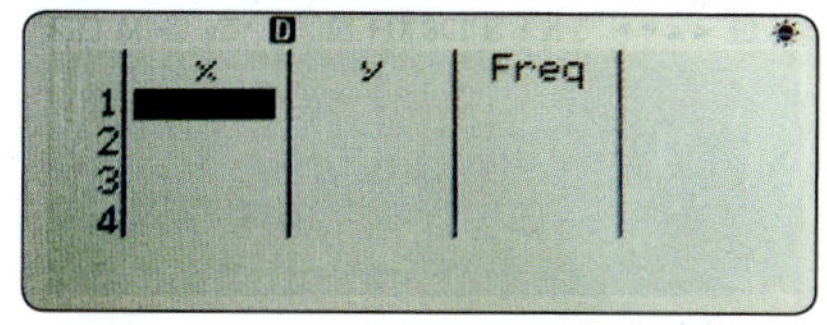


Ara anem introduint valors en les cel·les corresponents.

Vegem, per exemple, com s'introdueixen els 10 parells de valors de la primera distribució que hem vist en aquesta unitat (es pot veure en el marge).

| ALUMNES | NOTA EN M | NOTA EN F |
|---|---|---|
| *a* | 7 | 6 |
| *b* | 6 | 4 |
| *c* | 8 | 7 |
| *d* | 3 | 4 |
| *e* | 6 | 5 |
| *f* | 9 | 6 |
| *g* | 4 | 2 |
| *h* | 10 | 9 |
| *i* | 2 | 1 |
| *j* | 5 | 6 |

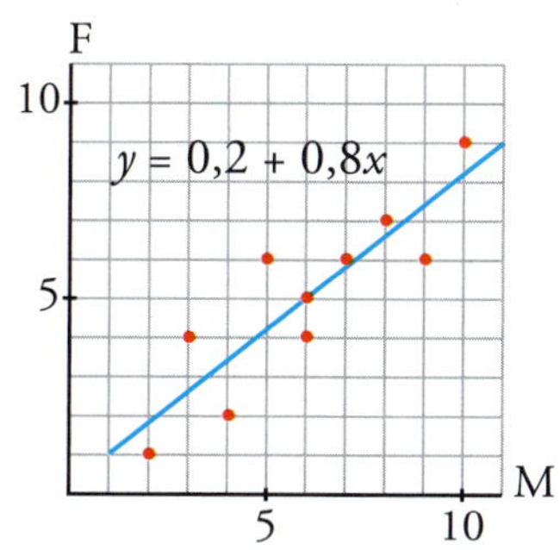


En primer lloc, s'introdueix la dada corresponent al primer element de la variable $x$ (nota en Matemàtiques), que se situa en la cel·la ombrejada.

Després d'escriure la dada, es prem la tecla ⊟ perquè sigui inserida en el seu lloc. A continuació, s'introdueix la segona dada, i així fins a la desena. Després, amb ajuda dels cursors, ens situem en el primer element de la variable $y$ (nota en Física) i fem el mateix amb les altres deu dades.

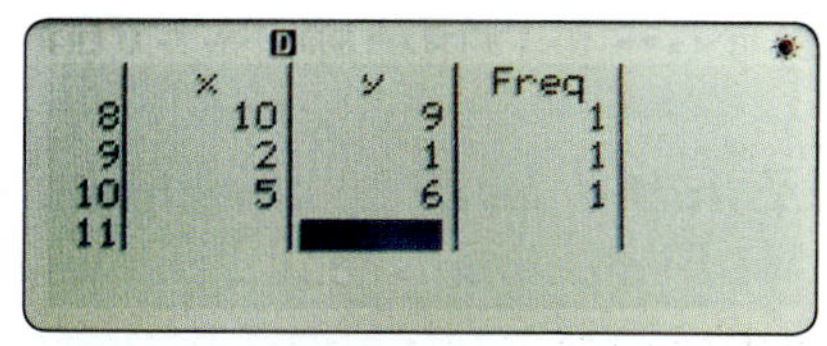


Una vegada completada la taula, per obtenir la correlació entre ambdues variables, premem OPTN i seleccionem **4: Càlcul regressió**. Apareix a la pantalla el valor de $r$. En aquest cas, hem obtingut que $r = 0,876356092 \approx 0,88$.

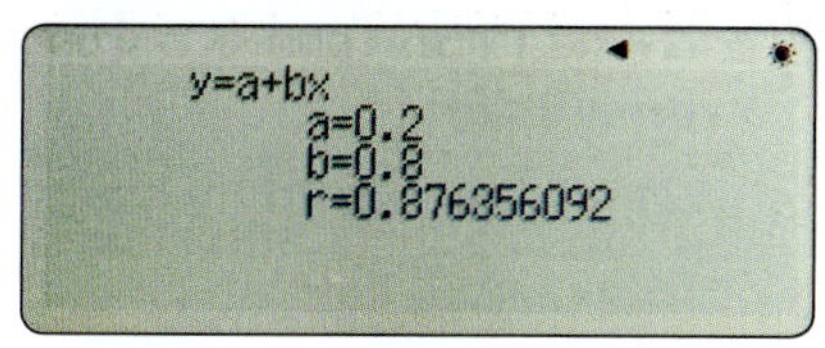


La pantalla ens dona també els valors $a$ i $b$, que són, respectivament, l'ordenada en l'origen i el pendent de la recta de regressió (observa el núvol de punts amb la seva recta de regressió corresponent en el marge).

Fem servir ara la calculadora per trobar, en l'exemple de la pàgina 259, la correlació dels llançaments a cistella amb les distàncies des de les quals es llança (es pot veure la taula en el marge).

| DISTÀNCIA (en m) | NRE. DE CISTELLES |
|---|---|
| 1 | 9 |
| 2 | 10 |
| 3 | 6 |
| 4 | 4 |
| 5 | 2 |
| 6 | 0 |
| 7 | 1 |
| 8 | 0 |

Introduïm els 8 parells de dades i seguim els mateixos passos que en l'exemple anterior per obtenir la correlació: $r = -0,941583818 \approx -0,94$.

En aquest cas, la recta de regressió és $y = 10,9 - 1,5x$.

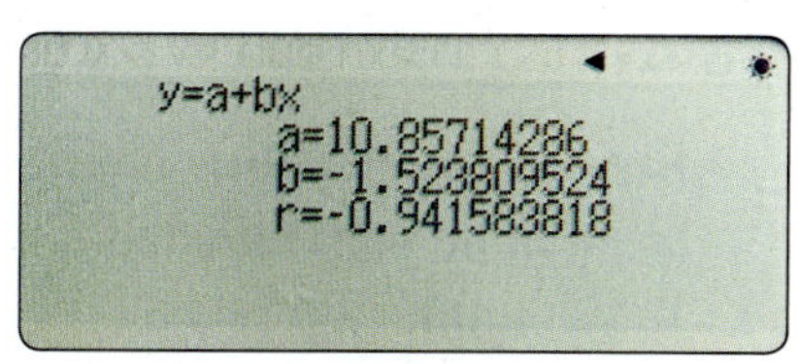


## » APLICA EL QUE HAS APRÈS

**12.** Fes servir la calculadora per comprovar els valors de la correlació corresponents a cada núvol de punts dels exemples de la pàgina 262.

Fes el mateix amb les correlacions de l'activitat 5 de la mateixa pàgina.

**13.** Calcula el coeficient de correlació entre la longitud d'un raïl de via de tren i la temperatura de l'exemple de la pàgina 264.

Comprova que la recta de regressió és, aproximadament, $y = 0,12x$.

# » OBSERVA, RAONA I RESOL

## 1. EL TEMPS A VIGO

***Aquesta taula mostra la temperatura mitjana, T (en °C), la pluja, P (en mm), i les hores de sol, S, a Vigo al llarg d'un any:***

| | T | P | S |
|---|---|---|---|
| G | 7 | 125 | 104 |
| F | 10,4 | 106 | 93 |
| M | 11,3 | 97 | 134 |
| A | 13,1 | 78 | 166 |
| M | 14 | 64 | 182 |
| J | 17,1 | 25 | 197 |
| J | 20,4 | 35 | 223 |
| A | 18,3 | 38 | 263 |
| S | 18,7 | 84 | 181 |
| O | 16,9 | 135 | 151 |
| N | 13,4 | 155 | 83 |
| D | 11,5 | 131 | 60 |

***Estudia les tres distribucions bidimensionals que relacionen aquestes variables i assigna a cada una un d'aquests valors de la correlació:***

***r = –0,86   r = –0,59   r = 0,77***

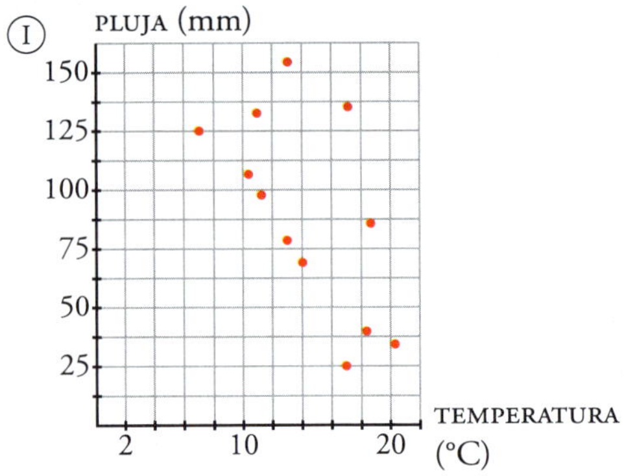


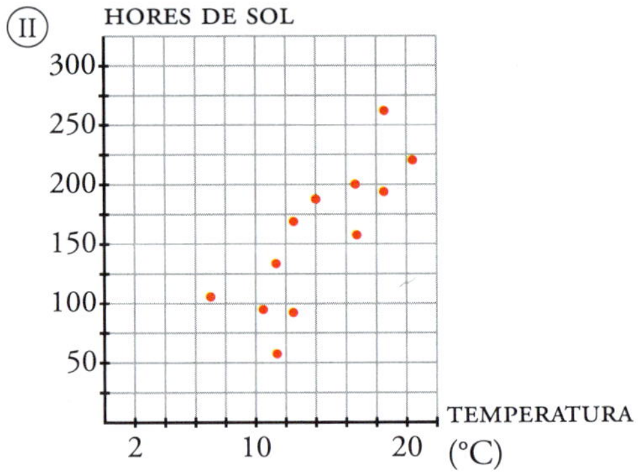


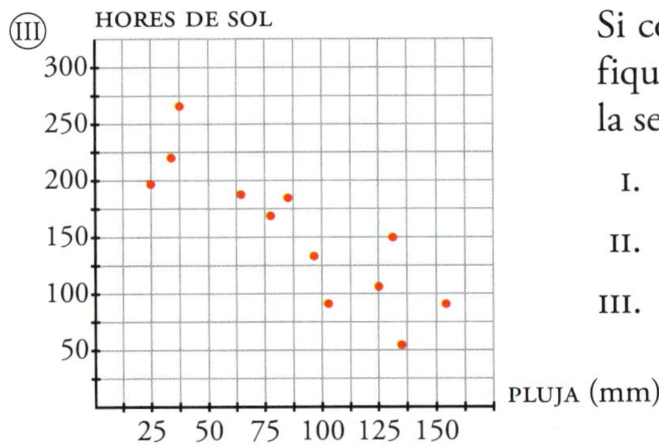


Si comparem les tres representacions gràfiques, podem assignar a cada distribució la seva correlació:

I. $r = -0{,}59$

II. $r = 0{,}77$

III. $r = -0{,}86$

## 2. LA MOLLA

***Fem un experiment i pengem pesos d'una molla. Aquesta taula ens en dona les masses, M (en g), i els allargaments, A (en cm):***

| M | 0 | 30 | 60 | 90 | 120 | 150 | 180 | 210 | 240 |
|---|---|---|---|---|---|---|---|---|---|
| A | 0 | 9 | 17 | 26 | 35 | 43 | 52 | 61 | 70 |

***a)** Representa els punts i traça'n la recta de regressió.*

***b)** És raonable que la correlació sigui 0,999?*

***c)** Estima els allargaments per a masses de 40 g, 100 g, 250 g, 350 g i 3 kg.*

**Fes-ho tu** Estima l'allargament per a masses de 190 g i 5 kg i indica la fiabilitat d'ambdues estimacions.

**a)**

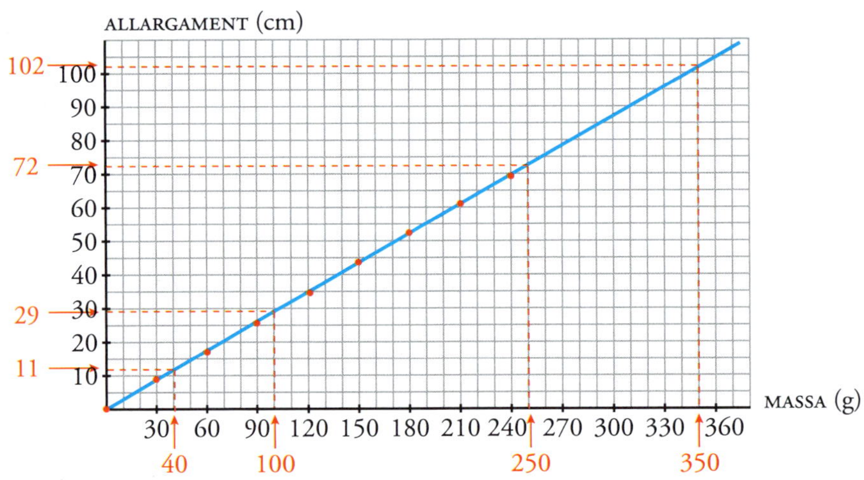


**b)** La correlació és 0,999. El resultat és raonable, ja que els punts estan pràcticament sobre la recta.

**c)** Els allargaments estimats per a masses de 40 g, 100 g, 250 g i 350 g són d'11 cm, 29 cm, 72 cm i 102 cm, respectivament. Tot i que la correlació és molt forta, no seria gens fiable l'estimació que féssim per a una massa de 3 kg, ja que aquest valor està molt allunyat del tram que controlem.


BARCANOVA EDITORIAL

# » EXERCITA LES TEVES COMPETÈNCIES

## Practica

**1.** Fes les activitats següents:

— Digues si les distribucions de sota són bidimensionals.

— Indica quines són les variables que es relacionen.

— Indica si són relacions funcionals o relacions estadístiques.

**a)** Grandària de l'habitatge - Despesa en calefacció.

**b)** Nombre de persones que viuen en un habitatge - Litres d'aigua consumits en un mes.

**c)** Metres cúbics de gas consumits en un habitatge - Cost del rebut del gas.

**d)** Longitud d'un pam d'un alumne - Número de calçat que usa.

**e)** Nombre de metges i metgesses per cada 1.000 habitants - Índex de mortalitat infantil.

**f)** Velocitat amb què es llança una pilota cap amunt - Altura que assoleix.

**2.** Estima si en cada un dels apartats de l'activitat anterior la correlació serà positiva o negativa, forta o feble.

**3.** Aquests són els resultats que hem obtingut en mesurar les hores de son diàries de diversos infants de diferents edats (en mesos):

| EDAT | 1 | 3 | 6 | 12 | 18 | 12 | 18 | 24 |
|---|---|---|---|---|---|---|---|---|
| HORES | 16 | 15 | 14 | 13 | 14 | 14 | 12 | 13 |

**a)** És una distribució bidimensional? Quines són les variables que es relacionen? I els individus?

**b)** És una relació estadística o funcional?

**c)** Representa'n el núvol de punts.

**d)** Indica si la correlació és positiva o negativa, forta o feble.

**e)** Tria un d'aquests valors per al coeficient de correlació: 0,81; –0,24; –0,79; 0,32.

**f)** Estima el temps que dormiria un infant de 9 mesos.

**4.** Representa el diagrama de dispersió corresponent a la distribució següent i digues quin d'aquests valors pot ser el seu coeficient de correlació:

$r = 1$ $\quad r = -0{,}25$ $\quad r = -1$ $\quad r = -0{,}63$

| x | 1 | 2 | 3 | 4 | 5 | 6 |
|---|---|---|---|---|---|---|
| y | 10 | 8 | 6 | 4 | 2 | 0 |

**5.** **a)** Traça, a ull, la recta de regressió en cada una d'aquestes quatre distribucions bidimensionals:

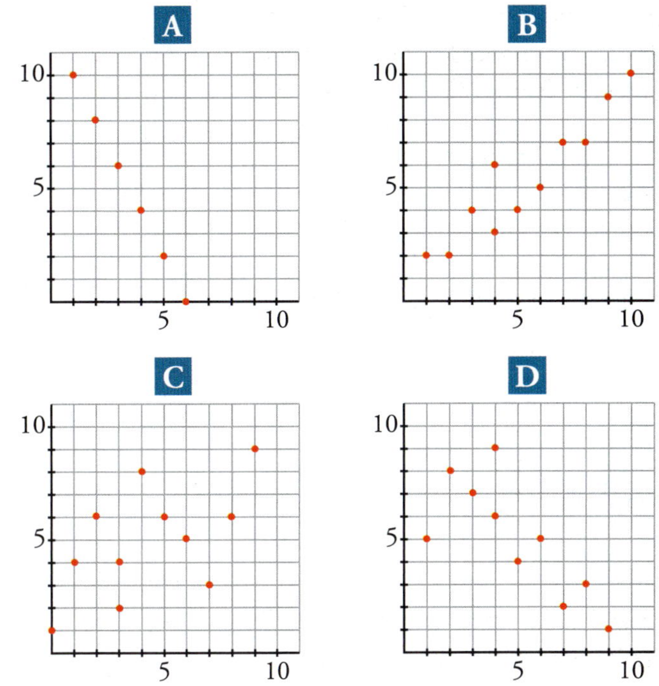


**b)** Quines tenen correlació positiva i quines tenen correlació negativa?

**c)** Una d'aquestes distribucions correspon a una relació funcional. Quina és? Quina és l'expressió analítica de la funció que relaciona les dues variables?

**d)** Ordena de la més petita a la més gran (en valor absolut) les correlacions de les quatre distribucions: en primer lloc situa la que presenta una correlació més feble i en últim lloc, la que té una correlació més forta.

**6.** Les estatures de 10 noies ($x_i$) i les de les respectives mares ($y_i$) són aquestes:

| $x_i$ | 158 | 162 | 164 | 165 | 168 | 169 | 172 | 172 | 174 | 178 |
|---|---|---|---|---|---|---|---|---|---|---|
| $y_i$ | 163 | 155 | 160 | 161 | 164 | 158 | 175 | 169 | 166 | 172 |

Representa els valors en un full quadriculat mitjançant un núvol de punts, traça'n a ull la recta de regressió i digues si la correlació és positiva o negativa i més o menys forta del que esperaves.

**7.** Representa el núvol de punts de la distribució següent i estima quin d'aquests tres valors pot ser el seu coeficient de correlació: $r = 0{,}98$; $r = -0{,}51$; $r = 0{,}57$.

| x | 0 | 1 | 2 | 3 | 3 | 4 | 5 | 6 | 7 | 8 | 9 |
|---|---|---|---|---|---|---|---|---|---|---|---|
| y | 1 | 4 | 6 | 2 | 4 | 8 | 6 | 5 | 3 | 6 | 9 |

Després, pots comprovar el resultat amb ajuda de la calculadora.

**8.** Els nombres 0,2; –0,9; –0,7 i 0,6 corresponen als coeficients de correlació de les distribucions bidimensionals següents. Digues quin correspon a cada gràfic:

**a)**
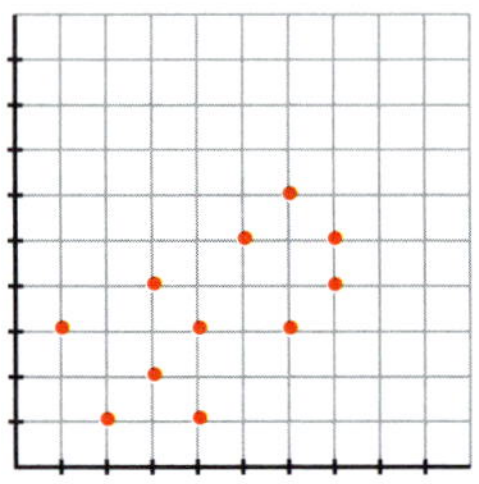

**b)**
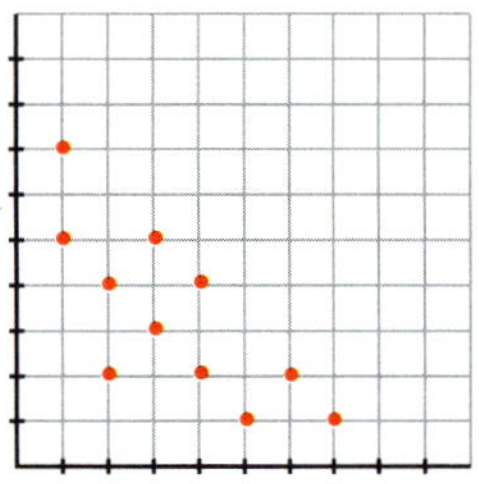

**c)**
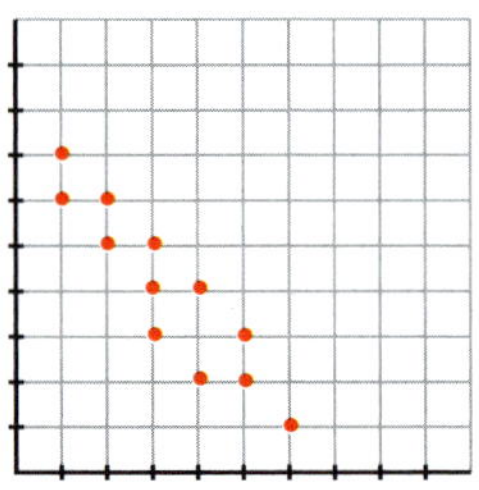

**d)**
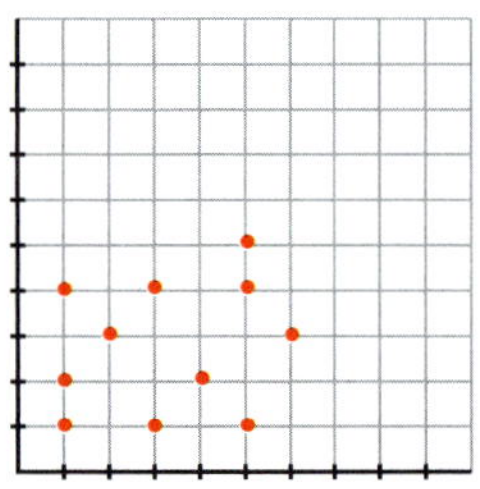

**9.** Els coeficients de correlació d'aquestes distribucions bidimensionals són, en valor absolut, els següents: 0,55; 0,75; 0,87 i 0,96. Assigna a cada una el seu i canvia'n el signe quan pertoqui:

**a)**
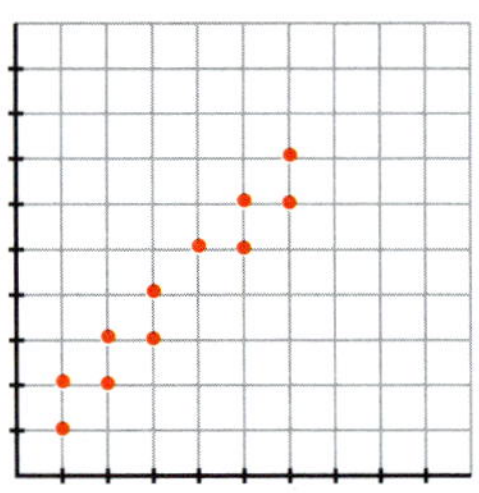

**b)**
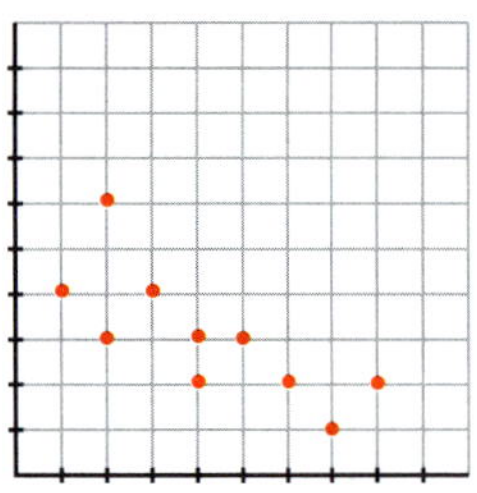

**c)**
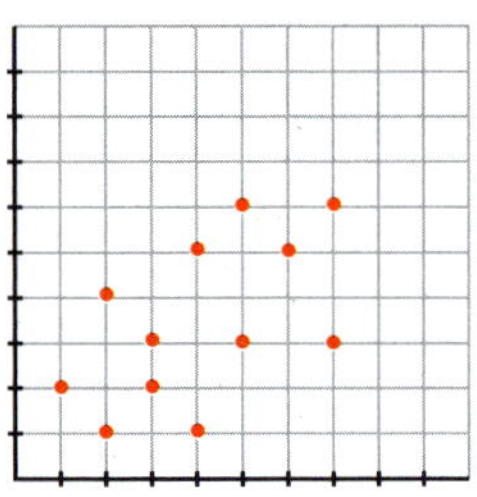

**d)**
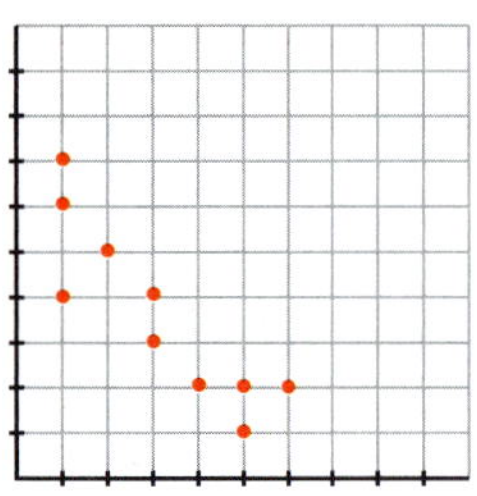

**10.** Traça la recta de regressió de les distribucions a) i c) de l'activitat anterior i estima, en cada una, els valors que corresponen a $x = 0$ i a $x = 10$. En quin cas són més fiables les estimacions?

## Resol problemes

**11.** S'ha fet un estudi amb ratolins per veure els augments de pes (en grams) mensuals que produeixen certes substàncies A, B i C (en mil·ligrams diaris). Les dades obtingudes es mostren en aquesta taula:

| DOSI (en mg) | AUGMENT DE PES SI LA SUBSTÀNCIA ÉS A | AUGMENT DE PES SI LA SUBSTÀNCIA ÉS B | AUGMENT DE PES SI LA SUBSTÀNCIA ÉS C |
|---|---|---|---|
| 1 | 3 | 2 | 3 |
| 2 | 1 | 2 | 3 |
| 3 | 3 | 1 | 2 |
| 4 | 5 | 3 | 0 |
| 5 | 6 | 0 | 1 |
| 6 | 4 | 3 | –1 |
| 7 | 6 | 4 | 1 |
| 8 | 5 | 1 | –2 |
| 9 | 7 | 3 | –4 |
| 10 | 7 | 1 | –2 |

Els resultats negatius volen dir que, en comptes d'augmentar, el pes disminueix.

**a)** Representa el núvol de punts de cada distribució.

**b)** Indica si la correlació és positiva o negativa en cada cas.

**c)** Ordena les correlacions de menys a més forta.

**12.** L'ús excessiu del mòbil té diversos inconvenients; per exemple, influeix negativament en la capacitat de conciliar el son. S'ha preguntat a 10 joves pel nombre d'hores que utilitzen el mòbil diàriament i les hores que acostumen a dormir cada nit. Aquests són els resultats:

| ÚS DEL MÒBIL | 1 | 2 | 5 | 3 | 2 | 5 | 3 | 1 | 2 | 4 |
|---|---|---|---|---|---|---|---|---|---|---|
| HORES DE SON | 10 | 8 | 4 | 7 | 9 | 5 | 6 | 8 | 6 | 7 |

**a)** Representa'n el núvol de punts i indica si la correlació és positiva o negativa, forta o feble.

**b)** Dibuixa'n, a ull, la recta de regressió.

**c)** Indica quin d'aquests valors és el coeficient de correlació: 0,23; 0,91; –0,82; –0,37.

**d)** Estima, sobre la recta, el nombre d'hores de son per a un altre jove que utilitza el mòbil 4 h diàries.

13. Aquesta taula reflecteix el nombre d'accidents de trànsit mortals en 15 províncies espanyoles (2018):

| PROVÍNCIA | VIA URBANA | VIA INTERURBANA |
|---|---|---|
| La Corunya | 49 | 12 |
| Astúries | 28 | 7 |
| Cantàbria | 14 | 5 |
| Biscaia | 13 | 7 |
| Navarra | 24 | 6 |
| Barcelona | 79 | 71 |
| Lleó | 24 | 9 |
| Madrid | 49 | 61 |
| Conca | 15 | 3 |
| Màlaga | 21 | 17 |
| Múrcia | 42 | 20 |
| València | 63 | 20 |
| Saragossa | 33 | 12 |
| Càceres | 14 | 4 |
| La Rioja | 6 | 4 |

**a)** Representa'n el núvol de punts i indica si la correlació és positiva o negativa, forta o feble.

**b)** Dibuixa'n, a ull, la recta de regressió.

**c)** Digues quin d'aquests valors correspon al coeficient de correlació: 0,78; 0,98; –0,82; 0,43.

**d)** Comprova amb la calculadora el valor exacte del coeficient de correlació.

14. Observa la taula amb algunes dades sociològiques referents a diversos països sud-americans (2018):

| PAÍS | ESPERANÇA DE VIDA EN NÉIXER | MORTALITAT INFANTIL PER 1.000 |
|---|---|---|
| Argentina | 77 | 9 |
| Bolívia | 71 | 22 |
| Brasil | 76 | 13 |
| Colòmbia | 77 | 12 |
| Xile | 80 | 6 |
| Equador | 77 | 12 |
| Paraguai | 74 | 17 |
| Perú | 77 | 11 |
| Uruguai | 78 | 6 |
| Veneçuela | 72 | 21 |

**a)** Representa'n el núvol de punts i digues si la correlació que observes és positiva o negativa, forta o feble.

**b)** Indica quin dels valors següents és el coeficient de correlació: 0,99; –0,97; 0,92; –0,52.

**c)** Comprova amb la calculadora el valor exacte del coeficient de correlació.

## Resol: una mica més difícil

15. Les distàncies mitjanes dels planetes al Sol i els temps que tarden a fer una volta completa al voltant d'aquest astre són les següents:

| | DISTÀNCIA AL SOL | PERÍODE ORBITAL |
|---|---|---|
| MERCURI | 0,39 | 0,24 |
| VENUS | 0,72 | 0,61 |
| TERRA | 1 | 1 |
| MART | 1,52 | 1,88 |
| JÚPITER | 5,2 | 11,88 |
| SATURN | 9,54 | 29,48 |
| URÀ | 19,19 | 84,1 |
| NEPTÚ | 30,07 | 164,93 |

S'han pres com a unitats:

- La distància mitjana entre la Terra i el Sol: 1 UA = 150 milions de quilòmetres
- Un any terrestre.

**a)** Representa el núvol de punts corresponent i estima'n el coeficient de correlació.

**b)** Comprova, amb ajuda de la calculadora, el valor del coeficient de correlació.

**c)** Si hi hagués un planeta la distància al Sol del qual fos 3,5 UA, quin seria el seu període orbital? Podríem estar segurs d'aquesta estimació?

16. Amb les dades del problema anterior, elabora una taula amb els cubs de les distàncies ($d^3$) dels planetes al Sol i els quadrats dels períodes orbitals ($t^2$) i estudia la correlació entre els dos valors. És una relació funcional? (Consulta en el llibre de Física la tercera llei de Kepler.)

Troba el període orbital de Plutó, un planeta nan transneptunià que fins al 2006 es considerava el novè planeta del sistema solar. La seva distància al Sol és de 40 UA aproximadament.

# » MATEMÀTIQUES EN CONTEXT

## EXCURSIÓ A LA MUNTANYA

L'altitud afecta el cos humà. Moltes vegades no hi donem importància, però els canvis d'altitud o el fet de romandre durant molt de temps a grans altures poden suposar un problema per a la salut; és el que es coneix com a mal d'altura. Alguns dels símptomes més habituals són marejos, mal de cap, fatiga, falta de gana i, fins i tot, vòmits. És important conèixer aquests símptomes i aprendre a prevenir-los sempre que es planifiqui una excursió a la muntanya.

### 1. Mesurant en les altures

Per estudiar alguns efectes de l'altitud, l'Oriol i els seus amics, que són aficionats a la investigació científica, han dut a terme un experiment. Cada un d'ells ha pujat a una altura diferent de la mateixa muntanya i ha obtingut mesures referents a:

- El nombre de plantes d'una espècie determinada en 1 dam$^2$.
- La pressió atmosfèrica, en mm de mercuri.
- Les pulsacions per minut del mateix experimentador o experimentadora.

Els resultats que han recollit es mostren en la taula.

| ALTURA (m) | NRE. DE PLANTES | PRESSIÓ ATMOSF. | PULSACIONS PER MINUT |
|---|---|---|---|
| 0 | 0 | 760 | 73 |
| 184 | 0 | 745 | 70 |
| 231 | 4 | 740 | 75 |
| 481 | 14 | 720 | 78 |
| 730 | 23 | 700 | 83 |
| 911 | 18 | 685 | 80 |
| 1.343 | 12 | 650 | 89 |
| 1.550 | 3 | 630 | 80 |
| 1.820 | 0 | 610 | 85 |
| 2.184 | 2 | 580 | 92 |

**a)** Relaciona cada una de les tres variables amb l'altura sobre el nivell del mar i representa els núvols de punts en unes quadrícules com aquestes:

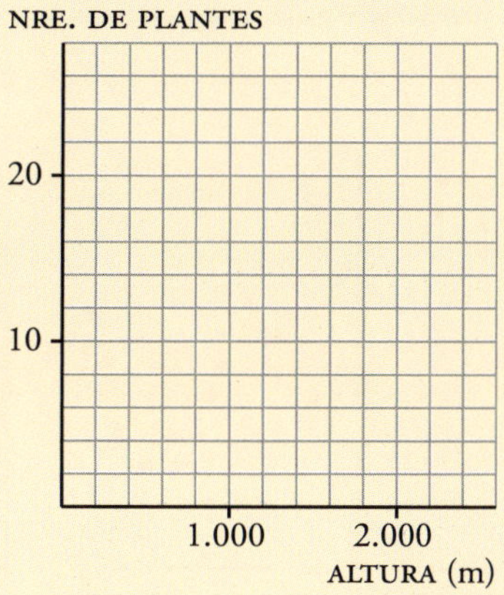


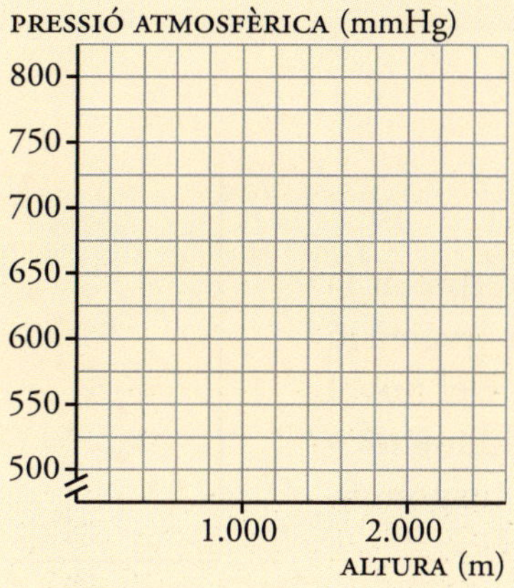


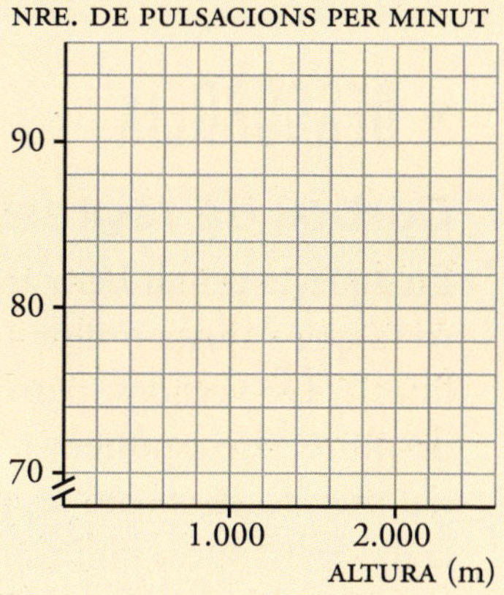


**b)** Avalua la correlació (positiva o negativa, forta o dèbil) en cada un dels tres casos anteriors i explica'n els motius.

## 2. Efecte de l'altura sobre la pressió atmosfèrica

Sabem que la recta de regressió corresponent a la distribució bidimensional de les variables *Pressió atmosfèrica* i *Altura* passa pels punts primer i últim de la taula. Observa la representació del núvol de punts i de la recta. Resol, a partir de la informació que et proporciona la recta, les qüestions que et proposem més avall.

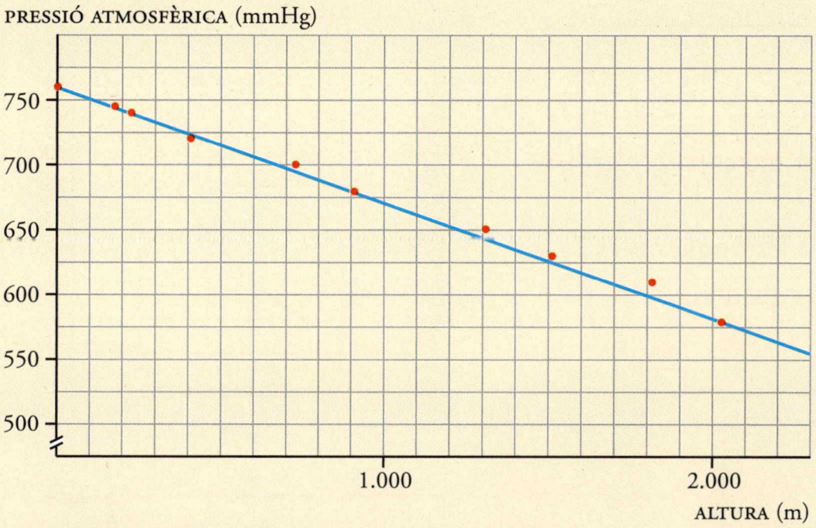


**a)** Calcula l'equació de la recta de regressió.

**b)** Estima la pressió atmosfèrica que correspon a altures de 500 m, 1.000 m i 1.500 m.

**c)** Representa'n la recta de regressió en una quadrícula com la del model i, a partir d'aquesta recta, estima la pressió atmosfèrica que correspon a altures de 3.000, 4.000 i 5.000 m.

**d)** Les estimacions que has fet en els apartats anteriors, com són de fiables? Raona la resposta.

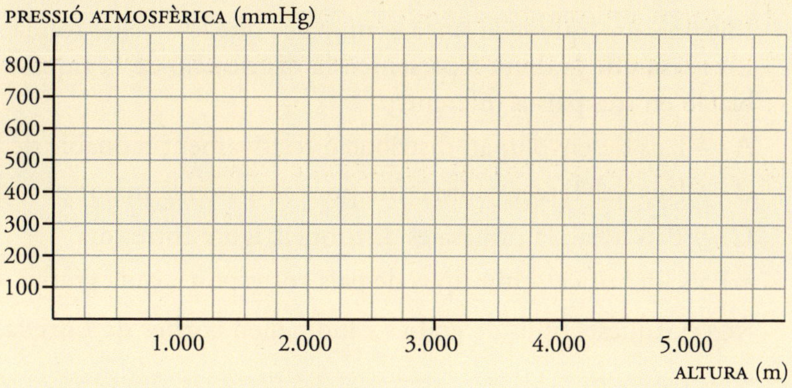

# » TALLER DE MATEMÀTIQUES

## » DESCOBREIX

### Corbes de regressió

En aquesta unitat hem après a dibuixar i interpretar la recta que s'ajusta millor a un núvol de punts (regressió lineal). De vegades, però, hi ha casos en què el núvol de punts corresponent a una distribució bidimensional pren formes com les que veus a la dreta (exponencial, logarítmica, polinòmica...).

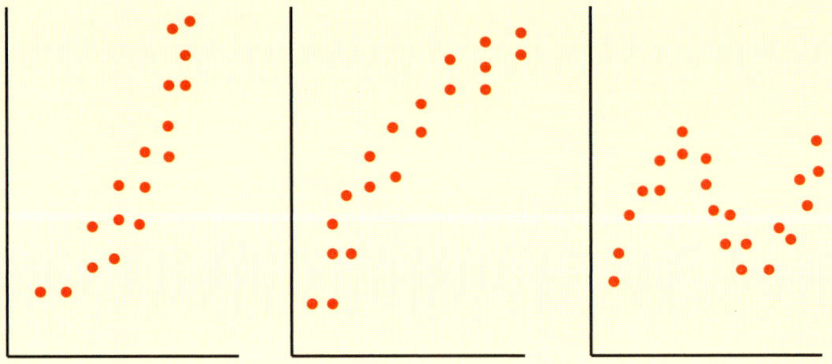

S'han desenvolupat mètodes de matemàtiques superiors que permeten trobar tant l'equació de la recta de regressió com les equacions de les altres corbes.

## » LLEGEIX, RESOL I APRÈN PEL TEU COMPTE

### Terrenys, ramats i gràfics

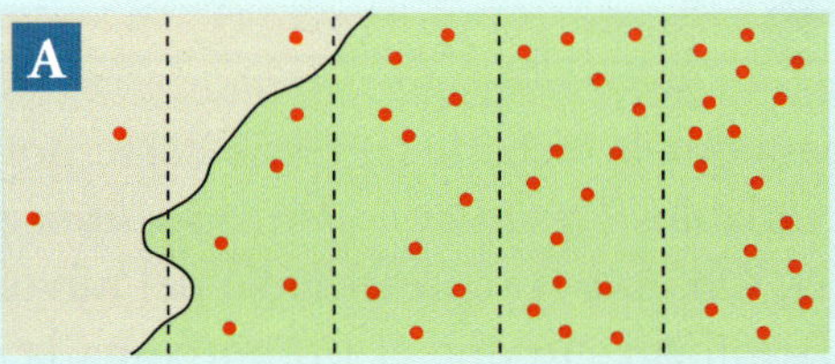


La il·lustració representa una finca A on pastura un ramat d'ovelles. Observa que té una zona pantanosa en la qual gairebé no entra cap animal.

En el gràfic que hi ha sota del dibuix s'ha representat la distribució dels animals sobre el terreny.

| NRE. DE PARCEL·LES | 1 | 2 | 3 | 4 | 5 |
|---|---|---|---|---|---|
| NRE. ACUMULAT D'OVELLES | 2 | 2 + 6 = 8 | 8 + 10 = 18 | 18 + 15 = 33 | 33 + 17 = 50 |

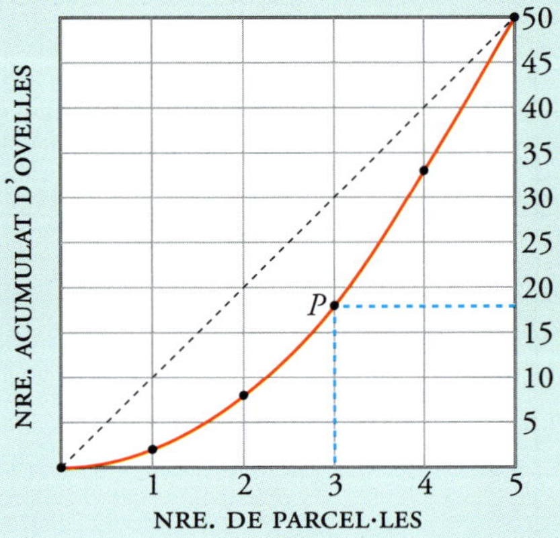


Així, per exemple, el punt $P(3, 18)$ indica que les 3 primeres parcel·les (les menys poblades) acullen 18 ovelles.

- Dibuixa, amb el mateix criteri, les corbes relatives a les finques B i C.

  Quin dels dos gràfics s'apropa més a la diagonal del quadrat?

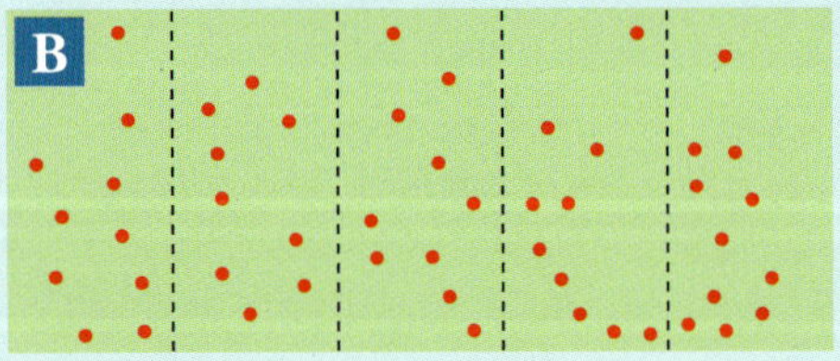


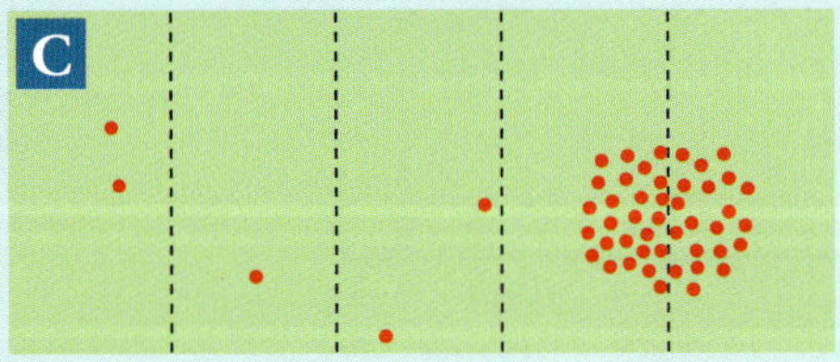


### Entre quants es reparteix la riquesa?

Imagina, ara, que cada finca és un país i que les ovelles són la seva riquesa. Els gràfics de la dreta representen la distribució de la riquesa entre la població en tres països diferents:

A → País desenvolupat: distribució relativament raonable de la riquesa.

B → País del Tercer Món: entre pocs acaparen la major part de la riquesa.

C → País ideal: la riquesa es distribueix igual entre tots.

- Pots identificar quin tipus de país correspon a cada gràfic?

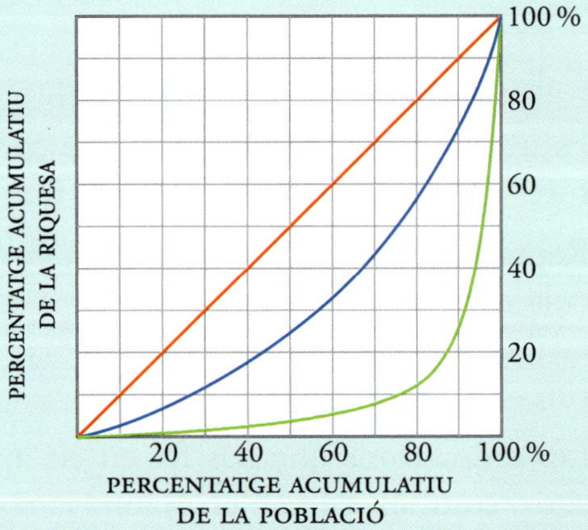


NOTA: Aquests tipus de gràfics s'anomenen **corbes de Lorenz**.

## » ENTRENA'T RESOLENT ALTRES PROBLEMES

- Quantes voltes ha de fer cada roda perquè les fletxes tornin a estar alineades? I perquè, a més a més, assenyalin en el mateix sentit?

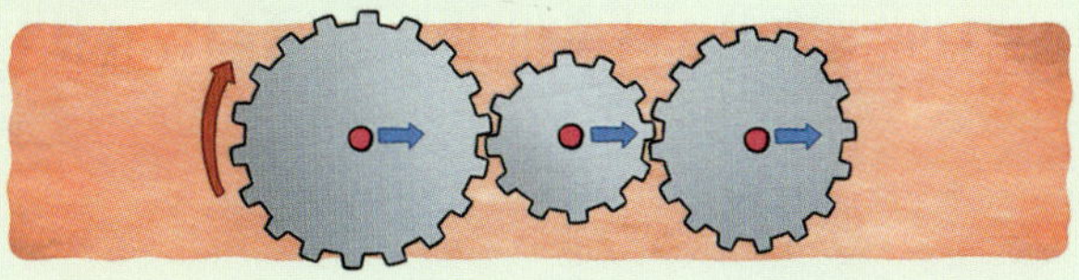

- En Marc i en Dani pugen, caminant, unes escales mecàniques. En Marc va una mica més ràpid: puja 20 esglaons i arriba a dalt en un minut. En Dani puja 16 esglaons i tarda 72 segons. Quants esglaons tenen les escales?

- Aquests 12 llumins delimiten una superfície equivalent a cinc quadrats:

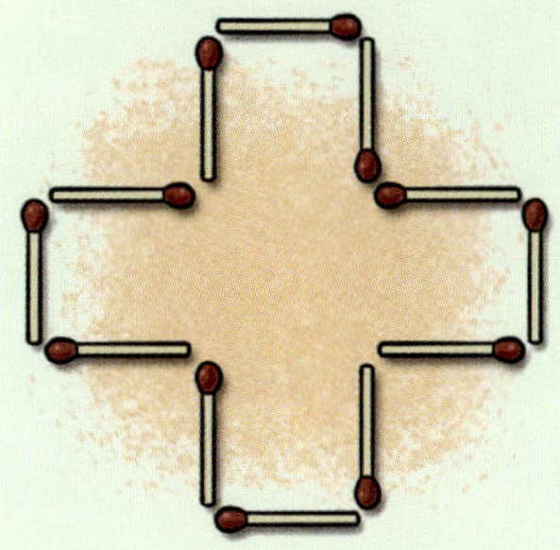

**a)** Com els col·locaries perquè delimitessin només quatre quadrats?

**b)** I perquè delimitessin tres quadrats?

Observació: No han de formar necessàriament una única figura; és a dir, els quadrats poden estar separats.

## » POSA'T A PROVA

**1.** Digues en quines de les distribucions bidimensionals següents la correlació és positiva, en quines és negativa i en quines no n'hi ha:

**a)** Altura d'una persona - Mida del seu gos.

**b)** Distància d'un viatge d'avió - Preu del bitllet.

**c)** Latitud d'un lloc de l'hemisferi nord - Temperatura mitjana anual.

**d)** Altura - Pressió atmosfèrica.

**e)** Profunditat del mar - Pressió de l'aigua.

**2.** Associa a cada una de les distribucions bidimensionals de l'activitat anterior una d'aquestes correlacions:

$r = -1$ $\quad r = 0{,}83$ $\quad r = -0{,}92$ $\quad r = 0{,}23$ $\quad r = 1$

**3.** Associa cada núvol de punts a un d'aquests coeficients de correlació:

$r = 1$ $\quad r = -0{,}83$ $\quad r = 0{,}97$ $\quad r = 0{,}18$

A

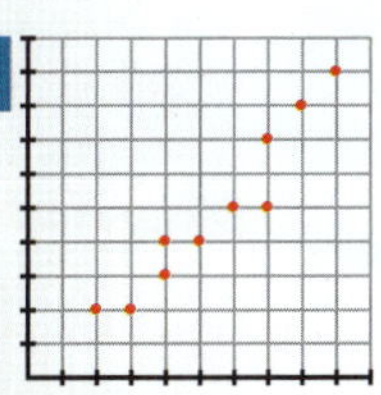

B

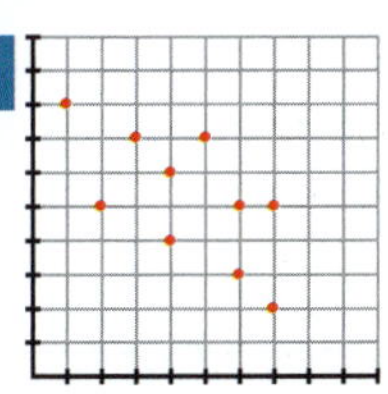

C

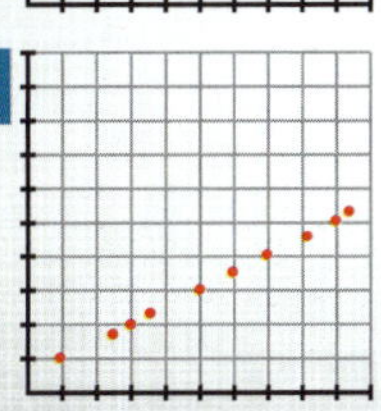

D

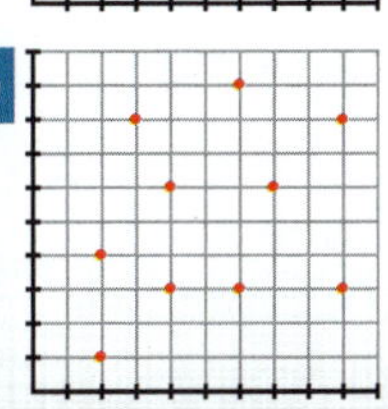

**4.** En la taula següent hi ha registrats el nombre d'hores d'estudi que han dedicat 10 alumnes de 4t ESO a preparar un examen de Matemàtiques i la nota obtinguda en la prova:

| HORES D'ESTUDI | 0,5 | 1 | 1,5 | 2 | 3 | 3 | 4 | 4 | 5 | 5 |
|---|---|---|---|---|---|---|---|---|---|---|
| NOTA DE L'EXAMEN | 4 | 5 | 6 | 7 | 7 | 8 | 8 | 9 | 9 | 10 |

**a)** Representa les dades en un núvol de punts.

**b)** Traça a ull la recta de regressió corresponent.

**c)** Indica quin d'aquests valors és el coeficient de correlació:

$r = 0{,}64$ $\quad r = 0{,}96$ $\quad r = -0{,}87$ $\quad r = 0{,}25$

**d)** Comprova el valor de $r$ amb la calculadora.

**5.** La recta de regressió corresponent a les dades de l'activitat anterior té aquesta equació:

$$y = 4{,}04 + 1{,}12x$$

**a)** Estima quina nota obtindria un alumne que hagués dedicat 3,5 hores a preparar l'examen. I si no hagués estudiat gens ni mica (0 hores)?

**b)** Consideres fiables aquestes estimacions? Explica per què.

UNITAT 11

# COMBINATÒRIA

DIMENSIÓ RESOLUCIÓ DE PROBLEMES · DIMENSIÓ RAONAMENT I PROVA
DIMENSIÓ CONNEXIONS · DIMENSIÓ COMUNICACIÓ I REPRESENTACIÓ

## Com sorgeix la combinatòria

La combinatòria té com a objecte esbrinar, a partir d'un conjunt finit d'objectes, quantes agrupacions hi ha que compleixin unes condicions determinades.

Civilitzacions antigues com la xinesa, l'índia o l'àrab ja coneixien alguns conceptes bàsics sobre combinatòria. Tanmateix, la primera obra impresa en què apareixen problemes de combinatòria és *Summa,* escrita per **Luca Pacioli** el 1494. En aquest tractat es calcula, per exemple, de quantes maneres diferents poden situar-se al voltant d'una taula circular un nombre determinat de persones.

La combinatòria va començar a forjar-se com a ciència paral·lelament a la probabilitat i, per tant, va estar lligada als jocs.

Encara que **Tartaglia**, algebrista italià del segle XVI, en va ser un dels pioners, la combinatòria va rebre l'impuls definitiu a partir de les cartes que es van intercanviar els francesos **Pascal** i **Fermat** (segle XVII) sobre situacions d'atzar inspirades en les taules de joc. Els problemes probabilístics que en sorgeixen, i que també van donar lloc al naixement de la teoria de la probabilitat, es resolen mitjançant un enfocament combinatori.

## Època d'afermament

El terme *combinatòria*, tal com l'utilitzem actualment, va ser introduït per l'alemany **Leibniz** (segle XVII).

**Bernoulli** (segle XVIII) va dedicar uns quants capítols de la seva obra *Art de la conjectura* a establir la teoria de la combinatòria, bàsica per al càlcul de probabilitats.

**Euler** (segle XVIII) va enriquir la combinatòria amb noves línies de treball. Una d'aquestes, els grafs, va començar el seu camí amb la resolució del repte dels ponts de Königsberg (vegeu les pàgines finals d'aquesta unitat).


BARCANOVA EDITORIAL

## El diagrama en arbre: una eina molt útil

Molts problemes de combinatòria poden ser interpretats i resolts, de manera gairebé automàtica, mitjançant mètodes prèviament dissenyats. Però n'hi ha d'altres que requereixen una elaboració pròpia. El diagrama en arbre és un procediment senzill i útil que permet fer una anàlisi sistemàtica del problema. Vegem-ne un exemple:

*Tenim una tira de quatre segells i la volem plegar, sense doblegar-ne cap, de manera que el conjunt ocupi el lloc d'un sol segell.*

De quantes maneres podem fer-ho?

Per resoldre aquest problema, que no és tan fàcil com sembla, aconseguim una tira de quatre segells o ens la construïm. Amb la tira podem experimentar buscant les diferents opcions possibles. Després el resoldrem sistemàticament.

- Què passaria si només hi hagués dos segells? Hi ha dues possibilitats, que representem simbòlicament amb aquests gràfics:

a) 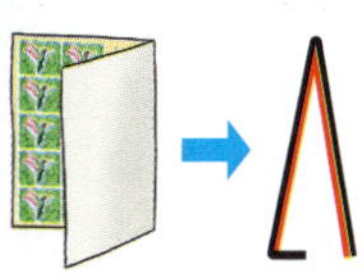

b) 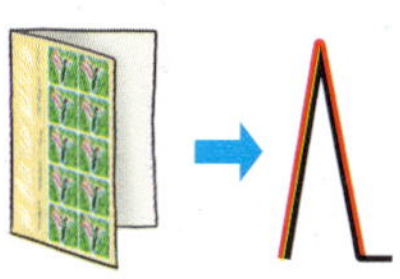

- I si hi hagués tres segells?

A partir de a)

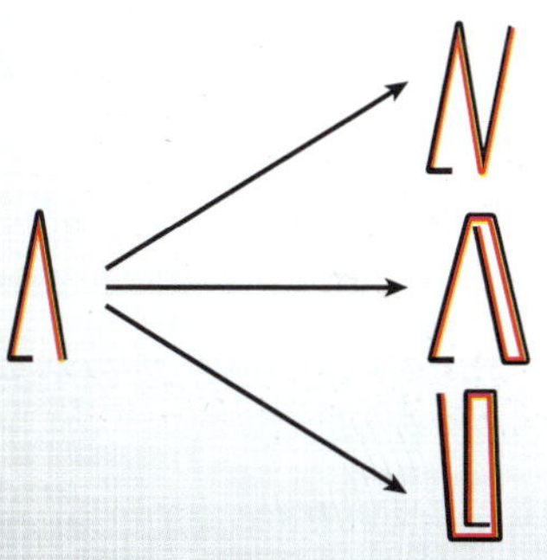

A partir de b)

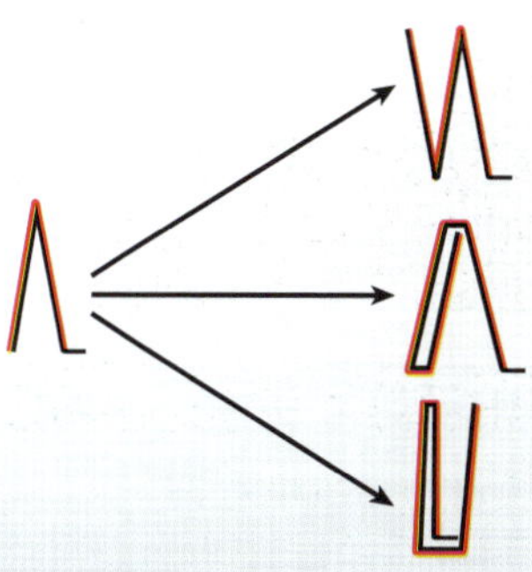

## RESOL

**1.** Construeix l'arbre complet per representar tots els possibles plegatges de **quatre** segells.

**2.** Prolonga l'arbre anterior per veure els possibles plegatges de **cinc** segells.

# 1. ESTRATÈGIES BASADES EN EL PRODUCTE

La combinatòria s'ocupa de comptar agrupacions fetes amb un determinat criteri.

Vegem algunes estratègies que ens permetran enfocar i resoldre una àmplia gamma de problemes de combinatòria.

## Estratègia del caseller

- **Enunciat**

*Aquest ampoller té 5 files i 8 columnes. Quantes ampolles hi caben?*

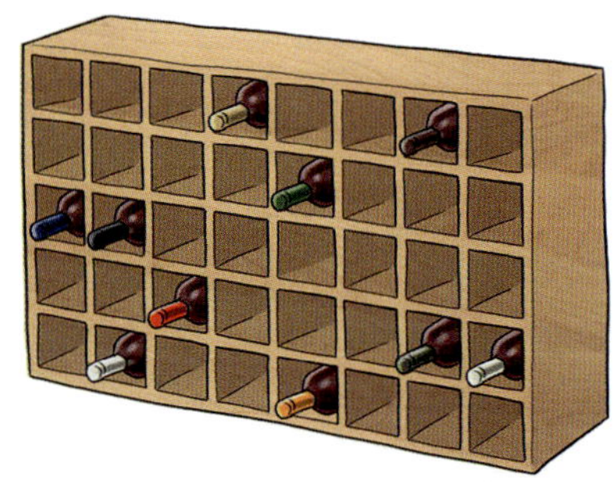

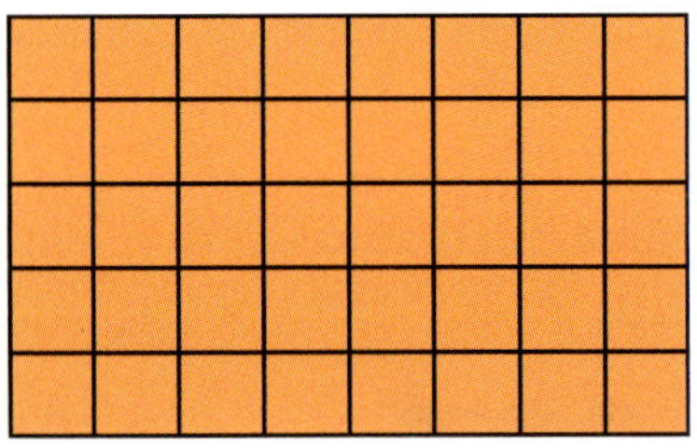

5 files i 8 columnes

Possiblement et sorprendrà que, a hores d'ara, et proposem aquest problema. «Però si això ja ho vaig aprendre fa una pila d'anys!», deus haver pensat.

Tens raó, però aquest senzillíssim problema ens servirà de referència per a d'altres que són una mica menys senzills.

- **Enunciats similars**

1. *La Irene té 4 pantalons i 6 samarretes. Quantes indumentàries pot triar?*

   Situades així les peces, els *pantalons* a les files i les *samarretes* a les columnes, oi que és prou clar que cada *indumentària* ocupa una casella i que, per tant, hi ha $4 \times 6 = 24$ indumentàries possibles?

2. *Hi ha converses bilaterals entre la UE i el Japó. Els europeus hi assisteixen amb 8 representants i els japonesos, amb 11. En trobar-se, cada membre d'una delegació saluda, estrenyent la mà, cada membre de l'altra. Quantes encaixades de mans es fan?*

3. *Anem a berenar a un bar. Ens ofereixen 5 tipus d'entrepans i 8 tipus de begudes. Quantes opcions de berenars podem confeccionar?*

4. *Quants resultats diferents podem obtenir en tirar un dau de color vermell i un altre de color verd?*

5. *Tirem un dau i extraiem una carta d'una baralla de 40 cartes. Quants resultats diferents podem obtenir?*

Reconeixes en tots aquests problemes la possibilitat d'aplicar l'estratègia del caseller?

## » APLICA EL QUE HAS APRÈS

**1.** Resol, raonadament, els enunciats 2, 3, 4 i 5 anteriors.

## Casellers tridimensionals

- **Enunciat.** *Quantes llaunes de tomàquet hi ha en total?*

  Aquest exercici és tan clar com el de l'ampoller:

  En cada nivell hi ha $5 \times 8$ llaunes. Hi ha 3 nivells.

  Per tant, $5 \times 8 \times 3$ llaunes.

- **Enunciats similars**

  **1b.** *La Irene, a més de 4 pantalons i 6 samarretes, té 3 parells de sabates. Quantes indumentàries pot triar?*

  Abans comptàvem $4 \times 6 = 24$ combinacions de samarreta i pantalons (similar al nombre de llaunes per cada nivell). Cada conjunt de samarreta i pantalons pot combinar-se amb cada un dels tres parells de sabates. Hi ha, per tant, $24 \times 3 = 72$ indumentàries diferents.

  **2b.** *Els japonesos i els europeus se saluden, estrenyent-se la mà, no només quan es coneixen, sinó cada dia en trobar-se i en separar-se (que pesats!). Les converses duren 3 dies. Quantes encaixades de mans faran?*

  **3b.** *Al bar on vam anar a berenar, a més d'entrepans i begudes, decidim demanar postres. N'hi ha 4 tipus diferents. Quantes opcions diferents surten ara?*

  **4b.** *Quants resultats diferents podem obtenir en tirar un dau vermell, un de verd i un de blau?*

  **5b.** *Quants resultats diferents podem obtenir en tirar un dau, extreure una carta d'una baralla de 40 cartes i tirar una moneda?*

## Generalització

Podríem considerar que:

- La Irene, a més de samarretes, pantalons i sabates, té unes quantes gorres i diversos cinturons.
- En un restaurant ens ofereixen un menú que consta de beguda, entrant, primer plat, segon plat, postres i cafè, i en cada cas podem triar entre diverses opcions.
- En lloc de tirar tres daus diferents, tirem *n* daus...

En tots aquests casos, per obtenir el nombre total de possibilitats, multipliquem el nombre d'opcions que es donen en cada un dels conjunts que els componen.

Si tenim diversos conjunts, $A$, $B$, ..., $E$, amb $m$, $n$, ..., $p$ elements, respectivament, de quantes maneres podrem triar un element de cada conjunt? La resposta és $m \cdot n \cdot \ldots \cdot p$.

### Estratègia del producte

L'aplicació d'aquest principi senzill, que anomenem **estratègia del producte**, és molt còmoda, però no sempre és fàcil reconèixer si la seva aplicació és adequada.

## » APLICA EL QUE HAS APRÈS

**2.** Resol, raonadament, els enunciats 2b, 3b, 4b i 5b.

## El diagrama en arbre per confeccionar conjunts ordenats

| Travessa de 4t C | |
|---|---|
| Gimnàstic-Barcelona | ☐ |
| Girona-Espanyol | ☐ |

L'**estratègia del caseller** ens resulta útil per a un tipus determinat de problemes. Però hi ha situacions que es raonen millor amb l'estratègia del **diagrama en arbre**.

- **Enunciat 6**. *Es juguen els partits de semifinals de la Copa Catalunya de futbol. Enguany, els enfrontaments són Gimnàstic de Tarragona-Barcelona i Girona-Espanyol. Els nois i les noies de 4t C són molt aficionats a fer pronòstics. Confeccionen una travessa amb els dos partits.*

  *En cada casella cal escriure 1, X o 2. Per guanyar, cal encertar els dos resultats. La quantitat recaptada es reparteix entre tots els guanyadors.*

  **a)** *Quantes travesses va haver d'omplir en Màrius, el fanàtic del futbol, que volia tenir la seguretat de guanyar?*

  **b)** *Quantes travesses hauria d'haver fet en Màrius la setmana anterior per tenir la seguretat d'encertar els quatre partits dels quarts de final de la competició?*

- **Enunciat 7**. *L'Antoni, la Bet, la Carme i en Dídac juguen la fase final d'un campionat de ping-pong. Hi ha una copa per al campió i una placa per al subcampió.*

  **a)** *De quantes maneres poden adjudicar-se els trofeus?*

  **b)** *Quantes possibles classificacions finals pot haver-hi?*

Observa la senzillesa de les **resolucions** següents:

En **6 a)**: Quantes travesses cal fer per encertar els dos partits?

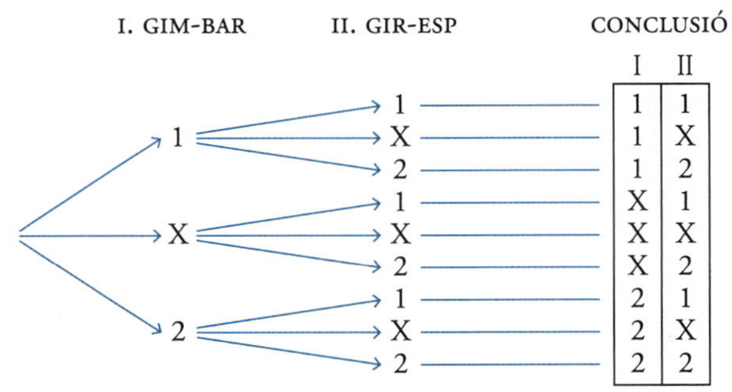


Hi ha tres possibilitats per encertar el primer partit. A cada una d'aquestes tres possibilitats li corresponen les tres que es necessiten per encertar l'altre partit:

$3 \cdot 3 = 9$ travesses

En **7 a)**: De quantes maneres poden repartir-se els dos trofeus?

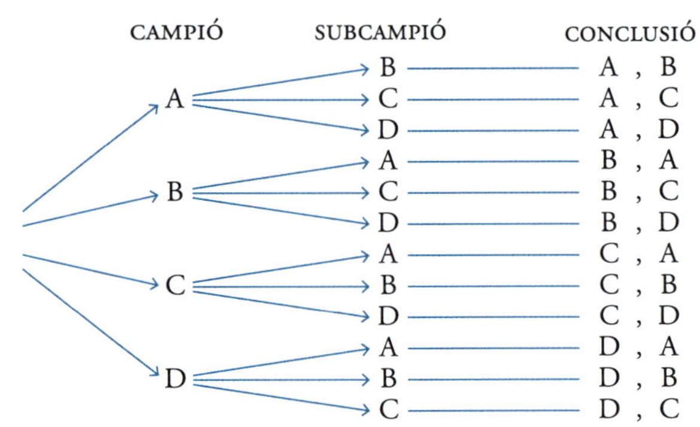


Hi ha quatre possibilitats per al lloc de campió. Cada una es pot completar amb 3 opcions per al subcampió:

$4 \cdot 3 = 12$ possibilitats

### Aclariment

En aquests enunciats, l'estratègia del caseller no resulta eficaç. Per això recorrem al diagrama en arbre.

### L'ordre importa

Amb el diagrama en arbre s'aconsegueix formar i comptar conjunts ordenats.

- Observa que no és el mateix X, 2 que 2, X. Si el Barcelona guanya el Gimnàstic, i el Girona i l'Espanyol empaten (2, X), no guanyarà la travessa qui hagi escrit aquests signes en un ordre diferent (X, 2).
- I en el segon exemple, no és el mateix AB que BA. No és igual quedar campió que subcampió!

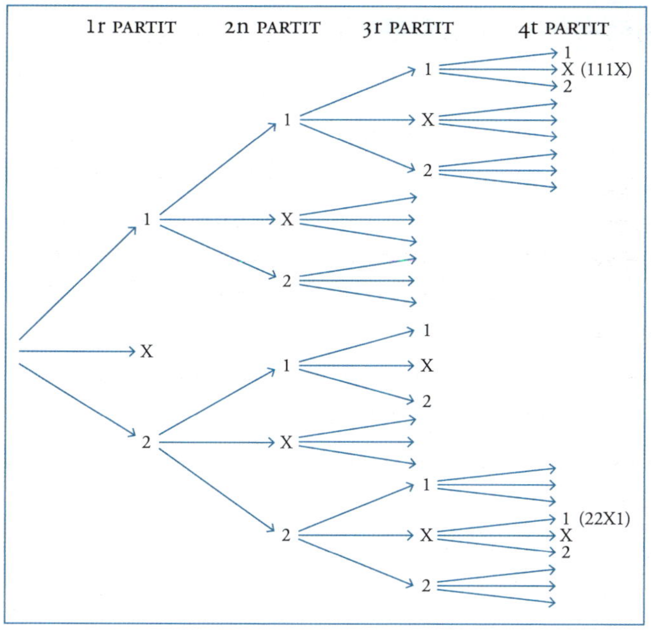


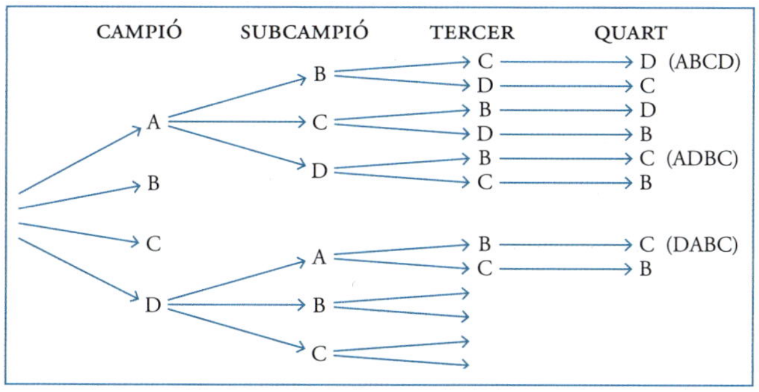


El **diagrama en arbre** té l'avantatge que permet resoldre, pas a pas, aquest tipus de problemes en què les diferents possibilitats es van multiplicant.

Abans de fer cada pas, ens preguntarem a quantes branques dona lloc la nova situació en què ens trobem.

Resolguem els enunciats 6 b) i 7 b).

- **Enunciat 6 b). Resolució**

  En cada pas, el nombre de possibilitats es multiplica per 3 ja que el resultat de cada partit no depèn dels anteriors.

  El nombre de travesses possibles és aquest:

  $3 \cdot 3 \cdot 3 \cdot 3 = 3^4 = 81$

- **Enunciat 7 b). Resolució**

  Hi ha 4 possibles campions, però, una vegada fixat el campió, només hi pot haver 3 subcampions. I si fixem el 1r i el 2n, només queden 2 aspirants per al 3r lloc. Coneguts el 1r, el 2n i el 3r, per al 4t lloc només queda un candidat.

  El nombre de possibilitats és aquest:

  $4 \cdot 3 \cdot 2 \cdot 1 = 24$

El diagrama en arbre és un procediment òptim per elaborar o, simplement, comptabilitzar conjunts ordenats.

El **diagrama en arbre** permet resoldre un problema pas a pas i veure quines són les diferents possibilitats que es donen en cada un dels passos.

Si en lloc de detallar totes les possibilitats només volem comptar-les, podem deixar l'arbre incomplet o, fins i tot, simplement imaginar-lo:

*Quantes fletxes cal posar en primer lloc? Quantes fletxes surten de cada un d'aquests resultats?...*

## EXERCICI RESOLT

**1.** ***De quantes maneres es poden repartir 3 medalles entre les 12 participants d'una cursa?***

1r lloc: 12.
2n lloc: Per cada una de les anteriors, 11.
3r lloc: Per cada una de les anteriors, 10.

Total: $12 \times 11 \times 10 =$
$= 1.320$ possibilitats

## » APLICA EL QUE HAS APRÈS

**3.** L'Albert, la Beatriu i la Clàudia visiten el seu avi. Quan s'acomiaden, l'avi els mostra 10 llibres diferents i els diu: «Trieu cada un el llibre que vulgueu d'aquests». De quantes maneres poden fer la tria?

GeoGebra. Practica el diagrama en arbre.

## Utilitat de les estratègies anteriors

Les estratègies de pensament són, com el seu nom indica, mètodes pels quals s'aconsegueix raonar eficaçment sobre cert tipus de problemes més o menys complexos. Una estratègia de pensament no és, per descomptat, una regla rígida per seguir els passos d'una manera estereotipada en un model exacte de problemes. Hi ha molts problemes de combinatòria que es poden resoldre indistintament seguint l'estratègia del caseller o bé el diagrama en arbre. Qui els ha de resoldre tria una estratègia o una altra segons li sembli oportú; només es tracta d'esquemes de pensament que ajuden a enfocar els problemes.

En l'apartat següent avançarem una mica més. Aprendrem a distingir, en els problemes de combinatòria, certs matisos que permetran catalogar-los amb més precisió (*Es poden repetir els elements? Els prenem tots o només alguns? Hi influeix l'ordre*?). Abans d'explicar tota aquesta casuística, creiem que és molt interessant que t'enfrontis amb una bona col·lecció de problemes, que hauràs de resoldre només amb l'ajuda d'aquestes estratègies de pensament i del teu sentit comú.

## » APLICA EL QUE HAS APRÈS

**4.** Quants partits de primera divisió es juguen en una temporada de la lliga espanyola de futbol? (Són 20 equips que juguen tots contra tots dues vegades.)

**5.** Quants resultats possibles es poden obtenir en tirar un dau i dues monedes diferents? I si les monedes són iguals?

**6.** Un dodecaedre regular té 12 cares pentagonals. Quantes arestes té? Les comptem així: $12 \cdot 5 = 60$ costats dels pentàgons. Cada dues cares contigües comparteixen una aresta. Per tant, tindrà $60 : 2 = 30$ arestes.

**a)** Esbrina quants vèrtexs té si en cada vèrtex concorren 3 cares.

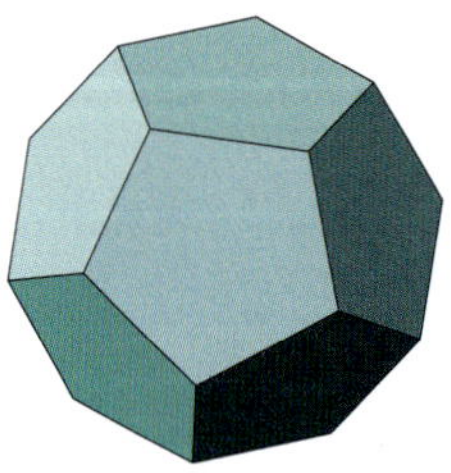

**b)** Quantes arestes i quants vèrtexs té un icosaedre regular si sabem que té 20 cares triangulars i que en cada vèrtex concorren 5 cares?

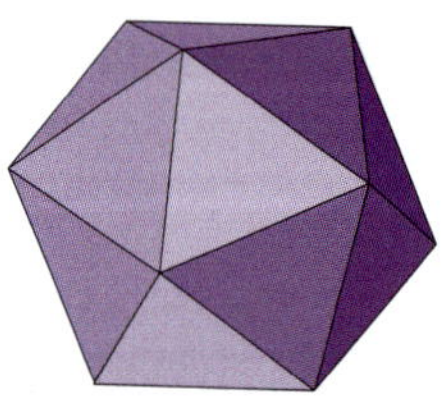

**c)** Fes el mateix amb els altres poliedres regulars.

**7.** En una aula hi ha 6 finestres que poden estar obertes (O) o tancades (T), indistintament. Aquest matí la seva posició era aquesta: OTOOTO, és a dir, estaven obertes la 1a, la 3a, la 4a i la 6a i tancades, la 2a i la 5a. Quantes posicions diferents poden tenir les finestres?

**8.** Vull pintar una diana com la de la figura amb tres colors diferents.

**a)** De quantes maneres la puc pintar si tinc pintura de color blau, verd i taronja?

**b)** I si en comptes d'una diana circular fos una taula rectangular com aquesta? Tingues en compte que els quadrats dels extrems són intercanviables si girem la taula.

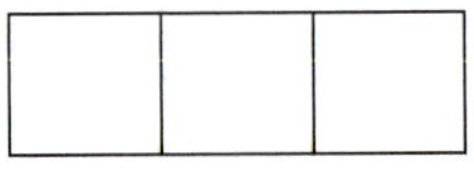


BARCANOVA EDITORIAL

## » APLICA EL QUE HAS APRÈS

**9.** Al bar Can Dolç són especialistes en combinats de sucs i en cafè. Tenen 5 tipus de sucs de fruites i 3 tipus de cafè.

Quantes combinacions diferents es poden fer amb un suc i una tassa de cafè?

Si, a més, s'afegeix a cada combinació un bombó de xocolata blanca o negra, quantes se'n podran preparar?

**10.** En l'alfabet Morse s'utilitzen dos símbols, el punt (.) i la ratlla (–), per representar lletres i nombres.

Per exemple, les vocals es representen així:

A . –  E .  I . .  O – – –  U . . –

**a)** Quantes seqüències de tres símbols (entre punts i ratlles) es poden formar?

**b)** Si utilitzem seqüències d'1, 2, 3 o 4 símbols, quantes lletres o nombres podrem representar en total?

**11.** A més de la locomotora, que va davant, un tren consta de 5 vagons, 3 de segona classe i 2 de primera classe, que poden ordenar-se de qualsevol manera.

Un dia, la seva posició era aquesta: 21122; un altre dia, era aquesta altra: 11222.

De quantes maneres poden ordenar-se els vagons?

**12.** Quants capicues de tres xifres existeixen?

**13.** L'Helena és la mitjana de 5 germans.

Quines possibles distribucions noi-noia-noia-noi-noi hi ha en aquesta família, de la qual només coneixem l'Helena?

**14.** L'Associació de Llibreters va seleccionar 10 llibres entre els publicats l'any passat i aquesta setmana lliurarà els premis Ploma d'Or i Ploma d'Argent. De quantes maneres poden repartir-se els dos premis entre aquests llibres?

**15.** Descriu totes les maneres com pots pagar un xiclet de 50 cèntims amb monedes de 20, 10 i 5 cèntims.

**16.** En Carles té 10 €. Va a un casino disposat a jugar, com a màxim, cinc vegades a la ruleta. En cada aposta pot guanyar o perdre 10 €. D'altra banda, deixarà de jugar si es queda sense diners o si guanya 30 €.

Escriu-ne tots els resultats possibles.

**17.** S'ha jugat un partit de futbol de màxima rivalitat a la nostra ciutat i només sabem que el resultat ha estat d'empat: 3 a 3. Ens preguntem de quantes maneres es pot haver arribat a aquest resultat. Aquestes són totes les possibilitats que poden donar-se:

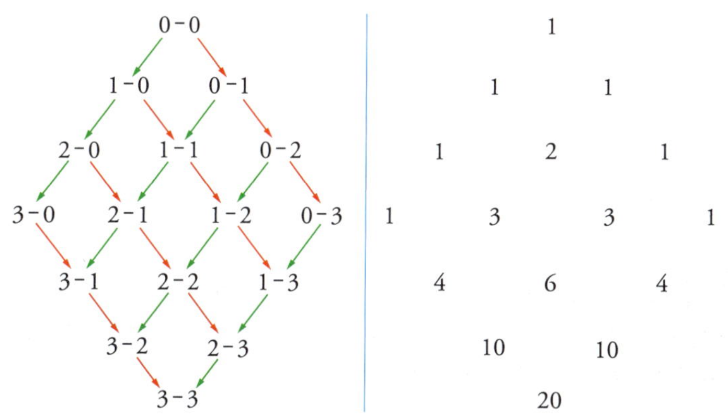


En verd: marca l'equip de casa

En vermell: marca l'equip visitant

Aquest esquema mostra el nombre de possibles camins que arriben a cada resultat.

Per tant, es pot arribar de 20 maneres al 3 a 3.

**a)** Si al descans el resultat era 2 a 1, de quantes maneres pot haver anat variant el marcador fins a arribar al resultat final, 3 a 3?

**b)** Repeteix el problema per a un resultat final de 4 a 3 amb un 2 a 2 en el descans.

**18.** Dues amigues, l'Alba i la Sara, juguen un torneig d'escacs la vencedora del qual serà la primera que aconsegueixi guanyar tres partides (no es tenen en compte les partides que acaben en taules). De quantes maneres diferents pot desenvolupar-se la competició?

**19.** Les dues amigues de l'activitat anterior juguen ara un torneig de tenis la vencedora del qual serà la primera que aconsegueixi guanyar dos sets seguits o tres d'alterns.

Quins són els possibles desenvolupaments del torneig?

# 2. VARIACIONS I PERMUTACIONS (IMPORTA L'ORDRE)

Molts dels problemes que s'han resolt en l'apartat anterior tenen aspectes comuns. Els classificarem en models que podem tractar teòricament, és a dir, de manera general.

## Variacions amb repetició

Recuperem un dels problemes que hem resolt abans perquè ens serveixi de model.

- *Es juguen dos partits. Quantes travesses hem de fer per tenir la seguretat d'encertar-los tots dos?*

  Disposem de tres signes, 1, X i 2, i hem d'omplir dues caselles. Podem escriure el mateix signe en les dues caselles (és a dir, poden repetir-se). El nombre de possibilitats és $3 \cdot 3 = 3^2$.

- *I per tenir la seguretat d'encertar quatre partits?*

  Amb els tres signes, 1, X, 2, hem d'omplir quatre caselles, i poden repetir-se una o més vegades els signes utilitzats.

  El nombre de possibilitats és $3 \cdot 3 \cdot 3 \cdot 3 = 3^4$.

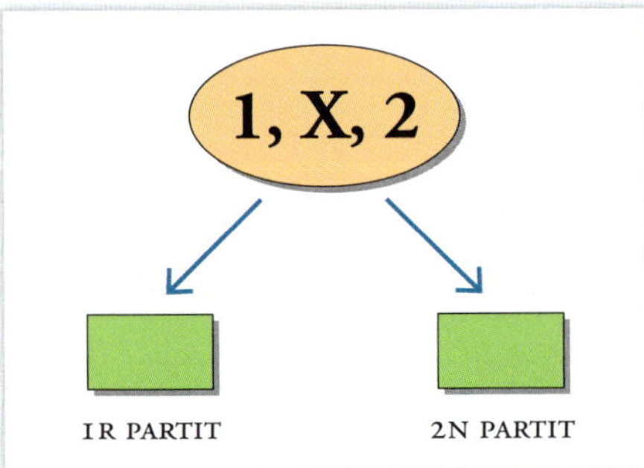


Disposem de $m$ elements. Formem agrupacions ordenades (tires) de $n$ elements, repetits o no.

Aquestes agrupacions s'anomenen **variacions amb repetició** de $\boldsymbol{m}$ elements presos de $\boldsymbol{n}$ en $\boldsymbol{n}$. El nombre d'agrupacions es designa per $VR_{m,\,n}$ (o bé $VR_m^n$).

$$VR_{m,\,n} = m^n$$

### Variacions amb repetició

- Hi ha $m$ elements de partida.
- Es formen agrupacions de $n$ d'aquests elements.
- Poden estar repetits.
- Importa l'ordre en què s'escriuen.
- Observa que pot ser $n = m$ i, fins i tot, $n > m$.

**Justificació de la fórmula**

En el primer lloc podem situar qualsevol dels $m$ elements. En el 2n lloc també, sense importar quin és el que ocupa el 1r lloc. I així successivament, cada lloc pot ser ocupat per qualsevol dels $m$ elements sense importar quins són els que ocupen els llocs anteriors. Per tant, el nombre de possibilitats és $m \cdot m \cdot \ldots \cdot m$ ($n$ factors), és a dir, $m^n$.

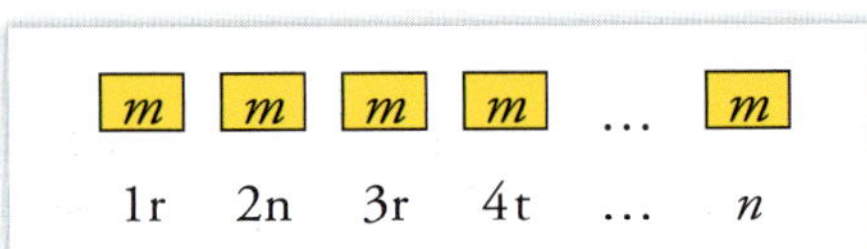


## » APLICA EL QUE HAS APRÈS

Resol cada activitat de dues maneres:

**a)** Fent un diagrama en arbre o raonant com si el fessis.

**b)** Reconeixent el model de variacions amb repetició i aplicant-hi la fórmula.

**20.** Quants nombres de 4 xifres es poden formar amb les xifres senars?

**21.** Tirem un dau 4 vegades i importa l'ordre en què surten els nombres.

Quants resultats diferents hi pot haver?

**22.** Disposem de 7 colors amb els quals hem de pintar aquestes tres franges.

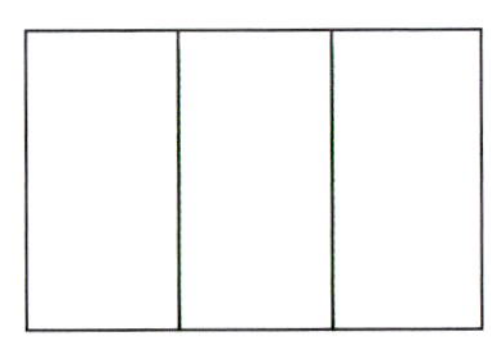

Quantes banderes surten?

NOTES:

1. Cada franja de la bandera cal omplir-la amb un sol color.
2. Dues franges (o fins i tot les tres franges) es poden pintar del mateix color.
3. Dues banderes amb els mateixos colors col·locats en diferent ordre són diferents.

## Amb calculadora

Per trobar variacions ordinàries amb la calculadora, es premen les tecles SHIFT i nPr (×).

$V_{4,\,2} \rightarrow 4$ SHIFT nPr $2 = 12$

## Variacions ordinàries

- Hi ha $m$ elements de partida.
- Es formen agrupacions de $n$ d'aquests elements. Òbviament, $n \leq m$.
- No poden repetir-se.
- Importa l'ordre en què s'escriuen.

| $m$ | $m-1$ | $m-2$ | … | $m-n+1$ |
|---|---|---|---|---|
| 1r | 2n | 3r | … | $n$ |

## Permutacions

- Hi ha $m$ elements de partida.
- Es prenen els $m$ elements.
- No poden repetir-se.
- L'única cosa que importa és l'ordre.

## Amb calculadora

Per calcular el factorial d'un nombre amb calculadora, es premen les tecles SHIFT i $x!$ ($x^{-1}$).

$5! \rightarrow 5$ SHIFT $x!$ $= 120$

## Variacions ordinàries

- *De quantes maneres es poden repartir els llocs 1r i 2n els quatre participants en un torneig?*

  Disposem de quatre elements, A, B, C, D. Per al 1r lloc, hi ha 4 opcions. Una vegada fixat el primer, per al 2n lloc, queden 3 opcions (no hi ha repetició, ja que el que queda 1r no pot quedar 2n).

  El nombre de possibilitats és $4 \cdot 3 = 12$.

- *De quantes maneres es poden repartir les 3 medalles els 8 finalistes d'una cursa?*

  Disposem de 8 elements. N'hem de classificar, ordenadament, 3.

  Per al 1r lloc, hi ha 8 possibilitats. Un cop fixat el 1r, hi ha 7 possibles segons llocs. Un cop fixats el 1r i el 2n, hi ha 6 possibles tercers llocs.

  Nombre de possibilitats: $8 \cdot 7 \cdot 6 = 336$.

Disposem de $m$ elements. Formem agrupacions ordenades (tires) de $n$ elements, sense que se'n repeteixi cap. Aquestes agrupacions s'anomenen **variacions ordinàries**, o simplement, **variacions** de ***m*** elements presos de ***n*** en ***n***. El nombre d'aquestes agrupacions es designa per $V_{m,\,n}$ (o bé $V_m^n$).

$$V_{m,\,n} = \underbrace{m \cdot (m-1) \cdot (m-2) \cdot \ldots}_{n \text{ factors decreixents}}$$

## Permutacions

- *De quantes maneres poden quedar classificats els quatre participants en un torneig?*

  $4 \cdot 3 \cdot 2 \cdot 1 = 24$ maneres

- *I els vuit finalistes olímpics en una cursa?*

  $8 \cdot 7 \cdot 6 \cdot 5 \cdot 4 \cdot 3 \cdot 2 \cdot 1 = 40.320$

Les diferents maneres com es poden ordenar els ***m*** elements d'un conjunt s'anomenen **permutacions**. El seu nombre es designa per $P_m$ (es llegeix «permutacions de $m$ elements») i és igual al nombre de variacions de $m$ elements presos de $m$ en $m$.

$$P_m = V_{m,\,m} = m \cdot (m-1) \cdot \ldots \cdot 3 \cdot 2 \cdot 1$$

Aquest nombre s'anomena ***m* factorial** i s'escriu ***m*!**

Per exemple: $3! = 3 \cdot 2 \cdot 1 = 6$

$5! = 5 \cdot 4 \cdot 3 \cdot 2 \cdot 1 = 120$

## » APLICA EL QUE HAS APRÈS

**23.** Planteja un problema similar al de les banderes de la pàgina anterior que es resolgui mitjançant variacions ordinàries i resol-lo raonadament (diagrama en arbre) i aplicant-hi la fórmula.

**24.** En les activitats 10, 12, 14 i 15 de l'apartat anterior, identifica quines agrupacions responen al model de variacions amb repetició, de variacions ordinàries o de permutacions i resol-les mitjançant les fórmules.

# 3. QUAN NO HI INFLUEIX L'ORDRE. COMBINACIONS

Comencem resolent alguns exemples que ens serveixin de referència.

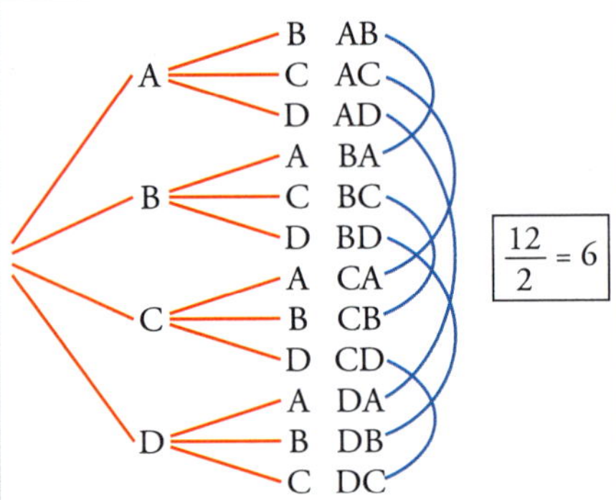


Cada partit surt dues vegades.

- *Quatre amics disputen un campionat de ping-pong pel sistema de lliga (tots contra tots) a una sola volta. Quants partits han de jugar?*

  Si utilitzem un diagrama en arbre per comptar el nombre de partits, obtindrem $4 \cdot 3 = 12$, però ens trobarem que cada partit apareixerà dues vegades: AB i BA, AC i CA, CD i DC...

  Per tant, el nombre total de partits reals s'obté dividint per 2.

  La resposta és $\frac{12}{2} = 6$.

- *Deu antics companys d'escola es retroben en una reunió. Quantes encaixades de mans faran?*

  Si hi influís l'ordre (si «A saluda B» i «B saluda A» fossin casos diferents), hi hauria $10 \cdot 9 = 90$ salutacions. Com que no hi influeix, cada salutació s'ha considerat dues vegades.

  Per tant, el nombre d'encaixades és $90 : 2 = 45$.

- *En una cursa en què participen 8 corredors es classifiquen per a la final els tres primers. De quantes maneres pot quedar la classificació?*

  Si hi influís l'ordre, de quantes maneres diferents poden assignar-se els tres primers llocs? La resposta és $8 \cdot 7 \cdot 6 = 336$.

  Tenint en compte que l'ordre no hi influeix, quantes vegades hem comptat la classificació dels mateixos individus?

  ABC, ACB, BAC, BCA, CAB, CBA

  Sis vegades, tantes com permutacions de 3 elements: $3 \cdot 2 \cdot 1 = 6$.

  Per tant, el nombre de possibles classificacions és $336 : 6 = 56$.

**Estratègia**

Comptar com si l'ordre hi influís i dividir pel nombre de repeticions.

L'estratègia que s'ha utilitzat en aquests tres problemes és la mateixa:

Hem reinterpretat l'enunciat com si l'ordre en què se seleccionen els elements sí que hi influís. Després, hem esbrinat el nombre de vegades que s'ha comptat cada un dels casos que ens interessen i hem dividit per aquest nombre.

És important que adquireixis destresa amb aquesta estratègia, perquè t'ajudarà a resoldre nombrosos problemes.

## » APLICA EL QUE HAS APRÈS

**25.** En una muntanya hi ha 5 llocs de vigilància contra incendis i cada un connecta amb els altres per mitjà d'un camí. Quants camins hi ha en total?

**26.** En Vicenç vol regalar al seu amic Carles 3 discos, i els vol triar entre els 10 que més li agraden. De quantes maneres pot fer-ho?

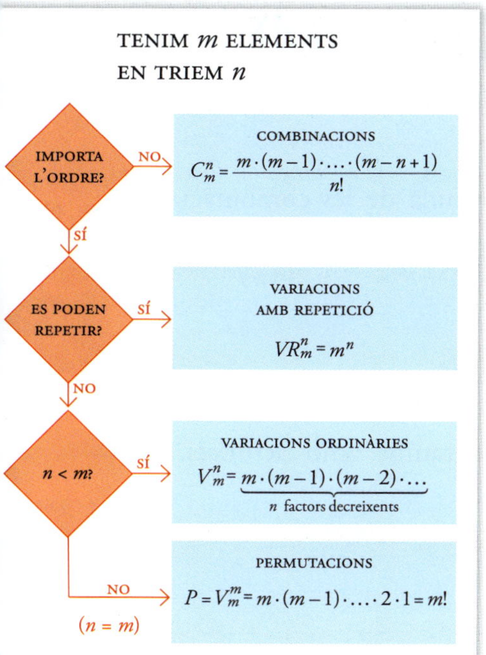


## Combinacions

Recuperarem alguns problemes resolts en la pàgina anterior que ens serveixin de model per al tractament teòric d'un nou tipus d'agrupament.

- *Quants partits han de jugar 4 amics que disputen un campionat de ping-pong pel sistema de lliga (tots contra tots) a una sola volta?*

  Disposem de 4 elements, A, B, C i D. Volem agrupar-los de dos en dos, sense que importi l'ordre. El nombre d'agrupacions s'obté comptant-les com si importés l'ordre ($4 \cdot 3$) i, després, dividint pel nombre de vegades que es repeteix cada opció.

  Resultat: $\dfrac{4 \cdot 3}{2} = 6$

- *Quantes encaixades de mans es faran 10 antics companys d'escola que es retroben en una reunió?*

  Anàlogament, comptem les salutacions com si importés l'ordre («A saluda B» i «B saluda A» serien casos diferents). Obtenim $V_{10,\,2} = 10 \cdot 9$. Després, dividim per 2.

  Resultat: $\dfrac{10 \cdot 9}{2} = 45$

Vegem un nou exemple.

- *En un col·lectiu de 10 persones, de quantes maneres es poden triar els 3 representants que aniran a una reunió concreta?*

  Els comptem com si importés l'ordre en què són triats: $V_{10,\,3} = 10 \cdot 9 \cdot 8$.

  Però com que no hi influeix l'ordre, cada una de les possibles eleccions l'hem comptat 6 vegades (ABC, ACB, BAC, BCA, CAB, CBA), tantes com maneres en què es poden ordenar aquests 3 elements, és a dir: $P_3 = 3 \cdot 2 \cdot 1$.

  Per tant, el nombre de possibles eleccions és $\dfrac{V_{10,\,3}}{P_3} = \dfrac{10 \cdot 9 \cdot 8}{3 \cdot 2 \cdot 1} = 120$.

Generalitzem aquests resultats:

> Disposem de $m$ elements. S'anomenen **combinacions** les diferents agrupacions que podem formar prenent $n$ d'aquests elements, sense que importi l'ordre en què apareguin i sense que puguin repetir-se. El seu nombre es designa per $C_{m,\,n}$ (o per $C_m^n$), i es llegeix «combinacions de $\boldsymbol{m}$ elements presos de $\boldsymbol{n}$ en $\boldsymbol{n}$»:
>
> $$C_{m,\,n} = \frac{V_{m,\,n}}{P_n} = \frac{m(m-1) \cdot \ldots \cdot (m-n+1)}{n(n-1) \cdot \ldots \cdot 3 \cdot 2 \cdot 1}$$

Podem dir que $C_{m,\,n}$ és «el nombre de subconjunts de $n$ elements que es poden extreure d'un conjunt de $m$ elements». En cada subconjunt, un element *hi és* o *no hi és*, però no té sentit que estigui *repetit*.

### Combinacions

- Hi ha $m$ elements de partida.
- Es formen agrupacions de $n$ elements.
- No poden estar repetits.
- No importa l'ordre.

### Amb calculadora

Per trobar combinacions, s'utilitzen les tecles SHIFT i ÷ (nCr).

$C_{10,\,3} \rightarrow$ 10 SHIFT ÷ (nCr) 3 = 120

## » APLICA EL QUE HAS APRÈS

**27.** Tenim 6 punts en l'espai de manera que no n'hi ha 3 d'alineats ni 4 sobre el mateix pla. Quantes rectes podem traçar unint dos d'aquests punts? Quants plans hi ha que incloguin tres d'aquests punts?

**28.** Quantes possibles barreges de dos colors, en idèntiques quantitats, es poden fer amb 8 pots de pintura de diferents colors?

I quantes barreges de tres colors? I de quatre colors?

# 4. UN TRIANGLE NUMÈRIC INTERESSANT

## Nombres combinatoris

Els nombres que s'obtenen en aplicar la fórmula de les combinacions, $C_{m,\,n}$, s'anomenen **nombres combinatoris** i se solen designar així: $\binom{m}{n}$.

Es llegeix $m$ sobre $n$.

Per exemple: $\binom{7}{3} = C_{7,\,3} = \dfrac{V_{7,3}}{P_3} = \dfrac{7 \cdot 6 \cdot 5}{3 \cdot 2 \cdot 1} = 35.$

Els nombres combinatoris poden expressar-se, també, amb factorials:

$$\binom{m}{n} = \frac{V_{m,\,n}}{P_n} = \frac{m!\,/\,(m-n)!}{n!} = \frac{m!}{n!\,(m-n)!}$$

Per exemple: $\binom{7}{3} = \dfrac{V_{7,\,3}}{P_3} = \dfrac{7!\,/\,4!}{3!} = \dfrac{7!}{3! \cdot 4!}$

### Tingues en compte

Els factorials són molt còmodes per manejar expressions teòriques.

Tanmateix, per fer càlculs numèrics, són preferibles les fórmules sense aquests nombres.

## Propietats dels nombres combinatoris

Els nombres combinatoris tenen propietats interessants i útils. Vegem-ne algunes:

I. $\binom{m}{0} = 1$, $\binom{m}{m} = 1$

$\binom{m}{0}$ és el nombre de combinacions *sense cap element* que es poden fer amb $m$ elements. Només hi ha un conjunt sense cap element, el conjunt buit. És a dir, només hi ha una combinació.

$\binom{m}{m}$ és el nombre de combinacions que es poden fer amb tots els elements. És clar que només n'hi ha una.

II. $\binom{m}{n} = \binom{m}{m-n}$ Si disposem de $m$ elements, cada vegada que escollim $n$ ens queden $m - n$. És a dir, cada vegada que formem una combinació de $n$ elements, ens en queda una altra de $m - n$.

III. $\binom{m-1}{n-1} + \binom{m-1}{n} = \binom{m}{n}$ La justificació d'aquesta propietat és més complicada. En trobaràs una demostració a la pàgina 296.

### Exemples

I. $\binom{7}{0} = 1$, $\binom{4}{4} = 1$

II. $\binom{7}{3} = \binom{7}{4}$, $\binom{100}{99} = \binom{100}{1}$

III. $\binom{4}{2} + \binom{4}{3} = \binom{5}{3}$

$\binom{7}{5} + \binom{7}{6} = \binom{8}{6}$

$\binom{11}{7} + \binom{11}{8} = \binom{12}{8}$

## » APLICA EL QUE HAS APRÈS

**29.** Resol les equacions següents sense desenvolupar els nombres combinatoris:

**a)** $\binom{8}{3} + \binom{8}{x} = \binom{9}{4}$ **b)** $\binom{11}{3} + \binom{11}{x} = \binom{12}{3}$

**c)** $\binom{17}{x} = \binom{17}{x+1}$ **d)** $\binom{x}{3} + \binom{x}{4} = \binom{7}{4}$

**30.** Resol sense desenvolupar els nombres combinatoris:

**a)** $\binom{39}{5+2x} = \binom{39}{2x-2}$ **b)** $\binom{33}{x} + \binom{33}{x+y} = \binom{34}{5}$

**31.** Calcula utilitzant factorials i simplifica:

**a)** $C_{m+2,\,n}$ **b)** $C_{m+1,\,m-1}$


BARCANOVA EDITORIAL

*Tartaglia va ser un matemàtic italià del segle XVI. El seu nom real era Niccolò Fontana. En una batalla va rebre un cop, a conseqüència del qual va quedar tartamut. El seu sobrenom, Tartaglia (quec), es va fer tan popular que ell mateix l'utilitzava per signar els seus llibres.*

## Triangle de Tartaglia

A Tartaglia, per ressaltar les propietats dels nombres combinatoris, se li va ocórrer disposar-los formant un *triangle aritmètic*, el famós **triangle de Tartaglia**:

$$\binom{1}{0}\ \binom{1}{1}$$
$$\binom{2}{0}\ \binom{2}{1}\ \binom{2}{2}$$
$$\binom{3}{0}\ \binom{3}{1}\ \binom{3}{2}\ \binom{3}{3}$$
$$\binom{4}{0}\ \binom{4}{1}\ \binom{4}{2}\ \binom{4}{3}\ \binom{4}{4}$$
$$\binom{5}{0}\ \binom{5}{1}\ \binom{5}{2}\ \binom{5}{3}\ \binom{5}{4}\ \binom{5}{5}$$

Els valors corresponents són aquests. Pots comprovar-ho.

1 1

1 2 1

1 3 3 1

1 4 6 4 1

1 5 10 10 5 1

Aquesta configuració respon a les propietats de la pàgina anterior.

- Tots els elements dels extrems valen 1 (propietat I).
- En cada fila, els elements simètrics són iguals (propietat II).
- Cada element, tret dels extrems, s'obté sumant els dos que té a sobre (propietat III).

D'aquesta manera, cada fila del triangle de Tartaglia s'obté a partir de la fila anterior: es comença i s'acaba amb 1 i cada un dels altres nombres es troba sumant els dos que té a sobre.

| | |
|---|---|
| **5a** | 1 5 10 10 5 1 |
| **6a** | 1 6 15 20 15 6 1 |
| **7a** | 1 7 21 35 35 21 7 1 |

Una altra propietat interessant sobre el triangle de Tartaglia és que la suma dels elements de la fila $n$-èsima és $2^n$. Comprovem-ho en les primeres files:

| | | |
|---|---|---|
| 1a fila: | 1 1 | $\rightarrow 2 = 2^1$ |
| 2a fila: | 1 2 1 | $\rightarrow 4 = 2^2$ |
| 3a fila: | 1 3 3 1 | $\rightarrow 8 = 2^3$ |
| 4a fila: | 1 4 6 4 1 | $\rightarrow 16 = 2^4$ |

La raó és molt senzilla: cada element d'una fila s'utilitza dues vegades com a sumand per formar la fila següent.

1 3 3 1

1 1 3 3 3 3 1 1

1 4 6 4 1

Observa com formem la 4a fila a partir de la 3a.

## » APLICA EL QUE HAS APRÈS

**32.** Escriu la fila 11a del triangle de Tartaglia.

**33.** Construeix la fila 10a del triangle de Tartaglia sense basar-te en la fila anterior.

**34.** Calcula la suma següent:

$$\binom{8}{0}+\binom{8}{1}+\binom{8}{2}+\binom{8}{3}+\ldots+\binom{8}{8}$$

**35.** Construeix les files 8a i 9a del triangle de Tartaglia.

**36.** Quants aliatges diferents es poden formar amb 6 metalls diferents? Cada aliatge ha d'estar format per dos o més metalls.

# » OBSERVA, RAONA I RESOL

## 1. COMBINACIONS I CAPICUES

***Quants nombres de 6 xifres es poden formar amb els dígits 111122?***

***Quant sumen entre tots?***

Per formar un nombre de 6 xifres, disposem de 6 llocs:

__ __ __ __ __ __ Hem de decidir en quines posicions col·loquem els uns.

En total hi ha $C_{6,\,4} = \dfrac{6 \cdot 5 \cdot 4 \cdot 3}{4 \cdot 3 \cdot 2 \cdot 1} = 15$ nombres.

| | | | | | |
|---|---|---|---|---|---|
| 1 | 1 | 1 | 1 | 2 | 2 |
| 1 | 1 | 1 | 2 | 1 | 2 |
| 1 | 1 | 1 | 2 | 2 | 1 |
| … | … | … | … | … | … |
| … | … | … | … | … | … |
| 2 | 2 | 1 | 1 | 1 | 1 |

En cada una de les 6 columnes hi ha 15 dígits, uns i dosos. Quants? La tercera part (5 nombres) seran dosos i les dues terceres parts (10 nombres), uns. Per tant, la suma de cada columna és $10 \cdot 1 + 5 \cdot 2 = 20$.

Trobem la suma total, tenint en compte el valor de cada columna:

$$20 \cdot 100.000 + 20 \cdot 10.000 + 20 \cdot 1.000 + 20 \cdot 100 + 20 \cdot 10 + 20 =$$
$$= 20 \cdot 111.111 = 2.222.220$$

La suma total és 2.222.220.

**Fes-ho tu** Quants nombres de 7 xifres es poden formar amb els dígits 5555333? Quant sumen entre tots?

## 2. RECOMPTE DE CAMINS

***Volem anar caminant de A a B per aquests carrerons:***

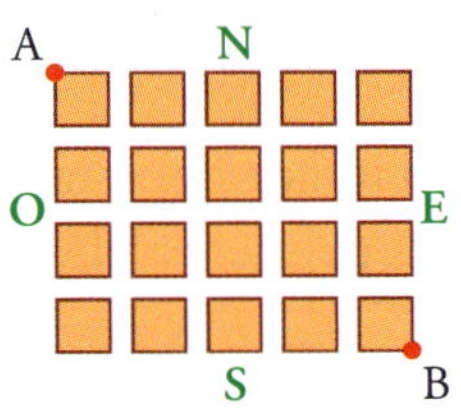


***En arribar a cada cantonada podem anar en direcció est (→) o en direcció sud (↓). Esbrina quants camins diferents podem seguir.***

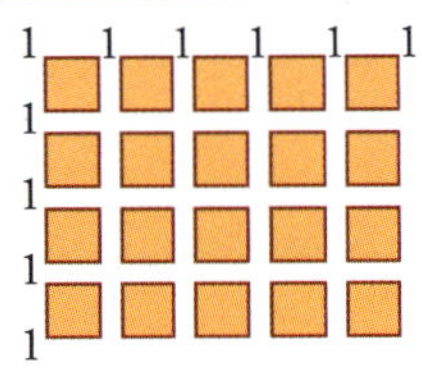


Comptarem, pas a pas, el nombre de camins que ens porten a cada cantonada. És clar que només hi ha una manera d'arribar a cada una de les cantonades de la façana nord i de la façana oest. Els assignem un 1. A partir d'aquí, raonem així:

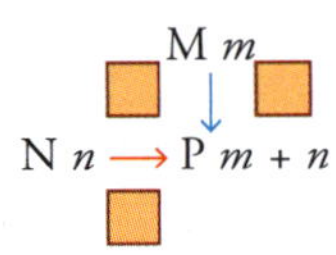


A una cantonada determinada P s'hi pot arribar passant per M o per N. A M s'hi arriba per $m$ camins i a N, per $n$. Per tant, a P s'hi pot arribar per $m + n$ camins.

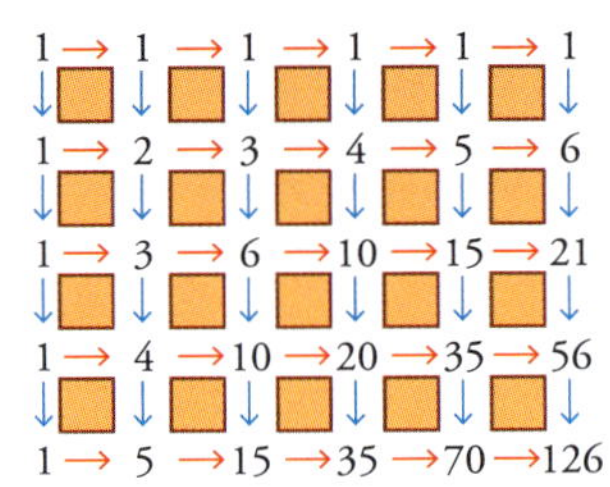


En resum, per omplir la quadrícula, després d'haver escrit uns a les cantonades de les façanes nord i oest, obtenim el nombre de cada cantonada sumant els dos nombres que té al seu costat (just abans dels signes ↓ i →).

Un cop fet el recompte total, observem que el nombre de camins per arribar de A a B és 126.

Observa que anem obtenint els nombres del triangle de Tartaglia.

**Una altra resolució (molt més tècnica).**

Per anar de A a B cal fer 9 «passos» (anomenem «pas» el trajecte per anar d'una cantonada a la següent). Cada pas pot ser en la direcció est (pas →) o bé en la direcció sud (pas ↓). Però, sempre, quatre dels passos han de ser passos ↓.

De quantes maneres podem fer 9 passos si hi ha d'haver 4 passos ↓ i, per tant, 5 passos →? La resposta és clara:

$$C_{9,\,4} = \frac{9 \cdot 8 \cdot 7 \cdot 6}{4 \cdot 3 \cdot 2 \cdot 1} = 126$$

Si ens haguéssim referit als passos →, la solució hauria estat la mateixa:

$$C_{9,\,5} = \frac{9 \cdot 8 \cdot 7 \cdot 6 \cdot 5}{5 \cdot 4 \cdot 3 \cdot 2 \cdot 1} = 126$$

**Fes-ho tu** Fes el mateix que en l'activitat anterior a partir d'aquest nou esquema.

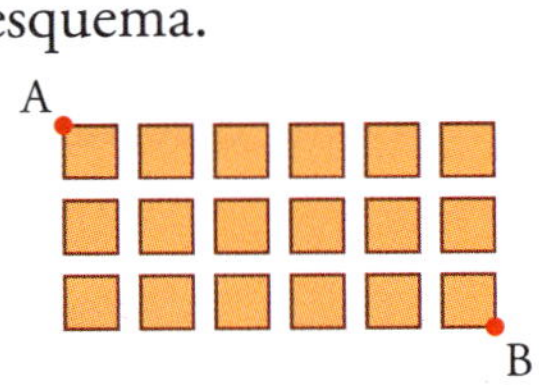


Fes-ho pas a pas (nombre de camins que ens porten a cada cantonada) i per combinatòria.

# » EXERCITA LES TEVES COMPETÈNCIES

## Practica

### Formar agrupacions

**1.** Si tens tres pantalons (BLAUS, NEGRES, BLANCS) i quatre samarretes (BLAVA, VERMELLA, VERDA, BLANCA), descriu totes les indumentàries que pots triar sense que coincideixi el color de les dues peces.

**2.** Quins nombres de dues xifres diferents es poden formar amb els dígits 1, 2, 3, 4, 5?

**3.** Si volem fer llapis bicolors de doble punta i disposem dels colors vermell, blau, negre, verd i groc, quants models podem formar? Fes-ne una llista.

**4.** Volem construir un dòmino amb els nombres 1, 2, 3, 4 i 5. Fes la llista de totes les seves fitxes.

### Diagrama en arbre

**5.** **a)** En una urna hi ha una bola blanca, una de vermella i una de negra. Les extraiem d'una en una i anotem ordenadament els resultats. Escriu tots els possibles resultats que podem obtenir.

**b)** Fes el mateix si hi ha quatre boles diferents.

**c)** Fes el mateix si hi ha dues boles vermelles, una de blanca i una de negra.

**6.** La Laia i la Carla juguen un partit de tenis i decideixen que serà vencedora la primera que aconsegueixi guanyar dos sets. Completa el diagrama en arbre i utilitza'l per escriure totes les maneres com pot desenvolupar-se el partit, set a set:

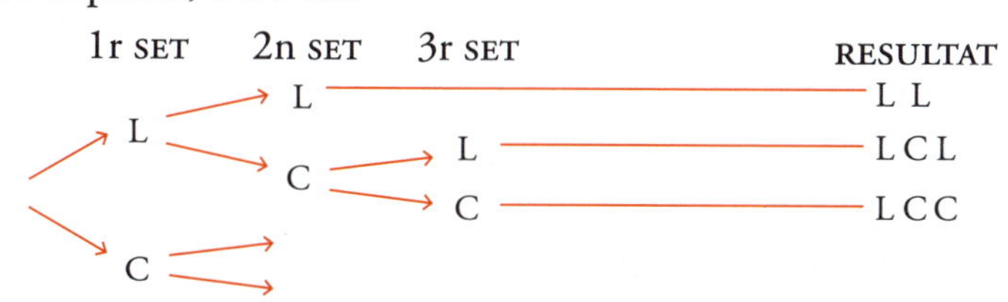


**7.** L'Artur i l'Òscar juguen un partit de tenis en què serà vencedor el primer que aconsegueixi tres sets. De quantes maneres pot desenvolupar-se el partit?

**8.** En una urna hi ha dues boles blanques, una de negra i una de vermella. Extraiem successivament una bola cada vegada fins a obtenir les dues blanques.

Quins són els possibles resultats?

### Utilitzar les fórmules

**9.** Calcula:

**a)** $VR_{4,3}$ **b)** $VR_{3,4}$ **c)** $V_{7,3}$ **d)** $P_7$

**e)** $C_{6,4}$ **f)** $V_{9,5}$ **g)** $\dfrac{P_{10}}{P_8}$ **h)** $C_{10,8}$

**10.** Calcula:

**a)** $V_{5,2} - C_{5,3}$ **b)** $\dfrac{VR_{6,2}}{C_{4,2}}$ **c)** $\dfrac{P_4}{V_{4,3}}$

**d)** $\dfrac{P_5}{P_3}$ **e)** $\dfrac{P_{10}}{P_9}$ **f)** $\dfrac{P_{12}}{P_9}$

**11.** Les expressions $VR_{8,2}$; $P_8$; $V_{8,2}$; $C_{8,2}$ són les solucions de les preguntes següents, però no estan ben ordenades. Assigna a cada apartat la seva solució. Tingues en compte si influeix l'ordre i si hi pot haver repetició o no:

**a)** Quantes paraules de vuit lletres diferents, amb sentit o sense, es poden fer amb les lletres de MELINDRO?

**b)** Quantes possibles parelles de finalistes hi pot haver en un campionat d'escacs per eliminatòries en què participen 8 persones?

**c)** Quants nombres de dues xifres es poden formar amb els dígits 1, 2, 3, 4, 5, 6, 7 i 8?

**d)** Quantes maneres hi ha de donar el primer i el segon premis d'un concurs literari amb 8 participants?

**12.** De quantes maneres es poden repartir 3 entrades per a un concert de rock entre 6 persones sense que cap pugui emportar-se'n més d'una?

**a)** Si les entrades no són numerades.

**b)** Si les entrades són numerades i n'hi ha una de la primera fila, una altra de la fila 10 i una altra de l'última fila.

**13.** Un equip de bàsquet és format per 10 jugadors.

**a)** De quantes maneres l'entrenador pot seleccionar l'equip inicial de 5 jugadors?

**b)** Si dos jugadors són indiscutibles, de quantes maneres es pot completar l'equip inicial amb els vuit restants?

**14.** En una comunitat de veïns es fan eleccions per elegir el president, el secretari i el tresorer.

De quantes maneres es poden triar aquests tres càrrecs, si s'hi presenten vuit candidats?

**15.** Es repartiran tres regals entre sis persones. Calcula de quantes maneres es poden repartir en cada un dels casos següents:

a) Els regals són diferents (una bicicleta, uns patins i un xandall) i no pot tocar més d'un regal a la mateixa persona.

b) Els regals són iguals i no pot tocar més d'un regal a la mateixa persona.

c) Els regals són diferents i pot tocar-ne més d'un a la mateixa persona.

**16.** Un participant d'un concurs ha d'ordenar a cegues sis targetes en què hi ha escrites les lletres de la paraula PREMIS. Si surt la paraula correcta, guanya.

a) Quantes ordenacions diferents poden sortir?

b) Li ofereixen fixar la P al lloc corresponent i reduir el premi a la meitat. Quantes ordenacions diferents es poden fer amb les altres lletres?

**17.** De quantes maneres poden seure tres persones en un banc de 5 seients?

I si el banc és de 3 seients?

**18.** Estàs fent la maleta per anar-te'n de vacances i vols endur-te quatre de les vuit samarretes que tens. De quantes maneres les pots seleccionar?

## Nombres combinatoris

**19.** Construeix, utilitzant les fórmules, la 8a fila del triangle de Tartaglia i, a partir d'aquesta, la 9a fila.

**20.** Calcula:

$$\binom{9}{0}+\binom{9}{1}+\binom{9}{2}+\binom{9}{3}+\ldots+\binom{9}{9}$$

**21.** En un bar preparen sucs de fruites naturals. Per a cada suc, podem triar dos o més fruites diferents. Si disposen de vuit tipus de fruites, quants sucs diferents poden preparar?

**22.** Troba el valor de $x$ en cada cas, tenint en compte les propietats dels nombres combinatoris:

a) $\binom{9}{4}+\binom{9}{x}=\binom{10}{5}$

b) $\binom{15}{x}=\binom{15}{x-1}$

## Aplica els teus coneixements

**23.** a) Forma tots els nombres de quatre xifres que es puguin fer amb els dígits 1 i 2. Quants són?

b) Quants nombres de 5 xifres es poden fer amb els dígits 0 i 1?

Tingues en compte que 01101 = 1.101 no és un nombre de cinc xifres.

**24.** El llenguatge d'un ordinador es tradueix a seqüències de dígits formades per zeros i uns. Un byte és una d'aquestes seqüències i està formada per 8 dígits.

Per exemple: | 0 0 1 0 0 0 1 1 |

Quants bytes diferents es poden formar?

**25.** El nombre 75.775 està format per dos cincs i tres sets.

Quins són els nombres que podem formar amb dos cincs i tres sets? Quant val la suma de tots?

**26.** Una travessa consta de 14 partits, a cada un dels quals se'ls pot assignar un 1, una X o un 2.

Quantes travesses diferents es poden omplir?

**27.** En uns magatzems fan servir el codi següent per marcar els articles:

- La primera xifra indica la secció corresponent i és un nombre entre l'1 i el 9.
- Després, hi ha tres xifres, cada una del 0 al 9, que corresponen al número del proveïdor.

Quantes marques diferents es poden fer?

**28.** Les matrícules dels automòbils consten de quatre nombres i tres lletres. Per formar-les, s'usen els dígits del 0 al 9 i 20 lletres del nostre alfabet (no es fan servir ni les vocals ni la Q). Quantes matrícules poden formar-se d'aquesta manera?

**29.** Observa com resolem aquesta equació:

$$V_{x,2}=7x \rightarrow x(x-1)=7x \rightarrow x^2-x=7x \rightarrow$$
$$x=0 \text{ (no val)},\ x=8$$

Ara, resol tu aquestes altres:

a) $VR_{x,2}-V_{x,2}=9$

b) $2\cdot\binom{x}{2}=VR_{x,2}-6$

**30.** Simplifica aquestes expressions:

a) $\dfrac{x!}{(x-2)!}$

b) $\dfrac{(x+1)!}{(x-1)!}$

## Resol problemes

**31.** a) Per matricular-te en un curs, has de triar dues assignatures entre sis d'optatives. De quantes maneres pots fer l'elecció?

b) A la secretaria et demanen que escriguis les sis assignatures per ordre de preferència. De quantes maneres ho pots fer?

**32.** El professor de Matemàtiques ens ha proposat deu problemes i n'hem de resoldre cinc.

a) Quantes maneres de seleccionar-los hi ha?

b) De dos dels deu problemes proposats no en tens ni idea. Si els descartes, quantes opcions et queden?

c) Per contra, dos dels problemes els saps resoldre perfectament. Naturalment, els selecciones. De quantes maneres pots triar els altres?

**33.** a) De quantes maneres es poden ordenar les lletres de la paraula PILOTA?

b) Quantes comencen per P?

c) En quantes les consonants ocupen els llocs senars i les vocals, els parells? (Per exemple: POTILA.)

d) En quantes estan alternades les vocals i les consonants?

**34.** Sis amics, tres nois i tres noies, van al cinema. De quantes maneres poden seure si volen estar nois i noies alternats?

**35.** Assenyala 8 punts en una circumferència. Traça les cordes que uneixen cada punt amb tots els altres.

a) Quantes cordes hauràs de dibuixar?

b) Quantes diagonals té un octàgon?

**36.** Em regalaran 3 llibres i 2 discos pel meu aniversari. He fet una llista amb els 5 llibres i els 8 discos que m'agradaria tenir. De quantes maneres diferents poden triar el meu regal?

**37.** Tenim 5 pesos: d'1 g, 2 g, 4 g, 8 g i 16 g. Quantes pesades diferents podem fer amb dos pesos? I amb tres?

Calcula quantes pesades es poden fer, en total, amb 1, 2, 3, 4 o 5 pesos.

**38.** En una pizzeria preparen pizzes amb 4, 5 o 6 ingredients. Si disposen de 6 tipus d'ingredients, quants tipus de pizza poden fer?

## Resol: una mica més difícil

**39.** L'Àngels i en David participen en aquest joc: tenen una urna amb una bola vermella, una de blava i una de negra i van traient, alternativament, una bola cada un; el primer que tregui la negra, perd. Comença traient una bola l'Àngels.

a) De quantes maneres diferents pot desenvolupar-se el joc? Per fer el recompte, completa aquest diagrama en arbre:

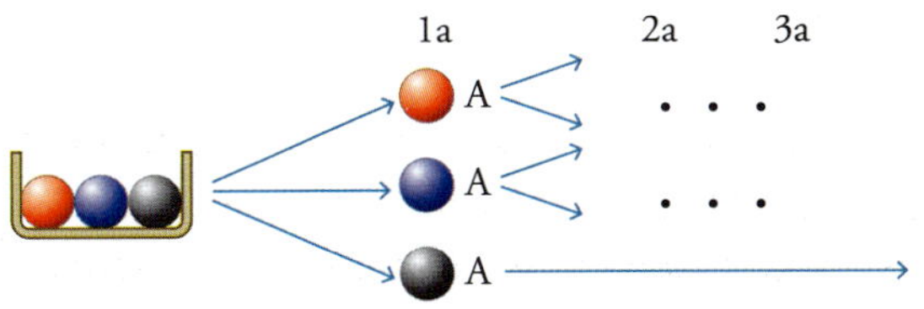


b) En quantes d'aquestes possibilitats perd l'Àngels? I en quantes perd en David?

c) És convenient ser el primer a treure la bola?

**40.** Quants triangles es poden fer de manera que tinguin els vèrtexs en els punts d'aquestes imatges?

a) b) c)

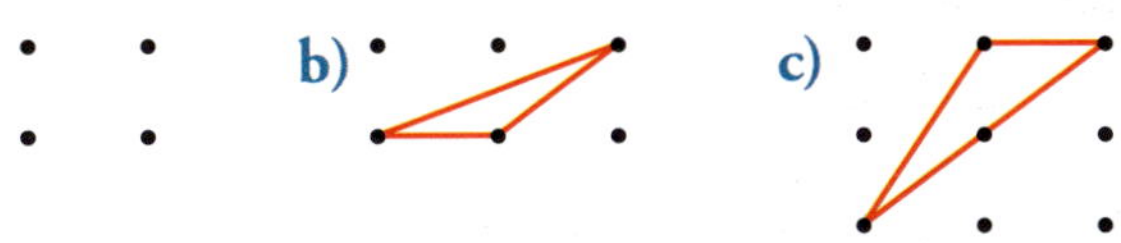

**41.** Observa aquesta quadrícula:

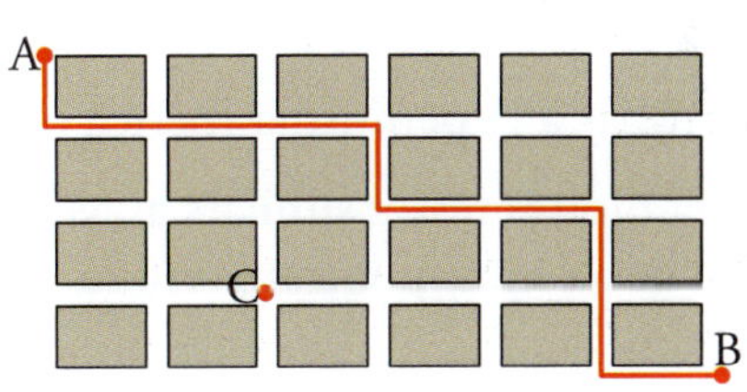


a) Quants camins de longitud mínima hi ha per anar de A a B?

b) Quants n'hi ha per anar de A a B passant per C?

**42.** Un secretari escriu cinc cartes diferents (cada una a una persona diferent) i escriu el nom en cinc sobres, però fica a l'atzar cada carta en un sobre.

a) De quantes maneres pot ficar les cartes en els sobres?

b) En quants casos la carta del senyor Peris serà dins del seu sobre?

**43.** Calcula, en els casos següents, quants productes diferents es poden obtenir prenent tres factors entre 1, 2, 3, 4, 5, 6 i 7:

a) No es poden repetir xifres.

b) Sí que es poden repetir xifres.

# » MATEMÀTIQUES EN CONTEXT

## TREBALLS D'ARQUEOLOGIA

La doctora en Història i Arqueologia Ariadna Quiles treballa al Museu d'Arqueologia de Catalunya. Acaben d'arribar al Museu tres camions plens de restes prehistòriques de gran valor, provinents de la donació d'un col·leccionista privat. La doctora Quiles decideix fer una primera classificació de les restes, amb l'ajuda dels seus estudiants de doctorat, per veure com poden fer posteriorment la classificació definitiva.

### 1. Classificació de les restes prehistòriques

Per fer la primera classificació, i aprofitant que algunes restes ja venien mínimament classificades, estableix el sistema següent per codificar-les per mitjà d'etiquetes:

- Hi haurà etiquetes de cinc colors, segons el període prehistòric al qual pertanyi la peça: groc per a les paleolítiques, vermell per a les neolítiques, blau per a les de l'edat del coure, marró per a les de l'edat del bronze i gris per a les de l'edat del ferro.
- A més, cada etiqueta tindrà imprès un codi de tres caràcters, que indicarà:
  - — Si la resta ha estat datada pel mètode del carboni 14 (lletra C) o no (nombre 0).
  - — Si es va trobar a la península Ibèrica o a les Balears (lletra N) o fora d'aquest àmbit (lletra E).
  - — Si ja hi ha moltes restes similars al Museu i no interessa gaire (–) o bé si no n'hi ha cap de semblant o n'hi ha molt poques i resultaria interessant estudiar-la a fons (+).

a) Els treballadors de la secretaria del Museu volen saber quants tipus d'etiquetes diferents han de fer. Els ho pots dir?

b) Una vegada començada la feina de classificació i etiquetatge, la doctora veu a terra, a la zona de les restes ja catalogades, una etiqueta com la de la imatge. A quin tipus de resta correspon?

OE+

c) Davant seu té una destral de mà de sílex i una altra de bronze, com les que veus en la imatge, ambdues sense etiquetar. A quina de les dues destrals pot ser que pertanyi l'etiqueta que ha trobat?

I

II

## 2. Els enigmes de la cripta

La doctora Quiles, que s'apropa a la jubilació, fa anys que dedica les seves vacances a cercar un gran tresor ocult. Somia acabar la seva brillant carrera professional d'una manera espectacular. Aquest estiu sembla que ho aconseguirà: la seva recerca l'ha portat a l'interior d'una cripta tan amagada que fa centenars d'anys que ningú no la trepitjava. A dins hi ha una porta darrere la qual tot indica que s'amaga el tresor. La porta s'obre amb un pany format per cinc cilindres giratoris. Cada cilindre té gravats els dígits del 0 al 9 i només una de les combinacions numèriques obrirà la porta.

a) Creus que seria possible que la doctora provés totes les combinacions? Quantes n'hi ha?

b) Afortunadament, la doctora Quiles, en les seves recerques prèvies per mig món, ha pogut recollir cinc endevinalles que, en resoldre-les, li donaran les cinc xifres clau per obrir la cripta. Ajuda-la a trobar-les.

**PRIMERA ENDEVINALLA**
*(xifra de les desenes de miler)*

«Amb les lletres del TRESOR que desitges,
compta totes les combinacions que en R acabin
—excepte les que en consonant comencin.
De la quantitat resultant
troba la diferència entre les xifres;
així hauràs trobat
el primer nombre cercat.»

**SEGONA ENDEVINALLA**
*(xifra de les unitats de miler)*

«Tira alhora dos daus i tres ducats.
Quants resultats obtindràs?
La quaranta-vuitena part en calcularàs!»

**TERCERA ENDEVINALLA**
*(xifra de les centenes)*

«Oh, dodecaedre, que n'ets de bell,
de tantes arestes i vèrtexs com tens!
Calcula la desena part de tots ells.»

**QUARTA ENDEVINALLA**
*(xifra de les desenes)*

$\binom{9}{x} = \binom{9}{x+1}$ «Saluda Tartaglia i la seva combinatòria:
troba la incògnita i continua cap a la glòria.»

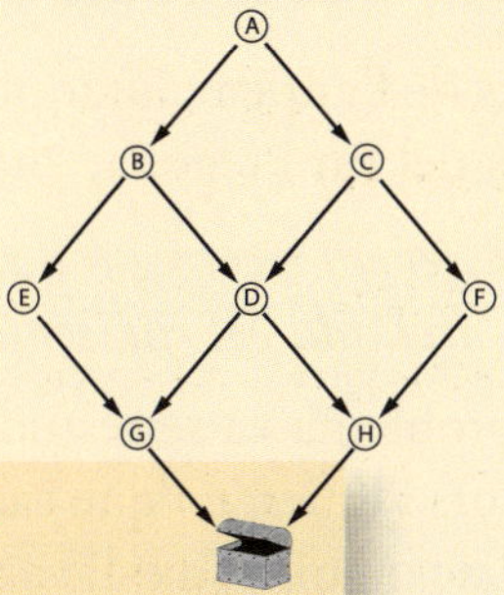


**CINQUENA ENDEVINALLA**
*(xifra de les unitats)*

«Des de dalt del rombe fins al tresor aniràs;
si has baixat, tornar a pujar no podràs.
De quants camins disposaràs?»

«Les cinc xifres has trobat?
El pany de la porta obriràs
si la seva suma és 5 al quadrat.»

# » TALLER DE MATEMÀTIQUES

## » REFLEXIONA

Demostrarem la fórmula $\binom{m-1}{n-1} + \binom{m-1}{n} = \binom{m}{n}$ amb una història sobre dues germanes.

Comencem provant que: $\binom{6}{3} + \binom{6}{4} = \binom{7}{4}$.

Dues germanes argentines, la Vera i la Carmela, comparteixen pis. Tenen 7 objectes de decoració i una vitrina on només en caben 4. El nombre de possibilitats per triar aquests objectes és $\binom{7}{4}$.

En el moment de fer la tria sorgeix una diferència de criteri: la Vera vol que un dels objectes sigui una placa amb l'escut del seu equip de futbol, el River Plate, però la Carmela, que és aficionada del Boca Juniors, rebutja aquesta possibilitat.

- Quantes possibilitats admet la Vera? Tantes com maneres de seleccionar els 3 objectes que acompanyaran l'escut del River, és a dir, $\binom{6}{3}$.
- Quantes possibilitats admet la Carmela? Tantes com maneres de seleccionar 4 objectes entre els 6 que no són l'escut de l'equip de futbol, és a dir, $\binom{6}{4}$.

Ara bé, fixa't que, per força, en seleccionar 4 objectes, una de les dues germanes aconseguirà allò que es proposa. És a dir, qualsevol selecció possible agradarà a una de les dues germanes. Per tant, $\binom{6}{3} + \binom{6}{4} = \binom{7}{4}$.

Si en comptes de 7 objectes en tinguessin $m$ i a la vitrina, en comptes de 4 objectes, en cabessin $n$, el mateix raonament ens portaria a la demostració de la fórmula de dalt.

## » OBSERVA, TEMPTEJA I DEDUEIX

Els habitants de l'antiga ciutat prussiana de Königsberg (avui pertany a Rússia i es diu Kaliningrad), quan passejaven a la vora del riu Pregolia, que la travessa, es plantejaven aquest enigma:

*És possible fer un recorregut a través dels 7 ponts que comuniquen les diferents parts de la ciutat, dividida pel riu, sense passar dues vegades pel mateix pont?*

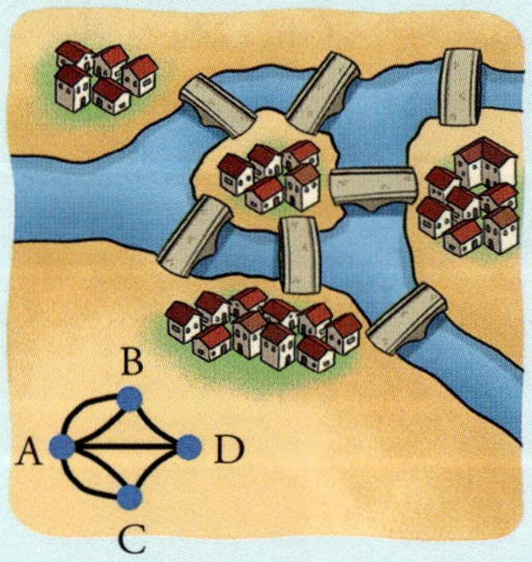


El 1736 el problema va ser estudiat per Euler, que el va esquematitzar mitjançant un gràfic de punts i línies, en què cada punt representa una de les zones del terreny i cada línia, un enllaç o pont. Així li va resultar molt senzill demostrar que el problema no té solució.

Observa que perquè el problema tingués solució només hi hauria d'haver dos punts en què concorreguessin un nombre imparell de línies.

- Quins d'aquests gràfics es poden dibuixar sense aixecar el llapis del full i sense repetir cap tram?

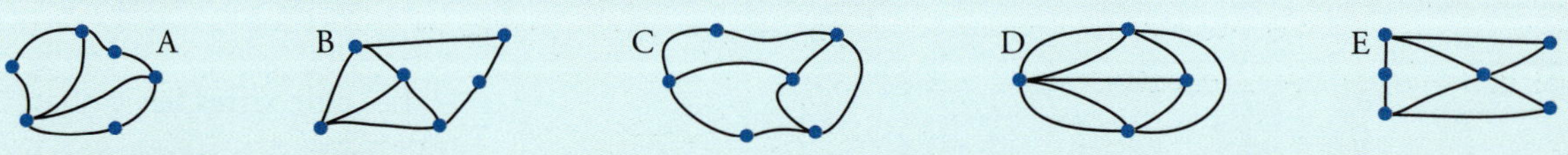


- Si deformem els trams, quins dos gràfics es poden transformar l'un en l'altre?


BARCANOVA EDITORIAL

# » ENTRENA'T RESOLENT ALTRES PROBLEMES

- Per anar d'una estació a una altra d'una línea ferroviària, cal adquirir un bitllet que indiqui el punt de partida i el punt de destinació (és a dir, per anar de A a B cal comprar un bitllet i per anar de B a A, un altre).

  En ampliar la línia amb diverses estacions noves, ha calgut imprimir 34 bitllets nous.

  Quantes estacions hi havia abans de l'ampliació i quantes n'hi ha ara?

- La Marta té vuit sobres numerats de l'1 al 8 i vuit targetes numerades també de l'1 al 8. De quantes maneres pot ficar les targetes, una en cada sobre, sense que cap de les targetes 1, 2 i 3 sigui en el sobre amb la mateixa numeració?

- Observa com, amb un diagrama en arbre, es poden comptar de manera sistemàtica les 4 possibilitats que hi ha per pagar un cargol que val 5 cèntims d'euro amb un nombre exacte de monedes:

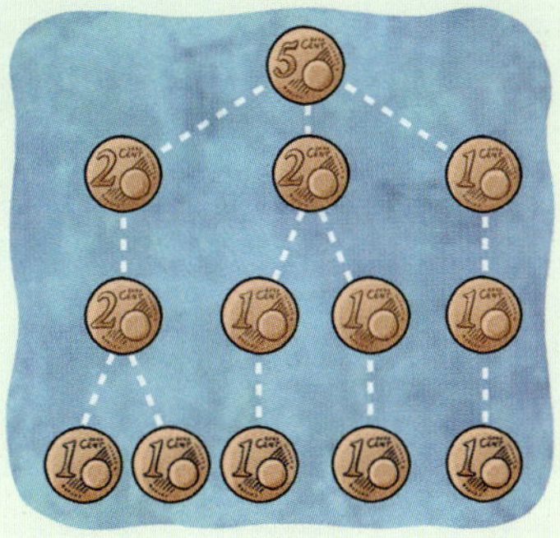

$\rightarrow 5$

$\rightarrow 2 + 2 + 1 = 5$

$\rightarrow 2 + 1 + 1 + 1 = 5$

$\rightarrow 1 + 1 + 1 + 1 + 1 = 5$

  a) Quantes maneres hi ha de pagar un cargol amb femella, que val 15 cèntims, amb monedes de tres tipus: 1 cèntim, 2 cèntims i 5 cèntims?

  b) De quantes maneres es pot pagar una llauna de refresc, que val 1 euro, només amb monedes d'1 euro, 50 cèntims, 20 cèntims i 10 cèntims?

- Quants nombres de quatre xifres hi ha que siguin capicues i múltiples de 9?

- Quant val la suma de tots els nombres de quatre xifres que es poden formar únicament amb uns i dosos?

# » POSA'T A PROVA

**1.** L'Anna i en Pep participen en un torneig d'escacs en què resultarà vencedor el primer que guanyi 6 partides. Les taules (empats) no compten.

En Pep va guanyant 4 a 2. Fes un diagrama en arbre que mostri totes les possibles continuacions.

**2.** En un examen, la professora ha proposat 7 problemes, dels quals cal triar-ne 5.

a) Quantes tries diferents poden fer-se?

b) En Carles té molt clar que triarà tres problemes concrets. Quantes possibilitats té per triar els altres dos?

**3.** Quants nombres de quatre xifres es poden formar amb els dígits 1, 2 i 3? Quant val la suma de tots?

**4.** De quantes maneres podem escollir el delegat i el subdelegat d'una classe en la qual hi ha set candidats?

**5.** Amb les lletres de la paraula CASA, quantes ordenacions, amb sentit o sense, podem formar?

I amb les lletres de la paraula MUSA?

Escriu-les totes.

**6.** Quants nombres capicues de 5 xifres hi ha?

**7.** Resol aquestes equacions:

a) $\binom{x+1}{2} = 6P_3$

b) $V_{x,\,2} - VR_{x,\,2} = 3x - 20$

UNITAT 12

# CÀLCUL DE PROBABILITATS

DIMENSIÓ RESOLUCIÓ DE PROBLEMES · DIMENSIÓ RAONAMENT I PROVA
DIMENSIÓ CONNEXIONS · DIMENSIÓ COMUNICACIÓ I REPRESENTACIÓ

## La probabilitat va néixer de l'estudi de jocs...

Històricament, l'interès per la probabilitat comença amb els jocs d'atzar. **Cardano**, algebrista italià del segle XVI, va ser un jugador empedreït en algunes èpoques de la seva vida. Aquesta passió el va dur a escriure un llibre sobre el joc, en el qual, per primera vegada, es teoritza sobre les probabilitats.

Va ser un altre jugador, al segle XVII, el **cavaller de Méré**, que va induir, sense saber-ho, els matemàtics **Pascal** i **Fermat** a mantenir una fructífera correspondència: en les seves cartes proposaven solucions a alguns problemes sobre jocs plantejats per Méré i especulaven sobre altres situacions probabilístiques. Així va néixer, amb aquests dos genis, la base de la teoria de les probabilitats.

Ni Pascal ni Fermat no van publicar les seves conclusions, però sí que ho va fer **Huygens** el 1656, en un breu llibre titulat *Sobre els raonaments en els jocs d'atzar.*

## ...i va acabar convertint-se en una ciència

- **Jacques Bernoulli** (segle XVII) va recollir allò que havia escrit Huygens, ho va completar i va publicar, de manera pòstuma, el 1713, la primera obra important sobre la teoria de les probabilitats: *Art de la conjectura,* que inclou la primera definició formal de probabilitat.
- **Laplace** (segles XVIII i XIX) va publicar, un segle després, *Teoria analítica de les probabilitats,* en què va recollir i organitzar nombrosos resultats que havia anat obtenint i difonent des de feia 40 anys. Es tracta de l'aportació més gran de la història a aquesta teoria. És seva la frase següent:

  *La teoria de les probabilitats és només*
  *sentit comú expressat amb nombres.*

- Al començament del segle XX, el rus **Kolmogorov** va establir les definicions, els axiomes i els postulats en què es basa la teoria de la probabilitat, la qual cosa va acabar de conferir-li la precisió necessària per ser considerada una branca de les matemàtiques.


BARCANOVA EDITORIAL

## Un problema bonic, una resolució enginyosa

Hi ha problemes de probabilitat la resolució dels quals, aparentment molt difícil, se simplifica notablement si s'enfoca de la manera adequada.

Imagina una gran quantitat de gent realitzant l'experiència següent:

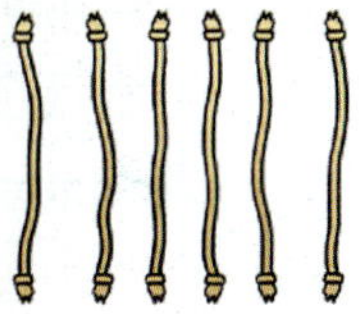

S'agafen 6 trossos de corda.

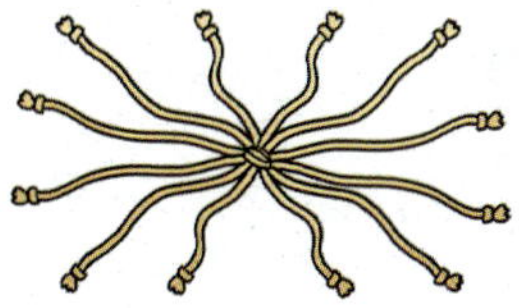

Es lliguen suaument amb un nus central.

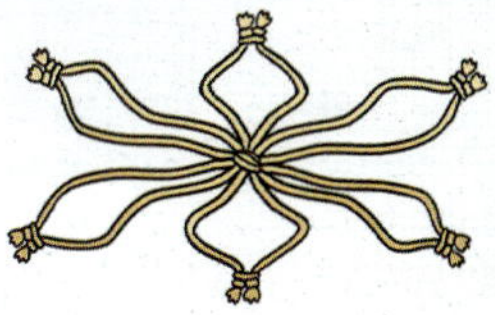

Es nuen, de dos en dos, els sis caps de dalt i, després, els sis de baix.

Es desfà el nus central.

Quina proporció de gent aconseguirà que els sis trossos de corda els quedin com es veu a la dreta?

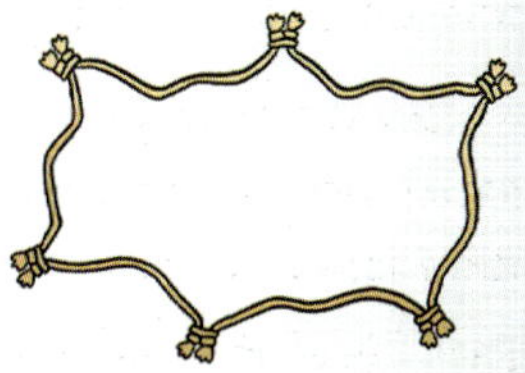

Fes tu mateix l'experiència. Si ho feu tots els alumnes de la classe, podreu veure que, sorprenentment, hi haurà molts «èxits».

Segueix aquest raonament per esbrinar la proporció de persones que aconsegueixen tenir èxit:

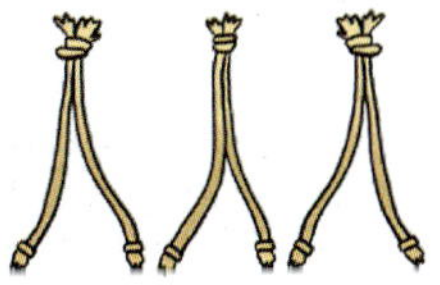

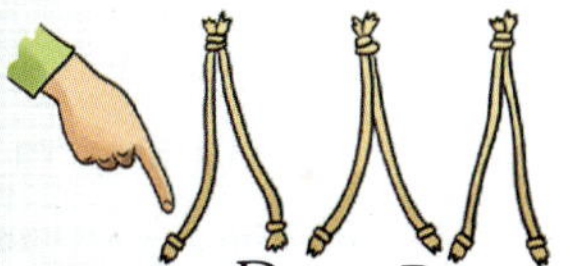


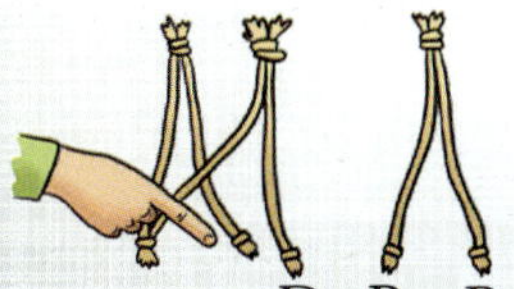


Després dels tres primers nusos, tothom té les cordes com es veu a l'esquerra. Fins aquí, tots els qui ho intenten van per bon camí.

S'agafa un dels sis caps, que es pot nuar a qualsevol dels altres cinc. Quatre d'aquests són bons (B) i un és dolent (D).

La proporció de gent que farà un nus bo és $\frac{4}{5}$.

Ja s'ha fet un nus bo. Amb un dels caps que queden es poden fer tres nusos, només dos dels quals són bons. Per tant...

### RESOL

**1.** Completa el raonament i esbrina quina proporció de persones tindrà «èxit»; és a dir, quina és la probabilitat que s'aconsegueixi un únic cercle amb les sis cordes.

# 1. ESDEVENIMENTS ALEATORIS

S'anomena **esdeveniment aleatori** aquell esdeveniment en la realització del qual influeix l'atzar.

**Experiència aleatòria** és aquella el resultat de la qual és un esdeveniment aleatori.

Hi ha experiències aleatòries provocades i altres els resultats de les quals s'obtenen per observació. Per exemple, són provocades:

— Tirar un dau (o dos, o tres...), tirar una o més monedes, extreure una o més cartes d'una baralla o boles d'una bossa...

— Efectuar un experiment de laboratori i analitzar qualitativament o quantitativament el resultat.

I són del segon tipus (resultats obtinguts per observació):

— Enquestar els membres d'un col·lectiu i obtenir la seva opinió respecte d'algun afer, o detalls sobre els seus hàbits, aficions... o les seves mesures anatòmiques (estatura, pes...).

— Comptar quants cotxes passen per un lloc durant cinc minuts en diferents hores del dia, en diferents dies de la setmana...

## Nomenclatura

Un **cas** és cada un dels resultats que es poden obtenir en dur a terme una experiència aleatòria. També s'anomena esdeveniment elemental.

— «3 de copes» és un cas possible en extreure una carta d'una baralla.

— En tirar dos daus (un de verd i un de vermell), un cas possible és obtenir «un 2 en el verd i un 5 en el vermell». Aquest cas se sol designar així: (2, 5).

| | | | | | | |
|---|---|---|---|---|---|---|
| | 1, 1 | 1, 2 | 1, 3 | 1, 4 | 1, 5 | 1, 6 |
| | 2, 1 | 2, 2 | 2, 3 | 2, 4 | 2, 5 | 2, 6 |
| | 3, 1 | 3, 2 | 3, 3 | 3, 4 | 3, 5 | 3, 6 |
| | 4, 1 | 4, 2 | 4, 3 | 4, 4 | 4, 5 | 4, 6 |
| | 5, 1 | 5, 2 | 5, 3 | 5, 4 | 5, 5 | 5, 6 |
| | 6, 1 | 6, 2 | 6, 3 | 6, 4 | 6, 5 | 6, 6 |

L'**espai mostral** és el conjunt de tots els casos possibles que es poden obtenir en efectuar una experiència aleatòria. Se sol designar mitjançant la lletra $E$ i també s'anomena esdeveniment universal.

— En l'experiència «extreure una carta de la baralla», l'espai mostral té 40 casos: totes les cartes de la baralla.

— En tirar dos daus, l'espai mostral consta de 36 elements:

$E = \{(1, 1), (1, 2), \dots, (1, 6), (2, 1), \dots, (2, 6), \dots, (5, 1), (5, 2), \dots, (5, 6), (6, 1), \dots, (6, 5), (6, 6)\}$

Un **esdeveniment** és qualsevol conjunt de casos.

— AS i BASTOS són dos esdeveniments possibles d'«extreure una carta de la baralla».

— «Surt un 5 en el dau verd» = {(5, 1), (5, 2), (5, 3), (5, 4), (5, 5), (5, 6)} o bé «sumen 6» = {(1, 5), (2, 4), (3, 3), (4, 2), (5, 1)} són esdeveniments possibles de l'experiència «tirar un dau verd i un dau vermell».

L'esdeveniment universal, $E$, també s'anomena **esdeveniment segur**, ja que sempre s'esdevé.

També considerem un esdeveniment $\varnothing$ (buit), que no conté cap cas. Naturalment, no s'esdevé mai i s'anomena **esdeveniment impossible**.

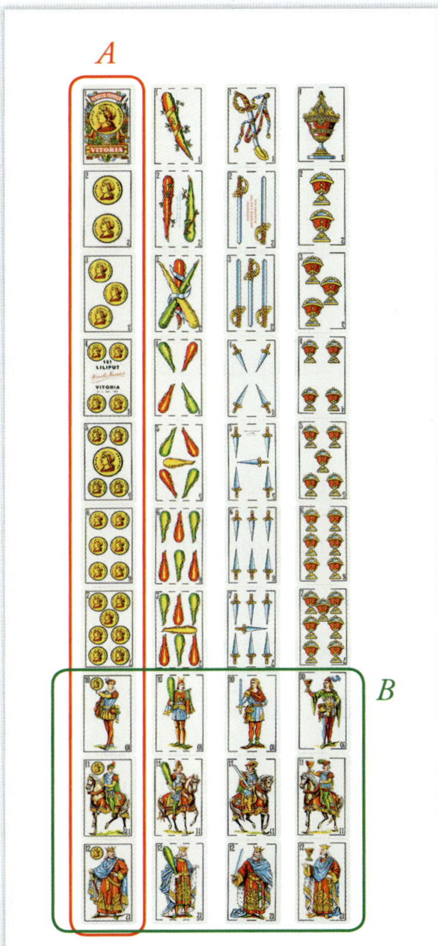


## Relacions i operacions amb esdeveniments

La **unió** de dos esdeveniments $A$ i $B$, que es designa $A \cup B$, és l'esdeveniment format per tots els elements de $A$ i tots els de $B$.

La **intersecció** de dos esdeveniments $A$ i $B$, que es designa $A \cap B$, és l'esdeveniment format pels elements que pertanyen simultàniament a $A$ i a $B$.

L'esdeveniment $A \cup B$ s'esdevé quan ho fan $A$ o $B$ o ambdós.

L'esdeveniment $A \cap B$ s'esdevé quan ho fan alhora $A$ i $B$.

Per exemple, considera que l'espai mostral $E$ i els esdeveniments $A$ i $B$ són aquests:

$E$ = CARTES DE LA BARALLA (n'hi ha 40)  $A$ = OROS  $B$ = FIGURES

Llavors, l'esdeveniment $A \cup B$ és aquest:

I l'esdeveniment $A \cap B$ és .

Dos esdeveniments són **incompatibles** quan no tenen en comú cap esdeveniment elemental. És a dir, és impossible que succeeixin simultàniament.

Si els esdeveniments $A$ i $B$ són incompatibles, aleshores $A \cap B = \varnothing$.

En l'exemple anterior, els esdeveniments OROS i ESPASES són incompatibles.

Un esdeveniment, $\overline{S}$, es diu que és **contrari** de l'esdeveniment $S$ quan entre ambdós es reparteixen els elements de l'espai mostral de manera que sempre s'esdevé l'un o l'altre, però mai no succeeixen simultàniament.

Si $\overline{S}$ és l'esdeveniment contrari de $S$, aleshores $S \cap \overline{S} = \varnothing$ i $S \cup \overline{S} = E$.

L'esdeveniment contrari de $A$ = OROS és $\overline{A}$ = COPES, ESPASES O BASTOS. $A$ té 10 elements i $\overline{A}$ en té 30.

### Esdeveniment contrari

$\overline{S}$ s'anomena també **complementari** de $S$ i es pot designar amb $S'$.

## » APLICA EL QUE HAS APRÈS

**1.** Tenim una bossa amb 10 boles numerades de l'1 al 10. En traiem una i n'anotem el nombre.

**a)** Quin és l'espai mostral?

**b)** Considera aquests esdeveniments:

$A$ = «nombre primer»  $B$ = «múltiple de 3»

Descriu els esdeveniments següents:

$A \quad \overline{A} \quad A \cup B \quad A \cup \overline{A}$

$B \quad \overline{B} \quad A \cap B \quad A \cap \overline{A}$

**2.** Tirem tres vegades una moneda.

**a)** Completa en el teu quadern l'espai mostral:

$E$ = {(C, C, C) (C, C, +), (C, +, C)...}

**b)** Descriu els esdeveniments següents:

$A$ = «la primera vegada ha sortit cara»

$B$ = «hi ha almenys dues cares»

**c)** Descriu els esdeveniments $A \cup B$, $A \cap B$, $\overline{A}$ i $\overline{B}$.

**d)** Descriu un esdeveniment que sigui incompatible amb $A$ i amb $B$. Serà incompatible amb $A \cup B$?

# 2. PROBABILITATS DELS ESDEVENIMENTS. PROPIETATS

La **probabilitat** d'un **esdeveniment** $S$, que es designa $P[S]$, indica el grau de confiança que podem tenir que aquest esdeveniment succeeixi. S'expressa mitjançant un nombre comprès entre 0 i 1.

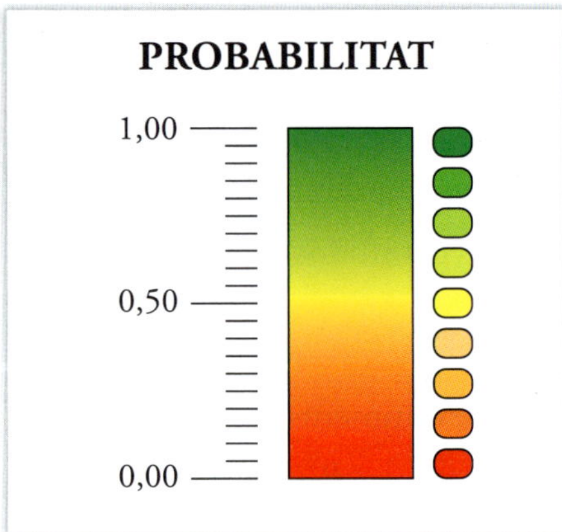


Per exemple, $P[S] = \frac{1}{3}$ significa que, a la llarga, l'esdeveniment $S$ s'esdevé una de cada tres vegades que es realitza l'experiència.

Si $P[S]$ és un nombre pròxim a 0, l'esdeveniment és *poc probable*.

Si $P[S]$ és un nombre pròxim a 1, l'esdeveniment és *molt probable*.

## Propietats de les probabilitats dels esdeveniments

La probabilitat que succeeixi l'esdeveniment segur és 1; això és natural, ja que s'esdevé el 100 % de les vegades que es realitza l'experiència. També és natural que aquest 100 % es reparteixi entre els esdeveniments elementals de què consta la prova. Les propietats següents són traducció d'aquests fets.

### Llei dels grans nombres

En realitzar reiteradament una experiència aleatòria, la freqüència relativa d'un esdeveniment determinat, $f_r(S)$, va prenent diferents valors. Aquests valors al principi experimenten grans oscil·lacions, però, a poc a poc, es van estabilitzant (oscil·len cada vegada menys). Quan el nombre de repeticions creix molt, el valor de $f_r(S)$ s'aproxima a un cert valor, que és la probabilitat de $S$, $P[S]$.

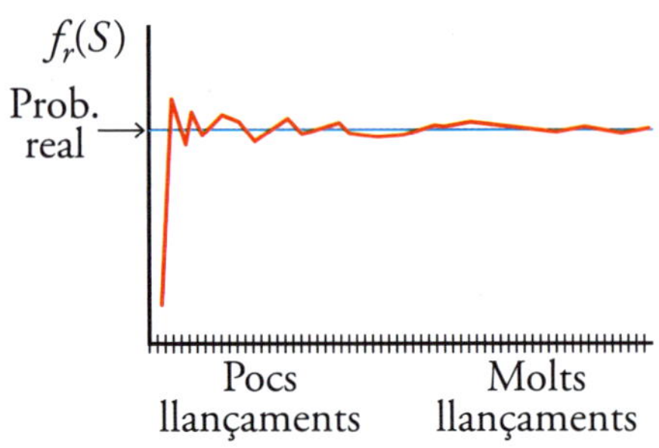


**Propietats de la probabilitat**

- La probabilitat de l'esdeveniment impossible és zero:

  $P[\varnothing] = 0$

  La probabilitat de l'esdeveniment segur és 1:

  $P[E] = 1$

  La probabilitat de qualsevol altre esdeveniment és un nombre comprès entre 0 i 1:

  $0 < P[S] < 1$

- La suma de les probabilitats dels esdeveniments elementals és 1. Això s'expressa de la manera següent:

  Si $E = \{x_1, x_2, \ldots, x_n\}$, aleshores:

  $P[x_1] + P[x_2] + \ldots + P[x_n] = 1$

- La probabilitat d'un esdeveniment és la suma de les probabilitats dels seus esdeveniments elementals:

  Si $S = \{s_1, s_2, \ldots, s_k\}$, aleshores:

  $$P[S] = P[s_1] + P[s_2] + \ldots + P[s_k]$$

- Si dos esdeveniments $S$ i $\overline{S}$ són contraris, aleshores la suma de les seves probabilitats és igual a 1:

  $$P[S] + P[\overline{S}] = 1 \rightarrow P[\overline{S}] = 1 - P[S]$$

Si les boles tenen la mateixa grandària i el mateix pes, la probabilitat de cada nombre és 1/10.

1 2 3 4 5
6 7 8 9 10

Si les boles tenen una grandària i un pes diferents, els nombres tenen probabilitats diferents de sortir.

1 2 3 4 5
6 7 8 9 10

## Exemple

Tenim deu boles numerades dins d'una ampolla, que es col·loca cap per avall. S'anota el nombre que correspon a la bola que queda encaixada a la boca de l'ampolla i s'assignen probabilitats.

Si els nombres de les boles són 1, 2, 3, 4, 5, 6, 7, 8, 9, 10, es donen les relacions següents:

- $P[E] = P[1] + P[2] + P[3] + P[4] + P[5] + P[6] +$
  $+ P[7] + P[8] + P[9] + P[10] = 1$
- Probabilitat d'un esdeveniment que consta de diversos casos:
  $S = \{1, 3, 5, 7, 9\} \rightarrow P[S] = P[1] + P[3] + P[5] + P[7] + P[9]$
- Probabilitat de l'esdeveniment contrari de $S$:
  $P[\overline{S}] = P[2] + P[4] + P[6] + P[8] + P[10] =$
  $= P[E] - (P[1] + P[3] + P[5] + P[7] + P[9]) = 1 - P[S]$

Per assignar valors concrets a aquestes probabilitats, cal conèixer com són les boles que hi ha dins de l'ampolla:

**a) Si les boles són iguals quant a la grandària i al pes**, els 10 esdeveniments elementals tenen la mateixa probabilitat (són **equiprobables**). En aquest cas:

- $P[1] = P[2] = P[3] = P[4] = P[5] = P[6] =$
  $= P[7] = P[8] = P[9] = P[10] = \frac{1}{10}$
- $P[S] = P[\{1, 3, 5, 7, 9\}] =$
  $= P[1] + P[3] + P[5] + P[7] + P[9] = 5 \cdot \frac{1}{10} = \frac{1}{2}$
- $P[\overline{S}] = 1 - P[S] = 1 - \frac{1}{2} = \frac{1}{2}$

**b) Si les boles són diferents quant a la grandària i al pes**, els esdeveniments elementals no tenen la mateixa probabilitat:

- El repartiment de probabilitats pot ser qualsevol, sempre que la seva suma sigui 1. Per exemple:
  — $P[1] = P[2] = P[3] = 0{,}08$
  — $P[4] = P[5] = P[6] = P[9] = 0{,}15$
  — $P[7] = P[8] = 0{,}05$
  — $P[10] = 0{,}06$
- $P[S] = P[\{1, 3, 5, 7, 9\}] = P[1] + P[3] + P[5] + P[7] + P[9] =$
  $= 0{,}08 + 0{,}08 + 0{,}15 + 0{,}05 + 0{,}15 = 0{,}51$
- $P[\overline{S}] = 1 - P[S] = 1 - 0{,}51 = 0{,}49$

Realment, en aquest cas, l'assignació de probabilitats s'ha de fer mitjançant experimentació, com s'explica en l'apartat següent.

## » APLICA EL QUE HAS APRÈS

**3.** Troba la probabilitat dels esdeveniments $A = \{2, 3, 4, 8, 9, 10\}$ i $\overline{A}$, tant en el cas que les boles siguin iguals com en el cas que tinguin un pes i una grandària diferents.

# 3. PROBABILITATS EN EXPERIÈNCIES SIMPLES

## Experiències irregulars

L'única manera de trobar la probabilitat d'un esdeveniment corresponent a una experiència irregular (tirar una xinxeta o un dau defectuós, extreure una bola d'una ampolla en què hi ha boles amb una grandària i un pes diferents...) és experimentar, és a dir, repetir l'experiència moltes vegades, esbrinar la freqüència relativa d'aquest esdeveniment i assignar aquest valor (aproximat) a la probabilitat. Com més vegades repetim l'experiència, més fiable serà el valor assignat.

Per exemple, imagina que en una bossa hi ha boles de cinc colors (🔴, 🟢, 🔵, ⚪ i ⚫). Fem 100 vegades l'experiència d'extreure'n una, anotar-ne el color i tornar la bola a la bossa. Obtenim els resultats següents:

$f$(🔴) = 34, $f$(🟢) = 23, $f$(🔵) = 21, $f$(⚪) = 8, $f$(⚫) = 14

En aquest cas, assignarem els valors següents a les probabilitats:

$P$[🔴] ≈ $f_r$(🔴) = 0,34; $P$[🟢] ≈ $f_r$(🟢) = 0,23; $P$[🔵] ≈ $f_r$(🔵) = 0,21;

$P$[⚪] ≈ $f_r$(⚪) = 0,08; $P$[⚫] ≈ $f_r$(⚫) = 0,14

## Experiències regulars. Llei de Laplace

Si l'experiència aleatòria es realitza amb un instrument regular (dau correcte, baralla completa, ampolla amb boles amb la mateixa grandària i el matix pes...), entra en joc la llei de Laplace. Recordem-la:

- Si l'espai mostral té $n$ casos i l'experiència és *regular*, aleshores tots els casos tenen la mateixa probabilitat, $1/n$.
- Si un esdeveniment té $k$ casos, aleshores la seva probabilitat és $k/n$.

$$P[S] = \frac{\text{nombre de casos favorables a } S}{\text{nombre total de casos possibles}}$$

Per exemple, en una bossa hi ha 40 boles idèntiques excepte en el color. D'aquestes, 15 són vermelles. Aleshores, en extreure una bola a l'atzar:

$$P[\text{VERMELLA}] = \frac{15}{40} = \frac{3}{8} = 0{,}375$$

**EXERCICI RESOLT**

**1.** ***Tirem un dau en forma de dodecaedre regular, amb les cares numerades de l'1 al 12. Calcula:***

***a) P [8]***

***b) P [MÉS PETIT QUE 3]***

***c) P [SENAR]***

***d) P [NOMBRE PRIMER]***

***e) P [MÉS GRAN QUE 4 i MÉS PETIT QUE 8]***

**a)** $P[8] = \frac{1}{12}$. Hi ha 12 casos, i el «8» és un d'aquests.

**b)** Només 1 i 2 són més petits que 3 → $P[\text{MÉS PETIT QUE } 3] = \frac{2}{12} = \frac{1}{6}$

**c)** Hi ha 6 nombres senars més petits que 12 → $P[\text{SENAR}] = \frac{6}{12} = \frac{1}{2}$

**d)** 2, 3, 5, 7, 11 són primers → $P[\text{NOMBRE PRIMER}] = \frac{5}{12}$

**e)** $P[\{5, 6, 7\}] = \frac{3}{12} = \frac{1}{4}$

## EXERCICIS RESOLTS

**2.** ***S'han fabricat amb un motllo diversos milers de daus. Sospitem que són defectuosos. Què farem per esbrinar si són correctes o no? En el cas que no ho siguin, com esbrinarem la probabilitat de cada cara?***

Podem suposar que tots els daus són idèntics. Experimentem amb alguns fent, en total, 1.000 llançaments. Aquests són els resultats:

| | 1 | 2 | 3 | 4 | 5 | 6 |
|---|---|---|---|---|---|---|
| $f$ | 154 | 123 | 236 | 105 | 201 | 181 |
| $f_r$ | 0,154 | 0,123 | 0,236 | 0,105 | 0,201 | 0,181 |

Observem que algunes de les freqüències relatives es diferencien massa del valor 1/6 = 0,166...

Com que el nombre d'experimentacions (1.000) és prou gran, podem concloure que el dau és defectuós. Prendrem les freqüències relatives de cada cara com a valors aproximats de les respectives probabilitats.

**3.** ***Tirem dos daus correctes i anotem les diferències de les puntuacions.***

***a) Quin és l'espai mostral?***

***b) Quina probabilitat té cada cas?***

***c) Troba la probabilitat de l'esdeveniment «LA DIFERÈNCIA ÉS MÉS GRAN QUE 3».***

| | ⚀ | ⚁ | ⚂ | ⚃ | ⚄ | ⚅ |
|---|---|---|---|---|---|---|
| ⚀ | 0 | 1 | 2 | 3 | 4 | 5 |
| ⚁ | 1 | 0 | 1 | 2 | 3 | 4 |
| ⚂ | 2 | 1 | 0 | 1 | 2 | 3 |
| ⚃ | 3 | 2 | 1 | 0 | 1 | 2 |
| ⚄ | 4 | 3 | 2 | 1 | 0 | 1 |
| ⚅ | 5 | 4 | 3 | 2 | 1 | 0 |

A partir de la taula de l'esquerra, construïm la distribució següent:

| DIFERÈNCIES | 0 | 1 | 2 | 3 | 4 | 5 |
|---|---|---|---|---|---|---|
| NRE. DE VEGADES | 6 | 10 | 8 | 6 | 4 | 2 |
| PROBABILITAT | 6/36 | 10/36 | 8/36 | 6/36 | 4/36 | 2/36 |

**a)** i **b)** En la taula anterior hi ha l'espai mostral, $E = \{0, 1, 2, 3, 4, 5\}$, amb les probabilitats associades a cada cas.

**c)** $P$[DIFERÈNCIA MÉS GRAN QUE 3] = $P[\{4, 5\}] = 4/36 + 2/36 = 6/36 = 1/6$

**4.** ***Un joc de cartes només distingeix aquestes possibilitats: FIGURA (sota, cavall o rei), AS, MÉS PETIT QUE 6 (2, 3, 4, 5), MÉS GRAN QUE 5 (6, 7).***

***a) Quin és l'espai mostral?***

***b) Digues la probabilitat de cada cas.***

***c) Quina és la probabilitat de «NO FIGURA»?***

Hi ha 40 cartes. La probabilitat de cada una és 1/40.

**a)** En aquest joc, l'espai mostral és $E$ = {«FIGURA», «AS», «< 6», «> 5»}.

**b)** Hi ha 3 figures en cada coll de la baralla ⟶ $P$[FIGURA] = 12/40 = 3/10 = 0,3

Hi ha 4 asos en la baralla ⟶ $P$[AS] = 4/40 = 1/10 = 0,1

Hi ha 4 nombres *més petits que 6* en cada coll → $P[< 6] = 16/40 = 2/5 = 0,4$ (L'as no compta.)

Hi ha 2 nombres *més grans que 5* en cada coll → $P[> 5] = 8/40 = 1/5 = 0,2$ (Les figures no compten.)

**c)** $P$[NO FIGURA] = 1 – $P$[FIGURA] = 1 – 0,3 = 0,7

## » APLICA EL QUE HAS APRÈS

**4.** Tirem un dau en forma d'octaedre, amb les cares numerades de l'1 al 8. Avalua aquestes probabilitats:

**a)** $P$[MÚLTIPLE DE 3]

**b)** $P$[MÉS PETIT QUE 5]

**c)** $P$[NOMBRE PRIMER]

**d)** $P$[NO MÚLTIPLE DE 3]

**5.** Tirem dos daus i anotem *la puntuació més petita*.

**a)** Escriu l'espai mostral i indica la probabilitat de cada un dels casos.

**b)** Calcula:

$P[< 4]$ $P$[NO < 4]

# 4. PROBABILITATS EN EXPERIÈNCIES COMPOSTES

### Recorda

Les experiències a) *Extreure tres cartes d'una baralla* i b) *Tirar cinc daus* es poden considerar experiències compostes d'altres de simples: a) *Extreure una carta d'una baralla, després una altra i després una altra* i b) *Tirar un dau, i un altre... i un altre, respectivament.*

Les experiències simples que formen una experiència composta poden ser *dependents* o *independents.*

Diem que dues o més experiències aleatòries són **independents** quan el resultat de cada una no depèn del resultat de les altres.

Per exemple, el llançament de dos daus pot considerar-se com a composició de dues proves (un dau i un altre dau) independents, perquè el resultat de cada dau no influeix en l'altre.

Diem que dues o més experiències aleatòries són **dependents** quan el resultat de cada una influeix en les probabilitats de les altres.

La 1a és un AS.
Queden 3 ASOS en la pila de 39 cartes.

La 1a no és un AS.
Queden 4 ASOS en la pila de 39 cartes.

Per exemple, extreure dues cartes d'una baralla (una carta seguida d'una altra, sense retornar-les) és la composició de dues proves *dependents*, perquè el resultat de la primera influeix en les probabilitats dels esdeveniments de la segona:

| 1a extracció | queden | 2a extracció |
|---|---|---|
| AS | 39 cartes, 3 ASOS | $P[\text{AS}] = 3/39$ |
| NO AS | 39 cartes, 4 ASOS | $P[\text{AS}] = 4/39$ |

Com veiem, les probabilitats dels esdeveniments en la segona extracció *depenen* del que va passar en la primera.

## Extraccions amb reemplaçament o sense

Imagina que només ens diuen que «extraiem una bola d'aquesta bossa i, després, una altra». Falta una dada: la bola que hem extret la retornem novament a la bossa abans de la segona extracció o no?

Tenim, per tant, dues possibilitats:

— «Traiem una bola, la mirem, la tornem a la bossa, barregem i en traiem una altra.» De manera resumida: «traiem dues boles **amb reemplaçament**».

— «Traiem una bola, la mirem, la deixem a banda i en traiem una altra.» De manera resumida: «traiem dues boles **sense reemplaçament**».

En el primer cas, les experiències són independents i, en el segon, dependents.

## » APLICA EL QUE HAS APRÈS

**6.** 

Tirem un dau i, després, traiem una bola de la bossa. Aquestes dues experiències, són dependents o independents?

**7.** 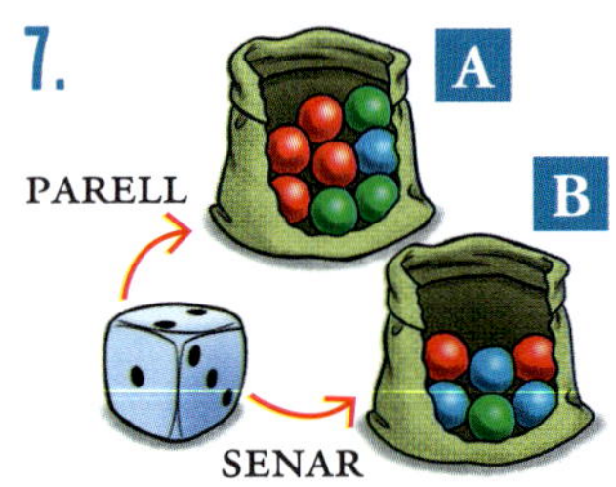


Tirem un dau. Si surt parell, extraiem una bola de la bossa A i, si surt senar, de la B. Les experiències són dependents o independents?


BARCANOVA EDITORIAL

# 5. COMPOSICIÓ D'EXPERIÈNCIES INDEPENDENTS

**Experiències independents**

El resultat de cada experiència **no influeix** en el resultat de la següent.

És més senzill calcular les probabilitats dels esdeveniments compostos descomponent-los en esdeveniments simples.

Quan diverses experiències aleatòries són independents, la probabilitat que succeeixi $S_1$ en la primera, $S_2$ en la segona, etc., és aquesta:

$$P[S_1 \text{ i } S_2 \text{ i } \dots] = P[S_1] \cdot P[S_2] \cdot \dots$$

## PROBLEMES RESOLTS

**5.** ***Tirem dos daus, un de vermell (Vm) i un altre de verd (V). Troba aquestes probabilitats:***

*a)* ***3 EN VM i 5 EN V***

*b)* ***5 EN VM i 3 EN V***

*c)* ***UN 3 i UN 5***

*d)* ***PARELL EN VM i > 2 EN V***

***«PARELL» = {2, 4, 6}***

***«> 2» = {3, 4, 5, 6}***

**a)** $P[3 \text{ EN VM i } 5 \text{ EN V}] = P[3] \cdot P[5] = 1/6 \cdot 1/6 = 1/36$

**b)** $P[5 \text{ EN VM i } 3 \text{ EN V}] = P[5] \cdot P[3] = 1/6 \cdot 1/6 = 1/36$

**c)** $P[\text{UN } 3 \text{ i UN } 5] = P[3 \text{ EN VM i } 5 \text{ EN V}] + P[5 \text{ EN VM i } 3 \text{ EN V}] =$

$$= \left(\frac{1}{36}\right) + \left(\frac{1}{36}\right) = \frac{2}{36} = \frac{1}{18}$$

**d)** $P[\text{PARELL EN VM i} > 2 \text{ EN V}] =$

$$= P[\text{PARELL}] \cdot P[> 2] = \frac{3}{6} \cdot \frac{4}{6} = \frac{12}{36} = \frac{1}{3}$$

| | ⚀ | ⚁ | ⚂ | ⚃ | ⚄ | ⚅ |
|---|---|---|---|---|---|---|
| ⚀ | 1,1 | 2,1 | 3,1 | 4,1 | 5,1 | 6,1 |
| ⚁ | 1,2 | 2,2 | 3,2 | 4,2 | 5,2 | 6,2 |
| ⚂ | 1,3 | 2,3 | 3,3 | 4,3 | 5,3 | 6,3 |
| ⚃ | 1,4 | 2,4 | 3,4 | 4,4 | 5,4 | 6,4 |
| ⚄ | 1,5 | 2,5 | 3,5 | 4,5 | 5,5 | 6,5 |
| ⚅ | 1,6 | 2,6 | 3,6 | 4,6 | 5,6 | 6,6 |

**6.** ***Traiem una bola de A i una bola de B. Calcula:***

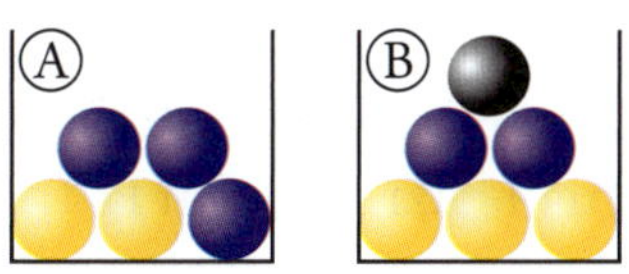


*a)* ***P[🟡 i 🟡]***

*b)* ***P[🟡 i 🟣]***

*c)* ***P[🟣 i 🟡]***

*d)* ***P [UNA 🟡 i L'ALTRA 🟣]***

*e)* ***P [LA SEGONA ⚫]***

**a)** P[🟡 i 🟡] = P[1a 🟡] · P[2a 🟡] = $\frac{2}{5} \cdot \frac{3}{6} = \frac{6}{30} = \frac{1}{5}$

**b)** P[🟡 i 🟣] = P[1a 🟡] · P[2a 🟣] = $\frac{2}{5} \cdot \frac{2}{6} = \frac{4}{30} = \frac{2}{15}$

**c)** P[🟣 i 🟡] = P[1a 🟣] · P[2a 🟡] = $\frac{3}{5} \cdot \frac{3}{6} = \frac{9}{30} = \frac{3}{10}$

**d)** P[UNA 🟡 i L'ALTRA 🟣] = P[🟡 i 🟣] + P[🟣 i 🟡] = $\frac{4}{30} + \frac{9}{30} = \frac{13}{30}$

**e)** P[LA SEGONA ⚫] = P[1a DE QUALSEVOL COLOR] · P[2a ⚫] = $1 \cdot \frac{1}{6} = \frac{1}{6}$

## » APLICA EL QUE HAS APRÈS

**8.** S'extreuen 3 cartes amb reemplaçament. Troba:

**a)** $P$[AS EN 1a i FIGURA EN 2a i 3a] **b)** $P$[3 ASOS]

**c)** $P$[UN AS i DUES FIGURES] **d)** $P$[CAP AS]

**9.** Es tiren 5 monedes. Troba la probabilitat d'obtenir:

**a)** 5 cares **b)** alguna creu

**10.** Tirem 3 monedes. Calcula:

**a)** $P$[TRES CARES] **b)** $P$[CAP CARA] **c)** $P$[ALGUNA CARA]

**11.** Es tiren dues monedes i un dau. Quina és la probabilitat d'obtenir cara en ambdues monedes i un 6 en el dau? I quina és la probabilitat d'obtenir creu en les monedes i un nombre parell en el dau?

GeoGebra. Calcula probabilitats en experiències independents.

# 6. COMPOSICIÓ D'EXPERIÈNCIES DEPENDENTS

**Experiències dependents**

El resultat de cada experiència **influeix** en les probabilitats de les següents.

Si dos esdeveniments $S_1$ i $S_2$ corresponen a proves dependents, la probabilitat que succeeixi $S_1$ en la 1a prova i $S_2$ en la 2a és aquesta:

$$P[S_1 \text{ i } S_2] = P[S_1] \cdot P[S_2 \text{ EN LA 2a} / S_1 \text{ EN LA 1a}] = P[S_1] \cdot P[S_2 / S_1]$$

L'expressió $P[S_2 / S_1]$ s'anomena **probabilitat condicionada**: probabilitat de $S_2$ **condicionada** al fet que succeeixi $S_1$.

Per a tres esdeveniments dependents:

$$P[S_1 \text{ i } S_2 \text{ i } S_3] = P[S_1] \cdot P[S_2 / S_1] \cdot P[S_3 / S_1 \text{ i } S_2]$$

La probabilitat condicionada $P[S_3 / S_1 \text{ i } S_2]$ significa «probabilitat que succeeixi $S_3$ suposant que s'han esdevingut $S_1$ i $S_2$».

## EXERCICI RESOLT

**7.** ***D'una urna amb 3 boles verdes i 2 de vermelles, n'extraiem dues. Calcula la probabilitat que:***

*a)* ***Ambdues siguin verdes.***

*b)* ***La 1a sigui vermella i la 2a, verda.***

*c)* ***Totes dues siguin vermelles.***

a) Imaginem una gran quantitat de gent. Cada persona té una urna amb 4 boles verdes i 2 de vermelles. Són sotmeses a dues proves:

**1a prova:** Han d'extreure una bola verda. (La deixen fora).

**2a prova:** Han de tornar a extreure una bola verda.

Esbrinem quina proporció de gent supera cada prova i, en conseqüència, quina proporció supera les dues.

PRIMERA EXTRACCIÓ

$P[🟢] = 4/6$. És a dir, de mitjana, 4 de cada 6 individus extreuen una bola verda i, així, superen la 1a prova.

Ara, la composició de l'urna es modifica depenent del resultat de la primera prova. Com que estem seguint la pista als que extreuen una bola verda, aquests tenen ara una urna amb 3 boles verdes i 2 de vermelles. Vegem *quina proporció d'aquests* supera la 2a prova.

SEGONA EXTRACCIÓ

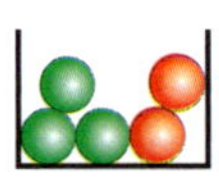

$P[🟢] = 3/5$. És a dir, de mitjana, 3 de cada 5 dels individus que superen la 1a prova superen, també, la 2a.

Proporció d'individus que superen ambdues proves: $\frac{4}{6} \cdot \frac{3}{5} = \frac{2}{5}$.

És a dir:

$P[🟢 \text{ i } 🟢] = P[🟢 \text{ EN LA 1a}] \cdot P[🟢 \text{ EN LA 2a} / 🟢 \text{ EN LA 1a}] = \frac{4}{6} \cdot \frac{3}{5} = \frac{12}{30} = \frac{2}{5}$

Aquestes proves són **dependents**, perquè el resultat de la primera influeix en la segona.

b) $P[🔴 \text{ i } 🟢] = P[🔴 \text{ EN LA 1a}] \cdot P[🟢 \text{ EN LA 2a} / 🔴 \text{ EN LA 1a}] = \frac{2}{6} \cdot \frac{4}{5} = \frac{8}{30} = \frac{4}{15}$

c) $P[🔴 \text{ i } 🔴] = P[🔴 \text{ EN LA 1a}] \cdot P[🔴 \text{ EN LA 2a} / 🔴 \text{ EN LA 1a}] = \frac{2}{6} \cdot \frac{1}{5} = \frac{2}{30} = \frac{1}{15}$

## Descripció de l'experiència mitjançant un diagrama en arbre

L'experiència de la pàgina anterior es pot descriure sistemàticament, i de manera molt clara, mitjançant un **diagrama en arbre**:

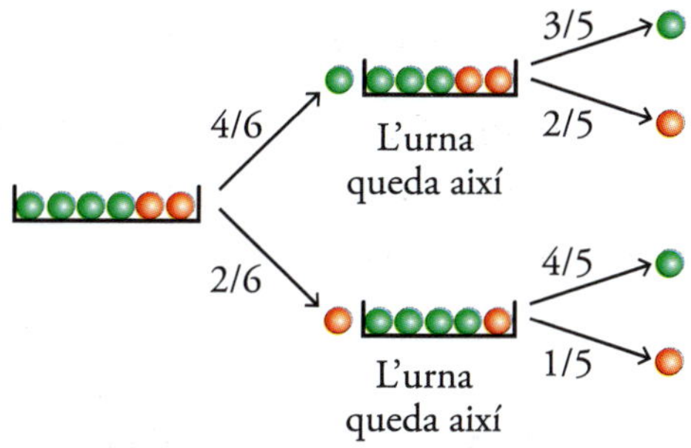


$P[$🟢 i 🟢$] = \frac{4}{6} \cdot \frac{3}{5} = \frac{12}{30} = \frac{2}{5}$

$P[$🟢 i 🟠$] = \frac{4}{6} \cdot \frac{2}{5} = \frac{8}{30} = \frac{4}{15}$

$P[$🟠 i 🟢$] = \frac{2}{6} \cdot \frac{4}{5} = \frac{8}{30} = \frac{4}{15}$

$P[$🟠 i 🟠$] = \frac{2}{6} \cdot \frac{1}{5} = \frac{2}{30} = \frac{1}{15}$

### Recorda

Valor d'algunes probabilitats:

$\frac{2}{6} = P[$🟠 EN LA 1a$]$

$\frac{4}{5} = P[$🟢 EN LA 2a / 🟠 EN LA 1a$]$

### EXERCICI RESOLT

**8.** ***Extraiem tres cartes d'una baralla. Troba la probabilitat d'obtenir tres asos.***

$P[3 \text{ ASOS}] = P[\text{AS EN LA 1a i AS EN LA 2a i AS EN LA 3a}] =$

$= P[\text{AS EN 1a}] \cdot P[\text{AS EN 2a / AS EN 1a}] \cdot P[\text{AS EN 3a / AS EN 1a i 2a}] =$

$= \frac{4}{40} \cdot \frac{3}{39} \cdot \frac{2}{38}$

Ho descrivim mitjançant un diagrama en arbre:

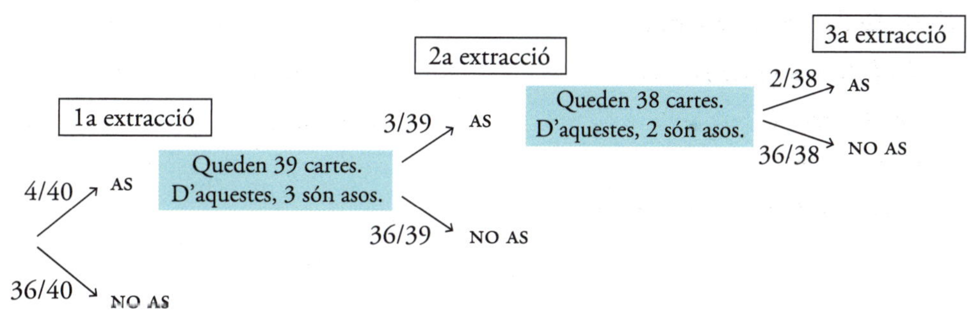


$P[3 \text{ ASOS}] = P[\text{AS i AS i AS}] = P[\text{AS}] \cdot P[\text{AS EN 2a / AS EN 1a}] \cdot$

$\cdot P[\text{AS EN 3a / AS EN 1a i 2a}] = \frac{4}{40} \cdot \frac{3}{39} \cdot \frac{2}{38} = \frac{1}{2.470}$

### Observa

Si en la 1a extracció surt un AS, queden 3 ASOS en la pila de 39 cartes. Per tant:

$P[\text{AS EN 2a / AS EN 1a}] = \frac{3}{39}$

Anàlogament:

$P[\text{AS EN 3a / AS EN 1a i 2a}] = \frac{2}{38}$

## » APLICA EL QUE HAS APRÈS

**12.** Extraiem dues cartes d'una baralla de 40.

**a)** Quina és la probabilitat que la primera sigui un REI i la segona un AS?

**b)** Quina és la probabilitat que siguin dos OROS?

**13.** Completa el diagrama en arbre de l'exercici resolt d'aquesta pàgina i troba $P[\text{CAP AS}]$.

**14.** Una urna conté 5 boles negres i 3 de blanques. Extraiem tres boles. Quina és la probabilitat que totes tres siguin blanques? I negres?

**15.** S'extreuen, l'una darrere de l'altra, 3 cartes d'una baralla. Quina és la probabilitat d'obtenir BASTOS les tres vegades?

**a)** Suposa que s'extreuen amb reemplaçament.

**b)** Suposa que s'extreuen sense reemplaçament.

**16.** Una urna A té tres boles blanques i una de negra. Una altra urna B té una bola negra. Traiem una bola de A i la fiquem a B. Remenem i traiem una bola de B. Quina és la probabilitat que aquesta sigui blanca?

*Fes servir un diagrama en arbre com el del començament d'aquesta pàgina.*

GeoGebra. Practica el càlcul de probabilitats mitjançant un diagrama en arbre.

# 7. TAULES DE CONTINGÈNCIA

En un centre escolar hi ha 400 alumnes d'ESO (120 de 1r, 100 de 2n, 100 de 3r i 80 de 4t). Cada un pot participar en una activitat extraescolar (només en una o en cap). Hi ha activitats extraescolars de dos tipus: culturals i esportives.

En la taula del marge es descriu el repartiment d'alumnes segons el curs i segons el tipus d'activitat en què participen.

És una **taula de contingència**, perquè descriu un col·lectiu d'individus (els alumnes d'un centre escolar) repartits per dos conceptes (curs i activitat extraescolar). En cada concepte hi ha diverses classes (4 cursos, 3 activitats). Cada individu està comptabilitzat en alguna casella i només en una.

TIPUS D'ACTIVITAT EXTRAESCOLAR

| CURS | CULTURAL | ESPORTIVA | CAP | TOTAL |
|---|---|---|---|---|
| 1r | 12 | 36 | 72 | 120 |
| 2n | 15 | 40 | 45 | 100 |
| 3r | 21 | 44 | 35 | 100 |
| 4t | 24 | 40 | 16 | 80 |
| TOTAL | 72 | 160 | 168 | 400 |

## Interpretar una taula

Observa la taula que hi ha a dalt i respon:

a) Quants alumnes del centre participen en activitats culturals? Quants d'ells són de 2n?

b) Quants alumnes del centre no participen en cap activitat extraescolar? Quants són de 4t?

c) Quants alumnes de 3r participen en activitats esportives?

d) Quants alumnes que participen en activitats esportives són de 3r?

## Proporcions i probabilitats

En la taula anterior podem calcular multitud de proporcions. Per exemple:

**a)** Quina proporció del total són alumnes de 1r?

N'hi ha 120 d'un total de 400. Per tant, 120/400 = 0,30. Són el 30 %.

**b)** Quina proporció d'alumnes de 1r participen en activitats culturals?

12 d'un total de 120 alumnes de 1r: 12/120 = 0,10. El 10 %.

Com interpretem aquestes proporcions com a probabilitats? Vegem-ho:

**a)** Prenem a l'atzar un alumne del centre. Quina probabilitat hi ha que sigui de 1r?

$P[1r] = 120/400 = 0{,}30$

**b)** Prenem a l'atzar un alumne de 1r. Quina probabilitat hi ha que participi en una activitat cultural?

$P[\text{CULTURAL} / 1r] = 12/120 = 0{,}10$

Com designem els 44 alumnes que es troben en la intersecció de la fila **3r** i la columna **ESPORTIVA**? Són els alumnes de 3r que participen en una activitat esportiva. Podríem calcular la probabilitat que en triar, a l'atzar, un alumne del centre, sigui de 3r i participi en una activitat esportiva:

$$P[3r \text{ i ESPORTIVA}] = P[3r \cap \text{ESPORTIVA}] = 44/400 = 0{,}11$$

## Probabilitats condicionades

| | CULTURAL | ESPORTIVA | CAP | TOTAL |
|---|---|---|---|---|
| 1r | 12 | 36 | 72 | 120 |
| 2n | 15 | 40 | 45 | 100 |
| 3r | 21 | 44 | 35 | 100 |
| 4t | 24 | 40 | 16 | 80 |
| TOTAL | 72 | 160 | 168 | 400 |

Una de les probabilitats obtingudes més amunt, $P[\text{CULTURAL} / 1r]$, és una **probabilitat condicionada**. El col·lectiu de referència no és el total d'alumnes del centre, sinó només els de 1r.

Anàlogament, $P[3r / \text{CULTURAL}]$ significa que el col·lectiu de referència és el conjunt d'alumnes que participen en alguna activitat cultural i ens preguntem per la probabilitat que, en triar-ne un a l'atzar, sigui de 3r.

## EXERCICIS RESOLTS

**9.** ***Explica què representen els nombres ressaltats en aquesta taula:***

| | CULTURAL | ESPORTIVA | CAP | TOTAL |
|---|---|---|---|---|
| 1r | 12 | 36 | **72** | 120 |
| 2n | 15 | **40** | 45 | 100 |
| 3r | **21** | 44 | 35 | 100 |
| 4t | 24 | 40 | 16 | **80** |
| TOTAL | 72 | **160** | 168 | **400** |

- 400 és el total d'alumnes del centre.
- 80 és el nombre d'alumnes de 4t.
- 160 és el nombre d'alumnes que participen en alguna activitat esportiva.
- 21 és el nombre d'alumnes de 3r que participen en alguna activitat cultural, és a dir, «**3r i CULTURAL**» (o bé «**3r ∩ CULTURAL**»).
- 40 és el nombre d'alumnes de 2n que participen en alguna activitat esportiva.
- 72 és el nombre d'alumnes de 1r que no participen en cap activitat extraescolar.

**10.** ***Explica què significa cada una d'aquestes expressions i dona'n el valor:***

***P [3r]***

***P [CAP]***

***P [2n / CAP]***

***P [CAP / 2n]***

$P$[3r]: probabilitat que, en prendre un alumne del centre a l'atzar, sigui de 3r. És a dir, la proporció d'alumnes del centre que són de 3r.

$P$[3r] = 100/400 = 1/4 = 0,25

$P$[CAP]: proporció d'alumnes del centre que no practiquen cap activitat extraescolar.

$P$[CAP] = 168/400 = 0,42

$P$[2n / CAP]: entre els alumnes que no practiquen cap activitat extraescolar, quina proporció són de 2n.

$P$[2n / CAP] = 45/168 = 0,27

$P$[CAP / 2n]: entre els alumnes de 2n, quina proporció no practica cap activitat extraescolar.

$P$[CAP / 2n] = 45/100 = 0,45

**11.** ***Per analitzar l'evolució de la participació en activitats culturals en avançar l'edat, quines proporcions hem de calcular i comparar?***

Hem de comparar $P$[CULT. / 1r], $P$[CULT. / 2n], $P$[CULT. / 3r], $P$[CULT. / 4t].

$P$[CULT. / 1r] = 12/120 = 0,10

$P$[CULT. / 2n] = 15/100 = 0,15

$P$[CULT. / 3r] = 21/100 = 0,21

$P$[CULT. / 4t] = 24/80 = 0,30

La participació en activitats culturals evoluciona, de 1r a 4t, així:

10 % → 15 % → 21 % → 30 %

És clar que augmenta amb l'edat.

## » APLICA EL QUE HAS APRÈS

**17.** Explica què representen els nombres 120, 168, 12, 45 i 40 (de 4t) de la taula de l'exercici resolt 9.

**18.** Explica què significa, en la taula de l'exercici resolt 9, cada una d'aquestes expressions i dona'n el valor:

**a)** $P$[1r] **b)** $P$[CULTURAL]

**c)** $P$[4t / CULTURAL] **d)** $P$[CULTURAL / 4t]

**19.** Volem analitzar, a partir de les dades de la taula de l'exercici resolt 9, l'evolució de l'absentisme (falta de participació) en activitats extraescolars qualssevol en augmentar l'edat. Calcula les proporcions que convingui i compara-les.

**20.** En una bossa hi ha 40 boles i dins de cada una hi ha un paper en què s'ha escrit SÍ o NO, segons aquesta taula:

| | 🔴 | 🟢 | 🔵 | TOTAL |
|---|---|---|---|---|
| SÍ | 15 | 4 | 1 | 20 |
| NO | 5 | 4 | 11 | 20 |
| TOTAL | 20 | 8 | 12 | 40 |

**a)** Descriu els esdeveniments SÍ, NO, 🔴, 🔴 / SÍ, SÍ / 🔴 i calcula'n les probabilitats.

**b)** Hem tret una bola vermella. Quina probabilitat hi ha que hi hagi un SÍ? I si la bola és blava?

**c)** S'ha tret una bola i dins hi ha un SÍ. Quina és la probabilitat que sigui 🔴? I 🟢? I 🔵?

# » OBSERVA, RAONA I RESOL

## 1. EL JOC DE LES CAPSES

***En un concurs, el concursant tria una capsa entre tres i n'obté, com a premi, el contingut. Una de les capses conté 10.000 € i en cada una de les altres dues hi ha una ceba. Quan el concursant ha triat una de les capses, abans d'obrir-la, el presentador, que sap on són els diners, obre una de les altres dues capses i mostra que dins hi ha una ceba. En aquell moment, el concursant té l'oportunitat, si ho vol, de canviar la capsa escollida. Quina opció li convé més?***

*a) Quedar-se amb la capsa inicial.*

*b) Triar l'altra capsa.*

*c) És igual canviar-la o no canviar-la.*

La intuïció, de vegades, ens pot enganyar. Podríem pensar que, si s'elimina una de les capses que no conté els diners, la capsa que ha escollit té 1/2 de probabilitat de tenir una ceba i 1/2 de tenir els diners. Per tant, seria igual canviar-la que quedar-se-la. Vegem que això no és així.

Fem un diagrama en arbre per trobar la probabilitat que té de guanyar els diners amb cada una de les dues opcions:

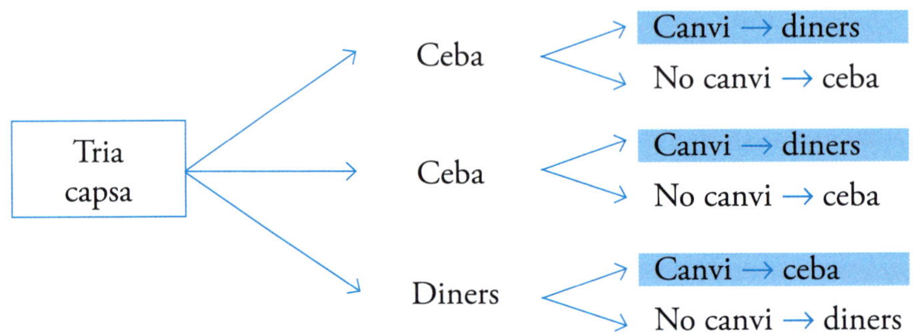


Observem que, si canvia la capsa, la probabilitat de guanyar els diners serà 2/3; si no la canvia, serà 1/3.

Per tant, la millor opció és canviar la tria inicial, ja que tindrà el doble de possibilitats de guanyar els diners.

## 2. EL JOC DE LES BANDERES

***Tenim 6 feixos d'adhesius:***

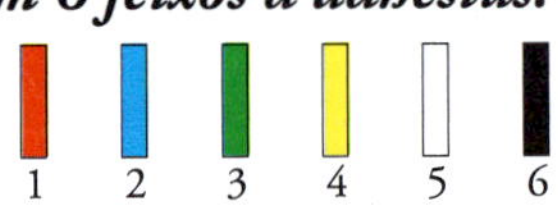


***Troba la probabilitat d'aconseguir una d'aquestes banderes en els casos següents:***

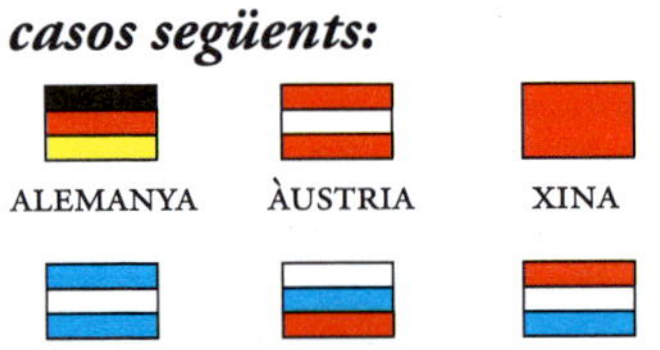


*a) Tirem un dau, agafem l'adhesiu corresponent al nombre obtingut i l'enganxem en horitzontal; tirem un altre dau i enganxem l'adhesiu que toqui a sota del primer...*

*b) Tirem tres daus i agafem els colors que toquin. Amb aquests intentem formar una de les banderes.*

El nombre de resultats possibles en tirar tres vegades un dau (o tres daus diferents) és $VR_6^3 = 6^3 = 216$.

**a)** Com que les franges es col·loquen una a una, de dalt a baix, l'única possibilitat d'aconseguir cada una de les banderes és que surtin els seus colors i en l'ordre precís. Per tant, només hi ha 6 casos favorables (les sis banderes).

La probabilitat que s'obtingui una de les banderes és aquesta:

$$P[\text{UNA DE LES SIS BANDERES}] = \frac{6}{216} = \frac{1}{36}$$

**b)** Si en els daus surt 6, 1, 4, es pot formar la bandera d'Alemanya. Però també si surt qualsevol de les possibles permutacions d'aquests 3 nombres: 3! = 6.

ALEMANYA → 3! = 6 maneres
ÀUSTRIA → 3 maneres
XINA → 1 manera
ARGENTINA → 3 maneres
RÚSSIA → 6 maneres
HOLANDA ↗

Hi ha 19 maneres diferents d'aconseguir alguna de les 6 banderes.

Si s'obté [blanc, blau, vermell] és el mateix que si s'obté [vermell, blanc, blau]. El jugador haurà de decidir si forma la bandera de Rússia o la d'Holanda, però qualsevol de les dues val.

$$P[\text{ALGUNA DE LES 6 BANDERES}] = \frac{19}{216}$$

## 3. LES FIGURES DE LA BARALLA

***S'extreuen tres cartes d'una baralla de 40. Quina és la probabilitat que totes tres siguin FIGURES (sota, cavall i rei)?***

**RESOLUCIÓ SENSE COMBINATÒRIA**

Composició de tres experiències dependents.

En la baralla hi ha 12 figures:

$$P[3\text{ F}] = P[1\text{a F}] \cdot P[2\text{a F} / 1\text{a F}] \cdot P[3\text{a F} / 1\text{a F i } 2\text{a F}] = \frac{12}{40} \cdot \frac{11}{39} \cdot \frac{10}{38} = \frac{11}{494}$$

**RESOLUCIÓ MITJANÇANT LA COMBINATÒRIA**

Casos favorables: extreure 3 figures d'un total de 12 $\rightarrow C_{12}^{3}$

Casos possibles: extreure 3 cartes d'un total de 40 $\rightarrow C_{40}^{3}$

$$P[3\text{ F}] = \frac{C_3^{12}}{C_{40}^3} = \frac{(12 \cdot 11 \cdot 10)/(3 \cdot 2 \cdot 1)}{(40 \cdot 39 \cdot 38)/(3 \cdot 2 \cdot 1)} = \frac{12 \cdot 11 \cdot 10}{40 \cdot 39 \cdot 38} = \frac{11}{494}$$

Com és natural, els dos resultats coincideixen.

**Fes-ho tu** Extraiem tres cartes d'una baralla de 40. Calcula la probabilitat que totes tres siguin d'oros.

## 4. ELS DAUS

***Es tiren tres daus. A continuació, s'ordenen pel resultat, del més petit al més gran.***

***a) Calcula la probabilitat que el valor del mig sigui «3».***

***Per exemple:***

***b) Calcula la probabilitat que el valor del mig sigui «6».***

Casos possibles en tirar tres daus: $VR_6^3 = 6^3 = 216$.

**a)** Casos favorables a l'esdeveniment «3» = «EL VALOR DEL MIG ÉS 3». Els comptem:

- *a* ⚂ *b* $\left\{\begin{array}{l} a = \text{⚀ ⚁} \\ b = \text{⚃ ⚄ ⚅} \end{array}\right\}$ $2 \cdot 3 = 6$ possibilitats

  Però ⚀ ⚂ ⚅ podria ser ⚅ ⚀ ⚂ o qualsevol altra permutació. Cada possibilitat anterior admet $P_3 = 6$ ordenacions diferents.

  Per tant, en total hi ha $6 \cdot 6 =$ **36 casos**.

- ⚂ ⚂ *b* → 3 possibilitats. Cada una admet 3 ordenacions.

  Per tant, hi ha $3 \cdot 3 =$ **9 casos**.

- *a* ⚂ ⚂ → 2 possibilitats, 3 ordenacions → **6 casos**

- ⚂ ⚂ ⚂ → **1 cas**

En total, 36 + 9 + 6 + 1 = 52 casos favorables → $P[3] = 52/216 = 0{,}241$

**b)** Casos favorables a l'esdeveniment «6» = «EL VALOR DEL MIG ÉS 6». Els comptem:

- *a* ⚅ ⚅, en què *a* pot ser 1, 2, 3, 4, 5. Són 5 casos.

  Cada un admet 3 ordenacions (*a* 6 6; 6 *a* 6 i 6 6 *a*). Hi ha, doncs, **15 casos**.

- ⚅ ⚅ ⚅. Només hi ha **1 cas**.

En total hi ha 16 casos favorables. $P[6] = \frac{16}{216} = 0{,}074$

Atenció. Observem que, per simetria, es donen les igualtats següents:

$P[1] = P[6]$; $P[2] = P[5]$; $P[3] = P[4]$. Per tant, $P[1] + P[2] + P[3] = 0{,}5$.

Podem obtenir la probabilitat de cada cara:

$P[1] = P[6] = 0{,}074$; $P[3] = P[4] = 0{,}241$;

$P[2] = P[5] = 0{,}5 - (0{,}074 + 0{,}241) = 0{,}185$

**Fes-ho tu**

**a)** Tirem 3 daus. Calcula, pas a pas, la probabilitat que en ordenar-los pel resultat el valor del mig sigui «2».

**b)** Tirem 3 daus. Calcula la probabilitat que el resultat més gran sigui «4».

# » EXERCITA LES TEVES COMPETÈNCIES

## Practica

### Relacions entre esdeveniments

**1.** En un sorteig de loteria observem la xifra en què acaba la «grossa».

**a)** Quin és l'espai mostral?

**b)** Descriu els esdeveniments: $A$ = MÉS PETIT QUE 5; $B$ = PARELL.

**c)** Troba els esdeveniments $A \cup B$, $A \cap B$, $\overline{A}$, $\overline{B}$, $\overline{A} \cap \overline{B}$.

**2.** Tirem un dau vermell i un altre de verd. Anotem el resultat. Per exemple, (3, 4) significa 3 en el vermell i 4 en el verd.

**a)** Quants elements (casos) té l'espai mostral?

**b)** Descriu els esdeveniments següents:

$A$: La suma de punts és 6; $A = \{(5, 1), (4, 2), \dots\}$

$B$: En un dels daus ha sortit 4; $B = \{(4, 1), \dots\}$

$C$: En els daus ha sortit el mateix resultat.

**c)** Descriu els esdeveniments $A \cup B$, $A \cap B$ i $A \cap C$.

**d)** Quants casos componen $\overline{A}$, $\overline{A \cup B}$ i $\overline{A \cap B}$?

### Càlcul de probabilitats en experiències simples

**3.** **a)** Troba les probabilitats dels esdeveniments $A$, $B$, $A \cup B$, $A \cap B$, $\overline{A}$, $\overline{B}$ i $\overline{A} \cap \overline{B}$ de l'activitat 1.

**b)** Són $A$ i $B$ esdeveniments incompatibles?

**c)** Comprova si $P[A \cap B] = P[A] \cdot P[B]$. Seran $A$ i $B$ esdeveniments independents?

**4.** Troba les probabilitats de $A$, $B$, $C$, $A \cup B$, $A \cap B$, $A \cap C$, $\overline{A}$, $\overline{A \cap B}$ i $\overline{A \cup B}$ de l'activitat 2.

**5.** S'extreu una carta d'una baralla que en té 40. Digues quina és la probabilitat que sigui:

**a)** REI O AS. **b)** FIGURA I OROS. **c)** NO SIGUI ESPASES.

**6.** En una bossa hi ha boles de colors. Hem fet 1.000 extraccions amb reemplaçament i hem obtingut aquests resultats: 411 blanques, 190 negres, 179 verdes i 220 blaves.

Fem una nova extracció. Assigna una probabilitat a:

**a)** Treure una bola blanca.

**b)** No treure una bola blanca.

**c)** Treure una bola verda o blava.

**d)** No treure ni una bola negra ni blava.

**e)** Si a la bossa hi ha 22 boles, quantes estimes que n'hi haurà de cada un dels colors?

### Càlcul de probabilitats en experiències compostes

**7.** Tirem dos daus i anotem la puntuació més alta (si coincideixen, anotem la d'un dels daus).

| | ⚀ | ⚁ | ⚂ | ⚃ | ⚄ | ⚅ |
|---|---|---|---|---|---|---|
| ⚀ | 1 | 2 | | | | |
| ⚁ | 2 | | | | 5 | |
| ⚂ | | | | | | |
| ⚃ | | | | 4 | | 6 |
| ⚄ | | | | | | |
| ⚅ | | 6 | | | | |

**a)** Completa la taula i digues les probabilitats dels sis esdeveniments elementals 1, 2, 3, 4, 5 i 6.

**b)** Troba la probabilitat dels esdeveniments:

$A$: parell, $B$: més petit que 4, $A \cap B$.

**c)** $A$ i $B$ són esdeveniments incompatibles?

**d)** Comprova si $P[A \cap B] = P[A] \cdot P[B]$. Seran $A$ i $B$ esdeveniments independents?

**8.** **a)** Tenim dues baralles de 40 cartes. Traiem una carta de cada una. Quina és la probabilitat que ambdues siguin un 7? Quina és la probabilitat que ambdues siguin figures (sota, cavall o rei)?

**b)** Tenim una baralla de 40 cartes. Traiem dues cartes. Quina és la probabilitat que ambdues cartes siguin un 7? Quina és la probabilitat que ambdues siguin figures?

**9.** Tirem tres daus. Quin és la probabilitat que les tres puntuacions siguin més petites que 5?

**10.** Traiem una bola de cada urna. Calcula la probabilitat que:

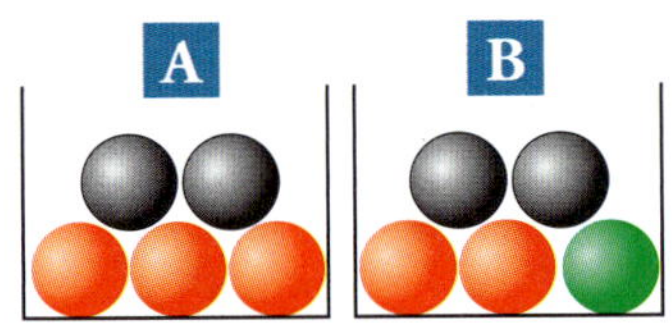


**a)** Ambdues siguin vermelles.

**b)** Ambdues siguin negres.

**c)** Alguna sigui verda.

**11.** Una urna té 3 boles vermelles i 2 de verdes. N'extraiem dues. Calcula $P$[2 VERMELLES] i $P$[2 VERDES].

**12.** En una bossa hi ha 4 boles vermelles, 5 de verdes i 1 de blava. N'extraiem tres. Calcula la probabilitat que:

**a)** Totes tres siguin vermelles.

**b)** Totes tres siguin verdes.

**c)** Cada una de les tres sigui vermella o verda.

**d)** Una de les tres sigui blava.

**13.** **a)** Tirem dos daus. Quina és la probabilitat de no aconseguir «CAP 6»? I la d'aconseguir «ALGUN 6»?

**b)** Ara en tirem tres. Respon a les mateixes preguntes.

## Taules de contingència

**14.** Els 200 socis d'un casal de gent gran es distribueixen de la manera que s'indica en la taula:

| | HOMES | DONES |
|---|---|---|
| JUGUEN AL DÒMINO | 76 | 34 |
| NO JUGUEN AL DÒMINO | 13 | 77 |

Si es tria una persona a l'atzar, calcula la probabilitat que:

**a)** Sigui un home.

**b)** Sigui una dona.

**c)** Jugui al dòmino.

**d)** Sigui una dona i jugui al dòmino.

**e)** Sigui un home que no jugui al dòmino.

**f)** Jugui al dòmino, si sabem que és un home.

**g)** Sigui una dona, si sabem que no juga al dòmino.

**15.** En un centre escolar hi ha 1.000 alumnes repartits així:

| | NOIS | NOIES |
|---|---|---|
| DUEN ULLERES | 147 | 135 |
| NO DUEN ULLERES | 368 | 350 |

Triem un alumne a l'atzar. Anomenem:

A ↔ noia, O ↔ noi

U ↔ duu ulleres, no U ↔ no duu ulleres

Calcula:

**a)** $P$[A], $P$[O], $P$[U], $P$[NO U]

**b)** Descriu els esdeveniments següents i calcula'n la probabilitat:

A i U, O i no U, A / U, U / A, U / O

**16.** S'ha organitzat una jornada esportiva a l'institut. A l'hora de l'esbarjo, es pot participar en una d'aquestes tres activitats: bàsquet, futbol o ball modern. En total hi participen 275 noies i 225 nois. A bàsquet hi han participat 125 nois i a ball modern, 25. A futbol hi han participat 75 noies i a ball modern, també 75. Tots i totes han participat només en una de les activitats. En acabar l'esbarjo, es tria un alumne a l'atzar. Fes una taula de contingència i troba la probabilitat que:

**a)** Sigui una noia i hagi fet bàsquet.

**b)** Hagi fet futbol.

**c)** No hagi fet ball modern.

**d)** Hagi fet futbol, si sabem que és una noia.

**e)** Sigui una noia, si sabem que ha fet futbol.

## Aplica els teus coneixements

**17.** Després de tirar moltes vegades un model de xinxetes, sabem que la probabilitat que una qualsevol caigui amb la punta cap amunt és 0,38.

Si tirem dues xinxetes, quina serà la probabilitat que totes dues caiguin de manera diferent?

**18.** Traiem una bola de A, la fiquem en B, remenem i en traiem una de B. Calcula:

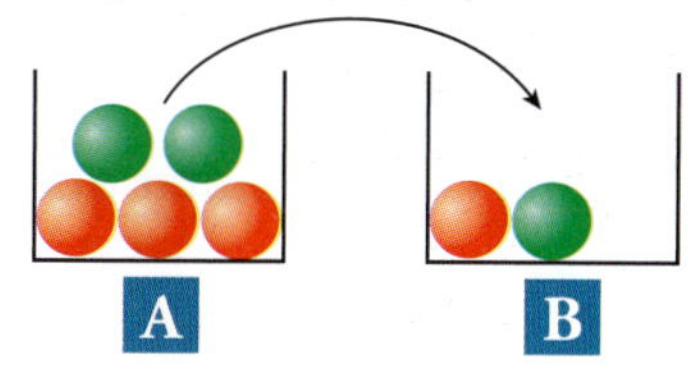


**a)** $P$[1a 🔴 i 2a 🔴]

**b)** $P$[1a 🔴 i 2a 🟢]

**c)** $P$[2a 🔴 / 1a 🟢]

**d)** $P$[2a 🔴 / 1a 🔴]

**e)** $P$[2a 🔴]

**f)** $P$[2a 🟢]

*Elabora un diagrama en arbre com el de l'exemple de la pàgina 309.*

**19.** En un cinema d'estiu s'ha projectat una pel·lícula d'acció. Dels espectadors, el 30 % tenia 16 anys o menys i el 45 % l'havia vist abans.

Sabem que cap dels espectadors de 16 anys o menys no l'havia vist abans.

Troba la probabilitat que en triar un espectador a l'atzar:

**a)** Sigui més gran de 16 anys i no l'hagi vist abans.

**b)** Sigui més gran de 16 anys, si no l'havia vist abans.

**20.** En una classe hi ha 12 nois i 18 noies. Triem a l'atzar dos alumnes d'aquesta classe.

Calcula la probabilitat que:

**a)** Tots dos siguin nois.

**b)** Siguin dues noies.

**c)** Siguin un noi i una noia.

**21.** Tirem dos daus correctes (un de verd i un de vermell). Calcula la probabilitat d'obtenir:

**a)** En els dos daus, la mateixa puntuació.

**b)** Un 6 en algun dels daus.

**c)** En el vermell, més puntuació que en el verd.

**22.** S'extreuen dues boles d'aquesta bossa. Calcula la probabilitat que ambdues siguin del mateix color.

## Resol problemes

**23.** Estàs presoner en una habitació però aconsegueixes obrir la porta. Aquí tens un esquema que indica on ets i els passadissos que porten a cada una de les deu portes que hi ha. En totes les portes, tret de dues, hi ha guardians vigilant, als quals no pots vèncer.

No coneixes quines portes són les de sortida i, en cada intersecció, tries un passadís a l'atzar.

Calcula la probabilitat que tens d'escapar-te.

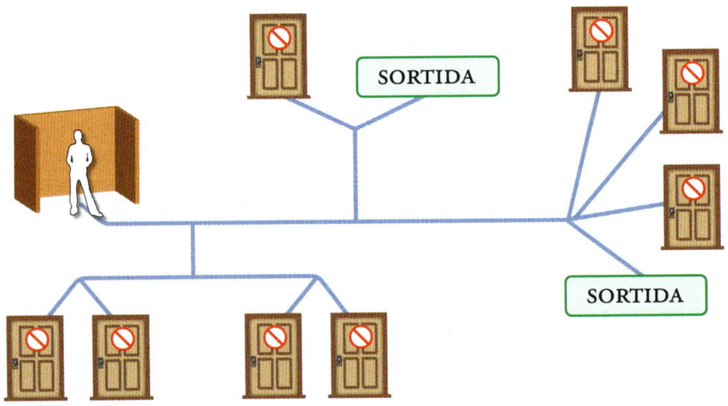


**24.** En un lloc determinat se sap que, si avui fa sol, la probabilitat que demà també en faci és 4/5. Però si avui està ennuvolat, la probabilitat que demà ho continuï estant és 2/3.

Si avui és divendres i fa sol, quina és la probabilitat que diumenge també faci sol?

Completa el diagrama en el teu quadern i respon la pregunta raonadament:

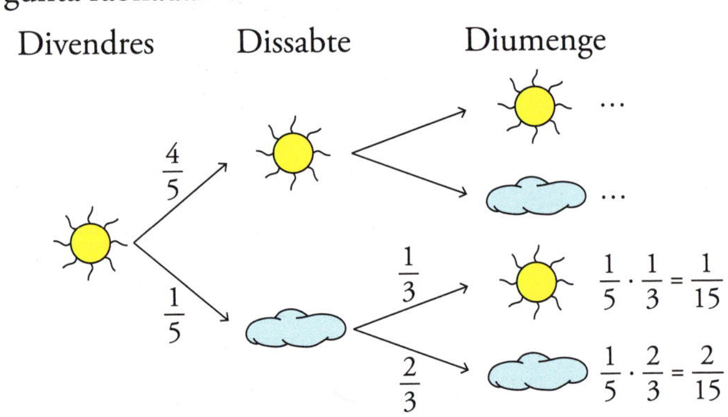


**25.** L'Anna tira un dau i l'Eva el tira després. Quina és la probabilitat que la puntuació de l'Eva sigui superior a la de l'Anna?

**26.** Traiem dues fitxes d'un dòmino. Quina és la probabilitat que en ambdues la suma de les seves puntuacions sigui un nombre primer (2, 3, 5, 7 o 11)?

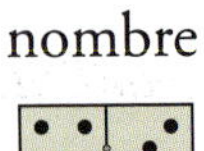 4 + 3 = 7 és primer

**27.** Un joc consisteix a llançar a cistella des de la línia de personal consecutivament fins que es produeixi un error. S'anoten tants punts com cistelles s'aconsegueixin. Per exemple: encert-encert-encert-error són tres punts.

Per a un jugador que sol encistellar el 75 % de les personals, calcula la probabilitat que obtingui:

**a)** 0 punts **b)** 1 punt **c)** 2 punts

**d)** 3 punts **e)** menys de 5 punts

**f)** 6 punts o més

**28.** La Daniela fa una ruta en grup per visitar una ciutat, però s'ha quedat enrere. Prova d'atrapar el grup, però es troba l'esquema de carrers que mostra la figura. Si en les interseccions la Daniela tria un camí a l'atzar i no retrocedeix en cap cas, quina és la probabilitat que no atrapi el grup?

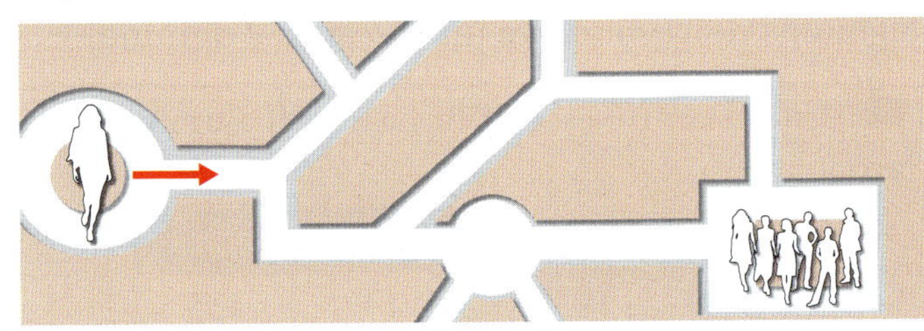

**29.** En Xavier té 4 monedes de cinc cèntims, 3 de vint cèntims i 2 d'un euro. Si n'agafa dues a l'atzar, troba la probabilitat d'aquests esdeveniments:

**a)** Que totes dues siguin de cinc cèntims.

**b)** Que cap no sigui d'un euro.

**c)** Que tregui 1,20 €.

**d)** Que tregui més de 30 cèntims.

**30.** En Pere i la Natàlia juguen amb una moneda. La tiren tres vegades en total. Si surt dues vegades cara i una vegada creu o dues vegades creu i una vegada cara, guanya en Pere. Si surt tres vegades cara o tres vegades creu, guanya la Natàlia.

**a)** Abans de fer càlculs, quin dels dos creus que té més possibilitats de guanyar?

**b)** Calcula la probabilitat que té cada un de guanyar.

**31.** Suposa que la probabilitat que neixi una nena és de 0,51 i la que neixi un nen, de 0,49. Una família té 4 fills.

**a)** Quina és la probabilitat que siguin tots nens?

**b)** Quina és la probabilitat que totes siguin nenes?

**c)** Quina probabilitat hi ha que hi hagi alguna nena?

**d)** Quina probabilitat hi ha que hi hagi dos nens i dues nenes?

**32.** L'Andreu i en Pau juguen a tenis. Ambdós tenen el mateix nivell de joc. El partit és a cinc sets i el primer l'ha guanyat l'Andreu.

Quina és la probabilitat que acabi guanyant-lo en Pau?

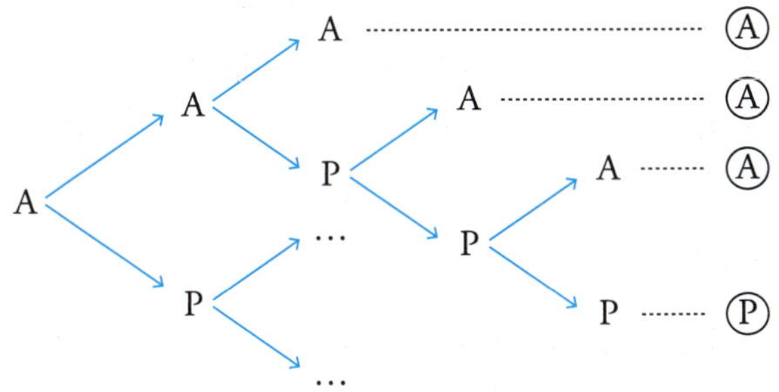


Completa el diagrama en el teu quadern i utilitza'l per resoldre el problema.

**33.** Repeteix el problema anterior suposant que en cada set la probabilitat que el guanyi en Pau és 0,6.

**34.** Cinc amics i amigues van junts al cinema i es reparteixen cinc seients consecutius a l'atzar.

Quina és la probabilitat que l'Albert segui al costat de la Júlia?

**35.** Tenim tres cartolines. La primera té una cara vermella ■ i l'altra blava ■; la segona, una cara ■ i l'altra ■, i la tercera, una cara ■ i l'altra ■.

Les deixem caure sobre una taula. Què és més probable, que dues cartolines mostrin el mateix color o que totes mostrin colors diferents?

**36.** Si jugues a la 6/49 i fas una aposta senzilla, quina probabilitat tens de guanyar el primer premi? (En el bitllet es marquen 6 nombres entre l'1 i el 49.)

**37.** Extraiem una targeta de cada una d'aquestes bosses:

**a)** Calcula la probabilitat d'obtenir una S i una I, «SI».

**b)** Quina és la probabilitat d'obtenir «NO»?

**38.** En una bossa hi ha les lletres S, S, N, I, I, O. En traiem dues. Quina és la probabilitat que amb aquestes lletres es pugui escriure la paraula «SI»?

## Resol: una mica més difícil

**39.** Dels alumnes matriculats a 4t ESO, sabem que:

- 44 utilitzen el menjador, 58 fan servir el transport escolar i 47 fan extraescolars.
- 24 són usuaris del menjador i fan extraescolars.
- 23 utilitzen el menjador i el transport escolar.
- 25 utilitzen el transport i fan extraescolars.
- 11 utilitzen els tres serveis i 17 no n'utilitzen cap dels tres.

Completa aquest diagrama en el teu quadern i, després, respon a les qüestions que es plantegen:

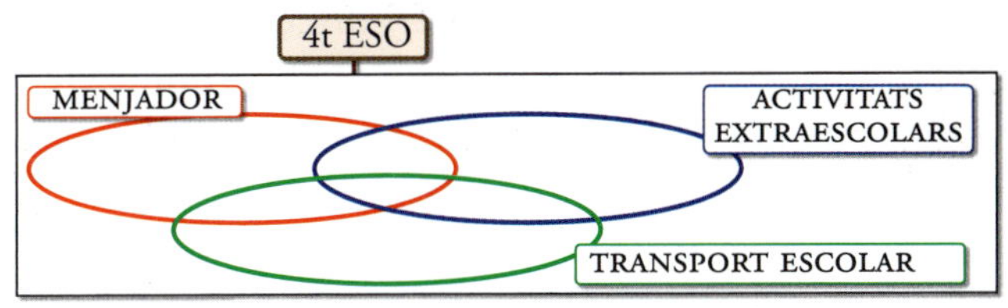


**a)** Quants alumnes hi ha a 4t ESO?

Si triem un alumne a l'atzar:

**b)** Quina probabilitat hi ha que utilitzi el menjador?

**c)** Quina és la probabilitat que faci servir el transport escolar, si sabem que utilitza el menjador?

**d)** I que utilitzi els tres serveis?

**40.** Quina és la probabilitat d'obtenir una bola blanca en triar a l'atzar una d'aquestes bosses (amb probabilitat 1/3) i extreure'n una bola?

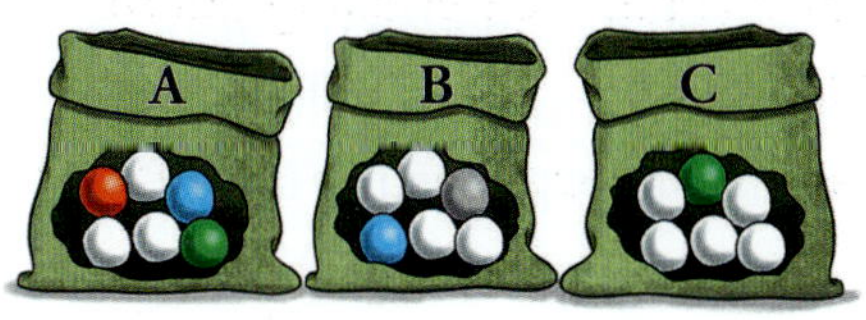


**41.** La Llúcia va de P a R. En Sergi decideix esperar-la a Q. Quina és la probabilitat que es trobin?

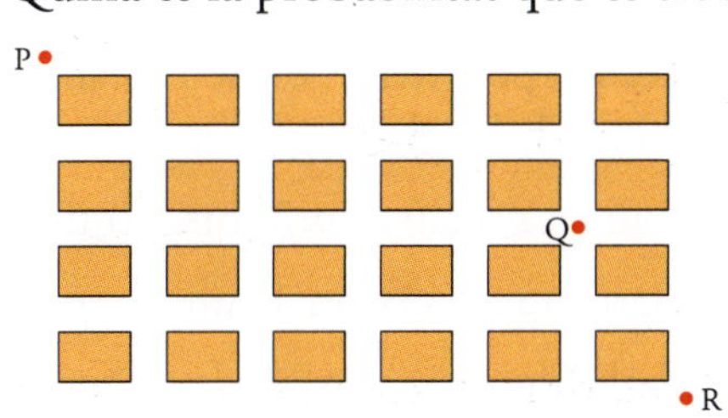


**42.** Unes oposicions consten de 50 temes. Se'n seleccionen 3 per sorteig i l'opositor en tria un. Una aspirant domina 30 temes. Quina és la probabilitat que surti un dels temes que coneix?

*Potser et convé calcular la probabilitat que no en surti cap dels que domina.*

# » MATEMÀTIQUES EN CONTEXT

## FIRA ESCOLAR A LA FESTA MAJOR

És festa major al poble i, com cada any, s'ha muntat una fira al camp. Com que la festa coincideix amb el final de curs, l'escola del poble acostuma a muntar una carpa on s'exposen treballs fets pels alumnes i s'imparteixen tallers per a totes les edats. Aquest any, el mestre de Matemàtiques hi fa demostracions en directe per explicar les aplicacions del càlcul de probabilitats i suggereix als assistents que el practiquin allà i també a la resta de parades. L'Anna i en Bru decideixen anar a la fira i participar en algun dels tallers.

### 1. El dau trucat

Per començar, el mestre ha imprès en un plafó el diagrama de barres següent, que mostra les puntuacions obtingudes en tirar 1.000 vegades un dau «que no està gaire ben fet» i cau de manera irregular. El mestre explica que els daus poden trucar-se perquè caiguin més d'una banda que d'una altra, cosa que afecta els resultats. El públic pot veure, tocar i tirar el dau trucat.

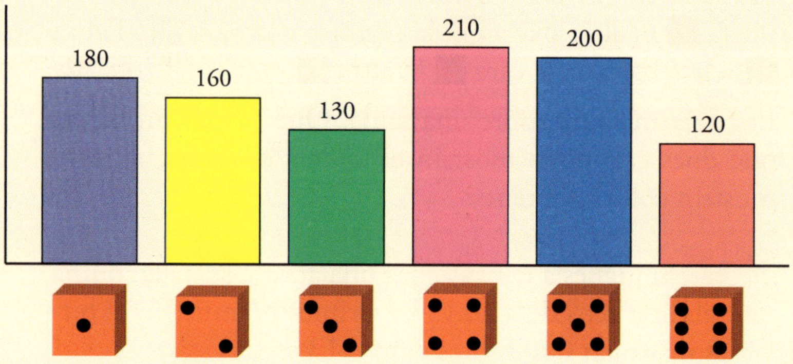


a) Quina és la probabilitat esperada per a cada una de les sis puntuacions?

b) Tot i conèixer l'experiment i els seus resultats, l'Anna i en Bru decideixen jugar amb el dau. Tiren el dau i estableixen les regles següents:

- L'Anna guanyarà si surt un 2, un 3 o un 5.
- En Bru guanyarà si surt un 1, un 4 o un 6.

Quines probabilitats té cada un de guanyar?

c) El mestre els planteja aquesta pregunta: «Se us acut alguna manera de fer que el joc sigui equitatiu utilitzant aquest mateix dau?» Ajuda l'Anna i en Bru a respondre.

Després d'altres demostracions pràctiques, el mestre els convida a participar en un concurs benèfic que ha organitzat i també els proposa que vagin per les parades de jocs i els analitzin des del punt de vista probabilístic. Els assegura que, si ho fan, aprendran coses que els serviran per destriar qui els vol enganyar i qui no en moltes situacions de la vida.

## 2. El concurs benèfic

L'Anna i en Bru participen en el concurs benèfic «Tria i remena» organitzat pel mestre dins de la carpa. Per participar-hi, cada concursant paga 2 €. El mestre donarà els beneficis a la biblioteca de l'escola. Els concursants han d'embenar-se els ulls i situar-se davant de tres maletes. En la primera maleta hi ha dos barrets amb les puntuacions 1 i 3; en la segona, 3 camises amb les puntuacions 2, 4 i 6, i en la tercera, 2 pantalons amb les puntuacions 7 i 9. Cada concursant ha d'agafar, a l'atzar, un barret, una camisa i uns pantalons de cada maleta i posar-se'ls. Després, obtindrà els punts equivalents a la suma de les puntuacions de les peces de roba que han agafat.

- Si la puntuació és 12, li tornaran els 2 €.
- Si és 14 o 16, rebrà 10 €.
- Si és 18, aconseguirà el premi màxim, 20 €.
- Si és menys de 12, perdrà i quedarà eliminat.

a) Escriu totes les possibles puntuacions.

b) Escriu les probabilitats dels esdeveniments següents:

I. Quedar eliminat i perdre. II. No guanyar ni perdre res. III. Guanyar alguns diners.

IV. Guanyar més de 8 €. V. Guanyar 8 €. VI. No ser eliminat.

## 3. El joc dels dards

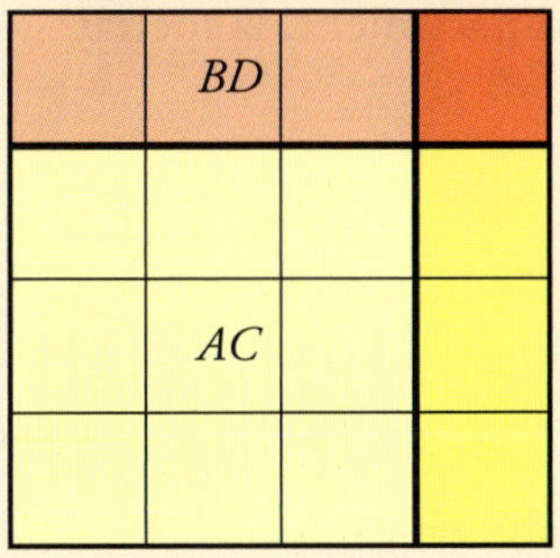


L'Anna i en Bru veuen que en una de les casetes de la fira els visitants poden agafar un parell de dards i llançar-los, amb els ulls embenats, en un gran tauler quadrat. «És impossible que el dard caigui fora! És igual de probable que el dard caigui en qualsevol de les caselles!», assegura el firaire. Tal com pots veure en la figura, les caselles del quadrat són en quatre zones, *A*, *B*, *C* i *D*, les mesures de les quals són (en metres) 3 × 3, 3 × 1, 1 × 3 i 1 × 1, respectivament. Llançar els dards costa 2 € (1 € per dard).

- Si un dard cau en *A*, no s'obté premi.
- Si cau en *C*, el premi és 1 €.
- Si cau en *B*, el premi són 3 €.
- Si cau en *D*, el premi són 4 €.

a) L'Anna llançarà dos dards.

- Quants resultats possibles pot obtenir amb cada un?
- Quines són les parelles de resultats possibles?
- Quines quantitats pot rebre l'Anna?

Fes una taula per representar-ho.

b) En el tauler s'hi han clavat 160 dards. Estima quants hauran caigut en cada una de les zones.

c) Per llançar dos dards cal pagar 2 €.

- Quina és la probabilitat de perdre'ls? I la de perdre només 1 €?
- Quina és la probabilitat de no perdre ni guanyar res?
- I la de guanyar 1 €? I la de guanyar 2 €? I la de guanyar més de 2 €?

# » TALLER DE MATEMÀTIQUES

## » LLEGEIX I APRÈN

### Encén i apaga bombetes

Als alumnes de 4t se'ls ha proposat l'activitat següent, que hauran de fer amb una *tauleta.*

A la pantalla apareix una quadrícula amb una bombeta en cada una de les seves 50 cel·les. Cada alumne ha d'anar tirant, casella a casella, una moneda i decidint a cara o creu si encén la bombeta o la deixa apagada. Ha de fer tot el recorregut, d'esquerra a dreta i de dalt a baix.

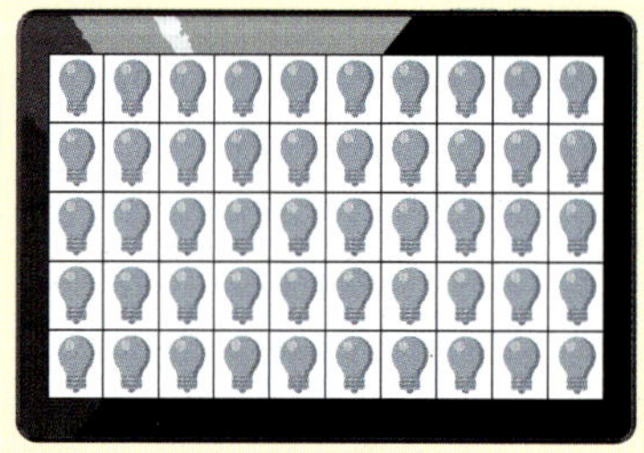

CARA →

CREU →

Aquests són els resultats de l'Arlet i de la Valentina:

ARLET

VALENTINA

Una de les noies ha fet l'activitat a consciència, tirant una moneda casella a casella, però l'altra no ha volgut molestar-se a tirar la moneda i ha omplert la quadrícula de pressa, amb l'única precaució que, aproximadament, la meitat de les bombetes restin enceses.

Malgrat aquesta precaució, el professor s'ha adonat que una de les noies ha fet trampes.

**Com ho ha descobert?**

Aquest ha estat el seu raonament:

Teòricament, les dues pantalles són versemblants. No obstant això, cal tenir en compte que:

— El resultat obtingut en una cel·la no depèn del resultat obtingut en la cel·la anterior. És a dir, en cada cel·la:

$$P[\text{CARA}] = P[\text{CREU}] = \frac{1}{2}$$

— I això equival a dir que la meitat de les vegades, aproximadament, el resultat d'una cel·la serà igual que el de la cel·la anterior i l'altra meitat serà diferent.

Observem novament les tauletes de l'Arlet i de la Valentina. Ara, les cel·les que tenen un resultat diferent del de la cel·la anterior s'han marcat amb un punt vermell:

ARLET

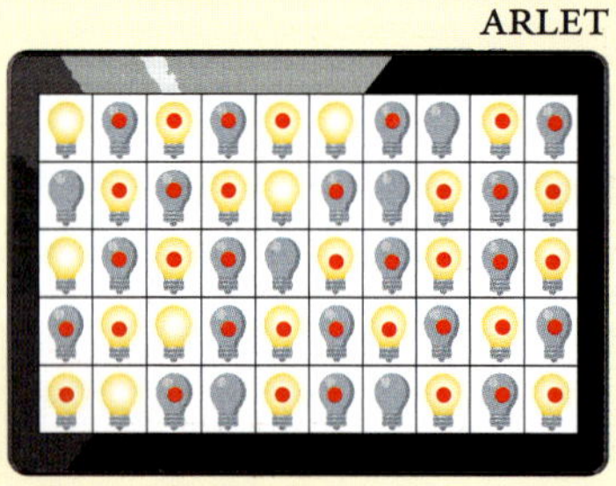

Variacions efectuades: 38
Variacions possibles: 49
Freqüència relativa:
$\frac{38}{49} \rightarrow 78\,\%$

VALENTINA

Variacions efectuades: 26
Variacions possibles: 49
Freqüència relativa:
$\frac{26}{49} \rightarrow 53\,\%$

Saps, ara, quina de les dues noies ha fet trampes?

# » ENTRENA'T RESOLENT ALTRES PROBLEMES

- En Martí és un noi de 30 anys molt actiu.

  Va estudiar Bioquímica i va acabar entre els primers de la seva promoció.

  Quan era un estudiant, va militar en moviments socials, especialment en grups ecologistes i contra la discriminació.

Quin d'aquests dos fets et sembla més probable?

**a)** En Martí investiga en un laboratori.

**b)** En Martí investiga en un laboratori i és un actiu militant ecologista.

- Quants trams de carretera calen per comunicar quatre poblacions de manera que des de cada una es pugui arribar a qualsevol altra sense passar per una tercera?

  I per comunicar cinc poblacions? I per comunicar-ne $n$?

- Et trobes al costat d'una font i disposes d'una garrafa de 10 litres i d'una de 6 litres.

**a)** Com t'ho faries per mesurar, exactament, 2 litres d'aigua?

**b)** Quines quantitats diferents pots mesurar amb les garrafes de què disposes?

# » POSA'T A PROVA

**1.** Tenim una bossa amb quatre boles numerades: 0, 1, 2 i 3. I disposem d'un dau normal. Extraiem una bola de la bossa, tirem el dau i sumem els dos resultats obtinguts. Anomenem $x$ la suma.

**a)** Descriu l'espai mostral d'aquesta experiència i assigna una probabilitat a cada un dels casos.

**b)** $A$ és l'esdeveniment «$x < 7$» i $B$ és l'esdeveniment «$4 < x < 9$». Descriu els esdeveniments següents i detalla'n tots els casos: $A \cup B$, $A \cap B$, $\overline{A}$ i $\overline{A \cup B}$.

**c)** Calcula les probabilitats dels esdeveniments $A$, $B$, $A \cup B$, $A \cap B$, $\overline{A}$ i $\overline{A \cup B}$.

**2.** Tenim dues bosses, A i B, amb aquestes boles:

A: 7 de blanques i 3 de negres.

B: 1 de blanca, 2 de negres i 7 de vermelles.

Tirem un dau. Si surt un 1 o un 2 extraiem una bola de A. Si surt un 3, un 4, un 5 o un 6, extraiem una bola de B. Calcula la probabilitat d'extreure una bola vermella.

**3.** Extraiem una bola de cada capsa. Quina és la probabilitat que sumin 5 punts?

**4.** En una festa amb 45 persones, se sorteja una entrada per a un concert. La distribució dels assistents a la festa es mostra en la taula següent:

| | NOIS | NOIES |
|---|---|---|
| 16 ANYS O MÉS | 15 | 8 |
| MENYS DE 16 ANYS | 10 | 12 |

**a)** Quina és la probabilitat que toqui a una noia? I a un noi?

**b)** Si se sap que la persona afortunada té menys de 16 anys, quina és la probabilitat que sigui noia?

**c)** Si se sap que és una noia, quina és la probabilitat que tingui menys de 16 anys?

**5.** Si deixem anar una bola des de l'embut de dalt, quina és la probabilitat que caigui en els casellers I, II, III i IV? (Suposem que, en cada ramificació, la bola té la mateixa probabilitat d'anar per cada camí.)

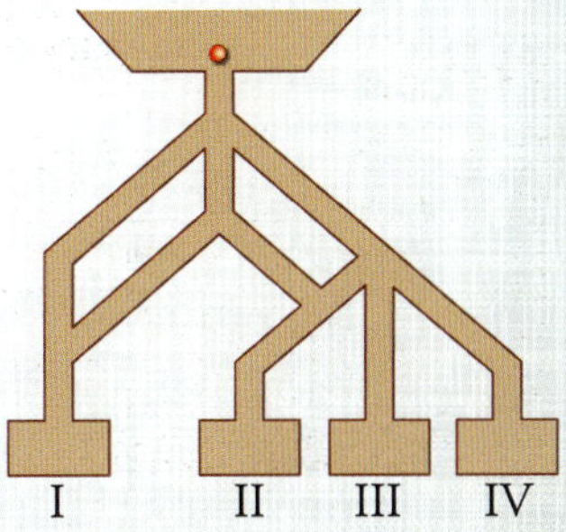

# » REPTE: ORGANITZACIÓ DE LA SETMANA CULTURAL

En un centre docent volen celebrar la setmana cultural durant la qual es faran moltes activitats: lectura, pintura, música, teatre, cinema, dansa, poesia, ciència aplicada, art urbà, competicions esportives...

Els estudiants s'encarregaran d'organitzar les activitats. Per fer-ho, han de formar equips cada un dels quals en prepararà una.

A més, també caldrà formar un equip que s'encarregui de la coordinació de totes les activitats: haurà d'ajudar els alumnes a inscriure's, haurà d'establir els horaris de cada una i evitar-ne els solapaments en la mesura que pugui, haurà de condicionar alguns espais del centre docent, haurà de vetllar per la bona marxa de tot plegat, etc.

S'ha de fer un sondeig per saber quines activitats agraden més a l'alumnat. La professora que l'organitza demana voluntaris.

1. Es presenten 7 estudiants per a un equip de 4. De quantes maneres diferents es poden seleccionar els 4 estudiants entre els 7 voluntaris?

2. Els 7 estudiants són 3 nois i 4 noies. Si la professora encarregada prefereix que en el grup hi hagi 2 nois i 2 noies, de quantes maneres els pot seleccionar?

3. La Laura és una de les voluntàries per a l'equip de 4 que s'haurà d'ocupar de la coordinació dels actes de la setmana. Quina probabilitat té de ser escollida si la selecció es fa com en l'activitat 1? I si es fa com en l'activitat 2?

4. En Miquel és un altre voluntari per formar part de l'equip de 4. Té la mateixa probabilitat que la Laura de ser escollit si la selecció es fa com en l'activitat 1? I si es fa com en l'activitat 2?

**5.** L'equip de les activitats de lectura dissenya una llista dels 35 llibres més importants de la literatura, segons el seu criteri. Han mostrat aquesta llista de títols a 66 persones de fora del centre i els han demanat que responguin aquesta pregunta: *Quants llibres d'aquesta llista has llegit?* Aquests són els resultats que han obtingut:

| LLIBRES LLEGITS | 0 | 1 | 2 | 3 | 4 | 5 | 6 | 7 | 16 |
|---|---|---|---|---|---|---|---|---|---|
| NRE. DE PERSONES | 24 | 15 | 13 | 9 | 1 | 2 | 0 | 1 | 1 |

a) Troba la mitjana, la desviació típica i el coeficient de variació.

b) Calcula la mediana i els quartils i representa els resultats en un diagrama de caixa i bigotis en una quadrícula com aquesta.

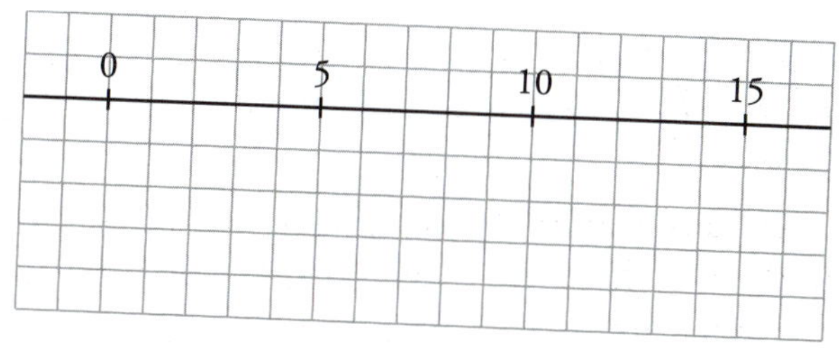


**6.** Les edats de les persones consultades es distribueixen així:

| EDAT | [15, 25) | [25, 35) | [35, 45) | [45, 55) | [55, 65) | [65, 75) |
|---|---|---|---|---|---|---|
| NRE. DE PERSONES | 8 | 14 | 19 | 16 | 6 | 3 |

a) Confecciona una taula de freqüències acumulades i representa-la en uns eixos mil·limetrats com els que hi ha a la dreta.

b) Calcula, a partir de la gràfica que obtinguis i tenint en compte la distribució de les edats, la mediana, els quartils i els percentils $p_{80}$, $p_{90}$ i $p_{95}$.

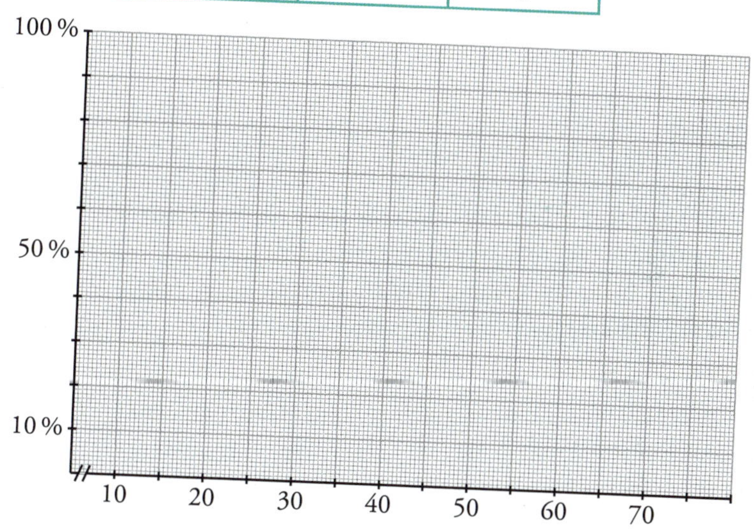


**7.** Sabem que 8 dels enquestats són aficionats a la música clàssica. Aquestes són les seves respostes a les preguntes de les activitats anteriors:

| EDAT | 15 | 28 | 34 | 37 | 45 | 60 | 63 | 73 |
|---|---|---|---|---|---|---|---|---|
| LLIBRES LLEGITS | 2 | 1 | 2 | 3 | 4 | 7 | 5 | 5 |

a) Representa'ls en un núvol de punts en uns eixos com aquests.

b) Estima si la correlació és positiva o negativa i forta o dèbil.

c) Representa, de manera aproximada, la recta de regressió.

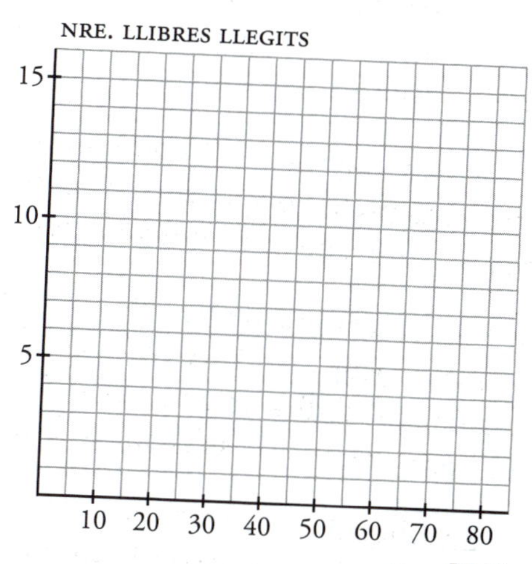

# » RESOLUCIÓ DE PROBLEMES

## Diverteix-te resolent problemes!

En aquestes pàgines et proposem diversos problemes.

Són problemes «especials». Per resoldre'ls no cal que apliquis tècniques matemàtiques, sinó que utilitzis una bona planificació, sentit comú i una mica d'enginy. Alguns són molt fàcils, altres no ho són tant i n'hi ha que, fins i tot, són una mica difícils. Però tots són curiosos i divertits.

## Alguns consells

- Sempre has d'entendre perfectament l'enunciat i fer una bona planificació.
- En alguns casos convindrà que facis un dibuix o una representació esquemàtica, en altres hauràs de fer una cerca, un procés sistemàtic, un tempteig o pensar en un problema similar, però més senzill.
- En tots els casos, diverteix-te pensant i, després, redacta les teves conclusions.

### Fes comptes

**1.** Una bassa s'omple d'aigua per mitjà de dues aixetes. Obrint només la primera, la bassa s'omple en 9 hores i, obrint-les totes dues, en 5 hores. Quant tarda a omplir-se si s'obre només la segona aixeta?

**2.** Un dipòsit disposa de dues aixetes, A i B. Obrint només A, el dipòsit s'omple en 3 hores. Obrint les dues aixetes s'omple en dues hores. Quant tardarà a omplir-se el dipòsit si s'obre només l'aixeta B?

**3.** En una bassa hi ha una aixeta i una sortida de desguàs. L'aixeta omple la bassa en 6 hores.

Un dia, quan la bassa estava plena, vam obrir l'aixeta i, sense adonar-nos-en, vam obrir el desguàs. La bassa es va buidar en 4 hores.

Quant tarda el desguàs a buidar la bassa?

**4.** Un tren avança a 90 km/h per un tram recte de via. Per una carretera paral·lela, i en la mateixa direcció, avança un cotxe a 120 km/h.

Quina és la longitud del tren si el cotxe tarda 18 segons a sobrepassar-lo?

**5.** Dos operaris solden peces per a circuits electrònics. El primer solda tres peces per minut i el segon, dues peces per minut.

Si el segon ha treballat mitja hora més que el primer i entre tots dos han soldat 460 peces, calcula el temps que ha treballat cada un.

### Juga amb els nombres

**6.** Un nombre primer només té dos divisors, ell mateix i la unitat. Quins nombres tenen només tres divisors?

**7.** Quins nombres tenen tots els seus divisors parells, excepte l'1?

**8.** Són certes les afirmacions següents? Raona les respostes:

a) La suma de dos nombres consecutius no és múltiple de 2.

b) La suma de dos senars consecutius és múltiple de 4.

c) La suma de tres nombres naturals consecutius és múltiple de 3.

**9.** Tinc un rotlle de corda.

- Si el mesuro de dos metres en dos metres, me'n sobra un.
- Si el mesuro de tres en tres, me'n sobren dos.
- Si el mesuro de quatre en quatre, me'n sobren tres.
- Si ho faig de cinc en cinc, me'n sobren quatre.
- Si ho faig de sis en sis, me'n sobren cinc.

Si saps que mesura menys de 100 metres, podries dir-ne la longitud?

**10.** Un forner fica al forn cinc safates, unes amb magdalenes i unes altres amb pastissets.

A les safates hi ha 36, 15, 20, 8 i 47 peces, respectivament.

Per un descuit, se li crema una de les safates. Ara té més de 100 peces i ha comptat el doble de pastissets que de magdalenes.

Quina safata se li ha cremat? Quantes magdalenes i quants pastissets té ara?

**11.** En una excursió a la muntanya organitzada per un club alpí, cada tres membres comparteixen una motxilla, cada quatre, una brúixola i cada sis, un mapa. Si entre motxilles, brúixoles i mapes n'hi ha 27, quants membres del club participen en l'excursió?

**12.** Durant un llarg viatge amb tren, dos viatgers passen el temps proposant-se endevinalles. Aquesta n'és una:

A: Tinc tres fills. El producte de les seves edats és 36 i la seva suma coincideix amb el número del teu seient.

B: (*Després de cavil·lar una estona.*): Hi ha dues possibles solucions, però els bessons són els dos fills més grans?

A: No, són els dos fills petits.

B: Aleshores ja sé la solució.

I el viatger encerta l'endevinalla. Explica com ho aconsegueix i el perquè de la seva pregunta.

**13.** Tots els nombres capicues de quatre xifres tenen un factor comú. Quin és?

## Combina, prova, tempteja...

**14.** Si escrius tots els nombres senars entre el 55 i el 555, quantes vegades hauràs usat la xifra 6?

**15.** Quants nombres compresos entre 100 i 400 contenen el dígit 2?

**16.** Quina és la suma de tots els nombres capicues compresos entre 60.000 i 70.000?

**17.** En quants zeros acaba el producte dels cent primers nombres naturals?

**18.** Quants partits cal jugar per completar un campionat de tenis, per eliminatòries, amb 16 jugadors? I amb 32? I amb 64?

I amb 90 jugadors? (En la primera ronda caldria eliminar 26 jugadors perquè en quedin 64. Això s'aconsegueix seleccionant 52 jugadors perquè juguin 26 partits i classificant els restants directament a la ronda següent.)

I amb 133?

A partir de les solucions dels exercicis anteriors, pensa quants partits es necessiten per dur a terme un torneig per eliminatòries amb $n$ jugadors.

**19.** En Julià tenia a la butxaca monedes d'1 €, de 0,50 €, de 0,20 € i de 0,10 €. Ha comprat una revista per 3 € utilitzant sis monedes.

Quines monedes ha utilitzat?

**20.** De quantes formes diferents es poden ajuntar 6 € utilitzant només monedes de 2 €, 1 € i 0,50 €?

**21.** Suposa que disposes, exclusivament, de segells el valor dels quals és de 0,10 € i 0,20 €.

Amb aquests segells tens tres formes diferents de franquejar una carta amb 0,40 €:

$$0{,}10 + 0{,}10 + 0{,}10 + 0{,}10 = 0{,}40$$
$$0{,}10 + 0{,}10 + 0{,}20 = 0{,}40$$
$$0{,}20 + 0{,}20 = 0{,}40$$

De quantes formes diferents podràs franquejar una carta amb 2 €?

I una carta amb *n* €?

## Observa bé les figures

**22.** Calcula l'àrea de la part del quadrat ocupada per cada color.

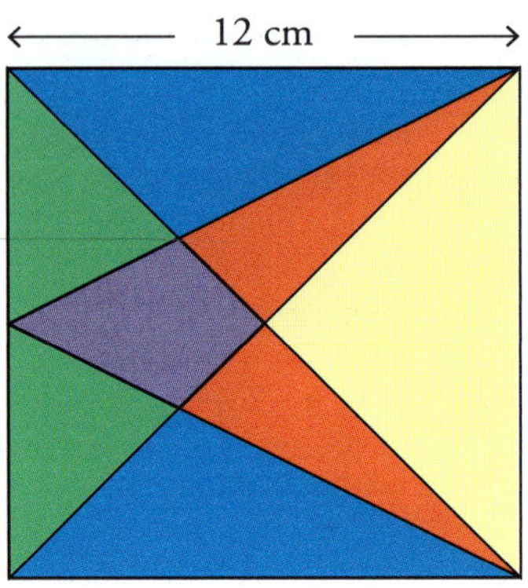


**23.** Troba l'àrea del sector pintat si la diagonal del quadrat mesura $\sqrt{2}$ cm.

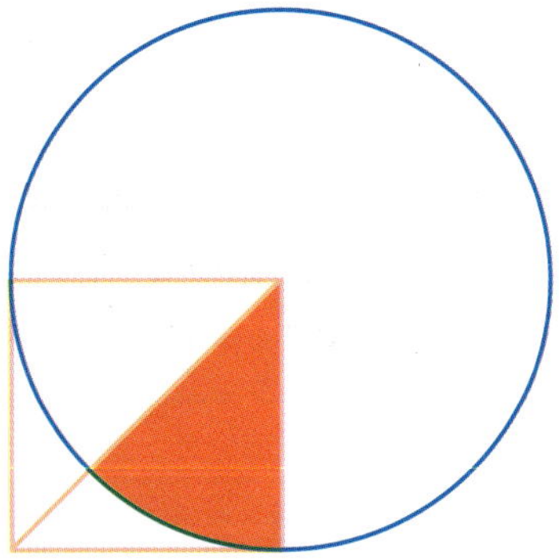

**24.** La sargantana estava tranquil·lament prenent el sol sobre el bloc de pedra, concretament en el punt A, però, en sentir-nos arribar, ha corregut a amagar-se al punt B. Per descomptat, no ha seguit el camí més curt. Troba el camí més curt entre A i B i calcula'n la longitud.

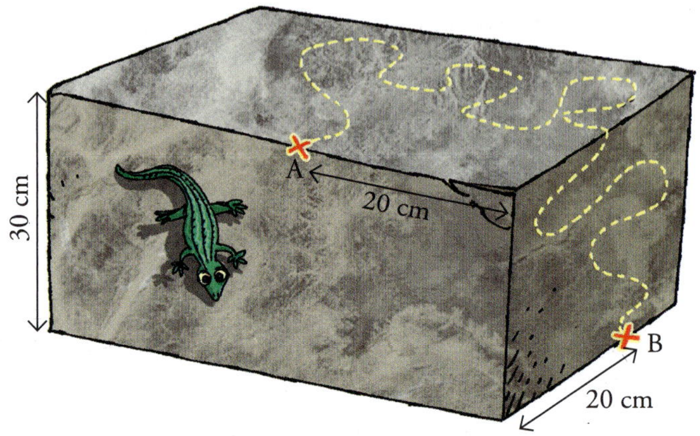


**25.** En aquesta imatge hi ha 14 quadrats. Els veus? N'hi ha 9 de petits, 4 de mitjans i 1 de gran.

Suprimint escuradents es redueix el nombre de quadrats. Resol els casos següents:

| | A | B | C | D | E | F | G | H | I | J | K | L |
|---|---|---|---|---|---|---|---|---|---|---|---|---|
| NRE. D'ESCURADENTS SUPRIMITS | 2 | 4 | 4 | 4 | 6 | 8 | 8 | 8 | 8 | 8 | 10 | 12 |
| NRE. DE QUADRATS QUE QUEDEN | 7 | 5 | 6 | 7 | 5 | 2 | 3 | 4 | 5 | 6 | 2 | 2 |

**26.** **a)** **Mou** tres escuradents perquè en la figura A quedin quatre quadrats iguals.

**A**

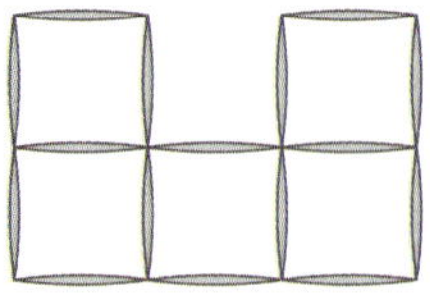

**b)** Divideix la figura B en quatre peces iguals.

**B**

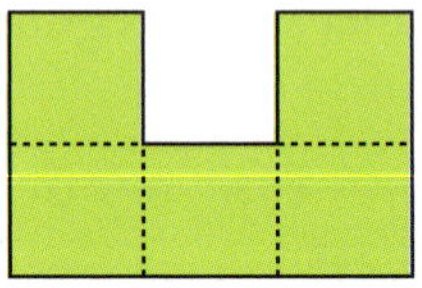


BARCANOVA EDITORIAL

## Fes un esquema

**27.** En un zoològic hi ha dos tipus d'instal·lacions:

A. INSTAL·LACIONS A L'AIRE LLIURE

B. INSTAL·LACIONS INTERIORS

S'ha fet un informe i els resultats són aquests:

- El 78 % de les persones visita els animals que estan a l'aire lliure.
- El 70 % visita les instal·lacions interiors.
- El 28 % fa les dues visites.

La direcció del zoo, en llegir l'informe, demana a la persona que l'ha redactat que el revisi, perquè indubtablement hi ha un error en el percentatge dels assistents a les instal·lacions interiors. Corregeix l'error.

**28.** Un centre aeroespacial preselecciona futurs astronautes entre 83 persones candidates. Després de les proves que s'han fet (de coneixements, física i psicològica) es disposa de les dades següents:

- 45 de les persones candidates han superat la prova física, 26 han superat la de coneixements, i 31, la psicològica.
- 12 han superat les proves físiques i la de coneixements, 7 han superat la de coneixements i la psicològica i 9 han superat la psicològica i la física.
- Només 6 candidats no han superat cap de les tres proves.

Quants candidats han superat totes les proves?

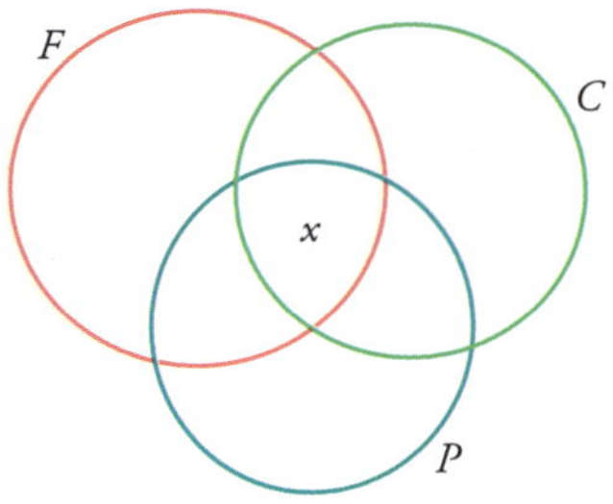


## Lògica

**29.** Sis robots parlen a la sala d'espera del psiquiatre. Pateixen d'un mal estrany: alguns només diuen mentides i d'altres només diuen veritats. Tots es coneixen perfectament. Parlen tots sis, per torn, i fan les afirmacions següents:

A: Aquí només n'hi ha un de sincer.

B: Almenys n'hi ha un de sincer.

C: Només n'hi ha dos de sincers.

D: Almenys dos són sincers.

E: Només n'hi ha tres de sincers.

F: Almenys n'hi ha tres de sincers.

Quins són els sincers i quins són els mentiders?

**30.** El senyor Gris, el senyor Verd i el senyor Negre berenaven junts. Un d'ells duia una corbata grisa, un altre portava una corbata verda i el tercer, una corbata negra.

—S'han adonat —va dir l'home de la corbata verda— que encara que els colors de les nostres corbates coincideixen amb els nostres noms cap de nosaltres no duu una corbata que correspongui al seu nom?

—Té raó! —va exclamar el senyor Gris.

De quin color era la corbata de cada un?

**31.** Quatre amigues van juntes al cinema i xerren animosament mentre esperen el començament de la sessió.

- La Victòria comenta que li agraden les pel·lícules d'intriga.
- Qui porta la samarreta verda és aficionada a les pel·lícules de terror.
- A qui seu a la dreta de la Patrícia li agraden les pel·lícules d'acció.
- La Victòria seu a l'esquerra de la Patrícia.
- La Marta porta una samarreta groga.
- A qui seu a la dreta de l'Helena li agraden les pel·lícules d'amor.
- La de la samarreta groga seu a la dreta de la de la samarreta vermella.
- La de la samarreta blanca està refredada.

Indica l'ordre en què estan assegudes, el color de la samarreta i el gènere cinematogràfic preferit de cada una d'elles.

Aquest projecte editorial de l'àmbit de matemàtiques ha estat elaborat d'acord amb les dimensions competencials i els continguts descrits en el decret d'ordenació curricular publicat pel Departament d'Ensenyament de la Generalitat de Catalunya l'any 2015; aquest decret es fonamenta en la Llei d'educació de Catalunya i en les directrius de la Unió Europea, i respon al marc normatiu i a la legalitat vigent.

**Equip editorial:**

Cap del projecte editorial: Montse Ballaró
Coordinació editorial: Montse Ciprés
Edició: Mario Suárez
Correcció: M. Mercè Estévez i Agnès Toda
Documentalista: Cristina Boj

Coordinació artística i disseny: Laura R. Dengra
Coordinació tècnica: Mercedes F. Bravo
Adaptació del disseny d'interiors i maquetació: Moelmo, SCP

Coordinació tècnica digital: Montse Cascales
Edició digital: Glòria Jodar Pubill

Il·lustracions: Tatio Viana
Fotografies: AGE-Fotostock, Arxiu Anaya (Cosano, P.; Hernández Moya, B.; Martín, J.; Martin, J.A.; Martínez, C.; Ortiz, J.; Osuna, J.; Pérez-Uz, B.; Sánchez, J.), Cordon Press/Alamy, Depositphotos (jcpjr1111; Nikifor85; Theastock; toponium), Getty Images, Imatges de Shutterstock.com, 123 RF, Arxiu Barcanova.

Revisió «Matemàtiques en context»: Rosario Martínez Romera

© 2021, José Colera Jiménez, Ignacio Gaztelu Albero, M.ª José Oliveira González, Ramón Colera Cañas, Rosario García Pérez
© 2021 d'aquesta edició: Editorial Barcanova, SA
Rosa Sensat, 9-11, 4a planta. 08005 Barcelona
Telèfon 932 172 054
barcanova@barcanova.cat
www.barcanova.cat

Primera edició: març de 2021
ISBN: 978-84-489-5328-7
DL: B. 5431-2021
Printed in Spain

PAPER DE FIBRA CERTIFICAT

*Reservats tots els drets. El contingut d'aquesta obra està protegit per la llei, que estableix penes de presó i multes, a més de les indemnitzacions corresponents per danys i perjudicis, per a aquells que reproduïssin, plagiessin o comuniquessin públicament, totalment o parcialment, una obra literària, artística o científica, o la seva transformació, interpretació o execució artística fixada en qualsevol tipus de suport o comunicada per qualsevol mitjà, sense l'autorització preceptiva.*